旗 標 事 業 群

好書能增進知識 提高學習效率 卓越的品質是旗標的信念與堅持

Flag Publishing

http://www.flag.com.tw

8.x/7.x 版完全適用

Matlab 程式設計 第二版

Second Edition

感謝您購買旗標書,
記得到旗標網站
www.flag.com.tw
更多的加值內容等著您…

<請下載 QR Code App 來掃描>

1. FB 粉絲團：旗標知識講堂
2. 建議您訂閱「旗標電子報」：精選書摘、實用電腦知識搶鮮讀; 第一手新書資訊、優惠情報自動報到。
3. 「更正下載」專區：提供書籍的補充資料下載服務, 以及最新的勘誤資訊。
4. 「旗標購物網」專區：您不用出門就可選購旗標書!

買書也可以擁有售後服務, 您不用道聽塗說, 可以直接和我們連絡喔！

我們所提供的售後服務範圍僅限於書籍本身或內容表達不清楚的地方, 至於軟硬體的問題, 請直接連絡廠商。

● 如您對本書內容有不明瞭或建議改進之處, 請連上旗標網站, 點選首頁的 讀者服務, 然後再按右側 讀者留言版, 依格式留言, 我們得到您的資料後, 將由專家為您解答。註明書名 (或書號) 及頁次的讀者, 我們將優先為您解答。

學生團體　訂購專線：(02)2396-3257 轉 361, 362
　　　　　傳真專線：(02)2321-2545

經銷商　服務專線：(02)2396-3257 轉 314, 331
　　　　將派專人拜訪
　　　　傳真專線：(02)2321-2545

國家圖書館出版品預行編目資料

Matlab 程式設計 第二版 / 洪維恩 作. -- 臺北市：旗標, 2013 . 08 面； 公分

ISBN 978-986-312-140-4 (平裝)

1. MATLAB

312.49M384　　　　102008824

作　　者／洪維恩
發 行 所／旗標科技股份有限公司
　　　　　台北市杭州南路一段15-1號19樓
電　　話／(02)2396-3257(代表號)
傳　　真／(02)2321-2545
劃撥帳號／1332727-9
帳　　戶／旗標科技股份有限公司
監　　督／楊中雄
執行企劃／黃昕暐
執行編輯／黃昕暐
美術編輯／薛榮貴
封面設計／古鴻杰
校　　對／黃昕暐

新台幣售價：680 元
西元 2022 年 2 月 二版 10 刷
行政院新聞局核准登記-局版台業字第 4512 號
ISBN 978-986-312-140-4

序

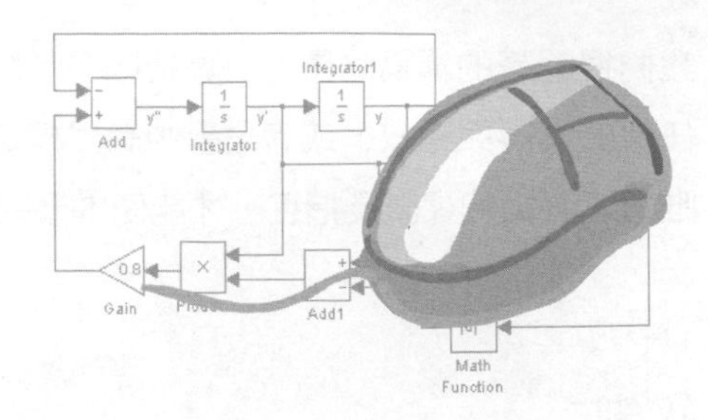

隨著數學軟體的相繼發展，選擇一套適合的數學軟體來輔助複雜的數學運算也日益重要。許多的工程師把 Matlab 當成首要運算工具，只因它的方便性與強大的數學運算能力。Matlab 程式設計的語法類似傳統的程式語言，這使得初學者進入的門坎較低；另外諸如微分、積分、解微分方程式、矩陣運算、方程式求解與數值分析等，這些數學問題都能在 Matlab 的輔助之下輕易解決。不僅如此，Matlab 更提供了 GUI 的設計、Simulink 的動態系統模擬器，以及應用於各個領域的工具箱，這些獨特的設計也把 Matlab 的應用層面推展到最高峰。

本書係以 Matlab 8.0 版 (2012b) 寫成。如果您使用的是較早以前的版本，可能有些輸出和書本上的結果稍有不同，但本書仍適用。如果對 Matlab 已有基本的瞭解，那麼可以挑選需要的章節來閱讀；如果是剛入門，建議您一章章的閱讀，跟隨本書的步驟將例題看懂之後，試著鍵入指令與引數，核對 Matlab 的回應和書本上是否相同。若是，可以再試試改變其它的引數，看看會有什麼新的發現；若不相同，假如不是版本的問題，那麼可能是輸入錯誤，請仔細對照書上的內容，再修正為正確的輸入。每章結束前都附有習題，於每章閱畢後不妨做個自我評量，看看自己真正瞭解多少。

本書的編排是以實用性為主，涵蓋的內容也足夠應付多數的數學運算。每一個 Matlab 的函數用法可能有數種，本書已挑出最常用的語法來介紹。如果需要更豐富的資訊，可由 Matlab 的線上求助系統來查詢。此外，Matlab 的網站裡也提供了相當豐富的內容，亦有原文的使用手冊可供下載，有興趣的讀者可以到 http://www.mathworks.com 查看。

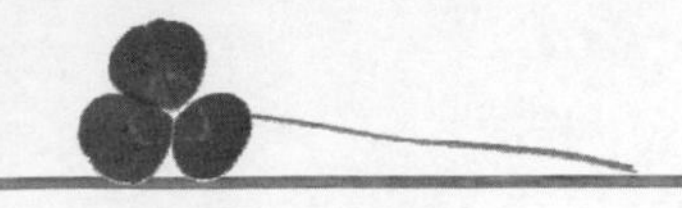

我們很嚴謹的編寫此書，也願把既得的經驗與讀者分享。若您對本書的內容與編排有任何的批評與指教，或者是書中有誤植之處，即使是一個小錯字，都歡迎與我聯絡。唯有您寶貴的建議及指正，才能使本書的內容得以更臻完善。

致 謝

本書的完成首先要感謝家人的支持，使得我可以悠遊於字裡行間。感謝育達科技大學提供良好的研究環境，使得我在教學研究之餘，還能專心寫作。謝謝許多熱心的讀者給予本書諸多寶貴的建議，使得本書的內容可以更貼近廣大讀者的需求。

我要特別謝謝許志維先生與楊靜玫、黃裔淇和吳玫珍小姐，他們犧牲了許多的時間，為本書的校對做了相當多的協助。他們詳細閱讀了本書的每一段文字，修改許多個人用字遣詞的語病，並實地測試每一行指令，以確保本書的程式碼完全正確。這本書讀起來得以順暢，必須歸功於他們的辛勞。

感謝旗標出版董事長施威銘先生與旗標事業群策略行銷總經理黃明璋先生，在我寫作期間給予多方面的協助。謝謝陳宗賢經理的提攜，這本書才得以順利出版。另外我要特別謝謝旗標的編輯黃昕暐先生，他巨細靡遺地潤飾了本書的初稿，排除了一些生澀的文字，校對內文的用字遣詞，本書才能以更好的品質呈現。

最後，我要謝謝美國紐約州立大學水牛城分校劉慶璽教授，是他帶我進入美麗的數學殿堂。

洪維恩 Aug 20, 2013

wienhong@ydu.edu.tw

目 錄

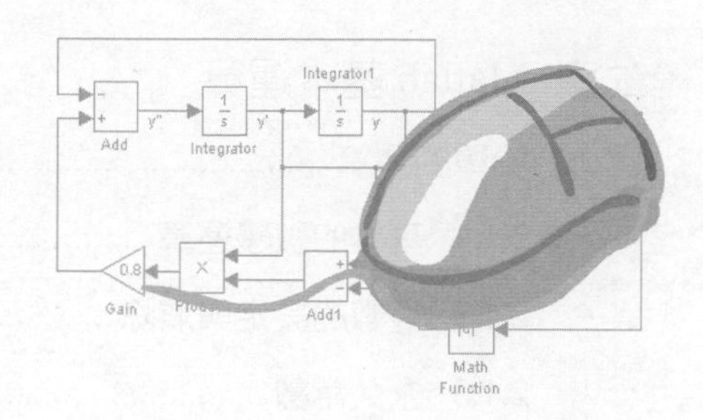

第一章 認識 Matlab

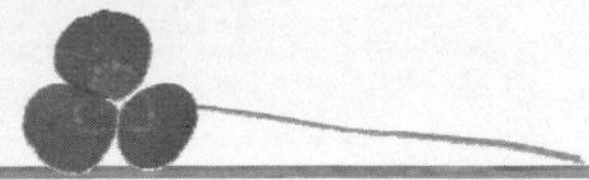

第二章 Matlab 基本運算

第三章 資料型態與輸出控制

第四章 陣列的基本操作與運算

第五章 二維平面繪圖

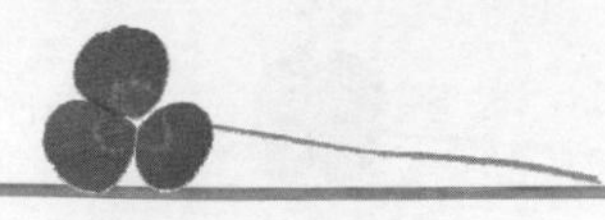

第六章 三維空間繪圖

第七章 特殊圖形的繪製

第八章 撰寫底稿與函數

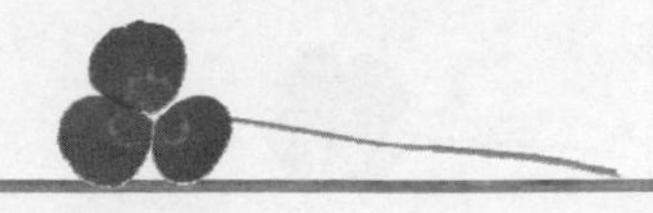

第九章 程式控制流程

第十章 字串與數字的處理

第十一章 其它的資料型態

第十二章 基礎數值分析

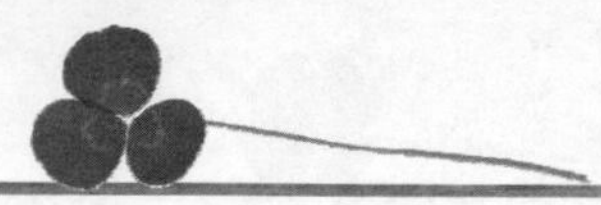

第十三章 曲線擬合與插值法

第十四章 微積分與微分方程式

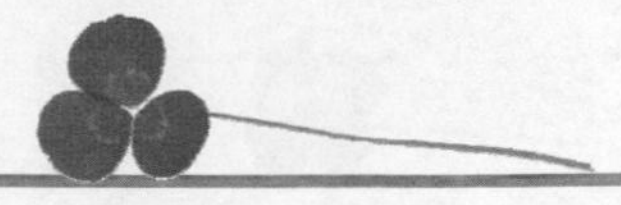

第十六章 進階符號運算

第十七章 檔案的處理

第十八章 GUI 程式設計

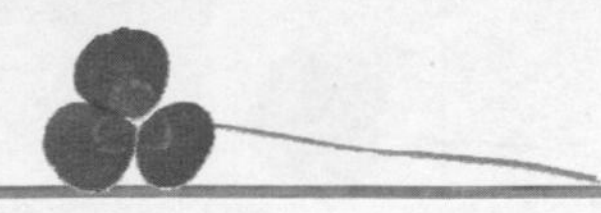

第十九章 進階 GUI 程式設計

第二十章 使用 Simulink

第二十一章 數位影像處理

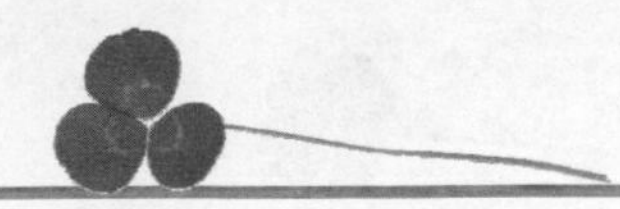

第一章 認識 Matlab

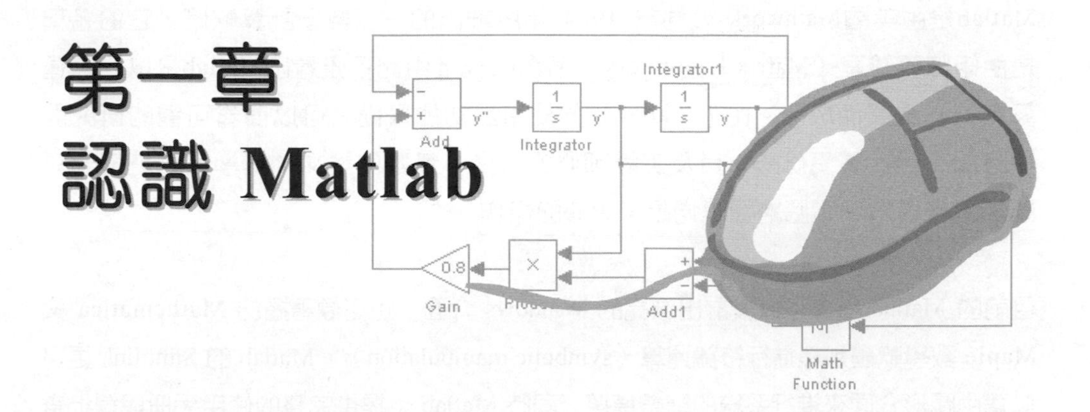

Matlab 的計算能力橫跨各個數學領域，也提供相當豐富的工具箱來解決各種問題，因此受到工程師與科學家的喜愛。要先熟悉 Matlab 的語法之前，必須先熟悉 Matlab 的操作介面。本章初淺的介紹 Matlab 的發展歷史、介面環境、操作方法，以及與介面的互動等等。學完本章，您將可對 Matlab 的操作輕鬆上手哦！

本章學習目標

- 認識 Matlab 的歷史
- 熟悉 Matlab 的工作環境
- 練習輸入與執行 Matlab 的指令
- 學習如何使用線上求助系統

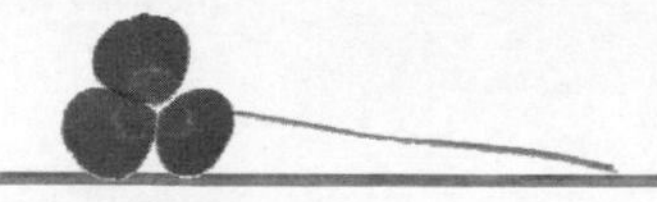

1.1 Matlab 簡介

Matlab是由美國Mathworks公司於 1984 年所推出的一套數學計算軟體，它的名稱是由矩陣實驗室（Matrix Laboratory）縮寫而成，由此不難看出Matlab是以矩陣運算為核心發展而成的。由於Matlab易於使用且功能齊備，可以節省可觀的研究開發時間，因此廣受研究人員及工程師們的喜愛。無數的論文、科學報告、期刊雜誌、圖書資料、電腦繪圖等均是Matlab的傑作。

目前的 Matlab 版本可以設計出漂亮的 Windows 介面，也可像著名的 Mathematica 與 Maple 數學軟體那樣進行符號運算（symbolic manipulation）。Matlab 的 Simulink 更可以藉由圖形介面來進行系統的動態模擬，同時 Matlab 也提供完整的使用手冊與線上查詢系統，因此學習 Matlab 這套軟體是件相當愉快的事呢！

1.1.1 工作環境介紹

啟動 Matlab 之後，會開啟一個新的工作環境，其中最上方是標籤列，每一個標籤下方有對應的按鈕可供選用。這個標籤是 Matlab 8.0（即 2012b）之後的版本才加進來的。如果您使用的是 2012a 以前的版本，則不會看到這些標籤。稍後接觸更多的 Matlab 視窗之後，將會發現這些標籤會隨著您選擇的工作視窗之不同而有所改變。您也可以按下標籤最右邊的 Minimize Toolstrip 按鈕 ▲，將標籤的內容收起來以節省空間。再按一下這個按鈕則可重新顯示它們。

在標籤列下方有五個視窗，包含有 Command Window（指令視窗）、Current Folder (目前工作目錄)、Details（預覽），Workspace（工作空間）以及 Command History（歷史指令）等五個視窗。Command Window 是用來輸入 Matlab 敘述的地方。Current Folder 視窗是用來顯示在目前工作目錄內的檔案，Details 視窗則可顯示工作目錄內，檔案的預覽。Workspace 視窗可顯示目前所使用之變數及其性質，例如資料型態、所佔用的記憶體空間等。Command History 則會記錄輸入的 Matlab 敘述，以方便日後使用相同的敘述時，可從此處取出重複使用，以節省使用者輸入的時間。

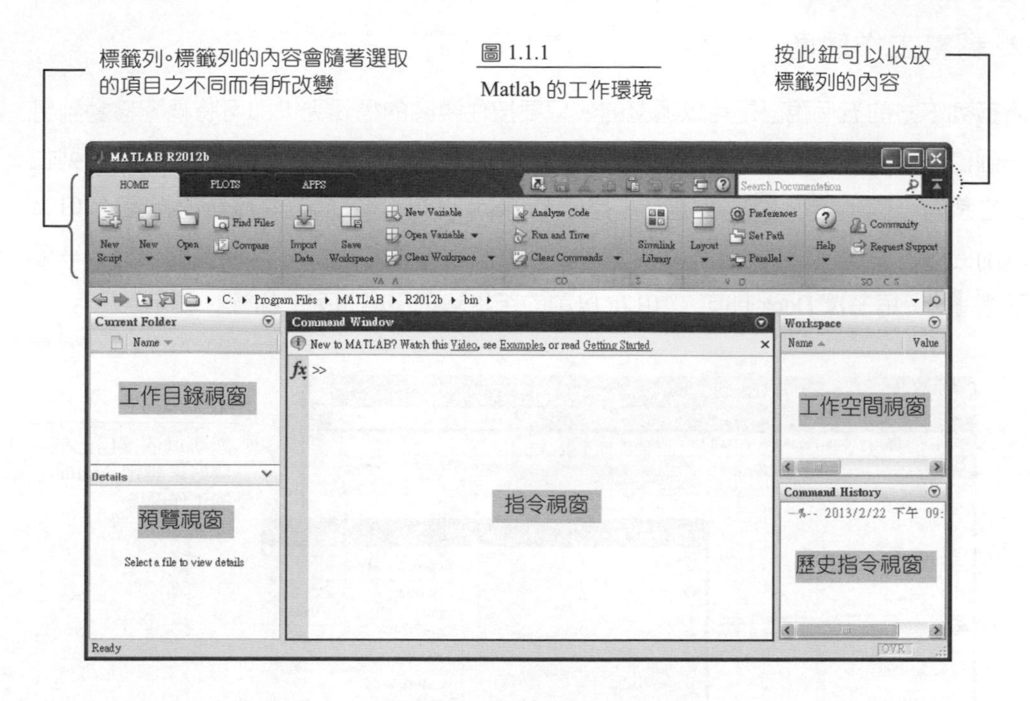

圖 1.1.1
Matlab 的工作環境

目前 Matlab 一年推出兩個版本，版本的編號是以年份加上字母 a 與 b 來區分。例如 2012b 是 2012 年的後半年所推出的版本。2012b 對應的 Matlab 版本是 8.0，稍早的版本，如 2011b 所對應的 Matlab 版本則是 7.13。若是想查看 Matlab 版本，可在指令視窗內鍵入

```
ver matlab
```

然後按下 Enter 鍵，即可獲知您所使用的 Matlab 版本：

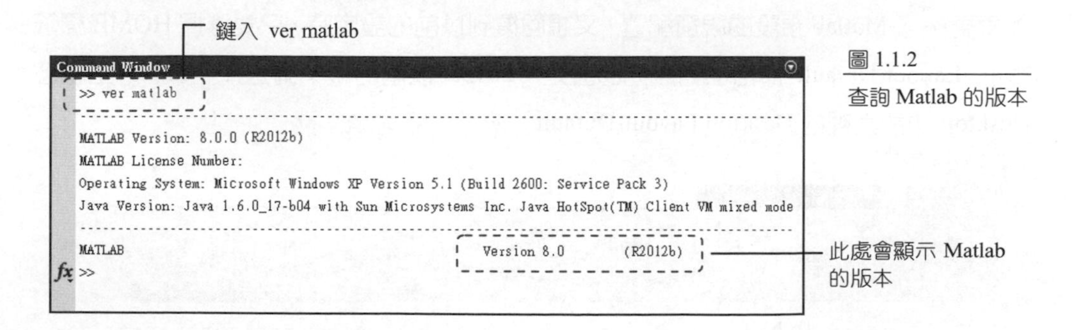

圖 1.1.2
查詢 Matlab 的版本

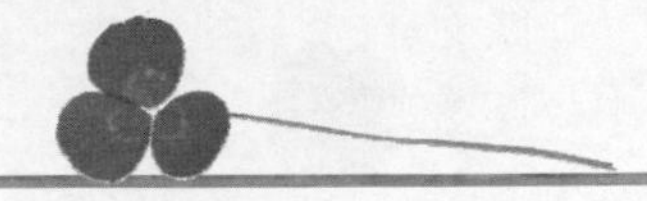

1.1.2 調整工作環境

標籤列下方的五個視窗是可以調整的。只要按住視窗的標題列，即可將視窗移動到另一個位置，或者是將視窗與另一視窗合併成同一個視窗。此外，這些視窗的標題列右上方都有一個小圖示 ，點選它，選擇 Undock，即可將它獨立為單獨的視窗（2012a 以前的版本請選擇標題列上的 圖示）。要將它重新置回原先 Matlab 的視窗，一樣點選 ，再選擇 Dock 即可（2012a 以前的版本請選擇標題列上的 圖示）。

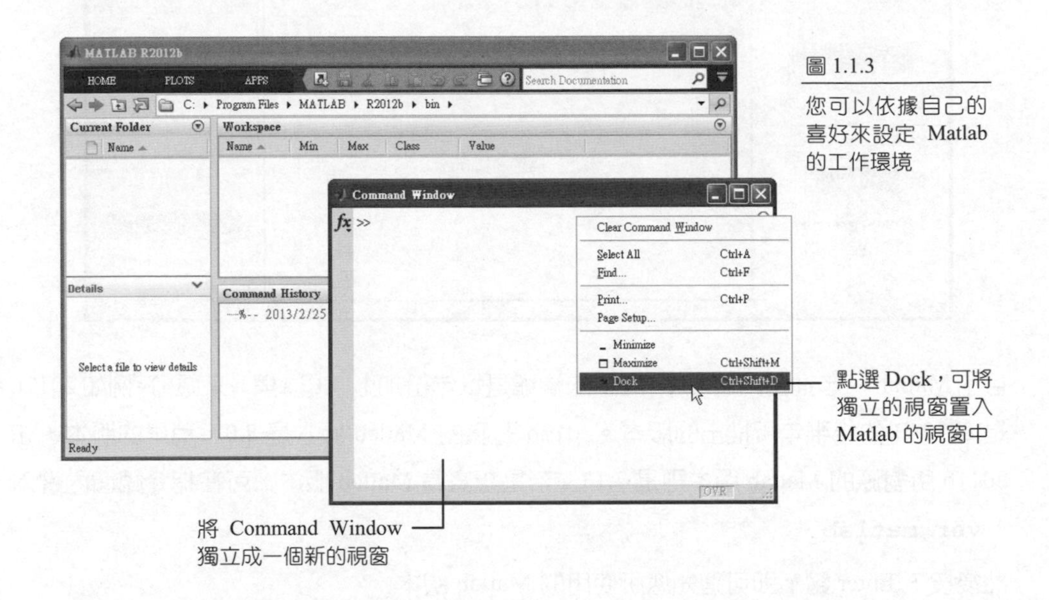

圖 1.1.3
您可以依據自己的喜好來設定 Matlab 的工作環境

如果更改了 Matlab 預設的視窗配置，又想回復到以前的設定時，只要選擇 HOME 標籤裡的 Layout-Default 即可回到原先的設定（2012a 以前的版本請選擇 Matlab 主視窗 Desktop 功能表裡的 Desktop Layout-Default）。

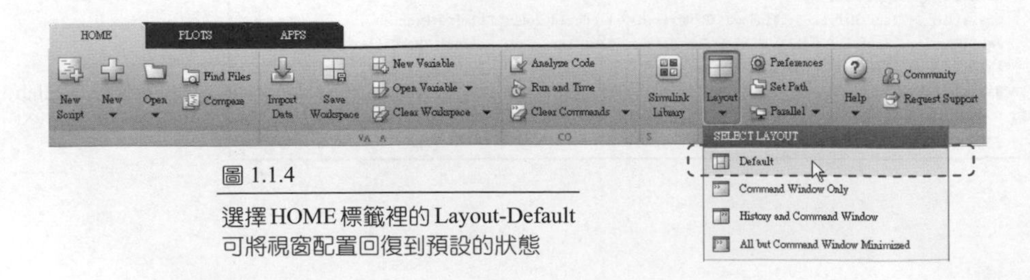

圖 1.1.4
選擇 HOME 標籤裡的 Layout-Default 可將視窗配置回復到預設的狀態

1.2 簡單的範例

本節將以幾個簡單的範例來說明 Matlab 的基本操作，其中包括指令的輸入與執行、視窗的調整，以及如何查看變數的內容等等。

1.2.1 輸入與執行

下面我們舉幾個簡單的範例來說明如何輸入指令。在 Command Windows 的提示符號「>>」旁鍵入 2+3，按下 Enter 鍵之後，Matlab 會回應 5，如下圖所示：

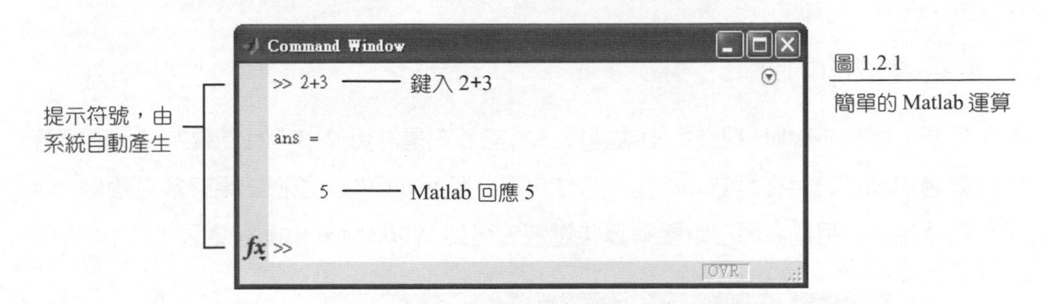

圖 1.2.1
簡單的 Matlab 運算

於上面的視窗中，您可以看到 2+3 的計算結果為 5。注意於本例中，因為沒有把計算結果設給某個變數存放，所以 Matlab 的預設是以變數 *ans* 來存放它。

接下來再以一個範例來做說明。於 Command Window 裡鍵入 mat=magic(3)，按下 Enter 鍵後，Matlab 會回應一個 3×3 的矩陣。於本例中，magic() 函數是用來產生魔術方陣（magic square）。所謂的魔術方陣是指方陣中，其每一行、每一列與對角線的總和都相等，在 3×3 的魔術方陣中，這個總和是 15。

如同以往，2012b 之後的版本也有提供快速函數名稱查詢的功能。例如，如果只記得函數名稱的前幾個字，只要按下 Command Windows 旁的 *fx* 按鈕，即可開啟一個視窗，裡面列出所有可能的候選函數。點選一下這些候選函數，即可查看它們的語法及說明。如果在函數上連點兩下，則可將該候選函數送到 Command Window 中，這對於名稱較長，且不好記憶的函數而言，使用起來非常方便：

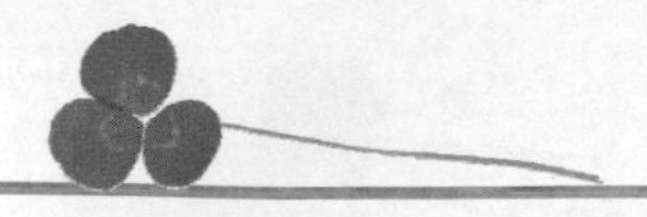

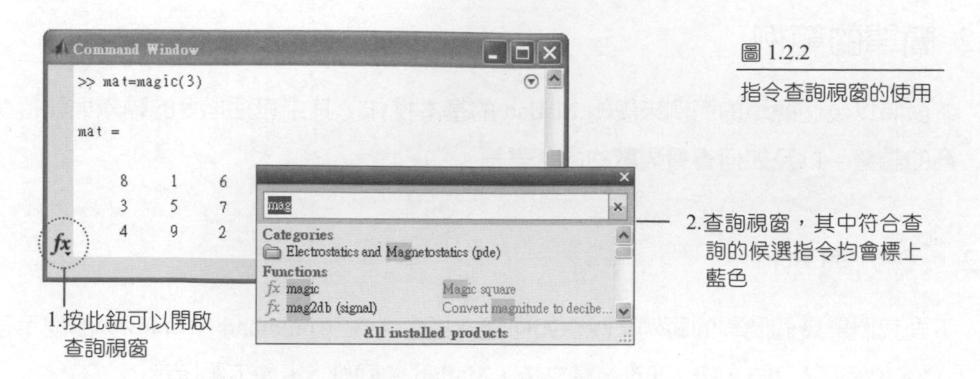

圖 1.2.2

指令查詢視窗的使用

1.2.2 查看變數的內容

現在我們已經在 Matlab 裡進行兩次運算了。第一次是計算 2+3，其結果為 5，這個值 Matlab 會自動把它存在變數 *ans* 裡。第二次是計算 magic(3)，並把結果存放在變數 *mat* 裡。如果想知道目前我們已定義有哪些變數，可到 Workspace 視窗裡查看：

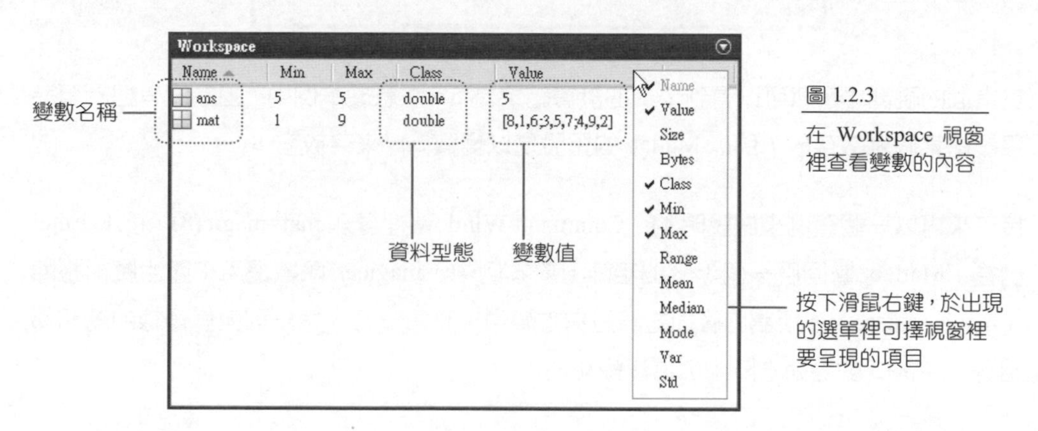

圖 1.2.3

在 Workspace 視窗裡查看變數的內容

上面的視窗顯示了目前工作區內定義兩個變數，名稱為 *ans* 與 *mat*。*ans* 的值為 5，*mat* 為一矩陣，其值也顯示在 Value 欄位內。另外在 Class 欄位內顯示變數 *ans* 與 *mat* 的型態皆為 double。關於變數的資料型態，本書於第二章會有更詳細的說明。在這個視窗中，顯示的項目只有 Name、Min、Max、Class 與 Value 五項。您也可以在這些名稱的旁邊按下滑鼠右鍵，於出現的選單裡選擇要呈現的項目。

1.2.3 利用 Variable 視窗編修陣列

接續前面的範例，如果想查看或修改變數 mat 的內容，可連續點選 Workspace 視窗中的 ⊞mat 圖示兩下，即可開啟 Variables 視窗：

Variables - mat

mat

mat <3x3 double>

	1	2	3	4	5
1	8	1	6		
2	3	5	7		
3	4	9	2		
4					
5					

圖 1.2.4

從 Variables 視窗裡查看矩陣的內容

Variables 視窗特別適合用來查看或編輯大型的陣列，其用法與一般的試算表（如 Excel）相似。如果要修改陣列的內容，可利用鍵盤，或者是利用複製-貼上的方式來編修它。如果您是使用 2012b 以後的版本，在開啟 Variables 視窗之後，Matlab 也會顯示相對應的 VARIABLE 標籤，方便使用者對變數的操作，有興趣的讀者可以試試。

1.2.4 在 Command History 視窗中找尋輸入過的 Matlab 敘述

值得一提的是，在 Command History 視窗裡可以找到過去曾輸入過的 Matlab 敘述。如果這些敘述只要稍加修改就可以重複使用，則可以到這個視窗裡找到該敘述，然後利用拖曳的方式將它拉到 Command Window 內，或者是在輸入過的敘述上方按下右鍵，於出現的選單選擇 copy，然後於 Command Window 內貼上它，再進行編修即可。

1.3 使用 M 檔案編輯器輸入 Matlab 的敘述

如果要撰寫較長的程式碼，可以使用 Editor 視窗來輸入（我們稱 Editor 視窗為 M 檔案編輯器）。要開啟 M 檔案編輯器，選擇 HOME 標籤下的 New Script 選項，（在 2012b 以前的版本請選擇 File 功能表裡的 New-Script，或按工具列最左邊的 New Script）按鈕，即可開啟 M 檔案編輯器。

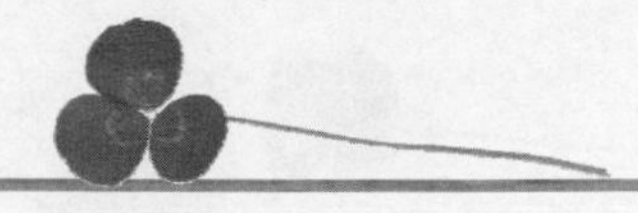

開啟編輯器之後，請建立一個新的資料夾，用來儲存我們所撰寫的 M 檔案。我們假設這個資料夾建在 C: 的根目錄下，資料夾名稱為 work。建好了之後，請在 M 檔案編輯器內輸入下面的敘述。每輸入一行，請按 Enter 鍵換行，然後再輸入下面一行：

```
clear
a=12;
b=a+log(a);
```

在上面的語法中，第一行是用來清除已使用的變數，第二行設定 $a=12$，第三行則是設定 $b=a+\log(a)$。

按 Enter 鍵時，讀者可以注意到 Matlab 並沒有執行您所鍵入的敘述，而是單純的換行。要執行它，請先將工作資料夾設成剛剛所建立的資料夾（即 C:\work），然後按 F5 鍵，此時 Matlab 會要求先將程式碼儲存起來。因為 Matlab 是以附加檔名 .m 來儲存它，所以這類的檔案稱為 M 檔案。請將它存在 C:\work 資料夾內，檔名為 test.m，此時 Matlab 即會執行這個檔案的內容：

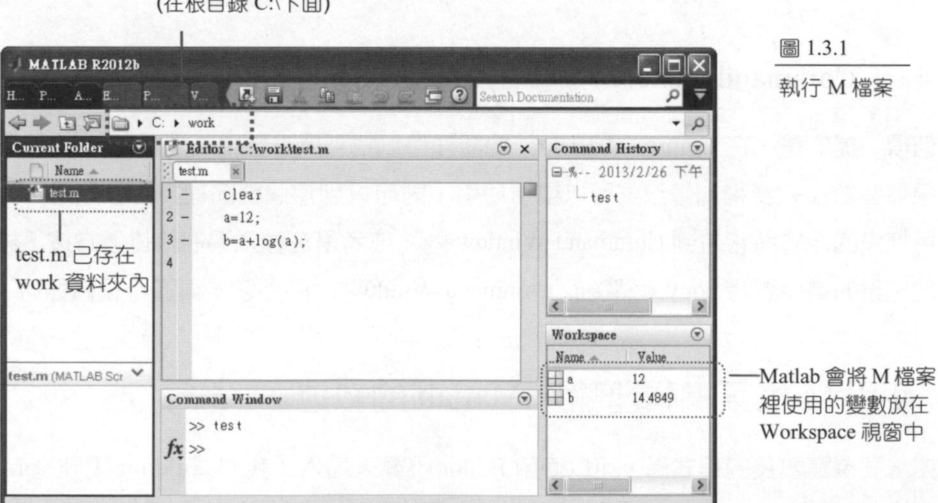

圖 1.3.1 執行 M 檔案

您也可以將 M 檔案編輯器裡的程式碼劃分為數個區塊，並指定要執行哪一個區塊的程式碼。要將程式碼劃分成區塊，只要在欲分隔的地方鍵入兩個連續的%符號即可。例如接續前面的範例，在 M 檔案編輯器裡鍵入如下的敘述：

```
%%
c=a+b;
d=log(c);
```

在您鍵入兩個連續的%符號，並按下 Enter 鍵之後，Matlab 會把程式碼分隔成上下兩個區塊，其中淡黃色的部分代表目前的工作區塊，如下圖所示：

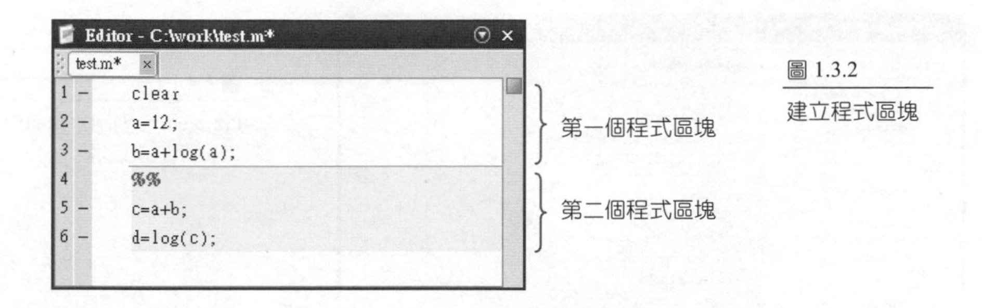

圖 1.3.2 建立程式區塊

此時如果要執行 4~6 行淡黃色的程式區塊，只要用滑鼠點選一下這個區塊（區塊會變成淡黃色），然後按下 Ctrl+Enter 鍵，此時 Matlab 會利用變數 *a* 與 *b* 的值來執行此區塊內的程式碼。注意 1~3 行的程式碼此時並不會被執行。若是要執行 1~3 行程式碼，只要用滑鼠在這個區間點選一下，然後按下 Ctrl+Enter 鍵即可。

1.4 其它的介面操作

本節我們將介紹兩個常用的操作，一個是清除視窗的內容，可用來清除變數與鍵入的內容，另一個是修改 Matlab 的工作環境，以符合自己所需。

1.4.1 清除視窗裡的內容

如果之前在Command Windows裡已鍵入一些敘述，現在想清除它，可用clc指令。clc指令是Clear Command Windows的縮寫。如果想清除Workspace裡所儲存的變數內容，可

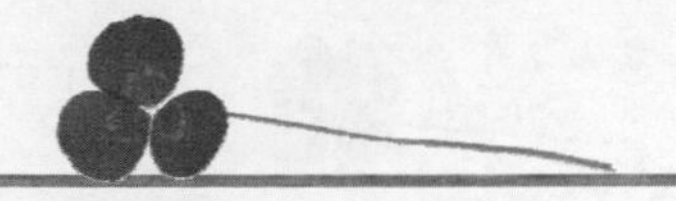

鍵入clear指令。如果您記不得這些指令，可在這些視窗上方按下滑鼠右鍵，於出現的選單裡選擇相對應的Clear指令即可。

1.4.2 設定 Matlab 的工作環境

如果想設定 Matlab 的工作環境以符合所需，可在 HOME 標籤裡選擇 Preferences（2012a 以前的版本請在 File 功能表裡選擇 Preferences 選項），此時會叫出 Preferences 對話方塊，如下圖所示：

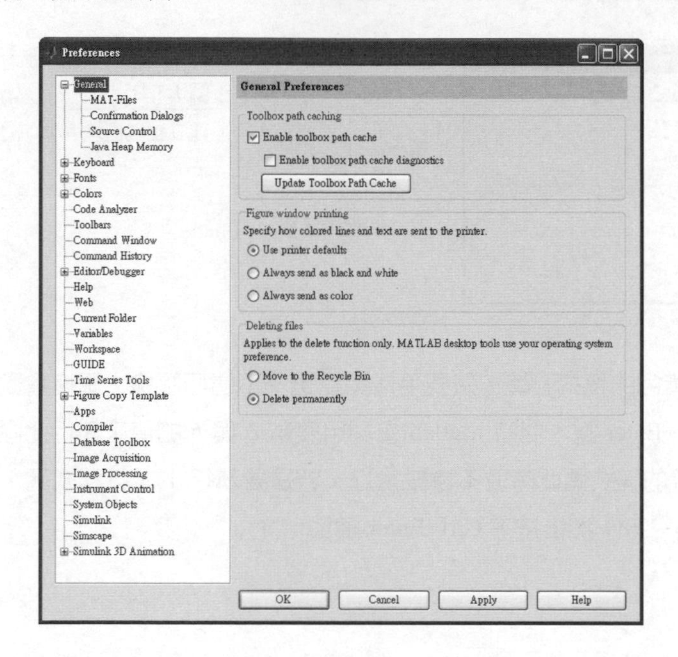

圖 1.4.1

Preferences 對話方塊可用來設定工作環境

在這個對話方塊裡，左邊的欄位可讓您選擇想要設定的項目。一旦選定之後，即可在右邊的欄位內設定相關的選項，使用起來相當的方便。

1.4.3 利用 PLOT 標籤繪圖

在 2012b 以後的版本提供了 PLOTS 標籤，內含許多內建的繪圖工具，方便您快速的進行各種圖形的繪製。本節我們舉一個實例來說明它的用法。首先，請在 Command Window 裡輸入並執行下面的敘述：

```
t=linspace(0,2*pi,120);
x=sin(t);
y=sin(2*t);
```

這 3 行敘述中，第 1 行是用來建立一個 0 到 2π，共有 120 項的等差數列，第 2 行是將這個數列進行 sin 運算，第 3 行是將數列的每一個元素乘上 2 之後，再進行 sin 運算。執行完後，請在 Workspace 視窗裡先選 t 之後，按住 Ctrl 鍵不放再選 y，然後於 PLOTS 標籤中點選 plot，此時 Matlab 立即繪出 $y = \sin(2t)$ 的圖形：

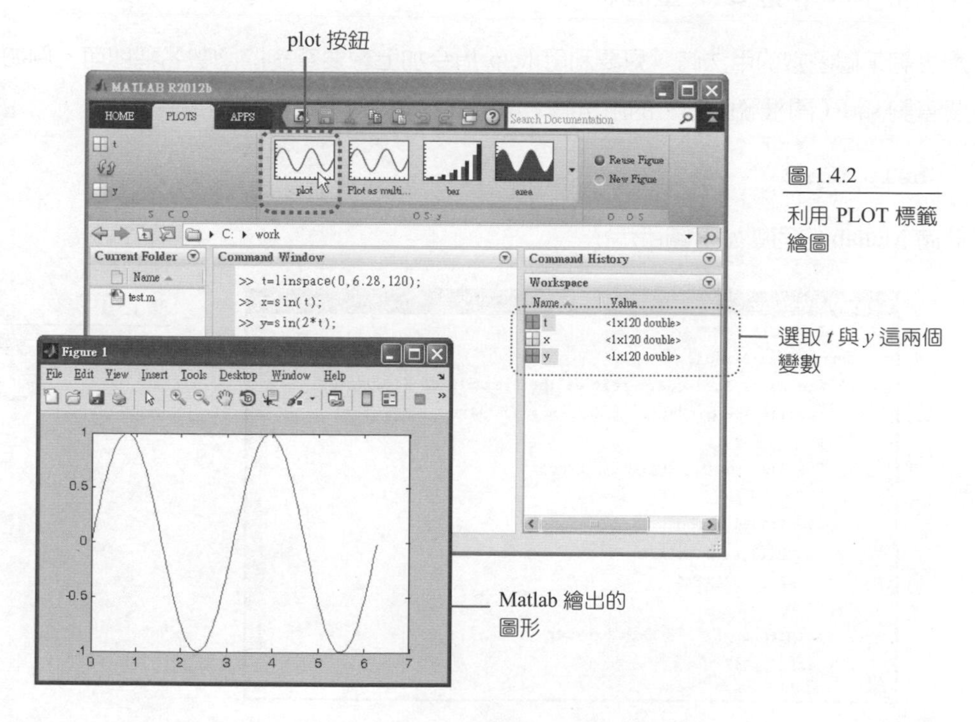

圖 1.4.2

利用 PLOT 標籤繪圖

相同的，您也可以選取 t 與 x 這兩個變數來繪圖，此時所繪出的圖形即為 $x = \sin(t)$ 的圖形。注意您必須先選取 t，再選取 x，否則繪出的圖形將會轉 90 度。讀者也可以試著選取 x 與 y 這兩個變數來繪圖，此時所繪的圖形是一個二維的參數圖。

另外，讀者可以看到 PLOTS 標籤下方按鈕的最右邊有一個向下的箭號。點選它，即可打開更多的繪圖可供選擇。稍後等到學完 Matlab 繪圖的章節之後，讀者對於這些按鈕可以有更進一步的認識。

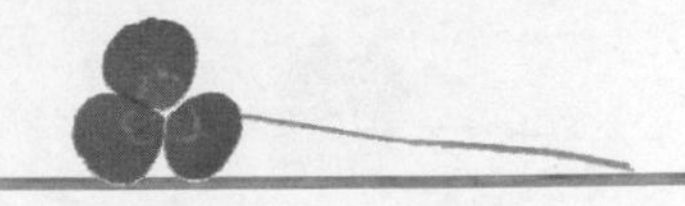

1.5 使用線上求助系統

Matlab 提供了相當豐富的函數，且每一個函數可能會有數種不同的用法，因此如果對於某個函數的語法不熟悉時，可利用線上求助系統來查詢，以協助我們對 Matlab 函數的認識與使用。

1.5.1 利用 help 指令來查詢

想查詢某個函數的用法時，只要利用 help 指令加上想要查詢的函數名稱即可。例如想要查詢 sqrt（開根號函數）的用法時，可鍵入

```
help sqrt
```

此時 Matlab 的回應如下圖所示：

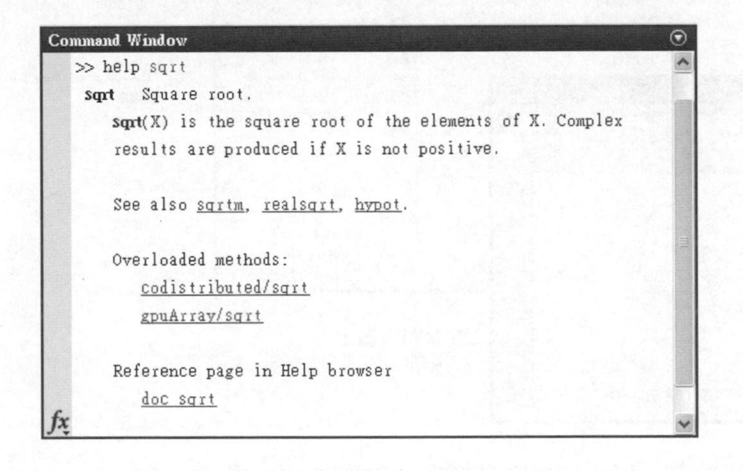

圖 1.5.1
利用 help 指令查詢 sqrt 函數的用法

本例查詢了開根號 sqrt() 函數的用法，Matlab 也回應 sqrt() 函數的概述以及它的語法。另外，與 sqrt() 相關的函數也會列在 'See also' 之後，例如 sqrtm() 即是。讀者可發現 sqrtm() 函數是藍色且畫有底線，如果您按下它，視窗上會顯示出 sqrtm() 的用法。

1.5.2 利用 doc 指令來查詢

您也可以利用 doc 指令來查詢某一個函數的用法。與 help 指令不同的是，利用 doc 查詢的函數會開啟一個 Help 視窗來呈現。例如，想要查詢 sqrt() 函數的用法時，可鍵入

```
doc sqrt
```

此時會跳出一個 Help 視窗，如下圖所示：

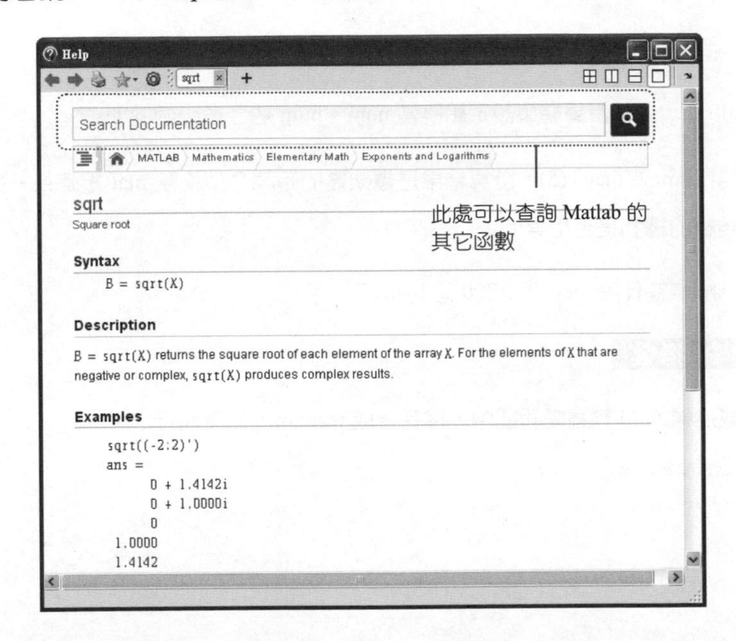

圖 1.5.2
利用 doc 查詢 sqrt 函數的用法

這個視窗同樣顯示 sqrt 的用法。如果想查詢另一個函數，只要在上方的查詢欄位裡輸入欲查詢的函數即可。另外，如果按一下 ☰ 鈕，Matlab 會開啟一個選單，此時可以利用樹狀結構的方式來查詢函數。如果按一下 🏠 鈕，則可以回到 Help 的主畫面。按下 F1 鍵，也可以帶出 Matlab 的 Help 視窗。

本章僅就 Matlab 的介面做一個初步的解說。限於篇幅的關係，本書並沒有針對每一個介面所提供的功能做解說，但您可以在 Help 視窗裡找到相關的訊息，有需要的讀者可以逕行查詢。

習 題

1.1 Matlab 簡介

1. 試連上 Matlab 的網站 http://www.mathworks.com，查看最新的相關訊息。

2. 試連上台灣鈦思科技的網站 http://www.terasoft.com.tw，（鈦思科技是台灣的 Matlab 代理公司），看看最近辦有哪些研討會，以及有哪些相關的訊息。

1.2 簡單的範例

3. 試計算 $(2+3)-4$，並把計算結果設定給變數 num。num 佔了多少個 bytes？

4. 試以 Matlab 計算 mat=magic(5)。計算結果是幾乘幾的矩陣？請檢驗 mat 矩陣每一列、每一行與對角線的總和是否相等。

5. 於上題中，試解釋為什麼 mat 佔了 200 個 bytes？

1.3 使用 M 檔案編輯器輸入指令

6. 試將下面的敘述輸入 M 檔案編輯器中，檔名存成 test2.m，然後執行之。

```
t=linspace(0,6.28,120);
y=sin(t)./t;
plot(t,y)
```

1.4 其它的介面操作

7. 試練習利用 clc 指令清除 Command Window 裡的敘述。

8. 試練習清除 Command History 視窗裡的內容，並清除 Workspace 裡的所有變數。

9. 試以 PLOTS 標籤內的 plot 按鈕，繪出 $y=\cos(2x)$ 的圖形。請用 linspace 函數建立數列 x，範圍為 $0\sim 2\pi$，元素個數為 32。您可以嘗試降低元素個數，看看圖形會有什麼變化。

1.5 使用線上求助系統

10. 試分別利用 help 與 doc 指令查詢 clc 指令的用法。

11. 如果要查詢 help 指令的用法，可鍵入 help help，請在 Matlab 裡測試之。

第二章 Matlab 基本運算

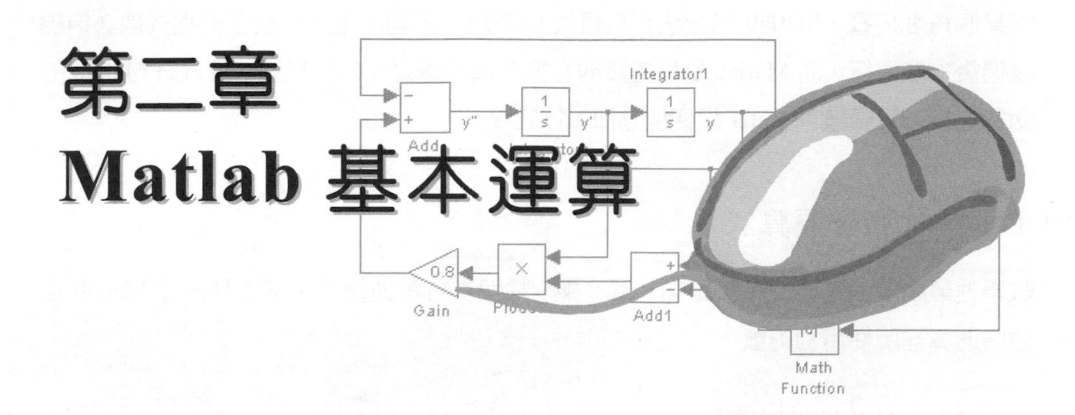

從本章開始，我們要正式學習 Matlab 的語法。除了認識 Matlab 基本語法的結構之外，本章也介紹一些數學上常用的常數與函數，同時也解說 Matlab 變數的使用規則。經由淺顯的範例，您可以學習到如何利用 Matlab 來進行基本的數學運算，並熟悉 Matlab 的操作方式。雖然本章的內容較為簡單，但它可是初次踏入 Matlab 領域裡必須學習的單元喔！

本章學習目標

- 學習 Matlab 的基本語法
- 認識 Matlab 所提供的常用函數
- 學習向量與矩陣的輸入方式

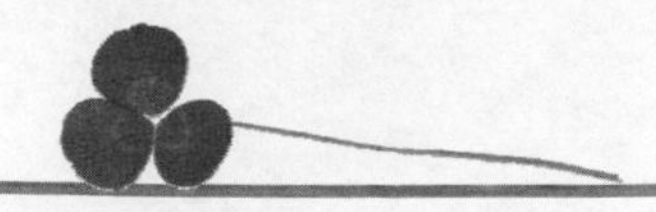

2.1 簡單的運算

從某個角度來看，Matlab 的語法有點類似 C 語言。不同的是，C 語言的程式碼必須編譯過後才能執行，而 Matlab 是採直譯的方式來進行運算，也就是說，鍵入好 Matlab 的函數之後，只要按下 Enter 鍵便能立即執行它。

2.1.1 基本的數學運算

數學裡最簡單的運算，應該是加、減、乘、除與次方等運算了！下表列出了 Matlab 在這些運算裡所使用的符號：

表 2.1.1　Matlab 的基本運算符號

運算符號	代表意義	範例
+	加法	5+3
-	減法、負號	6-4、-6
*	乘法	12*5
/	除法	6/23
^	次方	2^3

```
>> 3+5
ans =
     8
```

計算 3+5，其結果等於 8。注意 Matlab 會自動把計算的結果儲存在變數 *ans* 裡。

```
>> ans
ans =
     8
```

查詢變數 *ans* 的值，得到 8，此值也就是上一個運算的結果。

```
>> 2*3.14
ans =
    6.2800
```

計算 2×3.14，得到 6.2800。讀者可以注意到 Matlab 將計算結果顯示到小數點以下第四位。

```
>> 5/3
ans =
    1.6667
```

計算 5/3，得到 1.6667。

```
>> 2.4^12
ans =
  3.6520e+004
```

計算 2.4^{12}，得到 3.6520×10^{4}。注意 Matlab 是以「^」符號來代表次方。

在 Matlab 裡，小寫的 e 或大寫的 E 都是用來表示 10 的次方。例如 3.4e+3 或 3.4E+3 均代表 3.4×10^{3}；而 6.1e-3 或 6.1E-3 則是代表 6.1×10^{-3}，即 0.0061。

2.1.2 變數的設定與清除

我們可以把計算結果設定給一個變數（variable）存放，以方便後續的使用。在 Matlab 裡，變數名稱是由英文字母、數字或底線所組成，但開頭的第一個字元必須是英文字母，且名稱長度不能超過 32 個字元，同時 Matlab 也會區分變數的大小寫。

另外，一般編譯式的程式語言，如 C、C++ 與 Java 等，變數在使用之前必須先經過宣告（declaration），然而 Matlab 是採直譯的方式，因此變數不必宣告便可直接使用。

```
>> var1=12/64
var1 =
    0.1875
```

計算 12/64，並把其結果設給變數 *var*1。

```
>> var2=0.5^4
var2 =
    0.0625
```

計算 0.5^{4}，並把計算結果設定給變數 *var*2。

```
>> var1+var2
ans =
    0.2500
```

計算 *var*1+*var*2，得到 0.2500。

```
>> VAR1=12
VAR1 =
    12
```

設定變數 *VAR*1 的值為 12。注意 Matlab 是會區分變數的大小寫，所以此處的變數 *VAR*1 不同於稍早所定義的變數 *var*1。

```
>> var1
var =
    0.1875
```

查詢 *var*1 的值，得到 0.1875，由此可知 *var*1 與 *VAR*1 是兩個不同的變數。

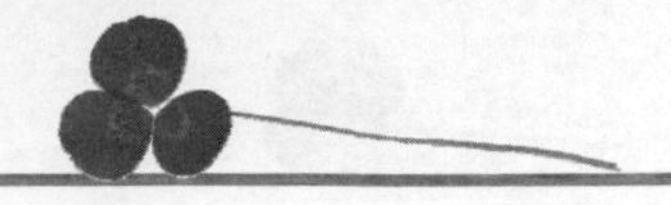

如果想查詢工作區裡有哪些變數已被定義過，可使用 who 或 whos 指令。如要清除已定義過的變數，可用 clear 指令。

表 2.1.2 查詢工作區裡所使用的變數

指 令	說 明
who	查詢於目前的工作區內，有哪些變數正在使用
whos	同 who，但會列出每一個變數詳細的資訊
whos *var*	查詢變數 *var* 的詳細資訊
clear	清除工作區內的所有變數
clear *var*	清除工作區內的變數 *var*
clc	清除指令視窗的畫面 (clc為clear command window的縮寫)

```
>> clc
```

清除「指令視窗」內所顯示的內容。注意這個指令只是把畫面清理乾淨，並不會清除變數的內容。

```
>> who
Your variables are:
VAR1  ans   var1  var2
```

利用 Matlab 所提供的 who 指令，可查詢於目前的工作區內，有哪些變數正在使用。

```
>> whos

Name  Size  Bytes Class Attributes
VAR1   1x1      8  double
ans    1x1      8  double
var1   1x1      8  double
var2   1x1      8  double
```

whos 指令的功用同 who，但會詳細列出每一個變數的大小(size)、所佔的位元組(bytes)、型態(class)與屬性(attributes)。注意 attributes 是用來顯示變數是否具有全域變數或複數等屬性。因為目前的變數不具這些屬性，所以這個欄位也就空白。

於上面的輸出中，每一個變數的 size 皆顯示1×1，這是由於 Matlab 把這些變數都看成是大小為1×1的矩陣（matrix）。另外，因每一個變數的型態皆為 double，而 double 型態佔了 8 個位元組，所以每一個變數均佔了 8 個位元組。至於 Matlab 提供了哪些資料型態，本書稍後會有詳細的探討。

```
>> clear
```

clear 指令可清除工作區內所使用的變數。

```
>> whos
```

查詢工作區內所使用的變數，Matlab 沒有任何的回應，代表工作區內的變數已全部被清除掉。

2.1.3 永久常數

Matlab 定義了一些常數，以方便輸入特定的數值，這些常數稱為永久常數（permanent constant），例如 Matlab 以 pi 代表圓周率，其值為 3.14159265358979。

表 2.1.3 Matlab 所使用的永久常數

永久常數	說 明
pi	圓周率，$\pi = 3.14159265358979$
inf 或 Inf	無限大 (∞)
i,j	虛數 (imaginary number)
NaN 或 nan	不存在的數 (not a number)
realmax	系統所能表示之最大數值，其值為 1.797693134862316e+308
realmin	系統所能表示之最小數值，其值為 2.225073858507201e-308

```
>> pi
ans =
    3.1416
```

Matlab 以 pi 代表圓周率 π。常數 pi 應有 16 個數字的精度，但因預設的顯示方式只有 5 個數字的精度，因此左式只回應 3.1416。本章稍後將會介紹如何修改預設的顯示精度。

```
>> realmax
ans =
  1.7977e+308
```

查詢系統所能表示之最大數值，得到 1.7977×10^{308}。相同的，Matlab 只以 5 個數字的精度來顯示它。

```
>> 12/0
ans =
   Inf
```

計算 12/0，因除數為 0， Matlab 回應 Inf 這個常數，代表其結果為無限大。

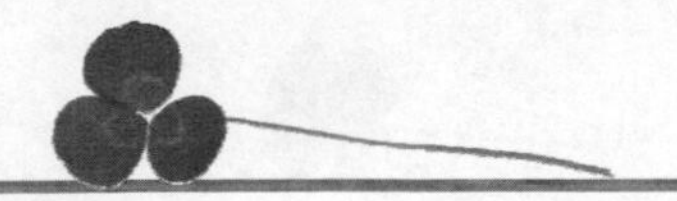

```
>> 0/0
ans =
   NaN
```

於數學上，0/0 是無意義的，因此 Matlab 回應了常數 NaN，代表其計算結果並非一個數值。

Matlab 的永久常數已定義於系統內，雖然如此，您還是可以去更改它的定義。不過只要重新啟動 Matlab，或是利用 clear 指令清除永久常數的內容時，它們便會回到原來系統所設定的數值。

```
>> pi=3.14
pi =
    3.1400
```

設定 pi 的值為 3.14。設定之後，往後的運算皆會把 pi 的值視為 3.14，而非原先的 3.1416。

```
>> 2*pi
ans =
    6.2800
```

計算 2π，得到 6.2800。

```
>> clear pi
```

清除 pi 的定義，此時 pi 的值會回歸到原先系統的設定值。

```
>> pi
ans =
    3.1416
```

查詢 pi 的值，得到 3.1416，由此可確定 pi 的值已被設回到原先系統的定義了。

2.2 常用的數學函數

Matlab 常用的數學函數可以概分為三角（trigonometric）、指數（exponential）、複數（complex）、捨位（rounding）與其它等五大類別，本節將分別介紹它們的基本數學定義，以及如何利用 Matlab 來計算它們。

2.2.1 三角函數

Matlab 所提供的三角函數有兩種版本，一個是以角度（degree）為單位，另一個是以徑度（radian）為單位，這兩種函數的差別只在於以角度為單位的三角函數，其函數名稱後面多了一個英文字母 d，代表 degree 之意。

表 2.2.1 三角函數與反三角函數

數學函數	說 明
sin, cos, tan, cot, sec, csc	三角函數（單位為徑度）
asin, acos, atan, acot, asec, acsc	反三角函數（單位為徑度）
sind, cosd, tand, cotd, secd,cscd	三角函數（單位為度）
asind, acosd, atand, acotd, asecd, acscd	反三角函數（單位為度）

```
>> sin(0.1)
ans =
   0.0998
```

計算 sin(0.1)，其中 0.1 是徑度。

```
>> sind(90)
ans =
     1
```

計算 $\sin(90^\circ)$，得到 1。注意 sind() 裡的引數 90，其單位是角度。

```
>> asind(1)
ans =
    90
```

計算 $\sin^{-1}(1)$，結果為 90°。

```
>> tan(pi/2)
ans =
  1.6331e+016
```

$\tan(\pi/2)$ 的值應為 $\pm\infty$，但因 Matlab 在取 pi 的值時，會有小數點上的極小誤差，而導致運算結果是一個很大的數，而不是無限大。

```
>> tand(90)
ans =
   Inf
```

如果是計算 $\tan(90^\circ)$，因 90 是整數，Matlab 不會有計算上的誤差，因此回應 Inf，代表運算結果是無限大。

雙曲線函數（hyperbolic function）雖是由指數（exponential）函數所組成，但因它們的許多性質（如微分、積分等）與三角函數相似，因此通常被視為廣義的三角函數。下表列出了 Matlab 所提供的雙曲線函數與反雙曲線函數：

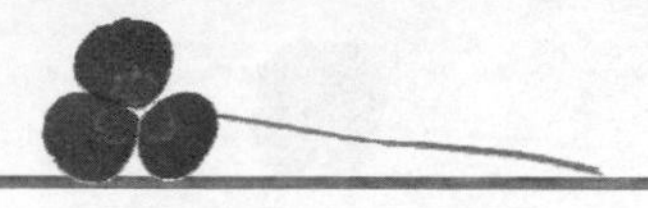

表 2.2.2 雙曲線函數與反雙曲線函數

數學函數	說 明
sinh, cosh, tanh, coth, sech, csch	雙曲線函數
asinh, acosh, atanh, acoth, asech, acsch	反雙曲線函數

```
>> sinh(0.2)
ans =
   0.2013
```

計算雙曲線正弦函數 sinh(0.2)，得到 0.2013。

```
>> acosh(5)
ans =
   2.2924
```

計算反雙曲線餘弦函數 $\cosh^{-1}(5)$，得到 2.2924。

2.2.2 與指數運算相關的函數

Matlab 提供了一些函數，可用來計算指數、對數、開根號以及開 n 次方等運算。我們把這些函數整理如下：

表 2.2.3 指數與對數函數

數學函數	說 明
exp(x)	自然指數函數，計算 e^x
log(x)	計算 x 的自然對數（以 e 為底）
log2(x)	計算 x 的對數（以 2 為底）
log10(x)	計算 x 的對數（以 10 為底）
sqrt(x)	開根號函數，計算 $\sqrt{x}$
nthroot(x,n)	開 n 次方函數，計算 $\sqrt[n]{x}$

值得一提的是，Matlab 並沒有提供以任意數為底的對數函數，因此如果要計算以 b 為底，x 的對數，可以利用恆等式 $\log_b x = \log x / \log b$ 來計算。

```
>> exp(1)
ans =
   2.7183
```

計算 e^1，得到 2.7183。

```
>> log(exp(5.32))
ans =
   5.3200
```

log() 與 exp() 互為反函數，所以 log($e^{5.32}$) 的結果為 5.3200。

```
>> log2(1024)
ans =
   10
```

計算 $\log_2 1024$，得到 10。

```
>> nthroot(3,5)
ans =
   1.2457
```

3 開 5 次方，也就是計算 $\sqrt[5]{3}$，得到 1.2457。讀者可自行驗證，計算一下 1.2457 的 5 次方是否等於 3。

```
>> log(12)/log(8)
ans =
   1.1950
```

計算 $\log_8 12$，得到 1.1950。

2.2.3 與複數運算相關的函數

複數的標準型式為 $z = a + b\,i$，其中 a 稱為複數的實部（real part），而 b 稱為複數的虛部（imaginary part）。Matlab 是以小寫的 i 或 j 來表示 $\sqrt{-1}$。

表 2.2.4　與複數運算相關的函數

數學函數	說 明
abs(z)	計算 z 的絕對值。若 z 為複數，則計算 z 的模數（modulus）
angle(z)	計算複數 z 的幅角（argument）
complex(a,b)	建立複數，並指定實部為 a，虛部為 b
conj(z)	求出複數 z 的共軛複數（conjugate complex）
imag(z)	取出複數 z 的虛部（imaginary part）
real(z)	取出複數 z 的實部（real part）

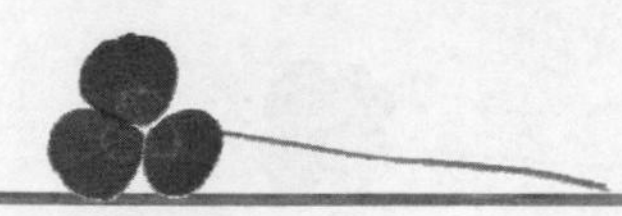

```
>> z1=3+4i
z1 =
   3.0000 + 4.0000i
```

設定複數 $z1 = 3 + 4i$。

```
>> z2=6+i
z2 =
   6.0000 + 1.0000i
```

設定複數 $z2 = 6 + i$。注意左式中的變數 i，因為之前並沒有設定任何的值給它，因而 Matlab 會把它解讀成虛數 i。

```
>> z1*z2
ans =
  14.0000 +27.0000i
```

計算二個複數的乘積 $z1 \times z2$。

```
>> angle(z2)
ans =
    0.1651
```

這是複數 $z2$ 的幅角。

```
>> conj(z2)
ans =
   6.0000 - 1.0000i
```

這是複數 $z2$ 的共軛複數。

```
>> imag(3+4j)
ans =
     4
```

Matlab 也會把小寫字母 j 解讀成虛數。左式是取出複數 $3 + 4j$ 的虛數部分。

在使用複數時，如果變數 i（或 j）已被設值，此時只要 i（或 j）之前緊鄰一個數字，則 Matlab 還是會把它解譯成虛數，如下面的範例：

```
>> i=4
i =
     4
```

設定變數 i 等於 4。

```
>> 3+5i
ans =
   3.0000 + 5.0000i
```

於左式中，因變數 i 之前緊鄰數字 5，所以 Matlab 會把 3+5i 解譯成複數。

```
>> 6+i
ans =
    10
```

於左式中，因變數 i 之前並沒有數字緊鄰，所以 Matlab 會把 i 當成是一般的變數來取其值，得到 4，與 6 相加後，得到 10。

```
>> 6+1i
ans =
   6.0000 + 1.0000i
```

如果要表示複數 $6+i$，只要在 i 之前加上一個數字 1 就可以了。

```
>> complex(6,1)
ans =
   6.0000 + 1.0000i
```

當然，您也可以利用 complex() 來建立複數，如此就可以避免掉變數 i 已被定義過所造成的錯誤。

2.2.4 捨位與取餘數函數

在計算數學式時，有時常會為了特定的需求，必須做一些捨位的運算，例如四捨五入即是。下表列出了 Matlab 所提供的函數，可用來做捨位的處理：

表 2.2.5　捨位與取餘數函數

數學函數	說 明
fix(x)	捨棄數值 x 的小數部份
floor(x)	取出小於或等於 x 的最大整數
ceil(x)	取出大於或等於 x 的最小整數
round(x)	以四捨五入的方法取出最靠近 x 的整數
rem(x,y)	取出 x/y 的餘數（remainder）

```
>> fix(3.8)
ans =
     3
```

捨棄 3.8 的小數部分，得到 3。

```
>> floor(3.8)
ans =
     3
```

取出小於或等於 3.8 的最大整數，得到 3。floor 是地板的意思，取其意就是在 3.8 之下的整數，那當然是整數 3 囉！

```
>> ceil(3.8)
ans =
     4
```

取出大於或等於 3.8 的最小整數，得到 4。ceil 是 ceiling（天花板）的縮寫，取其意就是在 3.8 之上的整數，那就是整數 4 了！

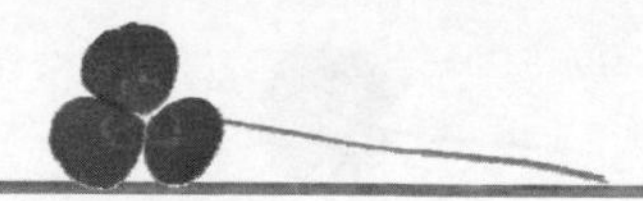

```
>> round(4.49)
ans =
     4
```

將 4.49 四捨五入，得到 4。

```
>> rem(16.2,5)
ans =
     1.2000
```

計算 16.2/5 的餘數，得到 1.2000。

```
>> fix(16.2/5)
ans =
     3
```

如要計算 16.2/5 的商，可以先計算 16.2/5 的值，再捨棄小數部分即可。

2.2.5 其它常用的函數

另外，Matlab 也提供了一些常用的數學函數，因它們不屬於前面的四個類別，因此放在本節來作介紹。

表 2.2.6 其它常用的數學函數

數學函數	說 明
abs(x)	計算 x 的絕對值（absolute value）
factor(x)	求出整數 x 的所有質因數（prime factors）
factorial(x)	計算 x 的階乘（factorial）
gcd(a,b)	計算 a 與 b 的最大公因數（greatest common divisor）
lcm(a,b)	計算 a 與 b 的最小公倍數（least common multiplier）
primes(x)	找出小於等於 x 的所有質數（prime）
isprime(x)	查詢整數 x 是否為質數，若是，則回應 1，否則回應 0

```
>> factor(525)
ans =
     3     5     5     7
```

分解整數 525，得到 [3,5,5,7]，代表整數 $525=3\times5\times5\times7$。注意 3, 5, 7 這三個數都是質數，所以稱它們為 525 的質因數。

```
>> factorial(6)
ans =
   720
```

計算 6 的階乘，即 $1\times2\times3\times4\times5\times6$，得到 720。

```
>> lcm(12,165)
ans =
   660
```

計算 12 與 165 的最小公倍數。

```
>> primes(15)
ans =
     2     3     5     7    11    13
```

找出小於或等於 15 的所有質數。

```
>> isprime(89)
ans =
     1
```

測試 89 是否為質數，Matlab 回應 1，代表它是質數。

2.3 陣列

陣列（array）是由相同資料型態的元素所組成的一種資料結構。陣列依其維度（dimension），可分為一維、二維與多維陣列。在數學上，一維陣列稱為向量（vector）；二維陣列稱為矩陣（matrix），本書也將依循這個慣例來稱呼它們。

向量可再細分為列向量（row vector）與行向量（column vector），如果向量是一個橫列，則稱之為列向量；若是直行，則稱為行向量。列向量可看成是只有一個橫列的矩陣；相同的，行向量也可看成是只有一個直行的二維矩陣，因此列向量與行向量皆可視為矩陣的特例。

$$\begin{bmatrix} 2 & 6 & 8 & 3 \end{bmatrix}$$ —— 這是列向量，但也可看成是大小為 1×4（1 列 4 行）的矩陣

$$\begin{bmatrix} 1 \\ 7 \\ 4 \end{bmatrix}$$ —— 這是行向量，但也可看成是大小為 3×1（3 列 1 行）的矩陣

$$\begin{bmatrix} 3 & 9 & 0 & 1 \\ 2 & 4 & 4 & 2 \\ 7 & 7 & 9 & 2 \end{bmatrix}$$ —— 這是 3×4（3 列 4 行）的矩陣（二維陣列）

圖 2.3.1

一維陣列(向量)與二維陣列(矩陣)的示意圖

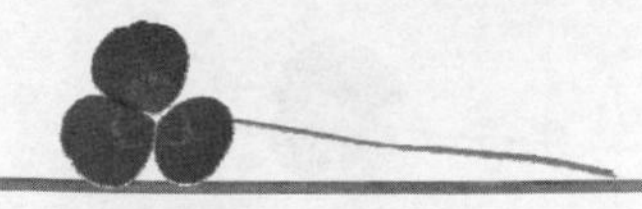

2.3.1 一維陣列（向量）

Matlab 的向量是以一維陣列來表示。在輸入向量時，必須以方括號將向量裡所有的元素括起來。於列向量裡，元素與元素之間可以用空白鍵，或者是用逗號來隔開；行向量則是以分號來隔開元素。

```
>> v1=[1 2 3 4]
v1 =
     1     2     3     4
```

這是具有 4 個元素的向量，由於它是一個橫列，所以是一個列向量。注意元素與元素之間是以空白鍵隔開。

```
>> v2=[5,6,7,8]
v2 =
     5     6     7     8
```

列向量元素與元素之間也可以用逗號來隔開。習慣上，本書多數的範例均是以空白鍵來隔開元素。

```
>> v3=[3;1;4]
v3 =
     3
     1
     4
```

如要建立一個行向量，可利用分號將每一個元素隔開。讀者可以觀察到，左式的輸出是一個直行。

```
>> whos v2
Name   Size  Bytes  Class   Attributes
  v2   1x4   32     double
```

利用 whos 指令查詢列向量 $v2$，從輸出的 size 欄位中，可以看出 $v2$ 的大小是 1×4，由此可知 Matlab 把向量 $v2$ 看成是 1×4 的矩陣來處理。

```
>> whos v3
Name   Size  Bytes  Class   Attributes
  v3   3x1    24    double
```

利用 whos 指令查詢行向量 $v3$，讀者可以看出其大小是 3×1。

Matlab 也提供了一些簡單的指令，以方便建立列向量與行向量。

表 2.3.1 建立向量的指令

指令	說明
$a:b$	從 a 到 b，間距為 1，建立一個列向量
$a:step:b$	從 a 到 b，間距為 $step$，建立一個列向量

指令	說 明
linspace(a,b)	從 a 到 b，建立一個具有 100 個元素的列向量
linspace(a,b,n)	從 a 到 b，建立一個具有 n 個元素的列向量
length(v)	查詢向量 v 的元素個數
v'	將向量 v 轉置，也就是列向量變行向量，行向量變列向量

```
>> 5:10
ans =
     5     6     7     8     9    10
```

從 5 到 10，間距為 1，建立一個向量。注意本例的輸出是一個列向量，且每一個元素的間距值為 1。

```
>> 10:-1:6
ans =
    10     9     8     7     6
```

間距也可以是負數。本例是建立一個 10 到 6，間距為 −1 的向量。

```
>> 0:0.5:3.2
ans =
  Columns 1 through 4
         0    0.5000    1.0000    1.5000
  Columns 5 through 7
    2.0000    2.5000    3.0000
```

從 0 到 3.2，間距為 0.5，建立一個向量。於本例中，向量的範圍雖指定 0 到 3.2，但因間距設為 0.5，因此向量的最後一個元素只會到 3，不會到 3.2。

另外，若 Matlab 用來顯示輸出的視窗不夠大，則會出現如左邊"Columns m through n"的字樣，告訴您下面的輸出是第幾行到第幾行。如果視窗足以顯示出所有的輸出，則 Matlab 就不輸出此一提示的字串。

```
>> linspace(0,2*pi,8)
ans =
  Columns 1 through 4
         0    0.8976    1.7952    2.6928
  Columns 5 through 8
    3.5904    4.4880    5.3856    6.2832
```

從 0 到 2π，建立一個具有 8 個元素的向量。

```
>> v4=(0:3)'
v4 =
     0
     1
     2
     3
```

0:3 可建立一個具有 4 個元素的列向量，其中單引號（'）是一個運算子，它可將列向量轉置（transpose），變成行向量。

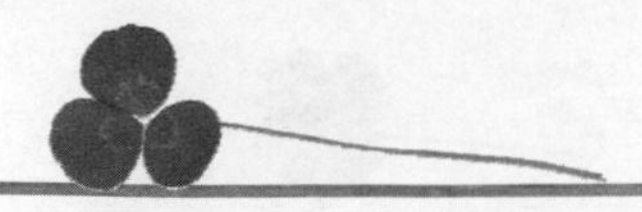

```
>> length(v4)
ans =
    4
```

利用 length() 函數查詢 $v4$ 的個數，得到 4，由此可知 $v4$ 是一個具有 4 個元素的向量

有趣的是，對某些數學函數而言，如果其引數是一個向量或矩陣，則 Matlab 會把此數學函數作用到向量或矩陣裡的每一個元素。

```
>> sin(0.1)
ans =
    0.0998
```

於左式中，sin() 裡的引數是一個數值。

```
>> sin([3 1;5 2])
ans =
    0.1411    0.8415
   -0.9589    0.9093
```

於左式中，sin() 裡的引數是一個矩陣，此時 sin() 會作用到這個矩陣裡的每一個元素。Matlab 的矩陣表示法將在下一小節中介紹。

```
>> exp([1;2;3;4])
ans =
    2.7183
    7.3891
   20.0855
   54.5982
```

於左式中，[1;2;3;4] 是一個行向量，數學函數也可以作用到行向量裡的每一個元素。由上一個範例與本例可知 Matlab 在建立矩陣時，每一個橫列裡的元素是以空白鍵（或逗號）隔開，橫列與橫列之間則是以分號隔開。

向量在 Matlab 裡扮演著不可或缺的角色。例如在繪製二維函數圖形時，便必須利用 x 與 y 座標所組成的向量來完成：

```
>> x=linspace(-2*pi,2*pi,50);
```

從 -2π 到 2π，建立一個具有 50 個元素的向量，並把它設定給變數 x。讀者可以注意到在左式的最後面刻意加上一個分號，這個分號是用來告訴 Matlab 只做運算，但不要把運算結果顯示出來，以簡潔畫面。

```
>> y=sin(x);
```

把向量 x 裡的每一個元素都進行 sin 運算，再把運算結果設給變數 y。相同的，左式的最後面也加上一個分號，以避免長串的運算結果輸出。

```
>> plot(x,y)
```

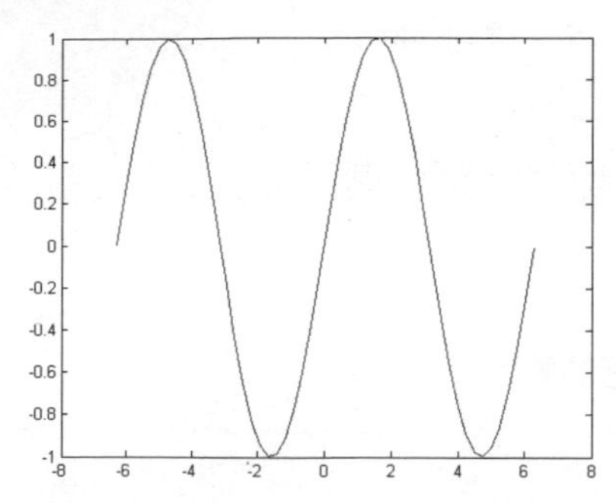

利用向量 x 與 y 繪出 $y = \sin(x)$ 的二維函數圖。關於 Matlab 的繪圖函數，請參閱本書第 5 章的說明。

另外，Matlab 提供了一些相當好用的函數，可用來計算向量裡元素的總和、乘積，以及取出陣列裡的最大值、最小值與排序等運算。

表 2.3.2　基本的向量處理函數

函 數	說 明
sum(*v*)	計算向量 *v* 的總和（summation）
prod(*v*)	計算向量 *v* 的乘積（product）
max(*v*)	取出向量 *v* 的最大值
min(*v*)	取出向量 *v* 的最小值
sort(*v*)	將向量 *v* 裡的元素由小到大排序
sort(*v*,'descend')	將向量 *v* 裡的元素由大到小排序
cumsum(*v*)	計算向量 *v* 的累加（cumulative sum）
cumprod(*v*)	計算向量 *v* 的累乘（cumulative product）

```
>> v1=[6 7 1 4 5]
v1 =
     6     7     1     4     5
```

設定 $v1$ 為具有 5 個元素的向量。

```
>> sum(v1)
ans =
    23
```

計算向量裡，所有元素的總和。

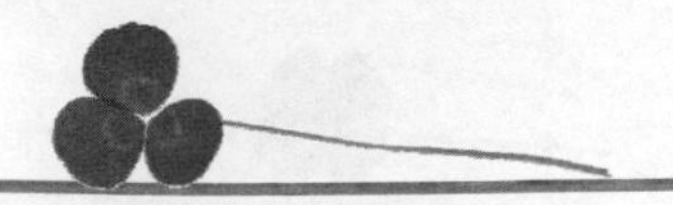

```
>> prod(v1)
ans =
  840
```

計算向量 $v1$ 裡，所有元素的乘積，即計算 $6\times7\times1\times4\times5$，得到 840。

```
>> sort(v1,'descend')
ans =
     7     6     5     4     1
```

將向量裡的元素由大到小排序。

```
>> max(v1)
ans =
     7
```

找出向量裡的最大值。

```
>> cumsum(v1)
ans =
     6    13    14    18    23
```

計算向量 $v1$ 的累加，Matlab 會回應元素累加的結果。事實上，左式是相當於計算下面的式子：

$[6, 6+7, 6+7+1, 6+7+1+4, 6+7+1+4+5]$

在本節中所提到的 max()、min()與 sort() 函數，它們不僅可以分別找出最大值、最小值或排序元素，同時也可以傳回這些元素的所在位置。

表 2.3.3　可傳回位置資訊的 max(), min() 與 sort() 函數

函數	說明
[val,ind]=max(*v*)	傳回 *v* 的最大值 *val* 與其位置 *ind*
[val,ind]=min(*v*)	傳回 *v* 的最小值 *val* 與其位置 *ind*
[val,ind]=sort(*v*)	排序向量 *v*，同時傳回元素相對應的原始位置

```
>> val=max(v1)
val =
     7
```

$v1$ 的最大值為 7，因此 max(v1)傳回 7，並由 *val* 接收，因此 *val* 的值為 7。您也可以把左式寫成 [*val*]=max(*v*1)，但方括號可以省略。

```
>> [val,ind]=max(v1)
val =
     7
ind =
     2
```

如果同時指定 max() 函數有兩個輸出（本例為 *val* 與 *ind*），則第 1 個引數可接收最大值，第 2 個引數則接收最大值的所在位置。因此由左邊的輸出可知，最大值是位於向量 $v1$ 的第 2 個位置。

```
>> [~,ind]=max(v1)
ind =
     2
```

在某些情況下，如果只需要知道最大值的位置，而不需要知道其值時，可以在最大值的輸出位置（即第 1 個位置）鍵入~符號，如此 Matlab 就不會把最大值設定給某一個變數存放。

```
>> [val,ind]=min(v1)
val =
     1
ind =
     3
```

從左邊的輸出可知，*v*1 的最小值是 1，它是位於向量 *v*1 的第 3 個元素。

```
>> [val, ind]=sort(v1)
val =
     1     4     5     6     7
ind =
     3     4     5     1     2
```

將 v1 排序，並傳回排序後，每一個元素的原始位置。左邊的輸出可解讀成最小的元素是 1，其原始位置是 v1 的第 3 個元素。次小的元素是 4，原始位置是 v1 的第 4 個元素，以此類推。

2.3.2 二維陣列（矩陣）

在數學上，我們稱二維陣列為矩陣（matrix）。矩陣可看成是一維陣列的擴充，一個 $m \times n$ 的矩陣代表這個矩陣有 m 個橫列，n 個直行。要建立一個矩陣，同一個橫列的元素用空白或逗號隔開，列與列之間用分號隔開就可以了。

```
>> m1=[1 3 4; 3 5 7]
m1 =
     1     3     4
     3     5     7
```

這是一個大小為 2×3（2 列 3 行）的矩陣。注意在建立矩陣時，每一橫列的元素必須以空白（或逗號）隔開，而每一直行則必須以分號隔開。

```
>> m2=[2,3,1,4; 4,8,5,0; 3,3,1,2]
m2 =
     2     3     1     4
     4     8     5     0
     3     3     1     2
```

這是一個 3×4（3 列 4 行）的矩陣。於本例中，我們以逗號分開每一個橫列的元素。

Matlab 提供了一些函數，可用來查詢陣列的維度，以及陣列元素的個數，如下表所列：

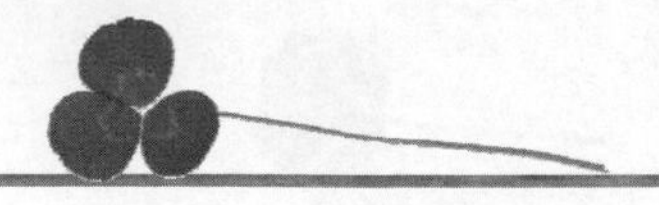

表 2.3.3 用來查詢陣列相關資訊的函數

函數	說明
size(*m*)	查詢陣列 *m* 的大小
length(*m*)	傳回行數與列數之間，較大的數
ndims(*m*)	查詢陣列 *m* 的維度 （ndims 為 number of dimensions 的縮寫）
numel(*m*)	查詢陣列 *m* 元素的總數（numel 為 number of elements 的縮寫）

```
>> size(m2)
ans =
   3     4
```

查詢 *m2* 的大小，得到 [3 4]，由此可知 *m2* 是一個 3×4 的陣列。

```
>> length(m2)
ans =
   4
```

因為 *m2* 是 3 列 4 行的陣列，所以 length() 函數回應 4。

```
>> ndims(m2)
ans =
   2
```

ndims() 函數可找出陣列的維度（number of dimensions）。因 *m2* 為 3×4 的陣列，故其維度為 2。

```
>> numel(m2)
ans =
  12
```

numel() 可找出陣列裡所有元素的總數。因 *m2* 是 3×4 的陣列，故其陣列元素的總數為 $3\times4=12$ 個。

```
>> size([1 2 3 4])
ans =
   1     4
```

查詢向量 [1 2 3 4] 的大小，Matlab 回應1×4，代表 Matlab 把這個向量看成是 1 列 4 行的矩陣。

```
>> ndims([1 2 3 4])
ans =
   2
```

即使 [1 2 3 4] 是向量，但 Matlab 還是以二維陣列的方式來記錄它，因此 ndims() 回應其維度為 2。

有趣的是，即使是單一的一筆資料，Matlab 還是把它看成是一個二維陣列，只是這個陣列的大小是1×1，也就是只有一個橫列與一個直行的二維陣列。

```
>> a=12;
```

設定變數 a 的值為 12。

```
>> size(a)
ans =
     1     1
```

查詢變數 a 的大小，Matlab 回應 1×1，代表 Matlab 把變數 a 看成是一列一行的矩陣。

現在我們已經知道，無論是一個數值或是一維陣列，Matlab 均把它們看成是二維陣列的一個特例，並以二維陣列的格式來存放。

```
>> a=[12]
a =
    12
```

設定 a=[12]。這種設定方式與設定 a=12 是完全相同的，但多半我們不會利用這種方式來設定。

```
>> size(a)
ans =
     1     1
```

查詢 a 的維度，Matlab 回應 1×1。由此可知，設定 a=12 和設定 a=[12]，對於 Matlab 來說這兩種寫法是完全一樣的。

```
>> b=[]
b =
     []
```

有趣的是，Matlab 也允許設定一個空的陣列，也就是陣列裡不包含任何的元素。空陣列在 Matlab 裡有其實質上的應用，在稍後的章節會有詳細的介紹。

```
>> size(b)
ans =
     0     0
```

查詢陣列 b 的維度，Matlab 回應 0×0，代表它是一個空的陣列。

在表 2.3.2 所提及的向量處理函數，如 sum()、max() 與 sort() 等，一樣可以作用在矩陣裡。所不同的是，這些函數會把矩陣的每一個直行當成它們的引數，然後再進行運算。

```
>> m=[1 2 3 4; 4 3 1 6; 5 3 7 1]
m =
     1     2     3     4
     4     3     1     6
     5     3     7     1
```

定義 m 為一個 3×4 的矩陣。

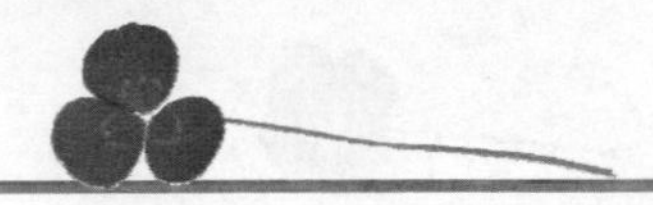

```
>> sum(m)
ans =
   10      8     11     11
```

sum() 函數會把矩陣的每一個直行當成引數來處理，因此 sum 會計算1+4+5，得到 10，再計算 2+3+3，得到 8，以此類推，計算完畢後，再把結果以一個列向量輸出。

```
>> sum(sum(m))
ans =
    40
```

sum(*m*)的計算結果是矩陣 *m* 裡每一行元素之和，sum(sum(*m*))則是再把 sum(*m*)的結果作加總，這個運算相當於計算矩陣 *m* 所有元素之和。

```
>> max(m)
ans =
     5     3     7     6
```

相同的，如果 max() 函數的引數是一個矩陣，則 max() 會找出矩陣裡，每一個直行元素的最大值。

```
>> sort(m)
ans =
     1     2     1     1
     4     3     3     4
     5     3     7     6
```

如果 sort() 函數的引數是一個矩陣，則 sort() 會以行為單位，將每一行的元素排序。

```
>> cumsum(m)
ans =
     1     2     3     4
     5     5     4    10
    10     8    11    11
```

於此例中，cumsum() 函數會把矩陣 *m* 的每一直行做累加的運算。

只要陣列的維度多於二維，我們就稱之為多維陣列（multi-dimensional array）。Matlab 也可以建立多維陣列，但由於建立的方式較為特殊，同時也必須熟悉陣列索引值（index）的操作才能建立，因此我們把它留到後面的章節再作探討。

習 題

2.1 簡單的運算

1. 試計算下列各式：

(a) $45+53.2$　(b) 3.1416×2　(c) 6.25^3

(d) $(-1.25)^{0.3}$　(e) $(-4.83)^{-1.6}$　(f) $(-2)^{0.5}$

2. 試計算下列各式，並說明所得之結果所代表的意義：

(a) $\infty\times 2$　(b) $12/\infty$　(c) $10\times$ realmax

(d) realmin+1　(e) 2*pi　(f) 0/0

2.2 常用的數學函數

3. 試計算下列各式：

(a) $\sin(\pi/4)$　(b) $\cos^{-1}0.5$　(c) $\log 1.2$

(d) $\log_4 12$　(e) $(4i+3)/(5i+2)$　(f) $e^{i\pi}$

(g) $\sqrt{36}$　(h) $\log_{10}1000$　(i) $\sqrt[3]{101}$

4. 試計算 12, 35 與 73 這三個數的最大公因數與最小公倍數。

5. 試判別數字 512767 是否為質數，並找出其所有的質因數。

6. 試找出所有小於 100 的質數。這些質數共有幾個？請用 length() 函數來計算。

7. 試求出小於等於 $e^{5.2}$ 的最大整數。

8. 試求出 564/73 的餘數。

9. 試計算 12 的階乘。

2.3 陣列

10. 試計算列向量 [1,5,12,19,23] 的總和與平均。

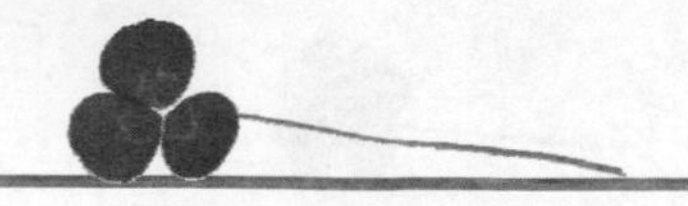

11. 試計算行向量 [1;4;6;8;9] 的乘積。

12. 試找出列向量 [4,8,9,3,6] 裡最小的元素與其位置。

13. 試建立一個 1~100，間距為 1 的向量，並計算其總和。

14. 試將向量 [2,7,9,3,1] 由大到小排列。

15. 試建立一個具有 12 個元素，範圍為 $0 \sim 2\pi$ 的向量，並將所有的元素進行 sin 運算。

16. 設向量 v=[0, 12, 17, 21, 13, 67, 88, 61]，試依序作答下列的問題：

    (a) 試問 v 是一個行向量或是列向量？

    (b) 試找出向量 v 的大小與維度。

    (c) 將列向量 v 轉置成行向量。

    (d) 將向量 v 由大到小排序。

    (e) 找出向量 v 的最大值與最小值。

    (f) 計算向量 v 的累加。

17. 設矩陣 m=[0 3 7 2; 2 4 6 1; 9 4 1 6]，試依序作答下列的問題：

    (a) 試找出矩陣 m 的大小與維度。

    (b) 試找出矩陣 m 元素個數的總數。

    (c) 計算矩陣 m 所有元素的總和。

    (d) 找出矩陣 m 最大的元素值。

第三章 資料型態與輸出控制

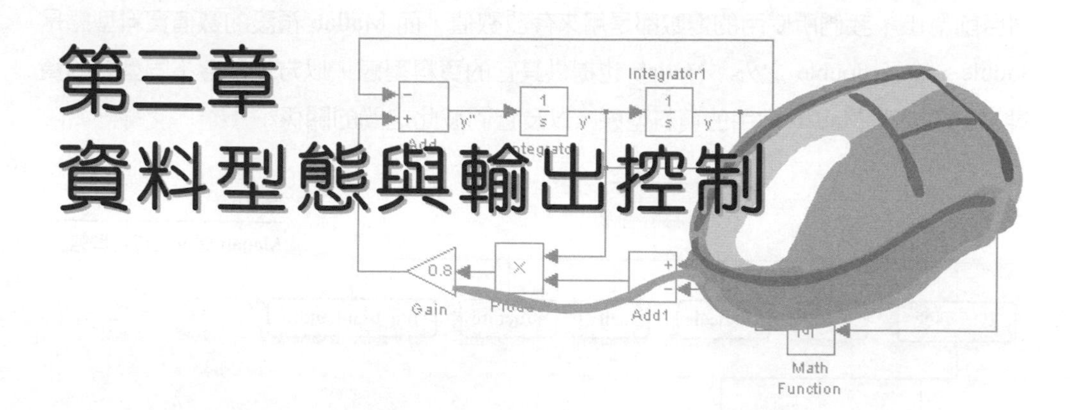

與其它程式語言一樣，Matlab 也提供了各種資料型態，以因應不同的需求。本章我們將學習 Matlab 所提供的資料型態、各種型態之間的轉換，以及 Matlab 的輸出顯示控制。學習完本章，您可以瞭解如何選擇適當的資料型態來存放變數，以及控制 Matlab 的輸出，以符合實際運算時的需要。

本章學習目標

- 認識 Matlab 的基本資料型態
- 練習資料型態的轉換
- 學習如何控制 Matlab 的輸出格式
- 學習使用 fprintf() 函數來控制輸出

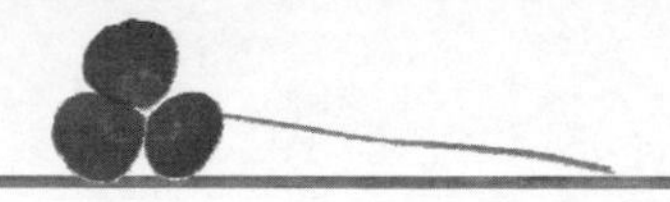

3.1 Matlab 的資料型態

到目前為止，我們所使用的變數都是用來存放數值，而 Matlab 預設的數值資料型態是 double。除了 double 之外，Matlab 也提供其它的資料型態，以方便儲存不同型態的資料。下圖繪出 Matlab 常用的資料型態，以及它們彼此之間的關係：

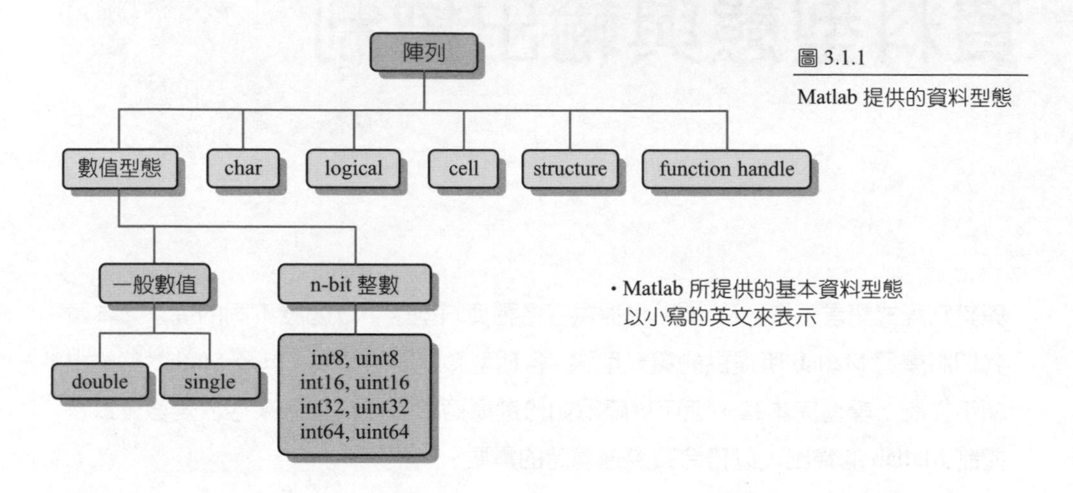

圖 3.1.1

Matlab 提供的資料型態

我們知道，Matlab 裡的每一筆資料均是以陣列（array）的方式來表示，因此在圖 3.1.1 裡陣列的位置是在所有資料型態的最上層，用來表示這個陣列可以是數值（numeric）、字元（char）、邏輯（logical）、多質（cell）、結構（structure）、函數握把（function handle）等型態。

本節僅就數值、字元與邏輯這三種型態做一個初步的解說，關於其它的型態，在本書稍後的章節裡會更深入的討論。

3.1.1 數值資料型態

數值資料型態（numeric data type）可概分為「一般數值」與「n-bit 整數」兩大類。本節先從一般的數值型態談起。

& 一般數值型態

「一般數值」依其精度，可分為 single（單精度）與 double（倍精度）兩種型態。到目前為止，我們所使用的數值都是屬於 double 型態。

表 3.1.1 單精度與倍精度型態

資料型態	說 明	位元組	最大的正數	最小的正數
single	單精度	4	3.4028×10^{38}	1.1755×10^{-38}
double	倍精度	8	1.7977×10^{308}	2.2251×10^{-308}

一般而言，double 型態的數值比 single 型態的數值佔用較大的記憶空間，但相對的，double 可表示的範圍也較 single 大。利用 single() 或 double() 這兩個函數，即可將數值轉換成 single 或 double。

```
>> a=12.4
a =
   12.4000
```

設定 a=12.4。Matlab 預設是把所有的數值都看成是 double，因此可知變數 a 的型態是 double，且佔了 8 個 bytes。

```
>> whos a
Name Size Bytes  Class  Attributes
 a    1x1    8   double
```

查詢變數 a 的性質。由 Matlab 的輸出中，我們可以確定變數 a 是 double 型態，且佔了 8 個 bytes。

```
>> b=single(3.8)
b =
    3.8000
```

將數值 3.8 轉為 single 型態，並設給變數 b 存放，因此變數 b 的型態為 single。

```
>> whos b
Name Size Bytes  Class  Attributes
  b   1x1    4   single
```

查詢變數 b 的性質。從左式的輸出可以確定變數 b 的型態是 single，且佔了 4 個 bytes。

```
>> single(6.24e49)
ans =
   Inf
```

將數值 6.24×10^{49} 轉換成 single 型態，因 6.24×10^{49} 已經超出 single 所能容許的範圍，於是 Matlab 回應 Inf，代表無限大之意。

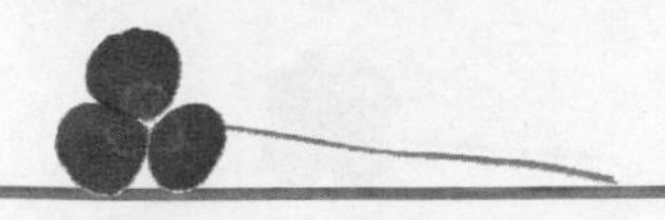

```
>> m1=single([1 2 3 4 5])
m1 =
   1    2    3    4    5
```

採用 single 型態的目的，多半是為了節省記憶空間。例如左式是將一維陣列以 single 型態來儲存，相較於 double，如此可以節省一半的記憶空間。

```
>> whos m1
Name Size Bytes  Class  Attributes
  m1  1x5    20   single
```

single 型態只佔 4 個 bytes，所以陣列 *m*1 共佔 20 個 bytes。如果 *m*1 是以 double 的型態來儲存，則將會佔掉 40 個 bytes。

一般而言，Matlab 所提供的數學函數可以同時作用在 double 或 single 型態的變數上。此外，若double型態的變數與single型態的變數做加減乘除等運算時，Matlab會把double型態的變數降為 single，然後再與 single 型態的變數做運算，因而所得的結果也會是single 型態。

不過，把 double 型態的變數降轉為 single 時，可能會因為降低精度而失去一些位數，所以除非必要，否則不要進行這種轉換。

```
>> c=sin(b)
c =
   -0.6119
```

於左式中，我們計算 sin(*b*)的值，由於變數 *b* 是 single 型態，因此計算的結果也會是 single 型態。

```
>> d=a+b
d =
   16.2000
```

將 double 型態的變數 *a* 加上 single 型態的變數 *b*，其結果為 single 型態。讀者可利用 whos 指令自行驗證，看看變數 *d* 的型態是否為 single。

```
>> format long g;
```

將顯示格式修改為 long g，以便將數值裡的所有位數顯示出來。關於 format 指令的用法，我們將在本章稍後提及。

```
>> sin(a)
ans =
    -0.165604175448309
```

計算 sin(*a*)。由於 *a* 是 double 型態，因此 Matlab 會用 15 個位數的小數來顯示它。

```
>> sin(b)
ans =
    -0.6118578
```

計算 sin(*b*)。由於變數 *b* 是 single 型態，Matlab 只用 4 個 bytes 來存放它，因此左式只顯示了 7 位小數。

```
>> format
```

將輸出格式設回 Matlab 的預設格式。

& n-bit 整數型態

n-bit 整數可分為有號（signed）與無號（unsigned）兩種，所謂的有號，是指整數可有正負數的存在，而無號則只容許正數。無論是有號或無號整數，依其大小可分為 8、16、32 與 64 個位元（bits）的整數，如下表所列：

表 3.1.2　n-bit 整數型態

資料型態	說明	位元組	最小值	最大值
int8	8-bit 整數	1	−128	127
uint8	8-bit 無號整數	1	0	255
int16	16-bit 整數	2	−32768	32767
uint16	16-bit 無號整數	2	0	65535
int32	32-bit 整數	4	−2147483648	2147483647
uint32	32-bit 無號整數	4	0	4294967295
int64	64-bit 整數	8	−9223372036854775808	9223372036854775807
uint64	64-bit 無號整數	8	0	18446744073709551615

n-bit 整數通常是用在數值資料只能以整數呈現的場合，例如一張 8-bit 的灰階影像，裡面的每一個像素的灰階均是以 0~255 之間的數值來表示，此時這張 8-bit 的灰階影像就可以利用 uint8 這種資料型態來儲存。

利用 n-bit 整數的資料型態名稱，即可將其它型態的數值轉換成 n-bit 型態的整數。

```
>> m=[13 120 30; 36 42 112]
m =
    13   120    30
    36    42   112
```

這是一個 2×3 之 double 型態的陣列。因每一個 double 型態的變數佔了 8 個 bytes，所以陣列 *m* 一共佔了 $6 \times 8 = 48$ 個 bytes。

```
>> m1=uint8(m)
m1 =
   13  120   30
   36   42  112
```

將陣列 *m* 轉換成 uint8 型態。因 uint8 型態只佔 1 個 byte，於是陣列 *m*1 只佔 6 個 bytes。由此可知，適時的利用 n-bit 型態的整數，可節省相當可觀的記憶體空間。

```
>> uint8([12 300 -250])
ans =
   12  255    0
```

將一維陣列轉換成 uint8 型態。注意因 uint8 型態的範圍是從 0~255，因此轉換的過程中，大於 255 的數會被設成 255，小於 0 時會被設成 0。

在 Matlab 裡，n-bit 整數是設計用來存放影像資料（請參閱本書 21 章），或者是用在其它特殊時機（例如節省記憶體空間）。n-bit 型態的整數只能做一些簡單的四則運算，部分 Matlab 數學函數並不能直接作用在它們身上。

```
>> a=uint8(2)
a =
    2
```

設定 2 為 8-bit 的無號整數。

```
>> a-3
ans =
    0
```

a 減 3 的結果應為 −1，但因無號整數的最小值為 0，所以左式還是顯示 0。

```
>> sqrt(a)
Undefined function 'sqrt' for input arguments of type 'uint8'.
```

嘗試把 8-bit 的無號整數 *a* 開根號。因 Matlab 的 sqrt() 函數只適用在 single 或 double 型態的數值，因而左式回應一個錯誤訊息。

```
>> int8(120)+int16(250)
Error using  +
Integers can only be combined with integers of the
same class, or scalar doubles.
```

左式是嘗試把 int8 型態的數值與 int16 型態的數值相加。然而在 n-bit 資料型態裡，只要是型態不同，便不能彼此做四則運算，因而左式回應一個錯誤訊息，告訴我們無法進行加法運算。

```
>> uint8(12)+uint8(64)
ans =
  76
```

因為相加的二個數值都是 8-bit 的無號整數的型態，因而可進行相加運算。

```
>> uint8(12)^3
ans =
  255
```

計算 8-bit 無號整數 12 的 3 次方。12 的 3 次方應為 1728，但因 8-bit 的無號整數的最大值為 255，因而 Matlab 會自動把運算結果設為 uint8 型態的上限，也就是 255。

```
>> 2^60
ans =
  1.1529e+18
```

在左式中，數字 2 並沒有指定任何型態給它，因此預設是 double，所以左式計算 2^{60} 的運算結果也是 double。如果 double 型態的數字過大，Matlab 會以指數型式來顯示它。

```
>> int64(2)^60
ans =
  1152921504606846976
```

先將 2 轉成 int64，再計算 2^{60} 。因為運算結果是一個 64-bit 的整數，所以 Matlab 會完整呈現它的計算結果。

& 查詢數值資料型態的範圍

Matlab 提供了一些好用的函數，可用來查詢每一種數值資料型態所能表示的範圍。這些函數列表如下：

表 3.1.3 查詢數值資料型態所能表示的範圍的函數

函數	說明
realmax('*data type*')	查詢所指定之一般數值資料型態的最大值，其中 *data type* 可為 single 或 double
realmin('*data type*')	同 realmax，不過是查詢最小的正數

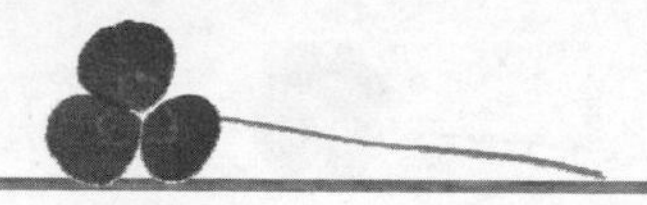

函數	說明
intmax('*data type*')	查詢所指定之整數資料型態的最大正整數，其中 *data type* 可為 int8、int16、int32、int64、uint8、uint16、uint32 或 uint64 任何一個
intmin('*data type*')	同 intmax，不過是查詢最小的整數
class(*var*)	查詢變數 *var* 的資料型態

```
>> realmax('double')
ans =
  1.7977e+308
```

這是 double 型態可容許的最大值。

```
>> realmin('single')
ans =
  1.1755e-38
```

這是 single 型態可容許的最小值。

```
>> intmax('int64')
ans =
  9223372036854775807
```

這是 int64 型態可容許的最大值。

```
>> class(500)
ans =
double
```

在 Matlab 中，數字預設的型態為 double，因此在本例中，您可以得到數字 500 的型態為 double。

```
>> a=uint8(500)
a =
  255
```

將數字 500 轉換成 uint8，並設定給變數 *a* 存放。注意 uint8 的最大值為 255，因此 *a* 的值為 255。

```
>> class(a)
ans =
uint8
```

利用 class() 查詢 *a* 的值，得到 uint8，因此可知變數 *a* 的型態為 uint8。

3.1.2 字元資料型態

與其它的程式語言一樣，Matlab 也提供了字元資料型態（character data type）。在 Matlab 裡，字元是以成對的單引號括起來，且每一個字元佔了兩個 bytes。

```
>> ch='A'
ch =
A
```

設定變數 *ch* 為字元 'A'。注意字元 'A'必須用單引號括起來。

```
>> whos('ch')
Name Size Bytes  Class  Attributes
  ch   1x1    2     char
```

查詢字元變數 *ch* 的資訊，讀者可以發現，*ch* 佔了兩個位元組，且型態為 char。

```
>> double(ch)
ans =
    65
```

利用 double() 函數可將字元變數 *ch* 轉成它的 ASCII 碼。事實上，利用 abs() 一樣可以取出字元變數 *ch* 的 ASCII 碼。

```
>> char(65)
ans =
A
```

利用 char() 函數可以將 ASCII 碼轉換成字元。

```
>> ch+1
ans =
    66
```

將 *ch* 加 1，此時，Matlab 會先把字元變數 *ch* 轉成 ASCII 碼，再將其值加 1，所以得到 66。

```
>> char(66)
ans =
B
```

將 ASCII 碼 66 轉換回字元，得到字元'B'。

```
>> char(65:90)
ans =
ABCDEFGHIJKLMNOPQRSTUVWXYZ
```

65:90 可建立一個 65 到 90，間距為 1 的向量。65~90 是字元 A~Z 的 ASCII 碼，因此左式的輸出為字元 A~Z。

```
>> str='a string'
str =
a string
```

單引號也可以將數個字元包圍起來，成為一個字串 (string)。

```
>> asc=double(str)
ans =
  97 32 115 116 114 105 110 103
```

double() 函數可將字串裡的每一個字元轉換成相對應的 ASCII 碼。

```
>> char(asc)
ans =
  a string
```

相反的，char() 函數可將 ASCII 碼換回相對應的字元。

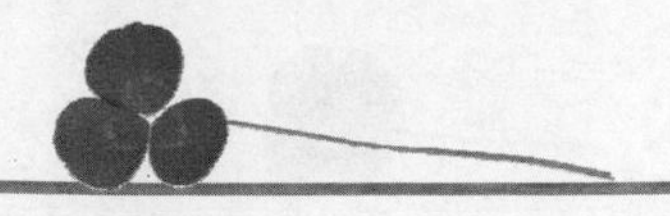

3.1.3 邏輯資料型態

邏輯資料型態（logical data type）是用來表示邏輯運算的結果。Matlab 是以 1 代表運算結果為 true，而以 0 代表運算結果為 false。邏輯資料型態的變數，其大小只佔了一個位元組的記憶空間。

其實您對於邏輯資料型態應不陌生！稍早介紹過可用來測試是否為質數的 isprime() 函數，它所回應的數值其型態即為邏輯資料型態。

```
>> t1=isprime(13)
t1 =
     1
```

測試 13 是否為質數。Matlab 回應 1， 代表 13 是質數。注意 Matlab 所回應的 1 是邏輯資料型態，而非 double 或 n-bit 整數型態。

```
>> whos t1
Name Size Bytes  Class   Attributes
  t1 1x1    1    logical
```

查詢變數 *t*1，由 Matlab 的輸出可以得知 *t*1 的型態是 logical。

```
>> t2=(3>6)
t2 =
     0
```

測試 3 是否大於 6，得到 0，代表此測試不成立。注意於 Matlab 回應的 0 其型態也是 logical，而非 double。左式的「>」符號是屬於 Matlab 的關係運算子，這個部分我們在第 8 章裡會有更詳盡的說明。

```
>> t3=0
t3 =
     0
```

設定 *t*3=0。因為我們沒有指定此處的 0 是什麼型態，於是 Matlab 會以預設的 double 型態來處理，所以 *t*3 的型態是 double。

```
>> t4=logical(t3)
t4 =
     0
```

利用 logical() 函數，即可將 double（或其它型態）轉換成邏輯資料型態。

```
>> logical(-7)
ans =
     1
```

不是 0 的數值，在經過 logical 轉換之後均會變成 1，因此本例的運算結果為 1。

```
>> logical([12 1 0 -9.4])
ans =
     1     1     0     1
```

12 與 –9.4 均不是 0，因此這兩個數值經過 logical 轉換之後會變成 1。

3.2 控制 Matlab 的顯示方式

在 Matlab 裡，您可以利用一些小技巧，或者是利用內建的指令來控制 Matlab 的計算結果，例如以較多的位數來顯示運算結果，或者是隱藏運算結果，而不作任何輸出等。

3.2.1 顯示或不顯示運算結果

如果想在同一行裡撰寫數個 Matlab 的敘述，這些敘述只要用逗號隔開即可。如果不想讓 Matlab 的運算結果在螢幕上，則可在敘述的後面加上分號。

表 3.2.1 控制顯示或不顯示運算結果

敘述型式	說 明
敘述 1, 敘述 2, 敘述 3;	執行敘述 1~3，但敘述 3 的結果不顯示
敘述 1; 敘述 2; 敘述 3;	執行敘述 1~3，且每一個結果均不顯示

```
>> a=3,b=4,c=5;
a =
     3
b =
     4
```

設定 $a=3, b=4, c=5$。我們在 $a=3$ 與 $b=4$ 這兩個敘述之後加上逗號，因此 Matlab 會回應運算結果。另外，我們在 $c=5$ 敘述之後加上分號，因此這個敘述的運算結果就不會被顯示出來。

```
>> x=3;y=4;z=5
z =
     5
```

不輸出前兩個敘述的運算結果，但輸出最後一個敘述的運算結果。

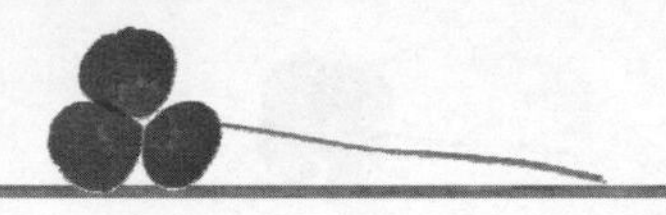

```
>> p=primes(1000);
```

適時的利用分號可有效的避免一長串的輸出。例如左式是用來求取小於等於 1000 的所有質數，其結果是一長串的質數。讀者可試著拿掉敘述後面的分號，看看 Matlab 的回應結果。

```
>> length(p)
ans =
   168
```

計算向量 p 的長度，回應 168，由此可知共有 168 個質數小於等於 1000。

```
>> max(p)

ans =
   997
```

向量 p 的最大值為 997，因此可知小於 1000 的最大質數為 997。

3.2.2 指令跨行的控制

到目前為止，我們所撰寫的 Matlab 敘述均沒有遇到跨行的情形。如果 Matlab 的敘述較長而無法撰寫在同一行時，則可利用跨行符號「...」（連續三個點），來告訴 Matlab 此處是以跨行的方式來撰寫。

```
>> sin(1.4)-cos(3.14)*12+...
   tan(0.2)
ans =
   13.1881
```

計算 $\sin(1.4)-\cos(3.14)\times 12+\tan(0.2)$。因為這個數學式較長，因此可以利用跨行符號「...」將輸入的敘述跨行。

```
>> sin(1.4)-cos(3.14)*12 ...
   +tan(0.2)
ans =
   13.1881
```

如果敘述很長需要跨行時，若是跨行符號的前面是一個數字（本例中是數字 12），則必須和數字以一個空白隔開，以免 Matlab 將它解讀成是小數點。讀者可試著將本例的空白拿掉，觀察 Matlab 的回應。

```
>> A=[200 300 500; 400 600 700;...
      100 400 300]
A =
   200   300   500
   400   600   700
   100   400   300
```

左式輸入了一個二維矩陣。因矩陣元素較多，無法在同一行鍵入所有的元素，此時一樣可利用跨行符號「...」來跨行輸入。

3.2.3 資料輸出格式的控制

稍早我們提及在 Matlab 中，數值預設的型態是 double。Matlab 在顯示 double 型態的數值時，如果是不超過 9 位的整數，Matlab 便會全數輸出它；若是大於 9 位的整數，則 Matlab 會以指數的型式來表示。如果是帶有小數的數值，只要是數值大於等於 1000，或者是小於等於 0.001，Matlab 就會以指數的型式來表示。另外，Matlab 預設是以 4 個位數的小數來顯示帶有小數的數值。

```
>> 123456789
ans =
   123456789
```

這是具有 9 個位數的整數，Matlab 會顯示所有的位數。

```
>> 1234567890
ans =
  1.2346e+09
```

如果整數位數超過 9 個，則 Matlab 會以指數的型式來表示。左式的整數具有 10 個位數。

```
>> 123.456
ans =
  123.4560
```

左式的數值帶有小數，因其值小於 1000，所以 Matlab 以一般的格式來顯示它。另外，讀者可觀察到 Matlab 以四位小數來顯示。

```
>> 1234.56
ans =
  1.2346e+03
```

因 1234.56 大於 1000，所以 Matlab 改以指數的型式來表示。注意在左式的指數表示方式中，Matlab 還是以四個位數來顯示小數的部分，因此小數的最後一個位數是用四捨五入來處理。

```
>> 0.00138
ans =
    0.0014
```

0.00138 大於 0.001，所以 Matlab 並沒有用指數的型式來表示，但小數部份只會取 4 位，且最後一個小數位數是用四捨五入來處理。

```
>> 0.0008912
ans =
  8.9120e-04
```

0.0008912 小於 0.001，於是 Matlab 把它顯示成指數型式。

利用 format 指令，我們也可以更改預設的數值顯示方式。下表列出 Matlab 所提供的 format 指令格式，利用這些指令便可輕鬆地控制 Matlab 的輸出格式。

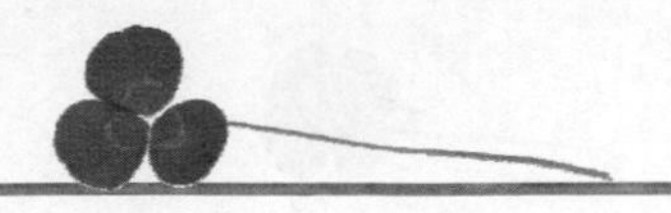

表 3.2.2 控制 Matlab 的輸出格式

格式指令	說 明
format	Matlab 的預設格式，數值的小數部分是以 4 個位數來顯示。當數值是整數時，若位數小於或等於 9，則以整數來顯示，否則以指數的型式來表示
format short	精簡格式，其格式同 format
format short g	若數值為整數，格式同 format，若數值帶有小數，則以總共 5 個位數（整數加小數）來顯示數值部分
format short e	若數值為整數，格式同 format，若數值帶有小數，以指數的型式來顯示
format long	完整格式，以 16 個位數來顯示數值。若數值大於 100 或小於 0.001，則以指數型式來表示
format long g	完整格式，以整數位數加小數位數，共 15 個位數來顯示數值
format long e	完整格式，以指數型式來顯示完整格式
format compact	簡潔格式，即在指令輸入與結果輸出之間不留任何空行
format loose	寬鬆格式，即在指令輸入與結果輸出之間空一行

```
>> 100*sqrt(2)
ans =
   141.4214
```

計算$100\sqrt{2}$。注意左式的輸出是採用 Matlab 預設的格式，也就是小數部份以 4 個位數來顯示。

```
>> format short g
```

將顯示格式更改為 short g。

```
>> 100*sqrt(2)
ans =
   141.42
```

再次計算$100\sqrt{2}$，現在 Matlab 以總共 5 個位數的格式來顯示它。

```
>> format short e
```

將顯示格式修改為 short e。

```
>> 100*sqrt(2)
ans =
   1.4142e+02
```

現在 Matlab 改以指數的型式來顯示$100\sqrt{2}$ 。

```
>> format long; 100*sqrt(2)
ans =
  1.414213562373095e+02
```

設定顯示格式為 long，再計算$100\sqrt{2}$。因其結果大於 100，因此 Matlab 以具有 16 個位數精度的指數型式來顯示它。

```
>> format long g; 100*sqrt(2)
ans =
    141.42135623731
```

設定顯示格式為 long g，再計算$100\sqrt{2}$。現在 Matlab 改以 15 個位數的精度來顯示它。讀者可以觀察到，左式的輸出只有 14 個位數，這是因為最後一個數字是 0 之故。

```
>> format
```

將輸出格式設回 Matlab 預設的格式。

```
>> sqrt(2)
ans =
  1.4142
```

計算$\sqrt{2}$，現在 Matlab 以預設的格式來顯示。

```
>> format compact; sqrt(2)
ans =
  1.4142
```

如果希望 Matlab 的輸出較為緊密，以便能夠顯示更多的運算結果，則可以把格式設為 compact，如此指令輸入與結果輸出之間便不會留下任何空行。

```
>> format loose; sqrt(2)

ans =

    1.4142
```

如果將顯示格式設為 loose，則 Matlab 會以較寬鬆的格式來顯示運算結果，也就是在指令輸入與結果輸出之間均空上一行。

```
>> format
```

將輸出格式設回 Matlab 預設的格式。

3.3 使用 fprintf() 函數進行格式化輸出

如果想對變數進行格式化的列印，可用 fprintf() 函數。fprintf() 的用法類似 C 語言裡的 printf() 函數，它可以把數值格式化後列印在螢幕上，或者是寫入檔案中。fprintf() 的語法如下：

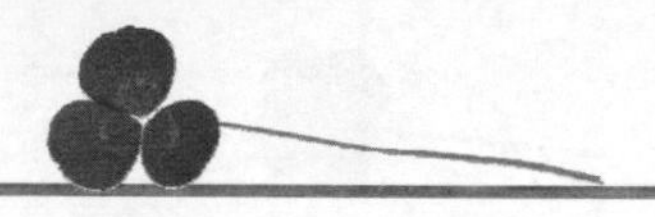

表 3.3.1 格式化列印函數 fprintf() 的語法

函數	說 明
fprintf('*str*',e_1,e_2,…)	依格式字串*str*所記載的格式碼，依序將e_1,e_2填入*str*中列印出來。下面列出了格式字串裡常用的格式碼： **%c**：列印字元 **%s**：列印字串 **%*m*d**： 以 *m* 個欄位的寬度列印整數，若省略 *m*，則以最精簡的格式來列印 **%*m.n*f**：以 *n* 個小數位數，總共 *m* 個欄位的寬度列印數值，若省略 *m.n*，則以 6 個位數的小數來列印 **%*m.n*e**：同上，但以指數型式來列印數值 **%*m.n*g**：以 *m* 個欄位，*n* 個有效位數來列印數值。如果省略 *m.n*，則以最精簡的格式來列印

另外，在 fprintf() 內也可以利用反斜線加上一個字元，用來表示較特殊，或無法直接列印出來的字元，這些特殊字的字元列表如下：

表 3.3.2 用於 fprintf() 裡的特殊字元

特殊字元	說 明
\n	換行
\t	跳格
''	印出單引號
\\	印出反斜線
%%	印出百分比符號

```
>> a=22; b=3.14159; c='@';
```

分別設定 *a*=22, *b*=3.14159, *c*='@'。

```
>> fprintf('a=%6.3f\n',a);
a=22.000
```

以%6.3f 的格式印出變數 *a* 的值，因此 fprintf() 會以 6 個欄位與小數點以下 3 位的格式來印出 *a* 的值。

```
>> fprintf('b=%5.2f\n',b);
b= 3.14
```

以 5 個欄位，小數點以下兩位印出變數 *b* 的值。注意小數點本身也佔一個欄位。

下圖簡單的說明了格式碼的使用範例。注意圖中的 \n 是換行符號，當 fprintf() 讀取到換行符號時，會把游標移到下一行的開頭之處。

```
a=22;
fprintf('a=%6.3f\n',a);
```

a	=	2	2	.	0	0	0	\n

%6.3f，佔 6 個欄位，小數點以下 3 位

```
b=3.14159;
fprintf('b=%5.2f\n',b);
```

b	=		3	.	1	4	\n

%5.2f，佔 5 個欄位，小數點以下 2 位

圖 3.2.1 格式碼的使用範例

```
>> fprintf('a=%5d, b=%7.4f\n',a,b);
a=   22, b= 3.1416
```

分別以指定的欄位列印變數 *a* 與 *b*。

```
>> fprintf('c=%c\n',c);
c=@
```

列印字元 *c*。

```
>> fprintf('\n');
```

列印換行字元。左式的用法相當於在螢幕上換行。

```
>> fprintf('my name is %s.\n','Tippi')
my name is Tippi.
```

%s 是印出字串的格式碼，因此左式會把字串 'Tippi' 列印於%s 的位置。另外，\n 是換行字元，因此左式會在印出整個字串後便換行。

```
>> fprintf('sqrt(5)=%6.3f\n',sqrt(5))
sqrt(5)= 2.236
```

左式的格式字串裡有一個格式碼%6.3f，因此 sqrt(5) 的計算結果便會以 6 個欄位的寬度，3 個小數點的格式來列印它。

```
>> fprintf('log(%4.2f)=%f\n',2,log(2))
log(2.00)=0.693147
```

於本例中，數字 2 會以%4.2f 的格式，也就是以 4 個欄位，2 個小數位數來列印。而 log(2) 的值則是以 %f 的格式列印，因沒有指定欄位寬度與小數位數，所以用預設的 6 個小數位數列印。

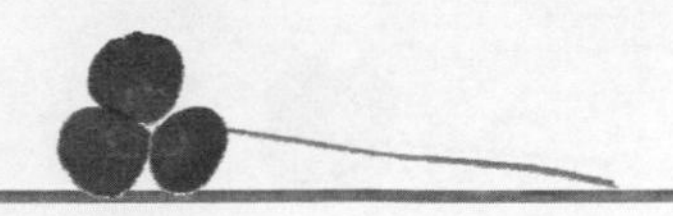

```
>> fprintf('It''s Sunday.\n')
It's Sunday.
```

如要印出單引號，則只要打上連續兩個單引號即可。另外，本例只是單純的要印出字串，並沒有其它數值要填入字串中，所以格式字串之後就不必再填上其它引數。

如果想列印的數有可能是整數，或是帶有小數的浮點數時，那麼可以使用%g 這個格式碼，它不會在小數點之後補上 0，因此可讓數字看起來更為簡潔。

```
>> fprintf('%f\n',2.94)
2.940000
```

以%f 列印 2.94，fprintf 會自動在數字之後補上 0，使得小數位數湊滿 6 位。

```
>> fprintf('%f\n',256)
256.000000
```

以%f 列印 256（不帶有小數點），fprintf 會在小數點後面補上 6 個 0。

```
>> fprintf('%g\n',2.94)
2.94
```

如果是以%g 列印 2.94，fprintf 會直接印出這個數字，而不會在數字後面補上 0。

```
>> fprintf('%g\n',256)
256
```

%g 也可以用來列印整數(即不帶有小數點的數）。因此如果想列印的數字可能是整數或浮點數時，可採用%g 這個格式碼。

```
>> fprintf('%6.3g\n',3.14159)
  3.14
```

指定以 6 個欄位，3 個有效位數的格式列印 3.14159。因為本例只指定 3 個有效位數，因此得到 3.14。

```
>> fprintf('%6.4g\n',3.14159)
 3.142
```

以 4 個有效位數列印，因四捨五入的關係，得到 3.142。

值得一提的是，在執行 fprintf() 時所印出的字串並不屬於 fprintf() 的輸出，這個字串只是 fprintf() 列印的結果，因此如果嘗試在 fprintf() 的最後面加上一個分號，fprintf() 照樣會印出字串，讀者可以自行試試。另外，fprintf() 提供的格式碼遠比表 3.3.1 所列出的還要多，有需要的讀者可利用 help 指令來查詢它們。

除了使用 fprintf() 來顯示變數的內容之外，如果要顯示的內容較為簡單，則可以使用 disp() 函數。disp 是 display 的縮寫，也就是顯示的意思。

```
>> disp(a)
   22
```

印出變數 a 的值。

```
>> disp([a b])
  22.0000    3.1416
```

同時印出變數 a 和 b 的值。

```
>> disp('A sunny day')
A sunny day
```

利用 disp() 顯示一個字串。注意 disp() 在列印完字串之後，會自動換行，因此不必像 fprintf() 函數一樣，需要給它換行符號。

習 題

3.1 關於 Matlab 所提供的資料型態

1. 試依序作答下列的問題：

   (a) 在 Matlab 裡鍵入 $a = 192$ ，試問變數 a 的型態是什麼？

   (b) 試將變數 a 的型態更改為 single 型態的變數，並將結果設定給變數 b。變數 b 佔了多少個 bytes？

   (c) 試將變數 b 的型態更改為 int8 型態的變數，並將結果設定給變數 c。變數 c 佔了多少個 bytes？試解釋變數 c 的值為什麼不再是 192？

2. 試以 intmax()與 intmin() 查詢 int32 與 uint32 這兩種型態的最大值和最小值。

3. 試計算 sqrt(2)+single(5)，並說明所得結果的型態為何？試以 class() 函數驗證您的推測是否正確。

4. 小寫英文字母 a~z 的 ASCII 碼是從 97~122，試以 char 函數利用 ASCII 列印出小寫英文字母 a~z。

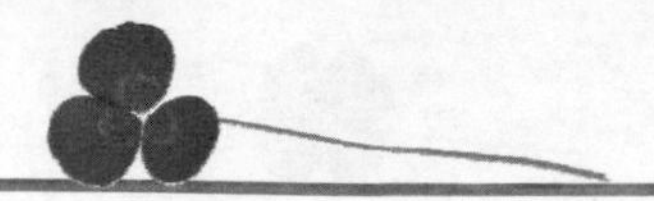

5. 設 data=[1,0,1,1,0,1,1,0]，在此 data 是由數字 0 與 1 所組成的一維陣列。試將 data 轉換成由字元 '0' 與 '1' 所組成的字元陣列（即字串）。

6. 設 str='10110110'，試將 str 轉換成由數字 0 與 1 所組成的一維陣列。

3.2 控制 Matlab 的顯示方式

7. 設 *sq*=2.71828，試以共有 5 個位數的指數型式來表示變數 *sq* 的值。

8. 試依序作答下列的問題：

   (a) 計算 exp(5)，並把結果設為變數 *num*。

   (b) 試以共有 5 個位數的指數型式來表示它。

   (c) 試以具有 16 個位數的數值來表示它（不要以指數型式來顯示）。

3.3 使用 fprintf()函數進行格式化輸出

9. 試利用 fprintf() 函數印出下列字串：

   (a) Today is a sunny day.

   (b) It's mine.

   (c) 35% students are failed.

   (d) This is a back slash \.

   (e) 'I love Matlab'

10. 試以總共 6 個欄位，小數點以下兩位的格式來列印數字 3.1416。

11. 試以 disp() 函數印出下面的字串：

    (a) 3/4=75%

    (b) 'What a sunny day'

12. 設 a=35, b=12。試利用 fprintf() 函數印出下面的表示式：

    (a) a=35.0, b=12.00, a+b=47.00

    (b) a=35, b=12, a*b=420

    (c) a=35, b=12, a/b=2.917

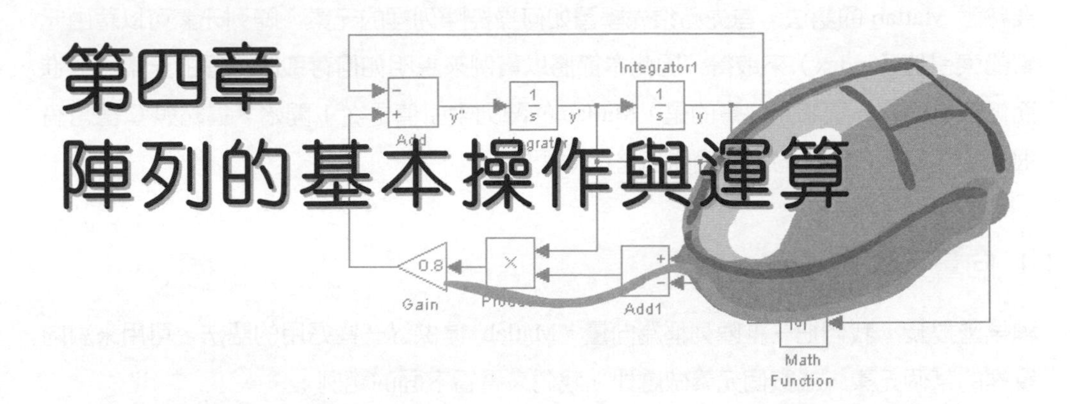

第四章
陣列的基本操作與運算

陣列是 Matlab 裡最核心的資料結構。Matlab 許多的運算均與陣列的處理有關，因此熟悉陣列內部的結構與其元素處理的技巧，有助於 Matlab 的學習。本章將引導您認識陣列的結構、編修陣列裡的元素，進而學習如何利用 Matlab 進行向量與矩陣的數學運算。

本章學習目標

- 認識陣列裡元素的結構
- 學習多維陣列的建立
- 學習編修矩陣的內容
- 學習基本的矩陣數學運算

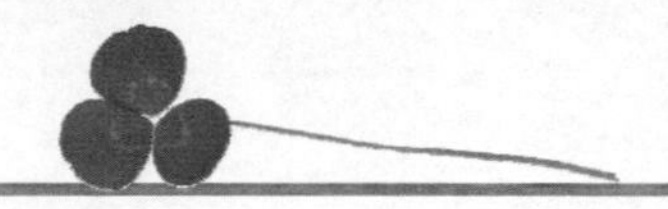

4.1 陣列元素的處理

要熟悉 Matlab 的語法，首先必須先學習如何操控陣列裡的元素。陣列元素可以藉由元素的索引值（index）來取得，因此本節將以實例來說明如何存取陣列裡的元素，並進而修改其內容。要特別注意的是，Matlab 的陣列索引值是從 1 開始，這點與 C 語言有很大的不同，C 語言的陣列索引值是從 0 開始。

4.1.1 向量元素的操作

稍早曾提及，我們把一維陣列稱為向量。Matlab 提供了一些好用的語法，可用來對向量裡的某個元素，或數個元素做處理。我們來看看下面的範例：

```
>> v1=[6 7 8 9]
v1 =
     6     7     8     9
```

這是一個具有 4 個元素的向量 *v*1。

```
>> 2*v1+1
ans =
    13    15    17    19
```

把向量 *v*1 裡的每一個元素都乘上 2，我們可得 [12 14 16 18]，然後再將每一個元素都加 1，得到 [13 15 17 19]。

```
>> v1(2)
ans =
     7
```

取出向量 *v*1 的第 2 個元素。此處括號內的數字 2 是向量的索引值（index），依索引值即可取出向量裡特定的元素。

```
>> v1([2,4])
ans =
     7     9
```

如要同時取出向量裡的數個元素，可利用方括號將其相對應的索引值括起來。左式是取出向量 *v*1 的第 2 與第 4 個元素。讀者可觀察到在左式括號裡的 [2,4] 事實上也是一個向量。

```
>> v1([2 4])
ans =
     7     9
```

您也可以利用空白鍵來取代上式中的逗號，如此可使語法更為簡潔。

```
>> v1(:)
ans =
     6
     7
     8
     9
```

冒號運算子(:)可將向量裡的每一個元素取出，並排成直行。左式相當於將 $v1$ 進行轉置運算。我們也可以利用轉置運算子對 $v1$ 進行相同的處理，讀者可自行試試（還記得嗎？轉置運算子已在第二章介紹過，它是一個單引號）。

```
>> v1([2])
ans =
     7
```

如果只是要取出一個元素，該元素的索引值依然可用方括號括起來，只是左式的寫法稍嫌麻煩，因此如果只是要取出單一元素，通常會省略方括號，例如以 $v1(2)$ 來取代 $v1([2])$。

```
>> v1(3)=0
v1 =
     6     7     0     9
```

將 $v1$ 的第 3 個元素設為 0。

```
>> v1(5)
??? Index exceeds matrix dimensions.
```

$v1$ 只有 4 個元素，但左式指定要取出第 5 個元素，因此 Matlab 回應一個錯誤訊息，告訴我們向量的索引值已超過範圍。

```
>> v1(7)=12
v1 =
    6    7    0    9    0    0   12
```

若設定 $v1$ 的第 7 元素為 12，則 Matlab 會自動把 $v1$ 擴大為 1×7 的陣列，同時第 5, 6 個元素值會自動設成 0。

```
>> v1(3:5)=1
v1 =
    6    7    1    1    1    0   12
```

將 $v1$ 第 3~5 個元素的值均設為 1。

```
>> v1(end)
ans =
    12
```

取出 $v1$ 的最後一個元素。注意 Matlab 是以 end 來表示陣列的最後一個索引值，因為 $v1$ 現在的元素個數是 7 個，所以左式裡的 end 相當於 7。

```
>> v1(end-1)
ans =
     0
```

end−1 相當於是倒數第 2 個元素的索引值，所以左式回應 0。相同的，$v1$(end−2)可取出 $v1$ 的倒數第 3 個元素，讀者可自行試試。

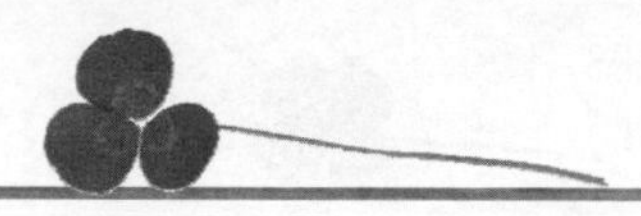

```
>> v1(1:2:end)
ans =
    6     1     1    12
```

由於 $v1$ 的元素個數是 7 個，所以左式裡的 end 相當於 7，因此 1:2:end 可建立一個 1~7，間距為 2 的向量，於是左式相當於取出 $v1$ 裡，第 1, 3, 5, 7 個元素。

```
>> v1(end:-1:1)
ans =
   12     0     1     1     1     7     6
```

end:-1:1 可產生一個 7~1，間距為-1 的向量，因此左式的語法相當於將向量 $v1$ 的元素反排。

```
>> v1(6)=[]
v1 =
    6     7     1     1     1    12
```

刪除 $v1$ 的第 6 個元素。注意在 Matlab 的語法裡，設定某個元素的值為空陣列，代表該元素將被刪除。

```
>> v1(5:end)=[]
v1 =
    6     7     1     1
```

刪除 $v1$ 裡，第 5 個到最後一個元素。

4.1.2 矩陣元素的操作

矩陣元素的操作與向量頗為類似，由於矩陣是二維的陣列，所以必須有兩個索引值（列與行）才能取得陣列裡的特定元素。

```
>> M=[1 2 3 4;5 6 7 8;9 10 11 12]
M =
     1     2     3     4
     5     6     7     8
     9    10    11    12
```

這是一個 3×4，也就是 3 列 4 行的矩陣。

```
>> M(2,3)
ans =
     7
```

取出矩陣 M 裡，第 2 列第 3 行的元素。注意左式中，小括號內有兩個引數，第一個引數是用來指定矩陣的列數，第二個引數則是指定矩陣的行數。

```
>> M(3,[1 2 3])
ans =
     9    10    11
```

取出矩陣 M 裡，第 3 列的第 1, 2, 3 個元素。

```
>> M(3,1:3)

ans =
     9    10    11
```

相同的，我們也可以利用左式的語法來取出矩陣 *M* 裡，第 3 列的第 1 到第 3 個元素。

```
>> M(3,:)
ans =
     9    10    11    12
```

索引值若是填上「：」，則是代表一整列或一整行之意。於左式中，因「：」是在第二個引數的位置，而第二個引數代表行數，所以左式也就代表著取出第 3 列裡，每一行的元素（事實上也就是第 3 列的所有元素）。

```
>> M(end,3)
ans =
    11
```

end 如果放在第一個引數的位置，則代表最後一列，若是放在第二個位置，則代表最後一行，因此左式相當於取出最後一列的第 3 個元素。

```
>> M(1:2,4)
ans =
     4
     8
```

取出 1~2 列裡，每一列的第 4 個元素。

```
>> M(:,2:3)
ans =
     2     3
     6     7
    10    11
```

取出每一列裡，第 2 到第 3 行的元素。

```
>> M(end,2:3)
ans =
    10    11
```

取出最後一列裡，第 2 到第 3 行的元素。

經過前面的練習，我們已經知道如何利用矩陣的索引值來取出特定的元素。有了這些概念之後，現在可以很容易的進行矩陣的編修，如下面的範例：

```
>> M(2,3)=99
M =
     1     2     3     4
     5     6    99     8
     9    10    11    12
```

將矩陣 *M* 裡，第 2 列第 3 行的值設為 99。

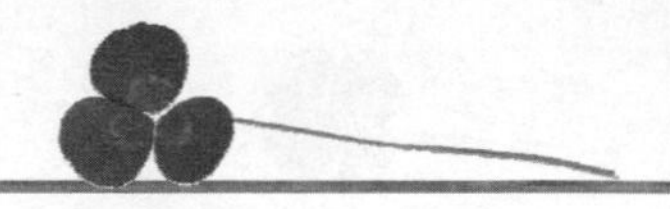

```
>> M(end,:)=[]
M =

     1     2     3     4
     5     6    99     8
```

刪除矩陣 M 裡，最後一列的所有元素。注意刪除後的矩陣 M 其維度會變成 2×4 。

```
>> M(:,[2,4])=[]
M =
     1     3
     5    99
```

刪除矩陣 M 裡，第 2 行和第 4 行的所有元素（注意此時矩陣 M 的維度會變成 2×2 ）。

```
>> M(1,2)=[]
Subscripted assignment dimension mismatch.
```

Matlab 只允許刪除矩陣的一整列或一整行，而不能刪除某一列或某一行中的特定元素。例如左式嘗試刪除矩陣 M 第 1 列第 2 行的元素，但 Matlab 回應一個錯誤訊息。

```
>> M=[M,[4;7]]
M =
     1     3     4
     5    99     7
```

在矩陣 M 的最後面加入新的一行，也就是加入行向量 [4;7]。注意於左式中，原矩陣 M 與新加入的行向量 [4;7] 是以逗號隔開。

```
>> M=[[8,9,10];M]
M =
     8     9    10
     1     3     4
     5    99     7
```

加入新的一列到矩陣 M，使其成為矩陣 M 的第 1 列。注意加入的列向量與原矩陣之間是以分號隔開。

```
>> M(3:-1:1,:)
ans =
     5    99     7
     1     3     4
     8     9    10
```

將矩陣 M 的每一橫列反向排列。因為 3:−1:1 可建立向量 [3 2 1]，所以左式分別取出了矩陣 M 的第 3、2、1 列，然後再將它們排成一個新的矩陣。注意左式並沒有把新的矩陣設回給 M，所以 M 的值不會被改變。

```
>> M(2,:)=0
M =
     8     9    10
     0     0     0
     5    99     7
```

將矩陣 M 第 2 列的所有元素修改為 0。

4.1.3 矩陣的索引值之結構

Matlab 的矩陣是利用「以行為主」（column oriented）的結構來儲存，也就是說，每一個陣列都可以看成是由數個行向量串接在一起所組成的行向量。因此在存取矩陣的元素時，我們可以把它看成是一個行向量，使用一維索引值來存取；或把它看成是矩陣，以二維的索引值來存取。

舉例來說，對於一個 3×4 的矩陣 M 而言，如要取出第 2 列第 3 行的元素，採二維的方式時，我們只要寫上 $M(2,3)$ 即可，如果是採一維的方式，則第 2 列第 3 行的元素是排在行向量裡從上到下，從左到右連續數來第 8 個元數，因而採一維的方式寫上 $M(8)$，一樣可以存取到相同的陣列元素，如下圖所示：

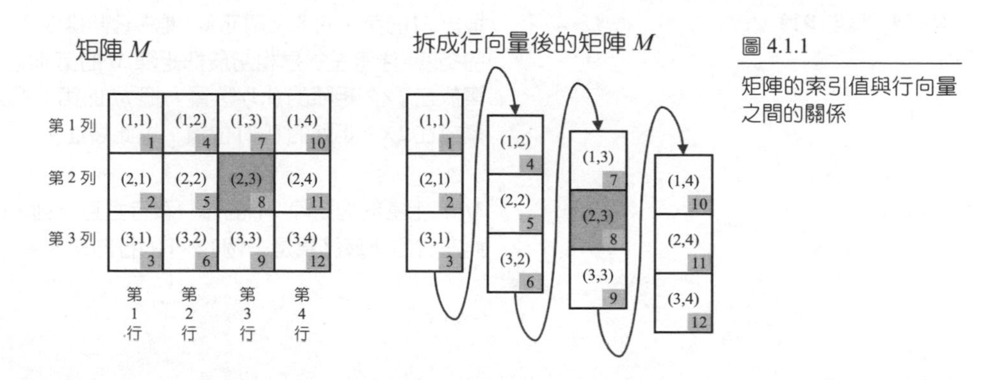

圖 4.1.1

矩陣的索引值與行向量之間的關係

由上面的推論可知，就維度為 3×4 的陣列 M 而言，$M(8)$ 和 $M(2,3)$ 所指的都是相同的元素。Matlab 把一維的索引值稱為線性索引值（linear index），把二維的索引值稱為註標（subscript）。本書習慣上，還是分別以一維及二維索引值來稱呼它們。

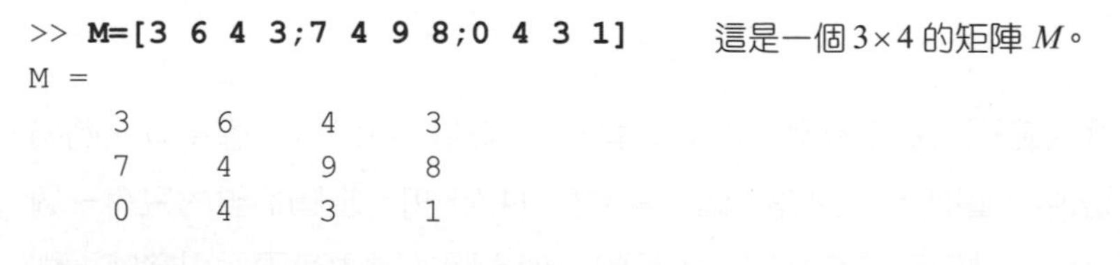

```
>> M=[3 6 4 3;7 4 9 8;0 4 3 1]
M =
     3     6     4     3
     7     4     9     8
     0     4     3     1
```

這是一個 3×4 的矩陣 M。

```
>> M(2,3)
ans =
     9
```

利用二維索引值的方式取出矩陣 M 第 2 列第 3 行的元素。

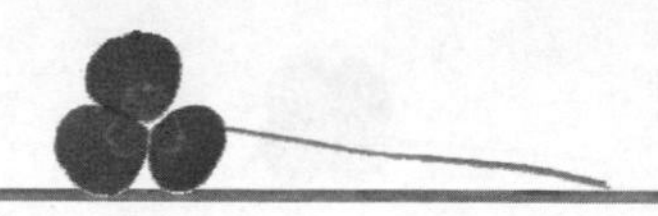

```
>> M(8)
ans =
    9
```

如果把矩陣 M 看成是由 4 個行向量所組成，則第 2 列第 3 行的元素剛好是行向量的第 8 個元素，因而 $M(8)$ 也可以取出第 2 列第 3 行的元素。

```
>> M(4:7)
ans =
    6     4     4     4
```

利用一維索引值取出矩陣 M 裡第 4 個到第 7 個元素。因為 4:7 會產生一個列向量，所以 Matlab 會把取出的元素排成一個列向量。

```
>> M([5;7;9])
ans =
    4
    4
    3
```

因為 [5;7;9] 是一個行向量，所以 Matlab 會把取出的第 5, 7, 9 個元素排成一個行向量。

```
> M([4 6;8 9])
ans =
    6     4
    9     3
```

取出 M 的第 4, 6, 8, 9 個元素，並將它們排成 2×2 的矩陣。注意左式是相當於把矩陣 M 的第 4 個元素放在 2×2 矩陣的 (1,1) 位置，把 M 的第 6 個元素放在 2×2 矩陣的 (1,2) 位置，以此類推。

```
>> M(:)
ans =
    3
    7
    0
    6
    4
    4
    4
    9
    3
    3
    8
    1
```

$M(:)$ 相當於把矩陣 M 的每一直行垂直排列，因此左式的運算結果是一個 12×1 的行向量。

讀者可以注意到上面的範例在提取矩陣 M 的元素時，圓括號內只有一個引數。例如 $M([4,6;8,9])$ 這個語法中，圓括號內只有一個二維陣列 [4,6;8,9]。當圓括號內只有一個引數時，矩陣元素是以一維索引值來提取。相反的，如果圓括號內有兩個引數時，則矩陣元素是以二維索引值的方式來提取，如下圖所示：

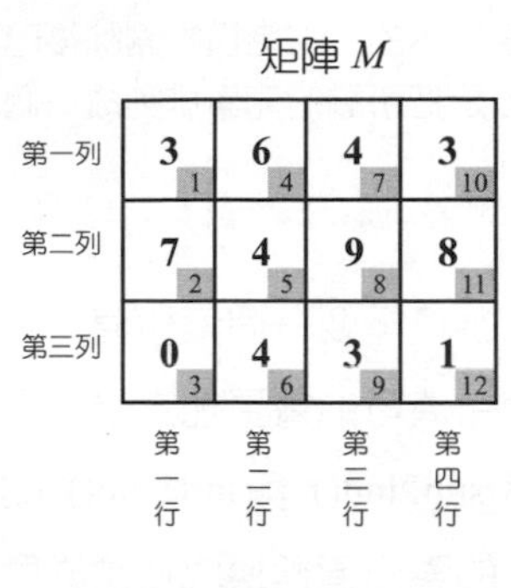

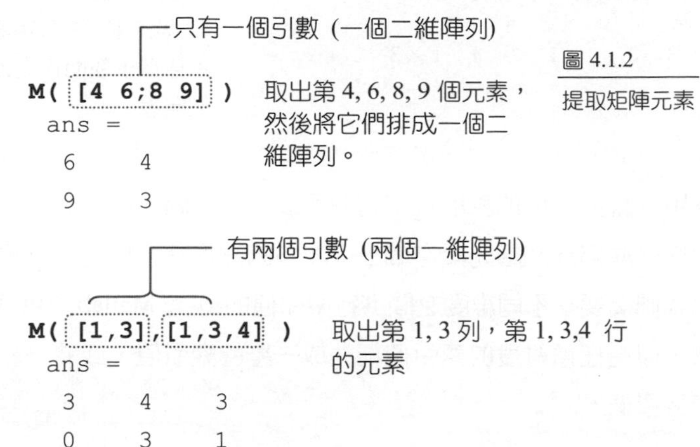

圖 4.1.2 提取矩陣元素

```
>> M([1,3],[1,3,4])
ans =
     3     4     3
     0     3     1
```

在圓括號內有兩個引數，所以是以二維索引值的方式來提取。左式是取出矩陣 M 中，第 1, 3 列，第 1, 3, 4 行的元素。

```
>> M(2:3,1:2)
ans =
     7     4
     0     4
```

取出矩陣 M 中，第 2, 3 列，第 1, 2 行的元素。

我們也可以把提取的元素設值，然後存回原先的陣列中，如下面的範例：

```
>> M(4:6)=0
M =
     3     0     4     3
     7     0     9     8
     0     0     3     1
```

將矩陣 M 的第 4 到第 6 個元素的值設為 0。因為這些元素的位置恰好是在 M 的第 2 個直行，所以此行的元素皆變成 0。

```
>> M(2:3,2:4)=1
M =
     3     0     4     3
     7     1     1     1
     0     1     1     1
```

圓括號內有兩個引數，所以左式是以二維索引值的方式將第 2, 3 列，第 2, 3, 4 行的元素值設為 1。

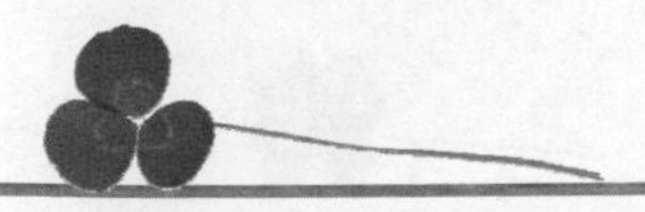

```
>> M([4,8,12])=[]
M =
   3  7  0  1  1  4  1  3  1
```

利用矩陣的一維索引值來刪除矩陣 *M* 裡第 4, 8, 12 個元素。注意矩陣原本的二維結構經刪除後已不存在，取而代之的是把所剩的元素排列成一個列向量。

採用一維索引值的表示方式有時可以有效的簡化程式碼（因為只需要一個索引值），但在一些需要知道元素之間上下左右的關係時，採用二維索引值可能會更加方便，因此我們需要在不同維度之間進行索引值的轉換。Matlab 提供了 sub2ind() 與 ind2sub() 函數，可將任意維度的索引值轉換成一維的索引值，或將一維的索引值轉換成任意維度的索引值。

表 4.1.1　一維索引值與二維索引值的轉換

函數	說明
ind=sub2ind(*size*,*row*,*col*)	將大小為 *size* 之矩陣的二維索引值 (*row*,*col*)轉換成一維索引值 *ind*
[*row*,*col*]=ind2sub(*size*,*ind*)	將大小為 *size* 之矩陣的一維索引值 *ind* 轉換成二維索引值 (*row*,*col*)

```
>> ind=sub2ind([3,4],2,3)
ind =
    8
```

將大小為 3×4 之矩陣的二維索引值 (2,3) 轉換為一維的索引值，得到 8。

```
>> [row,col]=ind2sub([3,4],8)
row =
    2
col =
    3
```

相反的，我們可利用 ind2sub() 將一維的索引值 8 轉換成二維，得到(2,3)。

```
>> [row,col]=ind2sub([3,4],[8,4,12])
row =
    2    1    3
col =
    3    2    4
```

同時將一維索引值 8, 4, 12 轉換成二維。從左邊的輸出可知，8, 4, 12 的二維索引值分別為 (2,3), (1,2) 與 (3,4)。讀者可從圖 4.1.1 中驗證這個結果。

```
>> ind=sub2ind([3,4],row,col)
ind =
    8     4    12
```

將上例所得的二維索引值轉換成一維，可得原來的 [8, 4, 12]。

```
>> M=[11 13 17 15; 13 14 19 12]
M =
    11    13    17    15
    13    14    19    12
```

定義 M 為一個 2×4 的矩陣。

```
>> [v,ind]=max(M)
v =
    13    14    19    15
ind =
     2     2     2     1
```

找出 M 的最大值與其所在的位置。注意左式的 v 是每一個直行的最大值，*ind* 是每一個直行最大值的位置。

```
>> [v,ind]=max(M(:))
v =
    19
ind =
    6
```

如果將矩陣 M 轉換成一個直行，則 v 是矩陣內所有元素的最大值，而 *ind* 則是最大值的一維索引值。

```
>> [row,col]=ind2sub(size(M),6)
row =
    2
col =
    3
```

利用 ind2sub() 將矩陣 M 中，最大值的一維索引值轉換成二維，我們可知它是位於二維矩陣中，第 2 列第 3 行的位置。

sub2ind() 與 ind2sub() 這兩個函數不僅可以在一維與二維索引值之間進行轉換，同時也可以與多維索引值進行轉換。在下一節中，我們將可以看到相關的範例。

4.2 多維陣列

只要陣列的維度多於二維，我們就稱之為多維陣列（multi-dimensional array）。對於二維陣列而言，我們只需要兩個維度（列與行）來描述它，然而對於三維陣來說，則必須多一個維度才能描述陣列裡的每一個元素，也就是需要列、行與頁（page）三個維度，如下圖所示：

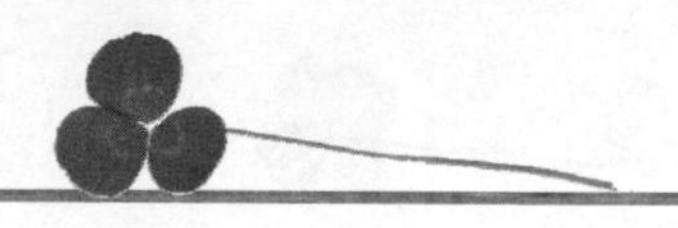

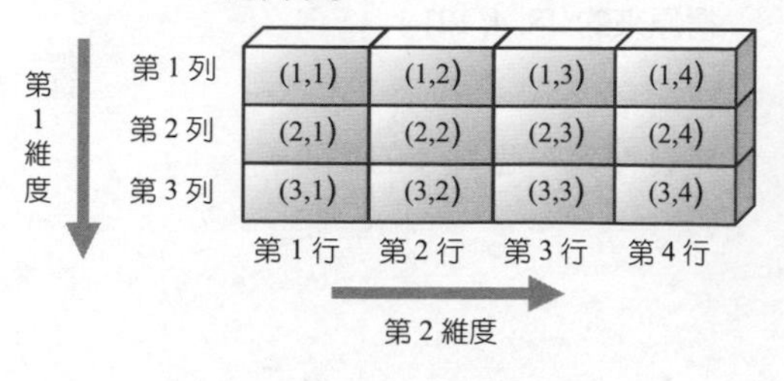

這是 3×4 的矩陣。矩陣裡每一個元素的位置可用（列,行）來表示

圖 4.2.1

二維與三維陣列的示意圖

三維陣列

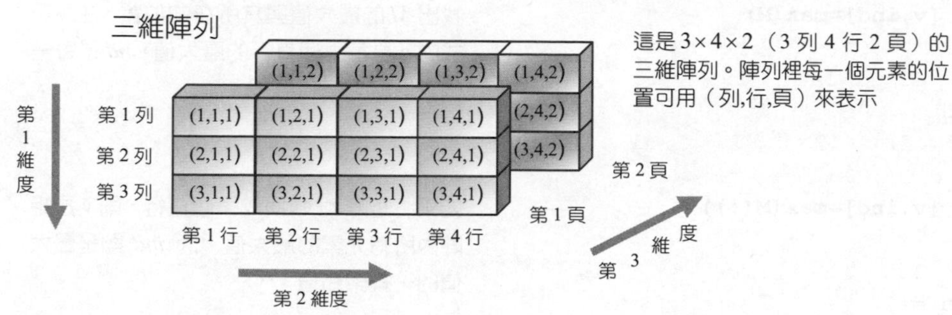

這是 3×4×2（3 列 4 行 2 頁）的三維陣列。陣列裡每一個元素的位置可用（列,行,頁）來表示

如要建立一個三維陣列，只要針對三維陣列裡的每一頁分別建立二維陣列即可。三維以上的陣列也可仿照此步驟來進行。

```
>> A(:,:,1)=[1 2 3 4;5 6 7 8;9 10 11 12]
A =
     1     2     3     4
     5     6     7     8
     9    10    11    12
```

左式建立了三維陣列 A 中，第 1 頁的元素。第 1 頁是一個 3×4 的二維陣列。左式的語法應不難記，因為「:」代表了一整行或一整列，所以左式可解讀為設定第 1 頁裡所有（列與行）的元素值。

```
>> whos A
  Name    Size         Bytes  Class
   A      3x4             96  double
```

查詢陣列 A 的維度，由於目前陣列 A 只有一頁，所以 Matlab 還是把它看成是一個 3×4 的二維陣列。

```
>> A(:,:,2)=[7 4 2 1;6 1 5 2;3 1 4 5]
A(:,:,1) =
     1     2     3     4
     5     6     7     8
     9    10    11    12
A(:,:,2) =
     7     4     2     1
     6     1     5     2
     3     1     4     5
```

設定三維陣列 A 裡，第 2 頁的元素。注意在執行此設定之後，Matlab 會回應每一頁元素的內容。

```
>> whos A
  Name      Size         Bytes  Class
  A       3x4x2            192  double
```

查詢陣列 A 的維度，讀者現在可發現它是一個 $3\times4\times2$ 的陣列。

```
>> size(A)
ans =
     3     4     2
```

查詢 A 的大小，得到 [3 4 2]。由此也可知道陣列 A 是 $3\times4\times2$ 的陣列。

```
>> ndims(A)
ans =
     3
```

查詢 A 的維度，可知它是三維。

```
>> numel(A)
ans =
    24
```

查詢 A 之元素的總數，得到 24。

```
>> A(11:14)
ans =
     8    12     7     6
```

以一維索引值的方式取出陣列 A 的第 11 到第 14 個元素。由左邊的輸出可知，Matlab 一維索引值的排法是將每一頁的元素排成一個直行，然後串接在一起。

```
>> A(1,3,2)
ans =
     2
```

取出第 1 列，第 3 行，第 2 頁的元素。

```
>> sub2ind(size(A),1,3,2)
ans =
    19
```

將三維索引值 (1,3,2) 轉換成一維，得到 19。讀者可將陣列 A 排成一個直行，數數看第 19 個元素值是否為 2。

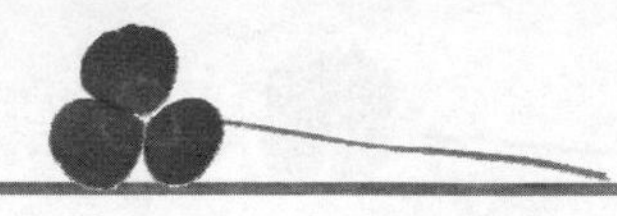

```
>> [r,c,p]=ind2sub(size(A),19)
r =
     1
c =
     3
p =
     2
```

將一維索引值 19 轉換成一維，並以變數 r, c, p 分別接收列、行與頁的索引值。

```
>> ind2sub(size(A),19)
ans =
    19
```

如果沒有以變數來接收索引值，則 ind2sub() 回應原本一維的索引值。

```
>> A(2,3,3)=20
A(:,:,1) =
     1     2     3     4
     5     6     7     8
     9    10    11    12

A(:,:,2) =
     7     4     2     1
     6     1     5     2
     3     1     4     5

A(:,:,3) =
     0     0     0     0
     0     0    20     0
     0     0     0     0
```

將 $3\times4\times2$ 的三維陣列 A 再加入一頁（第 3 頁），並設定此頁的第 2 列，第 3 行的元素值為 20。現在陣列 A 的維度變成 $3\times4\times3$。

注意在第 3 頁中，除了第 2 列第 3 行的元素值被設為 20 之外，其它的元素值都是 0。

```
>> A(:,:,2)=[]
A(:,:,1) =
     1     2     3     4
     5     6     7     8
     9    10    11    12
A(:,:,2) =
     0     0     0     0
     0     0    20     0
     0     0     0     0
```

刪除第 2 頁的元素，此時三維陣列 A 的維度變成 $3\times4\times2$ 。

```
>> A(:,:,2)=1
A(:,:,1) =
     1     2     3     4
     5     6     7     8
     9    10    11    12

A(:,:,2) =
     1     1     1     1
     1     1     1     1
     1     1     1     1
```

左式是將三維陣列 *A* 裡，第 2 頁所有的元素都設為 1。

利用相同的技巧，我們也可以很容易的設定三維以上的陣列。關於三維以上陣列的設定，有興趣的讀者可參考本節的習題。

4.3 常用的陣列建立函數

到目前為止，我們所建立的陣列都是一個元素一個元素的鍵入。事實上，Matlab 已定義好一些常用的陣列建立函數，以方便使用者建立不同維度的陣列。本節我們將介紹這些常用的函數。

表 4.3.1　常用的陣列建立函數

函 數	說 明
zeros(n)	建立一個 $n \times n$ 的全零矩陣
zeros($m,n,...,p$)	建立一個 $m \times n \times \cdots \times p$ 的全零矩陣
ones(n)	建立一個 $n \times n$ 的全 1 矩陣
ones($m,n,...,p$)	建立一個 $m \times n \times \cdots \times p$ 的全 1 矩陣
eye(n)	建立一個 $n \times n$ 的單位矩陣（對角線元素為 1，其它元素為 0）
eye(m,n)	建立一個 $m \times n$ ，且對角線為 1，其它元素為 0 的矩陣
diag(v)	以向量 v 為對角元素，建立一個矩陣
magic(n)	建立一個 $n \times n$ 的魔術方陣（magic square）

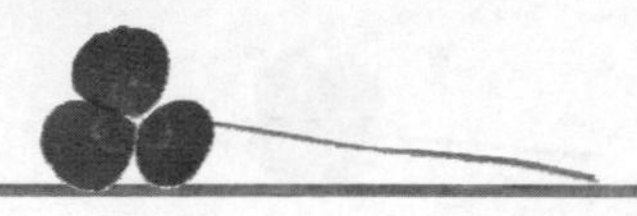

```
>> zeros(3)
ans =
     0     0     0
     0     0     0
     0     0     0
```

這是一個 3×3 的全零矩陣。

```
>> zeros(2,3)
ans =
     0     0     0
     0     0     0
```

這是一個 2×3 的全零矩陣。

```
>> ones(3,2)
ans =
     1     1
     1     1
     1     1
```

建立一個 3×2 的全 1 矩陣。

```
>> eye(4)
ans =
     1     0     0     0
     0     1     0     0
     0     0     1     0
     0     0     0     1
```

建立一個 4×4 的單位矩陣（identity matrix）。所謂的單位矩陣指的是一個方陣（square matrix），其對角線的元素皆為 1，其餘的元素值皆為 0。

```
>> eye(3,4)
ans =
     1     0     0     0
     0     1     0     0
     0     0     1     0
```

建立一個對角線全為 1 的 3×4 矩陣。

```
>> diag([1 2 3])
ans =
     1     0     0
     0     2     0
     0     0     3
```

以向量 [1,2,3] 的元素值為對角線，建立一個 3×3 的矩陣。

magic() 是 Matlab 裡一個有趣的函數，它可以產生 $n \times n$ 的魔術方陣（magic square）。所謂的魔術方陣，指的是矩陣中的元素是由數值 $1 \sim n^2$ 所組成，且每一行、每一列，或者是對角線元素的加總，其總和都是一個定值。

```
>> magic(3)
ans =
     8     1     6
     3     5     7
     4     9     2
```

這是一個 3×3 的魔術方陣。讀者可以驗證在這個矩陣中，矩陣的每一行、每一列，或者是對角線元素的加總都是 15。

```
>> magic(4)
ans =
    16     2     3    13
     5    11    10     8
     9     7     6    12
     4    14    15     1
```

這是一個 4×4 的魔術方陣，其中矩陣的每一行、每一列，或者是對角線元素的加總都是 34。

& 引數的格式

許多 Matlab 函數的設計會考慮到使用上的便利性，因此一個函數多半會有數種輸入方式。以 zeros() 函數為例，它可接受 n 個引數（$n \geq 1$），用來建立 n 維的全零陣列：

```
>> zeros(2,3)
ans =
     0     0     0
     0     0     0
```

zeros() 可接收 2 個引數，分別為 2 與 3，用來建立 2×3 的全 0 矩陣。

不僅如此，zeros() 也可以接收一個引數，但此引數是一個向量：

```
>> zeros([2,3])
ans =
     0     0     0
     0     0     0
```

zeros() 也可接收一個向量引數。左式 zeros() 接收一個向量 [2,3]，用來建立 2×3 的全 0 矩陣。

為什麼 zeros() 函數要有這種可接收不同引數個數的設計呢？這是因為 Matlab 為了方便 zeros() 適應其它的輸入狀況所致。例如，有一個 M 矩陣，其維度為 2×3，如果用 size() 函數來查詢 M 矩陣，則會回應一個 [2,3] 的向量：

```
>> M=[1 2 3;4 5 6]
M =
     1     2     3
     4     5     6
```

矩陣 M 的維度是 2×3。

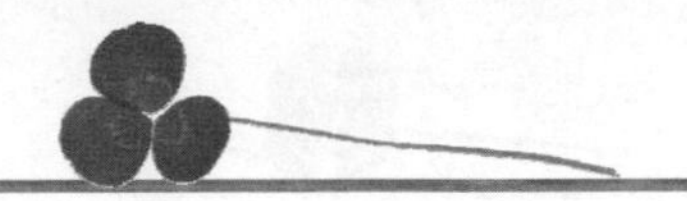

```
>> size(M)
ans =
     2     3
```

利用 size() 函數查詢矩陣 M 的維度，得到向量 [2,3]。

現在如果想建立一個與矩陣 M 相同大小的全 0 矩陣，則可以把 size(M) 當成引數傳入 zeros() 中。因 size 的傳回值是一個向量，也正因為 zeros() 也可接受向量，於是我們便可利用下面的語法來建立一個與矩陣 M 相同大小的全 0 矩陣：

```
>> zeros(size(M))
ans =
     0     0     0
     0     0     0
```

利用 size(M) 會傳回一個向量，代表矩陣 M 的維度，這個向量會被 zeros() 所接收，因而可建立一個與矩陣 M 相同大小的全 0 矩陣。

事實上，不只是 zeros() 有這個設計，其它諸如 ones()、eye() 等其它函數也有相同的設計。本書礙於篇幅，在函數表格裡僅會列出一種格式，如有需要，讀者可利用 Matlab 的線上求助功能來查詢更多的函數用法。

& 亂數陣列

Matlab 也提供了一些函數，可用來產生均勻分佈（uniform distribution），或者是常態分佈（normal distribution）的亂數陣列，如下表所列：

表 4.3.2 以亂數來建立陣列之函數

函數	說明
randi(*imax*,*n*)	建立 $n \times n$ 個 1 到 *imax* 之間均勻分佈的整數亂數
randi(*imax*,[*m*,*n*,⋯,*p*])	建立 $m \times n \times \cdots \times p$ 個 1 到 *imax* 之間均勻分佈的整數亂數
randi([*imin*,*imax*],[*m*,*n*,⋯,*p*])	同上，但整數亂數的範圍為 *imin* 到 *imax*
rand()	建立一個 0 到 1 之間均勻分佈的亂數
rand(*n*)	建立 $n \times n$ 個 0 到 1 之間均勻分佈的亂數
rand(*m*,*n*,⋯,*p*)	建立 $m \times n \times \cdots \times p$ 個 0 到 1 之間均勻分佈的亂數
randn()	建立一個平均值為 0，標準差為 1 的常態分佈亂數

函數	說明
`randn(`*n*`)`	建立 $n \times n$ 個 0 到 1 之間常態分佈的亂數
`randn(`*m*`,`*n*`,`$\cdots$`,`*p*`)`	建立 $m \times n \times \cdots \times p$ 個 0 到 1 之間常態分佈的亂數
`rng(`*seed*`)`	設定亂數種子為 *seed*

```
>> randi(9,[2,5])
ans =
   2     4     2     3     2
   5     8     4     7     8
```

建立 2×5 個 1 到 9 之間的整數亂數。因為 randi() 產生的是亂數，所以您得到的結果可能會與本例的結果不同。

```
>> randi([0,1],[1,6])
ans =
   0     1     1     1     0     0
```

建立1×6 個 0 與 1 的整數亂數。

```
>> rand()
ans =
  0.9501
```

建立一個範圍為 0 到 1 之間的亂數。

```
>> rand(3)
ans =
  0.2311    0.8913    0.0185
  0.6068    0.7621    0.8214
  0.4860    0.4565    0.4447
```

建立 3×3 個範圍為 0 到 1 之間的亂數陣列。

```
>> randn(3,4)
ans =
 -0.4326   0.2877   1.1892   0.1746
 -1.6656  -1.1465  -0.0376  -0.1867
  0.1253   1.1909   0.3273   0.7258
```

建立一個常態分佈，平均值為 0，標準差為 1 的 3×4 亂數陣列。

讀者可以發現在建立亂數陣列時，每次產生的亂數都不一樣。有些時候我們可能希望可以產生相同的亂數，以方便進行測試，此時我們可以利用 rng(*seed*) 這個函數來指定亂數的種子 *seed*，相同的亂數種子會產生相同的亂數序列。rng 是 random number generator 的縮寫，也就是亂數產生器之意。*seed* 必須是一個小於 2^{32} 的數。本書習慣上會使用一個"較不常用"的整數（例如 999）來當成亂數的種子，以方便和其它的整數做區別。

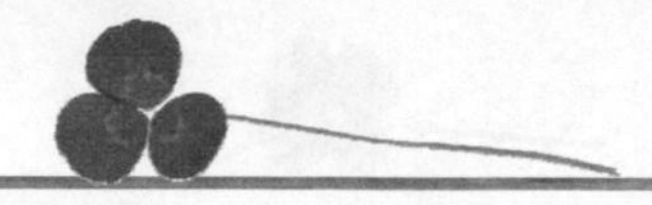

```
>> randi(9,[1,8])
ans =
     7     2     8     8     3     9     1     1
```

建立1×8個 1 到 9 之間的整數亂數。讀者所得的結果應和本例的結果不同。

```
>> rng(999)
```

設定亂數種子為 999。接下來的亂數函數（無論是 randi()、rand() 或 randn()）均是以這個種子來產生亂數。

```
>> R=randi(9,[1,8])
R =
     8     5     2     6     1     3     4     5
```

重新建立1×5個 1 到 9 之間的亂數，並把結果設定給陣列 *R* 存放。現在您得到的結果應與左式相同，因為我們都採用相同的亂數種子。

```
>> rng(999)
```

重新設定亂數種子為 999。接下來若呼叫 randi() 函數來產生亂數，這些亂數均會是由此種子產生。

```
>> randi(9,[1,2])
ans =
     8     5
```

產生兩個 1 到 9 之間的亂數。注意這兩個亂數與 *R* 的前兩個元素相同。

```
>> randi(9,[1,1])
ans =
     2
```

再產生一個 1 到 9 之間的亂數。注意它與 *R* 的第三個元素相同。

```
>> randi(9,[1,3])
ans =
     6     1     3
```

再產生三個 1 到 9 之間的亂數，注意它與 *R* 的第 4~6 個元素相同。

由上面的分析可知，只要重新設定相同的亂數種子，我們即可得到相同序列的亂數。雖然上面的範例是以 randi() 來測試，但是 rand() 與 randn() 一樣可以採用相同的方法設定亂數種子來產生相同的亂數序列。

另外，如果要測試亂數分佈的情況，可利用 hist() 函數來繪圖。hist(A, $[v_1, v_2, \cdots, v_n]$) 可以統計陣列 *A* 中，落在區間 $[(v_k - v_{k-1})/2, (v_{k+1} - v_k)/2]$ 的元素有幾個，然後繪出其直方圖，如下面的範例：

```
>> A=randn(1,10000);
```

產生 10000 個常態分佈的亂數。

```
>> hist(A,-4:0.2:4)
```

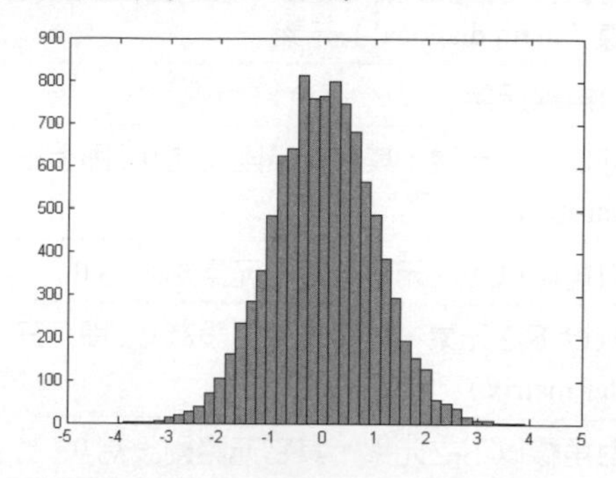

繪出這 10000 個亂數的分佈圖。圖中可以看出亂數的分佈呈常態分佈。於左圖中，我們每隔 0.2 個單位便統計於此區間內亂數出現的個數。讀者可嘗試將此區間縮減為 0.1，並增加亂數的個數（例如十萬個），看看是否會得到更貼近常態分佈的圖形。

```
>> B=randi([1,24],[1,10000]);
```

產生 10000 個 1 到 24 之間的整數亂數。

```
>> hist(B,1:24)
```

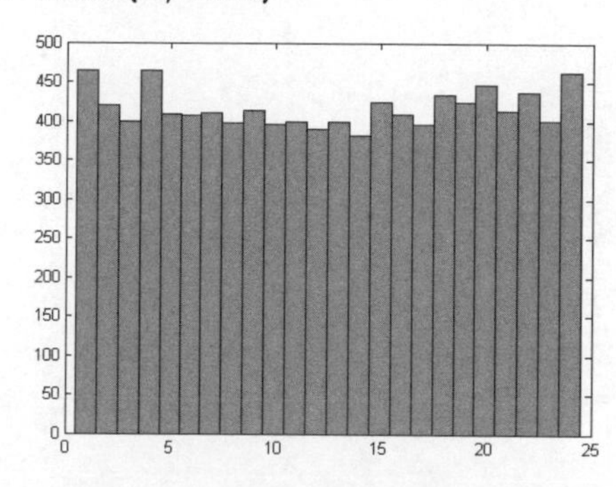

繪出整數亂數的分佈圖。從圖中約可看出這些亂數呈平均分佈，也就是每一個亂數出現的機率約略相同。

4.4 陣列元素的其它操作

在處理一些數學運算時，經常需要進行矩陣的重排、合併數個矩陣，或者是取出對角線元素等操作。本節將分三個小節依序介紹這些常用的陣列操作函數。

4.4.1 陣列元素的提取

如果要提取陣列的對角線元素，或是提取矩陣的上三角形或下三角形矩陣，可利用如下表的函數：

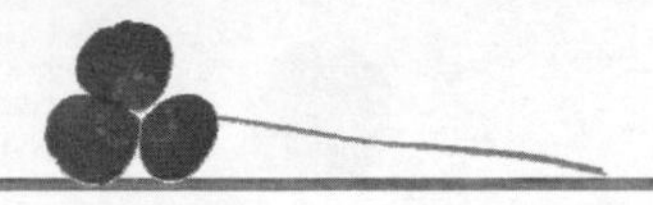

表 4.4.1 陣列元素的提取函數

函數	說明
`diag(A)`	取出陣列 A 的主對角線（main diagonal）元素
`diag(A,k)`	取出陣列 A 的第 k 個對角線元素
`triu(A)`	取出陣列 A 之主對角線以上之元素，其它元素則設為 0（即上三角矩陣，upper triangular matrix）
`triu(A,k)`	取出陣列 A 之第 k 個對角線以上之元素，其它元素則設為 0
`tril(A)`	取出陣列 A 之主對角線以下之元素，其它元素則設為 0（即下三角矩陣，lower triangular matrix）
`tril(A,k)`	取出陣列 A 之第 k 個對角線以下之元素，其它元素則設為 0

於上表中提到了主對角線與第 k 個對角線等名詞。下圖以一個 4×4 的矩陣為例，來說明它們在矩陣中所表示的位置：

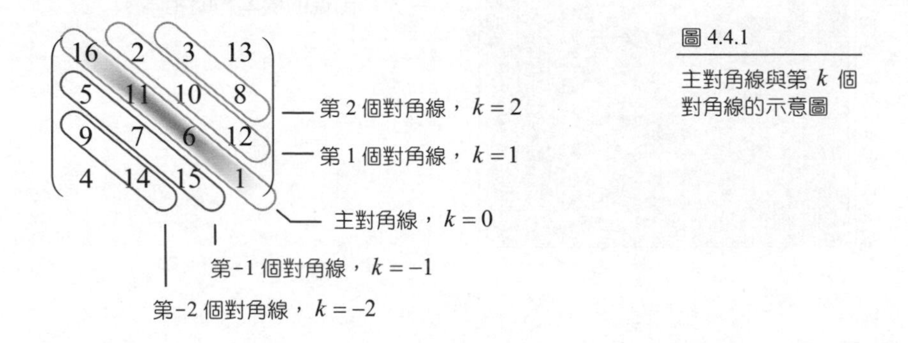

圖 4.4.1 主對角線與第 k 個對角線的示意圖

由上圖可知，主對角線的 $k=0$，主對角線上方的對角線之 k 值為正，下方為負。

```
>> A=magic(4)
A =
    16     2     3    13
     5    11    10     8
     9     7     6    12
     4    14    15     1
```

這是一個 4×4 的魔術方陣，並把它設定給變數 A。

```
>> diag(A)
ans =
    16
    11
     6
     1
```

取出矩陣 A 的主對角線元素。注意左式的輸出是一個行向量。

```
>> diag(A,-1)'
ans =
     5     7    15
```

取出矩陣 A 裡，$k=-1$ 的對角線。注意左式中，我們在指令的最後面加上一個單引號，所以原本輸出的行向量會轉置成列向量。

```
>> diag(A,2)
ans =
     3
     8
```

取出矩陣 A 裡，$k=2$ 的對角線。

```
>> triu(A,1)
ans =
     0     2     3    13
     0     0    10     8
     0     0     0    12
     0     0     0     0
```

取出 $k=1$ 時的上三角矩陣，其餘的元素均設為 0。

```
>> tril(A,-2)
ans =
     0     0     0     0
     0     0     0     0
     9     0     0     0
     4    14     0     0
```

取出 $k=-2$ 時的下三角矩陣。

4.4.2 陣列元素的重排

在許多時候，我們可能希望把一個陣列做某些轉換，以符合其它運算所需。本節將介紹一些 Matlab 的陣列轉換函數，它們可將陣列拆解成另一種形式。

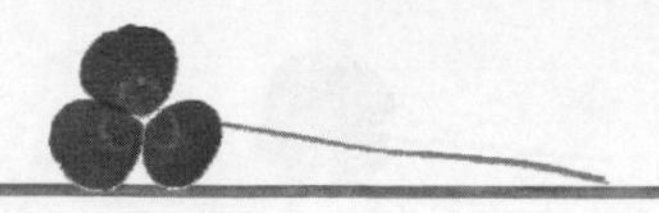

表 4.4.2 陣列轉換函數

函數	說明
`fliplr(A)`	將陣列 A 的元素左右翻轉（flip left/right）
`flipud(A)`	將陣列 A 的元素上下翻轉（flip up/down）
`flipdim(A,n)`	將陣列 A 的元素依第 n 個維度翻轉
`reshape(A,m,n,...,p)`	將陣列 A 的元素依由上到下，由左到右的次序重新排列成一個 $m\times n\times\cdots\times p$ 的矩陣
`repmat(A,m,n,...,p)`	以陣列 A 為單位，將陣列 A 以類似排列磁磚的方式排成 $m\times n\times\cdots\times p$ 個陣列 A
`rot90(A)`	將陣列 A 逆時針旋轉 90°
`rot90(A,k)`	將陣列 A 逆時針旋轉 $k\times 90°$，k 為整數

```
>> A=magic(3)
A =
     8     1     6
     3     5     7
     4     9     2
```

這是一個 3×3 的魔術方陣，並把它設定給變數 A。

```
>> fliplr(A)
ans =
     6     1     8
     7     5     3
     2     9     4
```

將矩陣 A 的元素左右翻轉，讀者可以看到其運算結果，相當於是以矩陣中間那行為軸心，然後將矩陣左右翻轉。左式中的 fliplr() 函數，flip 是翻轉之意，而 lr 則是 left/right 的縮寫。

```
>> flipud(A)
ans =
     4     9     2
     3     5     7
     8     1     6
```

將矩陣 A 的元素上下翻轉。左式中的 flipud() 函數，ud 是 up/down 的縮寫，代表上下之意。

```
>> flipdim(A,2)
ans =
     6     1     8
     7     5     3
     2     9     4
```

在矩陣 A 的第 2 個維度方向做翻轉。對於二維陣列而言，第 1 個維度是上下垂直方向，第 2 個維度是左右水平方向，因此左式相當於把矩陣 A 做左右翻轉。

```
>> reshape(A,1,9)
ans =
  8   3   4   1   5   9   6   7   2
```

將陣列 A 重新排列成 1×9 的矩陣。注意矩陣重排時，是由矩陣的左上角開始，由上到下，由左到右來排列。

```
>> reshape(A,2,4)
Error using reshape
To RESHAPE the number of elements must not change.
```

使用 reshape() 函數時，重排後矩陣元素的個數必須與原矩陣相同。於左式中，原矩陣的元素個數為 9，但卻指定重排後的個數為 $2\times4=8$ 個，因此會有錯誤訊息產生。

```
>> repmat(A,2,2)
ans =
     8     1     6     8     1     6
     3     5     7     3     5     7
     4     9     2     4     9     2
     8     1     6     8     1     6
     3     5     7     3     5     7
     4     9     2     4     9     2
```

repmat() 是 repeat matrix 的縮寫，它可將陣列依指定的方式做排列。左式是將矩陣 A 重覆排列，使得重排後的矩陣是由 2×2 個矩陣 A 所組成。

```
>> repmat(9,[3,4,2])
ans(:,:,1) =
     9     9     9     9
     9     9     9     9
     9     9     9     9
ans(:,:,2) =
     9     9     9     9
     9     9     9     9
     9     9     9     9
```

左式是將一個元素值為 9 的 1×1 的矩陣排列成 $3\times4\times2$ 的三維陣列。

```
>> rot90(A)
ans =
     6     7     2
     1     5     9
     8     3     4
```

將矩陣 A 逆時針旋轉 90 度。

```
>> rot90(A,3)
ans =
     4     3     8
     9     5     1
     2     7     6
```

將矩陣 A 逆時針旋轉 $3\times90=270$ 度。逆時針旋轉 270 的效果就相當於順時針旋轉 90 的效果，讀者可自行驗證。

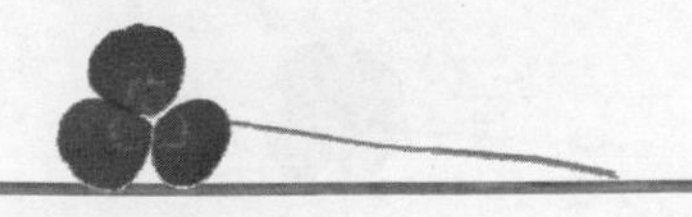

4.4.3 陣列的合併

只要是二個陣列中，同一維度的元素數目相等，我們便可利用簡單的語法將二個或數個陣列合併成一個陣列。合併陣列的函數如下表所示：

表 4.4.3 陣列轉換函數

函數	說明
[*A*,*B*]	將陣列 *A*, *B* 橫向併排，組合成一個新的陣列
[*A*;*B*]	將陣列 *A*, *B* 垂直併排，組合成一個新的陣列
cat(*dim*,*A*,*B*,...)	依 *dim* 所指定的方向合併（concatenate）陣列 *A*, *B*,...

```
>> A=[1 2 3;3 4 5]
A =
     1     2     3
     3     4     5
```

設定矩陣 A 是一個 2×3 的陣列。

```
>> B=2*A
B =
     2     4     6
     6     8    10
```

將矩陣 A 的每一個元素值都乘上 2，再設定給矩陣 B 存放。

```
>> [A,B]
ans =
     1     2     3     2     4     6
     3     4     5     6     8    10
```

將 A、B 兩個陣列水平併排，併排後形成一個 2×6 的陣列。注意於左式的語法中，A、B 兩個陣列之間是用逗號隔開。讀者可自行試試，用空白鍵隔開也可以。

```
>> [A;B]
ans =
     1     2     3
     3     4     5
     2     4     6
     6     8    10
```

將 A、B 兩個陣列垂直併排。注意於左式是以分號隔開 A、B 兩個陣列。

```
>> [[A;A],[A;A]]
ans =
     1     2     3     1     2     3
     3     4     5     3     4     5
     1     2     3     1     2     3
     3     4     5     3     4     5
```

利用水平與垂直排列，將矩陣 A 擴展成 2×2 個矩陣 A 的大矩陣。

```
>> repmat(A,2,2)
ans =
     1     2     3     1     2     3
     3     4     5     3     4     5
     1     2     3     1     2     3
     3     4     5     3     4     5
```

利用稍早所介紹過的 repmat() 函數，也可以將矩陣 A 擴展成與上式相同的結果。

```
>> cat(1,A,B)
ans =
     1     2     3
     3     4     5
     2     4     6
     6     8    10
```

在第 1 個維度方向將矩陣A、B併排。第 1 個維度方向是垂直方向，所以左式的語法相當於將矩陣垂直併排。cat是concatenate的縮寫，是串聯之意，不是貓哦！細心的讀者可能會注意到，左式的結果可以利用 [A;B] 這個敘述來達成。

```
>> cat(2,A,B)
ans =
     1     2     3     2     4     6
     3     4     5     6     8    10
```

在第 2 個維度方向將矩陣 A、B 併排。第 2 個維度方向是水平方向，於是左式的語法相當於將矩陣 A 與 B 水平併排。事實上，左式的結果等同於 [A,B] 這個敘述。

```
>> cat(2,A,A,B)
ans =
   1   2   3   1   2   3   2   4   6
   3   4   5   3   4   5   6   8  10
```

在第 2 個維度方向將兩個矩陣 A 與一個矩陣 B 併排。讀者可注意到，併排後的矩陣是一個 2×9 的二維矩陣。

cat() 函數除了可將陣列併排之外，也可以利用它來建立多維陣列，如下面的範例：

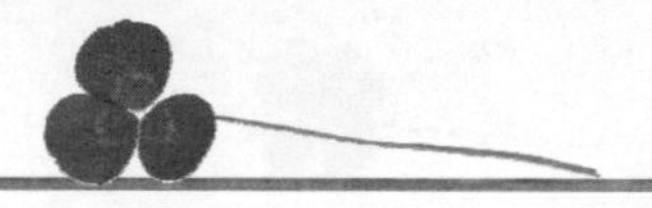

```
>> cat(3,A,B)
ans(:,:,1) =
    1     2     3
    3     4     5
ans(:,:,2) =
    2     4     6
    6     8    10
```

將陣列 A、B 在第 3 個維度方向併排。第 3 個維度方向是屬於「頁」的方向，因此在第 3 個維度方向併排就相當於把陣列 B 置於陣列 A 的後面，形成一個 $2\times3\times2$ 的三維陣列。

```
>> cat(4,A,B)
ans(:,:,1,1) =
    1     2     3
    3     4     5
ans(:,:,1,2) =
    2     4     6
    6     8    10
```

將陣列 A、B 在第 4 個維度方向併排。此時 Matlab 會把第 3 個維度值設為 1，然後把陣列 A、B 併排在第 4 個維度。

4.5 矩陣的數學運算

熟悉了矩陣的基本操作之後，本節將介紹矩陣的基本數學運算，以及如何針對矩陣做元素對元素（element by element）的運算。

4.5.1 基本的矩陣運算

矩陣運算包括了矩陣的四則運算、轉置運算、矩陣的乘冪、行列式以及矩陣的指數與對數等等。

表 4.5.1　矩陣的數學運算

矩陣的運算	說 明
$A+B$	矩陣 A 加上矩陣 B
$A-B$	矩陣 A 減去矩陣 B
$A*B$	矩陣 A 乘上矩陣 B
A^n	矩陣 A 的 n 次方，即矩陣 A 連乘 n 次，A 必須為方陣
A'	計算矩陣 A 的共軛轉置（conjugate transpose）。如果矩陣 A 的所有元素都是實數，則 A' 相當於是 A 的轉置矩陣
inv(A)	計算矩陣 A 的反矩陣（inverse）

矩陣的運算	說 明
det(*A*)	計算矩陣 *A* 的行列式（determinate）
expm(*A*)	計算矩陣 *A* 的指數（matrix exponential）
logm(*A*)	計算矩陣 *A* 的對數（matrix logarithm）
sqrtm(*A*)	計算矩陣 *A* 的平方根

```
>> A=[2 4;3 1]
A =
     2     4
     3     1
```

定義 *A* 為一個 2×2 的矩陣。

```
>> B=[3 2;4 6]
B =
     3     2
     4     6
```

定義 *B* 為另一個 2×2 的矩陣。

```
>> A+3
ans =
     5     7
     6     4
```

把矩陣 *A* 的值加上一個常數。在 Matlab 的計算裡，如果矩陣加上一個常數，則 Matlab 會把這個矩陣裡的每一個元素加上這個常數。

```
>> A+B
ans =
     5     6
     7     7
```

計算矩陣 *A* 加上矩陣 *B*。注意矩陣 *A* 與 *B* 的大小相等（均是 2×2 ），所以可以進行矩陣的相加。

```
>> [2,3]*A
ans =
    13    11
```

這是 1×2 的向量乘上 2×2 的矩陣 *A*，其結果為一個 1×2 的向量。

```
>> A*[2,3]
Error using *
Inner matrix dimensions must agree.
```

在數學上，2×2 的矩陣 *A* 不能乘上 1×2 的向量，所以左式回應兩個相乘之矩陣的維度不符。

```
>> A*[1;5]
ans =
    22
     8
```

這是 2×2 的矩陣 *A* 乘上 2×1 的向量，其結果為一個 2×1 的向量。

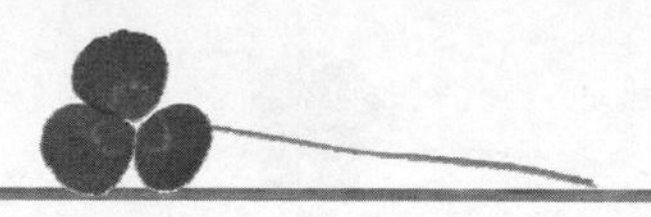

```
>> A*B
ans =
    22    28
    13    12
```

這是矩陣 A 乘上矩陣 B。

```
>> A'
ans =
     2     3
     4     1
```

計算矩陣 A 的共軛轉置（conjugate transpose）。因矩陣 A 的元素皆為實數，所以共軛轉置就相當於一般的矩陣轉置。

```
>> [4+i 3+2i;3-4i 6i]'
ans =
  4.0000 - 1.0000i   3.0000 + 4.0000i
  3.0000 - 2.0000i        0 - 6.0000i
```

這是複數矩陣 $\begin{pmatrix} 4+i & 3+2i \\ 3-4i & 6i \end{pmatrix}$ 的共軛轉置矩陣。所謂的共軛轉置，是指把矩陣裡的每個元素都取共軛複數，然後再轉置。

接下來介紹的 inv()、det()、expm()、logm() 與 sqrtm() 這 5 個矩陣函數中，函數內的引數必須是一個方陣才能計算：

```
>> inv(A)
ans =
   -0.1000    0.4000
    0.3000   -0.2000
```

計算矩陣 A 的反矩陣。

```
>> A*inv(A)
ans =
     1     0
     0     1
```

計算 $A \times A^{-1}$，得到一個單位矩陣。

```
>> det(A)
ans =
   -10
```

計算 A 的行列式。

```
>> M=expm(A)
M =
   84.8655   84.7302
   63.5476   63.6830
```

計算矩陣 A 的指數（即 e^A），並把結果設給變數 M 存放。

```
>> logm(M)
ans =
    2.0000    4.0000
    3.0000    1.0000
```

計算矩陣 M 的對數，得到左邊的結果。注意這個結果恰好等於矩陣 A，這是因為指數與對數是反函數之故。

```
>> Z=sqrtm(A)
ans =
   1.2778 + 0.6061i   1.2778 - 0.8081i
   0.9583 - 0.6061i   0.9583 + 0.8081i
```

計算矩陣 A 的平方根，也就是找到一矩陣使得 $Z^2 = A$，此時矩陣 Z 即為 A 的平方根。

```
>> Z^2
ans =
   2.0000 + 0.0000i   4.0000 + 0.0000i
   3.0000 - 0.0000i   1.0000 + 0.0000i
```

將矩陣 Z 平方，我們預期會得到與矩陣 A 相同的結果，但左邊的輸出卻有很小的虛數出現。事實上，這是因為數值計算的誤差所致。

```
>> real(Z^2)
ans =
    2.0000    4.0000
    3.0000    1.0000
```

如果先將矩陣 Z 平方，然後取出計算結果的實部，如此即可得到與矩陣 A 相同的結果。

```
>> A^0.5
ans =
   1.2778 + 0.6061i   1.2778 - 0.8081i
   0.9583 - 0.6061i   0.9583 + 0.8081i
```

計算矩陣 A 的平方根，也可以利用 $A^{0.5}$ 來計算。

```
>> A^-1
ans =
   -0.1000    0.4000
    0.3000   -0.2000
```

讀者可以嘗試驗證一下，A^{-1} 的結果即為 A 的反矩陣。

4.5.2 矩陣的左除與右除

除了上一節介紹的矩陣運算指令之外，Matlab 尚提供了兩個較特殊的運算符號，即左除「\」與右除「/」兩種，它們可分別用來計算 $AX = B$ 與 $XA = B$ 這兩種方程式。

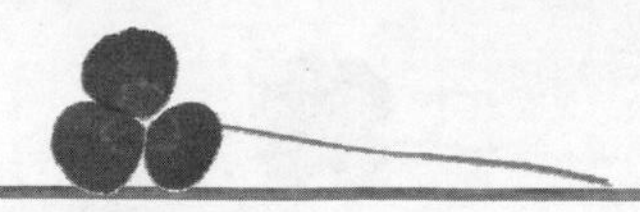

表 4.5.2　矩陣的數學運算

指令	說 明
$A\backslash B$	A 左除 B，此運算相當於把 A 的反矩陣乘以 B，也就是 $A^{-1}B$ $A\backslash B$ 的結果相當於 $AX=B$ 的解。亦即，若 $AX=B$，則 $X=A^{-1}B=A\backslash B$
B/A	B 右除 A，此運算相當於把 B 乘上 A 的反矩陣，也就是 BA^{-1} B/A 的結果相當於 $XA=B$ 的解。亦即，若 $XA=B$，則 $BA^{-1}=B/A$

首先，我們舉一個實例來說明矩陣左除的應用。例如，設

$$AX=B,\quad A=\begin{pmatrix}3 & 4\\1 & 2\end{pmatrix},\quad B=\begin{pmatrix}10\\4\end{pmatrix}$$

也就是矩陣 A 乘上向量 X 要等於向量 B。若要求解向量 X，則

$$X=A^{-1}B=\begin{pmatrix}1 & -2\\-0.5 & 1.5\end{pmatrix}\begin{pmatrix}10\\4\end{pmatrix}=\begin{pmatrix}2\\1\end{pmatrix}$$

利用 Matlab 求解上式中的 X 時，我們可以寫上 X=inv(A)*B，或者更快速的方法，利用 A 來左除 B 即可。

```
>> A=[3 4;1 2]
A =
     3     4
     1     2
```

這是矩陣 A，它是一個 2×2 的矩陣。

```
>> B=[10;4]
B =
    10
     4
```

這是一個 2×1 的向量 B。

```
>> inv(A)*B
ans =
     2
     1
```

設 $AX=B$，則 $X=A^{-1}B$，利用左式即可求解得 $X=\begin{pmatrix}2\\1\end{pmatrix}$

```
>> A\B
ans =
    2.0000
    1.0000
```

利用矩陣的左除，也可以很快的求得 $AX=B$ 的解。

右除與左除稍有不同，它是用在另外的一種情況，例如，設

$$XA=B,\quad A=\begin{pmatrix}3 & 4\\ 1 & 2\end{pmatrix},\quad B=\begin{pmatrix}10 & 14\end{pmatrix}$$

則

$$X=BA^{-1}=\begin{pmatrix}10 & 14\end{pmatrix}\begin{pmatrix}1 & -2\\ -0.5 & 1.5\end{pmatrix}=\begin{pmatrix}3 & 1\end{pmatrix}$$

要利用 Matlab 求解上式的 X，我們可以寫上 X=B*inv(A)，或者利用 B 右除 A 即可，如下面的範例：

```
>> A=[3 4;1 2]
A =
     3     4
     1     2
```

設定 A 是一個 2×2 的矩陣。

```
>> B=[10 14]
B =
    10    14
```

設定 B 是一個 1×2 的向量。

```
>> B*inv(A)
ans =
     3     1
```

設 $XA=B$，則 $X=BA^{-1}$，利用左式即可求解得 X。

```
>> B/A
ans =
     3.0000  1.0000
```

利用矩陣的右除，也就是把 B 矩陣右除 A 矩陣，一樣可以求得 $XA=B$ 的解。

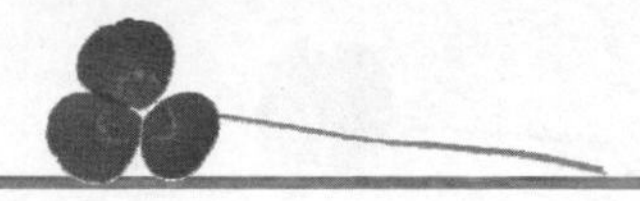

4.5.3 陣列元素對元素的運算

在 Matlab 裡，矩陣 A 乘上 B 可以寫成 $A*B$。例如，設

$$A=\begin{pmatrix}2 & 4\\ 3 & 1\end{pmatrix},\ B=\begin{pmatrix}3 & 2\\ 4 & 6\end{pmatrix};$$

則

$$A*B=\begin{pmatrix}2 & 4\\ 3 & 1\end{pmatrix}\begin{pmatrix}3 & 2\\ 4 & 6\end{pmatrix}=\begin{pmatrix}2\times3+4\times4 & 2\times2+4\times6\\ 3\times3+1\times4 & 3\times2+1\times6\end{pmatrix}=\begin{pmatrix}22 & 28\\ 13 & 12\end{pmatrix}$$

現在，如果是希望陣列 A 內的元素乘上陣列 B 內相對應的位置，也就是計算

$$A.*B=\begin{pmatrix}2 & 4\\ 3 & 1\end{pmatrix}\begin{pmatrix}3 & 2\\ 4 & 6\end{pmatrix}=\begin{pmatrix}2\times3 & 4\times2\\ 3\times4 & 1\times6\end{pmatrix}=\begin{pmatrix}6 & 8\\ 12 & 6\end{pmatrix}$$

則我們可以利用 Matlab 所提供的 "元素對元素"（element by element）的計算指令。所謂的 "元素對元素"，指的是針對矩陣內的每一個元素進行計算，而非針對一整個矩陣。元素對元素的計算符號是在矩陣的計算符號之前加上一個「.」，如下表所示：

表 4.5.3　陣列的數學運算

指 令	說 明
`A.*B`	將矩陣 A 內的元素乘上矩陣 B 內相同位置的元素
`A.^n`	計算矩陣 A 內，個別元素的 n 次方
`A.'`	計算矩陣 A 的轉置（transpose）矩陣
`A./B`	將 A 裡面的每一個元素除以 B 裡面每一個相對應的元素
`A.\B`	將 B 裡面的每一個元素除以 A 裡面每一個相對應的元素

```
>> A=[2 4;3 1]                          定義 A 為一個 2×2 的矩陣。
A =
     2     4
     3     1
```

```
>> B=[3 2;4 6]
B =
     3     2
     4     6
```

定義 B 為另一個 2×2 的矩陣。

```
>> A*B
ans =
    22    28
    13    12
```

這是矩陣的乘法。

```
>> A.*B
ans =
     6     8
    12     6
```

這是元素對元素的乘法，也就是把矩陣 A 內的每一個元素乘上矩陣 B 內相同位置的元素。

```
>> A^3
ans =
    68    76
    57    49
```

計算矩陣 A 的三次方，也就是矩陣 A 連乘三次。

```
>> A.^3
ans =
     8    64
    27     1
```

將矩陣 A 內，每一個元素 3 次方。讀者可注意到，左式的計算結果與矩陣 A 連乘三次的結果明顯不同。

另外，在上一節所提到的「'」符號是用來計算矩陣的共軛轉置（conjugate transpose），而本節所提到的「.'」則是用在計算矩陣的轉置（transpose）。然而，如果矩陣內的元素都是實數的話，則共軛轉置的結果與一般的矩陣轉置相同。

```
>> A.'
ans =
     2     3
     4     1
```

這是矩陣 A 的轉置矩陣。

```
>> A'
ans =
     2     3
     4     1
```

這是 A 的共軛轉置矩陣。因為矩陣 A 內的元素值都是實數，所以它的轉置矩陣與共軛轉置矩陣是相同的。

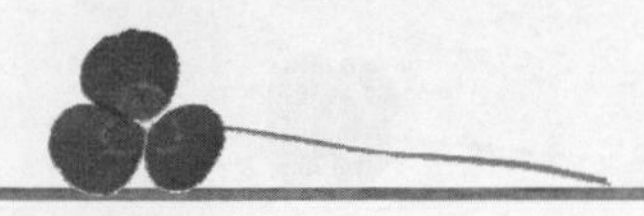

```
>> [4+i 3+2i;3-4i 6i].'
ans =
   4.0000 + 1.0000i   3.0000 - 4.0000i
   3.0000 + 2.0000i        0 + 6.0000i
```

這是複數矩陣的轉置矩陣。注意 Matlab 只是把主對角線的元素對調。

```
>> [4+i 3+2i;3-4i 6i]'
ans =
   4.0000 - 1.0000i   3.0000 + 4.0000i
   3.0000 - 2.0000i        0 - 6.0000i
```

這是複數矩陣的共軛轉置矩陣。讀者可觀察到，共軛轉置矩陣是先把每一個元素取其共軛複數，然後再轉置。

元素對元素的運算也提供了右除「./」與左除「.\」兩種運算。右除是把左邊陣列裡的每一個元素除以右邊陣列裡的每一個元素，而左除則恰好相反。

```
>> A./B
ans =
    0.6667    2.0000
    0.7500    0.1667
```

這是元素對元素的右除。矩陣 A 右除矩陣 B 就相當於把 A 裡面的每一個元素除以 B 裡面每一個相對應的元素。

```
>> A.\B
ans =
    1.5000    0.5000
    1.3333    6.0000
```

這是元素對元素的左除，也就是把矩陣 B 裡面的每一個元素除以 A 裡面每一個相對應的元素。

最後要提醒您，把矩陣 A 除上一個常數，這個運算相當於把矩陣 A 裡的每一個元數除上這個常數。此時您用矩陣的右除「/」或者是元素對元素的右除「./」都可以。但是如果是以一個常數去除上一個矩陣時，則必須使用元素對元素的右除「./」。

```
>> A/2
ans =
    1.0000    2.0000
    1.5000    0.5000
```

把矩陣 A 除以 2，這個運算就相當於把矩陣 A 的每一個元素都除上 2。

```
>> A./2
ans =
    1.0000    2.0000
    1.5000    0.5000
```

利用元素對元素的右除，也可得到相同的結果。

```
>> 1/A
Error using /
Matrix dimensions must agree.
```

若是以矩陣的除法將一個常數除上一個矩陣，會出現左邊的錯誤訊息，告訴我們矩陣的維度不符，無法進行這個運算。

```
>> 1./A
ans =
    0.5000    0.2500
    0.3333    1.0000
```

如果是改以元素對元素的右除，則可以解決這個問題。左式是以常數 1 去除以矩陣 *A* 內的每一個元素。

習 題

4.1 陣列元素的處理

1. 設向量 *v*1=[6 8 1 9 7 2 7 8]，試依下列題意作答：

   (a) 取出向量 *v*1 的第 5 個元素。

   (b) 取出向量 *v*1 的第 4~7 個元素。

   (c) 查詢向量 *v*1 的長度（即元素的個數）

   (d) 取出向量 *v*1 的第 3 個到最後一個元素。

   (e) 將向量 *v*1 的元素反向排列，並將其結果設給另一向量 *v*2。

   (f) 刪除向量 *v*2 的第 5~7 個元素。

   (g) 將向量 *v*1 的第 5 個到最後一個元素的值設為 10。

2. 設矩陣 *M*=[1 2 3; 4 5 6; 7 8 9]，試依下列題意依序作答：

   (a) 取出矩陣 *M* 裡，第 1 列，第 3 行的元素。

   (b) 取出矩陣 *M* 裡，第 2 列的第 1~2 個元素。

   (c) 取出矩陣 *M* 第 1 列的所有元素。

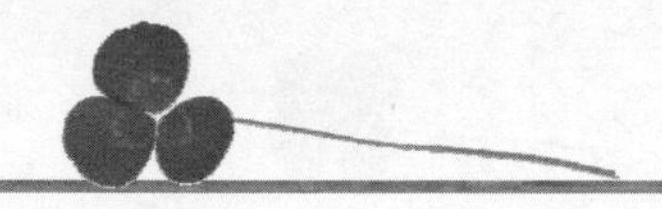

(d) 取出矩陣 M 裡，最後一列的第 1 個與第 3 個元素。

(e) 在矩陣 M 的最右邊加上一個所有元素皆為 0 的行向量。

(f) 刪除矩陣 M 的最後一行。

(g) 取出矩陣 M 裡，第 1 列到第 2 列裡的第 1 到第 2 行的元素。

3. 設矩陣 M 的大小為 4×6 ，試利用 sub2ind() 函數找出下列元素的一維索引值：

   (a) $M(1,2)$　　(b) $M(2,4)$　　(c) $M(3,5)$

4. 設矩陣 M 的大小為 5×7 ，試利用 ind2sub() 函數找出下列元素的二維索引值：

   (a) $M(8)$　　(b) $M(10)$　　(c) $M(12)$

5. 設矩陣 M=[1 3 4 7; 6 5 9 8]

   (a) 試以一維索引值取出 M 的第 4,7,8 個元素。

   (b) 試以二維索引值取出 M 的第 1~2 列，2~3 行的元素。

   (c) 試將 M 的最後一行元素刪除。

6. 設矩陣 $M=\begin{bmatrix}1 & 2 & 3 & 4\\5 & 6 & 7 & 8\\9 & 10 & 11 & 12\end{bmatrix}$，

   (a) 試將矩陣 M 的每一列的元素反向排列，使其成為 $\begin{bmatrix}9 & 10 & 11 & 12\\5 & 6 & 7 & 8\\1 & 2 & 3 & 4\end{bmatrix}$。

   (b) 試將矩陣 M 的每一行的元素反向排列，使其成為 $\begin{bmatrix}4 & 3 & 2 & 1\\8 & 7 & 6 & 5\\12 & 11 & 10 & 9\end{bmatrix}$。

4.2 多維陣列

7. 設矩陣 M=[1 2 ; 4 5]，試將矩陣 M 再加上一頁，使其變成 $2\times 2\times 2$ 的三維陣列（新加入的一頁，其元素值請設為 0）。

8. 試建立一個 $2\times2\times3\times2$ 的四維陣列 M，陣列裡所有的元素值皆為 1，並請利用 whos 指令查詢陣列 M 的維度，以及它所佔的位元組。

9. 設陣列 M 的大小為 $3\times4\times2$：

   (a) 陣列 M 的第 1 列，第 3 行，第 2 頁之一維索引值為何？

   (b) 如果陣列 M 的一維索引值為 17，則其三維的索引值為何？

4.3 常用的陣列建立函數

10. 試依序完成下列各題的要求：

    (a) 試以 magic() 函數建立一個 5×5 的方陣，並將它設定給矩陣 A。

    (b) 試以 eye() 函數建立一個 5×5 的單位矩陣，並將它設定給矩陣 B。

    (c) 試將矩陣 B 轉成 logical 型態，並利用它取出矩陣 A 的對角線元素。

    (d) 試以 Matlab 的語法驗證矩陣 A 的每一直行、每一橫列與對角線的總和均為 65。

11. 試建立一個以向量 [1 2 3 4] 為對角線元素，其它元素為 0 的 4×4 矩陣。

12. 試建立一個維度為 $4\times3\times2$，平均值為 0，標準差為 1 的常態分佈亂數。

4.4 陣列元素的其它操作

13. 設 A 為 5×5 的魔術方陣，B 為 5×5 的單位矩陣，試依序回答下列各題：

    (a) 試分別以陣列 A 與 B 為第 1 頁和第 2 頁，將 A 與 B 合併成一個 $5\times5\times2$ 的陣列，並把其結果設定給變數 C。

    (b) 計算矩陣 $A+B$，並把其結果與陣列 C 合併，使得 $A+B$ 是合併之後之矩陣的第 1 頁。合併後之矩陣的維度為多少？試利用 size() 函數驗證之。

14. 設陣列 A=[1 2 3; 4 5 6]，試回答下列問題：

    (a) 試將陣列 A 順時針旋轉 90 度。

    (b) 試將陣列 A 的元素上下翻轉。

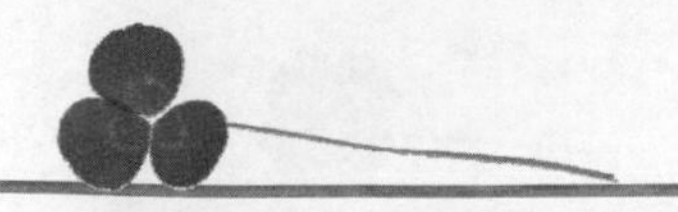

(c) 試利用 reshape() 函數將陣列 A 的維度更改 3×2 的陣列。

(d) 將一維陣列 [7 8 9] 加到陣列 A 的第 3 列，使其成為 3×3 的陣列。

(e) 將一維陣列 [0; 0] 加到陣列 A 的第 4 行，使其成為 2×4 的陣列。

15. 設陣列 A=[5; 4; 3]，試利用 A 建立一個 3×12 的矩陣，其中矩陣 A 第 1 列的元素值皆為 5，第 2 列的元素值皆為 4，第三列的元素值皆為 3。

4.5 矩陣的數學運算

16. 設陣列 A=[1 2; 4 5]，B=[2 5; 0 1]，試回答下列問題：

(a) 試計算 A 的 3 次方。

(b) 試計算 A 的反矩陣。

(c) 試驗證 $A*A^{-1}=A^{-1}*A=I$，其中 I 為 2×2 的單位矩陣。

(d) 試計算 $A*B$（即矩陣相乘）。

(e) 試計算 $A.*B$，即把矩陣 A 裡的每一個元素乘上矩陣 B 裡相同位置的元素。

17. 設矩陣 A=[2, 2; 3, 5]，向量 B=[1, 2]，試回答下列問題：

(a) 試計算向量 B 乘上矩陣 A。

(b) 試計算矩陣 A 乘上向量 B 的轉置。

18. 試求解下列的方程式：

(a) $\begin{pmatrix}-1 & 2\\ 1 & 6\end{pmatrix}\begin{pmatrix}x_1\\ x_2\end{pmatrix}=\begin{pmatrix}4\\ 0\end{pmatrix}$

(b) $(x_1, x_2)\begin{pmatrix}3 & 2\\ 1 & 7\end{pmatrix}=(7,12)$

(c) $\begin{pmatrix}3 & 2 & 4\\ 5 & 7 & 3\\ 1 & 6 & 0\end{pmatrix}\begin{pmatrix}x_1\\ x_2\\ x_3\end{pmatrix}=\begin{pmatrix}-6\\ 2\\ 1\end{pmatrix}$

(d) $(x_1, x_2, x_3)\begin{pmatrix}0 & 2 & -2\\ 7 & 4 & 3\\ 8 & -4 & -5\end{pmatrix}=(17,12,16)$

第五章
二維平面繪圖

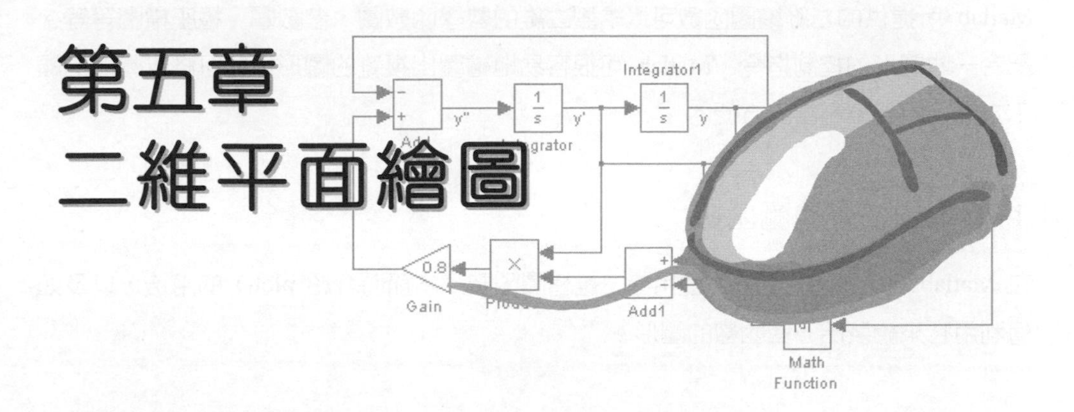

函數圖形不僅可以呈現數學的本質，有時更是解題之鑰。如果您大致瀏覽過本書，就會發現許多範例搭配不少的函數圖形來驗證其結果。這些圖形有些是二維的等高線圖，有些是三維的函數圖或參數圖。它們都是由 Matlab 的繪圖函數所完成，由此可見 Matlab 繪圖函數的多樣性。

本章學習目標

- 學習 Matlab 的基本繪圖函數 plot()
- 編修函數的圖形
- 學習簡單易用的 fplot() 與 ezplot() 函數
- 學習如何利用 Property editor 來編修圖形

5.1 簡單的繪圖函數

Matlab 所提供的二維繪圖函數可以繪製二維的數學函數圖、參數圖、極座標圖等等。配合一些圖形的控制指令，Matlab 可很容易地繪製出複雜的圖形，並可修改圖形的顯示方式，用起來相當的方便。

5.1.1 基本的二維繪圖函數

在 Matlab 裡，plot() 是最常使用的二維繪圖函數。本節將介紹 plot() 的用法，以及如何利用它來繪製出一些函數的圖形。

表 5.1.1 plot 函數的使用

函數	說明
plot(x,y)	以 x 為資料點的橫座標所組成的向量，y 為縱座標所組成的向量，描點繪出 (x,y) 的曲線圖
plot(y)	x 的間距為 1，描點繪出 (x,y) 的曲線圖

接下來以一個實例說明如何利用 plot() 函數，繪製由幾個點所連成的線段。假設想要繪製由點 (0,3)、(2,4)、(4,0)、(7,6)、(10,1) 與 (12,3) 所連成的直線，由於 plot() 可接收兩個引數，第一個引數是由所有點的橫座標所組成的向量，第二個引數則是由所有點的縱座標所組成的向量，因此只要把這些點的橫座標與縱座標分別取出，即可利用 plot() 來繪圖。

```
>> x=[0 2 4 7 10 12]
x =
     0     2     4     7    10    12
```

這是由所有點的橫座標所組成的向量，並把它設定給變數 x 存放。

```
>> y=[3 4 0 6 1 3]
y =
     3     4     0     6     1     3
```

這是由所有點的縱座標所組成的向量，並把它設定給變數 y 存放。

```
>> plot(x,y)
```

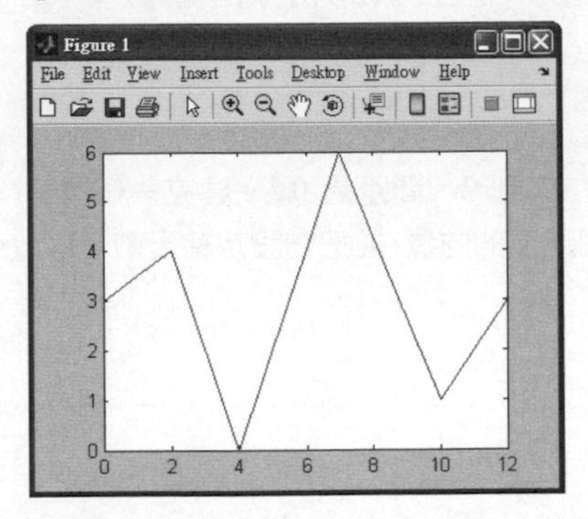

利用向量 x 與 y 即可描繪出所有資料點的連線圖。

當您執行左式時，Matlab 會跳出一個視窗，然後把圖形繪製在這個視窗內。

現在您已學會 Matlab 繪圖的基本步驟了。下圖是由資料點取出其橫座標與縱座標的示意圖，由此圖更可以瞭解到在前例中，向量 x 和向量 y 是如何組成的：

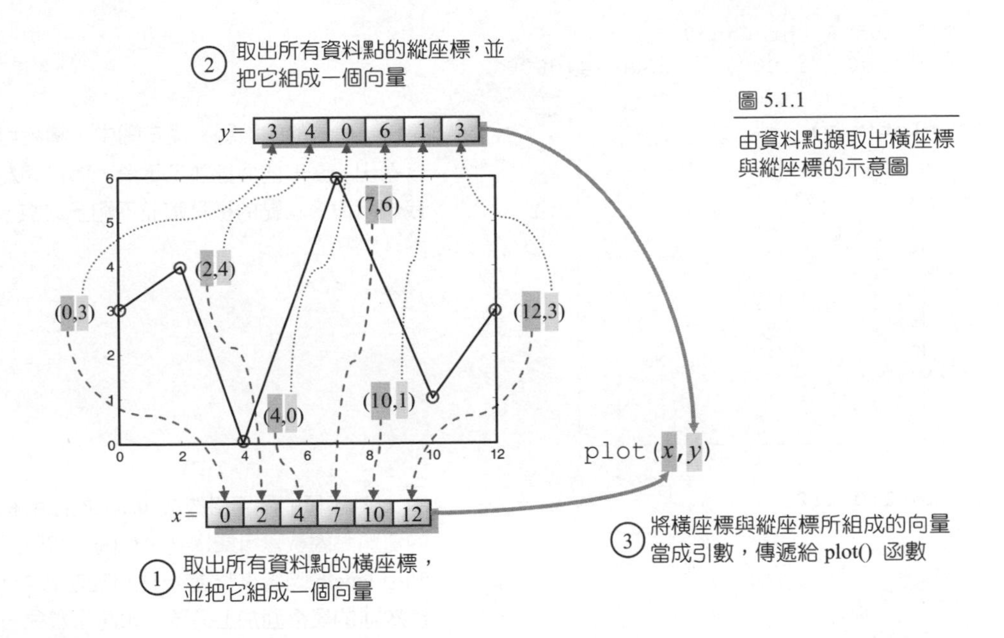

圖 5.1.1

由資料點擷取出橫座標與縱座標的示意圖

事實上，在 Matlab 所跳出的圖形視窗中，只要選擇工具列上的 Edit Plot 圖示 ，再點選視窗內，要編輯的圖形元件，於出現的 Property 對話方塊中即可對圖形做細部設定。關於這個部分，本章稍後會再做較詳盡的說明。

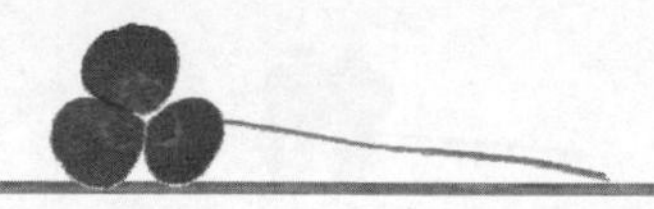

有了上述的概念之後，接下來再看看幾個繪圖的實例。下面的範例是繪出函數 $y = x^2$ 的圖形：

```
>> x=-2:0.5:2
x =
  Columns 1 through 5
   -2.0000  -1.5000  -1.0000  -0.5000    0

  Columns 6 through 9
    0.5000  1.0000  1.5000  2.0000
```

從 −2 到 2，間距為 0.5，建立一個具有 9 個元素的向量，並把它設定給變數 x 存放。

```
>> y=x.^2
y =
  Columns 1 through 5
    4.0000  2.2500  1.0000  0.2500    0

  Columns 6 through 9
    0.2500   1.0000  2.2500  4.0000
```

將向量 x 裡的每一個元素平方。注意左式必須用元素對元素的次方符號「.^」，才可以將向量 y 裡的每一個元素值平方。

```
>> plot(x,y)
```

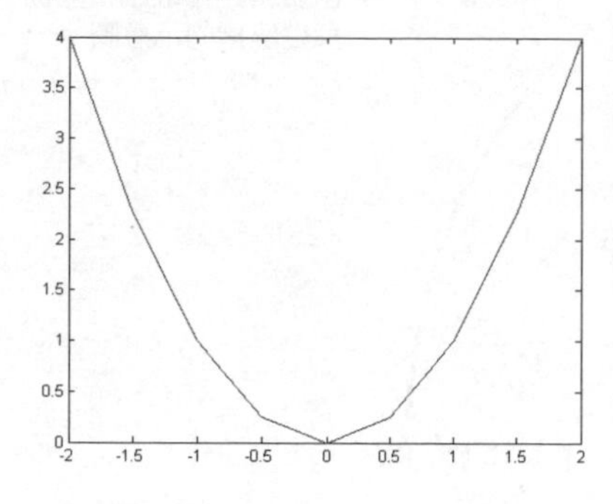

繪出 $y = x^2$ 的函數圖。從左圖中，讀者可以看出，圖形的曲線並不平滑，這是因為我們所取資料點的樣點數並不夠多之故。

```
>> x=-2:0.1:2;
```

將 x 軸座標的間距修改成 0.1，如此所有的資料點總數變可擴增到 41 個（您可以利用 length 函數來驗證）。注意在左式中，於敘述的最後面加上分號，如此可避免一長串的數字出現在螢幕上。

```
>> y=x.^2;
```

將向量 x 裡的每一個元素平方。相同的，左式也是利用分號，使得運算結果不會顯示在螢幕上。

```
>> plot(x,y)
```

繪出 $y=x^2$ 的函數圖。現在可以看到圖形平滑許多。

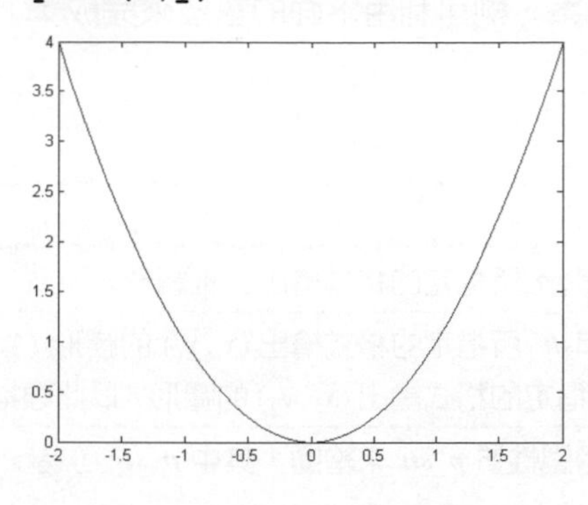

除了利用「a:$step$:b」的語法來建立 x 軸方向的向量之外，我們也可以利用 linspace() 函數來建立。下面的範例是繪出 $y=\sin(x^2)/(x+1)$ 的圖形，並改以 linspace() 來建立 x 軸的向量：

```
>> x=linspace(0,6,100);
```

建立一個範圍 0~6，且具有 100 個元素的向量 x。

```
>> y=sin(x.^2)./(x+1);
```

利用向量 x 建立向量 y，其中向量 y 的定義為 $y=\sin(x^2)/(x+1)$。

```
>> plot(x,y)
```

繪出 $y=\sin(x^2)/(x+1)$ 的函數圖。從左圖中可以看到函數的曲線頗為細膩，這是因為向量 x 取 100 個點之故。讀者可以嘗試增減向量 x 的點數，並觀察圖形的變化情形。

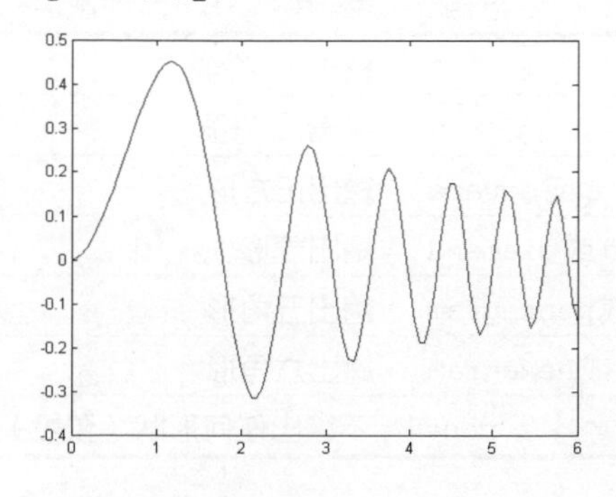

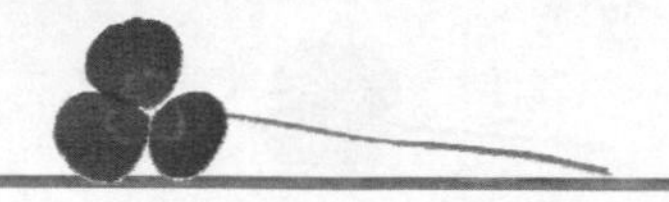

5.1.2 二維圖形的編修

現在您已經學會二維繪圖的一些基本技巧。如果想改變 *x-y* 座標軸的比例，只要拉拉跳出的圖形視窗的邊界即可，但是如果想更改線條的粗細、在同一張圖上繪出兩個數學函數的圖形，或者是在資料點上顯示出醒目的圖案，則可利用下面的語法來完成：

表 5.1.2　修飾 plot 函數所繪出的圖形

函數	說明
plot(*x*,*y*,'*str*')	以字串 *str* 所指定的格式繪出二維圖形
plot(x_1,y_1,'str_1', x_2,y_2,'str_2',⋯)	以字串str_1所指定的格式繪出 (x_1,y_1) 的圖形，以str_2所指定的格式繪出 (x_2,y_2) 的圖形，以此類推
plot(x_1,y_1,'*str*', '*p_str*',*property*,⋯)	根據繪圖性質 *p_str* 來繪圖，其中 *p_str* 可為： *LineWidth* — 設定線條寬度 *MarkerFaceColor* — 設定標記的顏色 *MarkerEdgeColor* — 設定標記的邊框顏色 *MarkerSize* — 設定標記的大小

於上表中，字串 *str*（大小寫皆可）用來指定 plot() 繪圖輸出之格式，計有三種格式可供調整，分別為資料點的顯示符號、線條樣式與線條顏色。下表列出了字串 *str* 可使用的控制碼，以及它們所代表的意義：

表 5.1.3　plot() 函數的控制碼（一），控制資料點的顯示符號

符號	說明	符號	說明
.	繪點	^	繪出△符號
*	繪出星號	v	繪出▽符號
o	繪出小圓（小寫字母 o）	s 或 square	繪出正方形
+	繪出加號	d 或 diamond	繪出菱形
x	繪出打叉符號（小寫字母 x）	p 或 pentagram	繪出五角形
<	繪出◁符號	h 或 hexagram	繪出六角形
>	繪出▷符號	none	不繪出任何形狀（預設）

表 5.1.4 plot() 函數的控制碼（二），控制線條樣式

線條樣式	說 明	線條樣式	說 明
-（減號）	實線（預設）	:	由點連成的線段
--	虛線	none	不繪出線段
-.	虛線和點連成的線段		

表 5.1.5 plot() 函數的控制碼（三），控制線條顏色

線條顏色	說 明	線條顏色	說 明
g	綠色（green）	w	白色（white）
m	洋紅色（magenta）	r	紅色（red）
b	藍色（blue）（預設）	k	黑色（black）
c	青藍色（cyan）	y	黃色（yellow）

在設定線條的外觀時，只要把資料點的顯示符號、線條樣式與線條顏色這三個控制字元，以字串的形式填到 plot() 裡即可。例如 '+-r' 代表所繪的圖形中，資料點是以「+」來表示，線條樣式為紅色的實線。

另外，控制字元並沒有先後的次序之分，也就是說，'+-r' 和 '-+r' 或 'r+-' 所代表的意義是一樣的。還有控制字元也不用全部寫齊，例如可以只寫上'+'，或者是'r-'，此時沒有控制字元指定的選項則以預設值來繪圖。

```
>> x=linspace(1,8,36);
```

建立一個 1~8 的向量 x，元素個數有 36 個。

```
>> y1=sin(2*x)./x;
```

利用向量 x 建立相對應的向量 y，其中 $y1=\sin(2x)/x$。

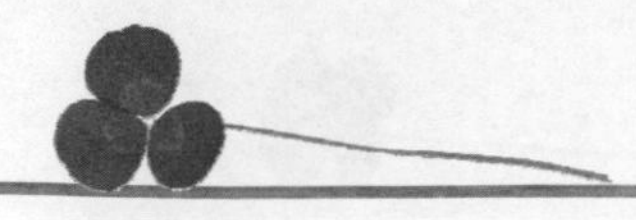

```
>> plot(x,y1,'-sb')
```

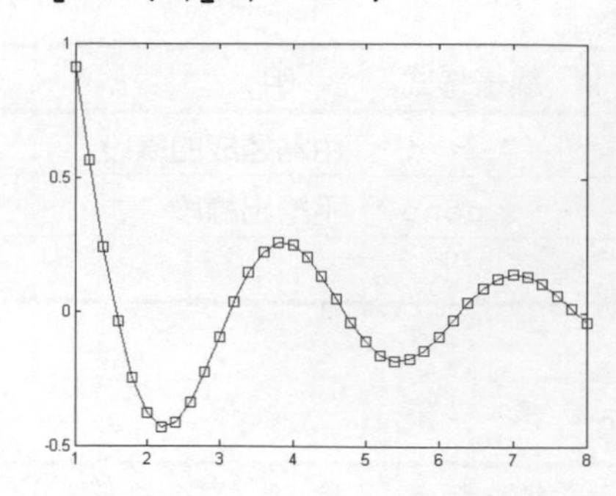

繪出 x-$y1$ 的函數圖，並利用控制碼指定線條的樣式為藍色（控制碼為 b）實線（控制碼為-），資料點以正方形（控制碼為 s）顯示。

```
>> plot(x,y1,':ro')
```

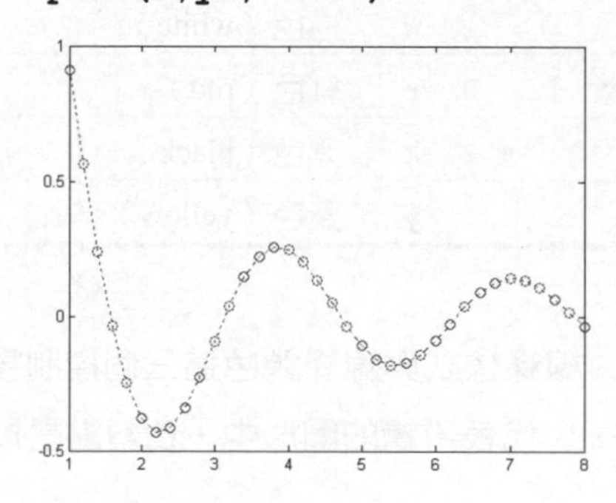

繪出 x-$y1$ 的函數圖，並指定線條是由小點連成的紅色曲線，資料點以圓形顯示。

```
>> y2=cos(2*x)./x;
```

利用向量 x 建立相對應的向量 $y2$，其中 $y2=\cos(2x)/x$。

```
>> plot(x,y1,':ro',x,y2,'-b*')
```

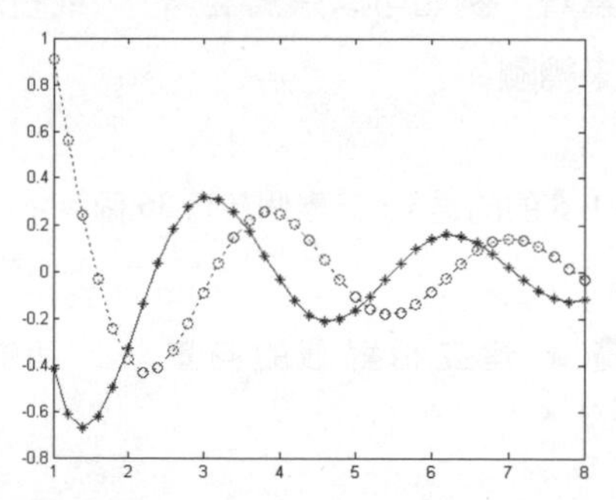

同時繪出 x-$y1$ 與 x-$y2$ 的函數圖，並指定 x-$y1$ 圖形的線條為紅色的點線，資料點以圓形顯示，而 x-$y2$ 的函數圖則是藍色的實線，資料點以星號顯示。

另外，plot() 函數也可以用來修改線的粗細，以及標記符號的顏色與大小等細部設定，如下面的範例：

```
>> plot(x,y1,'-ro','MarkerSize',...
   12,'MarkerFaceColor','y')
```

以紅色實線、圓形標記繪出 x-y1 的函數圖，並指定標記的大小為 12，以黃色填滿。

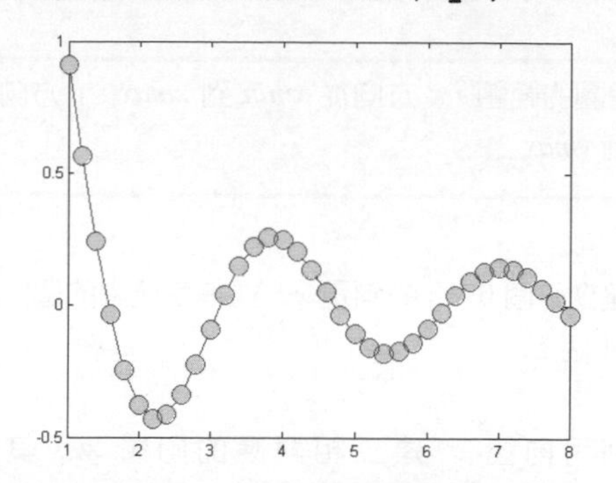


```
>> plot(x,y1,'-bs','LineWidth',2,...
   'MarkerSize',12,'MarkerEdgeColor',...
   'r','MarkerFaceColor','y')
```

以藍色實線、方形標記繪出 x-y1 的函數圖，並指定線條寬度為 2（Matlab 的預設值為 0.5），標記的大小為 12，框線為紅色，以黃色填滿。

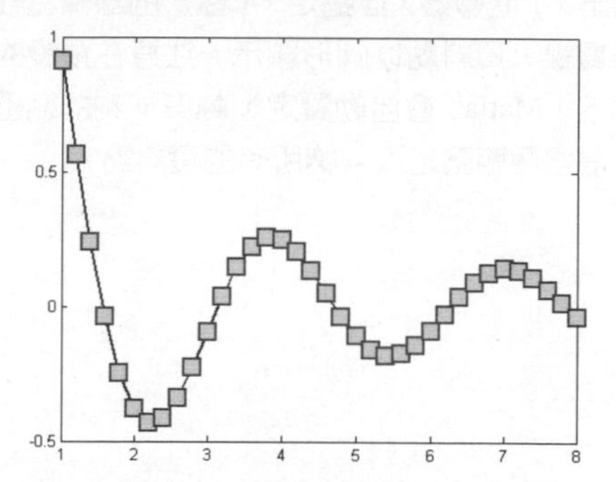

5.2 繪圖區域的控制

在 Matlab 裡，您可以隨心所欲的控制繪圖區域的顯示方式，例如指定圖形顯示的區間，以及加入網格線等，這些顯示方式都可以在 Matlab 裡以簡單的函數來完成。

5.2.1 更改繪圖的範圍與顯示方式

利用 plot() 來繪圖時，Matlab 會自動調整繪圖的範圍以容納所有的資料點。如果想自行設定函數圖形顯示的範圍時，則可利用 axis() 函數。

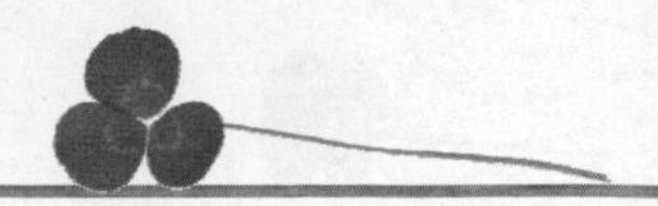

表 5.2.1 設定繪圖的範圍

函數	說明
axis([*xmin*,*xmax*,*ymin*,*ymax*])	指定繪圖的範圍，*x* 方向從 *xmin* 到 *xmax*，*y* 方向從 *ymin* 到 *ymax*

```
>> x=linspace(0,10,64);
```

建立一個 0~10 的向量 x，並指定元素的個數為 64 個。

```
>> y=x.*cos(4*x)./12;
```

利用向量 x 建立相對應的向量 y，其中 $y = x\cos(4x)/12$。

```
>> plot(x,y,'-ro')
```

繪出 *x-y* 函數圖，並指定 *x-y* 圖形的線條為紅色的實線，資料點以圓形顯示。注意在預設的情況下，Matlab 會自動設定 x 軸與 y 軸的範圍，使得這個範圍足以容納所有的資料點。

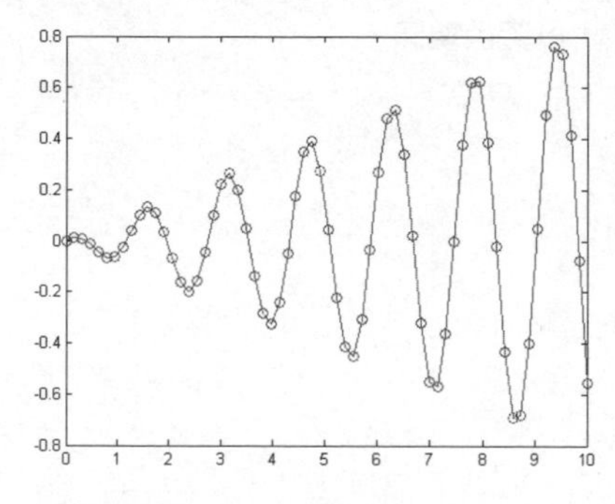


```
>> axis([0,6,-0.6,0.6])
```

利用 axis() 可用來限制某張圖形的顯示範圍。左式是指定圖形顯示區間之 x 軸方向是 0~6，y 軸方向是-0.6~0.6。

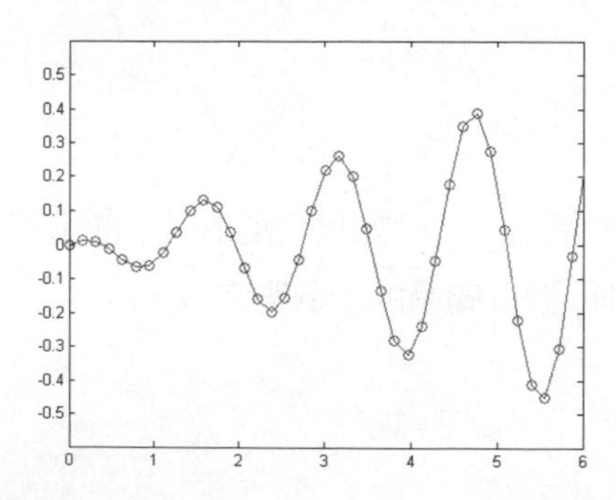

請注意，axis() 必須在繪圖視窗還開啟時才有作用。如果您把 plot() 所繪的圖形關閉，再以 axis() 改變繪圖範圍，則 Matlab 只會回應一個空的繪圖視窗。

```
>> axis([-inf,inf,-2,2])
```

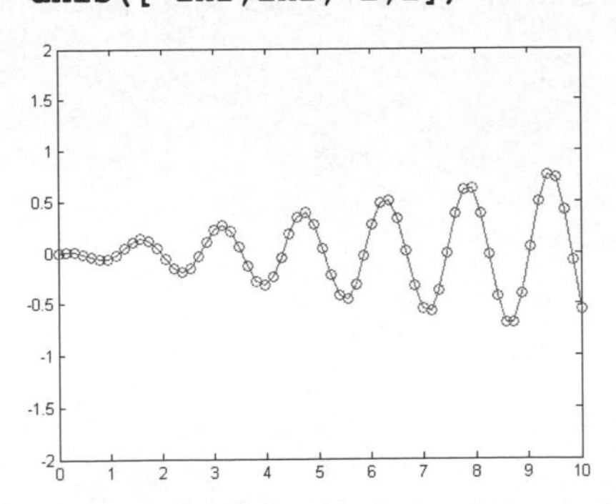

於左式中，x 方向的最小值和最大值分別設定為 -inf 與 inf。此處的-inf 並非無限大，而是代表所有資料中，x 方向的最小值。相同的，inf 就代表了 x 方向的最大值。

Matlab 預設的繪圖方式會以一個方框（box）包圍整個圖形，圖形內也沒有任何的格線（grid）。事實上，利用 box 和 grid 這兩個指令即可更改這些預設的設定。

表 5.2.2 設定是否顯示圖形的格線與外框

指令	說 明
grid	設定是否顯示格線，設定 on 為顯示，設定 off 則不顯示
box	設定是否顯示圖形的外框，設定 on 顯示，設定 off 不顯示

```
>> plot(x,y,'-bo')
```

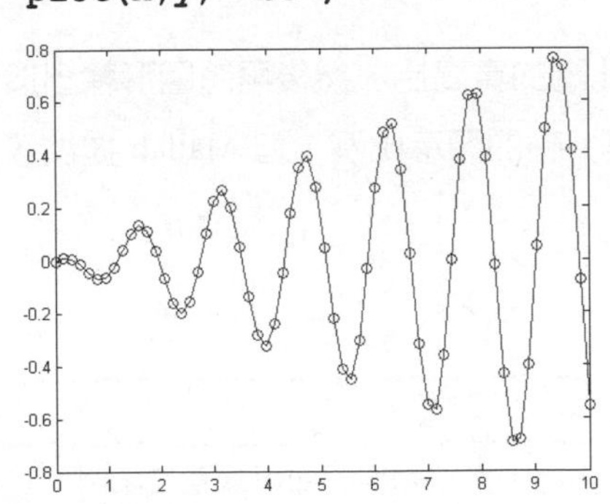

這是 x-y 的函數圖，並指定圖形線條為藍色實線，資料點以小圓來表示。

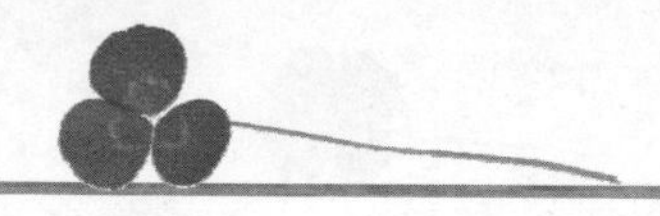

```
>> grid on
```

設定 grid on 可將圖形在主要刻度上加上網格線。

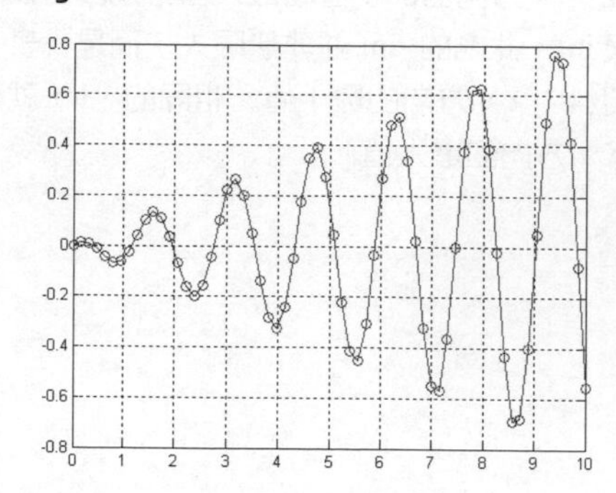

```
>> grid off; box off
```

將 grid 設為 off 可取消網格線，另外設定 box 為 off 可將圖形的外框取消。

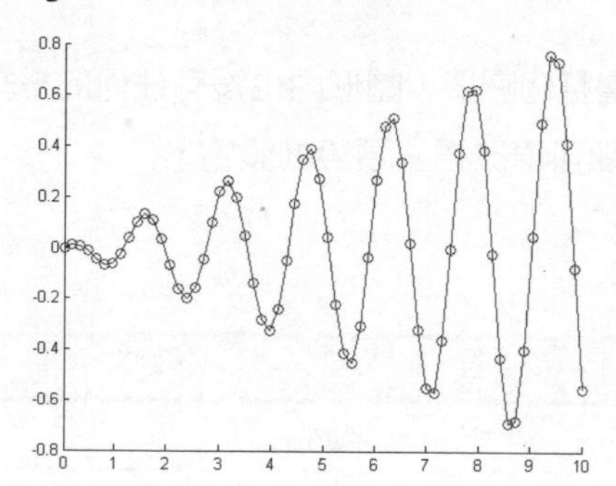

5.2.2 修改 x 與 y 軸的顯示比例

Matlab 在輸出一張圖時，會先估算好適合輸出此圖的寬高比，然後再將圖形輸出於螢幕上。雖然您也可以拖拉滑鼠的方式來改變 x 與 y 軸的顯示比例，但 Matlab 提供了更好指令，可以快速的將圖軸修改成所要的比例。

表 5.2.3　設定座標軸顯示的比例

指令	說明
`axis normal`	使用 Matlab 預設的寬高比，且拉動視窗即可調整其比例
`axis square`	圖形輸出外框的寬與高比例為 1:1
`axis equal`	圖形座標軸的比例為 1:1
`axis tight`	圖形緊貼繪圖區域的外框（tight 是緊縮之意）

```
>> x=linspace(0,5,100);
```

建立一個 0~5 的向量 x，並指定元素的個數為 100 個。

```
>> y=2*sin(x.^2)./(x+1);
```

利用向量 x 建立相對應的向量 y，其中 $y = 2\sin(x^2)/(x+1)$。

```
>> plot(x,y)
```

繪出 x-y 的函數圖。注意 Matlab 會自動調整 x 與 y 座標軸的比例，使得圖形的外框略成長方形。

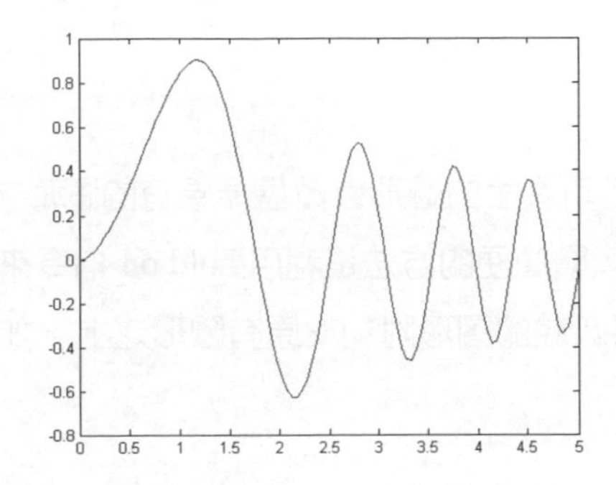


```
>> axis square
```

設定 axis 為 square，則圖形外框之寬與高的比值是 1:1。

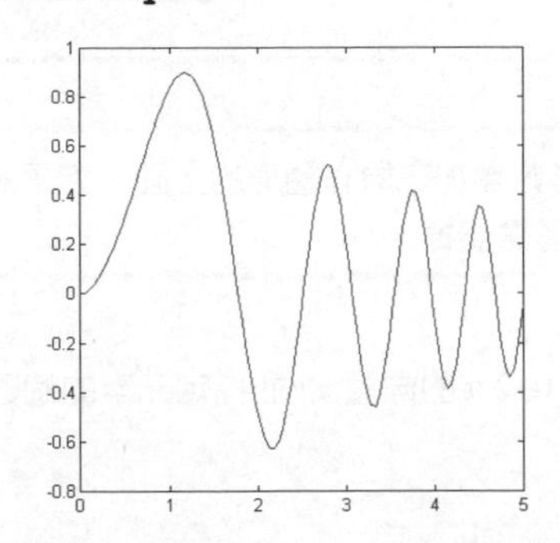


```
>> axis equal
```

如果設定 axis 為 equal，則圖形 x 軸與 y 軸座標的尺度比例為 1:1。讀者可以觀察左圖的輸出中，x 軸方向一個單位的長度與 y 軸方向一個單位的長度是相同的。

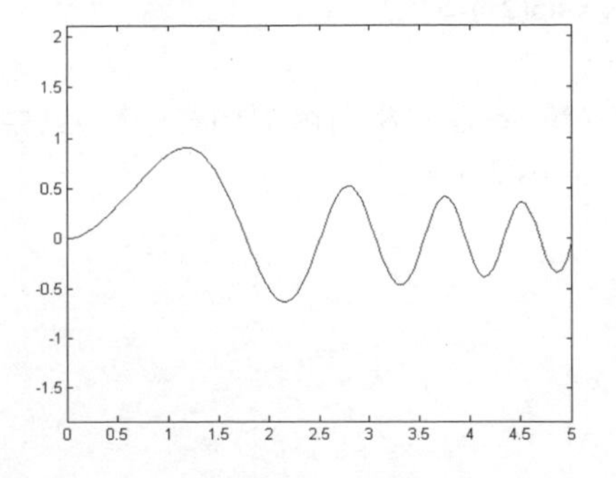

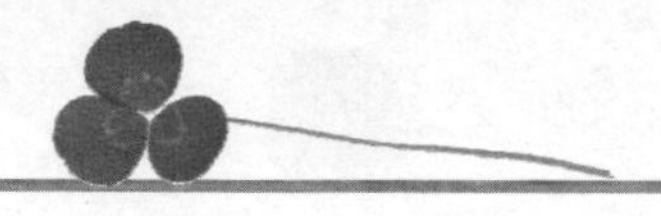

```
>> axis equal tight
```

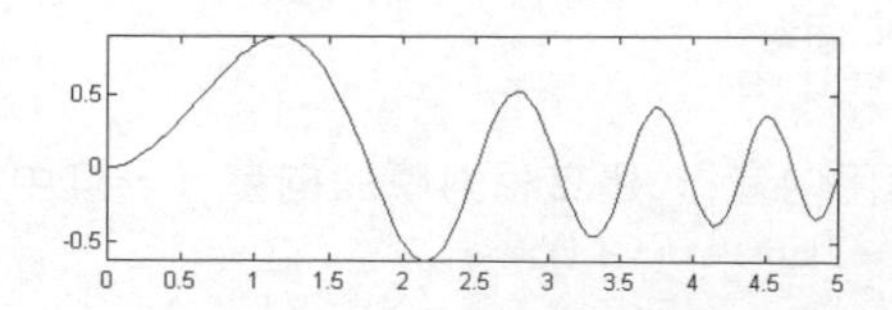

如果設定 axis 為 equal tight，則圖形的邊框會緊貼圖形，且 x 軸與 y 軸座標的尺度比例為 1:1，如左圖輸出所示。

5.2.3 於已存在的圖中加入新圖

讀者也許已注意到在使用 plot() 時，於圖形視窗內新產生的圖形會覆蓋掉原有的圖形。如果想把一張新繪的圖與另一張已繪好的圖合併，最簡便的方法是利用 hold on 指令來告訴 Matlab 接下來的繪圖是利用疊加的方式，將新繪的圖形附加於原有圖形之上，如此原有的圖形就不會被覆蓋掉了。

表 5.2.4　設定圖形產生的方式

指令	說明
hold	設定 hold 為 on 時，則新產生的圖形會疊加在原有圖形的上面，若是設定 off，則原有的圖形會被新產生的圖形覆蓋掉。

```
>> x=linspace(0,2*pi,36);
```

建立一個 0~2π 的向量 x，並指定元素的個數為 36 個。

```
>> y1=sqrt(x).*sin(2*x);
```

利用向量 x 建立相對應的向量 $y1$，其中 $y1=\sqrt{x}\sin(2x)$。

```
>> y2=sqrt(x).*cos(2*x);
```

利用向量 x 建立相對應的向量 $y2$，其中 $y2=\sqrt{x}\cos(2x)$。

```
>> plot(x,y1,'-rs')
```

以紅色的實線繪出 x-$y1$ 的函數圖，並以正方形顯示資料點的位置。

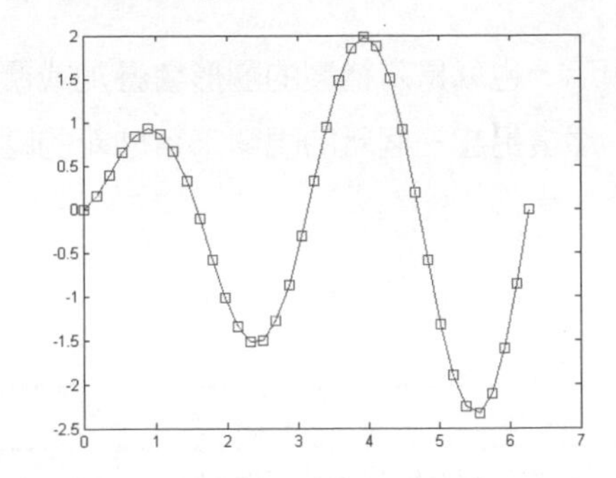


```
>> hold on
```

設定 hold 為 on，則目前顯示的圖形視窗會被「鎖定」，稍後所有的繪圖均會在此繪圖視窗內輸出，且原有的圖形並不會被覆蓋掉。

```
>> plot(x,y2,'-bo')
```

以藍色的實線繪出 x-$y2$ 的函數圖，資料點的位置以圓形來顯示。注意因為我們設定 hold 為 on 的關係，因此新繪的 x-$y2$ 函數圖會疊加在 x-$y1$ 函數圖之上。

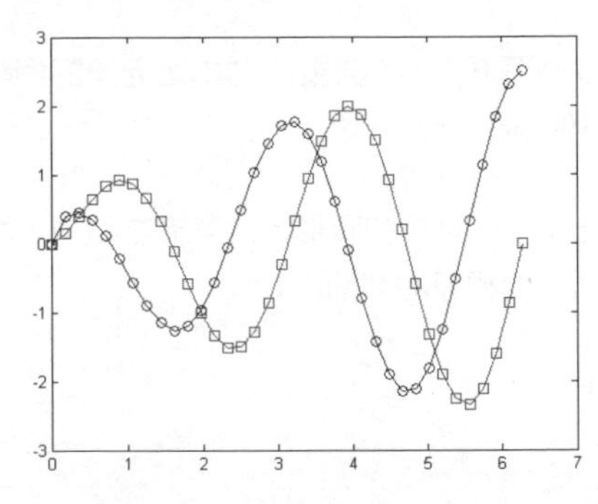


```
>> hold off
```

設定 hold 為 off，此時在視窗內，新繪的圖會覆蓋掉原有的圖。

值得一提的是，於上面的範例中，我們是先繪製了一張圖形，再設定 hold 為 on。如果是在沒有任何圖形輸出之前便設定 hold 為 on，則 Matlab 會建立一個空白的視窗，後續的繪圖將會疊加在這個視窗上，讀者可自行試試。

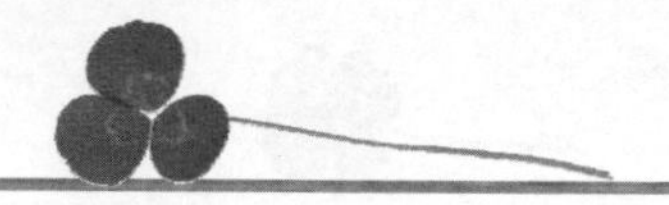

5.2.4 建立一個新的繪圖視窗來繪圖

到目前為止，所有的繪圖都是在同一個視窗內顯示，也就是新繪製的圖形會疊加或覆蓋掉原有的圖形。如果想保留原有的繪圖視窗，然後另起一個新的視窗來容納新的圖形，則可利用 figure() 函數。

表 5.2.5 設定圖形產生的方式

函 數	說 明
`figure`	建立一個新的繪圖視窗，視窗的標題為 Matlab 自動設定
`figure(`*n*`)`	建立一個新的繪圖視窗，視窗的標題為 Figure *n*。若 Figure *n* 為已經存在的視窗，則 figure(*n*) 會把此視窗變成作用中視窗

```
>> x=linspace(0,2*pi,100);
```

建立一個 0~2π 的向量 x，並指定元素的個數為 100 個。

```
>> plot(x,x.*sin(x))
```

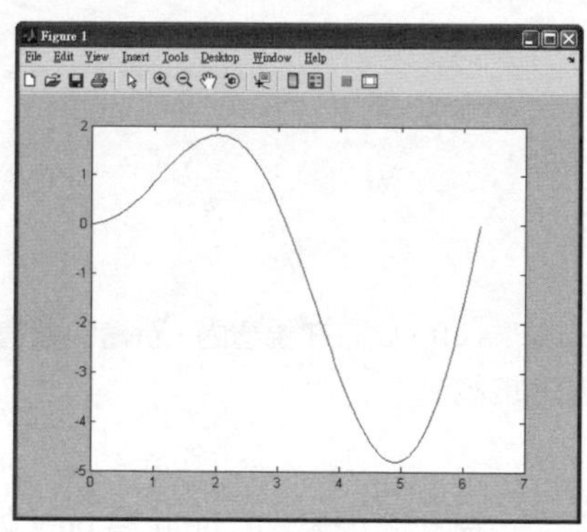

繪出 $y = x\sin(x)$ 的圖形。注意於左圖中，視窗預設的標題為 Figure 1。

```
>> figure
```

建立一個新的繪圖視窗。因於前例中，視窗的標題已被設為 Figure 1，而 Matlab 是以流水號來設定繪圖視窗的編號，因此左圖中新增的視窗的標題為 Figure 2。

```
>> plot(x,x.*cos(x))
```

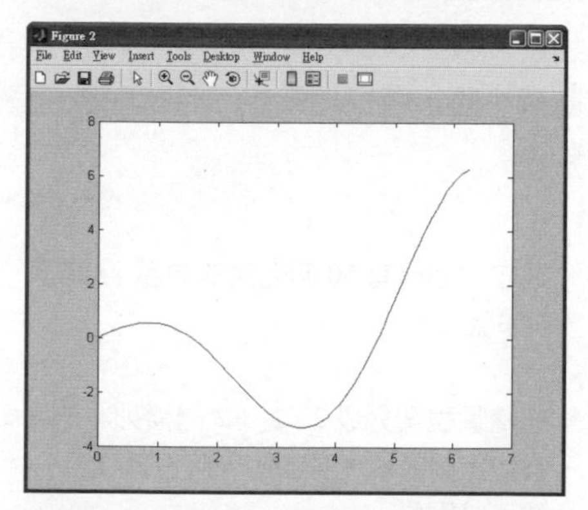

繪出 $y = x\cos(x)$ 的圖形。因為於前例中已建立了一個新的 Figure 2 繪圖視窗，所以函數的圖形會在此視窗中呈現。

值得一提的是，如果您先點選 Figure 1 視窗，使它先成為作用中視窗，然後再回到 Matlab 的指令視窗裡下達繪圖指令，則圖形會輸出在 Figure 1 視窗裡。由此可知，Matlab 其實是把圖形輸出在作用中視窗裡。

```
>> figure(5);plot(x,x.*cos(x.^2))
```

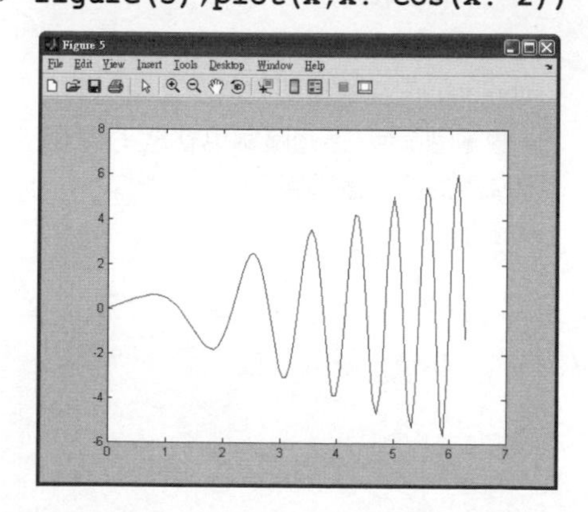

先建立一個新的繪圖視窗，視窗的標題為 Figure 5，然後再把 $y = x\cos(x^2)$ 的圖形繪於此視窗裡。

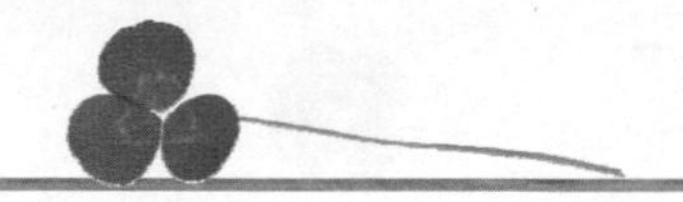

5.2.5 將數張圖合併成一張大圖

Matlab 也允許在一個繪圖視窗內呈現數張小圖，其作法是利用 subplot() 函數於繪圖視窗內先指定圖形的位置，然後再利用 plot 函數將圖形畫在所指定的繪圖區域內。

表 5.2.6 subplot() 函數的用法

函數	說明
subplot(*m*,*n*,*p*)	把繪圖視窗分成 $m \times n$ 個區域，並在第 p 個位置建立一個子繪圖區。位置 p 的計算方式是由左而右，由上而下來排列
subplot(*m*,*n*,*p*,'*replace*')	於第 p 個位置建立一個子繪圖區，若此繪圖區內已有其它圖形存在，則新繪的圖會取代掉原有的圖

因為 subplot() 可以在同一個繪圖視窗內建立數個小圖，所以如果想同時比較數個函數圖形的不同時，利用 subplot() 將會是非常的方便。

```
>> x=linspace(0,2*pi,50);
```

建立一個具有 50 個元素的向量 x，範圍從 0 到 2π。

```
>> subplot(2,2,1)
```

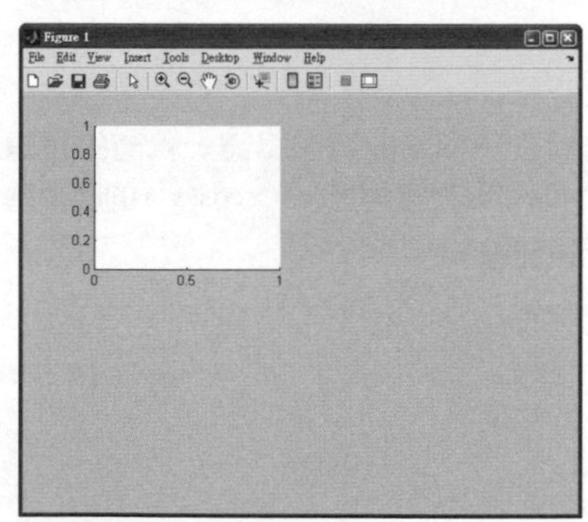

把繪圖視窗分成 2×2（2 個橫列，2 個直行）個區域，並在第 1 個位置建立一個子繪圖區。

從左邊的輸出中，讀者可以看出 subplot() 已在繪圖視窗的左上角，建立一個繪圖區域，這個區域也就是 2×2 個區域內的第一個區域。

```
>> plot(x,sin(x))
```

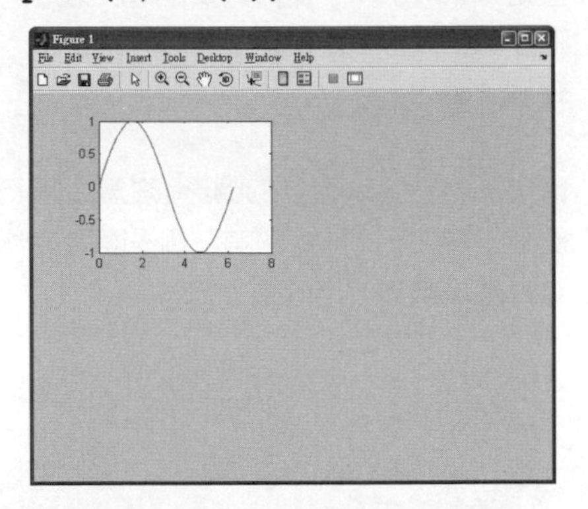

繪出 $y=\sin(x)$ 的圖形。注意於左圖中，圖形是繪於視窗的左上角。

```
>> subplot(2,2,2);plot(x,cos(x));
>> grid on
```

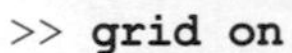

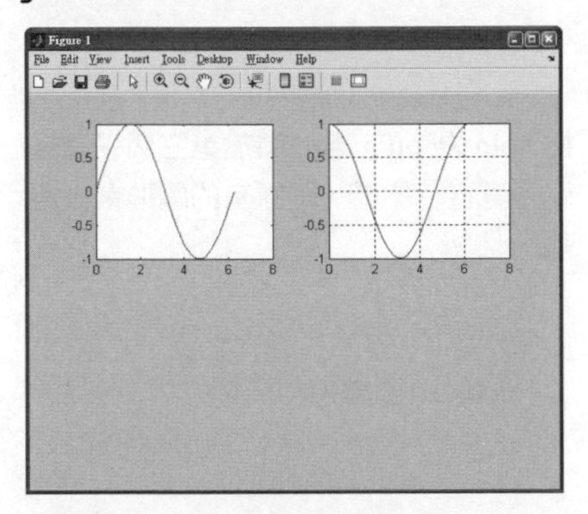

利用 subplot() 建立第二個子繪圖區，然後將 $y=\cos(x)$ 的圖形繪於此繪圖區內，並指定在這個繪圖區內要畫上格線。

```
>> subplot(2,2,3);plot(x,sqrt(x))
```

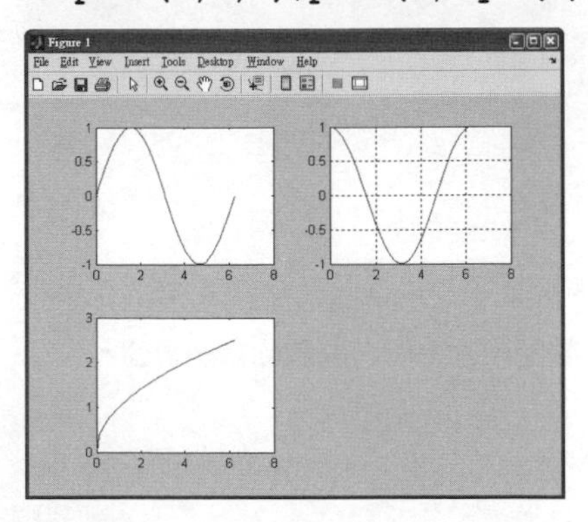

建立第三個子繪圖區，並於此繪圖區內繪上 $y=\sqrt{x}$ 的圖形。

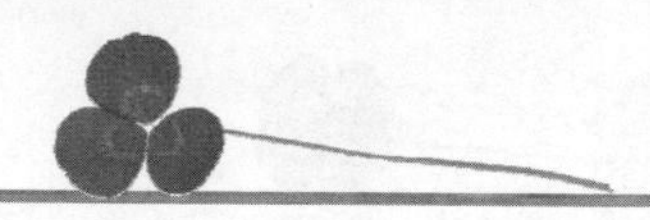

```
>> hold on
```

設定 hold 為 on，使得只要是繪於第三個子圖的圖形，都會以疊加的方式畫在這個子圖內。

```
>> plot(x,sqrt(x)+sin(2*x))
```

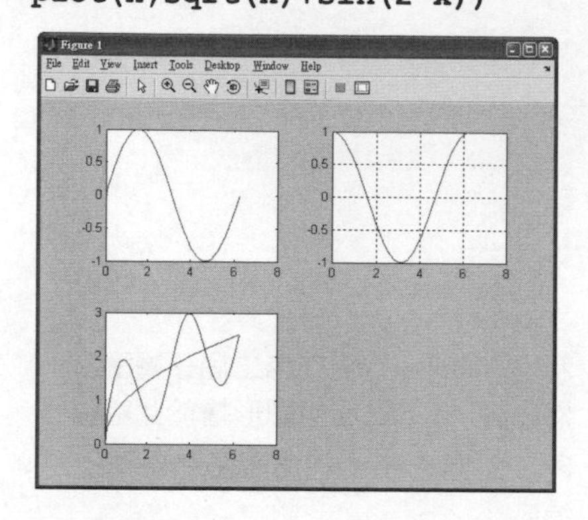

繪出 $y=\sqrt{x}+\sin(2x)$ 的圖形。注意這個圖形是繪在 subplot 的第三個子圖內，並且是以疊加的方式畫上去。

```
>> hold off
```

把 hold 為 off。若此時於第三個子繪圖區內再進行繪圖，則原有的圖形會被覆蓋。

```
>> subplot(2,2,4);plot(x,floor(x))
```

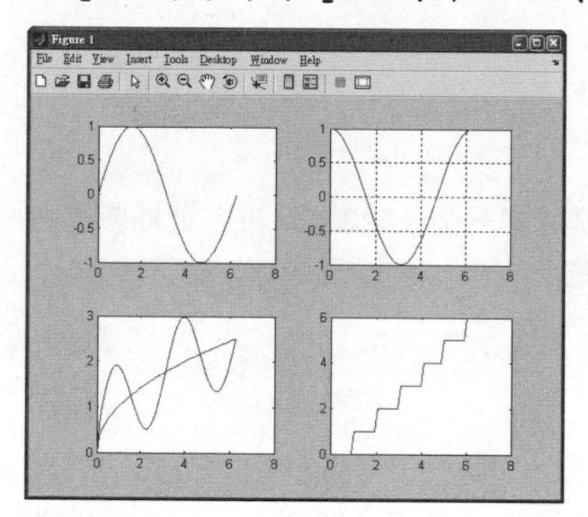

於最後一個子繪圖區內繪出 $y=\text{floor}(x)$ 的圖形。

```
>> close all
```

關閉桌面上所有開啟的繪圖視窗。

5.3 於圖形內加入文字

Matlab 允許我們在圖形內加入一些文字，以方便提供圖形一些額外的資訊。下表列出了幾個函數，可用來設定圖形的標題文字，以及每一個座標軸的解說文字：

表 5.3.1　於圖形內加入文字

函數	說明
`title('`*text*`')`	設定圖形的標題文字為 *text*
`xlabel('`*text*`')`	設定 x 軸的解說文字為 *text*
`ylabel('`*text*`')`	設定 y 軸的解說文字為 *text*
`zlabel('`*text*`')`	設定 z 軸的解說文字為 *text*（用於三維的繪圖）

接下來我們以幾個簡單的實例來說明如何在圖形內加入文字：

```
>> x=linspace(0,pi,100);
```

建立具有 100 個元素的向量 x，其範圍為 0 到 π。

```
>> plot(x,sin(x.^2))
```

繪出 $y=\sin(x^2)$ 的圖形。

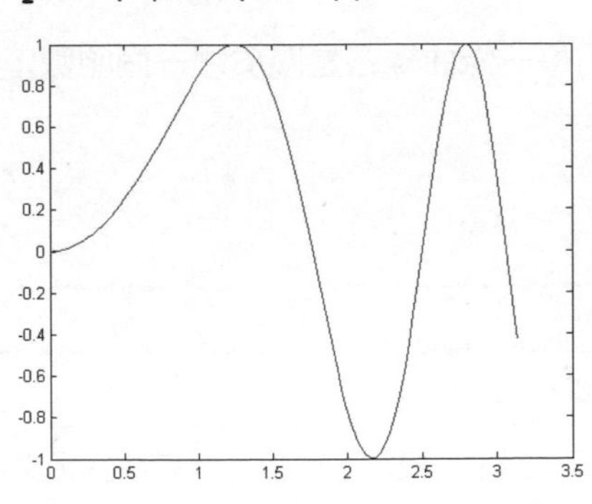

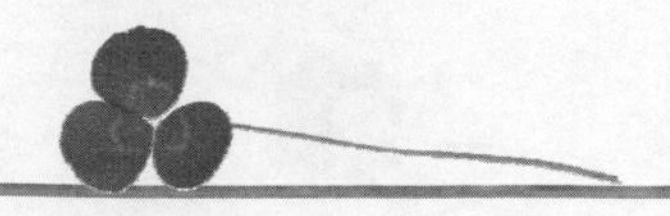

```
>> title('plot of sin(x^2)')
```

在所繪出的圖形中加入標題，標題為 'plot of sin(x^2)'。

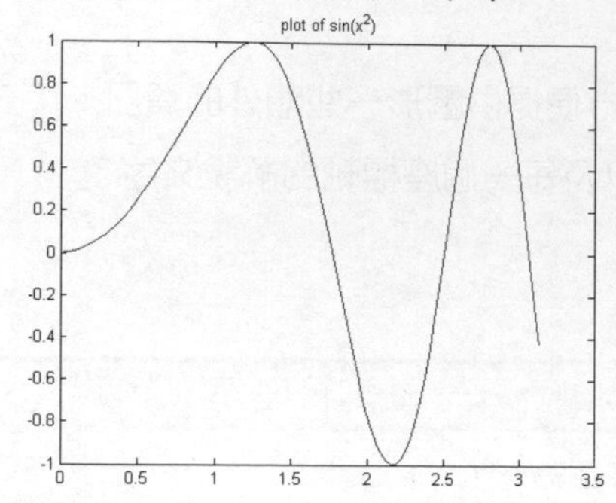


```
>> xlabel('time');ylabel('value');
```

加入 x 軸的文字解說 'time'，與 y 軸的文字解說 'value'。

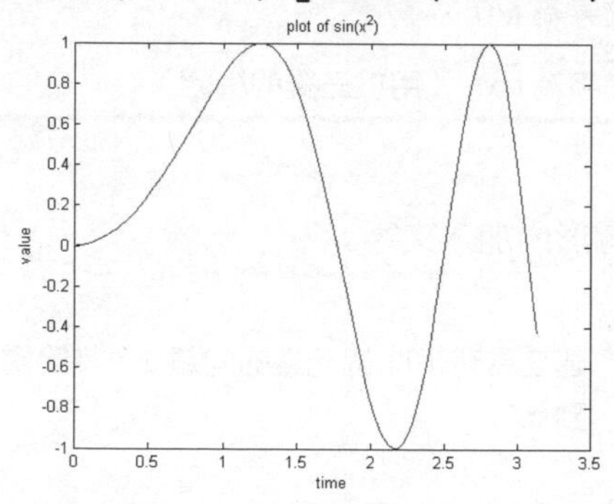

如果有多條曲線，則可利用 legend() 函數來指明每一條曲線各是屬於哪一個函數，或是將文字直接註記在圖形內。相關的函數列表如下：

表 5.3.2　加入圖形的註解

函 數	說 明
legend(str_1, str_2, ...)	加入曲線說明的文字
legend(str_1, str_2, ..., pos)	設定曲線說明文字的位置，pos 設 1 代表將說明文字放在右上角，2 是左上，3 是左下，4 則是放在右下角
legend off	清除曲線說明文字
text(x, y, '$text$')	在圖形中位置為 (x, y) 之處加入註解文字
gtext('$text$')	利用滑鼠來設定文字輸入的位置

```
>> x=linspace(0,2*pi,36);
```

建立具有 36 個元素的向量 x，其範圍為 0 到 2π。

```
>> y1=x.*cos(x);y2=x.*sin(x);
```

利用向量 x 建立另兩個向量 $y1$ 與 $y2$，其中 $y1 = x\cos(x)$, $y2 = x\sin(x)$ 。

```
>> plot(x,y1,'-rs',x,y2,'-bo')
```

繪出 $y = x\cos(x)$ 與 $y = x\sin(x)$ 的圖形。

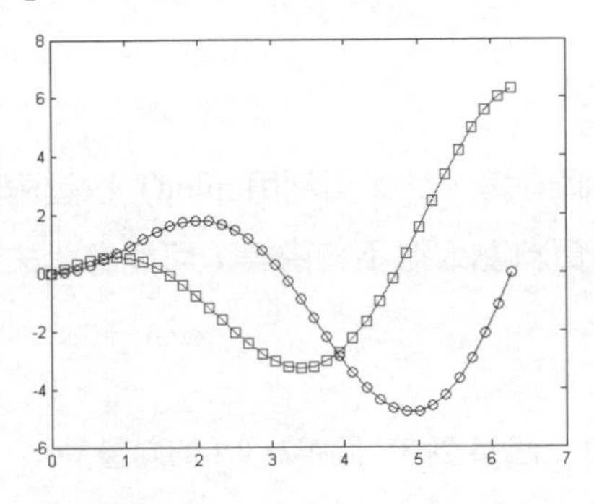

```
>> legend('x*cos(x)','x*sin(x)',2)
```

為圖形加上曲線說明的文字，其中第一組曲線圖例的說明文字為 $x\cos(x)$，而第二組的說明文字為 $x\sin(x)$ 。於左式中，第三個引數 2 代表將說明文字置於圖形的左上角。

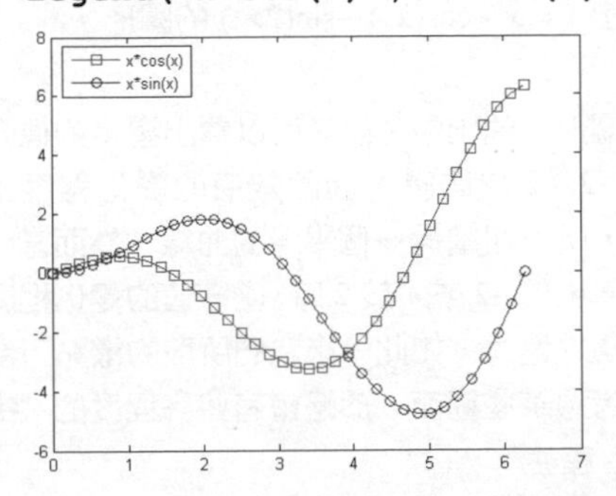


```
>> text(2,2.5,'x*sin(x)'); text(5.5,3,...
   'x*cos(x)')
```

在圖形座標為 (2,2.5) 之處加上說明文字 $x\sin(x)$，而在座標為 (5.5,3) 的位置加上說明文字 $x\cos(x)$ 。

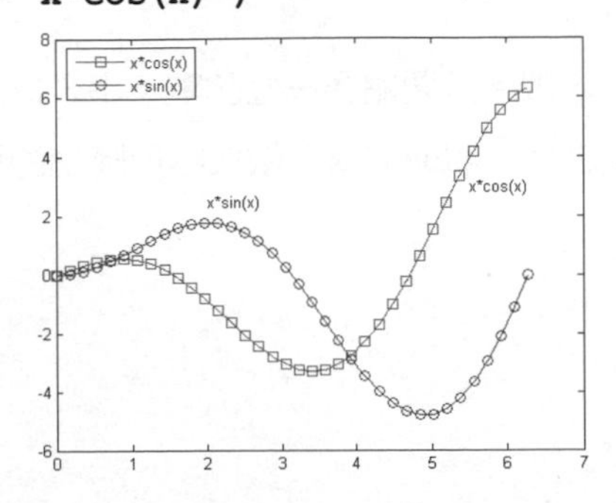

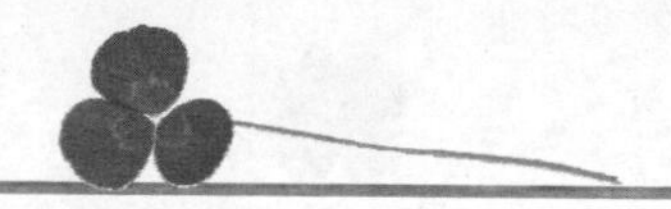

gtext() 函數的用法與 text() 函數非常類似，只是 gtext() 可利用滑鼠來指定文字的位置，用起來較為方便。例如，在 Matlab 裡輸入 gtext('text')，按下 Enter 鍵執行它時，在圖形視窗內顯示出一個十字指標，以此十字指標選擇好位置之後，按一下滑鼠左鍵，即可將文字 'text' 輸入在指定的位置，讀者可自行試試。

5.4 更簡潔的繪圖函數

在前幾節所介紹的繪圖函數中，都必須先建好兩個向量，然後再利用 plot() 以這兩個向量來繪圖。這種作法有些許不便。例如，若是資料點取得不夠密集，可能會錯失到圖形部分的細節，如下面的範例：

```
>> x=-3:0.1:3;
```

建立一個-3 到 3，間距為 0.1 的向量 x。

```
>> plot(x,x-cos(x.^3)-sin(2*x.^2))
```

繪出 $y = x - \cos(x^3) - \sin(2x^2)$ 的圖形。

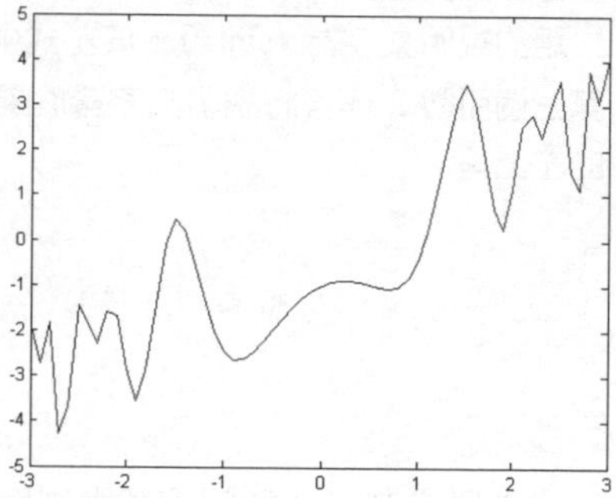

由圖形的輸出中，讀者可以看出當 x 的值介於 $-2 \sim 2$ 之間時，因函數值的變化程度不大，所以可繪得一個平滑的曲線，然而當 x 的值小於 -2 或大於 2 時，函數值的變化程度也隨之增大，如此一來我們所取的樣點可能會跨過某些細節，於是會有些許程度的 "尖點" 產生。

如要避免掉 plot() 所帶來的不便，可改用 fplot() 函數。只要給予一個函數字串，以及繪圖的範圍，fplot() 即可進行函數的繪圖。不僅如此，fplot() 還可依據圖形陡峭的程度，自動調整樣點數的多寡以繪出平滑的曲線。

表 5.4.1　繪圖函數 fplot() 的用法

函數	說明
`fplot('f_str',[xmin,xmax])`	繪出函數 *f_str* 的圖形，*x* 軸的範圍取 *xmin* 到 *xmax*
`fplot('f_str',[xmin,xmax,ymin,ymax])`	繪出函數 *f_str* 的圖形，*x* 軸的範圍取 *xmin* 到 *xmax*，*y* 軸的範圍取 *ymin* 到 *ymax*

```
>> fplot('x-cos(x^3)-sin(2*x^2)',[-3,3])
```

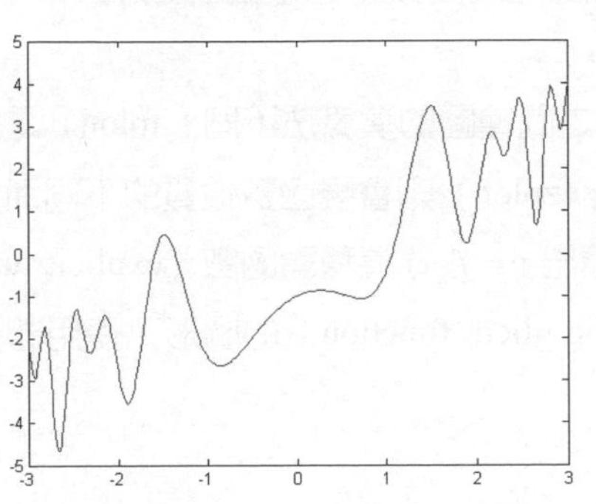

繪出 $y = x - \cos(x^3) - \sin(2x^2)$ 的圖形。由本例可以看出，利用 fplot 函數繪圖時，不必再建立資料點 *x* 方向與 *y* 方向的向量，只要給予一個函數字串與範圍，即可對函數進行繪圖，使用起來較為方便。

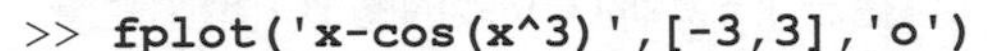

```
>> fplot('x-cos(x^3)',[-3,3],'o')
```

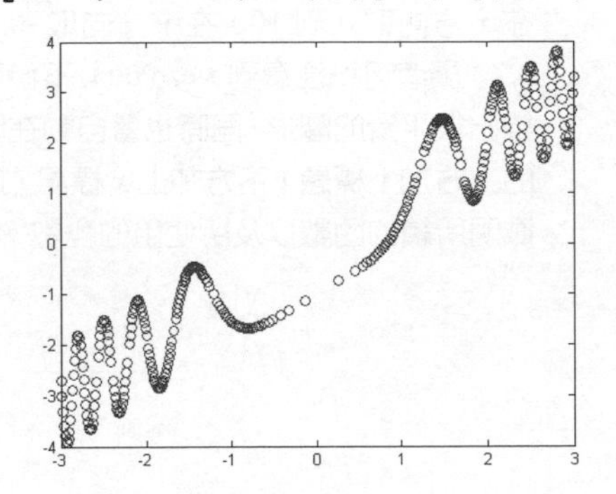

與 plot() 一樣，在 fplot() 裡也可以加上控制字串來指定繪圖的格式。於左式中，我們設定控制字串 'o' 來告訴 fplot() 只要繪出資料點的位置就好。

由圖形的輸出中，讀者可以很明顯的看出，在函數值變化較大的地方，fplot() 會以較多的資料點來描繪它，而在較平滑的地方，fplot() 就以較少的資料點來描繪。

另一個與 fplot() 功能相似的函數是 ezplot()，顧名思義，ezplot 是 easy-plot 的意思，也就是利用它即可很容易的繪出各種不同的圖形，如一般的函數圖、隱函數繪圖，以及參數繪圖等等。

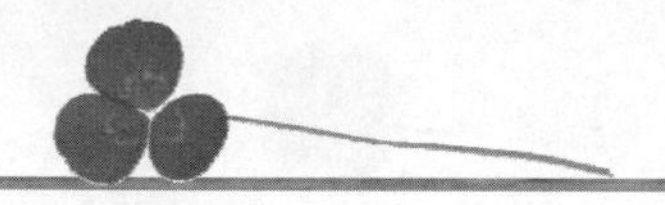

表 5.4.2 繪圖函數 ezplot() 的用法

函數	說明
`ezplot('f_str',[xmin,xmax])`	繪出函數 *f_str* 的圖形，繪圖範圍在 x 與 y 方向均取 *xmin* 到 *xmax*
`ezplot('f_str',[xmin,xmax,ymin,ymax])`	繪出函數 *f_str* 的圖形，繪圖範圍在 x 方向取 *xmin* 到 *xmax* 在 y 方向均取 *ymin* 到 *ymax*
`ezplot('fx','fy',[tmin,tmax])`	參數繪圖，繪出 $(fx(t), fy(t))$，t 從取 *tmin* 到 *tmax* 的參數圖

雖然 ezplot() 的功能與 fplot() 類似，但二者之間繪圖的演算法不同。fplot() 是以函數曲線變化的程度來決定繪圖資料點的疏密，而 ezplot() 則會視函數性質的不同而採用適合的演算法來繪圖，因此 ezplot() 不但可以繪出 $y = f(x)$ 這種顯函數（explicit function）的圖形，也可以繪出 $f(x, y) = 0$ 這種隱函數（implicit function）的圖形，使用起來相當的方便。

```
>> ezplot('x^2*sin(x^2)/exp(x)',...
   [0,10,-0.7,0.7])
```

繪出 $y = x^2 \sin(x^2)/e^x$ 的圖形，繪圖範圍在 x 方向取 0 到 10，在 y 方向取-0.7 到 0.7。讀者可以注意到，ezplot() 不但可以繪出很平滑的圖形，同時也會自動在圖形的上方加上標題，下方加上 x 標記，用來載明所繪的函數以及所使用的變數。

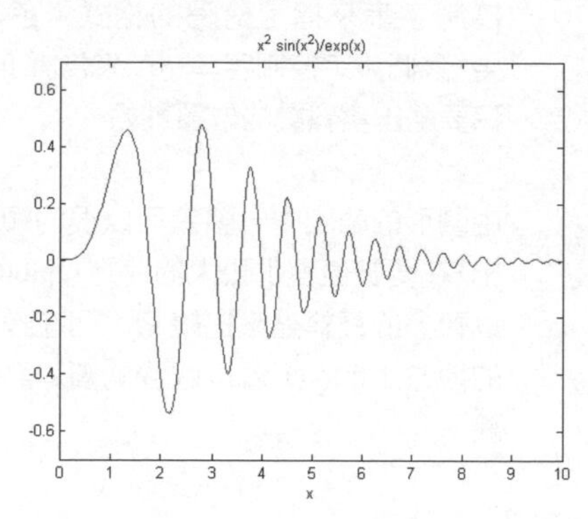

```
>> ezplot('x^3+4*x^2-3*x+1-y^2')
```

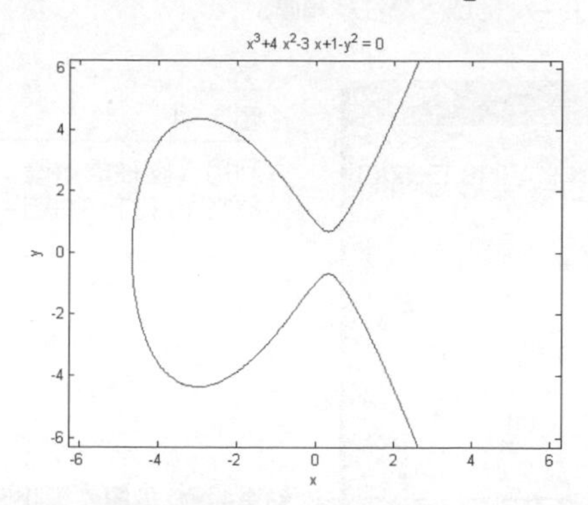

繪出函數 $f(x,y)=x^3+4x^2-3x+1-y^2$ 的圖形。讀者可注意到，在左式中我們並沒有指定繪圖的範圍。在此情況下，ezplot() 會用其預設的範圍（x 與 y 方向均是 $-2\pi \sim 2\pi$ ）來繪圖。

```
>> ezplot('cos(2*t)','sin(6*t)',[0,pi]),...
   axis([-1.5,1.5,-1.2,1.2])
```

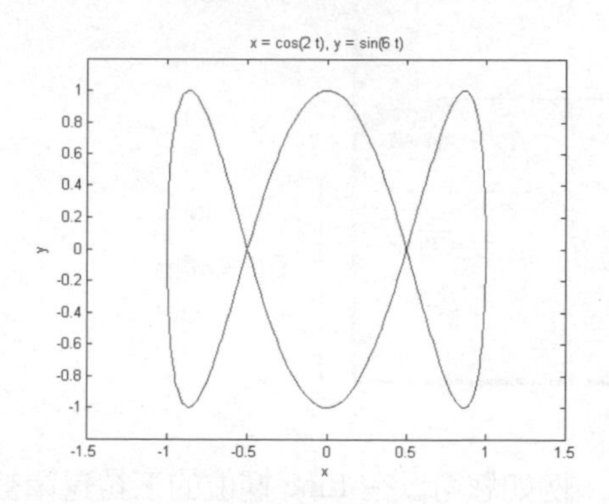

繪出 $x=\cos(2t),\ y=\sin(6t)$ 的參數繪圖，其中 t 取 $0\sim\pi$，圖形繪出後，並利用 axis() 函數限定繪圖的範圍。

5.5 利用「屬性編輯區」來編修圖形

前幾節提及了一些有關編修 Matlab 圖形的函數，這些函數在撰寫程式設計時頗為適用，但是如果只是要稍加編修一張圖，則 Matlab 提供了更視覺化的方法，使您可以利用 Matlab 所提供的屬性編輯工具來進行修改的動作。

要利用屬性編輯工具來進行修改圖形，可按下繪圖工具列右方的「Show Plot Tools and Dock Figure」 鈕，先開啟底下的「屬性編輯區」，然後再點選欲編修的元件進行編輯。例如，下圖先是以 plot() 函數繪出 $y=x-\cos(x^3)-\sin(2x^2)$ 的圖形，然後按下工具列右方的 鈕，再點選函數曲線時所得的畫面：

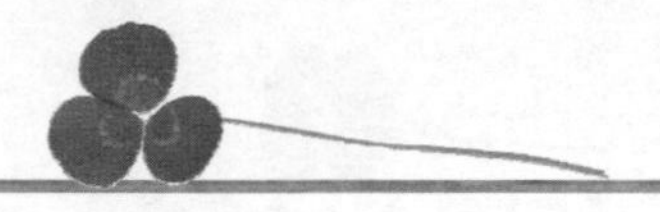

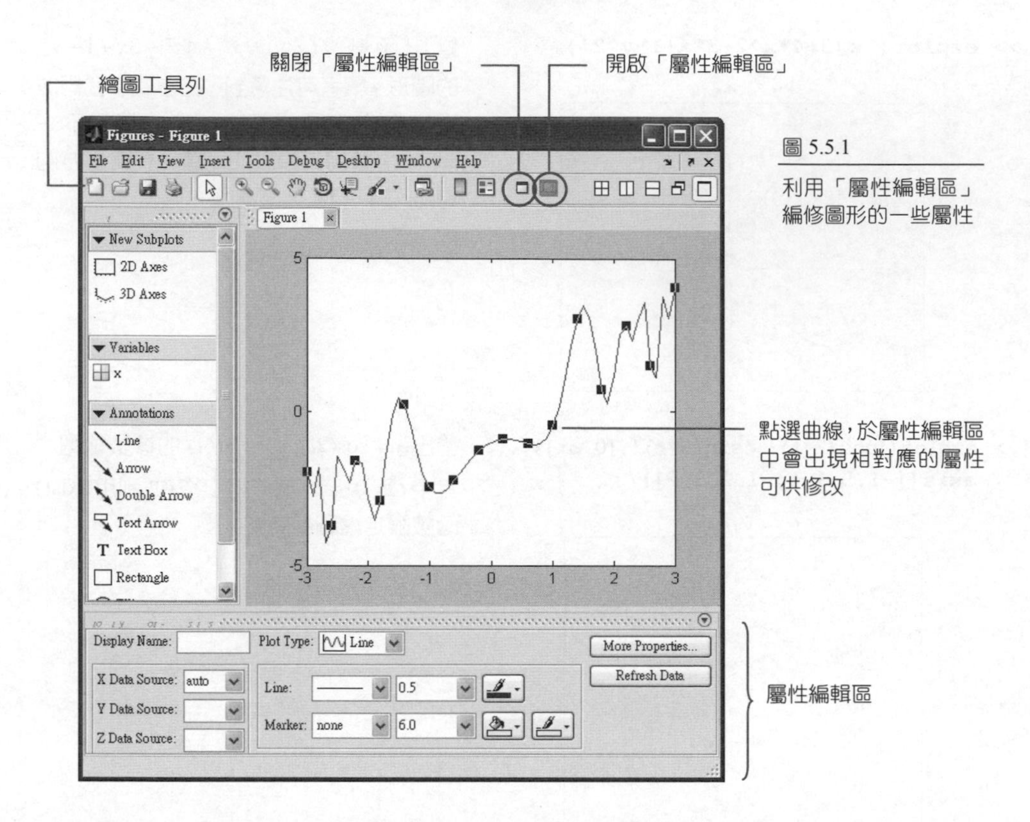

圖 5.5.1

利用「屬性編輯區」編修圖形的一些屬性

「屬性編輯區」提供了許多好用的編修工具，例如您可以在 Line 欄位的下拉選單裡選擇線條的樣式與粗細，另外在 Marker 欄位的下拉選單裡也可選擇標記符號的大小與形狀，使用起來相當的方便。值得一提的是，「屬性編輯區」的內容會因選擇之繪圖元件的不同而有所改變。讀者可試著選取繪圖視窗中，曲線以外的空白部份，然後觀察「屬性編輯區」的變化。

我們也可以利用繪圖工具列上的按鈕，來對圖形進行旋轉、縮放，或者是進行其它的編修。例如，下圖是先點選了工具列裡的「Data Cursor」按鈕 ，再按一下函數曲線，此時即可顯示出所按之處的座標值：

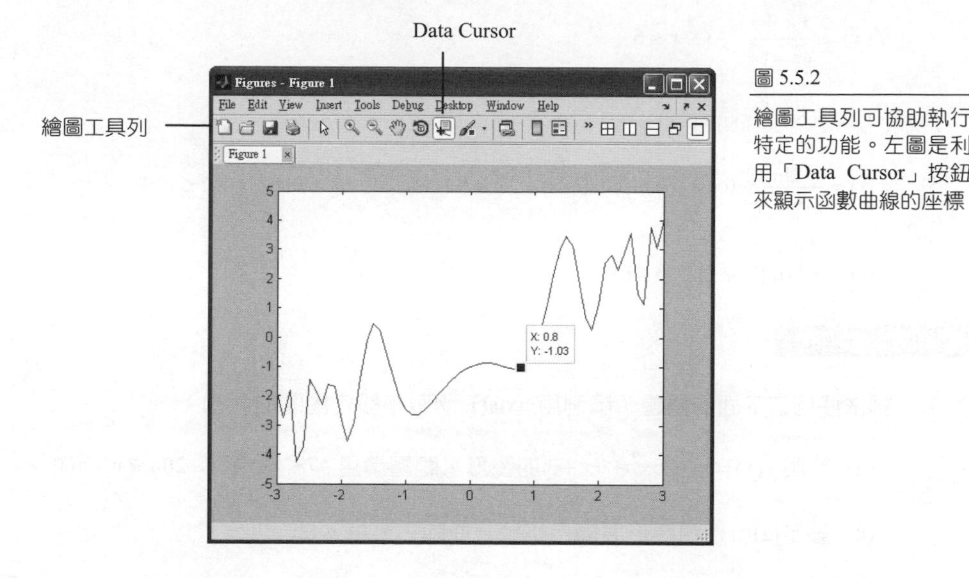

圖 5.5.2

繪圖工具列可協助執行特定的功能。左圖是利用「Data Cursor」按鈕來顯示函數曲線的座標

另外，如果您選擇「View」功能表下的「Plot Edit Toolbar」，則會顯示出另一組圖形編修工具列。利用這組工具列上所提供的工具按鈕，可對圖形做一些簡易的編修，如加入箭號、文字註解，或是顯示資料點的座標等等。

本章初淺的介紹了 Matlab 的二維繪圖，當然還有許多的功能無法在本章提及，有興趣的讀者可查詢相關的線上說明。

習 題

5.1 簡單的繪圖函數

於習題 1~6 中，試以 plot() 函數繪出函數的圖形，繪圖點數請自取，但以能繪出平滑曲線為原則。

1. $f(x) = x^4 + 6x^3 + 7x + 3$, $-7 \le x \le 4$

2. $f(x) = 6\sin(x+3)\cos x$, $-\pi \le x \le 2\pi$

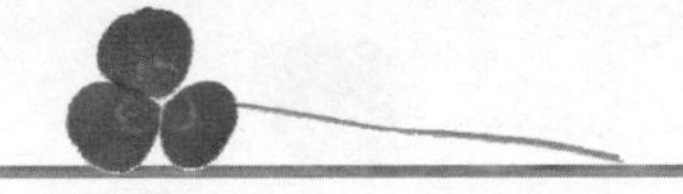

3. $f(x)=\dfrac{x+3}{x^2+1}$， $-3\le x\le 6$

4. $f(x)=\cosh x+\sinh(2x)$， $-5\le x\le 5$

5. $y(t)=\dfrac{f_0}{\omega^2-\omega_d^2}(\cos(\omega_d t)-\cos(\omega t))$， $\omega=1.1,\ \omega_d=1,\ f_0=0.1,\quad 0\le t\le 130$

6. $y(t)=e^{-t}\sin(3t+2)$， $0\le t\le 4$

5.2 繪圖區域的控制

7. 試依序回答下面的問題（請利用 axis() 函數來設定繪圖的範圍）：

   (a) 繪製 $y(x)=x^4+6x^3+7x+3$ 的圖形，範圍請用 $-7\le x\le 4$； $-200\le y\le 400$ 。

   (b) 設定(a)所繪的圖形要顯示格線，並除去外框。

   (c) 設定(b)所繪的圖形，其圖形的寬高比為 1:1。

8. 試將 $f(x)=\sin x$ 與 $f(x)=\cos x$ 繪製於同一張圖上，範圍請用 $0\le x\le 2\pi$ 。

9. 試繪出 $f_1(x)=\sin x$ 、 $f_2(x)=\sin(2x)$ 、 $f_3(x)=\sin(3x)$ 與 $f_4(x)=\sin(4x)$ 的圖形，繪圖範圍請用 $0\le x\le 2\pi$ ，並將它們排成 2×2 的圖形陣列，即排成如下的格式：

$$\begin{pmatrix}\sin x & \sin(2x)\\ \sin(3x) & \sin(4x)\end{pmatrix}$$

10. 試繪出 $f_1(x)=\sin x$ 、 $f_2(x)=\cos(2x)$ 與 $f_3(x)=\tan(3x)$ 的圖形，繪圖範圍 $0\le x\le 2\pi$ ，並將它們排成 3×1 的圖形陣列，即排成如下的格式：

$$\begin{pmatrix}\sin x\\ \cos x\\ \tan x\end{pmatrix}$$

5.3 於圖形內加入文字

11. 試繪出 $f(x)=\sin x/(x+1)$， $0\le x\le 2\pi$ 的圖形，圖形的標題請用 'my plot'，x 軸的文字解說請用 'time'，y 軸的文字解說請用 'speed'。

12. 試繪出 $f_1(x)=e^{-0.5}\sin x$， $0\le x\le \pi$ 與 $f_2(x)=e^{-0.5}\cos x$， $0\le x\le \pi$ 的圖形。請將這兩張圖繪製於同一張圖內，並用 legend() 函數加入圖例標記（圖形的標記符號請自訂）。

5.4 更簡潔的繪圖函數

13. 試利用 fplot() 函數繪製下列的圖形：

    (a) $f(x)=\dfrac{\sin x}{x}$，範圍請用 $-20\le x\le 20$。

    (b) $f(x)=\sin^2 x\times\sin x$，範圍請用 $-4\le x\le 4$。

14. 試利用 ezplot() 函數繪製下列的圖形：

    (a) $f(x)=x^4+6x^3+7x+3$，範圍請用 $-7\le x\le 4$； $-200\le y\le 400$。

    (b) $f(x,y)=\sin y+\cos(x+y)-1$，範圍請用 $-5\le x\le 2$； $-2\le y\le 4$。

5.5 利用「屬性編輯區」來編修圖形

15. 試依序回答下面的問題：

    (a) 試利用 plot() 函數繪製 $f(x)=e^{-0.5x}\cos(x)$, $0\le x\le\pi$，繪圖點數取 50 個。

    (b) 試利用「屬性編輯區」將函數曲線更改為紅色的虛線，資料點的位置以大小為 20 的藍色實心小圓來表示。

    (c) 試利用「屬性編輯區」加上圖形的標題，標題名稱為 'my plot'，字體為 Helvetica，大小為 14，斜體。

16. 試依序回答下面的問題：

    (a) 試利用 fplot() 函數繪製函數 $f(x)=x\cos(x)$ 與 $g(x)=x\sin(x)$ 的圖形於同一個視窗內，繪圖範圍取 $0\le x\le 18$。

    (b) 試利用「屬性編輯區」將 $f(x)$ 的圖形改成紅色， $g(x)$ 的圖形更改為紫色，線條粗細為 3.0。

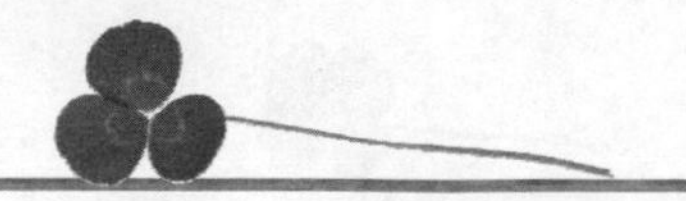

(c) 加入圖形的註解，其中 $f(x)$ 的註解為 $x\cos(x)$ ， $g(x)$ 的註解為 $x\sin(x)$ 。

(d) 加上圖形的外框與網格線。

(e) 加上圖形的標題，標題名稱為 Function plots，字體為 Helvetica，大小為 16。

(f) 設定 x 軸的文字解說為 x，y 軸的文字解說為 $f(x)\&g(x)$ 。

第六章 三維空間繪圖

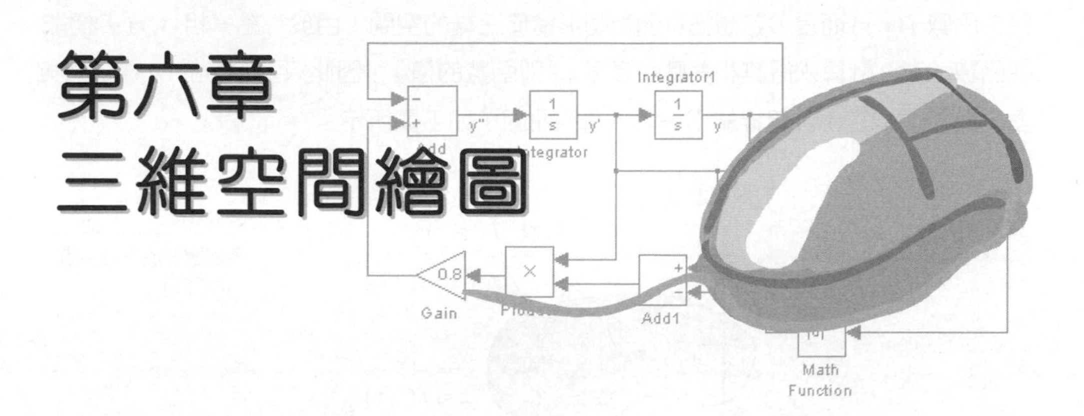

三維空間繪圖比起二維平面的繪圖，雖然稍微複雜，但卻更富有變化及多趣味性。Matlab 提供了相當豐富的三維繪圖，以方便我們繪製各式各樣的立體圖形。本章將介紹 Matlab 提供的三維繪圖函數，並說明了如何利用圖形編輯視窗來編修圖形。讀完本章，您將會對於如何繪製三維的函數圖形有更深一層的認識。

本章學習目標

- 學習三維繪圖的基本技巧
- 學習 peaks() 函數的用法
- 學習二維與三維等高線圖的繪製
- 學習三維圖形的編修

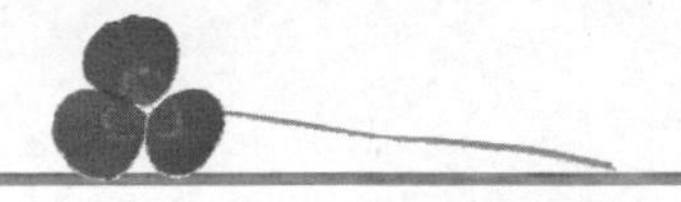

6.1 基本三維繪圖

對於函數 $f(x,y)$ 而言，若想把其函數圖形繪於三維的空間，由於每給一組 (x,y) ，便能從函數 $f(x,y)$ 計算求得其相對應的高度 z（即函數的值），因此只要給予的 (x,y) 組數夠多，我們便能經由計算描繪出一個平滑的曲面，如下圖所示：

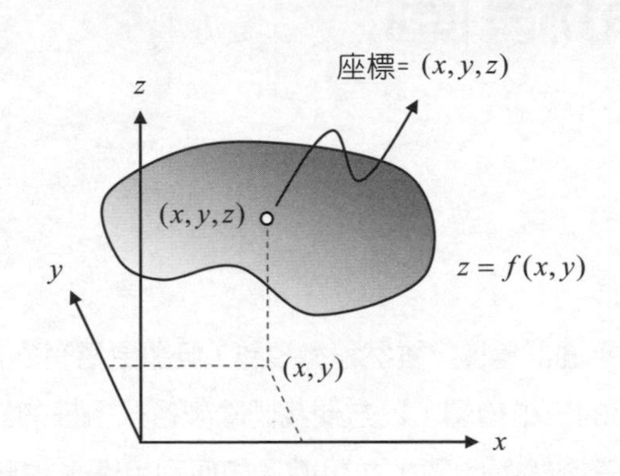

圖 6.1.1
函數圖形於三維空間的示意圖

Matlab 提供了豐富的繪圖函數，可用來繪製三維的數學函數圖形，其中 mesh() 和 surf() 是最常用的二個函數。mesh() 可用來繪製網格狀的三維圖（mesh plot），而 surf() 則是用來繪製三維曲面圖（surface plot），以下我們分成幾個小節來討論。

6.1.1 繪製三維的網格圖

所謂的網格圖，是指把相鄰的資料點以網格連接起來所形成的三維圖，但網格面並不上色。您可以利用 mesh() 函數來繪製三維的網格圖。

表 6.1.1 mesh() 函數的使用

函 數	說 明
mesh(*x*,*y*,*z*)	分別以資料點的 x、y 與 z 座標之集合所組成的矩陣 xx、yy 與 zz 來繪出三維的網格圖
mesh(*z*)	設二維矩陣 z 的維度為 $m \times n$，則 mesh(z) 可繪出 x 座標從 1 到 n，y 座標從 1 到 m 的三維的網格圖

舉例來說，假設想繪製一個具有 12 個資料點的三維圖形，其資料點的座標與我們所期望繪出的三維圖形如下所示：

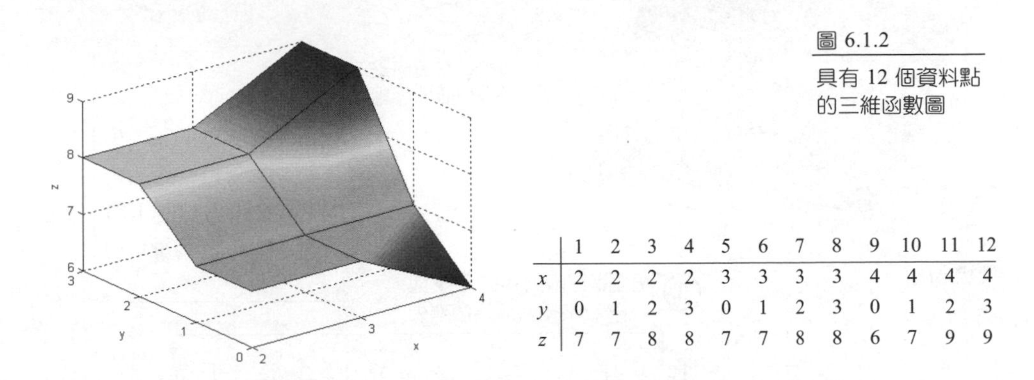

圖 6.1.2

具有 12 個資料點的三維函數圖

	1	2	3	4	5	6	7	8	9	10	11	12
x	2	2	2	2	3	3	3	3	4	4	4	4
y	0	1	2	3	0	1	2	3	0	1	2	3
z	7	7	8	8	7	7	8	8	6	7	9	9

如要利用 mesh() 來繪出上圖，由於 mesh() 需要三個引數，所以必須先對這三個引數的結構有所認識。要解釋這三個引數，可由下列 4 個步驟來進行：

1. 首先，把圖形轉個角度，使得我們可以從上方來觀測此圖，並在圖形資料點的旁邊標上該資料點的座標，以 (x, y, z) 來表示，其中 x 與 y 分別代表 x 與 y 方向的座標，z 則是資料點的值，也就是資料點於 z 軸的高度，如圖 6.1.3 所示。
2. 將資料點依序取出，組成一個陣列 A。
3. 將陣列 A 裡所有的 x 座標取出，組合成一個新的陣列 xx。相同的，把陣列 A 裡所有的 y 座標與 z 座標分別取出，但把每一橫列反向排列，組合成另兩個新的陣列 yy 與 zz。需要把每一橫列反向排列的原因，是因為二維陣列之列方向與數學上的 y 座標方向恰好相反。
4. 將陣列 xx、yy 與 zz 當成引數傳遞給 mesh() 來執行。

我們將上面的 4 個步驟繪製成下圖，從圖中讀者更可以了解到 mesh() 是如何繪製出一張三維的函數圖的。

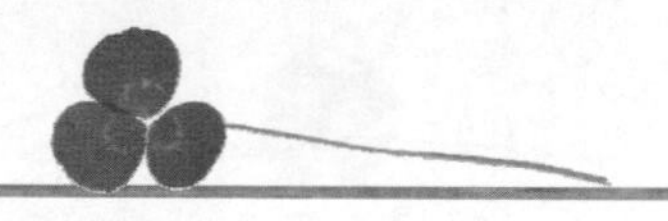

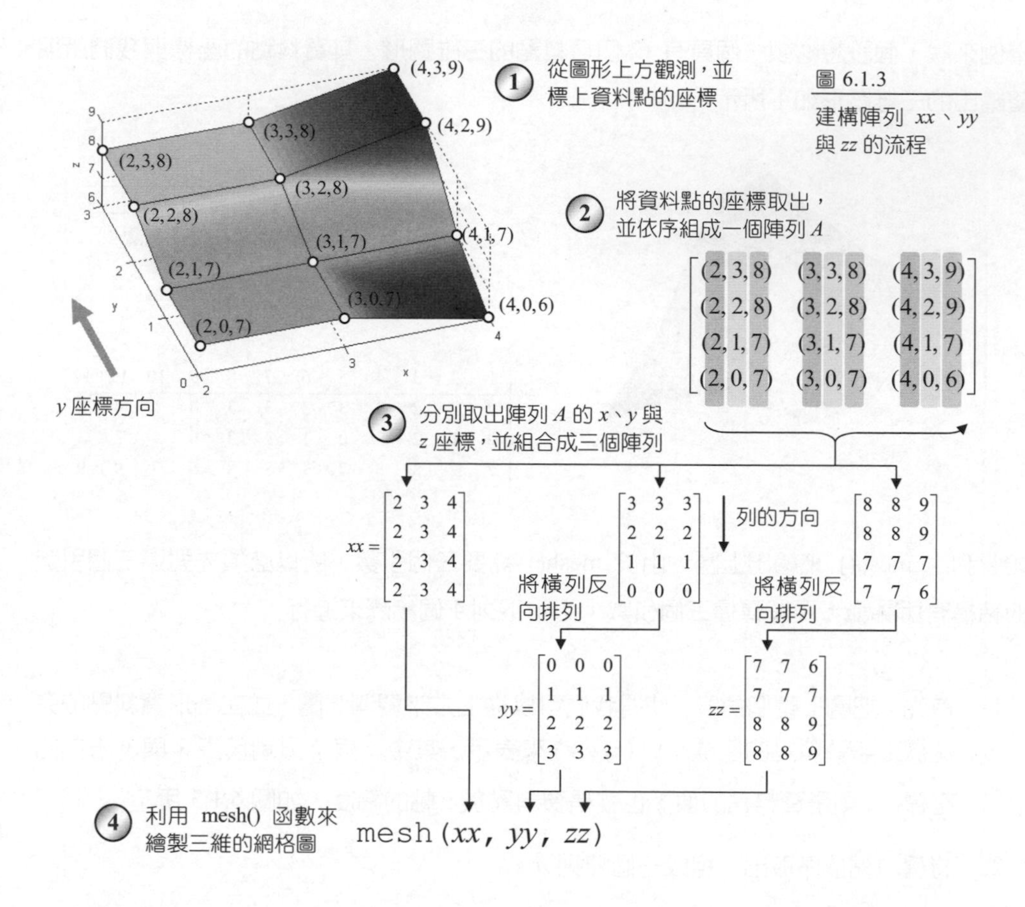

一旦熟悉矩陣 *xx*、*yy* 與 *zz* 是如何得來之後，利用 mesh() 來繪製三維的函數圖就更加的容易了。下面是一些 mesh() 的使用範例：

```
>> xx=[2 3 4;2 3 4;2 3 4;2 3 4]
xx =
     2     3     4
     2     3     4
     2     3     4
     2     3     4
```

設定 *xx* 為一個 4×3 的矩陣，這個矩陣代表圖 6.1.3 裡，陣列 *A* 中所有 *x* 座標所組成的集合。

```
>> yy=[0 0 0;1 1 1;2 2 2;3 3 3]
yy =
     0     0     0
     1     1     1
     2     2     2
     3     3     3
```

設定 *yy* 為一個 4×3 的矩陣，這個矩陣也就是圖 6.1.3 裡的陣列 *yy*。

```
>> zz=[7 7 6;7 7 7;8 8 9;8 8 9]
zz =
     7     7     6
     7     7     7
     8     8     9
     8     8     9
```

設定 *zz* 為一個 4×3 的矩陣，這個矩陣也就是圖 6.1.3 裡的陣列 *zz*。

```
>> mesh(xx,yy,zz)
```

利用 mesh() 建立一個網格圖。

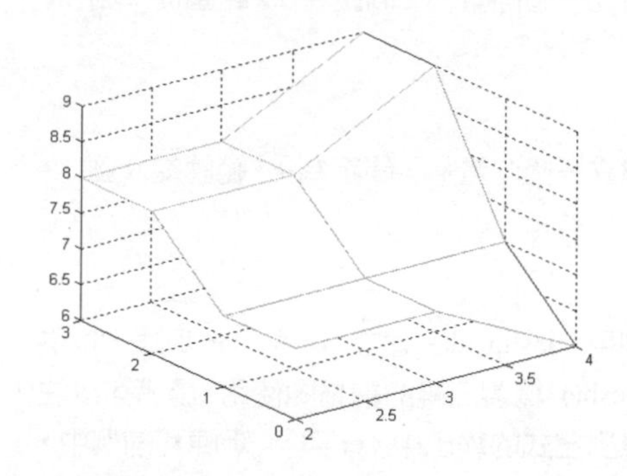

也許您會發現，左邊圖形的輸出中，網格面並沒有像圖 6.1.2 或圖 6.1.3 那樣的上色，這是因為 mesh() 只會畫出網格面，而不會在網格面上色之故。雖然如此，mesh() 繪製的格線還是會依照 *z* 值而變化顏色。本章稍後將介紹的 surf() 即可將網格面上色。

```
>> mesh(zz)
```

如果 mesh() 裡只填上 zz 矩陣，因為 zz 三維度是 4×3 ，所以 Matlab 把三維圖形的 *x* 座標設成從 1 到 3，*y* 座標是從 1 到 4 來繪圖。

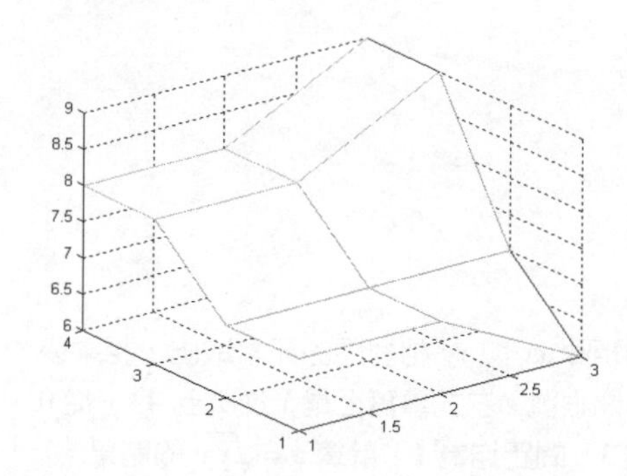

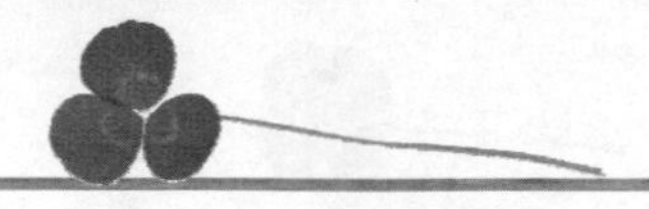

在前面幾個範例中，讀者可以觀察到在建立 *xx* 與 *yy* 這兩個矩陣時，必須先將所有資料點的 *x* 與 *y* 座標分離出來，然後再配合 *zz* 矩陣來繪出，使用起來並不是很方便。Matlab 提供了 meshgrid() 函數，可以幫助我們快速地建立 *xx* 與 *yy* 矩陣。

表 6.1.2 meshgrid() 的使用

函數	說明
`meshgrid(vx,vy)`	以向量 *vx* 代表 *x* 軸方向資料點的位置，以 *vy* 代表 *y* 軸方向資料點的位置，建構出兩個二維矩陣 *xx* 與 *yy*，以供三維繪圖所需

```
>> vx=2:4
vx =
     2     3     4
```

建立一個向量 *vx*，間距為 1，範圍從 2 到 4。

```
>> vy=0:3
vy =
     0     1     2     3
```

建立一個向量 *vy*，間距為 1，範圍從 0 到 3。

```
>> [xx,yy]=meshgrid(vx,vy)
xx =
     2     3     4
     2     3     4
     2     3     4
     2     3     4
yy =
     0     0     0
     1     1     1
     2     2     2
     3     3     3
```

利用 meshgrid() 建立 *xx* 與 *yy* 矩陣，以供 mesh() 繪製三維的網格圖使用。讀者可以注意到左式的輸出中，*xx* 與 *yy* 矩陣和前例中，我們自己手動輸入的 *xx* 與 *yy* 矩陣完全相同。

```
>> zz=sqrt(xx.*yy)
zz =
         0         0         0
    1.4142    1.7321    2.0000
    2.0000    2.4495    2.8284
    2.4495    3.0000    3.4641
```

把矩陣 *xx* 與 *yy* 相對應的元素取出，相乘後再開根號。左式事實上是 *x* 從 2 到 4，*y* 從 0 到 3，間距均為 1，計算 $z=\sqrt{xy}$ 的結果。

```
>> mesh(xx,yy,zz)
```

繪出 $z=\sqrt{xy}$ 的網格圖，其中 x 的範圍取 2~4，y 的範圍取 0~3。

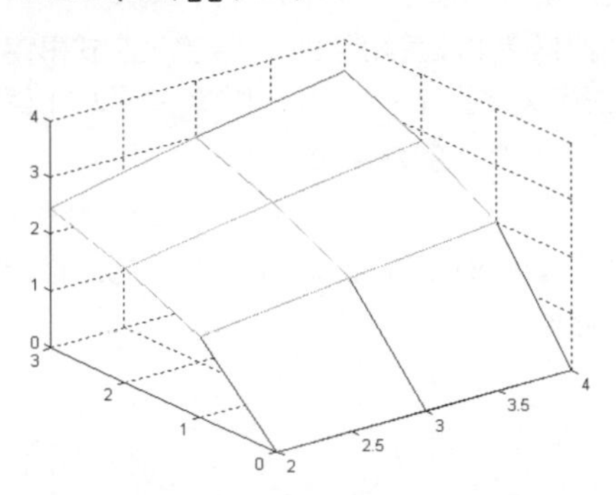

現在讀者已經可以了解到，如果要繪製一張

$$z=f(x,y),\quad x_0\le x\le x_1,\quad y_0\le y\le y_1$$

的三維函數圖，只要先建立 x 與 y 方向的兩個向量，再以 meshgrid() 建構出 xx 與 yy 兩個矩陣，然後計算 $z=f(x,y)$ 並利用 mesh() 來繪圖即可。例如，假設想繪出

$$z=f(x,y)=x\cdot e^{-(x^2+y^2)},\quad -2\le x\le 2,\quad -2\le y\le 2$$

的圖形，我們可依下面的步驟來進行：

```
>> x=linspace(-2,2,30);
```

建立一個具有 30 個元素的向量 x，範圍從 $-2\sim 2$。

```
>> y=linspace(-2,2,30);
```

相同的，建立一個具有 30 個元素的向量 y，範圍也是從 $-2\sim 2$。

```
>> [xx,yy]=meshgrid(x,y);
```

利用 meshgrid 函數建構矩陣 xx 與 yy，以供 mesh 函數繪圖所需。

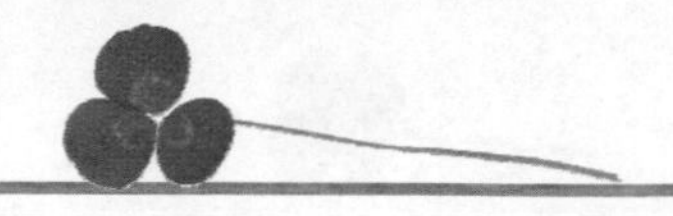

```
>> zz=xx.*exp(-xx.^2-yy.^2);
```

利用矩陣 xx 與 yy 計算 $f(x,y)=x\cdot e^{-x^2-y^2}$，並把其結果設定給陣列 zz 存放。左式事實上是 x 從 $-2\sim 2$，y 也從 $-2\sim 2$ 計算 $z=x\cdot e^{-x^2-y^2}$ 的結果。

```
>> mesh(xx,yy,zz)
```

利用 mesh() 來繪製 $z=x\cdot e^{-x^2-y^2}$ 的三維網格圖形。

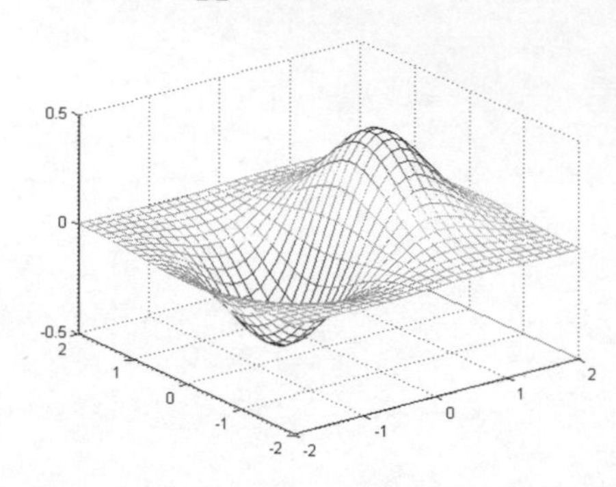

除了 mesh() 之外，Matlab 尚提供了 meshc() 函數，可在繪製的網格圖下方加上等高線，以及 waterfall() 函數，可用來製造類似立體圖形切片的效果，我們將它列表如下：

表 6.1.3　meshc() 與 waterfall() 函數的使用

函 數	說 明
meshc(*xx*, *yy*, *zz*)	繪出網格圖，但在網格圖下方會附帶繪出等高線圖
waterfall(*xx*, *yy*, *zz*)	以切片的方式來繪製三維的立體圖

下面的範例是以函數

$$f(x,y)=\frac{\sin(\sqrt{x^2+y^2})}{\sqrt{x^2+y^2}};\qquad -8\le x\le 8,\quad -8\le y\le 8$$

為例，來說明如何以 meshc() 和 waterfall() 繪製三維的函數圖。比較特殊的是，這個函數在 $x=y=0$ 的地方分母為零，所以需要利用點小技巧來避開這個問題。

```
>> x=linspace(-8,8,30);
```

建立向量 x，具有 30 個元素，範圍從 $-8 \sim 8$。

```
>> y=x;
```

設定 $y = x$，如此一來，向量 y 也具有 30 個元素，範圍也從 $-8 \sim 8$。

```
>> [xx,yy]=meshgrid(x,y);
```

利用 meshgrid() 函數建構矩陣 xx 與 yy，以供 mesh() 函數繪圖所需。

```
>> expr=sqrt(xx.^2+yy.^2);
```

因為 $\sqrt{x^2 + y^2}$ 項出同時出現在分子與分母，所以我們把它設定給變數 expr 存放，以化簡一些數學式。

```
>> zz=sin(expr)./(expr+eps);
```

計算 $z = \sin(\text{expr})/(\text{expr} + \text{eps})$，其結果應為 $\sin(\sqrt{x^2 + y^2})/(\sqrt{x^2 + y^2} + \text{eps})$。

於上面的算式中，我們刻意在分母加上一個常數 eps，它是 Matlab 的內建常數，其值為 2.2×10^{-16}，如此一來便可避免掉計算時，分母為零的錯誤。

```
>> meshc(xx,yy,zz)
```

利用稍早所建立的 xx、yy 與 zz 矩陣，以 meshc() 來繪圖。讀者可以觀察到在網格圖的下方有一個等高線圖呈現。

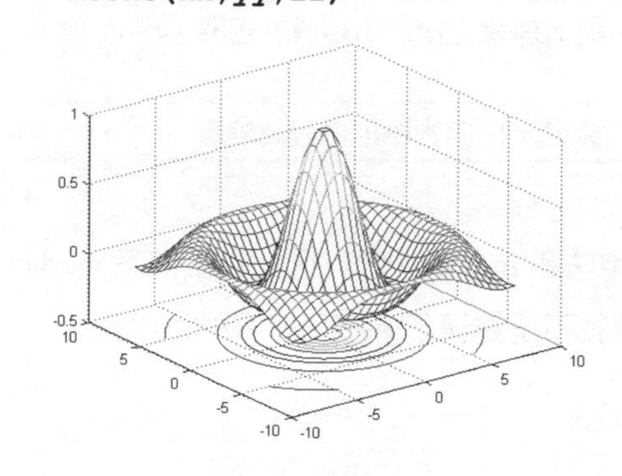

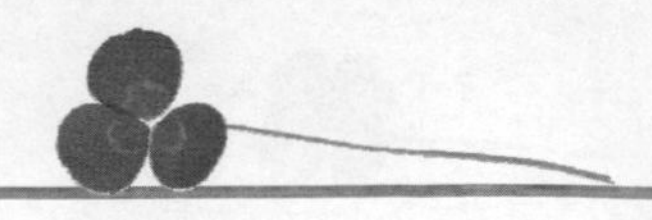

```
>> waterfall(xx,yy,zz)
```

以 waterfall() 繪出三維的函數圖。此圖類似於在三維圖形的某一方向橫切所產生的曲線。

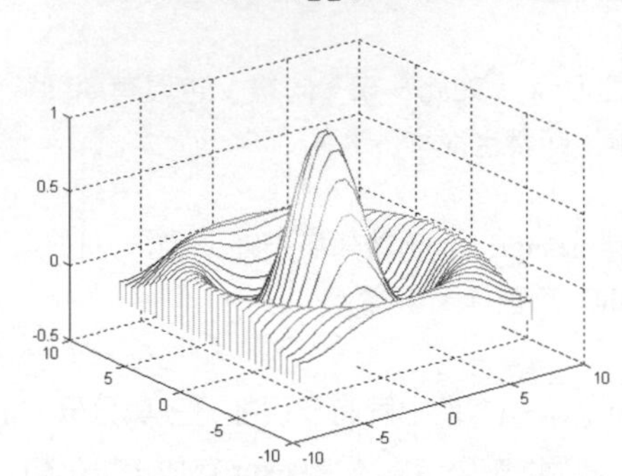

6.1.2 繪製三維的曲面圖

mesh() 並不能用來對三維的網格面上色。如果想要對網格面上色，可利用 surf() 或其它相關的函數。

表 6.1.4 surf() 與 surfc() 函數的使用

函數	說 明
`surf(`*xx*`,`*yy*`,`*zz*`)`	分別以資料點的 x、y 與 z 座標之集合所組成的矩陣 xx、yy 與 zz 來繪出三維的曲面圖
`surfc(`*xx*`,`*yy*`,`*zz*`)`	同 surf，但在圖形下方會顯示出函數圖形的等高線圖

讀者可以發現 surf() 和 surfc() 這兩個函數的用法和 mesh() 很像，因此只要熟悉 mesh() 的用法，利用上面的函數來繪出三維的曲面圖就不是難事了。接下來我們以函數

$$f(x,y)=\frac{x}{x^2+y^2+1};\qquad -7\le x\le 7,\quad -6\le y\le 6$$

為例，來說明 surf() 和 surfc() 的使用方法。

```
>> x=linspace(-7,7,32);
```

建立向量 x，具有 32 個元素，範圍從 $-7\sim 7$。

```
>> y=linspace(-6,6,32);
```

建立向量 y，具有 32 個元素，範圍從 $-6\sim 6$。

```
>> [xx,yy]=meshgrid(x,y);
```

利用 meshgrid() 建構矩陣 xx 與 yy，以供 mesh() 繪圖所需。

```
>> zz=xx./(xx.^2+yy.^2+1);
```

計算 $x/(x^2+y^2+1)$，並把計算結果設定給矩陣 zz 存放。

```
>> surf(xx,yy,zz);
```

利用 surf() 繪製曲面圖。注意 Matlab 會自動在函數的曲面上填色。

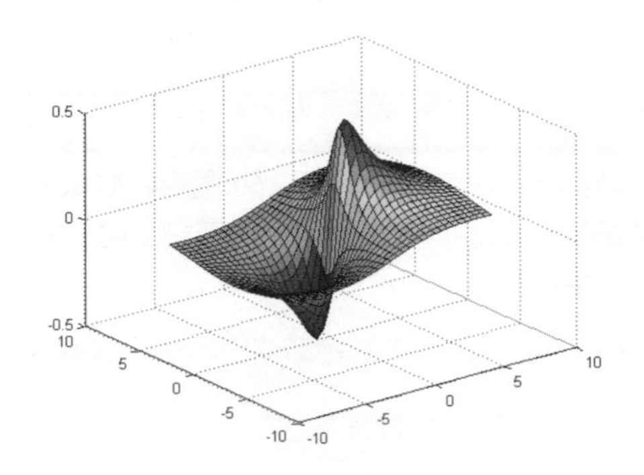

如果想知道 Matlab 是利用什麼樣的機制來填色，或者是想更改圖形的填色方式，可參考 6.5 節的說明。

```
>> surfc(xx,yy,zz);axis tight;
```

利用 surfc() 來繪出三維的函數曲面圖，並在圖形的下方加上等高線圖。設定 axis tight 則是讓整個圖形貼緊圖形的外框。

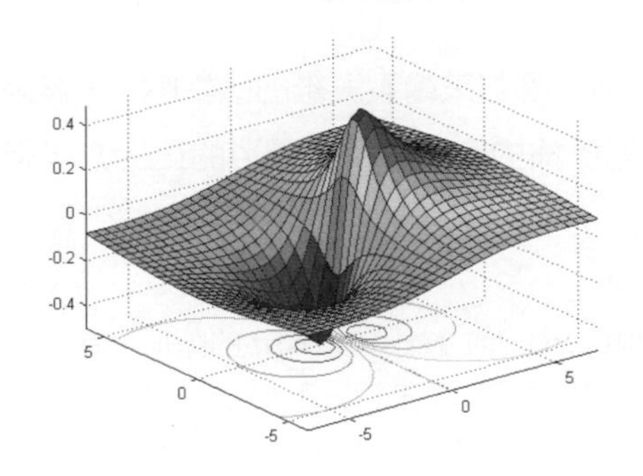

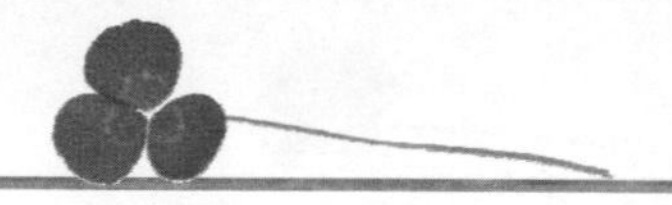

6.2 簡易的三維繪圖函數

也許您已經注意到，不論是利用 mesh() 或是 surf() 函數來繪製三維的圖形，使用起來並不是那麼的方便，因我們必須給定資料點 x 與 y 的座標，然後利用 meshgrid() 建立矩陣 xx 與 yy，並根據 xx 與 yy 建立 zz 矩陣之後，最後再以 mesh() 或 surf() 函數繪圖。事實上，Matlab 也提供了 ezmesh() 與 ezsurf() 函數，只要給予繪圖的函數與範圍，這些函數便可以快速的繪出三維的圖形，使用起來相當的方便。

表 6.2.1　簡易三維繪圖函數的使用

函數	說明
ezmesh (*f*, [*xmin, xmax, ymin, ymax*])	根據函數 f（為一字串）以 60×60 個網格數繪出 f 的三維圖形，若繪圖範圍省略，則預設 x 與 y 方向的範圍均是從 $-2\pi\sim2\pi$
ezmeshc (*f*, [*xmin, xmax, ymin, ymax*])	同 ezmesh，但在圖形下方會顯示出圖形的等高線
ezsurf (*f*, [*xmin, xmax, ymin, ymax*])	同 ezmesh，但是網格面會上色
ezsurfc (*f*, [*xmin, xmax, ymin, ymax*])	同 ezsurf，但在圖形下方會顯示出圖形的等高線

下面的範例分別利用 ezmesh()、ezsurf() 與 ezsurfc() 函數來繪製三維的函數圖。一般來說，這些函數會自動加上座標軸的名稱，且會把所繪的函數顯示在圖形的正上方，但在某些環境下，這些額外的訊息可能不會顯示。

```
>> ezmesh('exp(-0.2*x)*cos(t)')
```

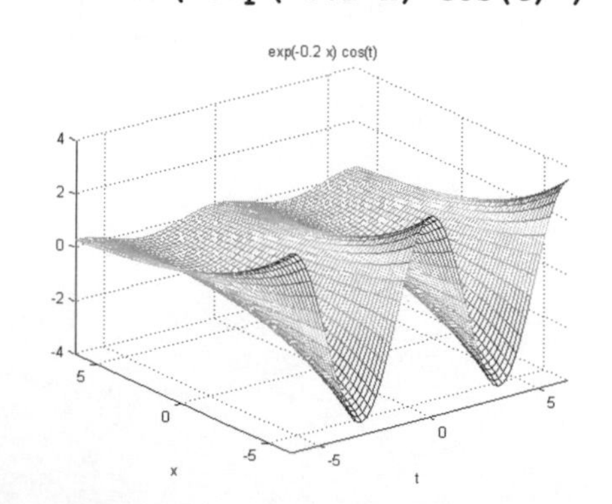

利用 ezmesh() 繪出 $e^{-0.2x}\cos t$ 的圖形，其預設的圖形範圍在 x 與 y 方向均是從 $-2\pi\sim2\pi$，並使用 60×60 個網格數來繪圖。讀者可以注意到，ezmesh() 會自動加上座標軸的名稱，且會把所繪的函數顯示在圖形的正上方。

值得一提的是，因在英文字母的排序上，字母 t 比 x 排得還要前面，因此 ezmesh() 會把變數 t 當成 x 軸的方向來繪圖，把變數 x 當成 y 軸的方向來繪圖。

```
>> ezmesh('exp(-0.2*x)*cos(t)',...
   [-pi,2*pi,-2,12],36)
```

繪出 $e^{-0.2x}\cos t$ 的圖形，但是限定繪圖的範圍，變數 t 是從 $-\pi \sim 2\pi$ ，變數 x 是從 $-2 \sim 12$ 。注意左式中，第三個引數 36 指定 ezmesh() 函數以 36×36 個網格點來繪圖。

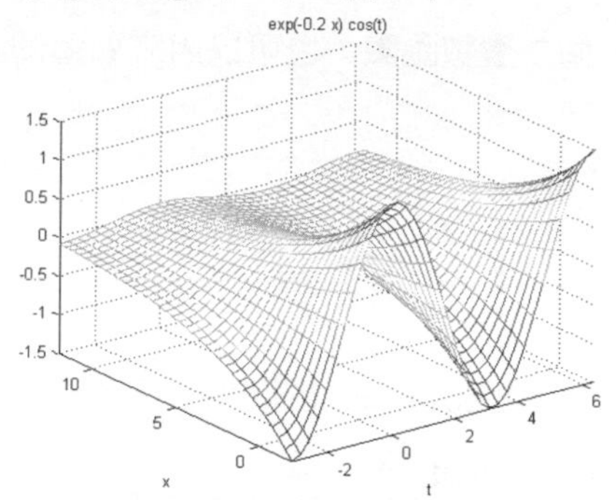


```
>> ezsurf('y/(x^2+y^2+1)',36)
```

繪出 $y/(x^2+y^2+1)$ 的曲面圖，並指定以 36×36 個網格點來繪圖。

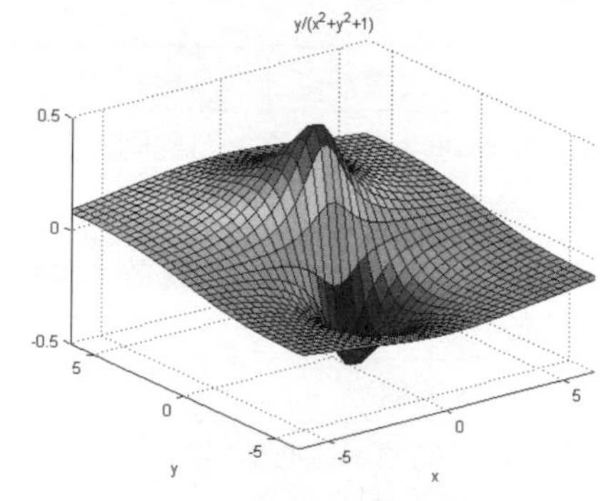


```
>> ezsurfc('y/(x^2+y^2+1)',36)
```

繪出 $y/(x^2+y^2+1)$ 的曲面圖，並在圖形下方加上此圖形的等高線，同時指定以 36×36 個網格點來繪圖。

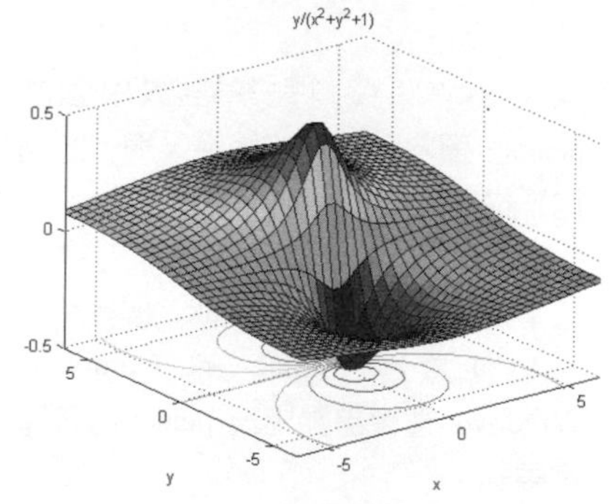

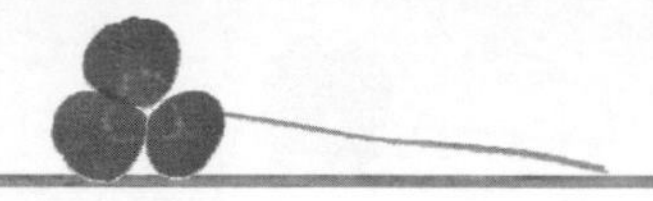

6.3 內建的三維圖形展示函數—peaks

Matlab 有個內建的實用函數—peaks，它描述了一個二變數函數，也可以用來對這個函數繪圖。peaks 所描述的數學函數，其定義式為

$$f(x,y)=3(1-x)^2\,e^{-x^2-(y+1)^2}\;-10\left(\frac{x}{5}-x^3-y^5\right)e^{-x^2-y^2}\;-\frac{1}{3}e^{-(x+1)^2-y^2}$$

利用 peaks 函數，只需要很簡單的語法即可繪製出數學函數 peaks 的圖形，因此我們常利用它來展示三維的圖形，或是利用它來測試某些繪圖的選項。

表 6.3.1　使用 peaks 函數

函 數	說 明
peaks	以 49×49 個資料點繪製數學函數 peaks，範圍 x 與 y 方向同為 −3 ~ 3
peaks(*n*)	同 peaks，但以 $n \times n$ 個資料點來繪圖
zz=peaks	在 x 與 y 方向同為 −3 ~ 3 的範圍內計算 49×49 個數學函數 peaks 的值，並把結果設定給矩陣 *zz* 存放
zz=peaks(*n*)	以 $n \times n$ 個資料點計算數學函數 peaks 的值
[*xx*,*yy*,*zz*]=peaks(*n*)	以 $n \times n$ 個資料點計算數學函數 peaks 的值，並把資料點的 x、y 座標值與函數值分別存放在矩陣 *xx*、*yy* 與 *zz* 內

```
>> peaks;
z=3*(1-x).^2.*exp(-(x.^2)-(y+1).^2)...
  -10*(x/5-x.^3-y.^5).*exp(-x.^2-y.^2)...
  -1/3*exp(-(x+1).^2-y.^2)
```

以 49×49 個資料點繪製數學函數 peaks，資料點求值的範圍 x 與 y 方向均是從 −3 ~ 3 。

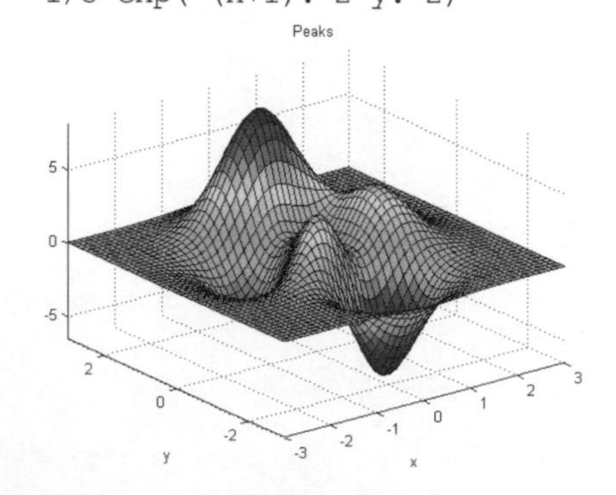

於本例中，當您下達 peaks 指令時，可以注意到 Matlab 的 Command Windows 裡會自動出現 peaks 的數學定義式。

```
>> peaks(24);
```

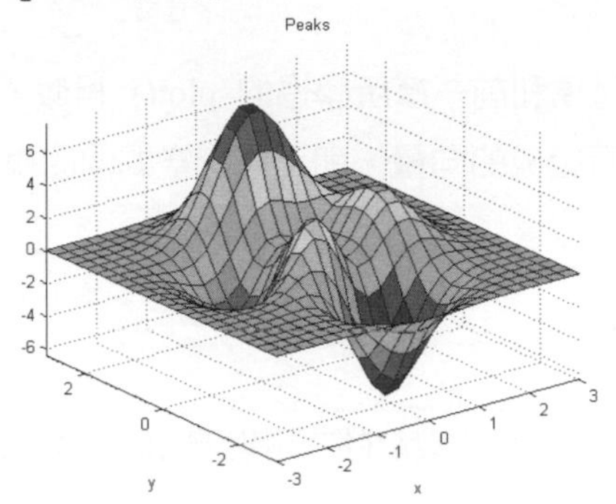

改以 24×24 個資料點繪製 peaks 函數。相同的，當您下達 peaks(24) 函數時， Matlab 的 Command Windows 裡也會出現 peaks 函數的數學定義式，但此處將它略去。

```
>> [xx,yy,zz]=peaks(32);
```

以 32×32 個資料點計算 peaks 函數的值，並把資料點的 x、y 座標值與計算結果分別存放在矩陣 xx、yy 與 zz 內

```
>> surfc(xx,yy,zz);
```

利用 surfc() 繪出 peaks 函數的圖形，並在圖形下方加上等高線。

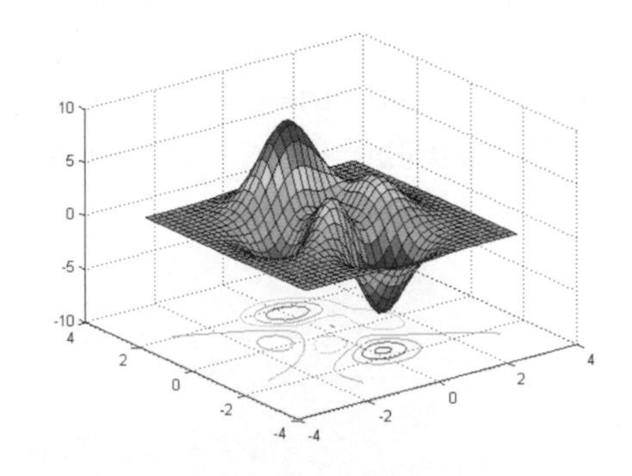

從上面的範例中，讀者可以看出 peaks() 會根據等號左邊語法之不同而傳回不同的運算結果。例如，如果直接下達 peaks 函數，且沒有把運算結果設定給某個變數時，則 peaks 會進行繪圖的動作；如果把運算結果設定給某個變數，那麼 peaks 會根據變數結構的不同而傳回特定的資訊。這種依等號左邊運算式之不同而有不同傳回值的作法，在 Matlab 裡隨處可見。在稍後的章節裡，我們也會介紹到如何撰寫這種技術。

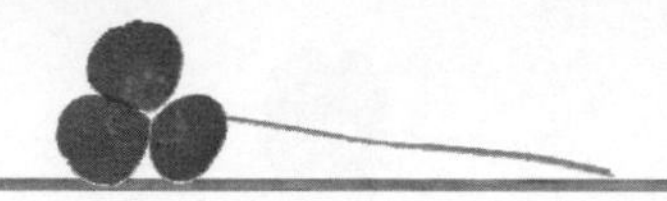

6.4 空間曲線繪圖

plot3() 函數可用來繪製空間的曲線，其用法與選項和前一章所學過的 plot() 相似，也就是說，只要分別給予資料點的 x、y 與 z 座標所組成的向量，即可繪出空間的曲線。

表 6.4.1 空間曲線繪圖函數

函 數	說 明
plot3(*x*,*y*,*z*)	分別以向量 *x*,*y* 與 *z* 代表資料點在每一個座標軸的位置，繪製三維空間曲線
plot3(*x*,*y*,*z*,'*str*')	以控制字串 *str* 所指定的格式繪出三維空間曲線

```
>> t=linspace(0,30,120);
```

設定變數 t 為 0 ~ 30 之間等分為 120 份的向量。

```
>> plot3(t.*sin(t),t.*cos(t),t);
```

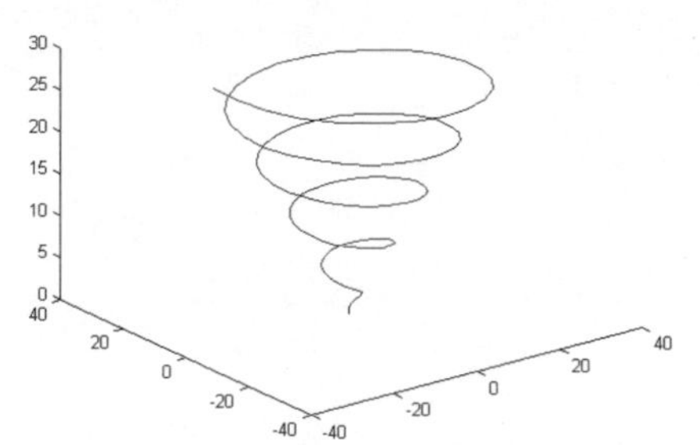

繪出 $x(t)=t\sin t,\ y(t)=t\cos t,\ z(t)=t$ 的圖形。從圖中可以看出它是一個三維的螺旋曲線。

```
>> plot3(t.*sin(t),t.*cos(t),t,'-ro');
```

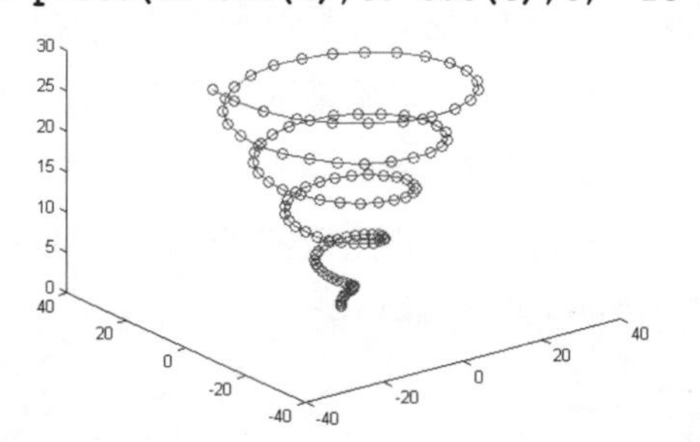

在 plot3() 裡加上控制字串 'or-'，代表三維的曲線為實線，資料點以圓形來表示，且以紅色來繪製曲線。

```
>> plot3(t.*sin(t),t.*cos(t),t,'-ro',
   t.*sin(t),t.*cos(t),-t,'-bd');
```

同時繪製兩組三維曲線，並以不同的顏色和標記來區分。上螺旋曲線為紅色，下螺旋曲線為藍色。

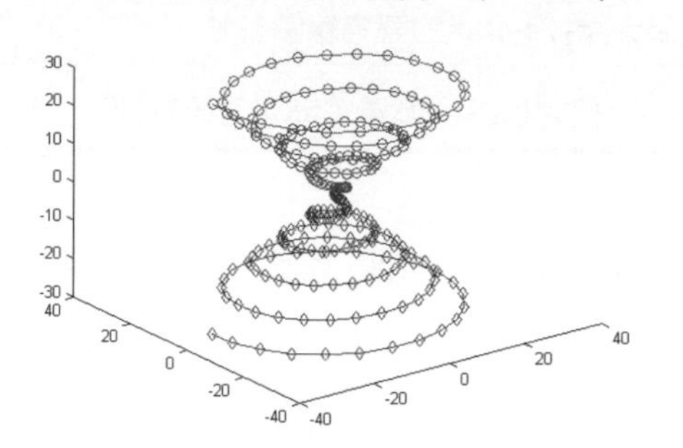

6.5 等高線繪圖

等高線圖（contour plot）是把三維的圖中，高度相等的點連接起來，即成等高線圖。等高線圖於彈性力學（應力的分佈），熱傳學（溫度的分佈），或者是最佳化（optimization）的求值均有極廣泛的應用。

6.5.1 二維的等高線圖

Matlab 的 contour() 函數可用來繪製二維的等高線圖。contour() 的語法與稍早所介紹過的 mesh() 或 surf() 函數類似，只要您熟悉 mesh() 或 surf() 的語法，使用 contour() 一點也不是難事。

表 6.5.1　二維等高線繪圖函數

函數	說明
`contour(xx,yy,zz,n)`	分別以資料點的 x、y 與 z 座標之集合所組成的矩陣 xx、yy 與 zz 繪出 n 條等高線。若 n 省略，則 Matlab 會自動視情況調整等高線數。
`contour(zz,n)`	同上，但 x 方向的座標是從 1 到 n，y 方向的座標是從 1 到 m（假設矩陣 zz 的維度為 $m \times n$ ）

函數	說明
contour(xx,yy,zz, [$z_1,z_2,z_3,\ldots$])	繪出高度為$z_1,z_2,z_3,\ldots$ 的等高線圖
contourf(xx,yy,zz,n)	同 contour()，但會以顏色填滿（fill）等高線圖

下面的範例是以 contour() 與 contourf() 繪製 peaks 之等高線圖，從圖中您可以觀察到 peaks 的區域極大值與區域極小值各是位於何處。

```
>> [xx,yy,zz]=peaks;
```

以 49×49 個資料點計算 peaks 函數的值，並把資料點的 x、y 座標值與函數值分別存放在矩陣 xx、yy 與 zz 內。

```
>> contour(xx,yy,zz)
```

利用矩陣 xx、yy 與 zz 繪出 peaks 函數的等高線圖。於左圖中，讀者可以注意到 contour() 會以不同的顏色來區分不同的等高線。

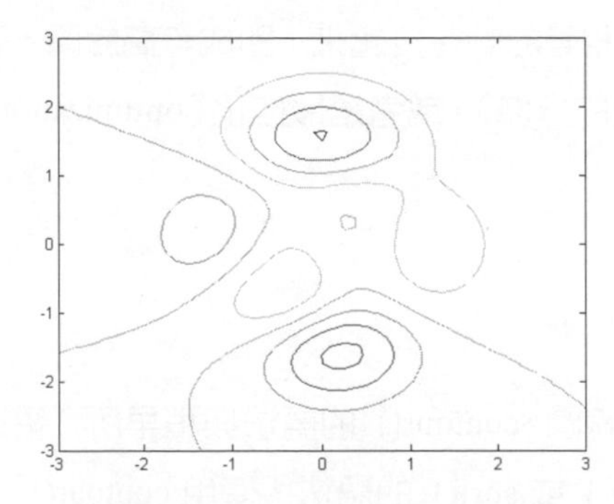


```
>> contourf(xx,yy,zz,20)
```

繪出 peaks 函數的等高線圖，並以顏色來填滿。於左圖中，越偏深藍的地方代表函數值越小，越偏暗紅的地方代表函數值越大。

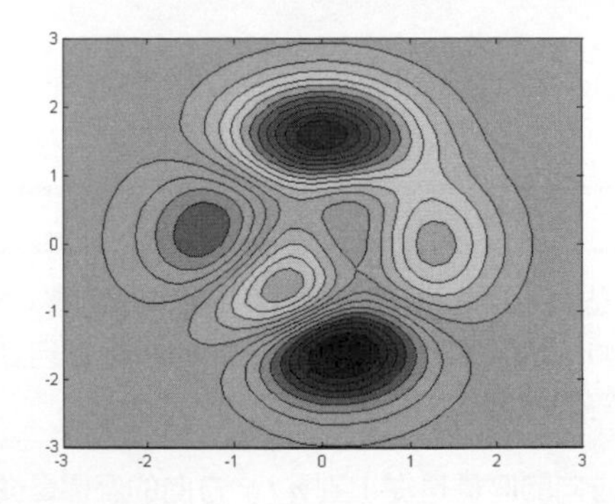

>> **contourf(zz,[-2,0,3,7])**

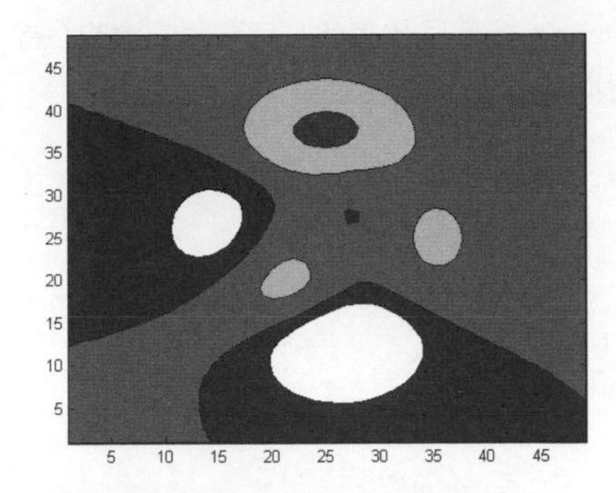

指定等高線值為 –2, 0, 3, 7 來繪出等高線圖，並且在等高線之間上色。注意於左式中，如果只要畫出等高線為 3 的圖形，請您利用下面的語法：

```
contourf(zz,[3 3])
```

如果使用如下的語法：

```
contourf(zz,[3])
```

則 Matlab 會把它解釋成繪製三條等高線圖。

Matlab 也可以在等高線的上方標註等高線的值。如要標註等高線的值，只要把繪出的等高線圖設給某一個變數，然後再把這個變數傳遞給 clabel() 即可。

表 6.5.2　將等高線加入高度標記的函數

函數	說明
clabel(*cmat*)	在等高線圖內加上高度的標記，其中 *cmat* 為繪製等高線圖時，contour() 所傳回的矩陣
clabel(*cmat*, [z_1, z_2, z_3, ...])	在高度為 [z_1, z_2, z_3, ...] 的等高線上加上高度標記
clabel(*cmat*, 'manual')	可利用滑鼠點選欲標註之等高線，在該等高線旁即會出現等高線的數值

接下來我們還是以熟悉的 peaks 函數，說明如何將等高線的值，加入所繪製之等高線圖形的旁邊。

>> **[xx,yy,zz]=peaks;**

建立矩陣 *xx*、*yy* 與 *zz*。

```
>> cmat=contour(xx,yy,zz);
```

繪出 peaks 函數的等高線圖，注意在左式中，contour() 會傳回代表此一等高線的資料（為一矩陣），我們利用變數 *cmat* 來接收它。

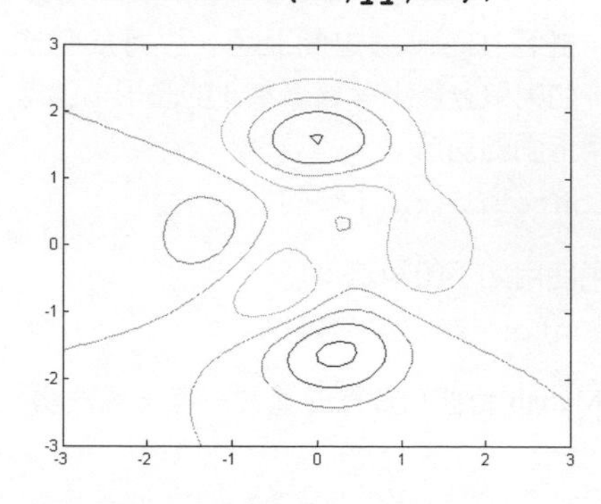

```
>> clabel(cmat)
```

將 *cmat* 矩陣傳入 clabel()，即可在等高線旁加上等高線的值。

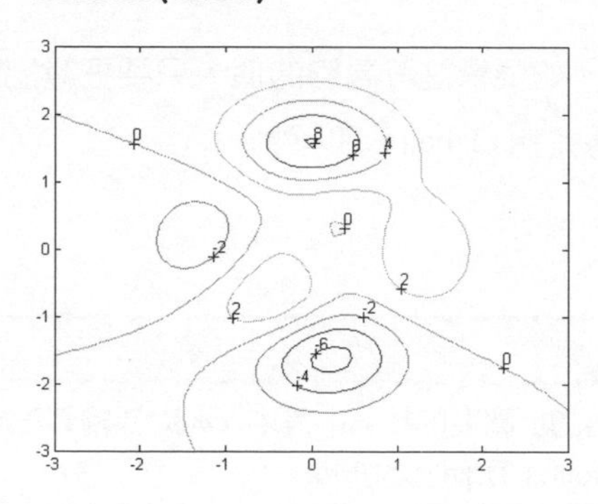

如果想自己動手擺設等高線標記的位置，只要在 clabel() 裡加上一個 'manual' 選項，然後於繪圖視窗內點選想要放置標記的等高線就可以了。

```
>> cmat=contour(zz);
```

以 *zz* 矩陣繪出等高線圖，並把傳回值設給變數 *cmat*。

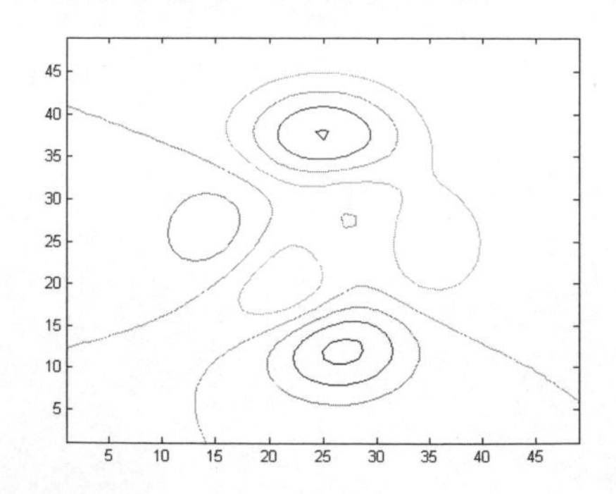

```
>> clabel(cmat,'manual')
```

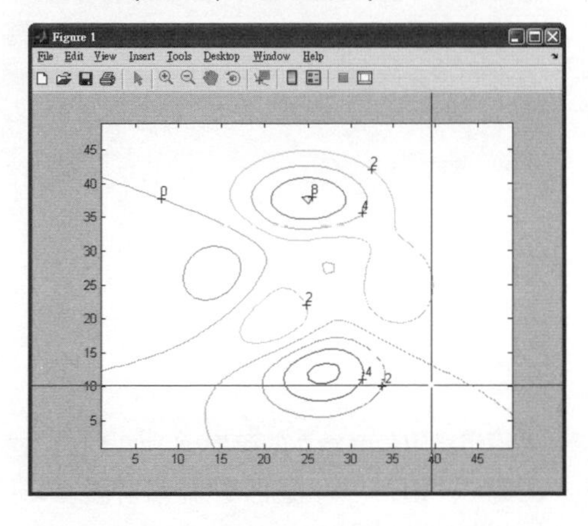

在 clabel() 之後加上字串 'manual'，即可利用滑鼠點選圖形來指定等高線要放在何處。在執行左式時，Matlab 會回應一段文字，告訴您如要結束操作，只要按下 Enter 鍵即可。

6.5.2 三維的等高線圖

如果把二維的等高線畫在三維的空間內，就成為三維的等高線圖。Matlab 是以 contour3() 來繪製三維的等高線圖，其語法與繪製二維等高線的 contour() 相同。

表 6.5.3 三維等高線繪圖函數

函數	說明
contour3(*xx*,*yy*,*zz*,*n*)	分別以矩陣 *xx*、*yy* 與 *zz* 繪出 *n* 條三維的等高線。若 *n* 省略，則 Matlab 會自動視情況調整等高線數。
contour3(*zz*,*n*)	同上，但 *x* 方向的座標是從 1 到 *n*，*y* 方向的座標是從 1 到 *m*（假設矩陣 *zz* 的維度為 $m \times n$ ）
contour3(*xx*,*yy*,*zz*,[z_1,z_2,z_3,...])	指定繪出高度為z_1,z_2,z_3,... 的三維等高線圖

```
>> zz=peaks;
```

利用 peaks 函數建立矩陣 *zz*。

```
>> contour3(zz);
```

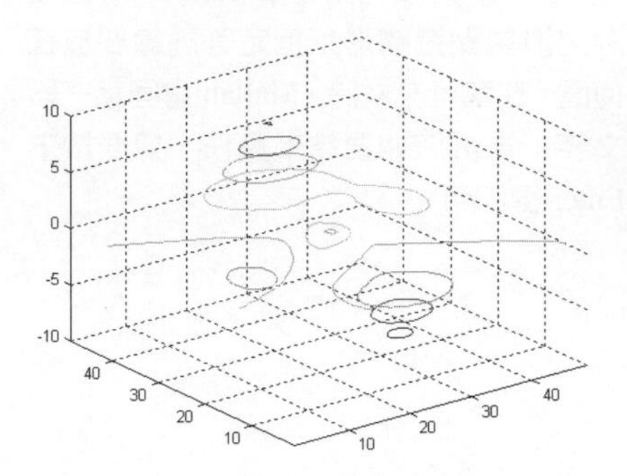

繪出 peaks 函數的三維等高線圖。事實上，如果把左圖從上方觀看，所得到的圖形即為二維的等高線圖。

```
>> contour3(zz,[2]);
```

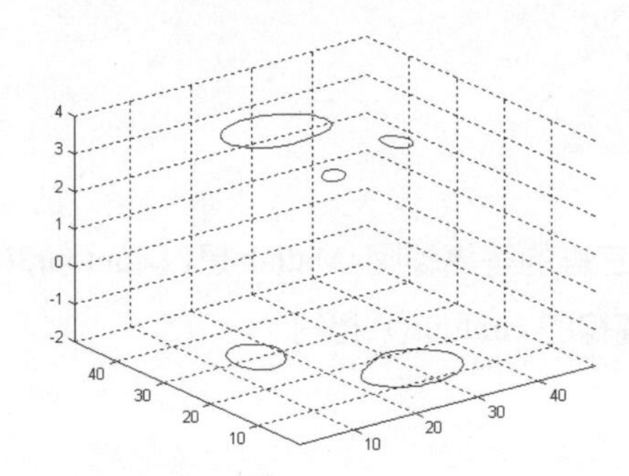

假設想繪出高度為 2 的等高線，如果以左式的寫法，則 Matlab 會把陣列[2]解讀為 2，因此左式就相當於

```
contour3(zz,2);
```

於是 Matlab 會把它解譯成繪製兩個等高線，這並不是我們原先所想要繪製的圖形。

```
>> contour3(zz,[2,2]);
```

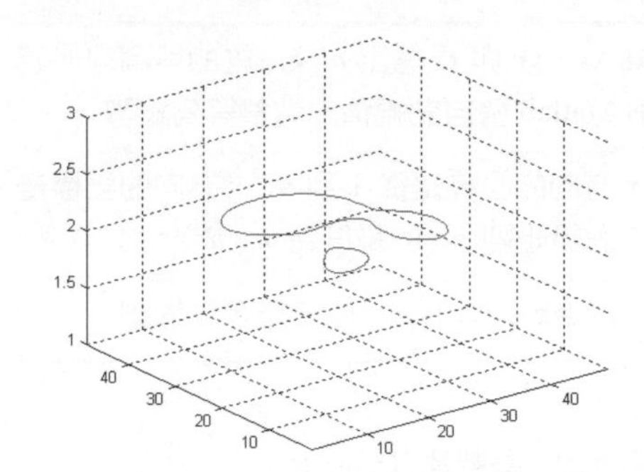

如果指定所繪製的等高線為[2,2]，Matlab 便會把它解譯成繪製高度為 2 的等高線圖，如此一來即可巧妙的避開上述的錯誤。

6.6 編修三維繪圖

在 Matlab 裡，您也可以對三維的圖形進行適度的編修，例如改變視角、上色方式，或是顯示隱藏線等等。本節將就這些圖形的基本編修做一個初步的介紹。

6.6.1 三維圖形的基本編修

當三維圖形呈現在圖形視窗上時，只要下一些簡單的指令即可對它進行修改。下表列出了這些常用的編修指令：

表 6.6.1　三維繪圖的基本編修指令

指令	說明
`hidden on/off`	預設為 on。設定 off 則會顯示隱藏線，但這個指令只對 mesh() 等函數所繪出的網格圖形有效（隱藏線是指被網格面遮住的線）
`axis on/off`	預設為 on。設定 off 則不顯示座標軸與刻度
`box on/off`	預設為 off。設定 on 則在圖形的外圍顯示一個外框
`hold on/off`	預設為 off。設定 on 時，新產生的圖形不會覆蓋掉原有的圖形
`grid on/off`	設定 on 則顯示座標的網格線

下面我們還是以 peaks 函數，說明如何利用上表的指令來進行三維圖形的編修。

```
>> zz=peaks;
```

利用 peaks 指令建立矩陣 *zz*。

```
>> mesh(zz);axis tight;
```

繪出 peaks 的三維網格圖，並設定 axis 為 tight，使得圖形緊貼著圖框的邊緣。

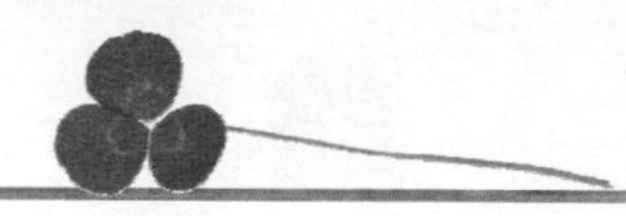

```
>> hidden off;
```

設定 hidden 為 off。左圖中讀者可以看到原本被網格面遮住的隱藏線已被顯示出來。

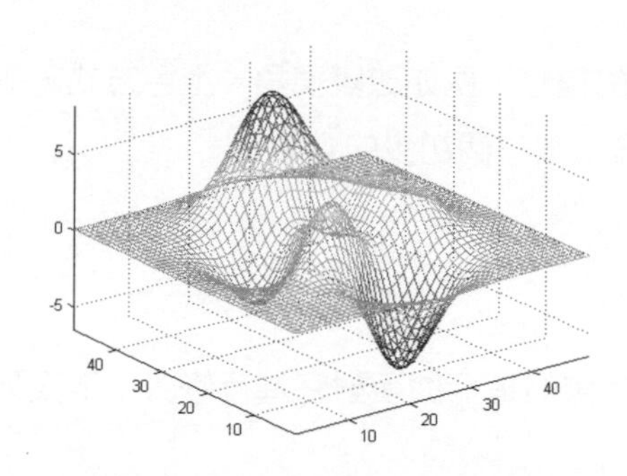


```
>> box on;
```

設定 box on 則可將圖形加上外框。

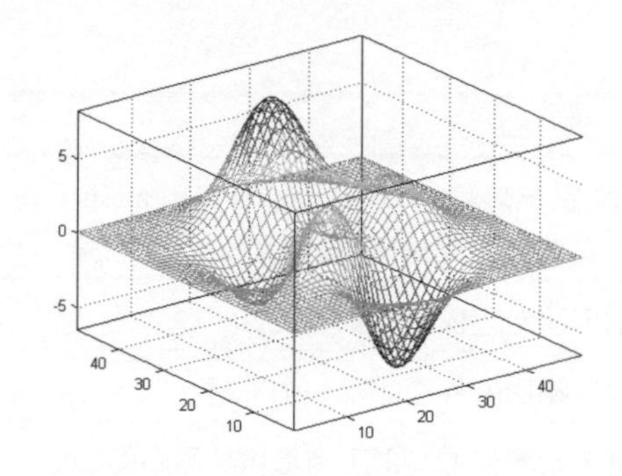


```
>> axis off;
```

設定 axis off 則不顯示座標軸。事實上，讀者可以觀察到設定 axis off，同時也會取消 box on 的設定，也就是取消圖形的外框。

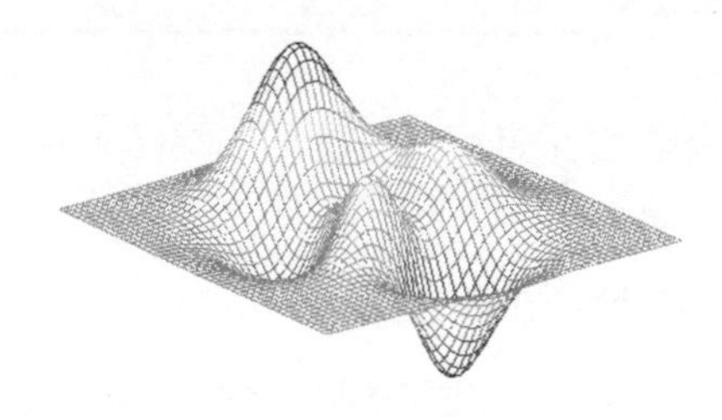

6.6.2 改變三維圖形的視角

當 Matlab 在呈現一張圖形時，它所使用的視角是固定的，也就是所有的三維圖形都是用同一個視角。如果想更改圖形的觀測角度，可用利用 view() 函數 。下表列出了 view() 的用法：

表 6.6.2 改變三維圖形的視角

函數	說明
view(*az*,*el*)	設定圖形的視角，其中方位角為 *az*，仰角為 *el*，單位為度
[*az*,*el*]=view	傳回目前所使用的視角

view() 需要兩個引數，一個是方位角（azimuth），另一個是仰角（elevation）。觀測點和方位角與仰角之間的關係可以用下圖來表示：

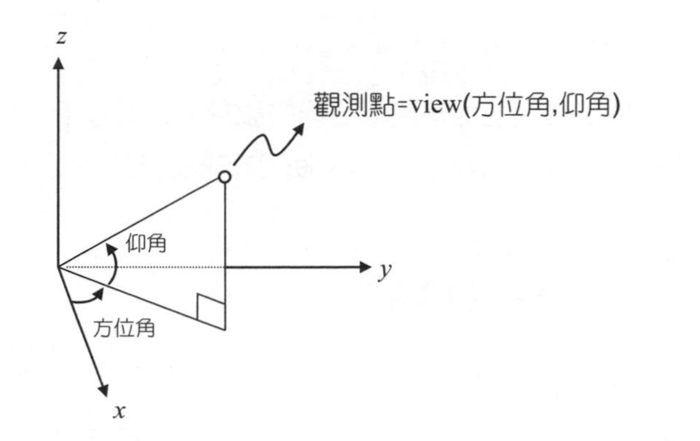

圖 6.6.1
觀測點與 view() 函數示意圖

由上圖可知，方位角是從 x 軸數起，逆時針方向為正，而仰角是從 x-y 平面上數起，往上為正，往下為負。

```
>> peaks;
```

繪出 peaks 函數的圖形。預設的視角為：方位角是−37.5 度，仰角是 30 度。

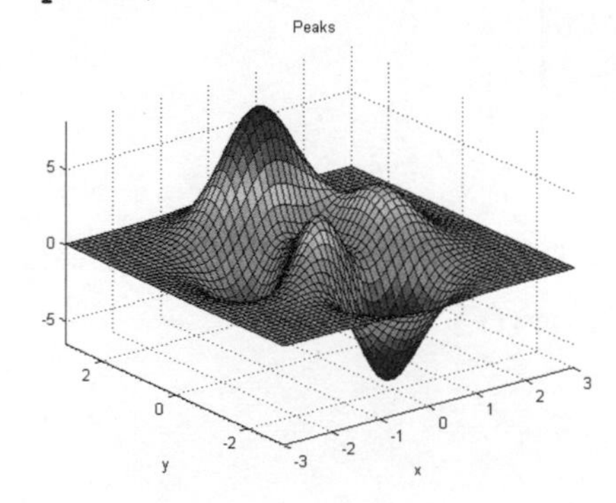

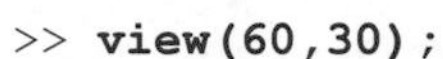

```
>> view(60,30);
```

設定方位角為 60 度，仰角為 30 度來觀測圖形。

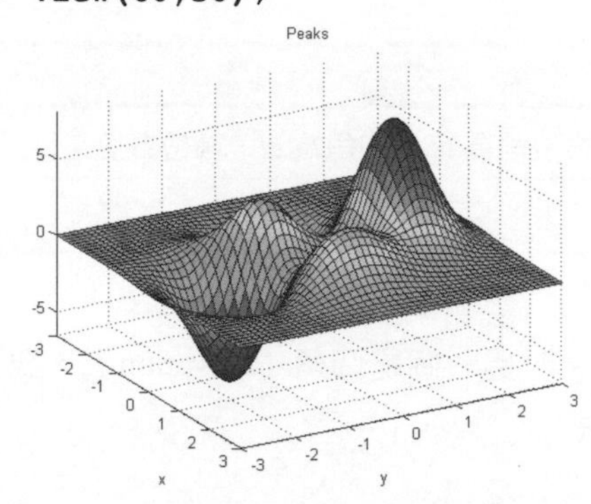

事實上，在 Matlab 圖形視窗的工具列上也有旋轉功能的設計。只要按下工具列上的 Rotate 3D 鈕 ，即可利用滑鼠旋轉所繪製的圖形，使用起來相當的方便。

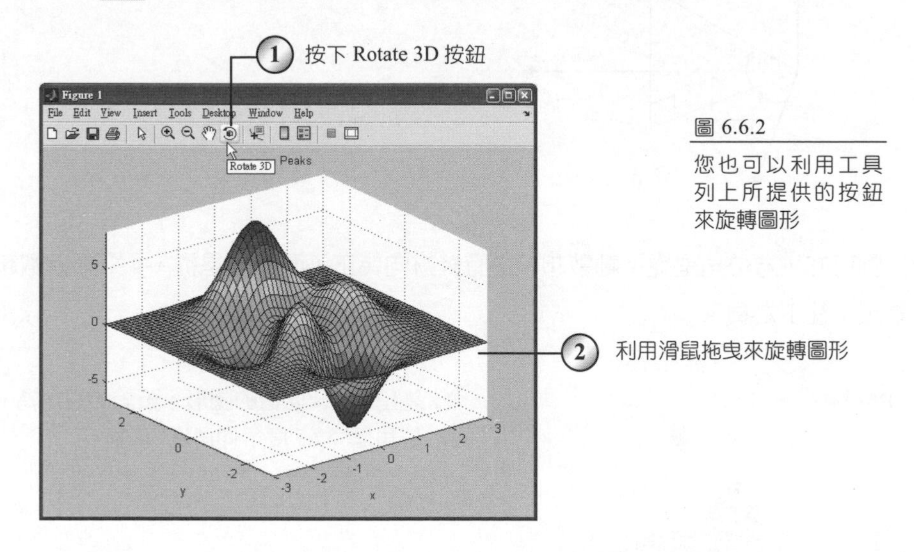

圖 6.6.2

您也可以利用工具列上所提供的按鈕來旋轉圖形

想要改變三維圖形的視角時，當然是用 Rotate 3D 按鈕比較方便。但是如果是撰寫程式碼，想在程式碼裡控制圖形的旋轉，就必須使用 view()了。

6.6.3 修改三維圖形的曲面顏色

是否您曾經想過，Matlab 在繪製三維的曲面圖時，是用什麼樣的機制來幫曲面上色呢？事實上，Matlab 是利用一個對應表（map），稱之為顏色對應表（color map），依所繪製之函數值的大小來對曲面上色。我們先以一個簡單的範例來解釋 Matlab 如何利用顏色對應表來上色。

```
>> peaks;
```

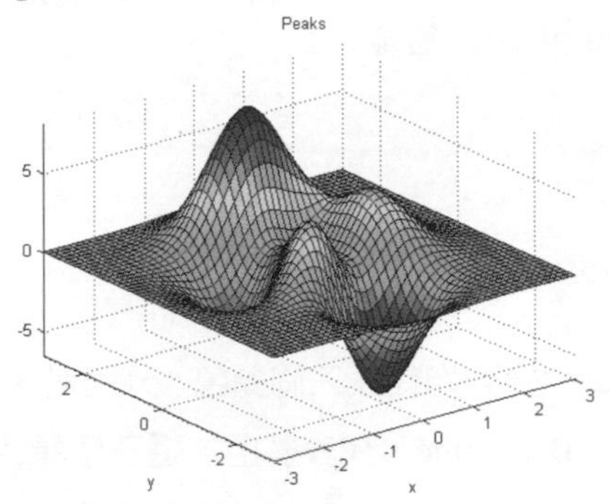

繪出 peaks 函數的圖形。讀者可以看出，在左圖中，函數值越大的部分顏色越偏紅，函數值越小的部分顏色則偏藍。

```
>> colorbar;
```

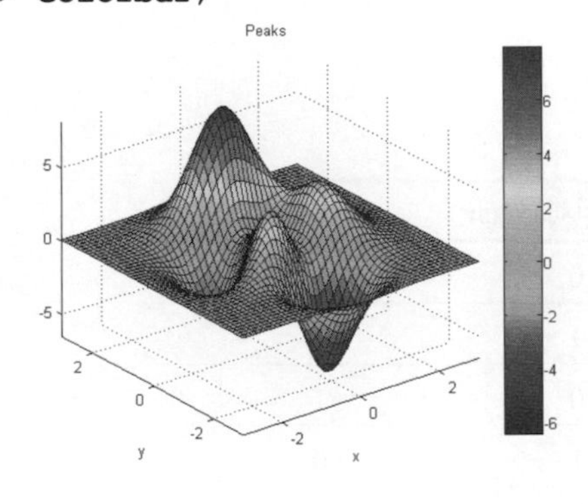

colorbar 指令可以在圖形的右邊畫上一個顏色對應圖，顏色對應圖旁並附有刻度，用來表示左邊的三維圖形中，函數值為多少的地方是用什麼顏色來表示。

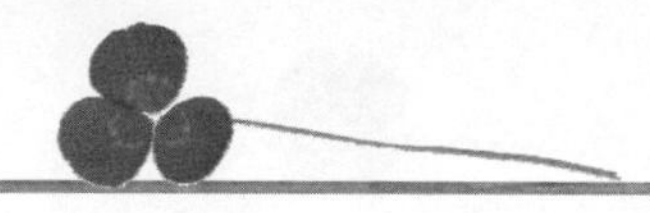

```
>> colormap

ans =
         0         0    0.5625
         0         0    0.6250
         0         0    0.6875
         0         0    0.7500
         0         0    0.8125
         0         0    0.8750
         0         0    0.9375
         0         0    1.0000
         0    0.0625    1.0000
         0    0.1250    1.0000
         :         :         :
    0.5625         0         0
    0.5000         0         0
```

利用 colormap 指令可用來查詢目前所使用的顏色對應表。從左邊的輸出中，讀者可以看到 peaks 函數使用的顏色對應表是一個 64×3 的矩陣。為了節省空間，我們並沒有顯示所有的矩陣元素。

於左邊的矩陣中，每一列均有三個元素，每一個元素的值是 0 到 1 之間的數值，分別用來代表紅、綠、藍三個顏色，數值越大代表該顏色的強度越強。

於上面的範例中，顏色對應表裡 64×3 的矩陣，每一橫列均代表三個顏色，分別是 RGB（R 為 Red，代表紅色；G 為 Green，代表綠色；B 為 Blue，代表藍色）這三個顏色。RGB 三個顏色可以混合成一個顏色，因此顏色對應表裡的每一列均代表一個顏色。下表列出了常用顏色的 RGB 值：

表 6.6.3　常用的 RGB 顏色

顏 色	紅色（red）	綠色（green）	藍色（blue）
紅色（red）	1	0	0
綠色（green）	0	1	0
藍色（blue）	0	0	1
黃色（yellow）	1	1	0
洋紅色（magenta）	1	0	1
青色（cyan）	0	1	1
灰色（gray）	0.5	0.5	0.5
暗紅色（dark red）	0.5	0	0
黑色（black）	0	0	0
白色（white）	1	1	1

如果仔細觀察顏色對應圖與顏色對應表，您可以發現顏色對應圖最下方的顏色，事實上就是顏色對應表裡第一列元素所描述的顏色，而顏色對應圖最上方的顏色就是顏色對應表裡最後一列元素所描述的顏色，其餘的顏色以此類推，如下圖所示：

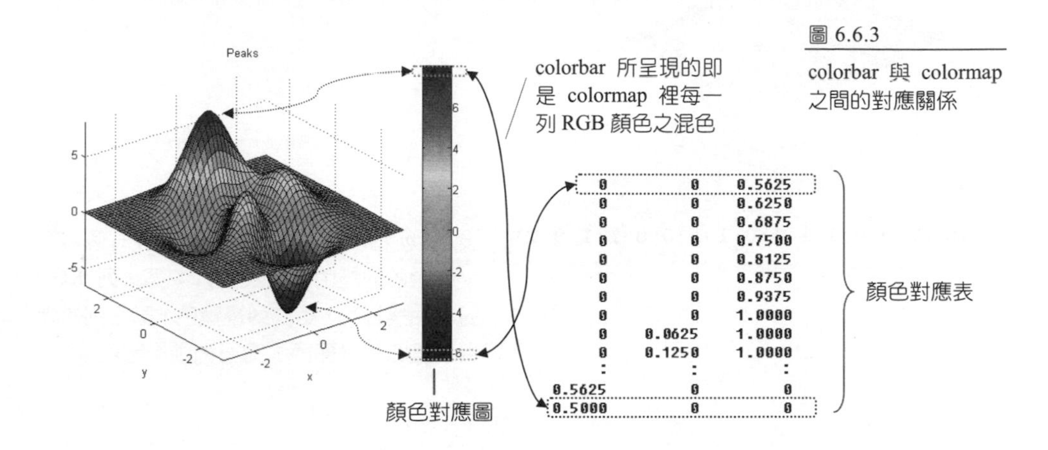

圖 6.6.3

colorbar 與 colormap 之間的對應關係

由上圖可知，Matlab 在處理三維圖形上色時，會把函數的最小值配合顏色對應表裡第一列元素所描述的顏色來上色，並把函數的最大值配合顏色對應表裡最後一列元素所描述的顏色來上色，在此之間的顏色則以內插的方式來上色。

當然，您也可以利用 colormap() 來限定三維的圖形使用特定的顏色對應表。下表列出了 colormap() 與 colorbar() 的用法：

表 6.6.4 colormap() 函數的使用

函 數	說 明
`colormap(`*map*`)`	使用 *map* 當成目前配色的顏色對應表
`colormap('default')`	使用預設的顏色對應表
map`=colormap`	把目前的顏色對應表設定給變數 *map*
`colorbar`	在目前的圖形中顯示顏色對應圖

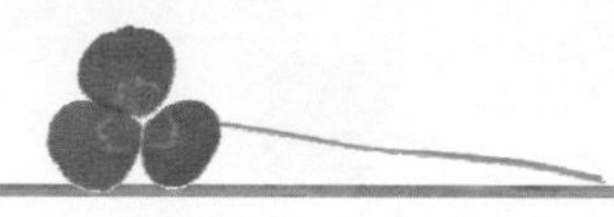

```
>> peaks;
```

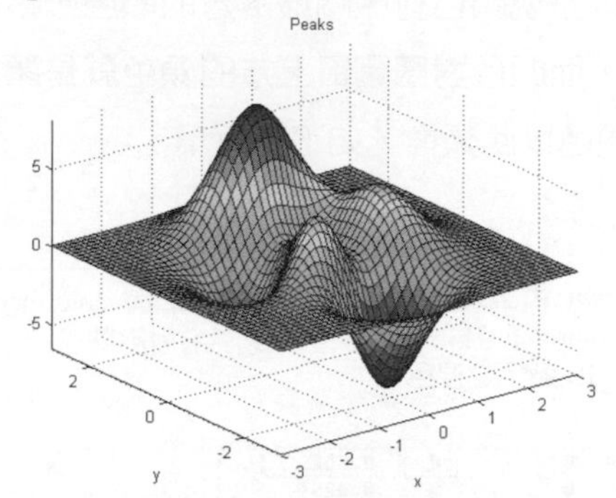

繪出 peaks 函數的圖形。Matlab 是利用預設的顏色對應表來顯示顏色。

```
>> cm=[1 0 0;1 1 0;0 1 1;0 0 1;1 0 1]

cm =
     1     0     0
     1     1     0
     0     1     1
     0     0     1
     1     0     1
```

設定 *cm* 為一個 5×3 的矩陣，代表一個具有 5 個顏色的顏色對應表，其中第一列 RGB 的混色是紅色，第二列是黃色，第三列是青色，第四列是藍色，第五列則是紫色。

```
>> colormap(cm);colorbar;
```

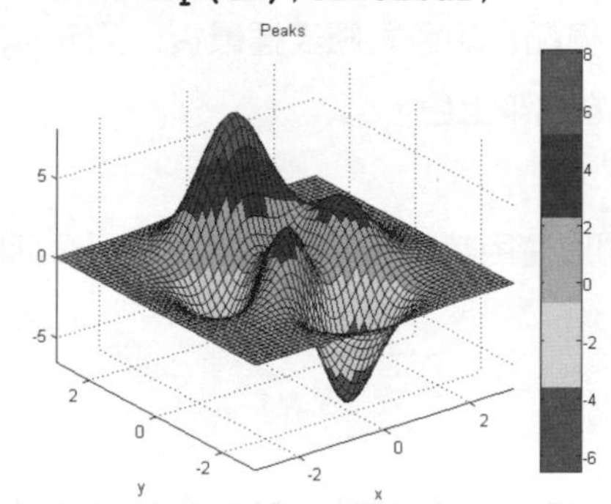

現在改以上面所定義的顏色對應表 *cm* 來幫圖形上色，並且顯示顏色對應圖。讀者可以看出，現在 Matlab 是以 5 個顏色來顯示 peaks 函數的圖形。

有一點要提醒您，一旦下達 colorbar 指令之後，如果更改了 colormap，圖形上所顯示的 colorbar 的刻度並不會隨之更改。所以記得必須先指定 colormap，然後再顯示 colorbar。

現在您已經知道 colormap() 如何使用了。如果對圖形的上色方式有特殊的需求，可以自行定義顏色對應表，否則利用 Matlab 所提供的顏色對應表來上色即可，下表列出了 Matlab 常用來建立顏色對應表的函數：

表 6.6.5 產生顏色對應表的函數

函 數	說 明
`hsv(m)`	建立一個 $m\times3$ 的顏色對應矩陣，色系是由紅、橙、黃、綠、藍、靛、紫等循環色彩所組成
`jet(m)`	建立一個 $m\times3$ 的顏色對應矩陣，色系是暗紅、紅、橙、黃、綠、藍、靛、紫與暗藍等色彩所組成（Matlab 預設的顏色對應表）
`spring(m)`	建立一個 $m\times3$ 的春天色系矩陣，它是由粉紅與黃色色系所組成
`summer(m)`	建立一個 $m\times3$ 的夏天色系矩陣，它是由綠色與黃色色系所組成
`autumn(m)`	建立一個 $m\times3$ 的秋天色系矩陣，它是由黃色與紅色色系所組成
`winter(m)`	建立一個 $m\times3$ 的冬天色系矩陣，它是由藍色與綠色色系所組成
`hot(m)`	建立一個 $m\times3$ 的暖色系矩陣，由黑、紅、黃、白等顏色所組成
`cool(m)`	建立一個 $m\times3$ 的冷色系矩陣，由青色和暗紅色等顏色所組成
`gray(m)`	建立一個 $m\times3$ 的灰階色系矩陣

在上表所列的函數中，如果只建入函數名稱，而不給予任何的引數，例如只鍵入 jet 或 gray，則 Matlab 一樣會建立屬於該色系的顏色對應表，但長度等於目前所使用之顏色對應表的長度。

```
>> colormap(hot(32));colorbar;
```

hot(32)可建立一個 32×3 的暖色系顏色對應矩陣，並把這個色系套用到目前所繪的圖形上。

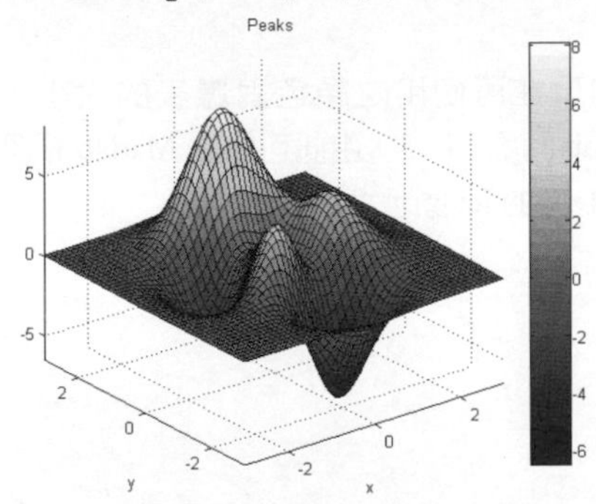

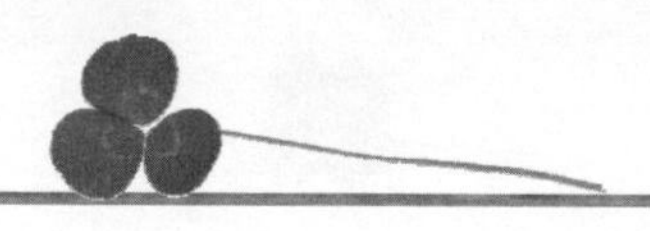

```
>> colormap spring; colorbar;
```

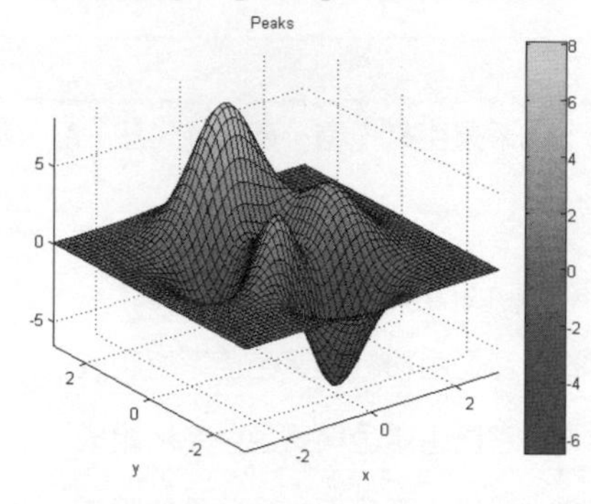

左邊的圖形是以 spring 色系來呈現。由於我們沒有給 spring 指令任何的引數，所以由 spring 所建立之矩陣的長度就是目前顏色對應表之長度，也就是 32。

```
>> size(spring)
```

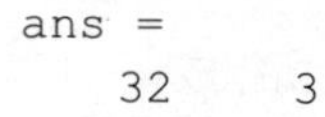

```
ans =
   32     3
```

利用 size() 查詢 spring 所建立之矩陣的大小，其維度果然是 32×3。

```
>> colormap('default');colorbar;
```

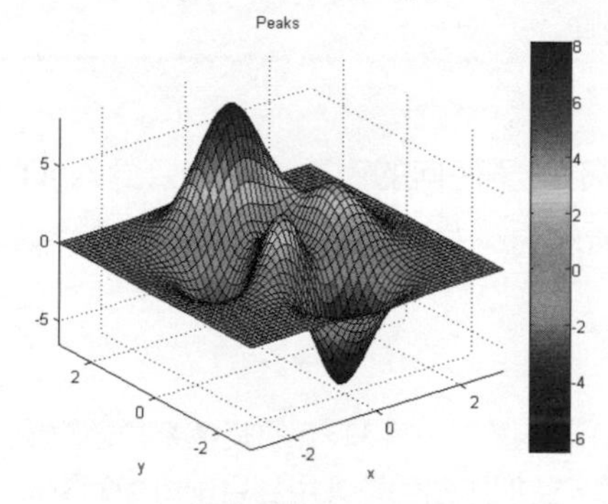

將顏色對應表設回原來的預設值，然後再重新顯示 colorbar，讀者可以發現 Matlab 已用預設的顏色對應表（jet）來呈現圖形。

```
>> size(colormap)

ans =
   64     3
```

查詢現在所使用之顏色對應表的大小，Matlab 回應 64×3，由此可驗證 Matlab 預設是 64×3 的 jet 顏色對應表。

6.6.4 利用工具列以及 Property Editor 視窗來修改

Matlab 提供了許多編修圖形的指令，以方便用不同的方式來呈現圖形。您也可以仿照前一章的方法，利用 Matlab 所提供的對話方塊來進行修改的動作。例如下面的圖形中，我們把 Property Editor 對話方塊裡的 Edges 項目改為「no line」，則圖形的網格線就不會畫出來。另外，我們也可以從 Edit 選單中選擇「Colormap」，此時「Colormap Editor」對話方塊會出現，利用此對話方塊即可編輯顏色對應表。

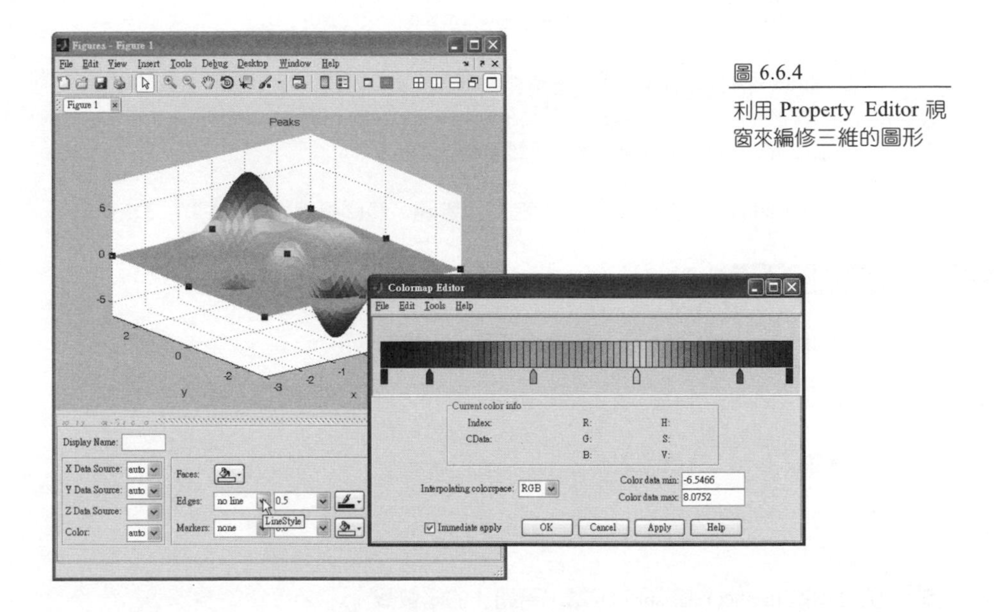

圖 6.6.4
利用 Property Editor 視窗來編修三維的圖形

現在您已經學會基本的三維繪圖函數了。下一章將介紹一些特殊圖形的繪圖，包括極座標圖、對數繪圖，以及製作動畫等等。學完本章的這些基本繪圖技巧，深入 Matlab 的繪圖核心再也不是難事。

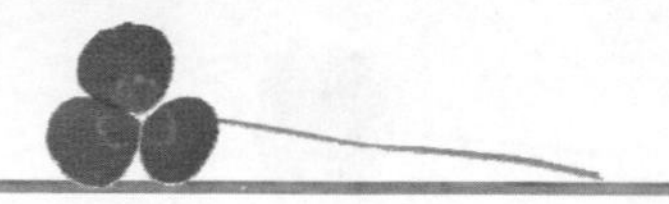

習 題

6.1 基本三維繪圖

1. 試分別以 mesh() 與 surf() 繪出下列各函數的圖形：

   (a) $\sin(x+y);\quad 0 \le x \le 2\pi,\quad 0 \le y \le 2\pi$

   (b) $\sin(x+y)/\sqrt{x^2+y^2};\quad -\pi \le x \le \pi,\quad -\pi \le y \le \pi$

   (c) $x/\sqrt{x^2+y^2+1};\quad -4 \le x \le 4,\quad -4 \le y \le 4$

   (d) $\sin(x \times y)/\sqrt{x^2+y^2+1};\quad -\pi \le x \le \pi,\quad -\pi \le y \le \pi$

2. 試分別以 meshc() 與 surfc() 繪出習題 1 的函數圖。

3. 試以 waterfall() 繪出 $z = x^2 + y^2$ 的三維函數圖，範圍請用 $-3 \le x \le 3,\ -3 \le y \le 3$。

6.2 簡易的三維繪圖函數

4. 試分別以 ezmesh() 與 ezsurf() 繪出下列各函數的圖形：

   (a) $y^2 - x^2;\quad -3 \le x \le 3,\quad -3 \le y \le 3$

   (b) $\sin(\sqrt{x^2+y^2});\quad -\pi \le x \le \pi,\quad -\pi \le y \le \pi$

   (c) $(x^2 - y^2)e^{-x^2-y^2};\quad -3 \le x \le 3,\quad -3 \le y \le 3$

5. 試分別以 meshc() 與 surfc() 繪出習題 4 的函數圖。

6.3 內建的三維圖形展示函數—peaks

6. 試以 20×20 個資料點繪出數學函數 peaks 的圖形。

7. 試以 peaks 計算 32×32 個數學函數 peaks 資料點的值，再分別以 mesh() 與 surf() 繪製其圖形。

6.4 空間曲線繪圖

8. 試繪出 $[\cos 2t, \sin t, t]$ 的三維曲線圖，其中 $t = 0 \sim 10\pi$。請用 200 個資料點繪圖。

9. 試繪出$[\frac{\cos 4t}{2t+1}, \frac{\sin 3t}{t+1}, t]$的三維曲線圖，其中$t = 0 \sim 6\pi$。請用紅色、200 個資料點繪圖，資料點請用正方形來表示。

6.5 等高線繪圖

10. 試繪出下列各函數的等高線圖：

 (a) $x \cdot e^{-y^2-x^2}$;　$-2 \le x \le 2,\ \ -2 \le y \le 2$

 (b) $3(x^2+3y^2)\cdot e^{-x^2-y^2}$;　$-2.5 \le x \le 2.5,\ \ -3 \le y \le 3$

 (c) $\cos\sqrt{x^2+y^2}$;　$-10 \le x \le 10,\ \ -10 \le y \le 10$

11. 試繪出$(2x^2+3y^2)\cdot e^{-x^2-y^2}$，高度為 1 的等高線圖，範圍請用$-1 \le x \le 1,\ -2 \le y \le 2$。

12. 試繪出$\cos\sqrt{x^2+y^2}$，高度為-0.5、0 與-0.3的等高線圖，並將圖形上色，且加上高度標記，$-10 \le x \le 10$，$-10 \le y \le 10$。

6.6 編修三維繪圖

13. 試繪製 peaks 函數的圖形，並設定圖形的視角，方位角為36°，仰角為8°。

14. 試繪製 peaks 函數的圖形，顏色對應表使用 6 個顏色的 winter colormap。

第七章
特殊圖形的繪製

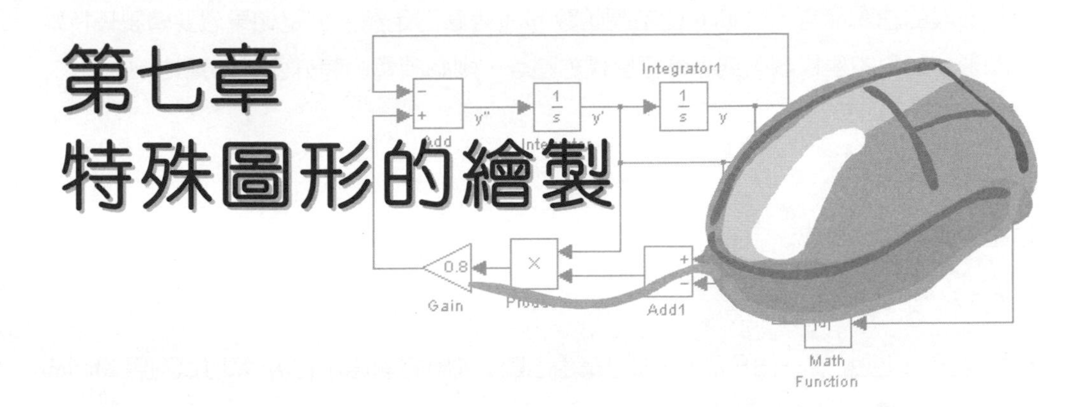

前兩章介紹了 Matlab 基本的二維與三維繪圖函數，熟悉它們之後，學習其它的繪圖就顯得更加容易。本章將介紹 Matlab 提供的一些繪圖函數，可用來繪製特殊的圖形。除此之外，我們也示範一些簡單動畫的製作，從動畫的播放中，可以體驗到一個函數曲線描繪的過程，實作起來相當的有趣呢！

本章學習目標

- 學習極座標繪圖與對數繪圖
- 學習雙 y 軸繪圖
- 學習向量場繪圖
- 學習統計繪圖
- 在 Matlab 的環境裡製作動畫

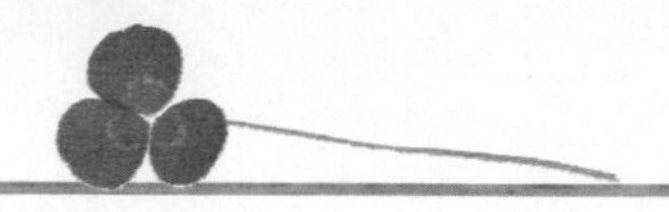

7.1 常用的二維繪圖函數

對於一般的繪圖而言，Matlab 的繪圖函數 plot 等應已足夠。但是如果想要繪製較特殊的圖形，如對數座標圖，或者是極座標繪圖等，則必須藉由特殊函數的幫忙。

7.1.1 極座標繪圖

極座標函數可以寫成

$$r = f(\theta)$$

也就是說，只要給予一個角度 θ，即可藉由函數 f 求出相對應半徑 r。您可以利用 Matlab 的 polar() 函數來繪製極座標圖。

表 7.1.1 polar() 函數的使用

函 數	說 明
`polar(`*theta*`,`*r*`)`	根據角度向量 *theta*，以及距原點的長度 *r* 繪製極座標圖
`polar(`*theta*`,`*r*`,'`*str*`')`	依據格式字串 *str* 所指定的格式繪製極座標圖

```
>> t=linspace(0.01,4*pi,100);
```

建立一個具有 100 個元素的向量，範圍為 $0.01 \sim 4\pi$ 。

```
>> r=log(t);
```

計算 $r = \log(t)$ 。

```
>> polar(t,r)
```

這是 $r = \log(t)$ 的極座標圖。注意 Matlab 會顯示一個極座標的圖紙，並標上半徑與角度值。

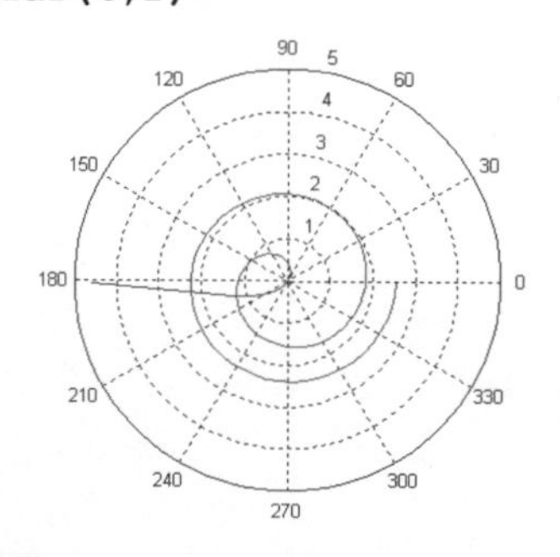

```
>> t=linspace(0,2*pi,100);
```

建立向量 t，其範圍為 $0 \sim 2\pi$ ，元素個數為 100 個。

```
>> r=cos(sin(28*t));
```

計算 $r = \cos(\sin 28t)$ 。

```
>> polar(t,r)
```

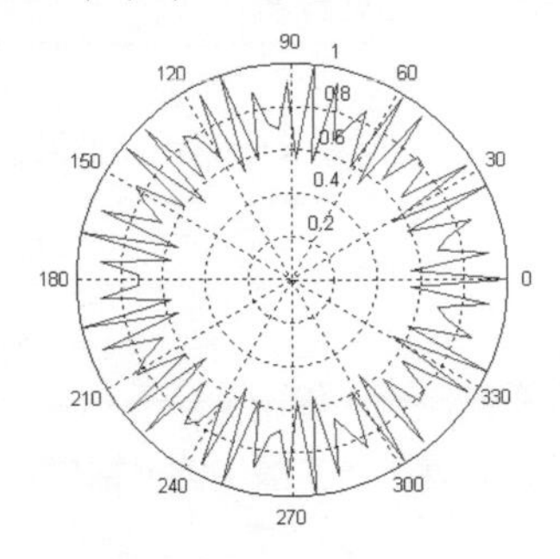

繪出 $r = \cos(\sin 28t)$ 的極座標圖。於左圖中，因為 $r = \cos(\sin 28t)$ 的圖形較為複雜，且給予的樣點數過少，所以圖形很多細節的部分就會遺失掉。

```
>> t=linspace(0,2*pi,600);r=cos(sin(28*t));
```

把資料點數改為 600，並重新計算 $r = \cos(\sin 28t)$ 的值。

```
>> polar(t,r,'r')
```

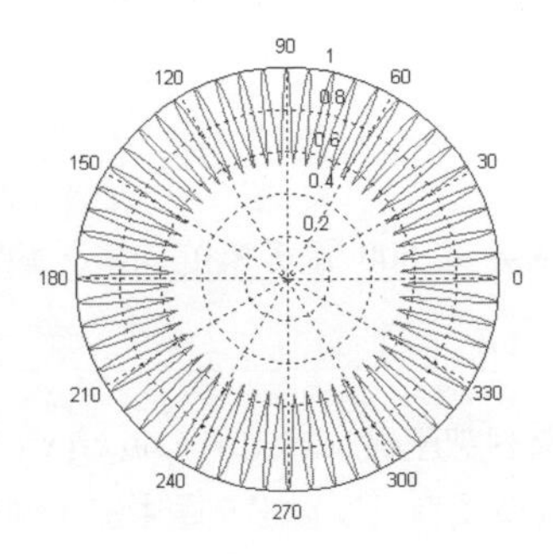

重新繪製 $r = \cos(\sin 28t)$ 的極座標圖，並改以紅色的線條來繪製，現在我們已經可以得到一個較為平滑的曲線。

7.1.2 對數繪圖

對於一般二維的繪圖而言，Matlab 內建的 plot() 已提供相當簡便的功能。但是，如果想將函數繪於 log-log 的座標上，或者是把資料點畫於 log-linear 的座標上時，則可以利用下表所列的函數來繪圖：

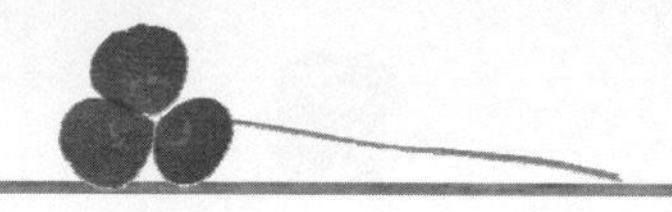

表 7.1.2 對數繪圖函數的使用

函數	說明
semilogx(x,y)	x 軸為對數座標，繪出 x–y 的對數圖
semilogy(x,y)	y 軸為對數座標，繪出 x–y 的對數圖
loglog(x,y)	x 軸與 y 軸皆為對數座標，繪出 x–y 的對數圖

```
>> x=1:0.2:12;
```

建立一個 1~12 的向量 x，元素的間距為 0.2。

```
>> y=x.^3-x+4;
```

計算 $y = x^3 - x + 4$ 。

```
>> semilogy(x,y)
```

以 y 軸為對數座標，繪出 $y = x^3 - x + 4$ 的圖形。讀者可以看出，左圖中的 y 軸是對數座標。

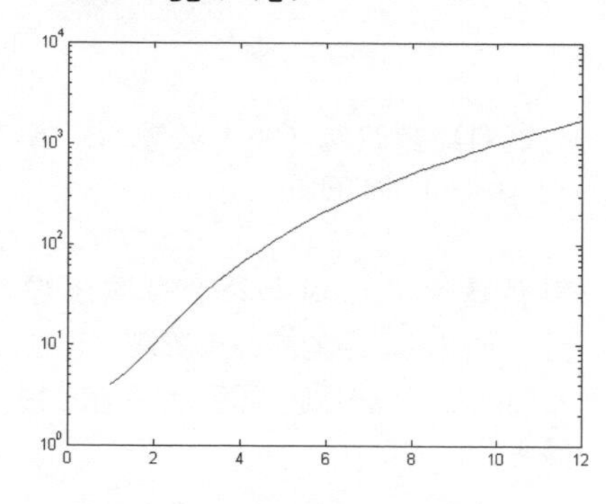

```
>> x=linspace(0,100,600);
```

建立一個具有 600 個元素的向量，範圍從 0~100。

```
>> semilogx(x,sin(x)./(x+1))
```

以 x 軸為對數座標，繪出 $y = \sin x/(x+1)$ 的圖形。現在讀者可以看出左圖中的 x 軸是對數座標。

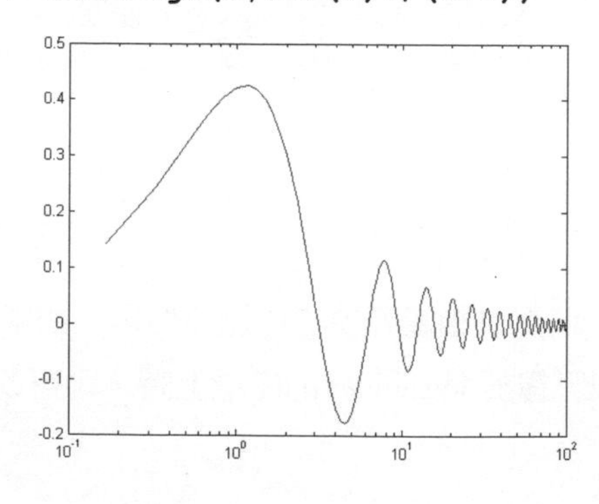

7.1.3 雙 y 軸繪圖

如果想把兩個函數繪製於同一張圖，但這兩個函數值的差異相當大，此時便可以利用雙 y 軸繪圖的方式，來繪製兩個函數於同一張圖。

表 7.1.3 plotyy() 函數的使用

函數	說明
plotyy(x_1,y_1,x_2,y_2)	以圖形左邊的刻度當成x_1-y_1資料點的y軸，以圖形右邊的刻度當成x_2-y_2資料點的y軸，繪出雙y軸圖

```
>> x=linspace(0,6,120);
```

建立一個具有 120 個元素的向量，範圍從 0~6。

```
>> plot(x,sqrt(x)+sin(6*x),x,exp(x))
```

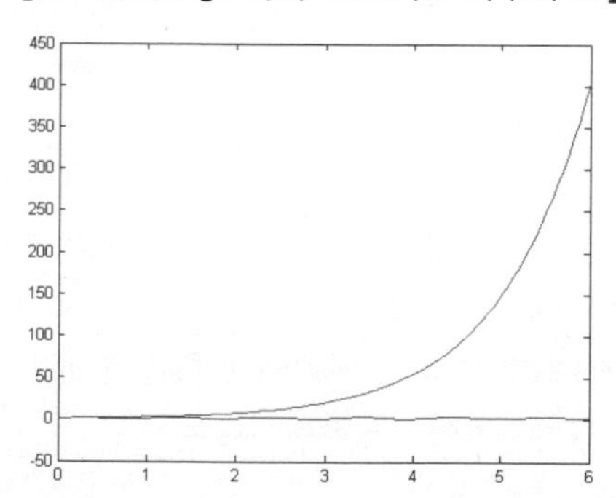

繪出 $\sqrt{x}+\sin(6x)$ 與 e^x 的圖形。因為 $\sqrt{x}+\sin(6x)$ 的值遠較 e^x 來的小，所以從左圖中，可看出 e^x 圖形的趨勢，但是失去了 $\sqrt{x}+\sin(6x)$ 圖形的一些細節。

```
>> plotyy(x,sqrt(x)+sin(6*x),x,exp(x))
```

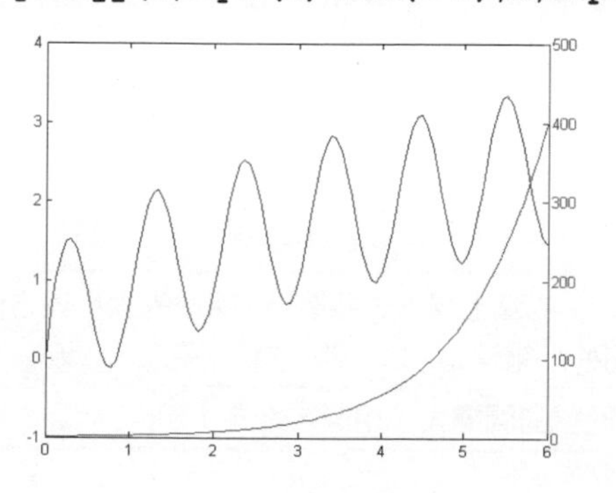

改用 plotyy() 來繪圖。讀者可以觀察到，圖形的左右兩邊都有刻度，且兩邊刻度的比例不同。

函數 $\sqrt{x}+\sin(6x)$ 的刻度顯示在左邊，而 e^x 則顯示在右邊。現在因為顯示 $\sqrt{x}+\sin(6x)$ 的範圍較小，所以這個函數細節的部分也就得以呈現。

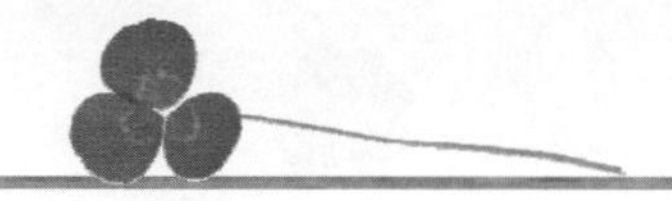

7.2 向量場與法向量繪圖

向量場的概念常用於電磁學中的電磁場，或者是流體力學中的流場。一個具有大小和方向的量稱為向量。向量的方向由箭號的指向來表示，而箭號的長短與向量的大小成正比。本節將介紹二維與三維向量場的繪製。

7.2.1 梯度向量場的繪製

函數的梯度向量場（gradient vector field）則是把純量函數 $\varphi(x, y)$ 做梯度運算，亦即

$$\nabla\varphi = \frac{\partial\varphi}{\partial x}\vec{i} + \frac{\partial\varphi}{\partial y}\vec{j}$$

要繪出梯度向量場，必須先以 gradient() 函數計算 $\nabla\varphi$ ，然後再以 quiver() 函數繪出圖形。gradient() 函數的語法如下：

表 7.2.1　gradient() 函數的語法

函 數	說 明
[*fx*,*fy*]=gradient(*zz*)	依矩陣 *zz* 計算出每一個資料點的梯度，並把 *x* 方向的梯度設給矩陣 *fx*，把 *y* 方向的梯度設給矩陣 *fy*
[*fx*,*fy*]=gradient(*zz*,*dx*,*dy*)	同上，但 *x* 軸方向的間距是 *dx*，*y* 軸方向的間距是 *dy*。利用引數 *dx* 與 *dy* 可控制繪圖時，向量場的疏密

gradient() 可計算得兩個矩陣 *fx* 與 *fy*，把這些矩陣傳遞給 quiver()，即可繪製梯度向量場。quiver() 的語法如下：

表 7.2.2　向量場繪圖函數 quiver() 的用法

函 數	說 明
quiver(*xx*,*yy*,*fx*,*fy*)	在座標為 *xx* 與 *yy* 的點上繪出一個箭號，箭號的大小與方向由矩陣 *fx* 與矩陣 *fy* 來決定
quiver(*fx*,*fy*)	同上，但每個箭號的間隔大小相等，均為 1

```
>> [xx,yy]=meshgrid(-2:0.2:2,-2:0.2:2);
```

x 從 $-2\sim2$，y 從 $-2\sim2$，間距為 0.2，建立一個 meshgrid。

```
>> zz=sin(xx).*cos(yy);
```

利用矩陣 xx 與 yy 建立矩陣 zz，其中 $zz=\sin(xx)\cos(yy)$。

```
>> [u,v]=gradient(zz);
```

計算矩陣 zz 中，每一個資料點的梯度，並把計算結果設定給變數 u 與 v 存放。

```
>> quiver(xx,yy,u,v)
```

利用 quiver 函數繪出 $z=\sin(x)\cos(y)$ 的梯度向量場。

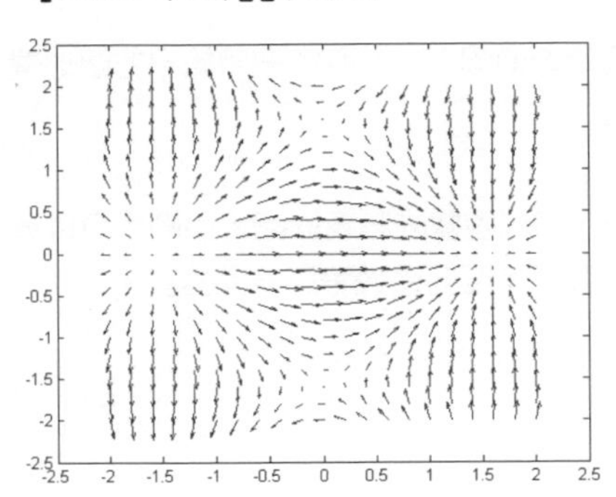

由微積分裡的定理可知，函數的梯度向量與其等高線圖垂直，我們從下面的步驟即可利用繪圖來驗證：

```
>> [xx,yy,zz]=peaks(32);
```

利用 peaks() 取得矩陣 xx、yy 與 zz。

```
>> [u,v]=gradient(zz);
```

計算資料點的梯度。

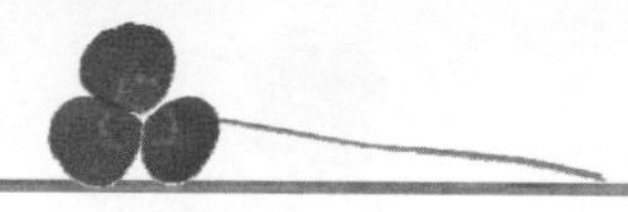

```
>> quiver(xx,yy,u,v);axis tight
```

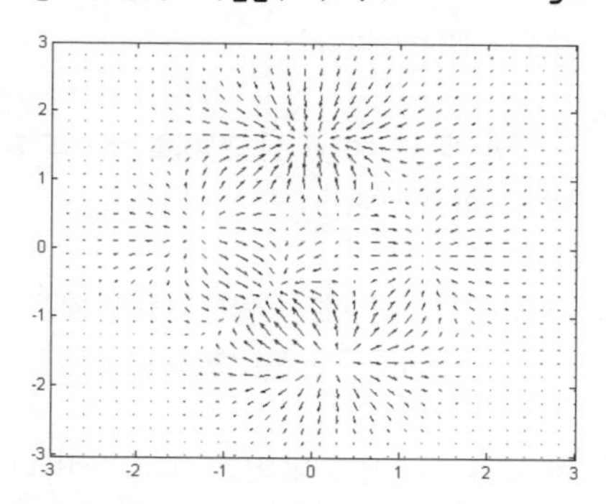

利用 quiver() 函數繪出 peaks 函數的梯度向量場。左式中的 axis tight 會把繪出的圖形緊貼外框。

```
>> hold on
```

保留所繪的圖形，以避免被新繪出的圖形覆蓋掉。

```
>> contour(xx,yy,zz); hold off
```

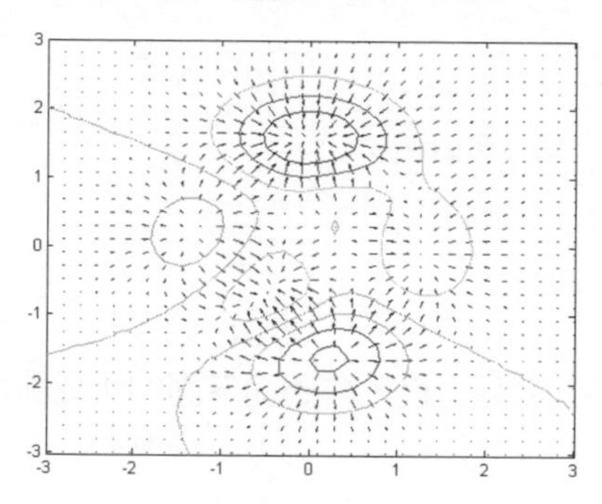

繪出 peaks 函數的等高線圖。由圖中可以清楚的看出梯度向量與等高線圖垂直。

7.2.2 三維法向量的繪圖

另一個與 quiver() 相似的函數是 quiver3()，它可用來繪製三維空間的向量，例如三維曲面的法向量（normal vectors）。要繪製曲面的法向量，可利用 surfnorm() 函數先求出法向量，然後再以 quiver3() 來繪圖。

表 7.2.3 quiver3() 的用法與三維的法向量繪圖

函 數	說 明
surfnorm(*xx*,*yy*,*zz*)	利用 *xx*,*yy* 與 *zz* 所描述的曲面計算其法向量
quiver3(*xx*,*yy*,*zz*,*fx*,*fy*,*fz*)	同 quiver()，但是繪出三維的向量場
quiver3(*fx*,*fy*,*fz*)	同上，但是箭號的間格大小相等

```
>> [xx,yy]=meshgrid(-2:0.2:2,-2:0.2:2);
```

x 從 $-2\sim2$，y 從 $-2\sim2$，建立一個用來描述座標的 *xx* 與 *yy* 矩陣。

```
>> zz=yy./(xx.^2+yy.^2+1);
```

利用 *xx* 與 *yy* 矩陣計算矩陣 *zz*。事實上，左式是計算 $z=y/(x^2+y^2+1)$ 的結果。

```
>> surf(xx,yy,zz);axis tight; hold on
```

這是 $z=y/(x^2+y^2+1)$ 的曲面圖。於左式中，我們設定 axis 為 tight，使得圖形會緊貼著框架。

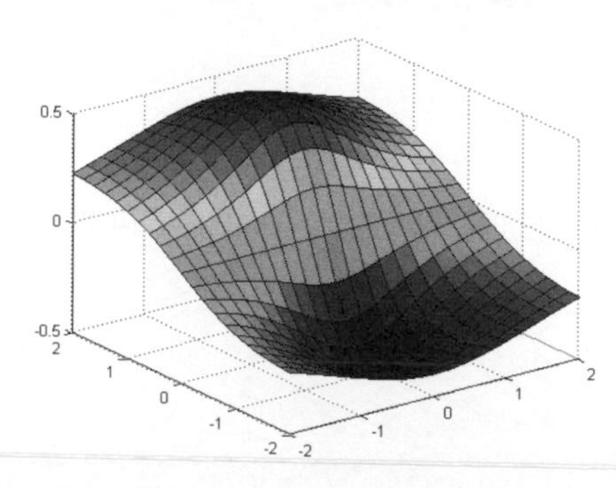


```
>> [u,v,w]=surfnorm(xx,yy,zz);
```

計算 $y/(x^2+y^2+1)$ 曲面的法向量。

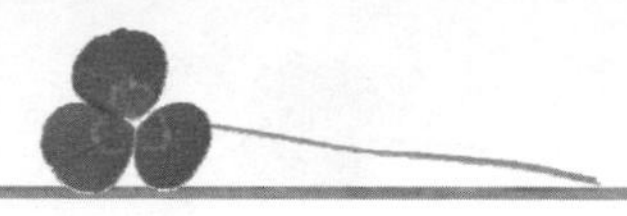

```
>> quiver3(xx,yy,zz,u,v,w,0.4); hold off
```

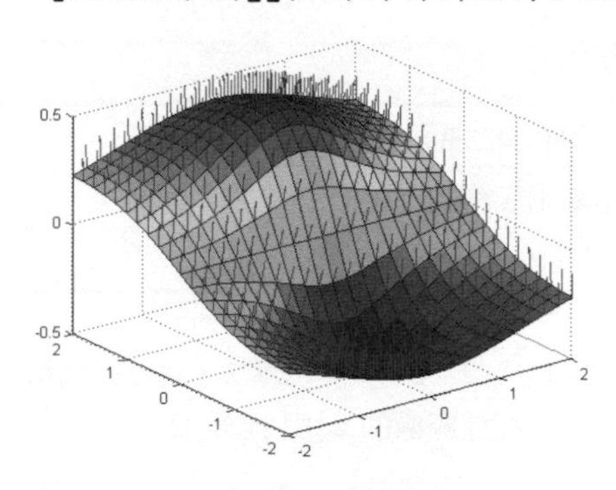

利用 quiver3() 繪出曲面的法向量圖，其中最後一個引數 0.4 是用來設定法向量的長度是原先預設長度的 0.4 倍。

建議讀者可以旋轉左邊的三維圖，以便觀察法向量是否和曲面垂直。

7.3 統計繪圖

圖表是呈現統計數據的一個重要工具。好的圖表可以讓人一目了然，省略閱讀一堆數據的麻煩。本節介紹了一些常用的函數，方便我們繪製統計圖表。

7.3.1 長條圖

長條圖常用來描述數據分佈的趨勢，因此常見於各類的統計圖表中。Matlab 提供的 bar() 與 bar3() 函數可用來繪二維與三維的長條圖。

表 7.3.1　長條圖繪圖函數

函 數	說 明
bar(*y*)	依 *y* 的值來繪製長條圖。若 *y* 為一向量，則依其元素值來繪出長條圖。若 *y* 為一矩陣，則是把矩陣裡每一列元素視為同一群組來繪圖
bar(*x*,*y*)	指定向量 *x* 的元素值為座標軸的標記來繪圖
bar(*x*,*y*,*width*)	指定長條圖裡長方形的寬度，預設值為 0.8。設定 width 為 1，則沒有間隙，大於 1 則長方形會重疊
bar(*x*,*y*,'stacked')	將同一群組的長條圖疊加起來繪圖

```
>> bar([1 4 3 7 2 6])
```

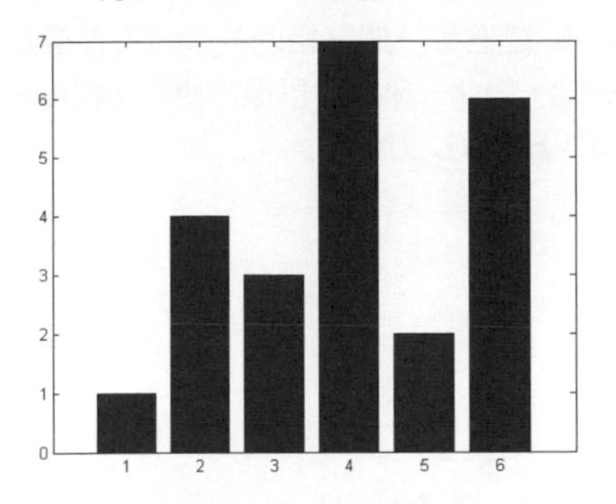

給予向量 [1 4 3 7 2 6]，繪製長條圖。因向量裡一共有 6 個元素，所以左圖中，每一個長方形的高度即代表這 6 個元素的值。

注意左圖中，x 軸的標記編號是從 1 編到 6，這是預設的編號方式。如果想更改顯示的數值，可利用 Property Editor 對話方塊來修改。

```
>> A=[1 2 3 6;2 4 1 3;8 6 1 4]
A =
     1     2     3     6
     2     4     1     3
     8     6     1     4
```

定義 A 為一個 3×4 的矩陣。

```
>> bar(A)
```

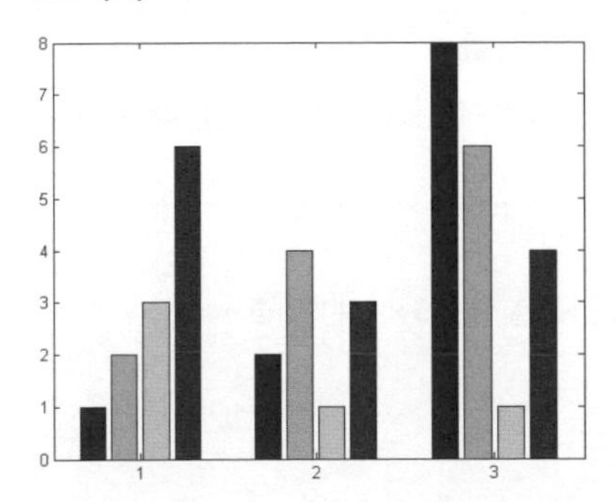

繪出矩陣 A 的長條圖。因為 A 是一個 3 個橫列，4 個直行的矩陣，所以 bar() 會把每一個橫列看成是同一個群組來繪圖。讀者可以觀察到長條圖被分成 3 個群組，每一個群組有 4 個長方形，其高度正是矩陣 A 裡每一橫列的元素值。

```
>> bar(A,0.5)
```

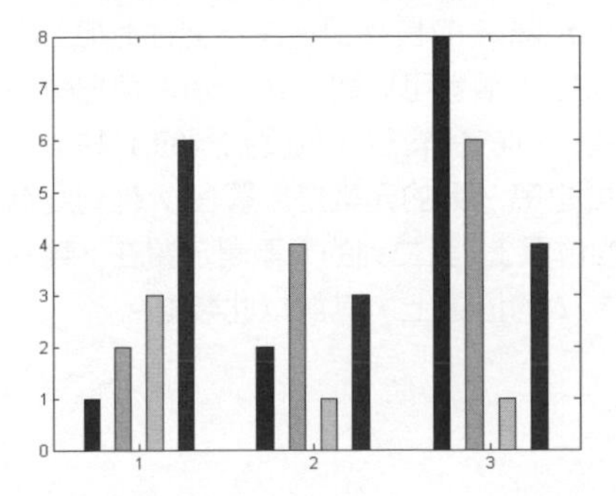

設定長條圖裡，長方形的寬度為 0.5（預設值為 0.8）。因為每一個群組有 4 筆資料，所以 bar() 會配置 4 個單位的寬度。於本例中，我們指定寬度為 0.5，因此每一個長方的寬度佔有 0.5 個單位。

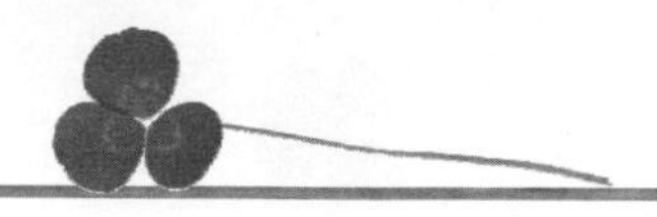

```
>> bar([1 3 5],A,'stacked')
```

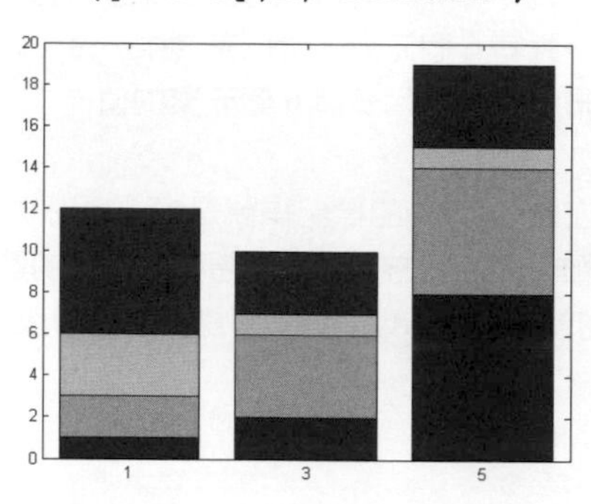

如果在 bar() 內加上 'stacked' 選項，則 Matlab 會把每一個群組內的長方形都疊加在一起，如此一來就可以很方便的比較每一個群組總和的大小。

如果要繪製立體的長條圖，可使用 bar3() 函數。bar3() 的語法與 bar() 相似，差別只在 bar3() 是用來繪製三維的圖形。

表 7.3.2　立體的長條圖繪圖函數

函數	說明
bar3(*zz*)	同 bar()，但是繪出三維的長條圖
bar3(*y*,*zz*)	同上，其中向量 y 可用來指定三維圖中 y 方向的刻度。y 的長度必須等於矩陣 zz 的列數

```
>> A=[1 2 3 6;2 4 1 3;8 6 1 4]
A =
     1     2     3     6
     2     4     1     3
     8     6     1     4
```

定義 A 為一個 3×4 的矩陣。

```
>> bar3(A);ylabel('y-axis')
```

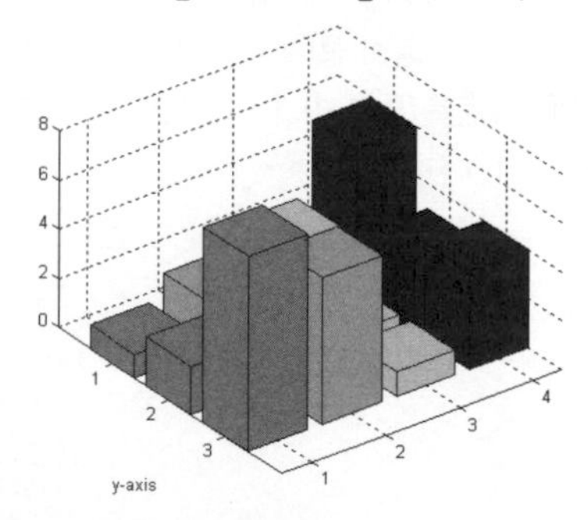

繪出矩陣 A 的長條圖，並於 y 軸上加上註解文字。讀者可以觀察到，bar3 會把陣列裡同一列的資料放在刻度相同的 y 軸上，也就是第一列的元素是放置在 y 軸刻度為 1 的位置上；第二列的元素是放置在 y 軸刻度為 2 的位置上，其餘以此類推。

```
>> bar3([2 4 6],A); ylabel('y-axis')
```

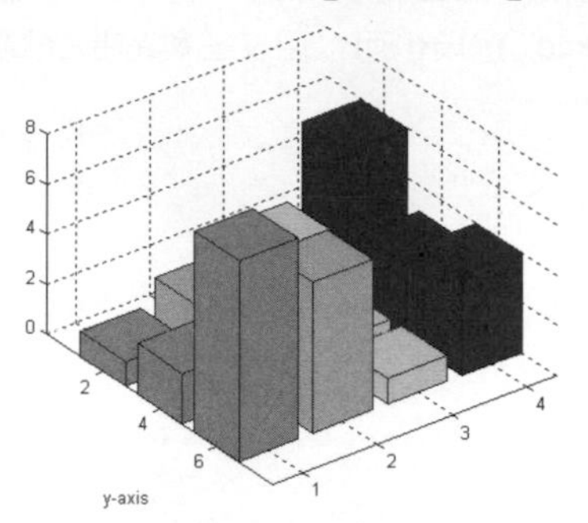

於左式中，我們利用一個向量 [2 4 6] 來指定 y 軸上的標記。事實上，您也可以利用 Property Editor 對話方塊來編修 x 與 y 軸的標記，（標記可以是字串或數字），使用起來會比鍵入指令來的簡單。

您也可用利用 barh() 和 bar3h() 函數來繪製橫向的二維或三維長條圖，其語法和 bar() 以及 bar3() 完全相同。barh() 是在 bar() 之後加上一個字母 h，這個 h 是 horizontal 開頭的字母，是 "水平" 的意思。

```
>> barh([1 4 3 7 2 6])
```

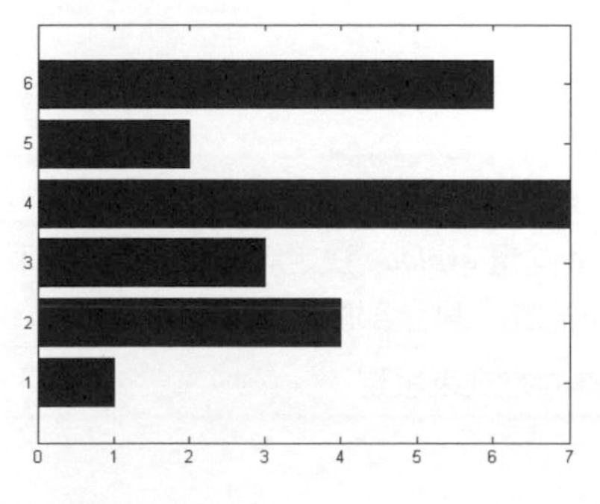

barh() 函數可用來繪出橫向的長條圖。

```
>> barh([1 2 3 6;2 4 1 3;8 6 1 4])
```

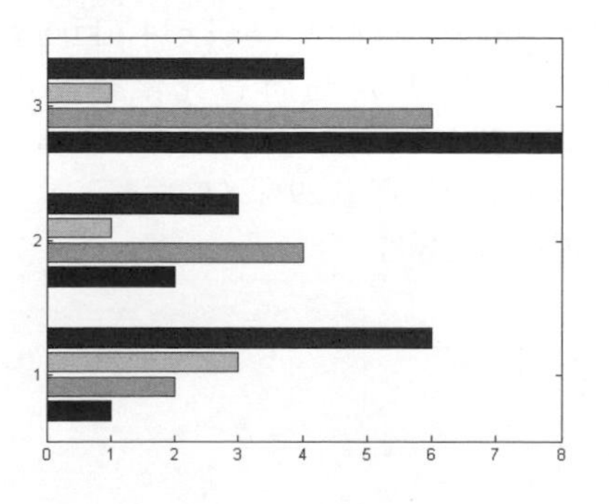

barh() 裡的引數也可以是一個矩陣。左式繪出了分組的橫向長條圖。

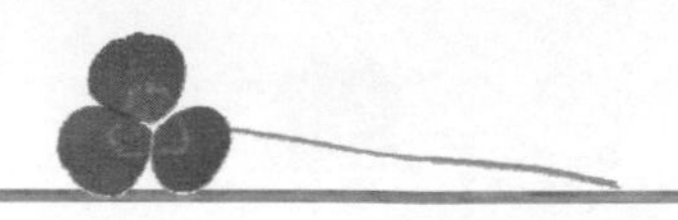

```
>> bar3h([1 2 3 6;2 4 1 3;8 6 1 4],...
   'stacked')
```

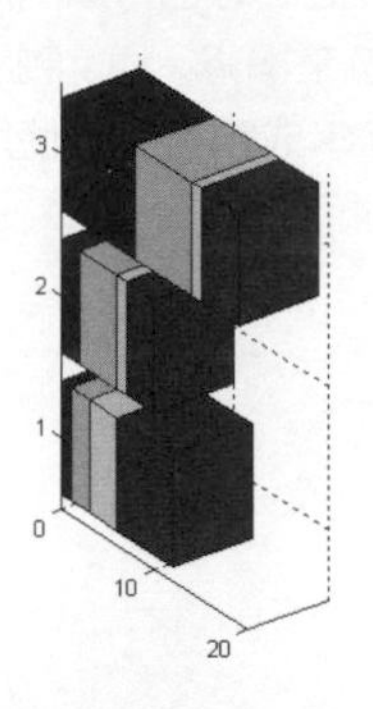

繪出橫向的三維長條圖。由本例可知，'stacked' 選項也可以用在三維的長條圖繪圖中。

7.3.2 圓形圖

圓形圖（pie chart）可用來表示資料分佈之比例，所以當資料欲表示成各類別對全體的百分比時，採用圓形圖頗為合適。Matlab 提供了 pie() 與 pie3() 函數，可分別用來繪製二維與三維的圓形圖，其函數如下表所示：

表 7.3.3　圓形圖繪圖函數

函 數	說 明
pie(*x*, *explode*)	依向量 *x* 繪出圓形圖，並依向量 *explode* 決定該塊區域是否要和圓形圖分開，若向量 *explode* 省略，則全部的區域都連在一起
pie3(*x*, *explode*)	同 pie() 函數，但是以三維的方式來呈現

```
>> pie([4 6 3 1])
```

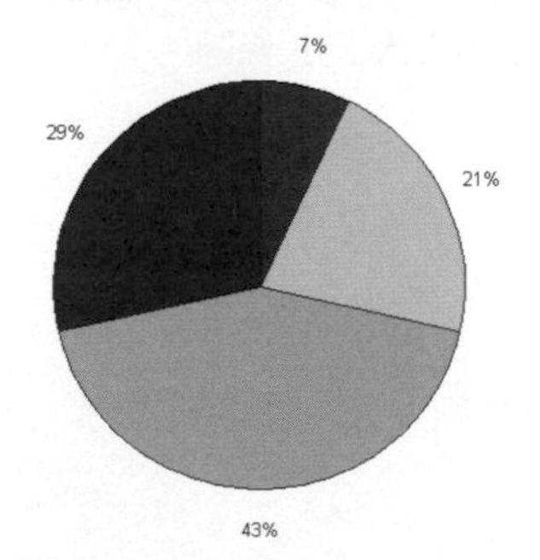

繪出向量 [4 6 3 1] 的圓形圖。因為向量裡元素的總和為 $4+6+3+1=14$，且向量裡的元素 4 是佔所有元素總和的 $4/14=28.57\%$，所以 pie 會在屬於 4 這一塊的扇形區域標上 29%（四捨五入），其餘的以此類推。

```
>> pie([4 6 3 1],[0 0 0 1])
```

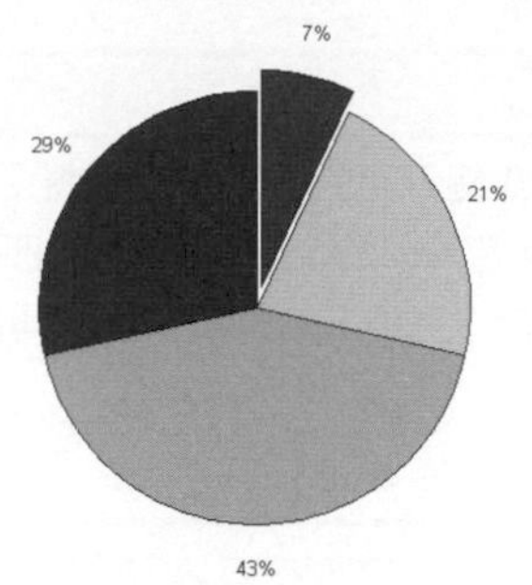

在向量 *explode* 裡，設定 0 表示該塊區域與圓形圖要連在一起，設定 1 則代表要分開。因此左式的設定是代表屬於 4、6 與 3 這三塊要連在一起，而屬於 1 這一塊的扇形區域要與圓形圖分開。

```
>> pie([4 6 3 1],{'North','South',...
   'East','West'})
```

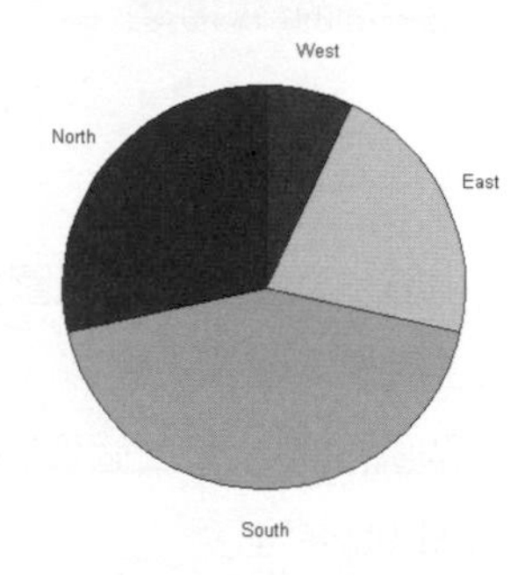

指定四個扇形區域分別以 'North'、'South'、'East' 與 'West' 等字串來取代原有的百分比。

```
>> pie3([4 6 3 1],[0 1 0 0])
```

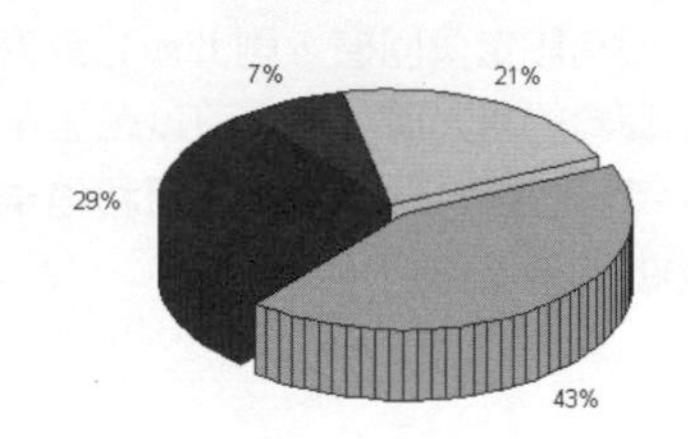

pie3 可以繪出三維的圓形圖。注意左圖中，因為設定向量 *explode* 為 [0 1 0 0]，所以第二個扇形區域會被分開。

7.3.3 直方圖

直方圖（histogram）是以組別為橫軸，次數或者是密度為縱軸所繪出的統計圖。它類似長條圖，但可依組界來計算落於該組別（或稱為區間）之內的資料數，且直方圖裡長方形的高度與落於該組界內的資料數成正比。

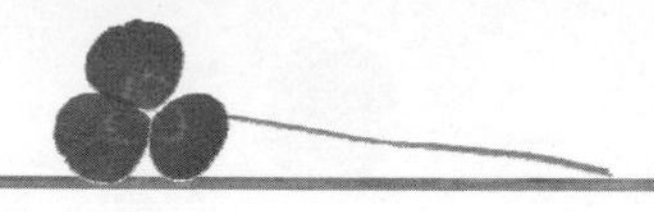

表 7.3.4 直方圖繪圖函數 hist()

函數	說明
v=hist(*data*)	將向量 *data* 按數據大小分成 10 個等距的區間，然後將這 10 個區間內元素的個數傳回給向量 *v*。若 *data* 為一矩陣，則會把同一行的元素視為同一筆資料來進行統計。另外，如果沒有設計傳回值，則直接繪出其直方圖
v=hist(*data*,*n*)	同上，但區間數為 *n*

```
>> data=[0 3 3 4 5 3 7 4 2 8 2 8 10];
```

這是一個具有 13 個元素的向量。

```
>> v=hist(data)
v =
   1   2   3   2   1   0   1   2   0   1
```

統計 10 個區間的資料點數。

於上面的範例中，hist 會取出向量 data 裡的最大值與最小值，然後把這個範圍分成 10 個區間，接著再統計每一個區間內的資料點數，最後把這個結果傳回給變數 *v* 存放。從輸出的結果中，您可以觀察到有一個資料點落在第一個區間內，有二個資料點落在第二個區間內，也有三個資料點落在第三個區間內，其餘以此類推。

```
>> hist(data)
```

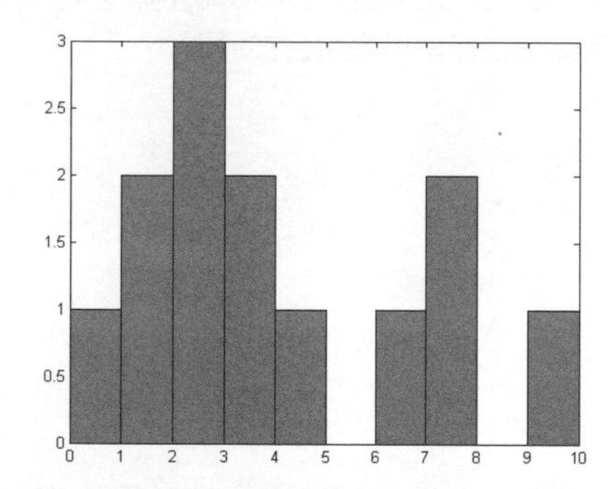

如果沒有設定傳回值，則 hist() 會畫出該筆資料的直方圖。讀者可以驗證左圖中，每一個長方形的高度是否和稍早所算出的向量 *v* 符合。

```
>> data2=randn(10000,1);
```

這是一個具有 10000 筆數據，且呈常態分佈的亂數（randn(10000,1) 可建立一個具有 10000×1 個元素的列向量）。

```
>> hist(data2,20)
```

把這 10000 筆數據分成 20 個相等組距的區間來繪圖，從圖形可看出這些資料約略呈常態分佈。

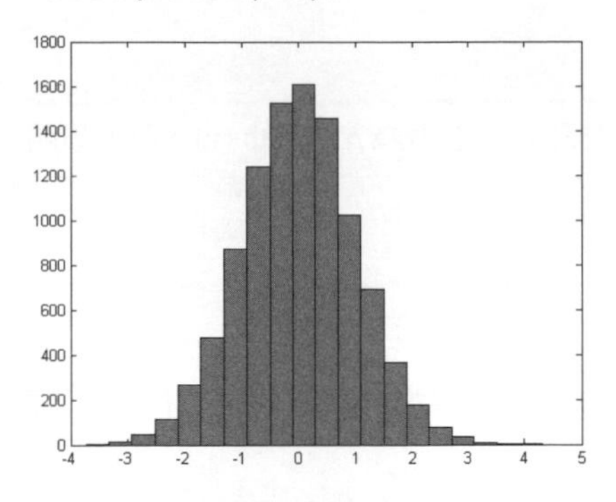

```
>> data3=randn(1000,4);
```

建立一個呈常態分佈的亂數矩陣，其維度為1000×4，也就是 1000 列，4 行的亂數矩陣。

```
>> hist(data3)
```

繪出矩陣 *data3* 的直方圖。圖中深藍色的長條是代表矩陣 data3 第一行元素的分佈圖，淺藍色的長條是代表第二行元素的分佈圖，其餘以此類推。

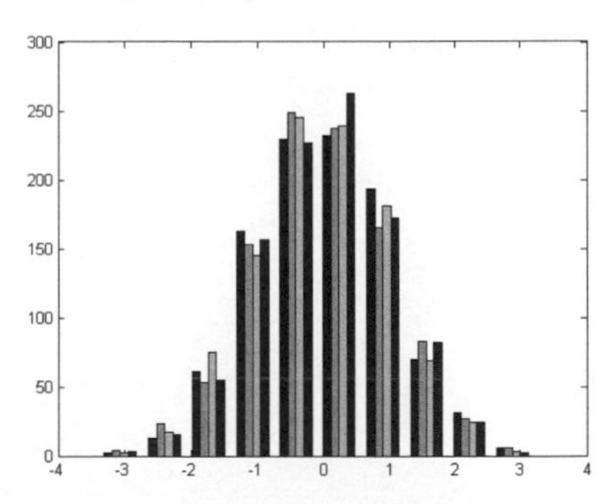

7.4 動畫的製作

在 Matlab 裡，利用簡單的函數即可進行動態的繪圖，其中最常用的函數要算是 comet() 函數。comet 是彗星之意，顧名思義，comet() 在繪製動態圖形時，會拖了一條長長的尾巴，因而得名。

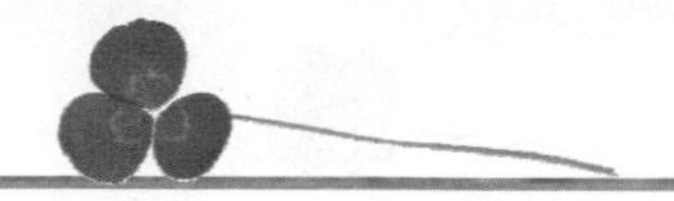

表 7.4.1 使用 comet() 函數

函數	說明
comet(x,y,p)	繪出彗星軌跡圖，彗星尾巴拖的長度為 p*length(y)，若 p 省略，則 p 的預設值為 0.1
comet3(x,y,z,p)	同上，但繪出三維的彗星軌跡圖

下面是利用 comet() 繪製動態圖形的範例，因為書本只能呈現靜態的結果，所以下面的範例均是執行到一半時，繪圖視窗內所呈現的圖形：

```
>> t=linspace(0,4*pi,10000);
```

建立一個具有 10000 個元素，範圍為 $0 \sim 4\pi$ 的向量。

```
>> comet(t,sin(3*t)+cos(tan(t)))
```

繪出 $(t, \sin(3t)+\cos(\tan(t)))$ 的參數圖，並以動態的方式來呈現。

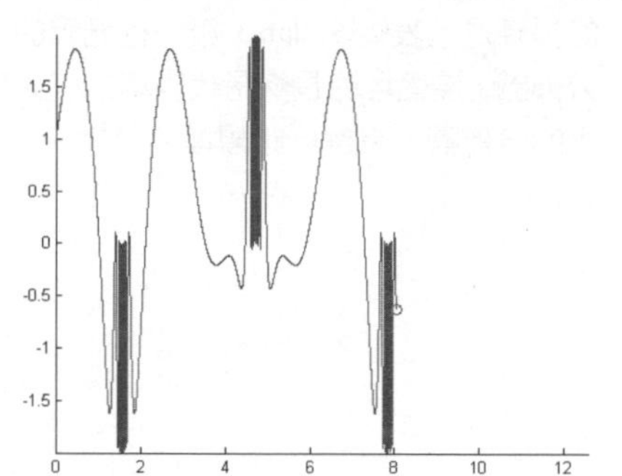


```
>> t=linspace(0,2*pi,10000);
```

建立一個具有 10000 個元素，範圍為 $0 \sim 2\pi$ 的向量。

```
>> comet3(sin(t/2).*cos(6*t),...
   sin(t/2).*sin(6*t),t)
```

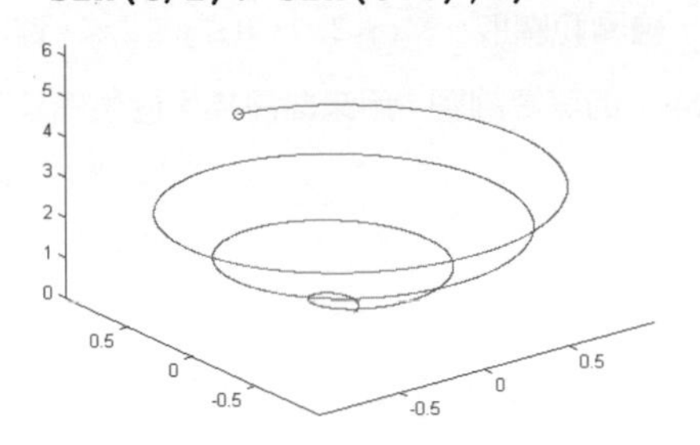

繪製 $(\sin(t/2)\cos(6t), \sin(t/2)\sin(6t), t)$ 的三維參數圖，並以動態的方式來呈現。左邊的圖形是動態圖形執行到一半的結果。

現在您已學會如何製作二維的動畫了！Matlab 當然也可以製作三維的動畫，但是必須要用到迴圈指令，因此我們把它留到稍後的章節再做介紹。

習 題

7.1 常用的二維繪圖函數

1. 試繪出 $r=\sin(6x)$ 的極座標圖，$0\le x\le 2\pi$，資料點數取 120 點。

2. 試將 $r=\sin(3x)$ 與 $r=\cos(\sin(6x))$，$0\le x\le 2\pi$，的圖形同繪於一張極座標圖上，資料點數取 120 點。

3. 試用 ezplot() 繪製 $r=\sin(\sin(5x))$ 的極座標圖，$0\le x\le \pi$（提示：可把極座標函數轉成直角座標，然後利用參數方程式來繪圖）。

4. 試繪出 $f(x)=x\log(3x)$，$1\le x\le 10$ 的圖形，其中 y 軸為對數座標。

5. 試繪出 $f(x)=x^x$，$1\le x\le 10$ 的圖形，其中 y 軸為對數座標。

6. 試繪出 $f(x)=\dfrac{xe^x}{x^2+1}$，$1\le x\le 100$ 的圖形，其中 x 與 y 軸均為對數座標。

7. 試以雙 y 軸繪圖繪出 $f(x)=x^x$ 與 $g(x)=\sqrt{x}$ 的圖形，繪圖範圍請自訂。

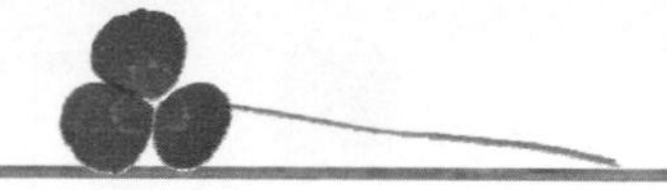

7.2 向量場與法向量繪圖

8. 試繪出 $f(x,y)=\sin x+2\cos y$ 的梯度向量場，繪圖範圍取 $0\le x\le 2\pi$ ，$0\le y\le 2\pi$ ，資料點數取 50×50 點，並繪出 $f(x,y)=\sin x+2\cos y$ 的等高線圖，用來驗證梯度向量與等高線垂直。

9. 試依序完成下列各問題：

   (a) 繪出 $f(x,y)=\dfrac{x}{e^{x^2+y^2}}$ 的圖形，範圍取 $-2\le x,y\le 2$ ，並取 32×32 個資料點。

   (b) 試繪出 $f(x,y)$ 的法向量，並與 (a) 的結果繪於同一張圖。

7.3 統計繪圖

10. 設某個班級微積分的小考成績如下：

    36, 48, 87, 62 , 60, 52, 66, 73, 73, 89, 36, 12, 62, 50, 60, 70, 88, 90, 65

    (a) 試求出全班的平均成績。

    (b) 試以直方圖來表示全班成績分佈的概況，直方圖的區間數取 5。

11. 設某個地區春天的降雨量為 138 公厘，夏天為 187 公厘，秋天為 92 公厘，冬天為 63 公厘。試以圓形圖表示每一季降雨量的百分比。

7.4 動畫的製作

12. 試繪出二維參數方程式 $x(t)=t,\ \ y(t)=\tan(\sin(t))-\sin(\tan(t))$ 的彗星軌跡圖，t 取 $-\pi$ 到 π ，間隔取 $\pi/200$ 。

13. 試繪出三維參數方程式 $x(t)=t\sin(t),\ \ y(t)=t\cos(t),\ \ z(t)=t$ 的彗星軌跡圖，t 取 $-\pi$ 到 π ，間隔取 $\pi/400$ 。

第八章 撰寫底稿與函數

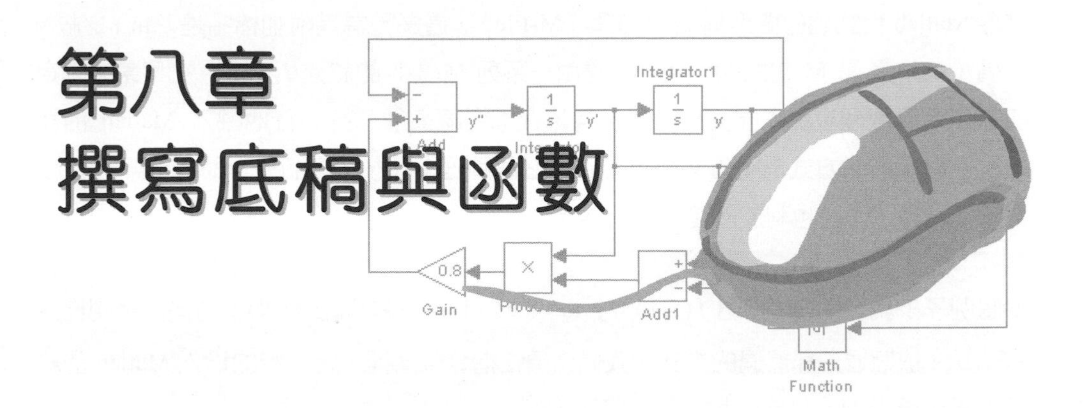

如同其它的程式語言一樣，Matlab 也可以用來撰寫程式碼。Matlab 用來儲存程式碼的檔案稱為 M 檔案，它可分成二種，一種是底稿，另一種是函數。底稿可以用來儲存一系列 Matlab 的敘述，而 Matlab 的函數則類似其它的程式語言，可將程式碼模組化，以方便使用者呼叫。本章將就 M 檔案的功能做一個簡單的介紹，學完本章，開發大型的程式對您而言，就不是難事了！

本章學習目標

- 認識 M 檔案
- 學習撰寫底稿與函數
- 學習偵錯的技巧
- 學習如何使用全域變數
- 學習 Matlab 搜尋 M 檔案的方式

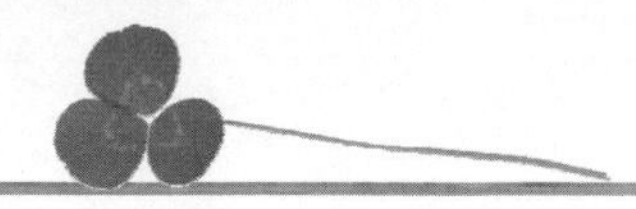

8.1 撰寫底稿

儲存 Matlab 程式碼的檔案稱為 M 檔案（M-file），這是因為其附加檔名是「.m」之故。底稿（script）是 M 檔案的一種，它是由一系列 Matlab 的敘述所組成。如果某個特定的工作需要數個步驟才能完成，當然可以在指令視窗裡一行一行地鍵入 Matlab 的敘述，不過更好的方式是將這些敘述寫在一個底稿裡，然後再執行它。這麼做不但方便編輯程式碼，同時也利於除錯與執行。

舉個例子來說，假設想繪出 $f(x,y)=y/(x^2+y^2+1)$ 的三維圖形，x 與 y 方向的範圍皆從 $-6\sim6$。依照過去學習過的方式，我們必須在指令視窗裡一行一行的鍵入 Matlab 的敘述，才能繪出 $f(x,y)$ 的圖形，如下面的範例：

```
>> x=linspace(-6,6,36);
```
建立向量 x。

```
>> y=linspace(-6,6,36);
```
建立向量 y。

```
>> [xx yy]=meshgrid(x,y);
```
建立座標矩陣 xx 與 yy。

```
>> zz=yy./(xx.^2+yy.^2+1);
```
計算矩陣 zz。

```
>> surf(xx,yy,zz); axis tight
```
利用 xx、yy 與 zz 繪出 $y/(x^2+y^2+1)$ 的圖形，並讓圖形緊貼外框。

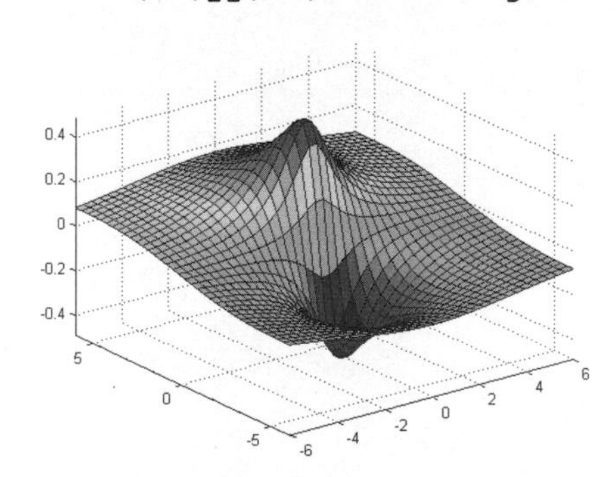

在上面的範例中，我們必須逐一鍵入 Matlab 的敘述，歷經 5 個步驟才能繪出一個三維的函數圖。試想，如果現在想把 x 方向的範圍修改成 $-4 \sim 4$ ，則這些敘述必須一個一個重新執行過，因此相當不便。利用 M 檔案的底稿，便可輕易解決這個問題。

如前所述，底稿是由一系列的敘述所組成，Matlab 在執行底稿時，會逐一執行底稿裡的每一行敘述，就如同一行一行鍵入 Matlab 的敘述並執行一樣。底稿可以在任何文字編輯器裡編輯，但 Matlab 已幫我們設計好一個 M 檔案編輯器，它不但提供了編輯、執行與儲存 M 檔案的功能，同時還能偵錯（debug），使用起來相當方便。

要開啟 M 檔案編輯器，可在指令視窗裡鍵入

```
>> edit
```

或者是按下工具列上的「New M-File」按鈕，即可開啟編輯器，如下圖所示：

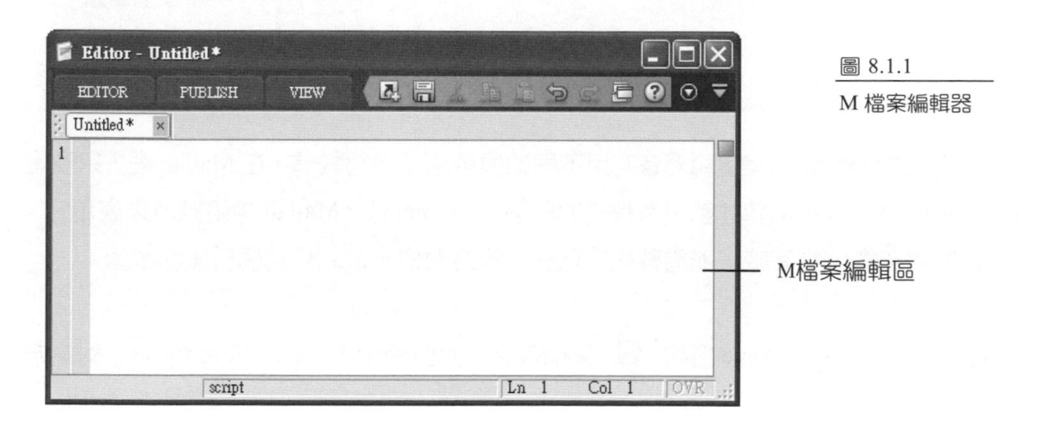

圖 8.1.1
M 檔案編輯器

現在就可以開始編輯底稿了。我們以稍早所介紹的三維繪圖為例來建立一個底稿。因為底稿是由一系列 Matlab 的敘述所組成，因此所要鍵入的，事實上也就是整個繪圖的步驟。請將下面的程式碼鍵入 M 檔案編輯器：

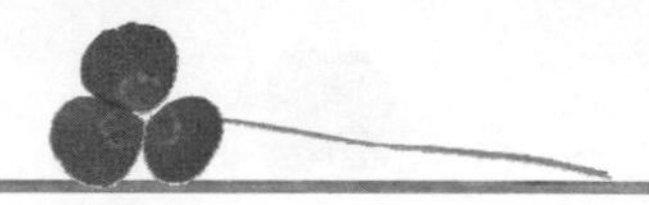

```
% script8_1.m, 底稿練習-繪出三維函數圖
clear                              % 清除工作區內的所有變數
x=linspace(-6,6,36);               % 建立向量 x
y=linspace(-6,6,36);               % 建立向量 y
[xx,yy]=meshgrid(x,y);
zz=yy./(xx.^2+yy.^2+1);
surf(xx,yy,zz); axis tight         % 繪出 z=y/(x^2+y^2+1)的三維圖形
```

鍵入完成之後，此時 M 檔案編輯器的畫面應如下圖所示：

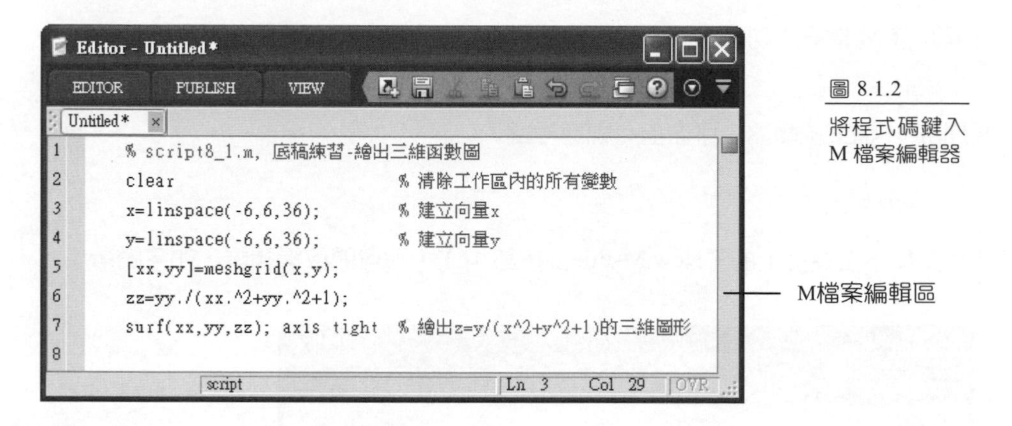

圖 8.1.2
將程式碼鍵入 M 檔案編輯器

讀者可以注意到 M 檔案編輯器會利用不同的顏色來區分程式碼。在 Matlab 裡，只要是百分符號「%」之後的敘述都視為程式的註解（comment），Matlab 會用綠色來表示它。建議您在撰寫 M 檔案時，能夠養成撰寫註解的好習慣，以利程式碼日後的維護。

編輯好了之後，按下 Save 按鈕 [Save] 來儲存它，此時會出現一個「Save file as」對話方塊，如下圖所示：

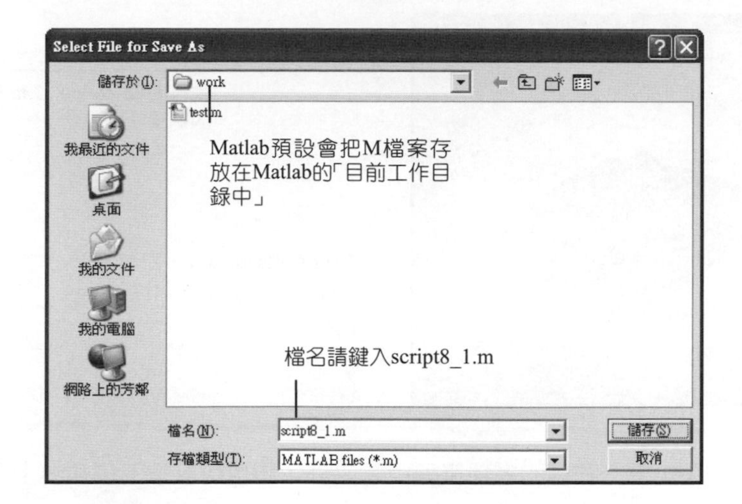

圖 8.1.3
儲存 M 檔案的對話方塊

Matlab預設會把M檔案存放在Matlab的「目前工作目錄」（current directory）中。因為在第一章中，我們曾把「目前工作目錄」設在C:\work裡，所以Matlab會把script8_1.m存放在此處。

當然您也可以將M檔案存放在不同的資料夾內，但是如此的話，必須把「目前工作目錄」設定成M檔案所存放的資料夾，或者是把存放M檔案的資料夾加到Matlab路徑中，讓Matlab可以找的到M檔案是存放在哪兒。關於「目前工作目錄」，以及如何設定路徑，本章稍後會有詳細的討論。

儲存完畢之後，回到 Matlab 的指令視窗中，鍵入底稿的名稱

```
>> script8_1
```

即可執行這個底稿。如果您鍵入的程式碼有誤，在指令視窗中就會顯示出紅色的錯誤訊息，此時可依照此一訊息來修正錯誤。若程式輸入沒有錯誤，應該會得到如下的執行結果：

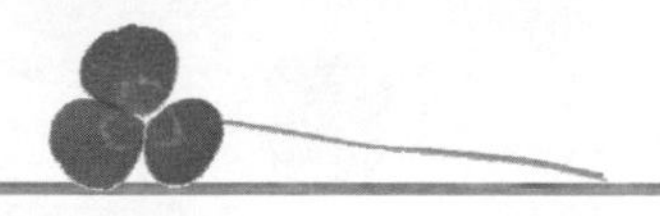

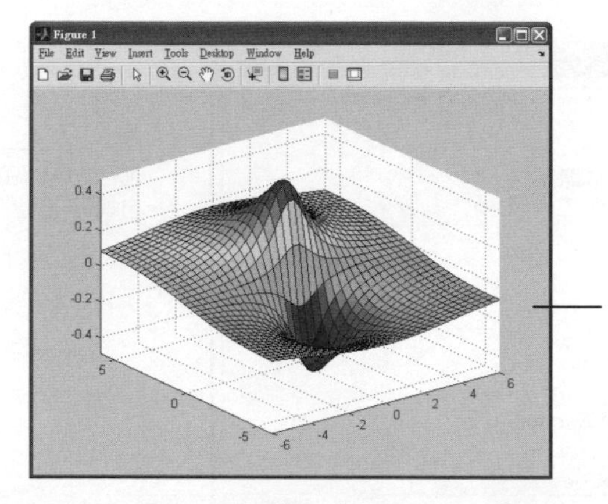

圖 8.1.4
執行底稿 script8_1.m 的結果

執行底稿script8_1，即可繪出 $f(x,y)=y/(x^2+y^2+1)$ 的三維函數圖

除了在 Matlab 的指令視窗中鍵入底稿的名稱來執行它之外，您也可以按下編輯器上方 EDITOR 標籤裡的 Run 鈕 ，或者是按下 F5 按鍵來執行此一底稿（2012a 以前的版本請在選擇 Debug 功能表底下的 Run，或者是按下工具列上的 Run 鈕 來執行）。

從上面的範例可知，底稿可用來執行一系列的程式碼。如果有某個數據要更改的話（例如繪圖範圍），只要在編輯器內修改後直接執行即可，使用起來相當的方便。但要注意的是，在底稿的計算過程中會把所產生的變數存放在目前的工作空間中，您可以利用 who 指令來驗證之：

```
>> who

Your variables are:

x   xx  y   yy  zz
```

從 Matlab 的輸出可知，變數 x、xx、y、yy 與 zz 均已在工作空間內被使用過，而這些變數正是在 script8_1.m 裡被使用過的變數。

由於底稿在執行時，一樣會把變數存放在目前的工作空間中，因此可能會覆蓋掉名稱相同的變數之內容，所以使用時應該避免掉這個問題。

8.2 設計 Matlab 的函數

函數（function）也是 M 檔案的一種，它可用來完成某個特定的工作。與底稿不同的是，函數可以接收引數，也可以把運算結果傳回工作區。另外，在函數內使用的變數是區域變數（local variable），因此即使工作區內已使用相同名稱的變數，它們彼此之間還是不會混淆。

事實上您已經相當熟悉函數的呼叫了！例如，當您使用 Matlab 的數學函數 sin()、sqrt()，或者是利用 plot() 來繪圖時，均是呼叫 Matlab 的內建函數。本節將介紹 Matlab 函數的基本概念，並進而引導您如何設計一個完整的 Matlab 函數。

8.2.1 函數的基本架構

一個完整的 Matlab 函數包括函數定義列、H1 列（唸成 H-one line）、函數說明文字區，以及函數的主體四個部分。下圖列出函數的基本架構，從這個架構圖裡可以瞭解到 Matlab 的函數是如何定義的：

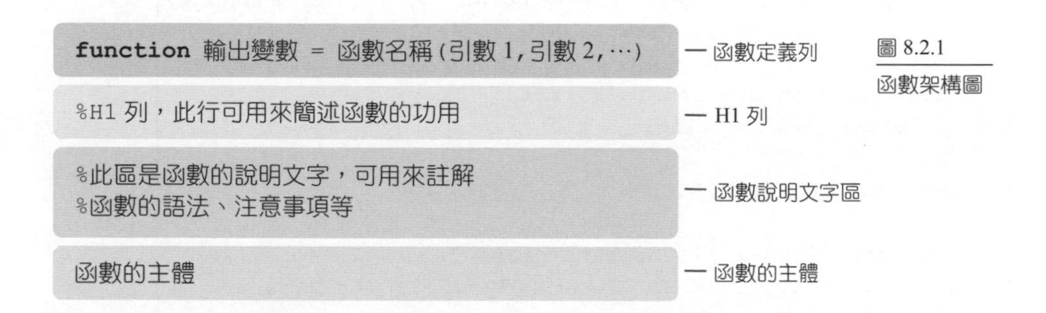

圖 8.2.1
函數架構圖

Matlab 的函數中，第一列是函數定義列，它必須以關鍵字 function 起頭，用來告訴 Matlab 這個 M 檔案是一個函數。第二列是 H1 列，它是用來簡述函數的功能，以方便使用者利用 lookfor 指令找到這個函數。第三列之後，只要是前面打上百分比符號「%」的區域都是屬於函數說明文字區。您可以在這個地方寫上函數的語法、注意事項等。接在 Matlab 函數說明文字區之後的是函數的主體，也就是函數真正定義的部分。

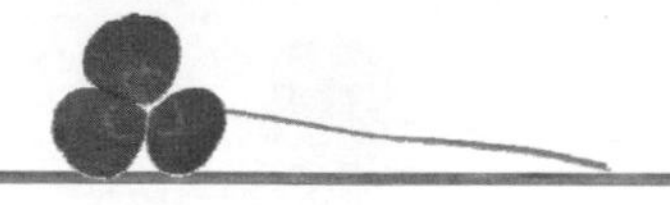

事實上，許多 Matlab 的內建函數也是由 M 檔案寫成的，只要利用 type 指令即可查閱這些函數的 M 檔案；另外，如果要查詢存放 M 檔案的資料夾，可用 which 指令。

表 8.2.1 使用 type 與 which 指令

指 令	說 明
`type` *function_name.m*	查閱 M 檔案 *function_name* 的內容
`which` *function_name.m*	查詢存放 M 檔案 *function_name* 的資料夾

舉例來說，我們常用的 linspace() 函數，它本身就是 M 檔案寫成的。如果在 Matlab 的指令視窗裡鍵入 type linspace.m，即可查詢 linspace() 函數的內容：

```
>> type linspace.m
```

```
function y = linspace(d1, d2, n)          —— 函數定義列
%LINSPACE Linearly spaced vector.          —— H1 列
%   LINSPACE(X1, X2) generates a row vector of 100 linearly
%   equally spaced points between X1 and X2.
%
%   LINSPACE(X1, X2, N) generates N points between X1 and X2.
%   For N < 2, LINSPACE returns X2.
%
%   Class support for inputs X1,X2:
%      float: double, single
%
%   See also LOGSPACE, COLON.
```
（函數說明文字區）

```
%   Copyright 1984-2011 The MathWorks, Inc.
%   $Revision: 5.12.4.7 $  $Date: 2011/12/16 16:32:58 $

if nargin == 2
   n = 100;
end
n = double(n);
... (後面的程式碼略去)
```
（函數的主體）

在上面的輸出中，我們刻意把組成函數的四大部分標示出來，用以讓讀者了解如何分析一個函數。此時您可以先不用知道這個 M 檔案的內容，稍後的章節馬上會介紹要怎麼來寫一個 M 檔案函數。

如果在 Matlab 的指令視窗裡鍵入 which linspace.m，便可知道 Matlab 把 M 檔案 linspace.m 存放在哪一個資料夾裡：

```
>> which linspace
   C:\Program Files\MATLAB\R2012b\toolbox\matlab\elmat\linspace.m
```

Matlab 回應的路徑也就是存放 M 檔案 linspace.m 的位置。

8.2.2 簡單的範例

我們舉一個簡單的實例來說明函數的撰寫。假設想定義一個函數 func8_1()，它可接收兩個引數，並傳回其加總，則函數的程式碼可撰寫如下：

```
function total=func8_1(x,y)
%FUNC8_1 sum of two numbers or vectors.
%FUNC8_1(X,Y) computes X+Y and returns the result.
%X and Y can be scalars or vectors.

%function's body starts here
total=x+y;
```

相同的，您一樣可以用 M 檔案編輯器來編輯函數。輸入完成之後，請把它儲存在 work 資料夾內，檔案名稱請用與函數名稱相同的名字，也就是 func8_1.m。此時 M 檔案編輯器如下所示：

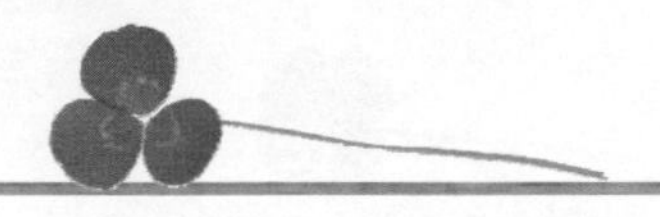

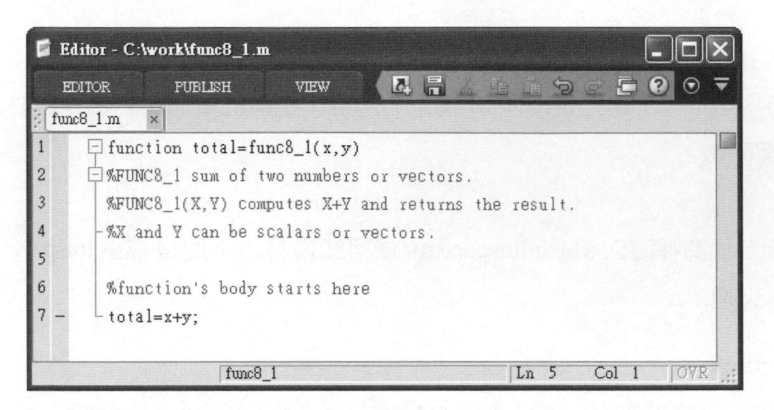

圖 8.2.2
編輯完成的函數 func8_1()

儲存好了之後，因為 func8_1() 需要接收兩個引數，所以不能直接按 F5 鍵來執行。現在請回到 Matlab 的指令視窗，然後輸入

```
>> func8_1(3,5)
```

此時 Matlab 會回應

```
ans =
     8
```

如果得到與上面相同的結果，那就大功告成了！事實上讀者可以發現，使用自己定義的函數，其方式就和使用 Matlab 內建的函數一樣方便。值得一提的是，在 func8_1() 內定義的 *total*、*x* 與 *y* 等變數是屬於區域變數，它們的有效範圍僅止於函數內部，因此在目前的工作區內無法存取到它們。

另外是關於函數名稱的問題。於本例中，我們把檔案名稱設計成與函數名稱相同，這是 Matlab 的慣例。當然，您也可以取成不同的名稱，只是這樣子的話必須用檔名來呼叫，而不是用函數名稱。例如，如果把本例的檔案名稱改成 my_sum.m，則在呼叫 func8_1() 時，必須鍵入

```
>> my_sum(3,5)
```

而不能使用 func8_1(3,5) 來呼叫，否則 Matlab 會找不到函數在哪兒，讀者可自行試試。

接著，我們來試試查詢的功能。在 Matlab 的指令視窗裡輸入

```
>> help func8_1
```

則 Matlab 會回應

```
func8_1 sum of two numbers or vectors.
func8_1(X,Y) computes X+Y and returns the result.
X and Y can be scalars or vectors.
```

讀者可以發現，這三行文字正是在程式碼 func8_1.m 裡 2~4 行的註解，現在您應該可以瞭解這三行註解的用意了。

注意在程式碼的第 5 行是一行空白，這行空白是有目的，如果這行前面依然打上一個註解符號「%」，則 help 指令會認定函數說明文字區還沒結束，因而會一直顯示到第 6 行才停止（因為第 7 行的開頭不是註解符號「%」），由此可知，適時的使用空白列是很重要的。

現在我們來講解 H1 列的功用。請於 Matlab 的指令視窗裡輸入

```
>> lookfor sum
```

此時 Matlab 會回應

```
cgobjectivesum        - Constructor for objective sum object
cgsumconstraint       - Constructor for cgsumconstraint class
cgsumobjective        - Constructor for cgsumobjective class
consumcgmodel         - CAGE sum model constraint
func8_1               - sum of two numbers or vectors.
 ....
```

lookfor 指令可在所有的.m 檔裡找尋特定的關鍵字，而且只在 H1 列中找尋。因此上面所列出來的函數，均是該函數內，H1 列有包含關鍵字 sum 的函數。讀者可以看到 lookfor 的輸出中，其中有一行正是我們定義在函數 func8_1.m 裡，H1 列所記載的文字。因為 lookfor 會一一比對所有.m 檔裡 H1 列的所有字詞，所以搜尋起來較為耗時。如果想停止搜尋，可按下 Ctrl+C 來終止它。

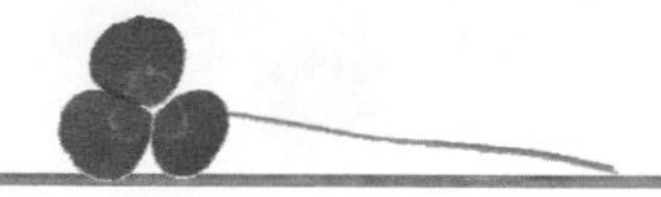

另外，在撰寫函數時，如果沒有寫上 H1 列與函數說明文字區，也不會影響到函數正常的執行。本章稍後的範例，為了節省篇幅，多半沒有把它們寫到函數裡，但讀者應該知道，註解是非常有利用程式維護的，因此應該養成撰寫註解的好習慣。

8.2.3 函數的引數與傳回值

上一節介紹了 func8_1() 函數，它可接收兩個引數，並可傳回一個數值。對函數而言，從工作區接收的引數稱為輸入引數（input argument），而輸出到工作區的引數稱為輸出引數（output argument），或稱為傳回值，如下圖所示：

```
function total = func8_1(x, y)
```

輸出引數（傳回值）　函數名稱　輸入引數

圖 8.2.3 函數的輸入引數與輸出引數

Matlab 的函數可以沒有任何的輸出或輸入引數，也可以有一個或者是一個以上的引數。下表列出了這幾種情況下，函數定義列的寫法：

表 8.2.2 函數定義列的幾種範例

函數定義列的格式	說 明
function [x,y]=myfun(a)	myfun 有一個輸入引數 a，有兩個輸出引數 x 與 y
function [x]=myfun(a) function x=myfun(a)	myfun 有一個輸入引數 a，有一個輸出引數 x
function [x,y]=myfun() function [x,y]=myfun	myfun 沒有輸入引數，但有兩個輸出引數 x 與 y。在沒有輸入引數的情況下，函數名稱後面的括號可有可無
function []=myfun(a) function myfun(a)	myfun 沒有輸出引數，但有一個輸入引數 a。當函數沒有輸出引數時，方括號與等號可以省略不寫

若函數有數個輸出引數，則必須以相同數目的變數來接收。如果輸出引數有兩個，但只使用一個變數接收，就只會接收到第一個輸出引數的值。

我們分別舉幾個範例來說明不同的引數個數時，函數定義列的撰寫方式。讀者在練習這些函數的寫法時，記得要把函數存成 M 檔案才能執行（我們以灰色的區域來表示它是一個存成 M 檔案的函數）。

& 有兩個傳回值的函數

許多 Matlab 的內建函數可傳回多個數值（亦即有多個輸出引數），例如三維繪圖常用的 meshgrid() 函數即可傳回兩個矩陣。下面的範例設計了一個 func8_2() 函數，它可接收一個引數，但有兩個傳回值。

```
function [mn,mx]=func8_2(v)
mn=min(v);
mx=max(v);
```

左式是一個 M 檔案，檔名為 func8_2.m。請依上節的步驟在 M 檔案編輯器裡編輯它。讀者可以看出，func8_2() 可接收一個向量 *v*，並可傳回 *mn* 與 *mx*，分別代表向量 *v* 的最小值與最大值。

```
>> [x,y]=func8_2([8 7 3 9 1])
x =
     1
y =
     9
```

利用 func8_2() 找出向量 [8 7 3 9 1] 的最大值與最小值。於左式中，我們以向量 [*x*,*y*] 來接收傳回值，此時最小值會由變數 *x* 所接收，最大值會由變數 *y* 接收。注意左式是在 Matlab 的指令視窗裡鍵入的。

```
>> vec=func8_2([8 7 3 9 1])
vec =
     1
```

如果只設計由一個變數 *vec* 來接收，則該變數只會接收到第一個傳回值，也就是最小值，因此使用上要特別小心。

```
>> func8_2([8 7 3 9 1])
ans =
     1
```

如果沒有設計變數來接收傳回值，則 func8_2() 只會傳回第一個輸出引數的值，且由系統預設的變數 *ans* 所接收。

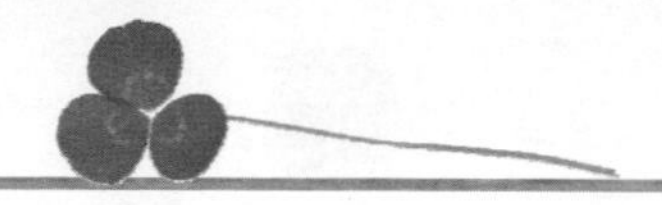

& 不需傳入引數的函數

如果函數不必傳入任何引數，則其作用類似於稍早所介紹過的底稿。這種函數多半是輸入的數值為已知，所以故意把它們寫死在函數裡面，以方便程式的執行，或者是用來加快程式執行的速度。

例如，想知道小於 100 的質數共有幾個，因為題目已經表明要找出小於 100 的質數之個數，所以函數的設計就不需要有引數的輸入。我們把這個函數命名為 func8_3.m，函數的撰寫與測試如下：

```
function num=func8_3()
num=length(primes(100));
```

定義函數 func8_3()。因 func8_3() 沒有任何引數，所以 func8_3() 後面的括號內保留空白即可。事實上，這個括號也可以省略。

```
>> func8_3()
ans =
    25
```

執行函數 func8_3()，得到 25，由此可知小於 100 的質數共有 25 個。

```
>> func8_3
ans =
    25
```

在執行 func8_3() 時，func8_3() 後面可以不加上括號，一樣可以順利的執行。

另外，因為函數 func8_3() 不需有任何的引數輸入，所以我們也可以按下編輯器上方 EDITOR 標籤裡的 Run 鈕 ▷，或者是按下 F5 按鍵來執行它。

& 沒有傳回值的函數

許多函數也可以設計成沒有傳回值（即不需有輸出引數）的型式。例如在執行繪圖函數 plot()時，您可以注意到只有一個繪圖視窗會跳出來，但沒有任何的輸出顯示在螢幕上。下面是一個沒有傳回值的函數 func8_4()，可用來繪出極座標函數 $r = \log(t)$ 的動態圖形。func8_4() 可接收一個整數 n，然後在繪圖視窗內以 n 個資料點來繪圖。

```
function func8_4(n)
t=linspace(0.01,10*pi,n);
r=log(t);
comet(r.*cos(t),r.*sin(t));
```

因為函數 func8_4() 沒有傳回值，所以函數定義列不需要寫上輸出引數與等號。您也可以把函數定義列寫成如下的型式：

```
function []=func8_4(n)
```

```
>> func8_4(10000)
```

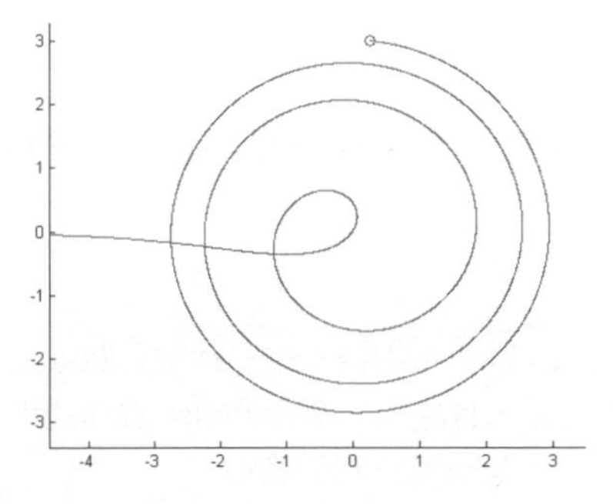

以 10000 個資料點繪出 $r = \log(t)$ 的動態圖形。因為函數 func8_4() 沒有任何傳回值，所以在指令視窗上也沒有任何輸出。

```
>> x=func8_4(10000)
```

Error using func8_4
Too many output arguments.

如果強制把 func8_4() 的輸出設定給某個變數，則會出現一個錯誤訊息，告訴您輸出引數的個數不對（不能接收傳回來的值，但我們卻給了一個）。

現在您對引數的傳遞與傳回值的設定應該有相當程度的認識。Matlab 的傳回值之設計有別於一般的程式語言，像 C 或 C++的函數只能傳回一個值，而 Matlab 卻可傳回多個，這也使得 Matlab 函數的功能遠較其它程式語言來的強大。

8.3 追蹤函數的執行與偵錯

隨著函數裡的程式碼越來越長，偵錯與維護也就越不容易。在撰寫大型函數時，通常會利用一些小技巧來追蹤函數的執行，以確保函數可以順利開發成功。其中常用的技巧，第一個是在函數裡安插一些敘述來印出一些訊息，以獲知目前的執行狀況，另一個是藉由軟體所提供的偵錯環境來除錯。

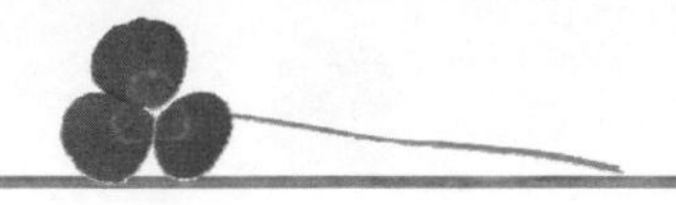

8.3.1 在函數執行時列印訊息

在開發程式時，如果想知道某個程式區塊是否有被執行到，或想知道在某一個執行點某個變數的值是多少，此時可以在函數內安插一些語法來列印這些訊息，以便觀察函數的設計是否正確。要以指定的格式列印某些訊息，可用 fprintf() 函數。現在您對於 fprintf() 應不陌生，本書於第三章就已經介紹過它。

下面是使用 fprintf() 的範例。func8_5() 可接收一個引數，然後利用 if-else 敘述來判定該引數是奇數還偶數，並以 fprintf() 印出其結果：

```
function func8_5(n)
if mod(n,2)==0
   fprintf('%d is even\n',n);
else
   fprintf('%d is odd\n',n);
end
```

利用 if-else 敘述來判別輸入的引數是奇數或是偶數，並列印出其結果。關於 if-else 敘述的用法，於第九章會有較詳細的探討。

```
>> func8_5(14)
14 is even
```

判別輸入的引數 14 是奇數還是偶數。由於 14 可以被 2 整除，所以是偶數。

```
>> func8_5(63)
63 is odd
```

判別 63 是奇數還是偶數。63 無法被 2 整除，所以是奇數。

如果只是要單純的列印字串，可利用 disp()。disp 是 display 的縮寫，也就是顯示的意思，如下面的範例：

```
>> disp('This is a string')
This is a string
```

利用 disp() 函數顯示字串 'This is a string'。

8.3.2 Matlab 的 M 檔案偵錯環境

除了可以利用 fprintf() 列印出函數內某個部分的執行結果，用來追蹤執行的流程之外，您也可以利用 M 檔案編輯器裡提供的偵錯工具來除錯。

如果想在 M 檔案編輯器裡查看函數執行的流程，或者是查看某個變數的值時，首先您必須先設定暫停點（break point）的位置。以前一節的 func8_5() 為例，如要觀察此函數的執行流程，可依下列的步驟來執行：

1. 在 M 檔案編輯器裡的行號後面，在想要讓程式先暫時停止執行的地方，先利用滑鼠按一下，此時會有一個紅色的小圓出現（請參考圖 8.3.1），代表程式執行到此處會先暫停，等待使用者給予下一個指示。

2. 於指令視窗裡鍵入 func8_5(63)，然後執行它。此時您會發現有一個綠色的箭號停留在暫停點上，此箭號代表目前正要執行的 Matlab 敘述。

3. 利用 EDITOR 標籤裡的「Step」、「Step In」與「Step Out」按鈕，來控制程式執行的流程是要往下一個步驟走，或是跳到子函數（sub-function，於 8.4 節會介紹）裡執行，還是跳出子函數，繼續往下執行（如果您是使用 Matlab 2012a 以前的版本，這些偵錯模式的按鈕則是位於編輯視窗上面的功具列中）。

4. 如果要查看某個變數的值，可將滑鼠指標移到該變數的旁邊停個一秒鐘，即可看到該變數的值與其資料型態，使用起來非常的方便，如下圖所示：

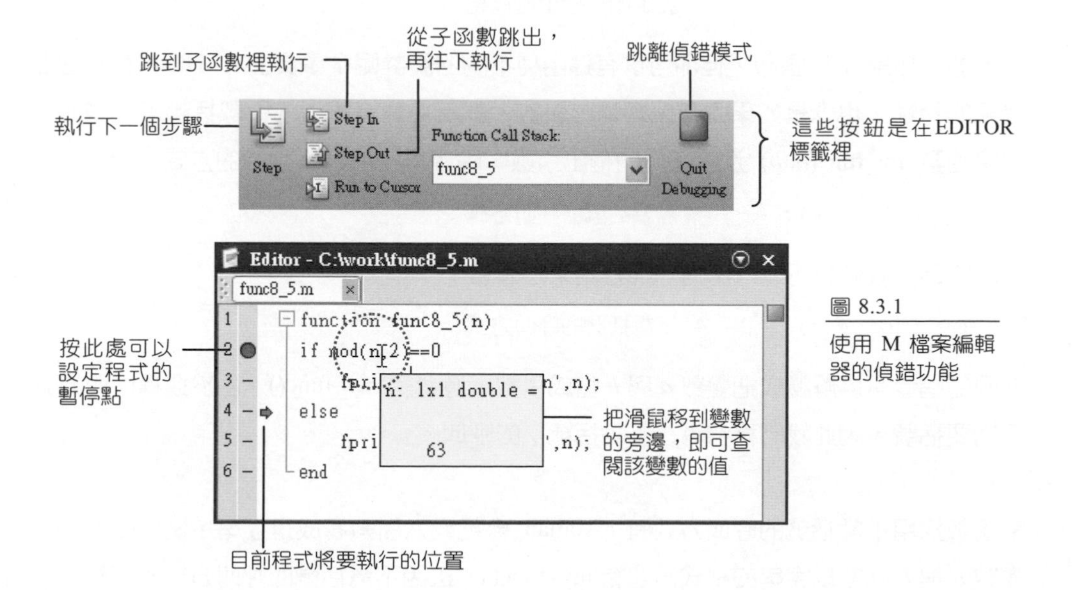

圖 8.3.1

使用 M 檔案編輯器的偵錯功能

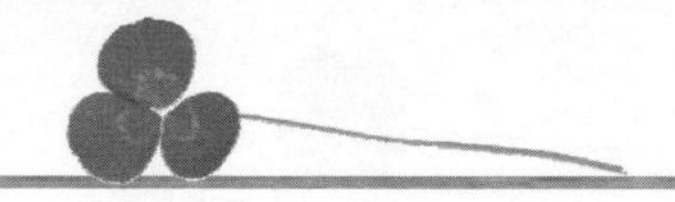

在偵錯的執行過程中，Matlab 指令視窗內的提示符號會變成 K>>，代表偵錯模式正在執行。此時還是可以在指令視窗內執行您想要的計算。如果要停止程式的偵錯，可以選擇 Quit Debugging 按鈕即可跳離程式偵錯的模式。

8.4 函數的進階認識

學會了函數的撰寫，以及偵錯方法之後，本節將開始介紹一些函數較進階的功能，讓您可以使用更靈活的語法來撰寫函數。

8.4.1 不需括號的呼叫

也許您已注意到 Matlab 內建的函數，在使用時多半會帶有一個括號，括號裡可以用來放置引數。例如 axis 函數可用來設定繪圖的範圍：

```
axis([-4,4,0,20]);  % 設定繪圖範圍，x 方向從-4 到 4，y 方向 0 到 20
```

然而，axis 函數也可以像是下指令那樣來使用：

```
axis off;                % 設定圖形不繪出座標軸
axis on;                 % 設定圖形繪出座標軸
```

為什麼一樣是 axis 函數，但卻可以有這兩種不同的設計呢？事實上，Matlab 有一個很重要的特性，也就是如果函數沒有輸出引數，就不需要將輸入的引數括起來。例如，如果函數 my_func(*a*, *b*) 沒有任何的輸出引數，除了以一般呼叫函數的方式

```
my_func(a,b);            % 需要括號的呼叫方式
```

來呼叫外，我們也可以採用另一種方式來呼叫它：

```
my_func a b;             % 不需括號的呼叫方式
```

上面的指令可以解讀成把變數 *a* 與 *b* 當成引數，傳遞給 my_func()。由於這種呼叫方式不需要括號，因此我們稱它為「不需括號」的呼叫。

當函數採用不需括號的呼叫方式時，Matlab 會把輸入引數看成是字串，例如上例中，變數 *a* 與 *b* 就會以字串的格式傳遞給 my_func()。正因不需括號的呼叫方式會把輸入的

引數看成是字串，所以只適合用在函數的輸入引數本身就是一個字串的時候。我們來看看下面的範例：

```
function func8_6(str)
fprintf('You input ''%s''.\n',str)
```

定義函數 func8_6()，它可接收一個字串，然後把該字串印出。注意 func8_6() 沒有輸出引數。

```
>> func8_6('sss')
You input 'sss'.
```

呼叫 func8_6()，並傳入字串 'sss'。注意這是一般呼叫函數的方式。

```
>> func8_6 'sss'
You input 'sss'.
```

因為 fprintf() 沒有傳回值，所以我們也可以利用左式的語法來呼叫。

```
>> func8_6 sss
You input 'sss'.
```

當函數的引數沒有用括號括起來時，其引數會自動視為字串，因此左式中，即使字串 'sss' 不使用單引號包圍，func8_6() 還是把它看成是字串。

此時您應該已經瞭解到不需括號的呼叫方式是怎麼回事了。在繪製函數圖形時，我們常會用到如下的語法：

```
hold on
grid off
```

現在讀者應可理解，hold 與 grid 這兩個函數都是採不需括號的呼叫，而 on 與 off 則分別是它們的引數。

8.4.2 函數輸入引數與輸出引數的個數

在 Matlab 裡，一個函數的輸入與輸出引數的個數並沒有固定，相反的，您可以依照不同的情況設計不同個數的引數。事實上，多數的 Matlab 函數都有這樣的設計。例如，常用的二維繪圖函數 plot()，以及三維圖形展示函數 peaks() 即是：

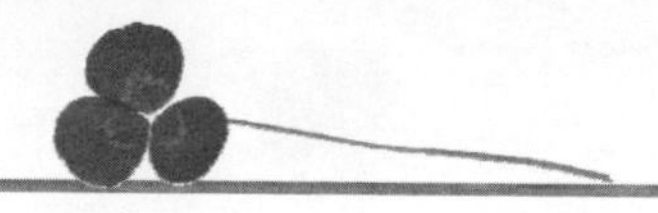

```
plot(y)                 % 只有一個輸入引數，可繪出 x 間距為 1 的 x-y 二維圖形
plot(x,y)               % 有兩個輸入引數，可繪出 x-y 二維圖形
plot(x1,y1,x2,y2)       % 有四個輸入引數，可繪出x1-y1與x2-y2兩個二維圖形
zz=peaks;               % 不需輸入引數，以一個變數接收輸出引數
[xx,yy,zz]=peaks(n)     % 有一個輸入引數，以三個變數接收輸出引數
```

為了要依據引數的個數來處理不同的事情， Matlab提供了nargin與nargout二個變數，可在程式內查詢有幾個引數傳進來，以及有幾個引數傳出去，以方便撰寫相關的程式碼。nargin是number of argument input的縮寫，也就是輸入引數之個數的意思，而nargout則是number of argument output的縮寫，相對的，就是輸出引數的個數。

表 8.4.1 nargin 與 nargout 變數

變數名稱	說 明
nargin	函數裡輸入引數的個數
nargout	函數裡輸出引數的個數

下面的範例簡單的說明了 nargin 與 nargout 這兩個變數的使用：

```
function [x1,x2,x3]=func8_7(a1,a2)
fprintf('nargin = %d, ',nargin)
fprintf('nargout= %d\n',nargout)
x1=a1+a2;
x2=a1-a2;
x3=(a1+a2)/2;
```

定義 func8_7()。func8_7() 可依據使用者的輸入，然後印出 nargin 與 nargout 二個變數的值。函數的輸出有三，$x1$ 為輸入引數之和，$x2$ 為輸入引數之差，$x3$ 為輸入引數之平均。

```
>> [x,y,z]=func8_7(6,12)
nargin = 2, nargout= 3

x =
   18
y =
   -6
z =
    9
```

傳入 6 與 12 這兩個變數，並以 x、y 與 z 三個變數接收傳回值。讀者可以看出，nargin 的值為 2，代表有兩個輸入引數，而 nargout 的值為 3，代表接收了三個輸出引數。讀者可驗證一下，變數 x 所接收的是輸入引數的和，變數 y 所接收的則是差，而變數 z 所接收的則是輸入引數的平均值。

```
>> [x,y]=func8_7(6,12)
nargin = 2, nargout= 2

x =
   18
y =
   -6
```

如果只需要輸入引數的和與差，則只要把輸出的引數略掉最後面一項即可。注意此時 nargout 的值為 2。

```
>> total=func8_7(6,12)
nargin = 2, nargout= 1

total =
   18
```

現在把傳回值改成只由一個變數 *total* 接收，讀者可發現 nargout 的值變成 1 了，而 *total* 的值代表了輸入引數之和。

```
>> total=func8_7(6)
nargin = 1, nargout= 1

Error using func8_7 (line 4)
Not enough input arguments.
```

於 func8_7() 中只輸入一個變數，於是 nargin 的值顯示為 1。因為只輸入一個變數，這個變數會被函數的第一個引數 *a*1 所接收，而 *a*2 的值就變成了沒有定義，於是左式會出現警告訊息，告訴我們輸入的參數不夠。

從前幾個範例中，讀者可以注意到如要略掉引數的某一項，必須從最後一個引數開始省略，不能從第一個或中間某個引數開始省略。事實上，我們可以依據 nargin 與 nargout 的值，適時的在函數裡加入某些判斷的敘述，以便讓函數更有彈性。我們來看看下面的範例：

```
function [x1,x2,x3]=func8_8(a1,a2)
if nargin==1
   a2=0;
end
x1=a1+a2;
x2=a1-a2;
x3=(a1+a2)/2;
```

於 func8_8() 中，我們設計一個機制，用來判斷輸入引數的個數。如果只有一個引數，則把 *a*2 的值設定為 0，如此一來，5~7 行的程式碼就不會產生 *a*2 尚未定義的錯誤。於本例中，2~4 行使用了 if 敘述，它是 Matlab 提供的判斷條件之一，於第九章中會有更詳盡的說明。

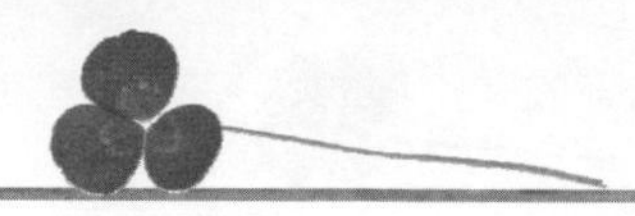

```
>> [x,y,z]=func8_8(6)
x =
     6
y =
     6
z =
     3
```

只輸入一個引數給 func8_8()，此時 *a*2 會被預設為 0，如此一來就能正確的計算 5~7 行的 *x*1~*x*3，而變數 *x*、*y* 與 *z* 也可以接收到正確的值。

下面的範例是以 func8_9() 來模擬 Matlab 的 plot() 函數，如果只給予一個向量 *y*，則 func8_9() 會以 *x* 軸的間距為 1，繪出 *x*-*y* 的函數圖。若是給予二個向量 *x* 與 *y*，則直接繪出 *x*-*y* 的函數圖：

```
function func8_9(a,b)
if nargin==1
   xx=1:length(a);
   plot(xx,a)
else
   plot(a,b)
end
```

定義 func8_9()。如果只給予一個向量（nargin=1），則會以 *x* 軸的間距為 1 來繪圖。若給予兩個向量，則分別以這兩個向量為 *x* 座標與 *y* 座標來繪圖。本例 2~7 行用到了 if-else 敘述，其語法於第九章裡會有詳細的討論。

```
>> x=linspace(0,2*pi,100);
```

設定 *x* 為一個具有 100 個元素，範圍為 $0 \sim 2\pi$ 的向量。

```
>> y=sin(2*x)./exp(x);
```

計算 $y = \sin(2x)/e^x$ 。

```
>> func8_9(y)
```

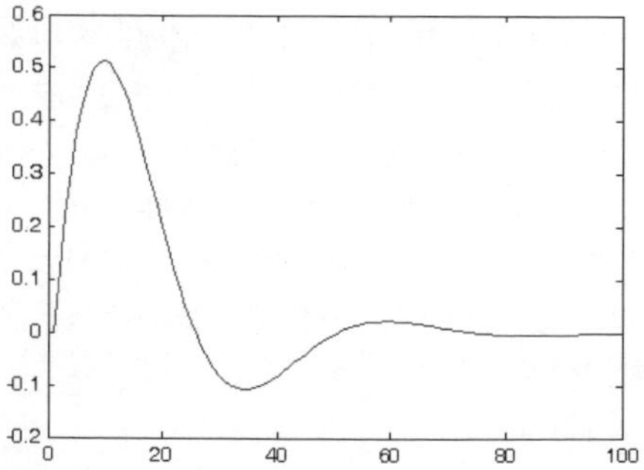

func8_9() 裡只有一個引數，所以繪圖時，是以 *x* 軸的間距為 1 來繪圖。

```
>> func8_9(x,y)
```

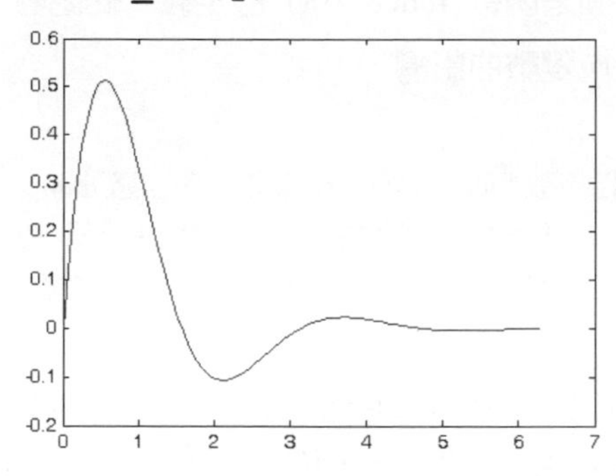

以兩個向量當成輸入引數傳遞給 func8_9()，現在 func8_9() 會以向量 x 為橫座標，向量 y 為縱座標來繪圖。

8.4.3 函數內變數的等級

在 Matlab 函數內部裡所使用的變數都屬於區域變數（local variable），也就是說，在函數的外部無法看到這些變數。然而有些時候，我們希望能夠在函數裡使用工作區裡定義的變數，以減少引數的傳遞，或者是為了要加快函數執行的速度，則可使用全域變數（global variable）。對於全域變數而言，不論在函數內或是工作區內，全域變數所使用的記憶體空間都是同一塊，因此若是變更函數內全域變數的值，工作區內全域變數的值也會被更動，反之亦然。

在使用全域變數之前，必須利用 global 關鍵字先進行宣告的動作，要查詢或刪除全域變數，也必須用到 global。下表列出一些關於全域變數的語法：

表 8.4.2 使用全域變數

語法	說明
`global` var_1 var_2 ⋯	宣告全域變數 $var_1, var_2, \cdots$
`whos global`	查詢工作區內的全域變數
`clear global` var_1 var_2 ⋯	刪除全域變數 $var_1, var_2, \cdots$

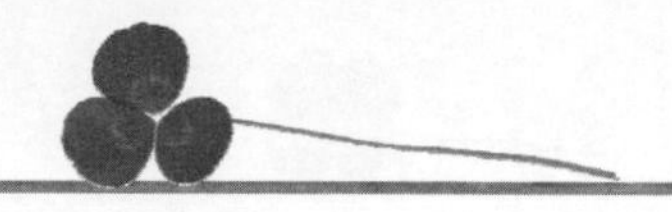

接下來我們來看一個全域變數的使用範例。下面是函數 func8_10() 的定義，此函數示範了全域變數如何使用，以及它對函數內之全域變數的影響：

```
function func8_10(num)
global VAR;
VAR=VAR+num;
fprintf('在函數內，VAR=%d\n',VAR);
```

定義函數 func8_10()，可接收一個引數 *num*。第 2 行宣告全域變數 *VAR*，第 3 行計算 *VAR=VAR+num* 之後，第 4 行印出 *VAR* 的值。

```
>> global VAR
```

現在回到 Matlab 的指令視窗中，在指令視窗鍵入左式，用來宣告 *VAR* 為全域變數。

```
>> VAR=10;
```

設定全域變數 *VAR* 的值為 10。

```
>> func8_10(5)
在函數內，VAR=15
```

執行函數 func8_10()。由於傳入之引數為 5，且全域變數 *VAR* 的值為 10，因此在函數內，*VAR* 的值會被設為 15。

```
>> func8_10(5)
在函數內，VAR=20
```

現在全域變數 *VAR* 的值為 15，如果再執行一次 func8_10()，再傳入引數 5，則在函數內的 *VAR* 之值會被更改為 20。

```
>> VAR
VAR =
    20
```

在 Matlab 的指令視窗裡查詢 *VAR* 的值，結果為 20，由此可知全域變數 *VAR*，不論是在函數內或函數外面，指的都是同一個變數。

```
>> num
Undefined function or variable 'num'.
```

在 func8_10() 裡還有用到 *num* 變數，但它是區域變數，只能在 func8_10() 裡使用。如果在 Matlab 的指令視窗裡查詢 *num* 的值，則會得到一個變數 *num* 沒有定義的錯誤訊息。

```
>> clear global VAR
```

清除全域變數 *VAR*。

使用全域變數雖然有相當的便利性，但是容易造成許多混淆與困擾，而程式執行的錯誤也往往是因為誤用了全域變數所引起，因此在撰寫程式碼時，最好能避開使用全域變數，以方便日後程式的維護。

8.4.4 子函數與私有化目錄

在發展大型的程式時，如果把所有的程式碼寫在同一個函數，不僅程式碼維護不易，同時撰寫上也相對的較為困難。但是，如果把每一個函數都獨立成一個單獨的檔案，也會因為檔案數過多而造成維護不易。

Matlab 的子函數也可以幫我們解決這個問題。在同一個 M 檔案裡可以撰寫多個函數，其中撰寫在最上方的函數稱為主函數（main function），而其它的函數則稱為子函數（sub function）。一個 M 檔案只能有一個主函數，但可以有多個子函數。主函數可以呼叫子函數，子函數之間也可以相互呼叫。另外，撰寫在 M 檔案的子函數，只能被同一個檔案內的函數呼叫。

下面的範例說明主函數與子函數的使用。於 M 檔案 func8_11.m 中，我們分別定義主函數 func8_11() 與子函數 subf()，並在 func8_11() 中呼叫 subf()：

```
function func8_11(v)  % 主函數 func8_11
subf(v);
fprintf('End of main function\n');

function subf(n)       % 子函數 subf
fprintf('sum(n)=%d\n',sum(n))
fprintf('prod(n)=%d\n',prod(n))
```

定義主函數 func8_11() 與子函數 subf()。func8_11() 可接收一個向量，並把它傳給 subf()。subf() 在印出向量元素的總和與連乘積之後，回到 func8_11() 內，然後結束程式的執行。

```
>> func8_11([1 2 3 4 5])
sum(n)=15
prod(n)=120
End of main function
```

呼叫主函數 func8_11() 並傳入向量 [1 2 3 4 5]，此時在主函數裡會先呼叫子函數 subf()，把向量 [1 2 3 4 5] 傳給子函數，於子函數裡印出累加與連乘的結果，執行流程返回主函數，在印出 'End of main function' 字串之後結束程式的執行。

```
>> subf([1 2 3 4 5])
Undefined function 'subf' for input arguments of type 'double'.
```

在指令視窗內直接呼叫 subf()。因為 subf() 是定義成子函數，無法在 M 檔案外部直接呼叫，因而無法執行。

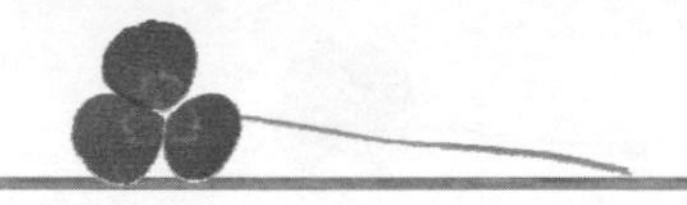

如果某些子函數只想讓數個特定的主函數呼叫，當然可以在這些主函數內都撰寫上這些子函數，但是如此的話，程式碼相對的會一直重複，而且如果想更改子函數裡的某一行敘述，則必須更改每一個主函數裡的子函數，維護起來相當的不便。此時可以利用私有化目錄（private directory）來克服這個問題。

所謂的私有化目錄，指的是在目前主函數所存在的目錄底下再建立一個名稱為 private 的子目錄，然後把所有想讓主函數呼叫的子函數（每一個子函數存成一個檔案）都存放在這個 private 子目錄內。如此一來，可以不必設定任何的路徑（關於路徑的設定，請參閱 8.5 節），也不用把子函數撰寫在與主函數同一個 M 檔案內，即可利用主函數來呼叫它們。

我們舉一個實例來做說明。假設我們撰寫了主函數 func8_12() 與子函數 subf()，其中由於 subf() 可能會被某些主函數呼叫到，因此就不能將它寫在與 func8_12() 同一個 M 檔案內。相反的，我們在存放 func8_12() 的資料夾底下新建一個 private 子資料夾，然後把 subf() 的 M 檔案 subf.m 存放在 private 子資料夾裡，如下圖所示：

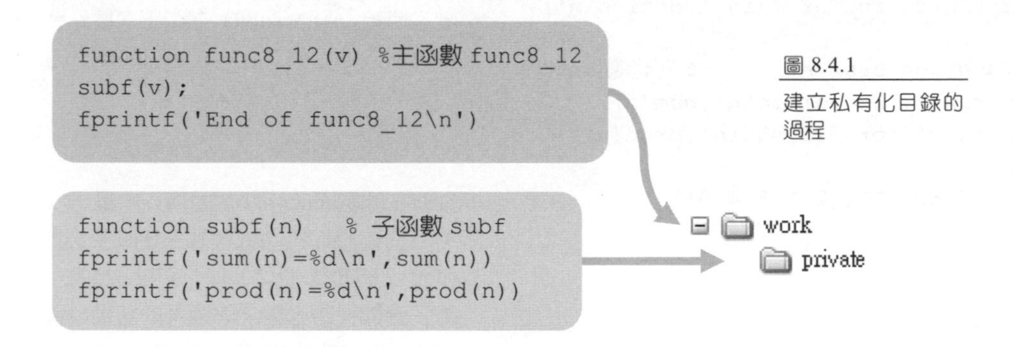

圖 8.4.1
建立私有化目錄的過程

請您先建好如圖 8.4.1 裡的 M 檔案 func8_12.m 與 subf.m，然後分別將它們存放在 work 資料夾與其子資料夾 private 中，然後進行下面的測試：

```
>> func8_12([1 2 3 4 5])
sum(n)=15
prod(n)=120
End of main function
```

呼叫 func8_12()，此時 func8_12() 會自動到 private 資料夾裡找尋子函數 subf() 來執行。

```
>> subf([1 2 3 4 5])
Undefined function 'subf' for input arguments of type 'double'.
```

定義在 private 的子函數並不能由外界直接執行。例如，如果直接在 Matlab 指令視窗裡直接執行，則會有錯誤訊息產生。

那麼，如果在 M 檔案裡定義一個子函數，且在私有化目錄裡也定義一個相同名稱的子函數，則哪一個子函數會先被執行呢？其實這就牽涉到函數執行順序的問題了。
當我們在一個 M 檔案裡呼叫其它的函數時，Matlab 呼叫的次序依序為

1. 同一個 M 檔案內的子函數
2. 若子函數不存在，則呼叫私有化目錄內的子函數
3. 若私有化目錄內的子函數也不存在，則依系統所設定的搜尋路徑來找尋

由此可知，M 檔案內的子函數享有最優先的執行權，再來才是私有化目錄內的子函數，最後才會依系統所設定的搜尋路徑來執行。至於如何設定系統的搜尋路徑，我們留到 8.5 節再做介紹。

8.4.5 保護程式碼—pcode

如果想讓別人使用您所撰寫的程式碼，但又不想把程式碼的內容公開讓它人查閱，其作法很簡單，只要利用 pcode 指令即可。pcode 是 pseudo-code 的縮寫，也就是虛擬碼的意思。

Matlab 的 M 檔案是純文字檔，所以任何可以開啟純文字檔的程式都可以查看它。然而一旦把 M 檔案轉換成 pcode 之後，如果把它打開來看，結果會是亂碼，雖然如此，但 pcode 的執行方式和 M 檔案完全相同。

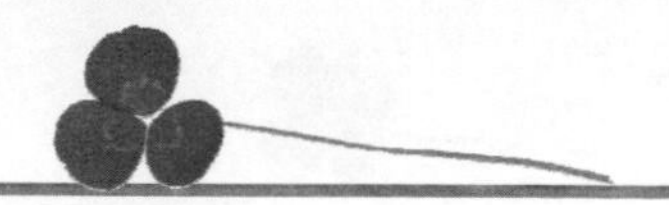

表 8.4.3 使用 pcode 指令

語法	說明
`pcode` *file_name.m*	將 M 檔案轉換成 pcode

我們以 8.2 節所介紹過的繪圖函數 func8_4() 為例，來說明如何把函數轉換成 pcode：

```
>> pcode func8_4.m
```

把 M 檔案 func8_4.m 轉換成 pcode。此時在存放 func8_4.m 的目錄內可以找到一個 func8_4.p 的檔案，這個檔案即是 pcode。

現在我們已經把 M 檔案 func8_4.m 轉換成 pcode。此時您可以試著以記事本開啟 func8_4.p 這個檔案，將會發現它是亂碼，並無法閱讀。如要執行它，只要把它當成 M 檔案一樣來執行就可以了：

```
>> which func8_4
C:\work\func8_4.p
```

利用 which 查詢 func8_4()。which 會依搜尋路徑找到其後所接的函數名稱，一旦找到它所在的位置，便會停止搜尋。到目前為止，func8_4.p 和 func8_4.m 還是放在同一個目錄內，但從 which 指令的輸出可知，Matlab 會以 pcode 為優先來執行。

```
>> func8_4(10000)
```

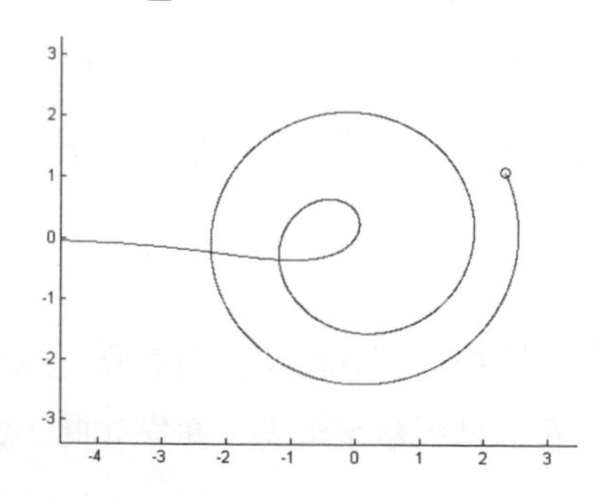

呼叫 func8_4(10000)來執行動態繪圖。注意在這個範例中，Matlab 執行的是 pcode，而不是 M 檔案。讀者可以試著將 M 檔案 func8_4.m 先移到其它目錄內，然後再執行左式，用以確定是 pcode 被執行。

8.5 路徑的設定

隨著 M 檔案越寫越多，要如何讓 Matlab 知道 M 檔案存放在哪一個資料夾裡，也就變得相當重要。Matlab 在執行 M 檔案時，會先在目前所在的工作目錄內找尋這個 M 檔案是否存在。若沒有，才會依 Matlab 設定的路徑來找尋。本節的主要重點有二，一是學習如何更改目前的工作目錄，二是學習如何設定 Matlab 搜尋的路徑。

8.5.1 設定目前工作目錄

「目前工作目錄」（current directory）是很重要的一個概念。Matlab 在使用變數，或者是呼叫函數時，都是先在「目前工作目錄」搜尋這些變數或者是函數是否有在此被定義，如果有，則直接取用，反之則依 Matlab 所設定的搜尋路徑來找尋。

要把某個資料夾設成目前的工作目錄，只要在工具列上的 Current Directory 欄位內鍵入資料夾的路徑，或者是按下「Browse for folder」按鈕，再於出現的視窗中選擇要當成目前工作目錄的資料夾，即可完成目前工作目錄的設定，如下圖所示：

圖 8.5.1 設定目前的工作目錄

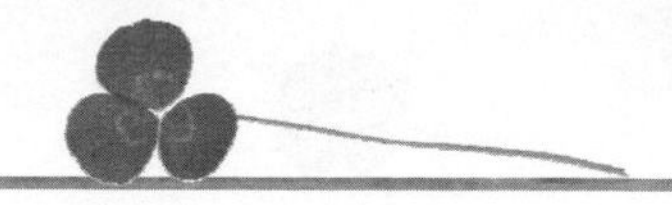

Matlab 預設的「目前工作目錄」是在 Matlab 的安裝目錄下的 work 子資料夾，因此當我們呼叫某個函數時，Matlab 會從這個資料夾開始找尋它是否有在此定義。若是，則直接取用，否則就依 Matlab 所設定的搜尋路徑來找尋。因此，如果存放的 M 檔案資料夾不是「目前工作目錄」時，則執行時會發生找不到 M 檔案的情形，此時有兩種解決方案：

1. 把「目前的工作目錄」設成存放 M 檔案的資料夾
2. 把存放 M 檔案的資料夾設在 Matlab 的搜尋路徑裡

現在第一種方案您已經知道該怎麼做了，第二個方案我們留到下一節再做討論。

8.5.2 設定 Matlab 搜尋的路徑

認識 Matlab 的搜尋路徑之後，接下來我們開始學習如何設定它。要設定搜尋路徑，請按下 HOME 標籤裡的 Set Path 鈕 Set Path（2012a 以前的版本請選擇 File 功能表中的 Set Path），此時 Set Path 對話方塊會出現，如下圖所示：

圖 8.5.2
Set Path 對話方塊

按下「Add Folder」按鈕，在跳出的對話方塊中選擇欲加入搜尋路徑的資料夾，然後把它加入搜尋路徑中。下面以一個簡單的實例來說明搜尋路徑所帶來的影響。Matlab 內建的 mean() 函數，可用來計算陣列元素的平均值。如果在指令視窗裡鍵入

```
>> which mean
```

此時Matlab會依搜尋路徑來找尋mean.m是放置在哪一個資料夾，一旦找到之後，Matlab便停止搜尋，然後回應存放 mean.m 的路徑：

```
CC:\Program Files\MATLAB\R2012b\toolbox\matlab\datafun\mean.m
```

此結果代表 mean.m 是放在 C:\Program Files\MATLAB\R2012b\toolbox\matlab\datafun\ 這個路徑內，當執行 mean() 函數時，所呼叫的也就是這一個 mean() 函數。

現在，假設我們也撰寫了一個相同名稱的 mean() 函數，但把它存放在

C:\my_work

這個資料夾內（請自行建立此資料夾）。我們所撰寫的 mean() 函數，其內容如下：

```
% mean.m, 請將這個 M 檔案放置在 C:\my_work 資料夾內
function out=mean(x)
fprintf('mean function called\n')
out=sum(x)/length(x);
```

現在請執行下面的敘述：

```
>> mean([1 2 3 4 5 6])
```

Matlab 回應

```
ans =
    3.5000
```

這代表了 Matlab 所執行的 mean，是定義於 C:\Program Files\MATLAB\R2012b\toolbox\matlab\datafun\ 這個路徑裡的 mean，而不是存放於 C:\my_work 資料夾裡的 mean。現

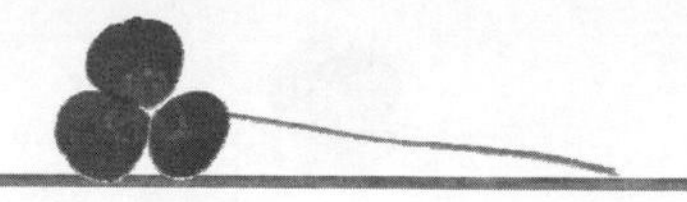

在，請您把目前的工作目錄設成 C:\my_work（設定方式請參考前一節的說明），然後於 Matlab 的指令視窗內鍵入

```
>> which mean
```

此時 Matlab 回應

```
C:\my_work\mean.m
```

這個結果並不令人意外，因為 Matlab 在搜尋 M 檔案時，會先從目前的工作目錄來找尋。現在請執行下面的敘述：

```
>> mean([1 2 3 4 5 6])
```

Matlab 回應

```
mean function called

ans =
    3.5000
```

現在可以確定是剛才所撰寫的 mean() 函數被呼叫。最後，請把目前的工作目錄設回原來的預設值（work 資料夾），然後利用 set path 對話方塊，將 C:\my_work 資料夾加入搜尋的路徑，並把它置於所有搜尋路徑的最上層（這應該是預設值）。設定完畢之後，在 Matlab 的指令視窗內鍵入

```
>> which mean
```

此時 Matlab 回應

```
C:\my_work\mean.m
```

由此可知，我們所設定的路徑現在已經發生作用。讀者現在可以試試利用 mean() 函數來計算向量的平均值，用以驗證是我們定義的 mean() 函數被呼叫。

8.6 匿名函數

匿名函數（anonymous functions）提供另一種函數的定義方式，可以在指令視窗裡直接定義一個函數，而不用把函數寫在 M 檔案裡。下表列出這種匿名函數的定義方式：

表 8.6.1 匿名函數的定義

指令	說明
fname=@(*arg_list*) *expr*	定義匿名函數，函數名稱為 *fname*，輸入引數為 *arg_list*，函數的內容則定義在 *expr* 的位置

通常匿名函數適合用在定義簡單的數學函數、重複使用性不高，且不會在其它的程式碼裡被用到的時候。此外，您也可以把匿名函數定義在一個 M 檔案裡，讓此檔案內的程式碼來呼叫，如此可以省去再把此匿名函數定義成另一個 M 檔案，或者是子函數的麻煩。我們來看看下面的範例：

```
>> f=@(x) sin(2*x).*exp(-x/2)
f =
    @(x)sin(2*x).*exp(-x/2)
```

定義匿名函數 $f(x)=\sin(2x)\,e^{-x/2}$ 。左式的函數 $f(x)$ 就相當於一個數學函數。注意左式的定義中， $\sin(x/2)$ 與 $e^{-x/2}$ 是以元素對元素的運算相乘，如此便可確保當引數是一個陣列時，$f(x)$ 也可以執行。

```
>> fplot(f,[0,2*pi])
```

現在您可以把函數 $f(x)$ 拿來當成引數來繪圖了。

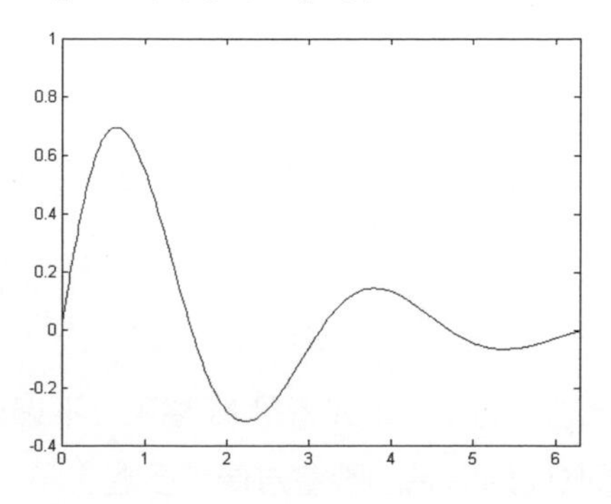

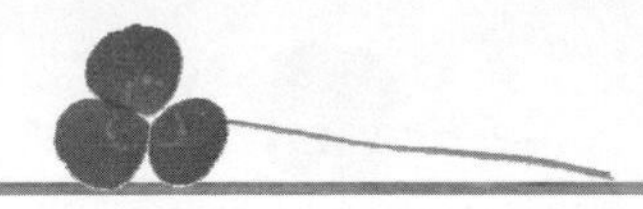

```
>> f(1.3)
ans =
   0.2691
```

計算 $f(1.3)$ 得到 0.2691。讀可以以發現到，現在使用函數 $f(x)$ 就像是使用 Matlab 內建的數學函數一樣方便。

```
>> f([1.4,2.5])
ans =
   0.1664   -0.2747
```

函數 $f(x)$ 的引數也可以是一個向量。於左式中，我們輸入一個向量，函數的輸出也是一個向量。

```
>> fzero(f,1.5)
ans =
   1.5708
```

$f(x)$ 也可以用在 fzero() 函數裡求值。fzero() 是用來出滿足 $f(x)=0$ 之解，這個函數將會在第 11 章中介紹。

如果想要定義二個引數以上的匿名函數，只要將每一個引數依序填入匿名函數的括號內即可，如下面的範例：

```
>> g=@(x,y) x./(x.^2+y.^2+1);
```

定義匿名函數 $g(x,y)$。事實上，$g(x,y)$ 也是一個數學函數。

```
>> [xx,yy]=meshgrid(-5:0.4:5,-5:0.4:5);
```

利用 meshgrid 建立 xx 與 yy 陣列。

```
>> surf(xx,yy,g(xx,yy))
```

繪出 $g(x,y)$ 的圖形。現在讀者可感覺到，使用 $g(x,y)$ ，就像是使用定義在 M 檔案裡的函數一樣。

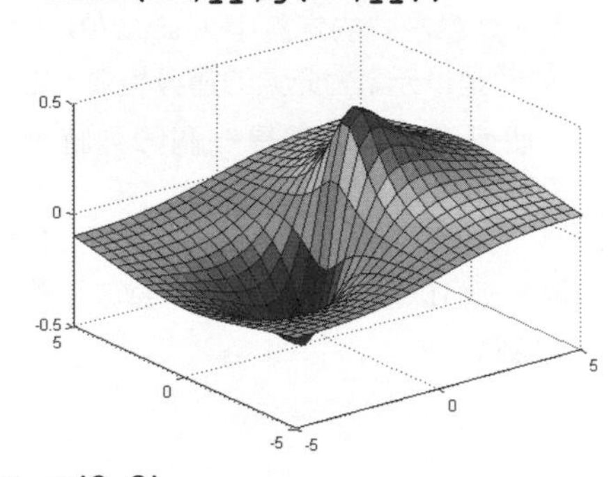


```
>> g(2,3)

ans =
   0.1429
```

計算 $g(x,y)$ 於 $x=2,\ y=3$ 的值，得到 0.1429。

雖然在許多 Matlab 的計算裡，數學函數可以定義成一個字串，或者是 M 檔案，不過您會發現，如果這個數學函數需要用上好幾次，那麼使用匿名函數會方便許多喔！

習 題

8.1 撰寫底稿

1. 請參考 7.1.1 節，利用 M 檔案的底稿繪出 $r = \log(t)$ 的極座標圖，繪圖範圍請用 $0.01 \le t \le 6\pi$ ，繪圖點數 100 點。M 檔案名稱請取名為 ex8_1.m。

2. 請參考 7.2 節，利用 M 檔案的底稿繪出 $z = x/e^{x^2+y^2}$ 的梯度向量場，資料點數為 32×32，繪圖範圍 $-2 \le x \le 2$ ， $-2 \le y \le 2$ 。M 檔案名稱請取名為 ex8_2.m。

3. 請參考 7.2 節，利用 M 檔案的底稿繪出 $z = x/e^{x^2+y^2}$ 的三維法向量，資料點數為 48×48，繪圖範圍 $-2 \le x \le 2$ ， $-2 \le y \le 2$ 。M 檔案名稱請取名為 ex8_3.m，法向量的長度為原先預設長度的 0.3 倍。

8.2 設計函數

4. 於 Matlab 的指令視窗裡鍵入 type primes.m，此時會顯示出 primes() 函數的 M 檔案。請仿照 8.2 節的介紹，把這個 M 檔案標上函數定義列、H1 列、函數說明文字區與函數的主體這四個部分。

5. 於 8.2 節中，函數 func8_2() 並沒有寫上 H1 列與函數說明文字區。請將它們補上，並以 lookfor 指令和 help 指令測試之。請將函數名稱設定成 ex8_5。

6. 試撰寫一函數 ex8_6()，可接收一整數 n，其輸出為下面的結果：
   $$\frac{1}{2}+\frac{1}{2^2}+\frac{1}{2^3}+\cdots+\frac{1}{2^n}$$

8.3 追蹤函數的執行與偵錯

7. 試撰寫一函數 ex8_7()，它可接收大於 2 的整數，傳回值則為小於等於這個整數的最大質數。例如，輸入 ex8_7(14)，則回應 13，因為 13 是小於等於 14 的最大質數。

8. 試利用 fprintf() 函數印出下列字串：

   (a) Today is a sunny day.

   (b) It's mine.

   (c) 35% students are failed.

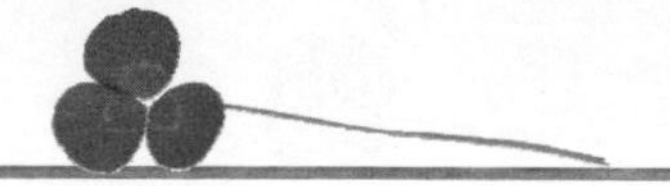

9. 試修改 func8_4()，使得在執行完 func8_4()，於 Matlab 的指令視窗內可以顯示出向量 r 的最大值與最小值。請將函數名稱設定成 ex8_9。

8.4 函數的進階認識

10. 試撰寫函數 ex8_10()，它沒有傳回值，但可接收兩個引數，並利用 fprintf() 印出這兩個引數之和。在執行 ex8_10() 時，請以不需括號的方式來呼叫（因為 ex8_10() 會把引數看成是字串，因此必須先利用 eval() 把字串轉換成數字之後，才可以進行數學運算）。

11. 試撰寫一函數 ex8_11()，如果它只接收兩個向量 x_1 與 y_1，則會繪出 $x_1 - y_1$ 的函數圖。若是接收 4 個向量 x_1, y_1, x_2 與 y_2，則繪出 $x_1 - y_1$ 與 $x_2 - y_2$ 的函數圖形於同一張圖上。請自行設定向量的內容。

12. 試在同一個 M 檔案內撰寫一個主函數 ex8_12()，與一個子函數 inv()。主函數可接收一個向量 v，並可把向量 v 傳給子函數 inv()，由子函數計算向量 v 內每一個數字的倒數（例如，3 的倒數為 $1/3$），然後傳回這個倒數所組成的向量 w，並由主函數接收，然後在主函數內計算向量 w 之元素的總和，並把它傳回工作區。

13. 試改寫習題 12，使得 inv() 是存放在主函數的私有化目錄內。主函數名稱為 ex8_13()。

14. 試將習題 12 編譯成 pcode，並執行之，以驗證 pcode 的執行結果是正確的。

8.5 路徑的設定

15. 假設習題 12 的主函數 ex8_12() 是放置在 c:\my_works 這個資料夾內，試把這個資料夾改為「目前工作目錄」，使得在 Matlab 的視窗裡下指令，就可以直接執行它。

16. 假設習題 12 的主函數 ex8_12() 是放置在 c:\my_works 這個資料夾內，試將它加入 Matlab 的搜尋路徑中，使得可以直接在 Matlab 的視窗裡下指令，就可以直接執行它。

8.6 匿名函數

17. 試定義匿名函數 $f(x) = \sin\sqrt{x^3}$，並利用 fplot() 將 $f(x)$ 繪出，繪圖範圍為 $0 \sim 2\pi$。

18. 試定義匿名函數 $g(x,y) = y^2 - x^2$，並利用 ezsurf() 將 $g(x,y)$ 繪出，繪圖範圍為 $-3 \le x \le 3$，$-3 \le y \le 3$。

第九章
程式控制流程

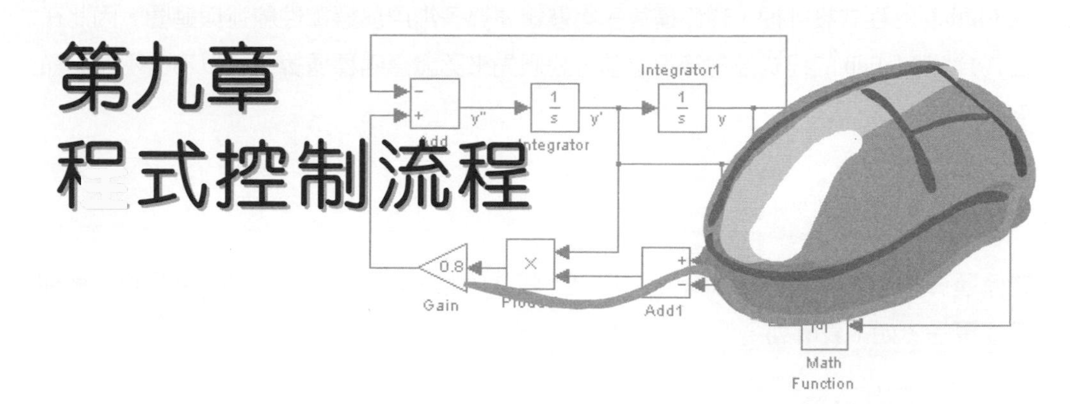

到目前為止，我們所撰寫的程式，都是簡單的循序性敘述。如果必須使用到判斷條件，或者是想處理重複性的工作時，就必須使用選擇性敘述與迴圈。於本章中，我們要學習選擇性敘述與迴圈的語法，讓 Matlab 程式的撰寫更加的靈活，操控更方便。

本章學習目標

- 認識關係運算子與邏輯運算子
- 學習選擇性敘述的用法
- 學習各種迴圈的用法
- 探討迴圈的效率問題

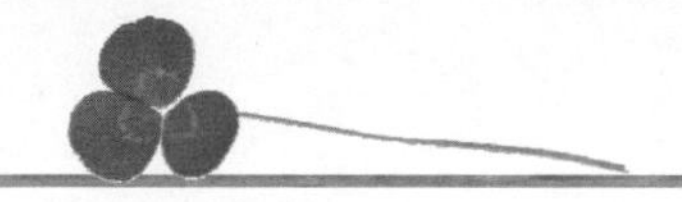

9.1 關係運算子與邏輯運算子

在 Matlab 的程式設計裡，關係運算子與邏輯運算子常用於選擇性敘述與迴圈，因此在正式介紹 Matlab 的程式控制流程之前，我們先來認識這兩種運算子，以下分兩個小節來討論。

9.1.1 關係運算子

關係運算子（relational operators）可用來比較二個數字之間的大小。Matlab 提供 6 個關係運算子，如下表所列：

表 9.1.1 關係運算子

關係運算子	說 明
<	小於
<=	小於或等於
>	大於
>=	大於或等於
==	等於
~=	不等於

關係運算子不僅可以用來判斷二個數字的大小，同時也可用來進行陣列內，元素對元素的判斷。我們來看看下面的範例：

```
>> 4<=12
ans =
     1
```

測試 4 是否小於或等於 12，Matlab 回應 1。Matlab 是以 1 代表 true，因此左式判斷的結果成立。

```
>> 5>6
ans =
     0
```

測試 5 是否大於 6。於左式中，Matlab 回應 0。Matlab 是以 0 代表 false，因此左式判斷的結果並不成立。

```
>> test=[1 3 4]<[2 2 1]
test =
     1     0     0
```

當關係運算子用於陣列時，會進行元素對元素的運算。因此左式是用來判別 1 是否小於 2（結果為 1），3 是否小於 2（結果為 0），以及 4 是否小於 1（結果為 0），於是左式以一個陣列回應判別的結果。

```
>> whos test
  Name    Size  Bytes  Class
  test    1x3       3  logical array
```

於上面的範例中，我們把判別結果設定給變數 *test* 存放。現以 whos 指令查詢變數 *test*，讀者可發現 *test* 的資料型態是 logical array，維度為 1×3。

回想一下本書前面的章節裡，我們曾介紹過 Matlab 有數種資料型態，而 logical 型態正是其中一種。從上面的範例可知，關係運算子回應的數字 0 與 1，其型態為 logical，而不是 double。如要把 double 型態轉換成 logical，可用 logical() 函數：

```
>> a=[1 0 1 1]
a =
     1     0     1     1
```

這是一個 double 型態的陣列 *a*。

```
>> logical(a)
ans =
     1     0     1     1
```

將陣列 *a* 轉換成 logical。讀者可以發現 logical 型態的陣列，其長相與 double 型態的陣列並無二異，但二者是不同資料型態的陣列。

```
>> logical([3 2 0 12.4 0])
ans =
     1     1     0     1     0
```

只要不是 0 的數字，logical() 便會把它看成是 true，因此會把它轉換成 1。於是左式的 3、2 與 12.4 均會被視為 true，轉換之後也就變成 1。

有趣的是，Matlab 可以把邏輯型態的陣列當成陣列的索引值，用來取出索引值為 1 的元素值，如下面的範例：

```
>> a=[-1 0 2 3 1 5]
a =
    -1     0     2     3     1     5
```

這是陣列 *a*。

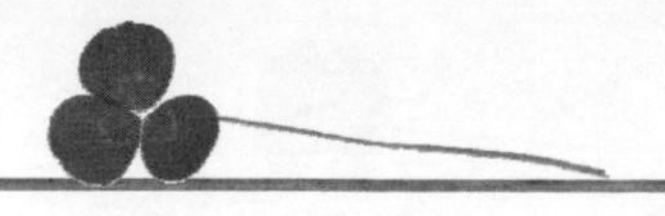

```
>> b=a<2
b =
     1     1     0     0     1     0
```

找尋陣列 a 中，小於 2 的元素，並把其結果設定給陣列 b 存放。於左式的輸出中，讀者可以發現陣列 a 的第 1、2 與第 5 個元素值均小於 2。

```
>> a(b)
ans =
    -1     0     1
```

把陣列 b 當索引值來取出陣列 a 的元素。因為陣列 b 的第 1、2、5 個元素的值為 1，所以左式會取出陣列 a 的第 1、2、5 個元素。事實上，左式也就是相當於取出陣列 a 中，小於 2 的所有元素。

```
>> a(a<2)
ans =
    -1     0     1
```

利用左式的語法，也可以找出陣列 a 中，小於 2 的所有元素。

```
>> a(logical([1 0 1 1]))
ans =
    -1     2     3
```

左式可取出陣列 a 裡，第 1、3 與 4 個元素，因為其邏輯索引值為 1。注意我們必須把陣列 [1 0 1 1] 轉換成 logical 型態，否則會有錯誤訊息產生。

```
>> a(a>0)=-9
a =
    -1     0    -9    -9    -9    -9
```

將陣列 a 中，所有大於 0 的元素均設值為 -9。注意左式中，$a(a>0)$ 這個語法會取出陣列 a 的第 3, 4, 5, 6 個元素，因此這些元素會被設成 -9。

在二維（或二維以上）的陣列中，同樣還是可以用邏輯陣列來取出陣列的元素，只是此時取出的元素會以行向量來排列，如下面的範例：

```
>> a=[1 4 3;4 9 5;7 8 2]
a =
     1     4     3
     4     9     5
     7     8     2
```

定義 a 為一個 3×3 的陣列。

```
>> b=a>5
b =
     0     0     0
     0     1     0
     1     1     0
```

找出陣列 *a* 中，大於 5 的元素。於左式的輸出中，讀者可以看出在邏輯陣列 *b* 裡，只要是陣列 *a* 之元素值大於 5 之處，其值都被設為 1，其它的位置都是 0。注意陣列 *b* 是一個邏輯型態的陣列。

```
>> a(b)
ans =
     7
     9
     8
```

取出陣列 *a* 中，元素值大於 5 的元素。注意 Matlab 會把二維陣列看成是一個直行的行向量，然後再逐一找尋大於 5 的元素，因此 Matlab 會先找到第三列第一行的 7，然後找到第二列第二行的 9 與第二列第三行的 8。

從上面的範例中，讀者可以觀察到關係運算子在判斷某個條件時，其傳回的結果是一個邏輯陣列，用來表示陣列裡的哪一個位置的判斷結果為 true。如果希望判斷結果為陣列的索引值時，可用 find() 函數：

表 9.1.2 find() 函數的使用

函 數	說 明
ind=find(*array*)	找出陣列 *array* 中，元素值不是 0 之元素的一維索引值，並把此索引值設定給變數 *ind* 存放
[*r*,*c*]=find(*array*)	同上，但回應陣列的二維索引值，並把列索引值設定給變數 *r* 存放，把行索引值設定給變數 *c* 存放

```
>> a=[1 2 3 6;3 2 1 1;9 3 7 0]
a =
     1     2     3     6
     3     2     1     1
     9     3     7     0
```

定義 *a* 為一個 3×4 的陣列。

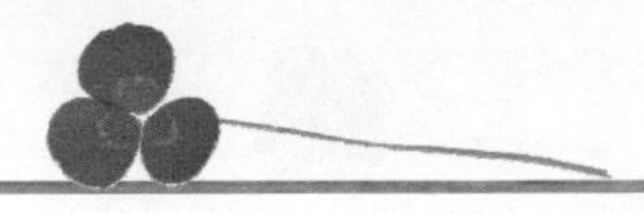

```
>> b=(a>=6)
b =
     0     0     0     1
     0     0     0     0
     1     0     1     0
```

找出陣列 *a* 中，大於等於 6 的元素。於左式中，若把陣列 *b* 看成是一維陣列，則陣列裡的第 3、9 與 10 個元素的值大於等於 6。

```
>> find(b)
ans =
     3
     9
    10
```

利用 find() 找出陣列 *b* 裡，非 0 之元素的索引值。因我們沒有利用任何變數接收 find() 的傳值，因此 find() 會傳回陣列 *b* 裡，非 0 元素的一維陣列索引值。事實上，左式的輸出也就是滿足 $a \geq 6$ 之元素的一維陣列索引值。

```
>> [r,c]=find(a>=6)
r =
     3
     3
     1
c =
     1
     3
     4
```

如果給予兩個變數來接收 find() 的傳回值，則第一個變數會接收二維陣列裡，非 0 元素之列索引值，而第二個元素則是接收行索引值。舉例來說，陣列 *a* 裡大於等於 6 的元素有 3 個，若把陣列 *a* 排成一個直行來看的話，第一個大於等於 6 的元素是 9，它位於第三列第一行，所以左式的回應中，*r* 的第一個元素是 3，*c* 的第一個元素是 1，其餘以此類推。

```
>> find([0 2 0;0 1 0;0 0 0])
ans =
     4
     5
```

find() 的引數不一定要是邏輯型態。只要不是 0 的數值，無論陣列的型態是 logical、single 或 double，find() 皆可正確的找出非 0 數值的索引值。

9.1.2 邏輯運算子

邏輯運算子（logical operators）是用來運算 2 個邏輯變數之間的邏輯關係。Matlab 提供了 3 個邏輯運算子，如下表所列：

表 9.1.3　邏輯運算子

邏輯運算子	說 明
&	and 運算。兩個運算元必須同為 true，其結果才為 true
|	or 運算。兩個運算元中，只要有一個為 true，其結果便為 true
~	not 運算，也就是把 true 變為 false，或把 false 變為 true

```
>> 4&0
ans =
     0
```

把 4 與 0 做 and 運算。因為 Matlab 把非 0 的數看成是 true，把 0 看成是 false，所以 true 與 false 做 and 的運算結果為 false，於是左式回應 0。

```
>> [1 0 3] | [2 0 0]
ans =
     1     0     1
```

邏輯運算子會自動進行元素對元素的運算，因此 1 與 2 做 or 運算得到 1，0 與 0 做 or 運算得到 0，而 3 與 0 做 or 運算得到 1，所以左式回應向量 [1 0 1]。

```
>> ~[0 2 2 5 0]
ans =
     1     0     0     0     1
```

將向量 [0 2 2 5 0] 做 not 運算。由於第一個與最後一個元素的值為 0，所以 not 的運算結果為 1，其餘元素均非零，所以 not 的運算結果為 0。

另外 Matlab 提供了兩個常用的函數 all() 與 any()，其功用與邏輯運算子相似，可用來判斷陣列裡是否有非零的元素。這兩個函數的功能列表如下：

表 9.1.4　any() 與 all()

函 數	說 明
all(*v*)	當向量 *v* 裡所有的元素皆為 true（非零）時，則傳回 1，否則傳回 0
any(*v*)	只要向量 *v* 裡有任何一個元素為 true（非零）時，則傳回 1，否則傳回 0

```
>> any([1 2 0 0 0])
ans =
     1
```

因為向量 [1 2 0 0 0] 裡有非零的元素，所以 any() 回應 1。

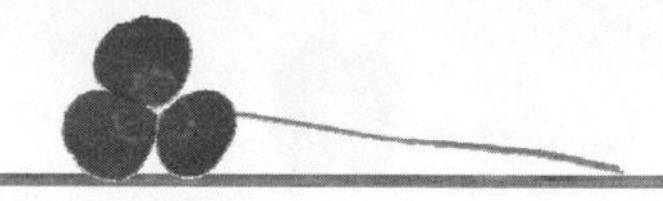

```
>> any([0 0 0])
ans =
     0
```

因為向量 [0 0 0] 裡沒有非零的元素，所以 any() 回應 0。

```
>> all([1 2 0 0 0])
ans =
     0
```

向量 [1 2 0 0 0] 裡含有元素 0，所以 all 回應 0。

```
>> a=[1 2 3;0 3 2;3 0 1]
a =
     1     2     3
     0     3     2
     3     0     1
```

定義變數 a 為一個 3×3 的矩陣。

```
>> all(a)
ans =
     0     0     1
```

當 all() 的引數為一矩陣時，它會以矩陣內的每一行為單位來進行 all 運算。由於第一與第二行均含有 0，所以 all 回應 0，第三行均為非零，所以 all 回應 1。

```
>> all(all(a))
ans =
     0
```

利用左式的語法即可判別矩陣 a 內的元素是否均為非零。

9.1.3 性質測試函數

除了可以利用關係運算子來判別數字之間的大小之外，您也可以利用 Matlab 所提供的性質測試函數來測試其引數是否符合某些性質，例如我們常用的 isprime() 即可用來測試其引數是否為一個質數。下表列出了常用的性質測試函數，您可以注意到這些函數的名稱，開頭兩個字母都是 'is'：

表 9.1.5　性質測試函數

函數	說明
ischar(*a*)	測試引數 *a* 是否為一個字元陣列
isempty(*a*)	測試引數 *a* 是否為一個空陣列
isequal(*a*, *b*)	測試引數 *a* 與 *b* 裡的元素個數與數值是否均相等

函數	說明
isfloat(*a*)	測試引數 *a* 是否為一個浮點數陣列（包含虛數）
isinteger(*a*)	測試引數 *a* 是否為一個 n-bit 整數陣列
islogical(*a*)	測試引數 *a* 是否為一個邏輯型態的陣列
isnan(*a*)	測試引數 *a* 是否為一個 NaN（not a number）的陣列
isnumeric(*a*)	測試引數 *a* 是否為數值（包含 n-bit 整數、實數與虛數）
isprime(*a*)	測試引數 *a* 是否為質數
isreal(*a*)	測試引數 *a* 是否為實數（含邏輯型態，但不包含 n-bit 整數）
isscalar(*a*)	測試引數 *a* 是否為純量（scalars）
issorted(*a*)	測試引數 *a* 是否為已經排序好
isspace(*a*)	測試陣列 *a* 裡的字元是否為空白字元。若是，則回應 1，否則回應 0
isvector(*a*)	測試引數 *a* 是否為一個向量

```
>> isempty([])
ans =
     1
```

若方括號內沒有任何元素，則代表一個空陣列。左式回應 1，代表 isempty 的判斷為真。

```
>> isequal([1 2 3 4],[1 2 3 0])
ans =
     0
```

陣列 [1 2 3 4] 與 [1 2 3 0] 裡，並沒有每一個元素都相同，所以 isequal() 回應 0。

```
>> isfloat(5)
ans =
     1
```

數字 5 在 Matlab 裡是 double 型態，因此可視為浮點數，所以左式回應 1。

```
>> isfloat(uint8(5))
ans =
     0
```

把數字 5 轉換成 uint8，也就是 8-bit 的無號整數。8-bit 的無號整數 5 並非浮點數，所以 isfloat 回應 0。

```
>> isnumeric(uint8(5))
ans =
     1
```

無論是浮點數或是 n-bit 整數都是屬於數值型態，所以 isnumeric 回應 1。

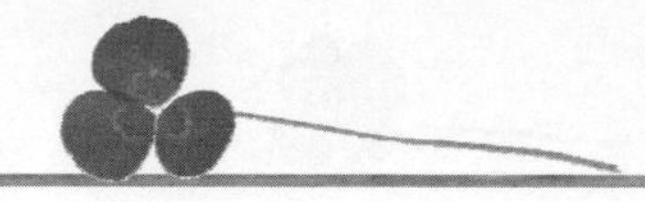

```
>> isscalar(3)
ans =
     1
```

判別數字 3 是否為一純量。如果陣列裡的元素只有一個，則 Matlab 把它看成是純量（scalar），因為數字 3 可看成是只有一個元素的向量，所以是單一一個元素，於是左式回應 1。

```
>> isscalar([3 3])
ans =
     0
```

向量 [3 3] 具有兩個元素，所以它不是純量。

9.2 選擇性敘述

Matlab 提供兩種選擇性的指令（branching command），用來控制程式執行的流程，一個是 if-elseif-else，另一個是 switch-case-otherwise，下面分成兩個小節來介紹它們。

9.2.1 使用 if-elseif-else 指令

當程式中有分歧的判斷敘述時，便可使用 if-elseif-else 指令來處理。在許多情況下，if-elseif-else 指令可化簡為 if-else 指令，或者是單純的 if 指令。我們先來看看簡單的 if 與 if-else 指令，其語法如下：

表 9.2.1 if 與 if-else 指令

指令	說 明
if 判斷條件 敘述主體 end	若判斷條件為 true，則執行敘述主體

if 判斷條件
    敘述主體 1
else
    敘述主體 2
end
	若判斷條件為 true，則執行敘述主體 1，否則執行敘述主體 2

因為 if 與 if-else 指令的程式碼撰寫起來較長，通常會跨越好幾行，因此用 M 檔案來撰寫它們會比較方便。本章稍後的範例，如果有使用到程式控制流程的敘述時，也都是用 M 檔案來寫成的。

```
%script9_1.m
if 5>3
   disp('5 大於 3')
end
```

判別數字 5 是否大於 3。若是，則印出字串 '5 大於 3'。注意左式是一個底稿（script）型式的 M 檔案。

```
>> script9_1
5 大於 3
```

執行底稿 script9_1。因為 5 比 3 大，所以會印出 '5 大於 3' 字串。

```
function func9_1(num)
if mod(num,2)==0
   fprintf('%g 是偶數\n',num)
else
   fprintf('%g 是奇數\n',num)
end
```

左式的範例是一個存成 M 檔案的指令，它可用來測試引數是奇數或偶數。於左式中，mod 是取餘數函數，因此若 num/2 等於 0，表示 num 為偶數，否則為奇數。

```
>> func9_1(12)
12 是偶數
```

測試 12 是奇數或偶數，func9_1() 回應偶數。

```
>> func9_1(35)
35 是奇數
```

測試 35 是奇數或偶數，func9_1() 回應奇數。

```
>> func9_1(3.6)
3.6 是奇數
```

如果在 func9_1() 裡輸入引數 3.6，則會判別成奇數，顯然 func9_1() 的判別有點問題。

通常奇數或偶數是針對正整數，要修正 func9_1() 的問題，可以在函數裡加入一些判別，用來過濾掉不是正整數的引數，如下面的範例：

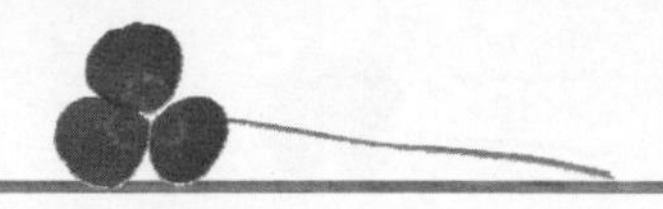

```
function func9_2(num)
if num-fix(num)==0 & num>0
   if mod(num,2)==0
      fprintf('%g 是偶數\n',num)
   else
      fprintf('%g 是奇數\n',num)
   end
else
   fprintf('%g 不是正整數\n',num)
end
```

在 func9_2() 中，第二行的 fix() 可用來取出數值的整數部份。若 num-fix(num)的結果為 0，代表 num 並沒有小數部分，所以可藉此來判定輸入的引數 num 是否為整數。若要判定是否為正整數，只要用邏輯運算子&&來連接 num>0 的判斷式即可。

```
>> func9_2(12)
12 是偶數
```

傳入引數 12。因 12-fix(12)=0，且 12 也大於 0，所以程式會進到內層的 if-else 敘述內執行。

```
>> func9_2(12.44)
12.44 不是正整數
```

傳入 12.44。因 12.44-fix(12.44)=0.44，其結果不為 0，所以即使 12.44 大於 0，邏輯運算子&&的判定結果也為 false，因此會印出 '12.44 不是正整數' 字串。

```
>> func9_2(13)
13 是奇數
```

傳入 13，func9_2() 也可以做出正確的判斷。

如果判斷敘述裡需要有多個一連串的判斷，則可使用 if-elseif-else 指令，這種指令的撰寫方式也可稱為巢狀的 if-else 指令，其語法如下：

表 9.2.2 if-elseif-else 敘述

指 令	說 明
if 判斷條件 1 敘述主體 1 elseif 判斷條件 2 敘述主體 2 elseif 判斷條件 3 敘述主體 3 ... else 敘述主體 *n* end	若判斷條件 1 成立，則執行敘述主體 1，否則繼續執行判斷條件 2。若判斷條件 2 成立，則執行敘述主體 2，否則繼續執行判斷條件 3，以此類推。若所有的判斷條件皆不成立，則執行敘述主體 *n*

下面的範例是以 if-elseif-else 指令來判別輸入的引數型態是 n-bit 整數型態、邏輯型態、浮點數型態，或者是其它型態。

```
function func9_3(num)
if isinteger(num)
   disp('傳入的引數是 n-bit 整數')
elseif islogical(num)
   disp('傳入的引數是邏輯型態')
elseif isfloat(num)
   disp('傳入的引數是浮點數')
else
   disp('傳入的引數是其它型態')
end
```

定義函數 func9_3()，並利用 isinteger()、islogical() 與 isfloat() 配合 if-elseif-else 指令來判別輸入的引數是哪一種型態。如果所有的判定都不符合，則執行 else 之後所接的敘述，也就是印出 '傳入的引數是其它型態' 字串。

```
>> func9_3(logical(1))
傳入的引數是邏輯型態
```

將整數 1 轉換成 logical 型態後，傳遞給函數 func9_3()。從左式中，讀者可看出 func9_3() 可正確的判斷出引數的型態。

```
>> func9_3(uint8(1))
傳入的引數是 n-bit 整數
```

將數字 1 轉換成 8-bit 無號整數的型態，因此 func9_3() 會判斷出引數是 n-bit 整數。

```
>> func9_3(3.4)
傳入的引數是浮點數
```

func9_3() 可判斷出引數 3.4 是一個浮點數。

```
>> func9_3('a string')
傳入的引數是其它型態
```

字串 'a string' 它並不屬於 n-bit 整數型態、邏輯型態或是浮點數型態，所以會執行 else 之後的敘述，也就是印出 '傳入的引數是其它型態' 字串。

9.2.2 使用 switch-case-otherwise 指令

另一個與 if-elseif-else 指令功能相近的指令是 switch。switch 可依據某個運算式的值，來決定是哪個敘述主體會被執行，其語法如下：

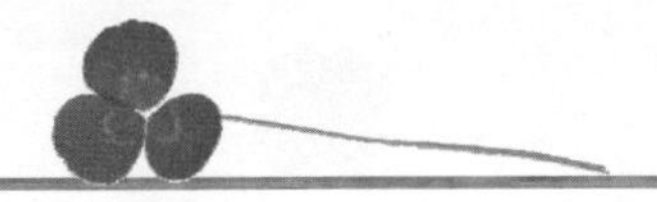

表 9.2.3 switch-case-otherwise 敘述

指 令	說 明

`switch 運算式`
`  case 選擇值 1`
`      敘述主體 1`
`  case 選擇值 2`
`      敘述主體 2`
`   ...`
`  otherwise`
`      敘述主體 n`
`end`
	若運算式的值等於選擇值 1，則執行敘述主體 1，若運算式的值等於選擇值 2，則執行敘述主體 2，以此類推。如果運算式的值皆不等於所列的選擇值，則執行敘述主體 *n*
	若接在 case 後面的選擇值不只一個時，可用大括號將它們括起來，如
	{選擇值 1, 選擇值 2, ..., 選擇值 *n*}

如果對於 C 語言的語法熟悉，您會發現 Matlab 的 switch-case-otherwise 指令在 case 之後並不必像 C 語言那樣，必須用 break 指令來跳出 switch，這是因為 Matlab 在執行完敘述主體之後，便會自動跳離整個 switch，所以不必使用 break 來強制跳出。

下面是 switch 指令的使用範例。我們把函數 func9_4() 設計成可接收一個字串，然後依輸入的字串利用 switch 來判別是哪一個字串被輸入，再進行相關的運算。

```
function func9_4(method)
switch method
  case {'linear','bilinear'}
    disp('linear/bilinear method')
  case 'cubic'
    disp('Cubic method')
  otherwise
    disp('Unknown method')
end
```

定義函數 func9_4()。func9_4() 可接收一個字串，若字串是 'linear' 或 'bilinear'，則會印出 'linear/bilinear method' 字串。字串若是 'cubic'，則印出 'Cubic method'，若不是這幾種情況，則印出 'Unknown method'。

```
>> func9_4('bilinear')
linear/bilinear method
```

輸入引數 'bilinear'，func9_4() 會印出 'linear/bilinear method' 字串。

```
>> func9_4('newton')
Unknown method
```

輸入引數 'newton'，因為字串 'newton' 不是 case 後面所接之選擇值裡的任何一種，所以印出 'Unknown method' 字串。

下面的範例是 switch 指令的另一個應用。於此範例中，函數 func9_5() 可接收一個數值，並利用 switch 指令判別所接收的數值是否為偶數。若是，則傳回邏輯型態的變數 1，否則傳回邏輯型態的變數 0。func9_5() 的程式撰寫與測試如下：

```
function test=func9_5(num)
n=mod(num,2);
switch n
  case 1
    test=logical(0);
  case 0
    test=logical(1);
  otherwise
    disp('not a positive integer')
    test=logical(0);
end
```

函數 func9_5() 可接收一個引數，並利用 mod() 函數計算該引數除以 2 之後的餘數。若餘數為 1，代表傳入的引數是奇數，於是回應 logical(0)。若餘數為 0，代表引數是偶數，於是回應 logical(1)。若 mod 的結果不是 0 或 1，則代表輸入的數值並非正整數，所以會執行 otherwise 之後的敘述。

```
>> func9_5(12)
ans =
     1
```

12 是偶數，所以 func9_5() 回應 1，代表 true。注意 func9_5() 所回應的 1 是邏輯型態，而非 double 型態。

```
>> func9_5(11)
ans =
    0
```

11 是奇數，所以 func9_5() 回應 0，代表 false。

```
>> func9_5(12.22)
not a positive integer
ans =
    0
```

12.22 除以 2 的餘數為 0.22，不是 1 也不是 0。所以函數 func9_5() 裡 otherwise 之後的敘述會被執行。

9.3 迴圈

需要重複執行某項功能時，迴圈是很好的選擇。我們可以根據程式的需求與習慣，選擇使用 Matlab 所提供的 for 與 while 迴圈。

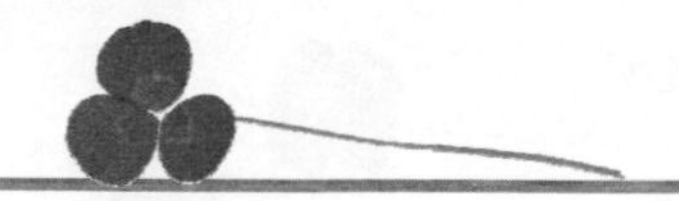

9.3.1 使用 for 迴圈

如果明確的知道迴圈要執行的次數時，就可以使用 for 迴圈。for 迴圈是以關鍵字 for 開頭，end 結尾，包圍在 for 與 end 之間的敘述為迴圈的主體。for 迴圈的語法如下所示：

表 9.3.1 for 迴圈敘述

指 令	說 明
for 迴圈變數=向量 　敘述主體 end	將變數依序設定成向量裡的每一個元素值，然後執行敘述主體
for 迴圈變數=矩陣 　敘述主體 end	將變數依序設定成矩陣裡的每一個直行，然後執行敘述主體

下列的範例是利用 for 迴圈計算 2~100 之間，所有質數的總和：

```
%script9_2.m
total=0;
for num=2:100
   if isprime(num)
      total=total+num;
   end
end
fprintf('sum=%d\n',total)
```

左式是一個底稿型式的 M 檔案，它是利用 for 迴圈來計算 2 到 100 之間，所有質數的總和。於 for 迴圈中，變數 num 會依序從 2 變化到 100，然後執行 for 迴圈的敘述主體。若 isprime() 判斷為 true，則將 total 加上 num，再設回給 total，用來累加所有的質數。

```
>> script9_2
sum=1060
```

執行 script9_2，得到 2 到 100 之間，所有質數的總和為 1060。

```
>> sum(primes(100))
ans =
        1060
```

於左式中，primes(100) 函數會回應小於 100 的所有質數，再以 sum 加總，得到 1060，由此可驗證 script9_2 的計算結果是正確的。

如果在 for 迴圈裡又有另一個迴圈，稱為巢狀 for 迴圈（nested for loops）。下面的範例是利用巢狀 for 迴圈，找出魔術方陣裡不是質數的元素，並將它們標上零。

```
%script9_3.m
a=magic(5);
b=zeros(5);  %把 5x5 的全零陣列設定給變數 b
for i=1:5
   for j=1:5
      if isprime(a(i,j))
         b(i,j)=a(i,j);
      end
   end
end
disp(b)  % 顯示陣列 b 的內容
```

左邊的程式碼是一個底稿。在此底稿中，我們利用兩個 for 迴圈來取出魔術方陣 *a* 裡的每一個元素，並利用 isprime() 函數來判別該元素是否為質數，若是，則把 *b* 陣列裡相同位置的元素值設為該質數。

```
>> magic(5)
ans =
   17    24     1     8    15
   23     5     7    14    16
    4     6    13    20    22
   10    12    19    21     3
   11    18    25     2     9
```

這是 5×5 的魔術方陣。如果執行 script9_3 時，此方陣內所有不是質數的元素會被置換成 0。

```
>> script9_3
   17     0     0     0     0
   23     5     7     0     0
    0     0    13     0     0
    0     0    19     0     3
   11     0     0     2     0
```

執行 script9_3，讀者可以發現，魔術方陣裡只要不是質數的元素，都被代換成 0 了。

另外值得一提的是，在 script9_3 中，即使不撰寫第三行

```
b=zeros(5);   % 把 5x5 的全零陣列設定給變數 b
```

程式碼依然可以正確的執行，但是撰寫第三行，可以讓 Matlab 得以在進入 for 迴圈之前先把記憶空間配置給陣列 *b* 存放，如此一來，程式的執行速度將會加快很多。如果沒有事先配置記憶體給陣列 *b*，則記憶體的配置工作會落到 for 迴圈之內，此時迴圈只要每跑一次，記憶體配置的工作就要做一次，因此程式執行的時間就會拖長。建議讀者如果有在迴圈之內使用到陣列，記得請先在迴圈之外先配置記憶空間給它（也就是先建立一個已知大小的陣列），以增加程式執行的效率。

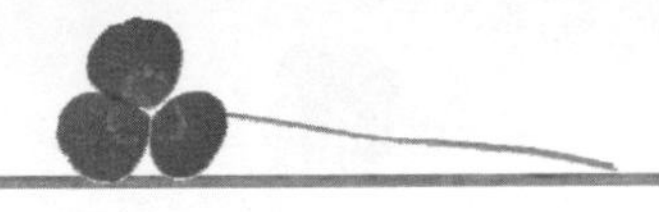

在 for 迴圈的第一行敘述主體裡，如果設定

for 變數 i = 矩陣 A

則在執行 for 迴圈時，變數 i 會依序被設定成矩陣 A 裡的每一行元素，然後進到 for 迴圈裡執行，如下面的範例：

```
%script9_4
for i=[1 2;3 4]
   i     %於指令視窗內印出變數 i 的值
end
```

於左邊的 M 檔案中，我們把迴圈變數 i 設定成矩陣 [1 2; 3 4]，並於迴圈的敘述主體內顯示出變數 i 的值。

```
>> script9_4
  i =
       1
       3
  i =
       2
       4
```

執行 script9_4，Matlab 會逐行印出變數 i 的內容。

從上例輸出中，讀者可以發現進入迴圈後，Matlab 會先把變數 i 設為矩陣 [1 2; 3 4] 的第一行元素，迴圈的敘述主體執行完之後（即顯示 i 的值），回到迴圈的起頭，再把變數 i 設為矩陣 [1 2; 3 4] 的第二行元素，然後執行迴圈的敘述主體，最後結束整個迴圈。

9.3.2 使用 while 迴圈

當迴圈重複執行的次數很確定時，會使用 for 迴圈。但是對於有些問題，無法事先知道迴圈該執行多少次才夠時，就可以考慮使用 while 迴圈。while 迴圈的語法如下：

表 9.3.2 while 迴圈敘述

指 令	說 明
while 判斷條件 　敘述主體 end	當判斷條件為 true 時，會重複執行敘述主體，直到判斷條件為 false 為止

下面的範例是利用 while 迴圈找出所有小於 100 之質數的總和。這個範例因為迴圈數是固定的，所以利用 for 迴圈來撰寫也許會較為方便，但我們以 while 迴圈來撰寫它，用以展示 while 迴圈的使用：

```
%script9_5.m
total=0;
num=2;
while num<=100
    if isprime(num)
        total=total+num;
    end
    num=num+1;
end
fprintf('sum=%d\n',total)
```

利用 while 迴圈計算所有小於 100 之質數的總和。注意在撰寫 while 迴圈時，迴圈變數 num 必須先在迴圈之外設定初值，且在迴圈內設定其增減量，否則容易造成無窮迴圈。

```
>> script9_5
sum=1060
```

執行 script9_5，得到小於 100 之所有質數的總和為 1060。

```
>> sum(primes(100))
ans =
      1060
```

利用左式，我們可以驗證 script9_5 的計算結果是正確的。

下面是把 while 迴圈用於迴圈執行次數未知時的範例。於這個範例中，我們希望計算前 100 個質數的總和，但是不知道第 100 個質數是哪一個數，因此利用一個變數 cnt 來計算找到質數的個數，只要 cnt 小於 100，便將找到的質數累加，直到累加到第 100 個質數為止。本範例的程式碼撰寫如下：

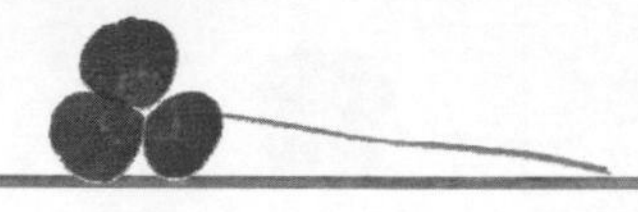

```
%script9_6.m
total=0;
num=2;
cnt=0;
while cnt<100
 if isprime(num)
  total=total+num;
  cnt=cnt+1;
  fprintf('%3d: prime=%3d, sum=%5d\n',cnt,num,total)
 end
 num=num+1;
end
```

這是 script9_6，可用來計算前 100 個質數的總和。在左邊的程式中，我們刻意在 while 迴圈內加上一行 fprintf() 印出累加的過程，用以追蹤程式執行的流程。

```
>> script9_6

  1: prime=  2, sum=    2
  2: prime=  3, sum=    5
  3: prime=  5, sum=   10
      ...
 99: prime=523, sum=23592
100: prime=541, sum=24133
```

執行 script9_6，得到總和為 24133。左式的輸出為一長串，在此我們只顯示部分的輸出結果。

9.3.3 使用 break 與 continue 指令

當迴圈執行到一半，必須中斷迴圈的執行時，可利用 break 與 continue 指令。break 可以強迫程式跳離迴圈，繼續執行迴圈外的下一個敘述，而 continue 則是停止執行剩餘的迴圈敘述，回到迴圈的開始處繼續執行。下表列出 break 與 continue 指令的語法：

表 9.3.3　break 與 continue 指令（以 for 迴圈為例）

指 令	說 明
for 迴圈變數=向量 　敘述主體 1 　break 　敘述主體 2 end 　for 迴圈之後的敘述	當程式執行到 break 敘述時，即會離開迴圈，繼續執行迴圈外的下一個敘述，如果 break 敘述出現在巢狀迴圈中的內層迴圈，則 break 敘述只會跳離當層迴圈。

指 令	說 明
for 迴圈變數=向量 　敘述主體 1 　continue 　敘述主體 2 end 　for 迴圈之後的敘述	當程式執行到 continue 敘述時，即會停止執行剩餘的迴圈主體，回到迴圈的開始處繼續執行。

下面的範例是利用 while 迴圈配合 break 指令來找出大於 1000 的最小質數，用來展示 break 指令的使用。於本範例中，我們從 1000 開始找尋質數，一旦找到質數之後，便立即利用 break 指令跳出 while 迴圈，然後印出所找到的質數。

```
%script9_7.m
num=1000;
while 1
   if isprime(num)
      break
   else
      num=num+1;
   end
end
fprintf('大於 1000 的最小質數為%3d\n',num)
```

注意左式的第三行 while 1 會使得 while 的判斷永遠為 true，於是迴圈會一直執行，直到所判斷的數值是質數，執行 break 指令跳出 while 迴圈為止。

事實上，左邊的程式碼即使不利用 break 指令，也可以順利的找到大於 1000 的最小質數，有興趣的讀者可自行試試。

```
>> script9_7
大於 1000 的最小質數為 1009
```

執行 script9_7，可得大於 1000 的最小質數為 1009。

continue 指令與 break 指令稍有不同。當執行到 break 指令時，會跳離整個迴圈，繼續執行迴圈之後的敘述，而程式碼執行到 continue 指令時，則是捨棄 continue 之後的敘述不執行，回到迴圈的開頭繼續執行。下面的範例是利用 for 迴圈配合 continue 敘述，印出小於 20，但不是質數的正整數：

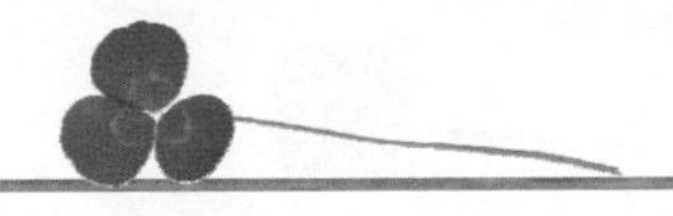

```
%script9_8.m
for num=1:20
   if isprime(num)
      continue
   end
   fprintf('%3d',num)
end
fprintf('\n')
```

於左邊的 M 檔案中，我們在 for 迴圈裡設定 num 的值從 1 到 20，只要 num 是質數，則執行 continue 指令，回到迴圈的起頭繼續執行，此時 if 敘述之後的 fprintf() 就不會執行到，因此可以避開印出質數。注意 continue 回到迴圈開頭處後，迴圈變數 num 一樣會遞增。

```
>> script9_8
  1  4  6  8  9 10 12 14 15 16 18 20
```

執行 script9_8，由左邊的輸出中，我們可以看出 1~20 之間，所有不是質數的數已被列印出來。

9.4 迴圈執行效率的探討

因為 Matlab 是直譯式的語言，所以在執行效率上會比不上編譯式的語言，如 C 或 Fortran。但是有一些小技巧，可以讓您在執行程式碼時，能夠有很明顯的效能提昇，一是將迴圈向量化，另一個是預先配置記憶空間給陣列。在討論這兩個主題之前，我們先來學習一下 Matlab 的計時指令，以方便利用它來計算程式碼執行的時間。

9.4.1 計時指令

Matlab 以 tic 和 toc 做為程式執行時間的計時指令。tic 和 toc 的發音就類似按下碼錶與放開時的聲音，可想而知，碼錶所要計時的，就是包圍在 tic 與 toc 之間的程式碼所執行的時間。下表列出 tic 與 toc 指令的用法：

表 9.4.1 tic 與 toc 指令

指令	說明
tic 程式敘述 toc	tic 可啟動計時器，toc 則是停止計時器的執行，並顯示執行 "程式敘述" 所需的時間

```
>> tic,sum(sqrt(1:10^7)),toc
ans =
  2.1082e+10
Elapsed time is 0.142524 seconds.
```

計算 $\sqrt{1}+\sqrt{2}+\cdots+\sqrt{10^7}$ 的總和，所花費的時間約為 0.143 秒。筆者所使用的 CPU 為 I7-2600。如果您有更好效能的 CPU，應可得到更短的執行時間。

```
>> tic,length(primes(2^26)),toc
ans =
    3957809
Elapsed time is 0.913899 seconds.
```

找出小於 2^{26} 之所有質數的個數。這個計算所花費的時間約為 0.914 秒。

9.4.2 將迴圈向量化

在許多 Matlab 的程式碼裡，迴圈都可以利用向量裡元素對元素的運算來將它取代掉。利用向量運算來取代掉迴圈，不但可以讓程式碼更為簡潔，更重要的是程式執行效率可以大幅的提昇。

關於迴圈的向量化，其實您早已對它們不陌生，舉一個簡單的例子來說，如要計算

$$\sum_{n=1}^{100}\frac{1}{n^2+1}$$

在 Matlab 裡，您可以很容易撰寫如下迴圈型式的 M 檔案：

```
%script9_9.m
total=0;
for  n=1:100
   total=total+1/(n^2+1);
end
total   % 顯示執行的結果
```

n 從 1 到 100，計算 $1/(n^2+1)$ 的累加。

```
>> script9_9
total =
   1.0667
```

執行完 script9_9 之後，total 的值為 1.0667。

上面的範例是利用迴圈進行累加。要把這個迴圈的執行內容向量化，只要先建立一個 1 到 100 的向量，再將 $1/(n^2+1)$ 進行元素對元素的運算，然後再把它們加總即可：

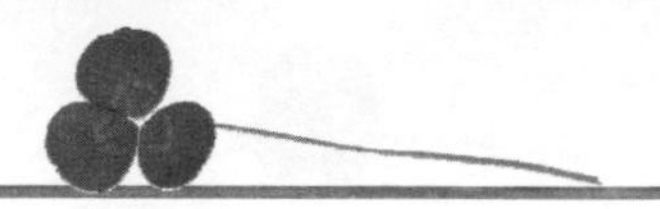

```
>> n=1:100; sum(1./(n.^2+1))
ans =
   1.0667
```

將迴圈的加總過程進行向量化。左式的計算結果為 1.0667，和前例相同。

現在您應該可以瞭解到如何把迴圈向量化了。如前所述，把迴圈向量化可明顯的增快程式碼執行的速度，如果迴圈內的敘述主體越趨複雜，則向量化之後，效能的提昇也就更為顯著。

下面是分別利用迴圈與向量化的程式碼，來計算

$$\sum_i \frac{\sin(i)}{(\log_2 i)^{\log(i)}}$$

的值，並利用 tic 與 toc 指令來量測程式的執行時間，用以比較它們的執行效率。

```
%script9_10.m
tic
total=0;
for i=linspace(1,2*pi,10^6)
   total=total+sin(i)/log2(i)^log(i);
end
toc
```

利用迴圈計算數列的加總，並以 tic 與 toc 指令量測計算所需的時間。

```
>> script9_10

Elapsed time is 1.007577 seconds.
```

執行 script9_10，約需 1 秒的時間。本例是在 I7-2600 的環境裡執行後所得的結果。讀者可在工作視窗裡查看 total 的值，其直為 1.9185×10^5 。

```
%script9_11.m
tic
  i=linspace(1,2*pi,10^6);
  sum(sin(i)./log2(i).^log(i))
toc
```

這是將迴圈向量化之後的程式碼。

```
>> script9_11
ans =
  1.9158e+005
Elapsed time is 0.088098 seconds.
```

執行 script9_11，得到 0.088 秒。與迴圈指令相比，速度提昇了 11 倍。由此可知將迴圈向量化之後，可帶來相當的效能提昇。

想把迴圈向量化，除了必須對 Matlab 的語法要非常熟悉外，對於矩陣的運算與索引值的使用也要有相當程度的了解，才能撰寫出好的向量化程式。另外，Matlab 許多的函數事實上早已向量化（例如 sum() 函數），使用它們會遠比自己撰寫程式碼來的有效率。我們來看看下面的範例：

```
%script9_12.m
clear a;
for i=1:4
   a(i,:)=[1 2 3];
end
disp(a)
```

左式是利用迴圈，將列向量 [1 2 3] 拷貝 4 份，使得它成為一個 4×3 的矩陣。

```
>> script9_12
     1     2     3
     1     2     3
     1     2     3
     1     2     3
```

執行 script9_12，讀者可以觀察到列向量 [1 2 3] 已經被拷貝成 4 份了。

```
>> repmat([1 2 3],4,1)
ans =
     1     2     3
     1     2     3
     1     2     3
     1     2     3
```

在第三章曾經介紹過 repmat()，可用來將某個陣列排列成 $m \times n$ 的陣列。左式是利用 repmat() 將列向量 [1 2 3] 拷貝 4 份，與前例相比，讀者可以觀察到內建的 repmat() 函數比較簡潔。事實上，它的執行效能也較迴圈指令來的好。

9.4.3 預先配置記憶空間給陣列

影響程式執行效率的另一個重要因素是陣列記憶體的配置。您可以在程式執行時才配置記憶空間給陣列，但記憶體的配置工作需要一些時間，因此如果在迴圈內執行記憶體的配置時，迴圈的執行效率將更為低落，我們來看看下面的範例：

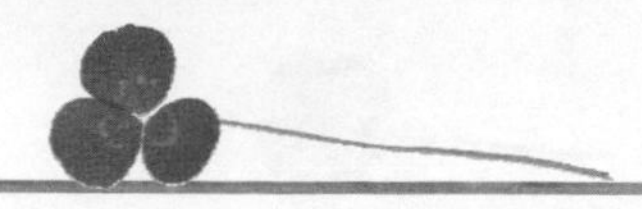

```
%script9_13.m
tic
clear a;
for i=1:500000
   a(i)=sin(i)+cos(i);
end
toc
```

計算 $\sin(i)+\cos(i)$ 。於本例中，我們把每次計算的結果配置給向量 a 存放，因此 $a(1)$存放的是 $\sin(1)+\cos(1)$ ，$a(2)$存放的是 $\sin(2)+\cos(2)$ ，以此類推。因為迴圈每執行一次，Matlab 就必須多配置一個記憶空間給向量 a，因此程式的執行效率會大打折扣。

```
>> script9_13

Elapsed time is 0.144187 seconds.
```

執行 script9_13，得到 0.144187 秒。

```
%script9_14.m
tic
a=zeros(1,500000); %預先配置記憶空間給陣列
for i=1:500000
   a(i)=sin(i)+cos(i);
end
toc
```

於本例中，我們先在程式碼第三行建立一個 1×500000 的全零矩陣，此時 Matlab 就會預先配置記憶空間給陣列 a。

```
>> script9_14

Elapsed time is 0.028644 seconds.
```

執行 script9_14，得到 0.028644 秒。與前例相比，讀者可發現執行的效能有顯著的提昇。

雖然迴圈的向量化有助於效能的提昇，但是還是有許多的迴圈是沒有辦法向量化的。如果迴圈沒有辦法向量化，且執行的效率是主要的考量時，可以試著利用 C 語言來撰寫程式碼裡最耗時的部份，然後再以 Matlab 來呼叫它。至於如何在 Matlab 裡呼叫 C 的函數，讀者可參閱本書第 22 章的說明。

習 題

9.1 關係運算子與邏輯運算子

1. 試寫出下列各式的運算結果：

   (a) 3~=12　　(b) [3,5]<=[7,9]　　(c) (3<5)&(6>8)

   (d) logical([0 3 4 5])　　(e) 'a'<50　　(f) (3>2)|(6<14)

2. 設 a=[1, 12, 3, 14, 7, 9, 11]，試找出陣列 a 中，大於 10 的數。

3. 試以 isnan() 函數測試 0/0 的結果是否為 nan（not a number）

9.2 選擇性敘述

4. 試撰寫一函數 ex9_4()，可接收一個數值 month，代表月份，然後判斷其所屬的季節（3~5 月為春季，6~8 月為夏季，9~11 月為秋季，12~2 月為冬季）。

5. 試撰寫一函數 ex9_5()，可接收數值 height 與 weight，分別代表某個人的身高（公尺）與體重（公斤），接著完成下列問題：

   (a) 利用 $BMI = weight / height^2$ 計算此人的身體質量指數 BMI 值。

   (b) 根據 BMI 值判斷他的體重是不是過重。理想體重範圍為 18.5≦BMI＜24，當 BMI 值為理想體重範圍時，印出 '體重標準'。BMI 值若是小於 18.5，印出 '體重過輕'，BMI 值若是大於等於 24，印出 '體重過重'。

6. 假設某加油站的工讀生每個月的薪資，可以依照下列方式計算：

   60 個小時之內，基本時薪每小時 100 元

   61~75 個小時，以基本時薪的 1.5 倍計算

   76 個小時以後，以基本時薪的 2.5 倍計算

   例如，如果工作時數為 80 小時，則薪資為 60*100+15*100*1.5+5*100*2.5=9500 元。試撰寫一函數 ex9_6()，可接收工讀生該月的工作時數，然後計算實領的薪資。

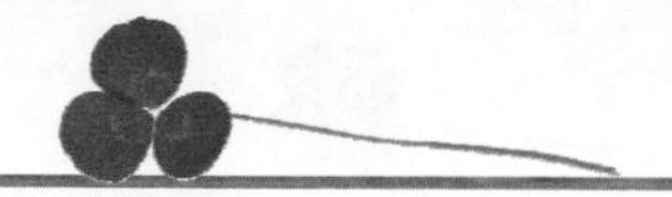

9.3 迴圈

7. 試撰寫一個底稿，利用 for 迴圈計算 $1+3+5+\cdots+101$ 的總和。

8. 試撰寫一個函數 ex9_8()，利用 for 迴圈來判別所輸入的引數是否為質數（除了 1 和本身之外，沒有其它因數之數稱為質數）。

9. 試撰寫一個底稿，利用 while 迴圈找出 20 的所有因數 1、2、4、5、10、20。

10. 試撰寫一個底稿，利用 for 迴圈印出從 1 到 200 之間，所有可以被 9 整除，又可以被 7 整除的數值。

11. 試撰寫一個底稿，利用 while 迴圈求出 1 到 100 之間，所有整數的平方值之總和。

12. 試撰寫一個底稿，利用 for 迴圈計算 $1^2-2^2+3^2-4^2+\cdots+47^2-48^2+49^2-50^2$ 的總和。

9.4 迴圈執行效率的探討

13. 試改寫習題 11，使得計算 1 到 100 之間所有整數的平方值之總和是以迴圈向量化的方式來進行。

14. 試改寫習題 12，使得計算 $1^2-2^2+3^2-4^2+\cdots+47^2-48^2+49^2-50^2$ 的方式是以迴圈向量化的方式來進行。

第十章 字串與數字的處理

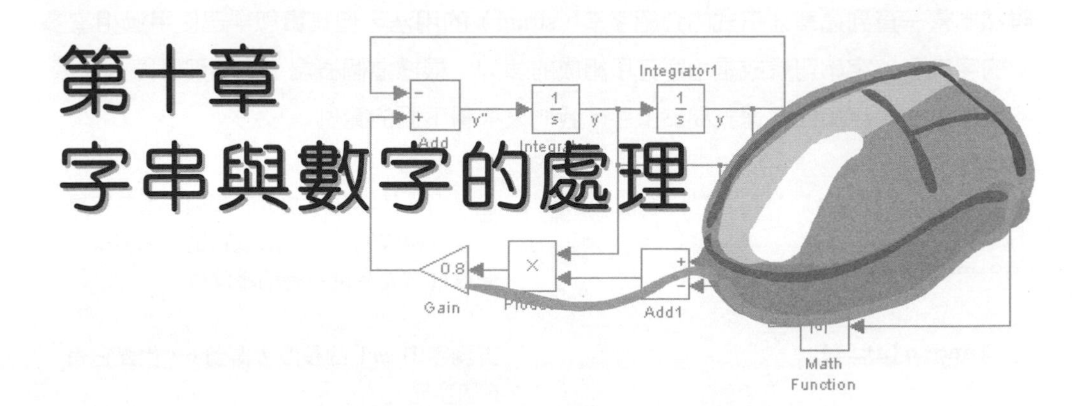

字串是由字元所組成的陣列。字串常使用於 Matlab 的各種指令中，因此熟悉字串的運作方式相當有助於 Matlab 的程式設計，例如數字系統的轉換，或者是本書稍後將介紹的 GUI 視窗介面設計，有許多的元件在設計時都少不了字串。本章涵蓋的主題包括了字串的基本概念、儲存方式與相關的函數、數字系統的轉換與位元處理等。

本章學習目標

- 認識字串
- 認識字串的儲存方式
- 學習各種與字串相關的函數
- 學習不同數字系統之間的轉換
- 位元處理函數

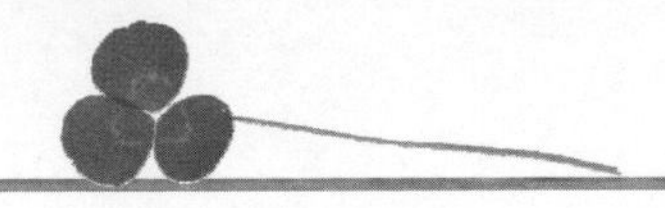

10.1 認識字串

雖然本書一直到這章才正式的介紹字串（string）的用法，但其實您早已使用過相當多次的字串了。字串可看成是由字元所組成的陣列，根據這個概念，只要熟悉陣列元素的操作方式，字串的處理就易於上手。我們來看看下面的範例：

```
>> str1=['M' 'a' 't' 'l' 'a' 'b']
str1 =
Matlab
```

這是由 6 個字元所組成的陣列。因為它是由字元組成的陣列，所以它是一個字串，但這種方式在撰寫時稍嫌麻煩。

```
>> length(str1)
ans =
     6
```

查詢字串 *str*1 的長度，得到 6，代表它有 6 個字元。

```
>> size(str1)
ans =
     1     6
```

查詢字串 *str*1 的維度，得到它是一個 1×6 的列向量，由此可知 Matlab 以列向量來儲存字串。

```
>> str2='I love Java'
str2 =
I love Java
```

Matlab 提供了一個簡易的方式，只要以單引號將文字包圍起來，即成字串，如字串 *str*2 的定義。

```
>> length(str2)
ans =
    11
```

查詢字串 *str*2 的長度，得到 11。注意 *str*2 裡的空白字元也算成是一個字元。

```
>> [str2 ' and ' str1]
ans =
I love Java and Matlab
```

利用左式的語法，可將字串 *str*2、字串 ' and ' 與字串 *str*1 連接在一起，形成一個新的字串。

```
>> str3='It''s going to rain'
str3 =
It's going to rain
```

這是字串 *str*3。因為單引號已經被用來當成是標示字串的標記，所以如果想在字串裡使用單引號，必須連續使用兩個單引號。

```
>> str3(6:10)
ans =
going
```

取出字串 *str*3 裡的第 6 到第 10 個字元。

```
>> str3([3 7 9 12])
ans =
'ont
```

取出字串 *str*3 裡的第 3、7、9 與 12 個字元。

```
>> ischar(str1)
ans =
     1
```

利用 ischar 即可判定其引數是否為一字串。左式回應 1，代表 *str*1 是一個字串。

字串裡的每一個字元是以 ASCII 碼的型式來存放，只是在顯示時是以字元的方式來顯示。如要顯示字串裡每一個字元的 ASCII 碼，可用 double 函數：

```
>> ascii=double(str1)
ascii =
    77    97   116   108    97    98
```

將字串 *str*1 轉換成 ASCII 碼。

```
>> char(ascii)
ans =
Matlab
```

如果想把 ASCII 碼轉換成字串，可用 char 函數。

```
>> str1+10
ans =
    87   107   126   118   107   108
```

若把字串加上一個數值，則 Matlab 會把該字串裡的字元轉換成 ASCII 碼後，再與該數值相加。

```
>> str4='00011011'
str4 =
00011011
```

這是由字元 0 和 1 組成的字串。注意字元 0 的 ASCII 碼是 48，1 的 ASCII 碼是 49。

```
>> v=str4-48
v =
     0     0     0     1     1     0     1     1
```

將 '00011011' 減去 48。字元 0 與 1 的 ASCII 碼分別是 48 與 49，因此相減的結果就相當於把字元 0 和 1 組成的字串轉換成由數字 0 與 1 組成的陣列。

```
>> char(v+48)
ans =
00011011
```

將上式所得的結果加上 48，再經 char() 轉換，即可得到原來的字串。

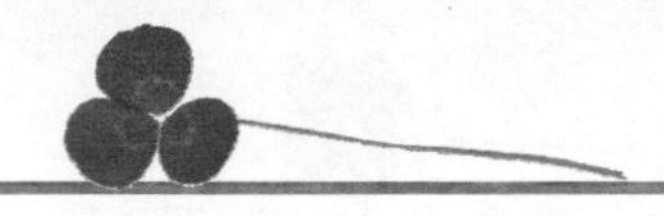

Matlab 的每一個字元佔了兩個 bytes，也正因如此，Matlab 的字串也可以是中文字：

```
>> whos str1
  Name    Size    Bytes  Class
  str1    1x6        12  char array
```

查詢 *str*1 所佔的記憶空間。從左式的輸出可知，*str*1 有 6 個字元，佔了 12 個 bytes，因此可知每一個字元佔了 2 個 bytes。

```
>> str5='明月幾時有'
str5 =
明月幾時有
```

這是一個由中文字所組成的字串。

```
>> code=double(str5)
ans =
   26126  26376  24190  26178  26377
```

將中文字串轉換成相對應的編碼，讀者可發現中文編碼的數值均大於 256。

```
>> char(code)
ans =
明月幾時有
```

利用 char() 將中文編碼轉換回文字，即可得到原來的字串。

10.2 字串陣列

在 Matlab 裡，我們可以利用二維的陣列來儲存兩個或兩個以上的字串。值得一提的是，因為二維陣列裡，每一列元素的個數必須相等，所以用二維陣列儲存字串時，每一個字串的長度也必須相等。

```
>> season=['spring';'summer';'autumn']
season =
spring
summer
autumn
```

定義變數 *season* 是由三個相等長度的字串所組成的二維陣列。注意每個字串是以分號區隔開來。

```
>> whos season
  Name      Size     Bytes  Class
  season    3x6         36  char array
```

查詢 *season*，讀者可發現它是一個 3×6 的陣列，且佔了 36 個 bytes。

```
>> season(1:5)
ans =
ssapu
```

取出陣列 *season* 的第 1~5 個元素。注意因 Matlab 的陣列是以行為主，所以取出來的第 1~5 元素事實上是第一行的三個元素與第二行的前兩個元素所組成。

```
>> season(1,:)
ans =
spring
```

取出陣列 *season* 的第一列元素，也就是第一個字串。

```
>> month=['April';'May';'June']
Error using vertcat
Dimensions of matrices being concatenated are not consistent.
```

如果以二維陣列的方式儲存數個字串，則每一個字串的長度必須相等。左式的 April、May 與 June 長度均不等，所以會有錯誤訊息產生。

```
>> month=['April';'May  ';'June ']
month =
April
May
June
```

如果要讓字串的長度相等，最簡便的方法是在字串的後面加上空白字元，使得它們的長度都相等。現在這些字串已經可以順利的設定給變數 *month* 存放。

```
>> str1=month(2,:)
str1 =
May
```

取出第二個字串，左式回應 May。事實上，左式的輸出 May 之後還有兩個空白字元，但是在螢幕上看不到它。

```
>> length(str1)
ans =
     5
```

如果以 length() 函數來查詢，得到字串 *str*1 的長度為 5，由此可證明 May 之後還有兩個空白字元。

```
>> str2=deblank(month(2,:))
str2 =
May
```

如果想去掉空白字元，可用 deblank 函數。deblank 可看成是 de-blank 這兩個字的組合，de 是去除之意，而 blank 則是空白，顧名思義，deblank 函數是用來拿掉字串裡的空白字元。

```
>> length(str2)
ans =
     3
```

以 length 函數查詢 *str*2 的長度，現在可以發現，字串的長度變成 3，這代表 May 後面的兩個字元已被拿掉。

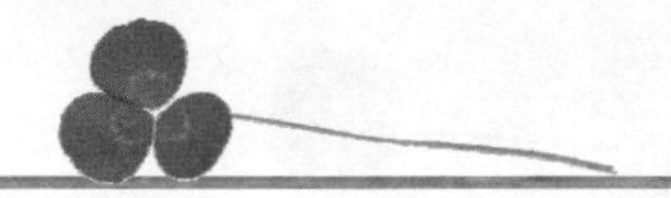

由上面的介紹可知，利用二維陣列儲存字串時，每一個字串的長度必須相等。事實上，Matlab 提供了另一種資料型態 cell，可容許儲存不同長度的字串，關於這個部份，我們留到下一章再做討論。

10.3 字串處理函數

Matlab 提供了一些與字串處理的相關函數，可用來對字串進行大小寫的轉換、比對、找尋字元，或者是取代字串等運算，如果需要對字串進行處理，這些函數就顯得相當的重要。下表列出了常用的字串處理函數：

表 10.3.1　字串處理函數

函數	說明
upper(*str*)	將字串 *str* 轉換成大寫
lower(*str*)	將字串 *str* 轉換成小寫
deblank(*str*)	將字串 *str* 後面的空白字元全部刪除
strcmp(str_1, str_2)	比較字串str_1與str_2是否相等，若是，則回應 1，否則回應 0
strncmp(str_1, str_2, n)	比較字串str_1與str_2在第n個位置的字元是否相等，若是，則回應 1，否則回應 0
findstr(*str*, *s*)	找出字串 *str* 裡，子字串 *s* 所出現的位置
strrep(*str*, s_1, s_2)	將字串*str*裡，子字串s_1代換成字串 s_2
strtok(*str*, *token*)	將字串 *str* 裡，字元 *token* 之後的字串全都刪掉。若省略 *token*，則以空白鍵當 *token*
strvcat(str_1, str_2)	將字串垂直排列

```
>> upper('Merry Christmas')
ans =
MERRY CHRISTMAS
```

將字串 'Merry Christmas' 轉換成大寫。

```
>> str1=deblank('snoopy  ')
str1 =
snoopy
```

deblank 可將字串之後的空白全部去除。

```
>> length(str1)
ans =
     6
```

查詢字串 *str*1 的長度，得到 6，代表字串 snoopy 之後的兩個空白已被刪除掉。

```
>> deblank('snoo  py')
ans =
snoo  py
```

deblank 只能刪除字串之後的空白，因此左式中，字串內的空白不會被刪掉。

```
>> strcmp('kitty','kitten')
ans =
     0
```

比較字串 'kitty' 與 'kitten' 是否相同。strcmp 回應 0，代表兩個字串不同。

```
>> strncmp('kitty','kitten',4)
ans =
     1
```

比較字串 'kitty' 與 'kitten' 裡的第四個字元是否相同。左式回應 1，代表它們相同。

```
>> findstr('kitty','t')
ans =
     3     4
```

找尋字串 'kitty' 裡，字元 't' 出現的位置。左式回應 3 與 4，代表第 3 與第 4 個字元皆為 t。

```
>> strrep('hello kitty','ty','ten')
ans =
hello kitten
```

將字串 'hello kitty' 裡的子字串 'ty' 代換成 'ten'。

```
>> strtok('hello kitty')
ans =
hello
```

將字串 'hello kitty' 裡，空白字元之後的字串全都刪掉。

```
>> strtok('hello kitty','t')
ans =
hello ki
```

將字串 'hello kitty' 裡，字元 't' 之後的字串全都刪掉。

```
>> strvcat('hello','kitty')
ans =
hello
kitty
```

將字串 'hello' 與 'kitty' 垂直排列。

值得一提的是，於上例中的 strvcat() 函數，如果函數內的字串引數長度不一，則 strvcat() 會以最長的字串為基準，在其它較短的字串後面補上空白，如下面的範例：

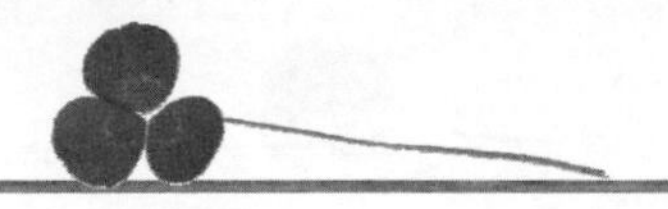

```
>> str=strvcat('Tom','Jerry','Hello kitty')
str =
Tom
Jerry
Hello kitty
```

因 'Hello Kitty' 是最長的字串，佔了 11 個字元，因此 strvcat() 函數會在其它兩個字串之後補上空白，使它們均成為具有 11 個字元的字串。

```
>> size(str)
 ans =
    3    11
```

查詢字串 *str* 的維度，結果回應 [3 11]，代表 *str* 有三個字串，每一個字串的長度皆為 11 個字元，由此可證明 strvcat() 函數已在較短的兩個字串之後補上空白。

10.4 字串與數字的相關處理函數

許多時候，我們必須把字串轉換成另一種型式以利後續的運算，例如把字串轉換成數字，或者是把數字轉回字串等。另外，在轉換數字系統時，如果把數字轉換成某個進位，Matlab 也是以字串來呈現轉換過後的結果，因此在本節也一併討論。

10.4.1 執行指令字串

如果某個運算式是以字串的型式存在時（例如從一個文字檔裡讀入 Matlab 指令），則可以利用 Matlab 的字串求值函數進行求值。Matlab 的 eval() 與 feval() 函數，可用來對字串求值，其語法如下表所示：

表 10.4.1　字串求值函數

函 數	說 明
eval(*str*)	執行字串 *str*
feval(*func_name*, *arg*)	以 *arg* 為引數，執行函數 *func_name*
feval(*func_name*, arg_1, arg_2, ...)	以 arg_1, arg_2, ...為引數，執行函數 *func_name*

```
>> eval('32+6')
ans =
    38
```

於左式中，32+6 是一個字串，eval() 可以將此一字串求值，得到 38。

```
>> eval('3.2')
ans =
    3.2000
```

左式的 3.2 是一個字串，將它求值之後，變成數值 3.2。

```
>> eval('x=cos(pi/4)')
x =
    0.7071
```

左式的 x=cos(pi/4)是一個字串，將它求值之後，變數 x 的值會被設為 cos(pi/4)，也就是 0.7071。

```
>> eval(['x' '1' '=' 'sin(1.23)'])
x1 =
    0.9425
```

左式的向量內有四個字串，因為這四個字串是列向量的元素，所以它們會組成一個新的字串 'x1=sin(1.23)'，經 eval 函數求值後，便可把變數 $x1$ 設值為 sin(1.23)，也就是 0.9425。

```
%script10_1.m
for i=1:3
  eval(['s' num2str(i) '=' 'sqrt(i)'])
end
```

利用左式的語法，我們可以自動產生一系列的變數 $s1$~$s3$，並將它們設值為 $\sqrt{1} \sim \sqrt{3}$ 。num2str() 是將數字轉換成字串的函數，本章稍後會介紹它。

```
>> script10_1
s1 =
     1
s2 =
    1.4142
s3 =
    1.7321
```

執行底稿 script10_1，可得 $s1=\sqrt{1}=1$ ，$s2=\sqrt{2}=1.4142$ ，$s3=\sqrt{3}=1.7321$ 。

```
function func10_1(n1,n2)
fprintf('%g+%g=%g\n',n1,n2,n1+n2)
```

定義函數 func10_1()，它可接收兩個引數，並於函數內印出這兩個引數相加之後的總和。

```
>> func10_1(2,3)
2+3=5
```

執行 func10_1()，並傳入引數 2 與 3，func10_1() 可正確的計算 2+3 的值。

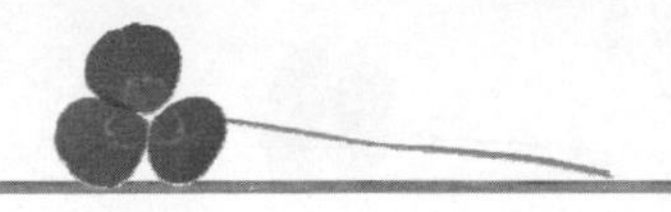

```
>> func10_1 2 3
50+51=101
```

因 func10_1() 沒有輸出引數，所以也可以把它當成指令的型式來使用（請參閱第八章），但左式的執行結果似乎不對。

於第八章時，我們曾提及若把函數當成指令的型式來使用時，Matlab 會把其引數看成是字串。於前例中，數字 2 的 ASCII 碼為 50，3 的 ASCII 碼為 51，因此 Matlab 會以其 ASCII 碼來做相加計算，因而得到 101 這個結果。要修改這個問題，只要加入一個 if 敘述，用來判別傳入的引數是否為字串，若是，則先利用 eval() 執行它即可：

```
function func10_2(n1,n2)
if ischar(n1) & ischar(n2)
  n1=eval(n1);
  n2=eval(n2);
end
  fprintf('%g+%g=%g\n',n1,n2,n1+n2)
```

修改 func10_1()，加入 if 敘述來判別讀入的引數是否為字串。若是，則利用 eval 函數將它們求值，最後再計算它們的總和。

```
>> func10_2 2 3
2+3=5
```

計算 2+3，現在可以正確的計算二數之和了。

```
>> func10_2 2+sin(pi/6) 3
2.5+3=5.5
```

計算 $2+\sin(\pi/6)+3$，我們一樣可以得到正確的結果。

另一個與 eval() 功能相近的函數是 feval()，只要將函數的名稱與引數填入 feval() 內，便可對函數求值，如下面的範例：

```
>> feval('zeros',3)
ans =
     0     0     0
     0     0     0
     0     0     0
```

以 'zeros' 與 3 為引數求值 zeros(3)，我們得到一個 3×3 的全零陣列。

```
>> feval('zeros',1,3)
ans =
     0     0     0
```

左式相當於執行 zeros(1,3)函數，因此得到一個 1×3 的全零陣列。

10.4.2 字串與數值的轉換

雖然 eval() 可以用來將字串轉換成數值，但 Matlab 還提供一些更方便的函數，可用在數值與字串之間的轉換。這些函數列表如下：

表 10.4.2 字串與數值的函數

函 數	說 明
int2str(*x*)	先將 *x* 經四捨五入轉換成整數，再將它們轉換成字串
num2str(*x*)	將 *x* 轉換成字串，並以 4 個位數來顯示
num2str(*x*, *n*)	將 *x* 轉換成字串，但以 *n* 個位數來顯示
mat2str(*x*)	將陣列 *x* 轉換成 Matlab 的表示方式，但以字串來顯示
str2num(*str*)	將字串 *str* 以 eval 函數求值，如果不能轉換，則回應空陣列
str2double(*str*)	將字串 *str* 轉換成數值，如果不能轉換，則回應 NaN

```
>> str1=int2str(1024)
str1 =
1024
```

將整數 1024 轉換成字串。注意左式的回應 1024 是一個字串。

```
>> length(str1)
ans =
     4
```

查詢字串 *str*1 的長度，得到 4。

```
>> int2str([12.3  6.8  9.47])
ans =
12   7   9
```

int2str 函數會先將數字轉換成整數，再將它們轉換成字串。注意轉換之前會先進行四捨五入的處理。

```
>> num2str([12.3  6.8  9.47])
ans =
12.3          6.8          9.47
```

num2str 函數則是將數值直接轉換成字串，而不進行捨位的動作。

```
>> num2str([12.3  6.8  9.47],2)
ans =
12      6.8      9.5
```

以 2 個位數的精度將向量的元素轉換成字串。讀者可以發現，左式中的 12.3 與 9.47 已被捨位成 2 個位數的數字了。

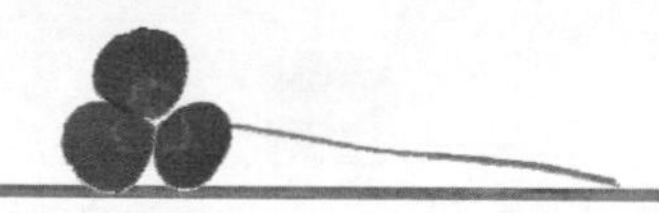

```
>> str2=mat2str([12.3  6.8  9.47])
str2 =
[12.3 6.8 9.47]
```

[12.3 6.8 9.47] 是一個向量，mat2str 可將它轉換成字串。注意左式的回應是一個字串。

```
>> str2num(str2)
ans =
  12.3000    6.8000    9.4700
```

利用 str2num 即可將 *str*2 轉換回原來的陣列。

```
>> mat2str(magic(3))
ans =
[8 1 6;3 5 7;4 9 2]
```

將 3×3 的魔術方陣轉換成字串。

```
>> str2num('123456')
ans =
    123456
```

將字串 '123456' 轉換成數值。

```
>> str2num('123+456')
ans =
  579
```

str2num() 會以 eval() 將字串 '123+456' 求值，因此得到 579。

```
>> str2double('33.142')
ans =
  33.1420
```

如果字串內只是單純的數值，則 str2double() 可將它直接轉換成 double 型態的數值。

```
>> str2double('123+456')
ans =
  NaN
```

str2double() 只能單純的將字串轉換成數值，轉換之前不會做求值的運算，因此左式回應 NaN，代表不能進行轉換。

10.4.3 不同數字系統的轉換

Matlab 也提供了一些函數，用來進行不同數字系統之間的轉換。除了 10 進位的數字系統之外，Matlab 均是以字串來表示其它的進位系統。下表列出各種進位系統之間的轉換函數：

表 10.4.3 不同數字系統的轉換函數

函 數	說 明
dec2bin(*x*)	將 10 進位的整數 *x* 轉換成 2 進位的字串
dec2bin(*x*, *n*)	同上，但以 *n* 個位元顯示轉換後的結果
dec2hex(*x*)	將 10 進位的整數 *x* 轉換成 16 進位的字串
bin2dec(*bin_str*)	將 2 進位的字串 *bin_str* 轉換成 10 進位的整數
hex2dec(*hex_str*)	將 16 進位的字串 *hex_str* 轉換成 10 進位的整數
dec2base(*x*, *base*)	將 10 進位的整數 *x* 轉換成 *base* 進位的字串
base2dec(*str*, *base*)	將 *base* 進位的字串 *str* 轉換成 10 進位的整數

上表的轉換函數並不難記，其中 dec 是 decimal 的縮寫，為十進位之意。bin 則代表二進位（binary），另外，hex 是 hexadecimal 的縮寫，代表十六進位。

```
>> dec2bin(112)
ans =
1110000
```

將 10 進位整數轉換成 2 進位，得到 1110000。注意 Matlab 是以字串來表示這個 2 進位。

```
>> bin2dec('1110000')
ans =
       112
```

將二進位 1110000 轉換回 10 進位，得到原來的整數 112。注意 2 進位的位元數不能超過 52 個，否則會有錯誤訊息發生。

```
>> dec2bin(112,10)
ans =
0001110000
```

以 10 個位元顯示轉換後的結果。

```
>> c=dec2bin([23 12 22;...
              33 35 24],8)
ans =
00010111
00100001
00001100
00100011
00010110
00011000
```

將一個 2×3 的數字矩陣轉換成 2 進位，注意 Matlab 回應了一個字元矩陣。在這個矩陣中，第一個橫列代表 23 的轉換結果，第二個橫列代表 33 的轉換結果，以此類推。

```
>> bin2dec(c)
ans =
    23
    33
    12
    35
    22
    24
```

將上式所得的字元矩陣轉換成 10 進位的數字，可得原來的矩陣，但是維度變成6×1，而非原來的2×3。

```
>> reshape(bin2dec(c),2,3)
ans =
    23    12    22
    33    35    24
```

利用 reshape() 將維度 6×1 變成 2×3，即可得到原來的矩陣。關於 reshape() 的用法，稍後的章節將會介紹。

```
>> hex2dec('AA5F')
ans =
       43615
```

將十六進位 AA5F（大小寫皆可）轉換成 10 進位，得到 43615。

```
>> dec2base(1024,8)
ans =
2000
```

將十進位的 1024 轉換成 8 進位。注意左式的輸出 2000 是一個字串。

```
>> base2dec('4CC7',16)
ans =
       19655
```

將十六進位的 4CC7 轉換成 16 進位。注意左式的 19655 是數值，不是字串。

10.4.4 位元處理

Matlab 提供了一些位元處理函數，方便我們對於位元進行各種運算，如 and、or，或者是修改某一個或數個位元的值等等。這些與位元處理相關的函數列表如下：

表 10.4.3　位元處理函數

函 數	說 明
bitget(*A*, *b*)	取得數字 *A* 的第 *b* 個位元
bitset(*A*, *b*, *v*)	將得數字 *A* 的第 *b* 個位元設成 *v*
bitand(*bits*1, *bits*2)	將 *bits*1 與 *bits*2 進行 and 運算

函數	說明
bitor(*bits*1, *bits*2)	將 *bits*1 與 *bits*2 進行 or 運算
bitxor(*bits*1, *bits*2)	將 *bits*1 與 *bits*2 進行 xor 運算
bitshift(*A*, *k*)	將組成數字 *A* 的位元往左位移 *k* 個位元。若 *k* 為負數，則往右位移 *k* 個單位
bitcmp(*A*)	計算數字 *A* 的補數

```
>> dec2bin(109,8)
ans =
01101101
```

將 109 轉換成 2 進位，得到 01101101。

```
>> bin2dec('01101001')
ans =
   105
```

如果將 109 (2 進位為 01101101) 的第 3 個位元（從右邊數來）改成 0 再轉成 10 進位，可以得到 105，只是這麼做較麻煩。

```
>> bitset(109,3,0)
ans =
   105
```

利用 bitset() 可直接將 109 的第 3 個位元修改成 0。

```
>> bitset([109,127;...
           138,192],1,[0 0;0 1])
ans =
   108   126
   138   193
```

將矩陣[109, 127; 138, 192] 的第 1 個位元分別設成[0 0; 0 1]。

```
>> bitget([34,63,25],1)
ans =
     0     1     1
```

取出 [34, 63, 25] 的第一個位元，即最右邊的位元。

```
>> bitand([0 1 1 0],[1 1 1 0])
ans =
     0     1     1     0
```

將 [0 1 1 0] 與 [1 1 1 0] 裡的每一個位元逐一進行 and 運算。

```
>> bitor([0 1 1 0],[1 1 1 0])
ans =
     1     1     1     0
```

同上，但進行 or 運算。

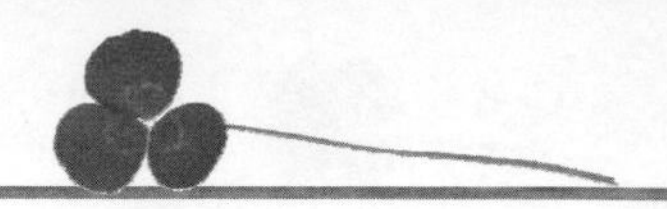

```
>> bitshift(uint16(128),2)
ans =
   512
```

將 uint16 型態的整數 128 之 2 進位（共有 16 個位元），每一個位元均往左位移 2 個位元，可得 512。注意左式中，128 的型態是 uint16。如果型態是 uint8，則結果會是 0（想想看，是為什麼）。

```
>> bitcmp(uint8(22))
ans =
  233
```

型態為 uint8 的數字 22（共有 8 個位元），其 2 進位為 00010110，補數為 11101001，其 10 進位之值為 233，因此左式得到 233。

```
>> bitcmp(uint16(22))
ans =
  65513
```

如果數字 22 的型態為 uint16，則其補數為 65513。讀者可自行驗證這個結果是否正確。

本章介紹了字串的基本概念、儲存方式，以及處理字串的相關函數等。除了這些基本技巧之外，在稍後的章節中，我們還會學習到更多字串的應用呢！

習 題

10.1 認識字串

1. 試將字串 'Have a nice day' 轉換成 ASCII 碼。

2. 試撰寫一函數 ex10_2(str)，可用來計算字串 str 裡一共有幾個母音字母（母音字母為 A, a, E, e, I, i, O, o, U, u）。

3. 試撰寫一函數 ex10_3(str,ch)，可用來計算字串 str 裡一共有幾個字元 ch。

10.2 字串陣列

4. 試將字串 'January'、'February' 與 'March' 存放在陣列 aaa 中，並試著取出陣列裡，每一個橫列的元素。

5. 設陣列 *A* 的定義為 *A*=['spring', 'summer', 'autumn', 'winter']，試回答下列的問題：

   (a) 陣列 *A* 為幾乘幾的矩陣？試以 size 函數驗證之。

(b) 陣列 *A* 佔了多少個 bytes？

(c) 如果在 Matlab 的指令視窗裡鍵入 *A*(:)，您會得到什麼樣的結果？試解釋為什麼會有這樣的結果。

10.3 字串處理函數

6. 試找出字串 'love is for ever, no more goodbye' 裡，小寫字母 'o' 出現的位置。

7. 試撰寫一函數 ex10_7(*str*)，可將字串 *str* 內所有的空白全部刪除。

8. 試撰寫一函數 ex10_8(*str*)，可用來計算字串 *str* 內，一共有多少個空白字元。

10.4 字串與數字的相關處理函數

9. 試以 eval() 函數對下列的字串求值：

   (a) '123+46+789'

   (b) 'sin(pi/12)+cos(pi/6)'

   (c) 'magic(5)+ones(5)'

10. 試撰寫一個函數 ex10_10(*n*1, *n*2)，可將兩個二進位的整數 *n*1 與 *n*2 相加，並回應相加之後的結果（以二進位表示）。

11. 試撰寫一個函數 ex10_11(*n*1, *n*2)，可將兩個十六進位的整數 *n*1 與 *n*2 相加，並回應相加之後的結果（以十進位表示）。

12. 試撰寫一個函數 ex10_12(*n*1, *n*2)，可將兩個十進位的整數 *n*1 與 *n*2 相加，並回應相加之後的結果（以十六進位表示）。

13. 設 *A*=[32, 124, 253]，試依序回答下列的問題：

    (a) 將陣列 *A* 裡的元素轉換成二進位，每一個數字以 8 個位元來表示（此一轉換的結果應為 3×8 的字元矩陣）。

    (b) 將(a)所得的結果轉換成 double 型態的陣列，即字元 0 與 1 分別轉換成 double 型態的數字 0 與 1。

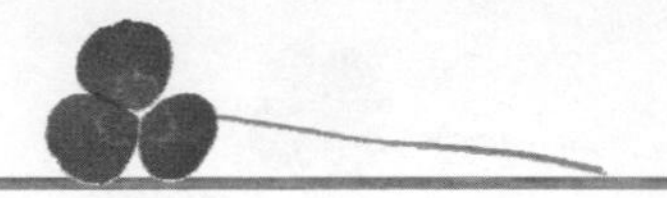

(c)　將(b)所得的結果轉換回字元矩陣（結果應為 3×8 的矩陣）。

(d)　將(c)所得的結果轉換成原本 1×3 的陣列 A（結果應為 [32, 124, 253]）。

14. 設 A=magic(5)，試依序回答下列的問題：

(a)　取出矩陣 A 中，每一個數字的第一個位元（即最右邊的位元）。

(b)　將矩陣 A 中，每一個數字的第一個位元設成 0。

15. 試計算 uint8(255) 的補數，並試著解釋你所得到的結果。

16. 試將 uint8(23) 的每一個位元往右移 2 個單位，並解釋為什麼會得到這樣的結果。

第十一章 其它的資料型態

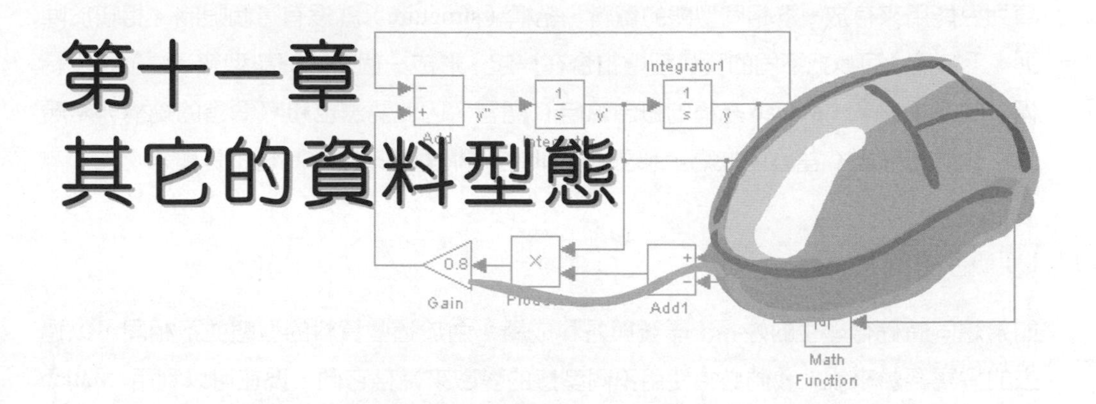

在學完 Matlab 的基本資料型態之後，本章將再介紹兩種資料型態，分別為結構（structure）與多質陣列（cell array）。基本上，Matlab 的結構與 C 語言裡的結構是差不多的，但 C 語言裡則沒有多質陣列型態。本章將介紹這兩種特殊的資料型態，包括它們的基本概念、相關的運算，以及這兩種資料型態之間的轉換等。

本章學習目標

- 認識結構與多質陣列
- 學習結構與多質陣列的建立方式與使用方法
- 學習結構與多質陣列之間的轉換方式

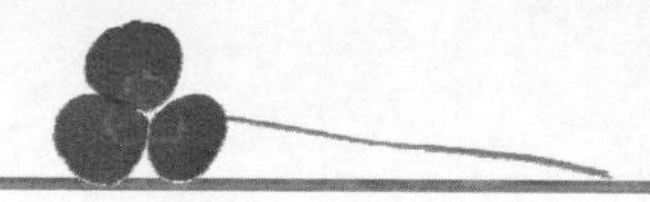

11.1 結構陣列

陣列只能用來存放一群相同型態的資料，結構（structure）就沒有這個限制。相較於陣列，「結構」可以把不同的資料型態組合在一起，形成一個新的資料型態，這就是「結構」的基本概念。Matlab 結構的概念源自 C 語言，因此語法也和 C 語言的結構非常類似。如果您熟悉 C 語言的撰寫，那麼 Matlab 的結構對您來說一點也不是難事。

11.1.1 結構的使用

如果想同時儲存學生的姓名、學號與各科成績，由於這些資料的型態並不相同，以過去的撰寫經驗來說，我們必須使用不同型態的變數來儲存它們，現在可以利用 Matlab 所提供的結構，將這些有關聯性，型態卻不同的資料存放在同一個變數裡。

結構可分成兩大部分，即「結構名稱」與「欄位名稱」。不論是設定或是取用結構的欄位，只要依循

結構名稱.欄位名稱

這個語法即可。我們來看看下面的範例：

```
>> student.name='Tom';
```

定義結構 *student*，內含一欄位 *name*，並設定其值為字串 'Tom'。

```
>> student.id='u80579';
```

在結構 *student* 內加入另一欄位 *id*，並設定其值為字串 'u80579'。

```
>> student.score=[77 69 88];
```

在結構 *student* 內加入第三個欄位 *score*，並設定其值為一陣列[77 69 88]。

```
>> student
student =
    name: 'Tom'
      id: 'u80579'
   score: [77 69 88]
```

查詢結構 *student* 的值，Matlab 回應 *student* 有三個欄位，分別為 *name*、*id* 與 *score*，*name* 的值為 'Tom'，*id* 的值為 'u80579'，而 *score* 的值為 [77 69 88]。

```
>> size(student)
ans =
     1     1
```

利用 size() 查詢 *student* 的維度，Matlab 回應 [1 1]，代表 *student* 是一個1×1的結構陣列。

現在讀者可以知道，即使是單一一個結構，事實上它只是結構陣列（structure array）的特例（即1×1的結構陣列）。如果想再定義另一個結構陣列的元素，只要在結構名稱後面加上括號，填入結構元素索引值（structure index）即可，如下面的範例：

```
>> student(2).name='Jerry';
```

設定結構陣列 *student* 裡，第二個元素的 *name* 欄位之值為 'Jerry'。現在 *student* 應該是具有兩個元素的結構陣列。

```
>> student(2).id
ans =
     []
```

查詢 *student*(2) 結構內，*id* 欄位的值。因為我們尚未設定 *student*(2) 結構的 *id* 欄位，因此 Matlab 回應一個空陣列，代表它還沒被設值。

```
>> student(2).score
ans =
     []
```

相同的，查詢 *student*(2) 結構內，*score* 欄位的值，Matlab 也回應一個空陣列。

```
>> student(2).id='u80161';
```

設定結構陣列 *student* 裡，第二個元素的 *id* 欄位之值為 'u80161'。

```
>> student(2).score=[89 78 90];
```

設定結構陣列 *student* 裡，第二個元素的 *score* 欄位之值為 [89 78 90]。

```
>> student
student =
1x2 struct array with fields:
    name
    id
    score
```

查詢結構 *student* 的值，現在 *student* 是一個1×2的結構陣列了。注意在結構陣列中，新增的元素都會自動具有一樣的欄位；另外，在任一個元素新增欄位的話，其他元素也都會自動新增該欄位。關於這個部份，讀者可自行驗證。

除了利用上述的方法來建立結構之外，Matlab 還提供了一個仿 C 語言的函數 struct()，可用來建立結構陣列裡的元素，如下面的語法所示：

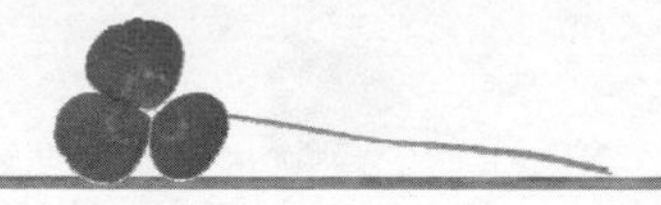

表 11.1.1　struct 函數的使用

函數	說明
s=struct('$field_1$', val_1, '$field_2$', val_2, …)	以欄位名稱為'$field_1$，值為val_1，欄位名稱為$field_2$，值為val_2…，建立一個結構，並將此結構設定給陣列元素*s*存放

```
>> student(3)=struct('name','Tippi',...
   'id','u80623','score',[86 77 95])
student =
1x3 struct array with fields:
   name
   id
   score
```

利用 struct() 函數建立一個結構，欄位 *name* 的值為 'Tippi'，欄位 *id* 的值為 'u80623'，欄位 *score* 的值為 [86 77 95]，並把此一結構設定給結構陣列 *student* 的第三個元素存放。從左邊的輸出中可以發現，現在 *student* 是一個 1×3 的結構陣列。

11.1.2 結構元素的擷取

稍早已經提及，若是要擷取結構陣列裡某個欄位的值，只要依循

結構名稱(索引值).欄位名稱

這個語法即可。本節我們將再介紹其它的擷取方式，例如取出結構陣列裡所有元素的某個欄位之值。稍後的範例一樣是以上一節所定義過的 *student* 結構陣列為例，因此如果您還沒建立它，請先依上一節的步驟來建立。

```
>> student(2)
ans =
    name: 'Jerry'
      id: 'u80161'
   score: [89 78 90]
```

查詢 *student* 結構陣列的第二個元素的值，左式回應它有三個欄位，分別為 *name*、*id* 與 *score*，而其值也分別為 'Jerry'、'u80161' 與 [89 78 90]。

```
>> student(2).name
ans =
Jerry
```

取出 *student* 結構陣列第二個元素之 *name* 欄位的值，得到 'Jerry'。

```
>> student(2).score
ans =
   89 78 90
```

取出 *student* 結構陣列第二個元素的 *score* 欄位的值，得到列向量 [89 78 90]。

```
>> mean(student(2).score)
ans =
   85.6667
```

利用 mean() 函數，即可計算學生 *Jerry* 所有科目的平均分數。

```
>> student(2).score(3)
ans =
    90
```

取出 *student* 結構陣列裡，第二個元素之 *score* 欄位的第三個元素之值，得到 90。

```
>> student(2).score(3)=92
student =
1x3 struct array with fields:
    name
    id
    score
```

修改 *student* 結構陣列裡，第二個元素之 *score* 欄位的第三個元素之值為 92。

如果想取出結構陣列裡所有元素之某個欄位的值，可利用方括號將結構的欄位名稱括起來，或者是利用 cat 與 strvcat 函數來達成。我們來看看下面的範例：

```
>> student.name
ans =
Tom
ans =
Jerry
ans =
Tippi
```

查詢結構陣列 *student* 中，所有 *name* 欄位的值，讀者可以發現，Matlab 會連續回應 3 個字串。

```
>> [student.name]
ans =
TomJerryTippi
```

如果利用方括號將 *student.name* 括起來，則所有的字串會併在一起，形成一個新的字串。

```
>> [student.id]
ans =
u80579u80161u80623
```

利用相同的方法取出結構陣列 *student* 中，所有元素之 *id* 的值，相同的，所有的 *id* 字串也會連在一起。

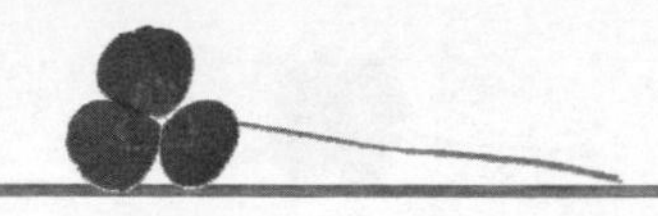

```
>> cat(2,student.id)
ans =
u80579u80161u80623
```

利用第三章介紹過的 cat() 函數，也可以將結構陣列 *student* 中，所有元素之 *id* 字串連在一起。注意左式中，我們在 cat 函數內指定以第二個維度的方向（即行索引值增加的方向，即橫列的方向）來排列字串，因此左式的輸出會排成一個橫列。

```
>> cat(1,student.id)
ans =
u80579
u80161
u80623
```

指定以第一個維度的方向排列，第一個維度為列索引值增加的方向（即直行的方向），因此所有的字串會排成一個直行。

```
>> cat(1,student.name)
Error using cat
Dimensions of matrices being concatenated
are not consistent.
```

將 *student.name* 的成員在第一個維度的方向排列，但左式回應一個訊息，告訴我們引數的維度不對。

事實上，上面的錯誤訊息是因為結構陣列*student*內，每一個元素之*name*欄位的字串長度不相等之故（相同的方法取出欄位*id*則可以，因為每個元素的*id*欄位之字串長度皆相等）。要解決這個問題，最簡單的方法是利用strvcat() 函數。strvcat 這個字並不難記，它是<u>str</u>ing <u>v</u>ertical <u>cat</u>enation的縮寫，也就是將字串在垂直方向並置的意思。

因為 strvcat 函數會自動在較短的字串之後補上空白，使它們等長之後再進行輸出，因此可解決掉字串不等長的問題：

```
>> strvcat(student.name)
ans =
Tom
Jerry
Tippi
```

利用 strvcat() 函數來排列欄位 *name* 的值，現在每一個字串可順利的在第一個維度的方向排列了。

```
>> cat(1,student.score)
ans =
    77    69    88
    89    78    92
    86    77    95
```

取出所有元素之 *score* 欄位的值，並在第一個維度的方向排列。注意在左式的輸出中，第一列是 Tom 的成績，第二列是 Jerry 的成績，最後一列則是 Tippi 的成績。

```
>> mean(cat(1,student.score))
ans =
   84.0000   74.6667   91.6667
```

mean() 函數可用來計算數字的平均，於左式中，因為 cat() 函數回應的是一個二維陣列，所以 mean() 會將每一個直行的元素平均，因此左式的輸出中，第一個元素代表三位學生第一個科目的平均值，第二個元素代表三位學生第二個科目的平均值，以此類推。

```
>> mean(cat(1,student.score)')
ans =
   78.0000   86.3333   86.0000
```

如果把 cat() 所得到的二維陣列轉置再進行平均，所得到的結果則是每一個學生三個科目之成績的平均值。

11.1.3 編修結構陣列的欄位

本節將探討如何在一個已經存在的結構陣列裡加入或是移除欄位。相同的，我們一樣以第一節所定義過的結構陣列 student 為範例，因此如果您還沒定義它，請在執行本節的範例之前先行定義。下表列出了編修結構陣列的欄位之語法與相關函數：

表 11.1.2　編修結構陣列的欄位

函 數	說 明
fieldnames(結構名稱)	查詢結構內的所有欄位
結構陣列之元素.新欄位名稱=欄位值	增加一個新的欄位並設值
rmfield(結構名稱,欄位值)	刪除結構內的某個欄位

```
>> fieldnames(student)
ans =
    'name'
    'id'
    'score'
```

查詢結構陣列 *student* 內的所有欄位，從輸出可知，結構陣列 *student* 有三個欄位，分別為 *'name'*、*'id'* 與 *'score'*。

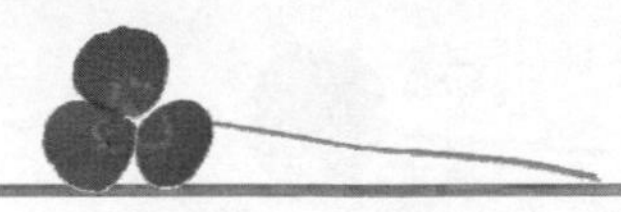

```
>> student(1).age=19
student =
1x3 struct array with fields:
   name
   id
   score
   age
```

在結構陣列 *student* 的第一個元素裡加入新的欄位 *age*，並設定欄位值為 19。值得注意的是，雖然本例是在結構陣列 *student* 的第一個元素增加新的欄位，但此欄位依然會加到其它元素內，不過欄位值是設定成空陣列。

```
>> student(2).age
ans =
    []
```

查詢結構陣列第二個元素的 *age* 欄位之值，左式回應空集合，由此可驗證其它元素也具有 *age* 欄位，只不過它們並未被設值。

```
>> rmfield(student,'age')
ans =
1x3 struct array with fields:
   name
   id
   score
```

移除結構陣列 *student* 的 *age* 欄位，從左邊的輸出可知，*age* 欄位已被移除。

```
>> student
student =
1x3 struct array with fields:
   name
   id
   score
   age
```

查詢結構陣列 *student*，發現 *age* 欄位依然顯示於左式中，顯示它並沒被移除。

會發生像上面結構的欄位移不掉的情形，其原因在於 rmfield() 只是單純的把 *age* 欄位移除，然後回應移除之後的結果，它並沒有去更新結構陣列 *student*，所以 *student* 還是保有 *age* 欄位。要解決這個問題，只要把移去 *age* 欄位之後的結果設回給 *student* 即可：

```
>> student=rmfield(student,'age')
student =
1x3 struct array with fields:
   name
   id
   score
```

移去 *age* 欄位之後，再把結果設回給 *student*，現在讀者可以發現，結構陣列 *student* 只剩下三個欄位，而 *age* 欄位已被刪除。

11.1.4 有關結構陣列的其它運算

在程式設計時，如果想判定輸入的引數是否為一結構，可利用函數 isstruct()；若是想判定某個結構內是否包含有某個欄位，則可用函數 isfield()，其用法如下表所示：

表 11.1.3 有關結構查詢的函數

函 數	說 明
isstruct(*x*)	查詢引數 *x* 是否為一個結構陣列
isfield(*struct_name*,*field_name*)	查詢結構陣列 *struct_nam* 裡是否有欄位 *field_name*

下面我們以結構陣列 *st* 來說明 isstruct() 與 isfield() 函數的使用：

```
>> st(1)=struct('name','Tom','score',[67 82]);
```
建立結構陣列 *st* 的第一個元素。

```
>> st(2)=struct('name','Mary','score',[91 79]);
```
建立結構陣列 *st* 的第二個元素。

```
>> isstruct(st)
ans =
     1
```
查詢變數 *st* 是否為一結構陣列。左式回應 1，代表它是一個結構陣列。

```
>> isfield(st,'name')
ans =
     1
```
查詢結構陣列 *st* 是否有包含欄位 *name*。左式回應 1，代表有包含。

```
>> isfield(st,'birthday')
ans =
     0
```
查詢結構陣列 *st* 是否有包含欄位 *birthday*。左式回應 0，代表沒有包含欄位 *birthday*。

接下來，我們來練習一個可接收結構陣列的函數 func11_1()，此函數可用來找出結構陣列中，總平均分數最高的學生。函數 func11_1() 的撰寫與測試如下。

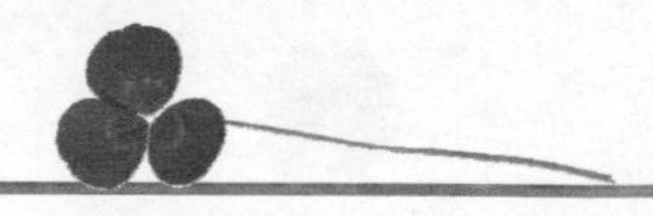

```
function func11_1(s)
if isstruct(s)
   avg=0;
   for i=1:length(s)
      if avg<mean(s(i).score)
         avg=mean(s(i).score);
         num=i;
      end
   end
   fprintf('%s 分數最高\n',s(num).name)
   fprintf('平均成績為%6.2f\n',avg)
else
   disp('引數不是一個結構陣列')
end
```

定義函數 func11_1()。此函數先以 isstruct() 函數判別所輸入的引數是否為一個結構陣列，若是，則利用一個 for 迴圈找出 *score* 欄位平均值最大的元素，然後以 fprintf() 函數印出學生姓名與其平均值。若輸入的不是結構陣列，則印出字串 '引數不是一個結構陣列'。

```
>> func11_1(st)
Mary 分數最高
平均成績為 85.00
```

執行 func11_1()，並傳入結構陣列 *st*，讀者可發現 Mary 的分數最高，平均成績為 85.00 分。

11.2 多質陣列

結構可以將型態不同的資料組成一個新的資料型態，然後可再以此型態擴展成一個結構陣列，因此每一個結構陣列裡的元素都具有相同的結構。多質陣列與結構陣列的概念相近，但它比結構陣列更具有彈性，因為在多質陣列裡，每一個陣列元素的型態都可以不相同，這點有別於結構陣列。

多質陣列的英文為 cell array，cell 是小的組織之意，代表這個陣列裡，每一個元素都可以是不同的型態，因此我們把它譯為多質陣列。

11.2.1 建立多質陣列

要建立多質陣列，最直覺的方法是利用大括號，將多質陣列裡的所有元素括起來，如下面的範例：

```
>> A={'abc',1234,magic(3)}
A =
   'abc'    [1234]    [3x3 double]
```

建立一個 1×3 的多質陣列 A，注意多質陣列是以大括號，將陣列元素括起來。於此陣列中，第一個元素是字串 'abc'，第二個元素是整數 1234，第三個元素是一個 3×3 的魔術方陣。

```
>> size(A)
ans =
     1     3
```

查詢多質陣列 A，得到 [1 3]，代表它是一個 1×3 的多質陣列。

```
>> B={12,ones(3);magic(2),'str'}
B =
    [        12]    [3x3 double]
    [2x2 double]    'str'
```

建立一個 2×2 的多質陣列。讀者可以發現，若元素是數值陣列，則會以方括號將它們括起來，若元素是字串，則直接將字串顯示出來。

```
>> C=repmat(B,2,1)
C =
    [        12]    [3x3 double]
    [2x2 double]    'str'
    [        12]    [3x3 double]
    [2x2 double]    'str'
```

您可以把多質陣列看成是一般的陣列，因此一些處理陣列的函數也適用於處理多質陣列。左式是利用 repmat() 函數將多質陣列 B 重複，排列成 2×1 個陣列 B 的大矩陣。

除了可以利用上述的方法來建立多質陣列之外，您也可以利用多質陣列索引法（cell indexing），也就是依元素所在陣列之位置來建立元素，且每一個元素是以大括號 {} 括起來，如下面的範例：

```
>> A2(1,1)={'abc'};
```

設定多質陣列 $A2$ 的第一列第一行的元素為字串 'abc'。注意字串 'abc' 必須以大括號括起來。

```
>> A2(1,2)={1234};
```

設定多質陣列 $A2$ 的第一列第二行的元素為整數 1234。相同的，整數 1234 也必須以大括號括起來。

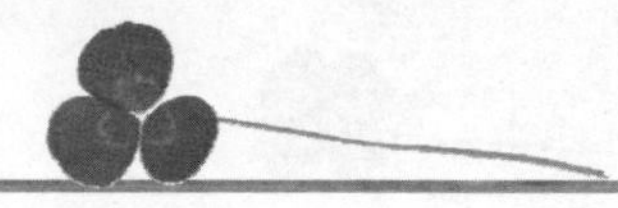

```
>> A2(1,3)={magic(3)};
```

設定多質陣列 *A2* 的第一列第三行的元素為一個 3×3 的魔術方陣。

```
>> A2
A2 =
   'abc'    [1234]    [3x3 double]
```

查詢 *A2* 的值，Matlab 會把多質陣列 *A2* 排列成一個 1×3 的陣列。

上面的範例是利用陣列索引法建立一個 1×3 的多質陣列。採用相同的索引法，我們也可以建立二維的多質陣列，如下面的範例：

```
>> B2(1,1)={12};
```

設定多質陣列 *B2* 的第一列第一行的元素為整數 12。

```
>> B2(1,2)={ones(3)};
```

設定多質陣列 *B2* 的第一列第二行的元素為 3×3 的全 1 矩陣。

```
>> B2(2,1)={magic(2)};
```

設定多質陣列 *B2* 的第二列第一行的元素為 2×2 的魔術方陣。

```
>> B2(2,2)={'str'};
```

設定多質陣列 *B2* 的第二列第二行的元素為一字串 'str'。

```
>> B2
B2 =
   [        12]    [3x3 double]
   [2x2 double]    'str'
```

查詢 *B2* 的值，現在讀者可發現 *B2* 是一個 2×2 的多質陣列。

另一種設定多質陣列的方法叫做內容索引法（content indexing），這種方法與先前提到的多質陣列索引法相似，只是這種方法是把陣列索引值的括號改為大括號，且陣列元素不必以大括號包圍，如下面的範例：

```
>> A3{1,1}='abc';
```

設定多質陣列 *A3* 的第一列第一行的元素為字串 'abc'。注意左式是以大括號將陣列的索引值括起來，但字串 'abc' 則不必。

```
>> A3{1,2}=1234;
```

設定多質陣列 $A3$ 的第一列第二行的元素為整數 1234。相同的，陣列的索引值也必須以大括號括起來。

```
>> A3{1,3}=magic(3);
```

設定多質陣列 $A3$ 的第一列第三行的元素為一個 3×3 的魔術方陣。

```
>> A3
A3 =
    'abc'    [1234]    [3x3 double]
```

查詢 $A3$ 的值，從左式的輸出可知，$A3$ 是一個 1×3 的多質陣列。

現在我們已學會三種建立多質陣列的方法。事實上，cell indexing 與 content indexing 這兩種方法的設定方式相差不多，當多質陣列的元素是一長串時，採用這兩種方法來定義陣列的元素較為方便。如果陣列的元素很簡單，則採用本節介紹的第一種方法來建立即可。

11.2.2 顯示多質陣列

雖然在 Matlab 的工作視窗裡直接鍵入多質陣列的名稱，視窗上便會顯示出其內容，但是當陣列裡的元素是另一個陣列，或是較長串的字串時，則預設只會顯示其維度，而不會顯示其完整的內容。如要完整的顯示其內容，可用 celldisp() 函數。另外，Matlab 提供的 cellplot() 函數，可以用圖形來表示多質陣列。

表 11.2.1 顯示多質陣列的內容

函數	說明
celldisp(*A*) 或 *A*{:}	顯示出多質陣列 *A* 的詳細內容
cellplot(*A*)	以圖形的方式顯示多質陣列 *A* 的配置情形。

```
>> B={12,ones(3);magic(2),'str'};
```

設定陣列 B 為一個 2×2 的多質陣列。

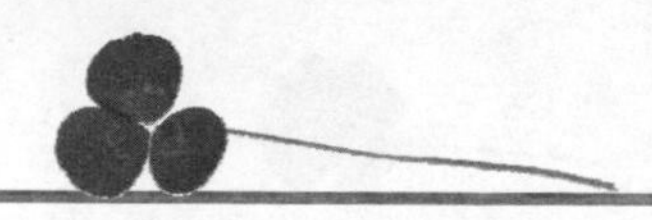

```
>> disp(B)
   [        12]    [3x3 double]
   [2x2 double]    'str'
```

利用 disp() 顯示多質陣列 B 的內容。讀者可以注意到，於左式中，只要元素是一個 $n \times n$（n 大於等於 2）的陣列的話，Matlab 便以它的維度來顯示它。於本例中，讀者也可以直接鍵入 B，再按下 Enter 鍵來顯示內容。

```
>> celldisp(B)
B{1,1} =
    12
B{2,1} =
    1     3
    4     2
B{1,2} =
    1     1     1
    1     1     1
    1     1     1
B{2,2} =
 str
```

利用 celldisp() 函數顯示多質陣列 B 的全部內容，注意左式的輸出中，Matlab 會依序把陣列 B 裡的每一個元素值完整的列印出來。

```
>> cellplot(B)
```

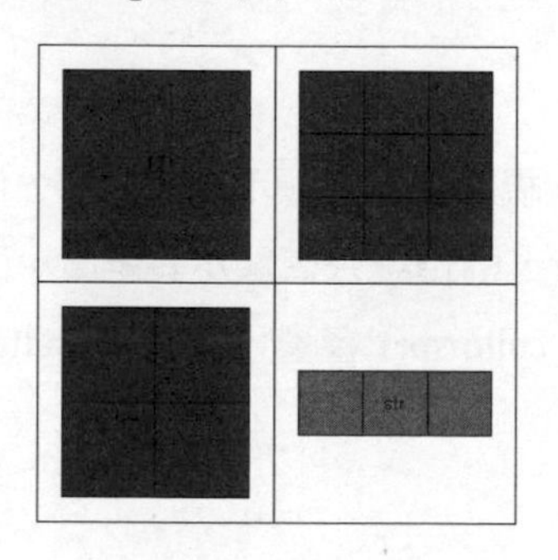

繪出多質陣列 B 的圖形。左圖的輸出為四個大小相等的方格，代表 B 為 2×2 的多質陣列。

在上面的輸出圖形中，讀者可以注意到在每一個方格裡又有數目不等的上色方塊，這些方塊代表多質陣列 B 裡每一個元素的維度。例如，右上角有 3×3 個上色的方塊，由此可知陣列 B 在 (1,2) 這個位置之元素的維度為 3×3 。另外，右下角有 1×3 個上色方塊，由此可知在 (2,2) 這個位置的元素維度為 1×3 。

11.2.3 多質陣列元素的擷取

多質陣列元素擷取的方式和一般的陣列大同小異，只要熟悉一些小技巧，就可以很容易的擷取到陣列裡任何一個元素。我們來看看下面的範例：

```
>> B={12,ones(3);magic(2),'str'}
B =
   [         12]    [3x3 double]
   [2x2 double]      'str'
```

定義陣列 *B* 是由整數 12、3×3 的全 1 陣列、2×2 的魔術方陣，以及字串 'str' 所組成的多質陣列。

```
>> B(1,2)
ans =
   [3x3 double]
```

利用圓括號將索引值 1 與 2 括起來，可取出陣列 B 位於第一列第二行的元素，得到 3×3 的 double 陣列，這個陣列也就是全 1 陣列。注意左式取出的結果還是一個多質陣列。

```
>> class(B(1,2))
ans =
cell
```

利用 class() 函數查詢 *B*(1,2) 所取出的陣列，Matlab 回應 cell，代表取出的陣列是一個多質陣列。

```
>> B{1,2}
ans =
    1     1     1
    1     1     1
    1     1     1
```

利用大括號將索引值 1 與 2 括起來，這種語法可取出多質陣列裡的元素，且取出的元素不再是多質陣列，而是它寫入多質陣列時原有的型態。

```
>> B{2,1}
ans =
    1     3
    4     2
```

取出多質陣列 *B* 的第二列，第一行的元素，得到一個 2×2 的 double 陣列。相同的，這個陣列也不是多質陣列，而是一般的數值陣列。

```
>> B{2,1}(2,:)
ans =
    4     2
```

取出陣列 *B* 裡，第二列，第一行的元素裡的第二列之所有元素。

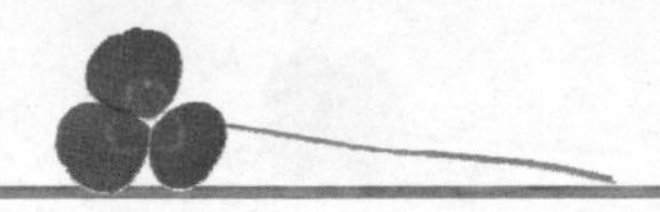

```
>> B(1,:)
ans =
    [12]    [3x3 double]
```

取出陣列 B 裡，第一列的所有元素。因為左式是以圓括號取出陣列 B 內的元素，所以取出的元素會以多質陣列的方式來顯示。

```
>> B(2:4)
ans =
    [2x2  double]         [3x3  double]
'str'
```

取出陣列 B 裡，第二到第四個元素。因多質陣列也是利用以行為主的方式來排列，所以左式事實上取出的是第一行第二個元素與第二行的所有元素。

```
>> B(1,1)=5+4j
Conversion to cell from double is not possible.
```

將複數 $5+4j$ 設定給多質陣列 B 的第一行，第一列的元素存放，但因利用圓括號取出的元素仍保有多質陣列的性質，所以不能直接設值。

```
>> B{1,1}=5+4j
B =
   [5.0000 + 4.0000i]     [3x3 double]
        [2x2 double]    'str'
```

如要把複數 $5+4j$ 設定給多質陣列 B 的第一行，第一列的元素，只要把圓括號改成大括號，即可順利設值。

```
>> reshape(B,4,1)
ans =
    [5.0000 + 4.0000i]
    2x2 double]
    3x3 double]
    'str'
```

多數用於陣列的處理函數仍適用於多質陣列。例如於左式中，我們利用 reshape 函數將陣列 B 改變成 4×1 的維度。讀者可以觀察到左式的輸出已將元素排列成一個直排。

```
>> [xx,yy]=B{1:2}
xx =
    5.0000 + 4.0000i
yy =
     1     3
     4     2
```

取出多質陣列 B 的第一到第二個元素的值，於左式中，Matlab 會把第一個元素的值設給變數 xx，把第二個元素的值設給變數 yy。

```
>> zz=B(1:2)
zz =
    [5.0000 + 4.0000i]    [2x2 double]
```

利用圓括號取出第一到第二個元素，並把它設給變數 zz。注意此時 zz 依然是一個多質陣列。

```
>> B(2,:)=[]
B =
    [5.0000 + 4.0000i]   [3x3 double]
```

刪除多質陣列 B 的第二列所有的元素。注意在左式中，您必須使用圓括號將索引值括起來，不能使用 B{2,:} 這種語法，否則會造成錯誤。

多質陣列另一個好用之處在於它可以容納不同長度的字串，這點有別於字串陣列。在字串陣列裡，每一個字串的長度必須都相等，但多質陣列就沒有這個限制：

```
>> C=['April';'May';'June']
Error using vertcat
Dimensions of matrices being concatenated are not consistent.
```

嘗試將不等長的字串寫入字串陣列 *C* 中。因為每一個字串的長度不等，所以 Matlab 回應一個錯誤訊息。讀者可試著將左式中的字串加上空白，使其等長，則錯誤訊息就不會再發生。

```
>> C={'April';'May';'June'}
C =
    'April'
    'May'
    'June'
```

不等長的字串可以寫入多質陣列 *C* 中。

```
>> C{1}
ans =
April
```

取出多質陣列裡的第一個元素，也就是字串 'April'。

多質陣列裡的元素也可以是另一個多質陣列，此時的陣列就變成一個巢狀多質陣列（nested cell）。另外，多質陣列裡的元素也可以是一個結構陣列，如下面的範例：

```
>> D={12,struct('aa',256,'bb','Matlab')}
D =
    [12]    [1x1 struct]
```

定義 *D* 為一個 1×2 的多質陣列。其中第二個元素為一結構，此結構內有兩個欄位，分別為 *aa* 與 *bb*，欄位 *aa* 的值為整數 256，欄位 *bb* 的值為字串 'Matlab'。

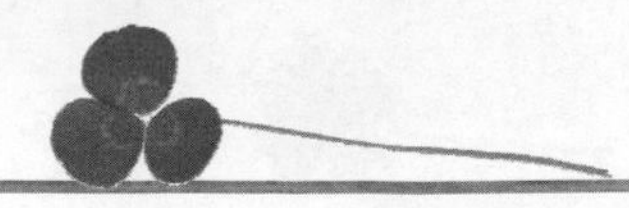

```
>> D{1}
ans =
    12
```

取出多質陣列 D 的第一個元素，得到 12。

```
>> D{2}
ans =
    aa: 256
    bb: 'Matlab'
```

取出多質陣列 D 的第二個元素，得到一個結構。

```
>> D{2}.aa
ans =
   256
```

利用左式的語法，可取出結構裡，欄位 *aa* 的值。

```
>> D{2}.bb
ans =
Matlab
```

相同的，利用左式的語法可以取出結構裡的字串 'Matlab'。

```
>> E={2,'string';ones(3),{204 306}}
E =
    [          2]    'string'
    [3x3 double]     {1x2 cell}
```

定義 E 為一個多質陣列，注意 E 的第二列，第二行的元素是另一個多質陣列，因此 E 是一個巢狀的多質陣列。

```
>> E{2,2}
ans =
    [204]    [306]
```

取出 E 裡，第二列第二行的元素，注意取出的結果是一個多質陣列。

```
>> E{2,2}{1}
ans =
   204
```

取出 E 裡第二列第二行之元素裡的第一個元素，得到 204。

多質陣列也可以像一般陣列一樣預先配置記憶體給它，以便在迴圈內執行時，可有效的提昇程式執行的速度。Matlab 是以 cell() 函數來配置記憶空間給多質陣列：

表 11.2.2　配置記憶空間給多質陣列

函數	說明
A=cell(*row,col*)	配置 $row \times col$ 的記憶空間給多質陣列 A

```
>> F=cell(2,3)

F =
     []     []     []
     []     []     []
```

預先配置 2×3 的記憶空間給多質陣列 F 存放。

```
>> F{1,2}=magic(5)

F =
     []    [5x5 double]     []
     []              []     []
```

將多質陣列 F 裡的第一列第二行的元素設定為 5×5 的魔術方陣。

11.3 多質陣列的一般轉換

有些時候，為了方便某些運算，我們可以將多質陣列轉換成其它型態，或者是把其它型態轉換成多質陣列。下表列出了與多質陣列轉換相關的函數：

表 11.3.1　多質陣列的轉換

函 數	說 明
iscell(*A*)	判別陣列 *A* 是否為多質陣列，若是，則回應 1，否則回應 0
num2cell(*A*, *dim*)	保留維度 *dim* 的方向不分割，將陣列 *A* 轉換成多質陣列。若省略 *dim*，則把陣列內每一個元素當成是多質陣列裡的元素來轉換
struct2cell(*A*)	將結構陣列所有欄位的值轉換成多質陣列
fieldnames(*A*)	取出結構陣列 *A* 的所有欄位名稱，並以多質陣列的方式呈現
cell2struct(*A*, *fields*, *n*)	指定結構的欄位為 *fields*，將多質陣列 *A* 在第 *n* 個維度方向轉換成結構陣列

```
>> A=magic(3)
A =
     8     1     6
     3     5     7
     4     9     2
```

這是一個 3×3 魔術方陣。

```
>> num2cell(A)
ans =
    [8]     [1]     [6]
    [3]     [5]     [7]
    [4]     [9]     [2]
```

num2cell() 可將陣列內所有的元素轉換成多質陣列，因此左式的輸出是一個 3×3 的多質陣列。

```
>> x=num2cell(A,1)
x =
  [3x1 double] [3x1 double] [3x1 double]
```

保留第一個維度的方向（即直行的方向）不分割，將陣列轉換成1×3 多質陣列。此時多質陣列裡有 3 個元素，每一個元素皆是由 3×1 的行向量所組成。

```
>> x{1}
ans =
     8
     3
     4
```

取出多質陣列 x 裡的第一個元素，得到行向量 [8 3 4]。

```
>> y=num2cell(A,2)
y =
    [1x3 double]
    [1x3 double]
    [1x3 double]
```

保留第二個維度的方向（即橫列的方向）不分割，將陣列轉換成3×1 多質陣列。

```
>> y{2}
ans =
     3     5     7
```

取出多質陣列 y 的第二個元素，得到列向量 [3 5 7]。

```
>> celldisp(y)
y{1} =
     8     1     6
y{2} =
     3     5     7
y{3} =
     4     9     2
```

顯示多質陣列 y 的每一個元素，我們得到三個列向量。

多質陣列與結構陣列之間也可以相互轉換。下面是利用 struct2cell() 函數將結構陣列轉換成多質陣列的範例：

```
>> student=struct('name','Tippi',...
   'id','u80623','score',[86 77 95])
student =
    name: 'Tippi'
      id: 'u80623'
   score: [86 77 95]
```

定義一個 *student* 結構，欄位有 *name*、*id* 與 *score*，其中 *name* 欄位的值為 'Tippi'，*id* 欄位的值為 'u80623'，*score* 欄位的值為 [86 77 95]。

```
>> cs=struct2cell(student)
cs =
   'Tippi'
   'u80623'
   [1x3 double]
```

struct2cell() 函數可將 student 結構轉換成 3×1 的多質陣列。注意轉換的結果僅會保留欄位內的值，欄位名稱則會消失。

```
>> iscell(cs)
ans =
    1
```

判別 *cs* 是否為多質陣列。Matlab 回應 1，代表它是多質陣列。

```
>> size(cs)
ans =
    3     1
```

利用 size() 函數可以確定轉換後的多質陣列之維度為 3×1。

如果要將多質陣列轉換回結構陣列，只要準備好欄位名稱與每個欄位的值，即可利用 cell2struct() 函數進行轉換：

```
>> fn=fieldnames(student)
fn =
   'name'
   'id'
   'score'
```

取出結構陣列 *student* 的欄位名稱。注意 fieldnames() 回應的是一個 3×1 的多質陣列。

```
>> cell2struct(cs,fn,1)
ans =
    name: 'Tippi'
      id: 'u80623'
   score: [86 77 95]
```

利用 cell2struct() 函數將多質陣列 *cs* 配合欄位名稱 *fn*，在第一個維度的方向（也就是直行的方向）轉換成結構陣列。

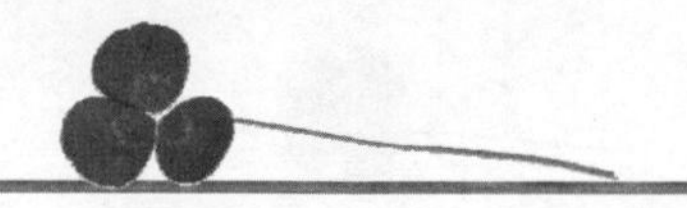

11.4 矩陣的切割處理

有時候我們會把一個二維矩陣切割成許多小矩陣（稱之為區塊），以方便處理區塊裡的資料，這種作法在影像處理裡很常見。例如在進行影像壓縮時，經常採用的一種技術是把影像切割成許多區塊，然後再個別處理每一個區塊。Matlab 是以多質陣列來儲存這些區塊，每一個區塊有各自的索引值，使用起來非常方便。矩陣切割是用 mat2cell() 來達成，如果要把許多小區塊合併成一個矩陣，可用 cell2mat()。

表 11.4.1 矩陣的切割與區塊的合併

函數	說明
mat2cell(A, [$r_1,r_2,...,r_m$], [$c_1,c_2,...,c_n$])	將矩陣A切割成 $m\times n$ 個區塊，其中A的第 1 個維度切割成m份，每一份各有$r_1,r_2,...,r_m$個元素，第 2 個維度切割成n份，每一份各有$c_1,c_2,...,c_n$個元素
cell2mat($C_{m\times n}$)	將區塊（即多質陣列 C）組合成一個矩陣

舉例來說，假設矩陣 A 的維度為 6×8，現想把 A 的第一維度切割成兩份，分別具有 2 與 4 個元素；第二維度切割成三份，分別具有 3, 3, 2 個元素，則 mat2cell(A, [2,4],[3,3,2]) 恰可完成此一分割，如下圖的範例：

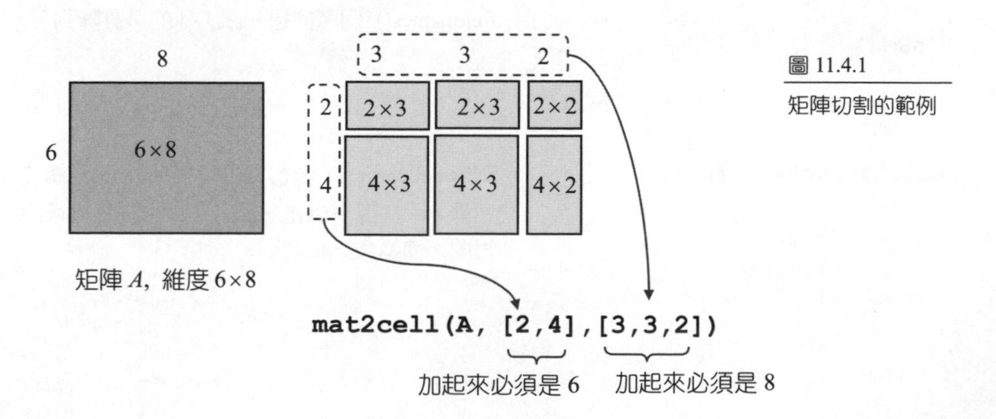

圖 11.4.1 矩陣切割的範例

```
>> rng(999);
```

設定亂數種子為 999。讀者在練習時請使用相同的種子，以方便核對執行結果。

```
>> A=randi([1,50],[6,8])
A =
  41   22   18   39   15   17   43   42
  27   28   11   24   20   49    1    4
   6   32   36   15   44   15   40   21
  32   35    2   38    5   26   42   19
   5   40   46    5   28    8   47   26
  17    7   21   21   28   10   49   49
```

建立一個維度為 6×8 的整數陣列，範圍為 1 到 50。

```
>> C=mat2cell(A, [2,4],[3,3,2])
C =
 [2x3 double][2x3 double][2x2 double]
 [4x3 double][4x3 double][4x2 double]
```

將陣列 *A* 切割為 2×4 個區塊，每一個區塊均是多質陣列裡的一個元素。

從上例的輸出可得知 C{1,1}的維度是 2×3 ，C{1,2}維度是 4×3 ，其餘以此類推。陣列 *A* 的切割方式可參考下圖的說明。

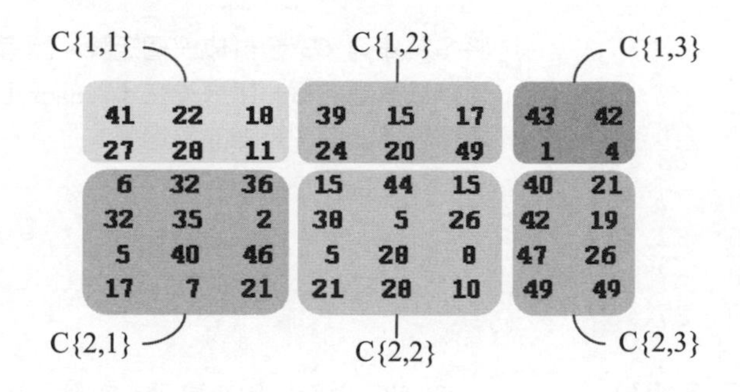

圖 11.4.2

陣列 *A* 切割成 2×4 個區塊的示意圖

```
>> C{1,1}
ans =
    41    22    18
    27    28    11
```

取出 *C* 的第一列，第一行的區塊，得到左邊的結果。讀者可驗證這個結果是否正確。

```
>> C{2,3}(:)'
ans =
    40  42  47  49  21  19  26  49
```

取出 *C* 的第二列，第三行的區塊，並將它們排成一個橫列。

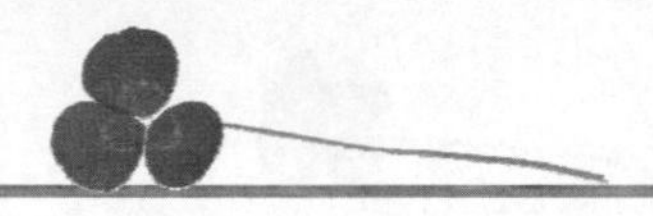

```
>> C{3}
ans =
   39    15    17
   24    20    49
```

我們也可以用一維的索引值來取出特定的區塊。左式相當於取出 C 中的第一列，第二行的區塊。

```
%script11_1.m
M=zeros(size(C));
C2=C;
for i=1:numel(M)
   M(i)=round(mean(C{i}(:)));
   C2{i}(:)=M(i);
end
```

於左式中，我們走訪多質陣列 C 裡的每一個區塊，然後把該區塊的平均值存放在矩陣 M 中，並將 $C2$ 中區塊內的每一個元素均設成此一平均值。script11_1 直接取用了多質陣列 C，因此在執行它之前，必須先把 C 定義好。

```
>> script11_1
```

執行 script11_1，此時 Matlab 會建立 M 與 $C2$ 這兩個變數。

```
>> M
M =
    25    27    23
    23    20    37
```

查詢 M 的值，左式回應一個 2×3 的陣列。注意 M 的每一個元素代表每一個分割後之子矩陣的平均。

```
>> cell2mat(C2)
ans =
   25  25  25  27  27  27  23  23
   25  25  25  27  27  27  23  23
   23  23  23  20  20  20  37  37
   23  23  23  20  20  20  37  37
   23  23  23  20  20  20  37  37
   23  23  23  20  20  20  37  37
```

將多質陣列 $C2$ 合併成一個矩陣。讀者可以注意到，每一個原先在 $C2$ 的子矩陣都被填上該子矩陣的平均值。

```
>> C=mat2cell(1:10,1,[2,3,5])
ans =
 [1x2 double][1x3 double][1x5 double]
```

mat2cell() 也可以用來處理一維陣列。左式是將 1 到 10 的一維陣列分割成 2 個、3 個與 5 個一組的區塊。

```
>> cell2mat(C)
ans =
   1  2  3  4  5  6  7  8  9  10
```

將 C 利用 cell2mat() 合併，可得原來的一維陣列。

在本節一開始我們便提及，許多影像處理技術是將影像切割成小的區塊，然後針對每一個區塊來進行處理。例如，我們所熟知的馬賽克技術即是。一般來說，馬賽克的做法是將影像切割成許多小區塊，再將區塊內每一個像素值（即矩陣的元素值）用該區塊的平均值來取代。取代後，影像的細節不見了，但仍可以保有該區塊的平均亮度，因此可以知道影像大致上的輪廓，但無法得知細節，這就是馬賽克的核心原理。

接下來我們以一個簡單的範例來說明如何在 Matlab 裡完成馬賽克的製作。這個範例需要一點影像的基本概念，讀者可以先行參閱本書的第 21 章。

```
>> I=imread('liftingbody.png');
```

讀進影像 liftingbody.png。這張影像是 Matlab 內建，大小為 512×512 個像素。您可以注意到，*I* 的型態為 uint8，因此每一個像素值的範圍是 0~255。

```
>> imshow(I);
```

利用 imshow() 顯示 liftingbody.png。imshow() 這個函數應不難理解，im 是 image 的縮寫，因此 imshow() 就是用來顯示影像。相同的，上一個敘述中的 imread() 即是用來讀入影像。

讀者可以發現，左圖的每一個細節都很清楚的呈現出來。

現在我們撰寫一函數來進行馬賽克的處理。由於希望可以調整馬賽克的大小，因此整張影像 *I* 與馬賽克的大小 *n* 必須當成引數傳遞給函數。另外我們把加上的馬賽克圖當成函數的傳回值。有了這幾個基本概念之後，我們可以撰寫出如下的函數：

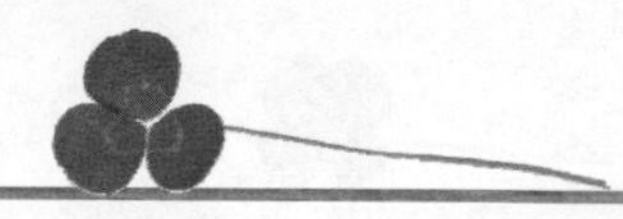

```
function I2=func11_2(I,n)
I=double(I);
d1=n*ones(1,size(I,1)/n);
d2=n*ones(1,size(I,2)/n);
C=mat2cell(I,d1,d2);
C2=C;
for i=1:numel(C)
   M=round(mean(C{i}(:)));
   C2{i}(:)=M;
end
I2=uint8(cell2mat(C2));
```

定義函數 func11_2()。在這個函數中，第二行我們先把影像 *I* 轉成 double 型態，以避免在進行運算時發生溢位。d1 與 d2 則是用來儲存切割矩陣時所需的向量。在 for 迴圈裡的處理方式與本節一開始的處理方式相同，因此應該很好理解。最後一行則是將合併區塊之後的矩陣轉換成 uint8 型態，以利 imshow() 的顯示。

```
I2=func11_2(I,8);
```

呼叫函數，並指定區塊的大小為 8×8 。

```
imshow(I2);
```

利用 imshow() 顯示執行的結果。左圖可以看出影像已被馬賽克處理，其中每一個區塊的大小為 8×8 。

```
I3=func11_2(I,16);
```

設定區塊為 16×16 ，並重新呼叫函數。

```
imshow(I2);
```

現在您可以發現，馬賽克的區塊變大了，同時細節的部分也損失更多。

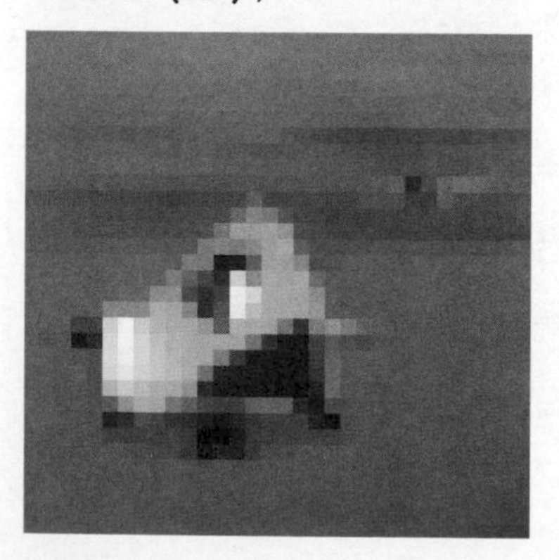

本章初步地介紹了結構與多質陣列這兩種型態與其應用。撰寫程式時如果善用它們的話，可以省下相當可觀的程式設計時間。讀者不妨改寫 func11_2()，嘗試使用一般的陣列來完成馬賽克的處理，體會一下程式碼是否比較不好撰寫，同時看看程式碼是否也長了許多。

習 題

11.1 結構陣列

1. 試建立一個結構陣列 books，內含三個欄位 title、publisher 與 price，並設定欄位值為 'calculus'、'flag corp.' 與 580。

2. 接續習題 1，試在結構陣列 books 裡加入第二個元素，並設定欄位值為 'data structure'、'flag corp.' 與 680。

3. 接續習題 1 與 2，試在結構陣列 books 裡利用 struct() 函數加入第三個元素，並設定欄位值為 'statistics'、'drmaster corp.' 與 520。

4. 接續習題 1~3，回答下列的問題：

   (a) 試撰寫一個 M-檔案，利用 for 迴圈取出 title 為 'statistics ' 的出版商(即 publisher)。

   (b) 試撰寫一個 M-檔案，利用 for 迴圈取出 title 為 'calculus' 的價錢（即 price）。

   (c) 試撰寫一個 M-檔案，計算結構陣列 books 裡，所有書籍價錢的總和。

5. 試利用 fieldnames() 函數找出結構陣列 books 中，所有的欄位名稱。

6. 接續習題 1~3，試加入一個新的欄位 ISBN，可用來儲存書籍的國際書碼，並設定第一本書的 ISBN 為 '3-540-78654-X'，第二本書的 ISBN 為 '3-530-68154-8'，第三本書的 ISBN 為 '9-575-27822-4'。

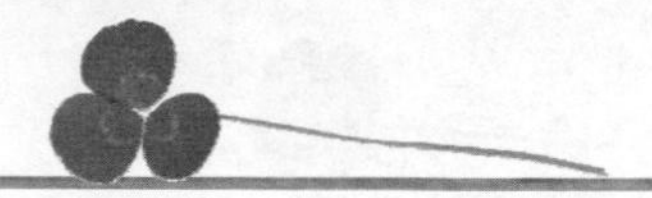

11.2 多質陣列

7. 試定義一個1×3的多質陣列A，並設定第一個元素為一個3×3的全零矩陣，第二個元素為一字串 'Have a nice day'，第三個元素為整數 64。

8. 接續習題 7，試取出下列所指定的部分：

   (a) 取出多質陣列A的最後一個元素，取出的結果必須是一個字串，而不是另一個同質陣列。

   (b) 取出多質陣列A的第二與第三個元素，並分別把它們設定給變數xx與yy存放。

   (c) 刪除多質陣列A的第一個元素。

   (d) 試以 cellplot() 函數繪出 (c) 的結果。

11.3 多質陣列的轉換

9. 試將習題 1 所定義的結構轉換成多質陣列。

10. 試將習題 7 所定義的多質陣列轉換成結構。第一個結構欄位的名稱為 mat，用來存放3×3的全零矩陣；第二個結構欄位的名稱為 str，用來存放字串；第三個結構欄位的名稱為 integer，用來存放一個整數。

11.4 矩陣的切割處理

11. 設 A=magic(9)，試完成下列各題：

    (a) 試將 A 切割成 9 個小區塊，每個區塊的大小皆為3×3。

    (b) 接續(a)，試走訪這些區塊，並依序印出區塊內，所有元素的平均值。

    (c) 試將(a)的 9 個小區塊合併成原先的9×9魔術方陣。

12. 試修改 func11_2()，嘗試不要使用多質陣列來完成馬賽克的處理（提示：您可以在 for 迴圈裡，每次擷取$n\times n$大小的方塊來進行處理）。

第十二章 基礎數值分析

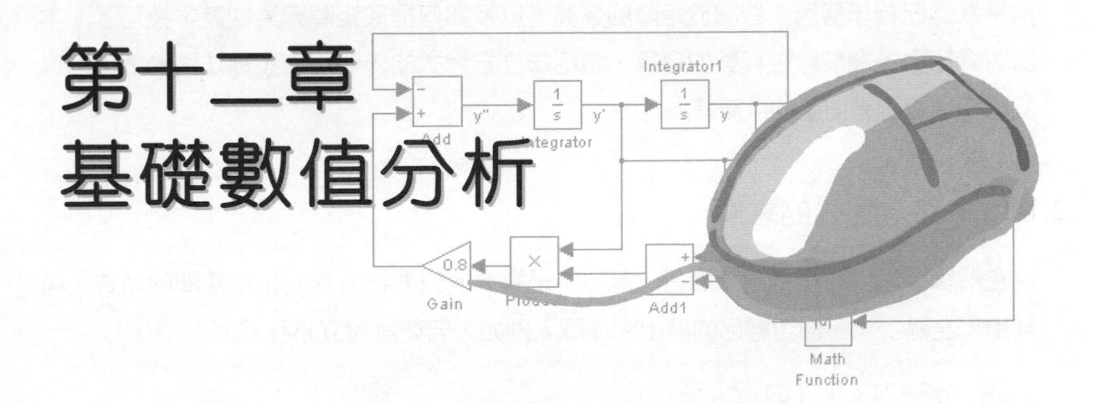

在學完 Matlab 的基本操作之後，現在您已具備 Matlab 程式設計的基礎了。從本章開始，我們將介紹一系列 Matlab 應用於數學解題的函數，其中包括方程式的求解、最佳化的設計、回歸分析、微積分與常微分方程式等。本章先探究方程式的求解，主要內容包含求解線性聯立方程式、求解非線性方程式，以及最佳化設計等問題等。

本章學習目標

- 學習求解線性聯立方程式
- 學習求解非線性方程式
- 學習最佳化設計的求解方法

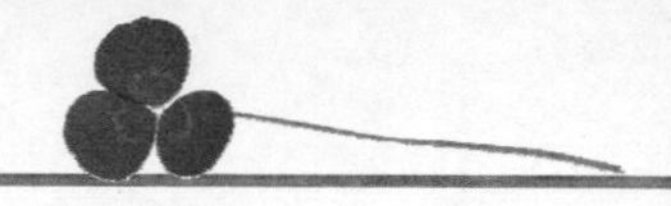

12.1 線性代數的相關運算

稍早我們已經學習過一些關於矩陣的運算，以及如何提取矩陣元素的基本技巧了。本節將介紹更多關於線性代數的運算，包括聯立方程式的求解、克拉瑪法則的應用，以及固有值與固有向量的計算等。

12.1.1 聯立方程式的求解

現在解線性聯立方程式對您而言，應該不是難事。只要把方程式化成矩陣的型式，再利用「左除」法，即可輕易的解出它的解。例如，若要解聯立方程式

$$\begin{bmatrix} 1 & 0 & 2 \\ 0 & 4 & 3 \\ 3 & 6 & 0 \end{bmatrix} \begin{bmatrix} x_1 \\ x_2 \\ x_3 \end{bmatrix} = \begin{bmatrix} 9 \\ 1 \\ 0 \end{bmatrix}$$

這是 $AX = B$ 的基本型式。如要解出向量 X，只要計算 A「左除」B 即可：

```
>> A=[1 0 2;0 4 3;3 6 0]
A =
     1     0     2
     0     4     3
     3     6     0
```

定義矩陣 A，注意矩陣 A 是一個 3×3 的方陣。

```
>> B=[9;1;0]
B =
     9
     1
     0
```

定義行向量 B，注意行向量 B 是一個 3×1 的向量。

```
>> X=A\B
X =
    3.5714
   -1.7857
    2.7143
```

計算 A 左除 B，即可解得 X。

```
>> inv(A)*B
ans =
   3.5714
  -1.7857
   2.7143
```

因為 $AX = B$ ，所以 $X = A^{-1}B$ ，於是利用左式也可以解得行向量 X。

```
>> A*X
ans =
     9
     1
     0
```

計算 $A*X$，得到行向量 [9; 1; 0]，由此可驗證我們計算的結果是正確的。

12.1.2 克拉瑪法則

除了可以利用陣列的左除來計算聯立方程式之外，克拉瑪法則（Cramer's rule）也是常用的方法之一。克拉瑪法則的定理如下:

設 A 為 $n\times n$ 矩陣，且 A 的行列式不為零，則 $AX = B$ 的唯一解為：

$$x_k = \frac{|A(k;B)|}{|A|};\quad k = 1,\cdots,n$$

其中矩陣 $A(k;B)$ 為以行向量 B 取代矩陣 A 的第 k 行所得的矩陣。例如，以方程式

$$\begin{cases} 3x_1 + 2x_2 = 1 \\ 5x_1 + 3x_2 = 2 \end{cases}$$

為例，我們可以把這個方程式改寫成 $AX = B$ 的矩陣型式，其中

$$A = \begin{bmatrix} 3 & 2 \\ 5 & 3 \end{bmatrix},\quad B = \begin{bmatrix} 1 \\ 2 \end{bmatrix},\quad X = \begin{bmatrix} x_1 \\ x_2 \end{bmatrix};$$

所以

$$x_1 = \frac{\begin{vmatrix} 1 & 2 \\ 2 & 3 \end{vmatrix}}{\begin{vmatrix} 3 & 2 \\ 5 & 3 \end{vmatrix}} = \frac{-1}{-1} = 1,\quad x_2 = \frac{\begin{vmatrix} 3 & 1 \\ 5 & 2 \end{vmatrix}}{\begin{vmatrix} 3 & 2 \\ 5 & 3 \end{vmatrix}} = \frac{1}{-1} = -1$$

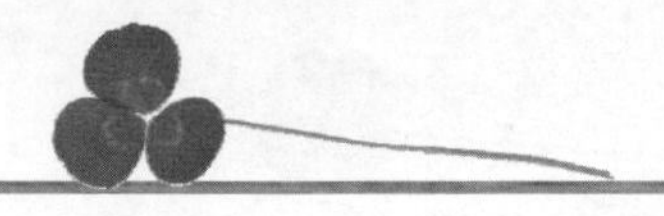

瞭解了克拉瑪法則的運算之後，我們以一個實際的例子來說明如何利用 Matlab 以克拉瑪法則求解聯立方程式：

```
>> A=[1 0 2;0 4 3;3 6 0];
```

定義 3×3 的矩陣 A。

```
>> B=[9;1;0];
```

定義 3×1 的行向量 B。

```
>> A(:,[2 3])
ans =
   0     2
   4     3
   6     0
```

如果要解出第一個解，克拉瑪法則告訴我們在分子的矩陣內，必需保留陣列 A 的二、三行，但把第一行置換成行向量 B。利用左式即可取出矩陣 A 的二、三行。

```
>> [B,A(:,[2 3])]
ans =
   9     0     2
   1     4     3
   0     6     0
```

利用行向量 B 與矩陣 A 的二、三行組成一個新的矩陣。這個矩陣也就是克拉瑪法則裡的矩陣 $A(1;B)$。

```
>> det([B,A(:,[2 3])])/det(A)
ans =
  3.5714
```

利用矩陣 $A(1;B)$，即可藉由克拉瑪法則計算出聯立方程式的第一個解。

```
>> det([A(:,1),B,A(:,3)])/det(A)
ans =
 -1.7857
```

相同的，左式是利用矩陣 $A(2;B)$，計算出聯立方程式的第二個解。

```
>> det([A(:,[1 2]),B])/det(A)
ans =
  2.7143
```

左式是利用矩陣 $A(3;B)$，計算出聯立方程式的第三個解。讀者可以自行驗證這三個解的正確性。

12.1.3 當方程式數目不等於變數數目的情況

前兩節所介紹的方法都是用於方程式與變數的數目相等的情況。如果方程式數目不等於變數數目，Matlab 的「左除」也可以進行相關的計算。

& 當方程式數目大於未知數的數目時

如果方程式的數目大於未知數的數目，也就是所給的條件多於未知數時，我們稱這樣的方程組為 over determinate。對於 over determinate 的方程組而言，它並沒有辦法找到確切的解，只能夠找到一解，使其誤差是最小。

如果利用「左除」法求解 over determinate 的問題，則所求得的解是最小平方解。也就是找出的 X 是使得 $\|AX-B\|^2$，即 $AX-B$ 之範數（norm）的平方為最小。舉例來說，要求解如下的方程式：

$$2x-4y=6$$
$$3x-8y=3$$
$$6x+7y=14$$

於此方程組中，方程式有 3 個，但變數只有兩個，因此就變成了 over determinate 的問題。Matlab 的「左除」可以求解 over determinate 的問題，但解出的解是最小平方解：

```
>> A=[2 -4;3 -8;6 7]
A =
     2    -4
     3    -8
     6     7
```

定義矩陣 A，這是取出聯立方程式裡，每一項之係數所組成的矩陣。

```
>> B=[6;3;14]
B =
     6
     3
    14
```

這是取出聯立方程式中，常數項所組成的行向量。

```
>> X=A\B
X =
    2.0969
    0.2250
```

利用 A 左除 B，得到 $x=2.0969$，$y=0.2250$。注意左式所得到的解並不會滿足 $AX-B$ 的解，它只是最小平方解，也就是它所產生的誤差的平方和會比其它的解來的小。

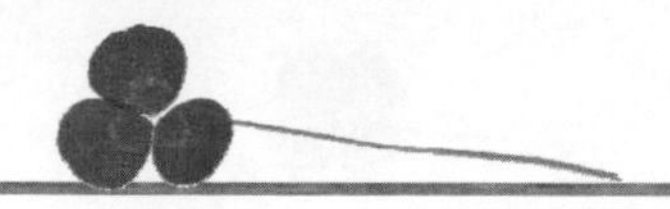

```
>> A*X-B
ans =
  -2.7063
   1.4904
   0.1569
```

將所解出的解代回原方程式中，可得左式。注意因為 X 只是近似解，所以左式所得的向量並不為零，而是有一個小的誤差。

```
>> sum((A*X-B).^2)
ans =
   9.5702
```

計算所有誤差的平方和，得到 9.5702。這個值是最小的誤差的平方和，讀者可試著代入其它的數值，並計算其誤差，應該不會得到比這個值更小的誤差平方和了。

& 當方程式數目小於未知數的數目時

如果方程式的數目小於未知數的數目，則稱方程組為 under determinate。under determinate 的方程組有無窮多組解，如果利用左除法，則可以求得所有的解向量裡，擁有元素 0 最多的向量。如果是以虛反矩陣法（pseudo-inverse），則所求得的是最小範數（minimum norm）解。

舉例來說，要求解如下的方程式：

$$5x+3y+3z-4u-9v=40$$
$$3x+3y+4z+2u-5v=30$$
$$7x-6y+3z+3u+2v=24$$

於此方程組中，方程式只有 3 個，但變數有 5 個，因此就變成了 under determinate 的問題。下面的範例是分別利用「左除」與虛反矩陣法來求解：

```
>> A=[ 5  3  3 -4 -9;
       3  3  4  2 -5;
       7 -6 3  3   2]
A =
     5     3     3    -4    -9
     3     3     4     2    -5
     7    -6     3     3     2
```

定義矩陣 A，這是取出方程式裡，每一項之係數所組成的矩陣。

```
>> B=[40;30;24]
B =
    40
    30
    24
```

定義向量 B，這是取出方程式裡，常數項所組成的行向量。

```
>> s1=A\B
s1 =
    3.6250
         0
         0
    1.6513
   -3.1645
```

計算 A 左除 B，得到 $x=3.6250$，$y=z=0$，$u=1.6513$ 與 $v=-3.1645$。注意本例的變數數目多於方程式，所以其解有無限多個，左式所得到的解只是眾多解中的其中一個。此外，利用左除法所得到的解，是所有的可能解裡，0 的個數最多的一組解。

如果要利用虛反矩陣法求解，可利用 pinv() 函數。pinv 是 pseudo-inverse 的縮寫，也就是虛反矩陣之意。pinv() 所解出的解是所有可能的解裡，解的範數最小的一個。pinv() 與求範數之 norm()，其語法如下表所列：

表 12.1.1 pinv() 與 norm() 函數

函 數	說 明
pinv(*mat*)	計算矩陣 *mat* 的虛反矩陣（pseudo-inverse）
norm(*vect*)	計算向量 *vect* 的範數（norm）。範數的定義為向量元素之平方和再開根號

```
>> s2=pinv(A)*B
s2 =
    2.9836
    0.0273
    2.1179
    0.5061
   -2.2967
```

利用虛反矩陣法求解，可得到如左式的一組解，注意這組解是所有的解中，範數最小的一組解。

```
>> norm(s1)
ans =
    5.0874
```

這是利用左除法所得之解的範數，其值為 5.0874。

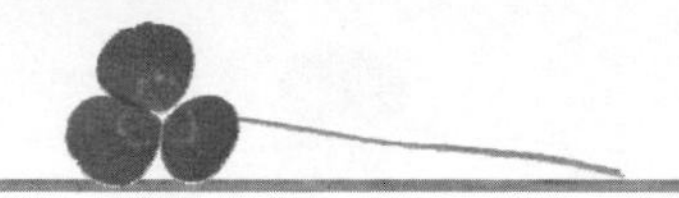

```
>> norm(s2)
ans =
   4.3496
```

這是利用虛反矩陣法所得之解的範數，其值為 4.3496。事實上，這個範數是所有可能的解裡，解的範數最小的一個。

12.1.4 固有值與固有向量

對於一個 $n \times n$ 的矩陣 A，以及 $n \times 1$ 的向量 X 而言，如果恆有

$$AX = \lambda X$$

的關係式存在(λ 可為實數或複數)，則稱 λ 為矩陣 A 的固有值（eigen-values），而 X 則稱為伴隨 λ 的固有向量（eigen-vectors）。我們可以將 $AX = \lambda X$ 寫成

$$(\lambda I_n - A)X = 0$$

的型式，其中 I_n 為 $n \times n$ 的單位矩陣。要使得 $(\lambda I_n - A)X = 0$ 有非瑣碎解（non-trivial solution），則必要條件為

$$\det(\lambda I_n - A) = 0$$

$\det(\lambda I_n - A) = 0$ 稱為 A 的特性方程式（characteristic equation），而 A 的固有值可由求解此式的 λ 求得，進而由 $AX = \lambda X$ 可求得伴隨 λ 的固有向量。Matlab 提供了 eig() 函數，可用來計算矩陣的固有值與固有向量。

表 12.1.2　求解固有值與固有向量的函數

函 數	說 明
ev=eig(*mat*)	計算矩陣 *mat* 的固有值，並把計算結果設給變數 *ev*
[*vect*,*dv*]=eig(*mat*)	計算矩陣 *mat* 的固有值與固有向量，把固有向量設給變數 *vect* 存放，並以固有值為對角線元素設給變數 *dv* 存放

```
>> A=magic(3)
A =
     8     1     6
     3     5     7
     4     9     2
```

設定 A 為一個 3×3 的魔術方陣。

```
>> eig(A)
ans =
   15.0000
    4.8990
   -4.8990
```

這是矩陣 A 的固有值。注意 Matlab 是以行向量來存放固有值。

```
>> [vect,dv]=eig(A)
vect =
   -0.5774   -0.8131   -0.3416
   -0.5774    0.4714   -0.4714
   -0.5774    0.3416    0.8131
dv =
   15.0000         0         0
         0    4.8990         0
         0         0   -4.8990
```

如果給予兩個輸出引數，則 eig() 函數會把計算出的固有向量給第一個輸出引數存放，把固有值給第二個輸出引數存放。注意左式的回應中，vect 變數的每一直行代表矩陣 A 的其中一個固有向量，因此共有三個固有向量。另外，Matlab 把固有值當成是矩陣的對角元素來輸出。

如要驗證固有值與固有向量的定義式 $AX=\lambda X$ ，我們可以把矩陣 A 乘上固有向量 X，看看它們會不會等於固有值 λ 乘上固有向量 X：

```
>> A*vect(:,1)
ans =
   -8.6603
   -8.6603
   -8.6603
```

左式是將矩陣 A 乘上第一個固有向量，得到左式的行向量。

```
>> 15*vect(:,1)
ans =
   -8.6603
   -8.6603
   -8.6603
```

矩陣 A 的第一個固有值是 15。左式是把第一個固有值乘上第一個固有向量，可發現其結果有上面的結果完全相等。讀者可自行驗證其它的固有值與固有向量，是否會滿足 $AX=\lambda X$ 式。

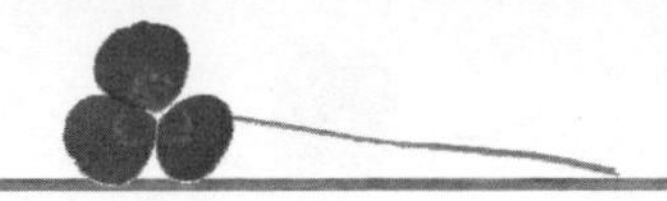

12.2 方程式的求解

本節將討論 Matlab 求解方程式的方法，一是求解多項式的根，一是求解非線性方程式的解。由於這兩種解法稍有不同，在此分成兩個小節來討論。

12.2.1 多項式的處理

在數學裡，n 次多項式可以表示成如下的型式：

$$p(x)=a_n x^n + a_{n-1}x^{n-1} + \cdots + a_1 x^1 + a_0$$

Matlab 是以一個具有 $n+1$ 個元素的列向量來表示多項式 $p(x)$ ，也就是把多項式的每一項的係數，從高次項排列到常數項，然後放置到列向量裡。若多項式缺了其中某一項，則把該項的係數填為 0：

p=[a_n, a_{n-1}, $\cdots$, a_1, a_0]

例如，多項式 $p(x)=6x^5+12x^4+8x^3-x+32$ 可用下面的列向量來表示：

```
p=[6 12 8 0 -1 32]
```

定義好多項式之後，如果想要求解多項式於某一點的值，或者是要求解多項式的根，可利用如下表所列的函數：

表 12.2.1　與多項式運算相關的函數

函 數	說 明
polyval(*p*,*a*)	計算多項式 $p(x)$ 於 $x=a$ 的值。a 可以為一個純量或向量
roots(*p*)	計算多項式 $p(x)$ 的根

```
>> p=[1 3 -6 -6 2];
```

定義 $p(x)=x^4+3x^3-6x^2-6x+2$ 。這是一個 4 次多項式。

```
>> x=linspace(-5,3);
```

定義 x 為一個具有 100 個元素的向量，範圍為 $-5 \sim 3$。

```
>> y=polyval(p,x);
```

以向量 x 每一個元素的值計算多項式 $p(x)$ 的值。注意左式的計算結果是一個具有 50 個元素的向量。

```
>> plot(x,y); hold on
```

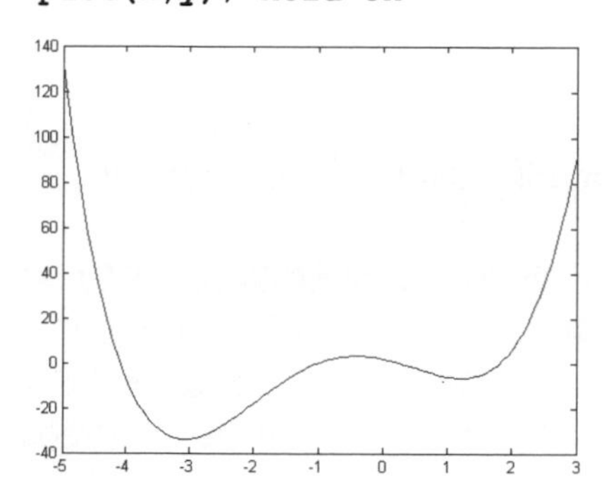

繪出 $p(x)=x^4+3x^3-6x^2-6x+2$ 的圖形，並設定 hold 為 on 來保留這個圖形，以便稍後可以再把其它圖形加到這個圖形上面。

注意從左邊的圖形中，可看出多項式有四個實根（即多項式與直線 $y=0$ 有 4 個交點）。

```
>> sol=roots(p)
sol =
   -4.0806
    1.8098
   -1.0000
    0.2708
```

利用 roots() 解出多項式的根，果然得到 4 個實根。注意 Matlab 是把所得到的根排成一個行向量。

```
>> yy=polyval(p,sol)
yy =
  1.0e-012 *
    0.1721
    0.0722
    0.0151
   -0.0018
```

將所得到的根代入原多項式中，可得左式。左式的結果非常接近 0（注意左式的向量最前面乘上了 10^{-12}），由此可驗證所解出的解是正確的。

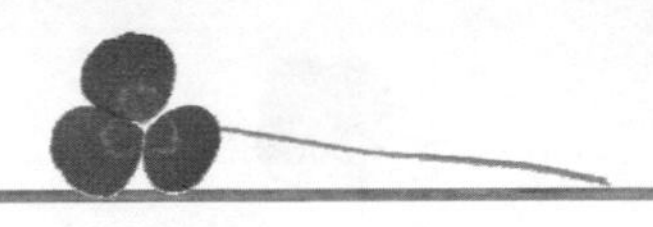

```
>> plot(sol,yy,'o'); hold off
```

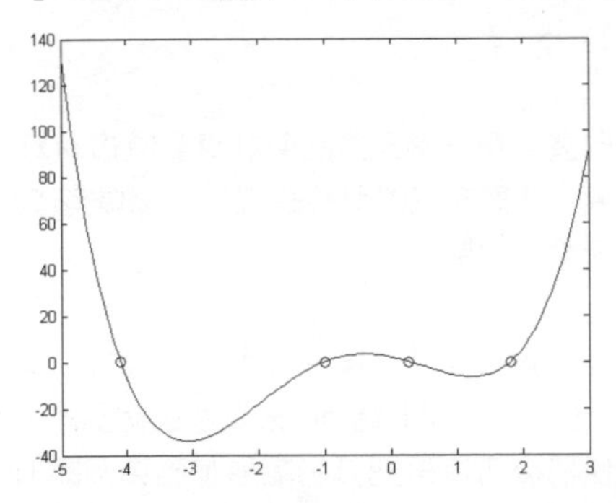

左圖繪出了多項式 $p(x)$ 的圖形與 $y=0$ 的交點，這 4 個交點的位置也就是多項式的解。

```
>> p=[1 4 0 -10 -10];
```

這是多項式 $p(x)=x^4+4x^3-10x-10$ 。

```
>> fplot('x^4+4*x^3-10*x-10',[-4,2])
```

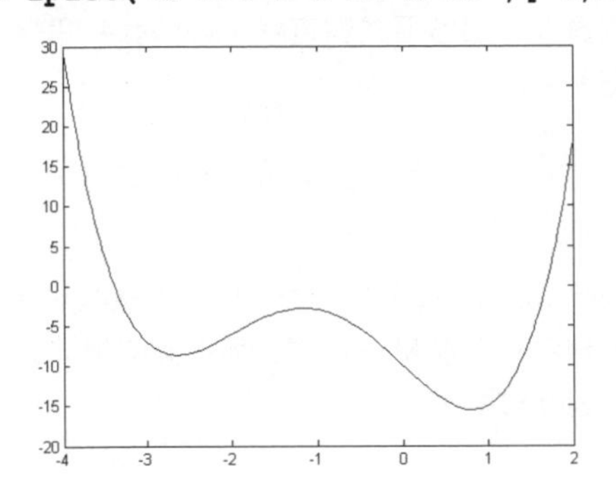

利用 fplot() 可以快速的繪出多項式 $p(x)$ 的圖形。從左圖中，讀者可看出多項式 $p(x)$ 與 x 軸（即 $y=0$ 的直線）有兩個交點，所以此方程式有兩個實根，兩個虛根。

```
>> roots(p)
ans =
  -3.3851
   1.6769
  -1.1459 + 0.6698i
  -1.1459 - 0.6698i
```

利用 roots() 求解多項式的根，得到兩個實根，兩個虛根，正如之前我們所預測。

12.2.2 求解非線性方程式

roots() 只可求解多項式的根，如果要求解非線性方程式，可利用 fzero() 函數。不過 roots() 可以求出任意階多項式所有的根，但 fzero() 一次只能求解出一個解。fzero 是 find zero 的縮寫，也就是找尋函數圖形的零點之意。

表 12.2.2 求解非線性方程式的函數

函 數	說 明
fzero(*fun*, x_0)	以x_0為初始值，求解方程式*fun*=0 的解
fzero(*fun*, [x_0, x_1])	在 [x_0, x_1] 區間內求解方程式*fun*=0 的解，但是*fun*在 $x = x_0$ 與 $x = x_1$ 的值必須一正一負，若是同為正或同為負，則會有錯誤訊息產生

```
function y=func12_1(x)
y=4*cos(x)-x;
```

定義函數 $\text{func12\_1}(x) = 4\cos x - x$ 。

```
>> fplot('func12_1',[-6,6])
```

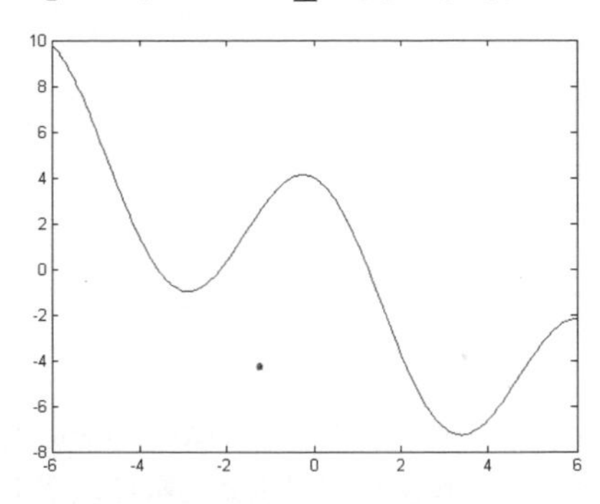

這是函數 $\text{func12\_1}(x)$ 的圖形。讀者可以看出，在區間 $-6 \sim 6$ 內，函數有 3 個解，一個是在 $x \approx -3.5$ ，一個是在 $x \approx -2.1$ ，另一個是在 $x \approx 1.2$ 的地方。

```
>> fzero('func12_1',3)
ans =
    1.2524
```

給予初始值 $x = 3$ ，求解方程式 $4\cos x - x = 0$ ，得到 $x = 1.2524$ 。注意雖然 $4\cos x - x = 0$ 有多個解，但 fzero() 一次只能找到一個解。

```
>> fzero('func12_1',-4)
ans =
   -3.5953
```

給予另一個初值 $x = -4$ ，fzero() 可找到另一個解 $x = -3.5953$ 。

```
>> fzero('func12_1',[-4,-3])
ans =
   -3.5953
```

給予區間 $-4 \sim -3$ ，則 fzero() 會在這個區間內求解。

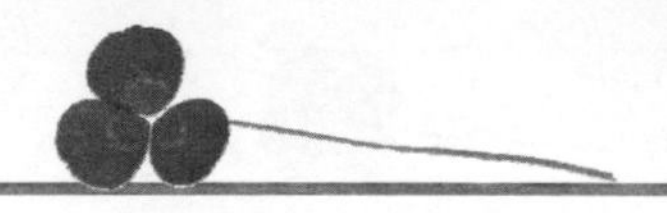

```
>> fzero('func12_1',[-4,-2])
Error using fzero (line 274)
The function values at the interval endpoints must differ in sign.
```

如果是給予一個區間來求解，則函數在區間的端點之值必須不同號（一正一負），否則會有錯誤訊息產生。

```
>> feval('func12_1',[-4,-2])
ans =
   1.3854    0.3354
```

利用 feval() 計算函數在 $x=-4$ 與 $x=-2$ 的值，讀者可發現函數於這兩個位置的值都是正數，也因此在前例以 fzero() 求解時會有錯誤訊息產生。

```
>> fplot('sin(cos(x^2))-x',[-3,5])
```

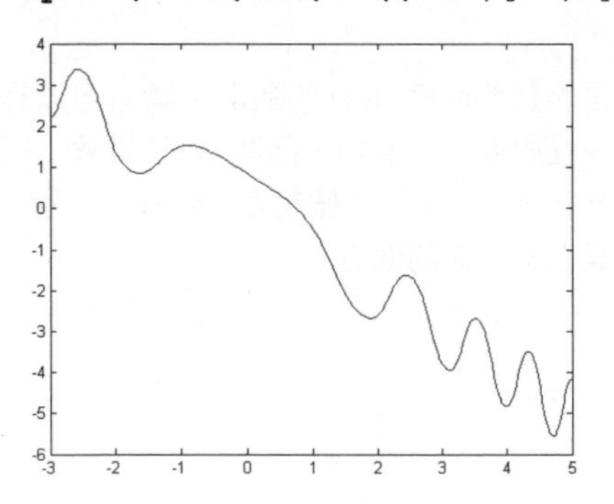

這是另一個函數 $\sin(\cos x^2)-x$ 的圖形。從圖中可看出函數靠近 $x=0.7$ 之處有一個解。

```
>> fzero('sin(cos(x^2))-x',3)
ans =
   0.7491
```

fzero() 可以順利找到 $\sin(\cos x^2)-x=0$ 的解。注意 fzero() 也可以接受函數是以字串的方式來定義，這種寫法適用於函數本身較不複雜時。如果函數較複雜，建議還是採用 M-檔案來建立函數。

```
>> fplot('x-x^4/256-cos(x^5)',[-2,2])
```

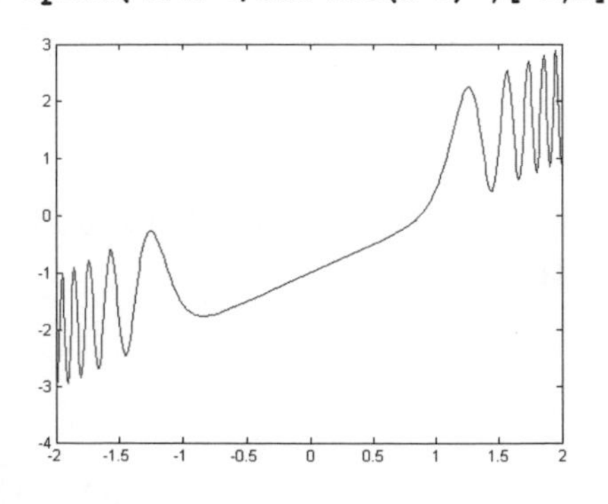

這是另一個函數 $x-x^4/256-\cos x^5$ 。

```
>> fzero('x-x^4/256-cos(x^5)',-2)
ans =
    0.8744
```

給予初始值 –2，利用 fzero() 可求得這個函數在 $x = 0.8744$ 之處的值為 0。

```
>> fzero('abs(x)-3*cos(x)',-2)
ans =
   -1.1701
```

fzero() 一樣可以求出包含有絕對值之方程式的解。

```
>> fplot('abs(x)-3*cos(x)',[-8,8])
```

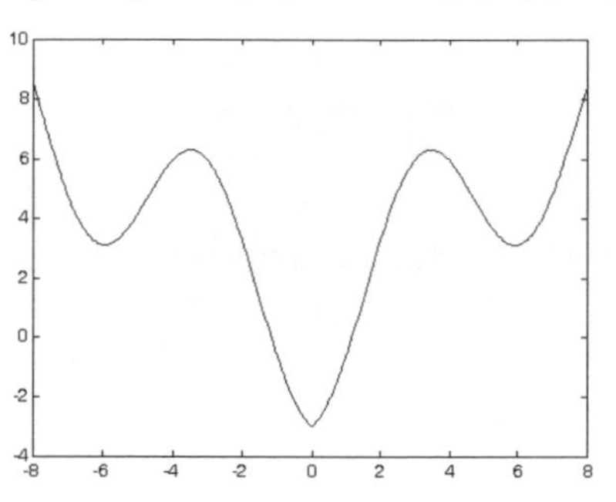

這是 $|x|-3\cos(x)$ 的圖形。讀者可以發現，上式所求的解僅是兩個解的其中一個解。讀者可嘗試解出另一個解，看看其值是否和圖形吻合。

```
>> fzero('sin(x)-2',-2)
Exiting fzero: aborting search for an interval containing a sign change because NaN or Inf function value encountered during search. (Function value at Inf is NaN.) Check function or try again with a different starting value.

ans =
   NaN
```

如果 fzero() 找不到任何解，則回應 NaN。於左式中，$\sin x$ 的值一定小於 1，因此 fzero() 無法求得任何解。

& 關於 humps 函數

現在您對於 Matlab 的 peaks() 函數應該不會陌生，因為我們曾利用它來測試三維的繪圖函數。Matlab 也提供類似 peaks() 的 humps() 函數，不過 peaks() 是二變數函數，但是 humps() 是單變數函數，因此適合用來測試二維的函數圖形，或者是測試相關的函數求解函數。

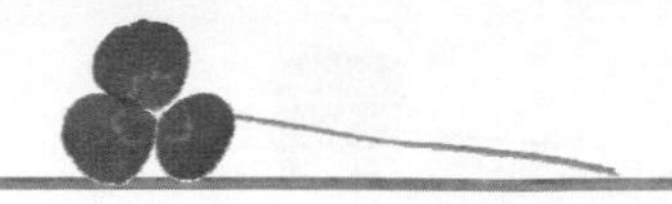

humps() 函數的數學定義式為

$$y(x)=\frac{1}{(x-0.3)^2+0.01}+\frac{1}{(x-0.9)^2+0.04}-6$$

只要在 Matlab 的指令視窗裡鍵入 type humps，即可看到 humps() 的定義：

```
>> type humps

function [out1,out2] = humps(x)
%HUMPS  A function used by QUADDEMO, ZERODEMO and FPLOTDEMO.
%   Y = HUMPS(X) is a function with strong maxima near x = .3
%   and x = .9.
%
%   [X,Y] = HUMPS(X) also returns X.  With no input arguments,
%   HUMPS uses X = 0:.05:1.
%
%   Example:
%      plot(humps)
%
%   See QUADDEMO, ZERODEMO and FPLOTDEMO.

%   Copyright 1984-2002 The MathWorks, Inc.
%   $Revision: 5.8 $  $Date: 2002/04/15 03:34:07 $

if nargin==0, x = 0:.05:1; end

y = 1 ./ ((x-.3).^2 + .01) + 1 ./ ((x-.9).^2 + .04) - 6;

if nargout==2,
  out1 = x; out2 = y;
else
  out1 = y;
end
```

於上面的 M-檔案中，可以發現 humps() 只有一個輸入引數，但有兩個輸出引數。從程式碼裡也可看出，若是只給予一個輸出引數，則 humps() 只會輸出向量 y（即函數的值），若是給予二個輸出引數，則一併輸出向量 x 與 y。我們來看看下面的範例：

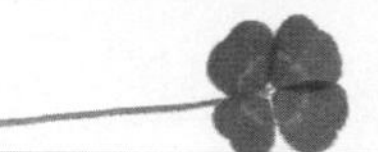

```
>> humps(1)
ans =
    16
```

計算 humps() 函數於 $x=1$ 時的值，Matlab 回應 16。

```
>> [x,y]=humps([-1,0,1,2])
x =
    -1      0      1      2
y =
    -5.1378  5.1765  16.0000  -4.8552
```

計算 humps() 於 $x=-1, 0, 1, 2$ 時的值，由於左式給了兩個輸出引數來接收傳回值，因此 humps() 會回應我們所輸入的向量 x 與計算所得的向量 y。

```
>> fplot('humps',[-0.5,1.5]); hold on
```

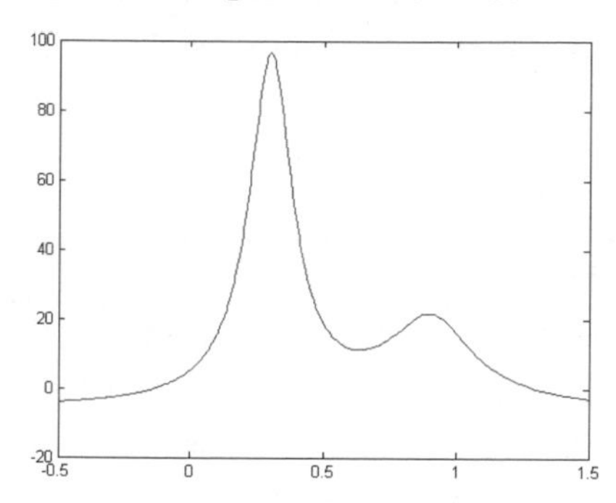

繪出 humps() 的圖形，從圖中可知 humps() 有兩個峰點。此外，humps() 與直線 $y=0$ 的交點有兩個，代表它有兩個解。

```
>> x1=fzero('humps',-0.5)
x1 =
   -0.1316
```

利用 fzero() 以 $x=-0.5$ 為初值求解 humps 函數，得到一解。

```
>> x2=fzero('humps',1.5)
x2 =
    1.2995
```

利用 fzero() 以 $x=1.5$ 為初值求解 humps 函數，得到另一個解。

```
>> plot([x1 x2],[0 0],'o');hold off
```

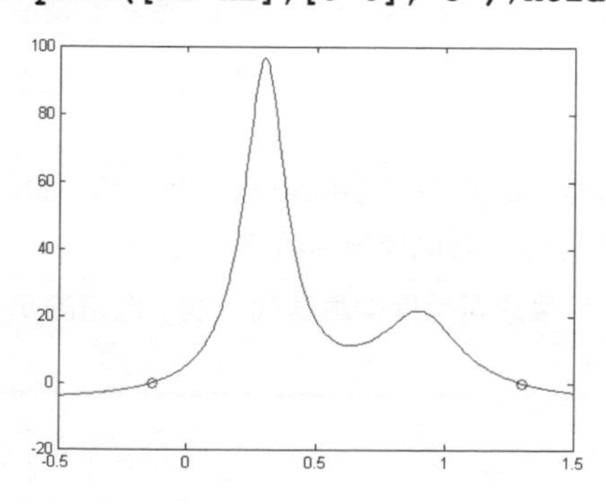

利用 plot() 將解出的解繪於 humps() 的函數圖形上，並以圓形符號來表示。從左圖中，我們可以驗證 fzero() 所解出的解是正確的，因為函數的圖形在圓形符號之處恰好通過直線 $y=0$ 。

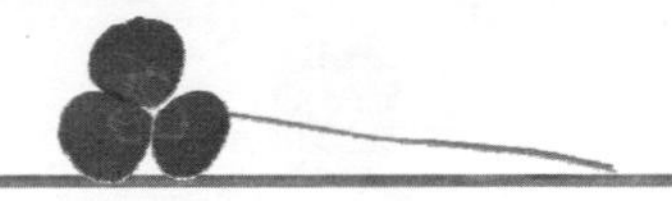

由於 Matlab 裡已內建好 humps()，因此在測試一些函數時，直接取用它會比自己定義新的函數來的方便，接下來的小節我們也將利用它來學習一些新的函數。

12.2.3 顯示求解的過程

如果您對於 fzero() 求解的過程感到好奇，想查看整個求解的過程，或者是想改變求解的精度，以期得到較快速的運算結果時，則可以使用 optimset() 函數。optimset() 可以產生一個特殊的結構，讓一些函數可以依這個結構裡所指定的事項來求值，因為它常用於最佳化（optimization）設計的函數中，因而得名。

表 12.2.3 optimset() 的用法

函數	說明
opts=optimset('par_1','val_1','par_2','val_2',⋯)	依照參數par_1的值為val_1，參數par_2的值為val_2，建立一個選項結構，以供 Matlab 的 fzero()、fminbnd() 與 fminsearch() 等函數使用

下表列出了一些可供 optimset() 使用的參數，以及每一個參數值所代表的意義：

表 12.2.4 optimset 常用的參數

參數	說明
Display	設定 off 則不顯示輸出，設定 iter 則顯示每一個迭代的結果，設定 final 則只顯示計算的最終結果
TolX	設定所容許的誤差
FunValCheck	檢查計算過程中的函數值。設定 on 則當函數的值為複數或是 NaN 時，系統會給予一個警告訊息，設定 off 則無警告訊息
OutputFcn	可用來指定一個自定的函數，只要求解過程中每迭代一次，自定的函數就會被執行一次

接下來的範例是利用 fzero() 求解 humps() 的解，用以說明 optimset() 的使用。請於 Matlab 的指令視窗裡鍵入

```
>> opts=optimset('Display','iter')
```

Matlab 回應下列長串的訊息：

```
opts =
           Display:  'iter'
       MaxFunEvals:  []
           MaxIter:  []
            TolFun:  []
              TolX:  []
       FunValCheck:  []
         OutputFcn:  []
                 :     :
            TolPCG:  []
         TolRLPFun:  []
       TolXInteger:  []
          TypicalX:  []
       UseParallel:  []
```

由於這個回應的訊息相當的長，所以我們只節錄了頭尾的部分。由上面的輸出可知，Display 參數已被設為 'iter'，其它並未被設值的參數則以空的陣列來表示。讀者應該瞭解，雖然 optimset() 提供了許多參數可供設定，但它們多半是給最佳化設計工具箱（optimization toolbox）裡的函數使用，fzero() 真正會用到的，只有 Display、FunValCheck、OutputFcn 與 TolX 四項而已。

現在把 optimset() 的輸出 opts 置於 fzero() 內，並以初值為 3 來執行它，可得到下列的結果：

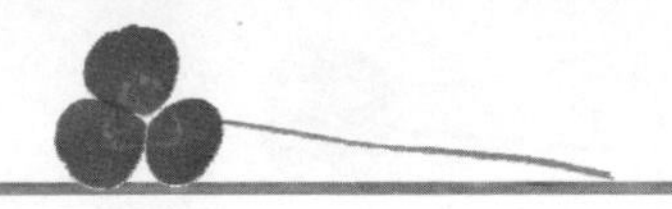

```
>> fzero('humps',3,opts)

Search for an interval around 3 containing a sign change:
 Func-count        a          f(a)           b          f(b)       Procedure
     1              3     -5.63829            3     -5.63829  initial interval
     3        2.91515     -5.61014      3.08485     -5.66348       search
     5           2.88     -5.59749         3.12     -5.67314       search
     7        2.83029     -5.57852      3.16971      -5.6861       search
     9           2.76     -5.54928         3.24     -5.70314       search
    11        2.66059     -5.50236      3.33941     -5.72494       search
    13           2.52     -5.42219         3.48     -5.75188       search
    15        2.32118     -5.27031      3.67882     -5.78365       search
    17           2.04      -4.9243         3.96     -5.81906       search
    19        1.64235     -3.75631      4.35765     -5.85593       search
    20           1.08      9.42923      4.35765     -5.85593       search

Search for a zero in the interval [1.08, 4.3576]:
 Func-count     x            f(x)            Procedure
   20        4.35765         -5.85593    initial
   21        3.10194         -5.66823    interpolation
   22        2.09097         -5.00353    bisection
   23        1.58548         -3.43728    bisection
   24        1.33274        -0.670982    bisection
   25        1.28333         0.372862    interpolation
   26        1.30098       -0.0313704    interpolation
   27        1.29961      -0.00133688    interpolation
   28        1.29955     2.54388e-007    interpolation
   29        1.29955    -4.07603e-011    interpolation
   30        1.29955                0    interpolation

Zero found in the interval [1.08, 4.35765]

ans =

   1.2995
```

於上面的輸出中，讀者可發現 fzero() 的求解過程一共分成兩個階段，第一個階段是找到一個區間，使得函數值在這個區間的端點不同號（即一正一負，如此的話便可確定函數在這個區間內一定有一個解），第二個階段則是真正求解的部分。

讀者可以看到在每一次求解的迭代過程中，Matlab 會嘗試利用不同的方法來求解，如內插法（interpolation）或二分法（bisection），當求解的值收斂（converge）時，fzero 函數便停止搜尋，然後回應所求得的解。

另外，您也可以在 optmset() 內利用參數 TolX 來指定可以容許的誤差。只要求解的值小於這個誤差，fzero() 便會停止搜尋，然後回應所求得的解。在 fzero() 裡，Matlab 採用一個特殊的計算法來判別誤差是否小於某個界限。假設 x_n 與 x_{n-1} 代表第 n 次與 $n-1$ 次迭代所得的結果，如果

$$\frac{1}{2}|\,x_n - x_{n-1}\,| < 2 \times \text{TolX} \times \max(|\,x_n\,|, 1)$$

則 Matlab 評定計算誤差已達到所要求的標準，此時便會停止計算。於下面的範例中，我們把 TolX 的值改為 0.01，用以觀察整個計算迭代的過程：

```
>> opts=optimset('Display','iter','TolX',0.01);
```

設定好所要的參數之後，接下來我們利用 fzero() 來求解 humps() 函數：

```
>> fzero('humps',3,opts)

Search for an interval around 3 containing a sign change:
 Func-count      a           f(a)          b           f(b)        Procedure
    1              3    -5.63829            3     -5.63829   initial interval
    3        2.91515    -5.61014      3.08485     -5.66348        search
    5           2.88    -5.59749         3.12     -5.67314        search
    7        2.83029    -5.57852      3.16971      -5.6861        search
    9           2.76    -5.54928         3.24     -5.70314        search
   11        2.66059    -5.50236      3.33941     -5.72494        search
   13           2.52    -5.42219         3.48     -5.75188        search
   15        2.32118    -5.27031      3.67882     -5.78365        search
   17           2.04     -4.9243         3.96     -5.81906        search
   19        1.64235    -3.75631      4.35765     -5.85593        search
   20           1.08     9.42923      4.35765     -5.85593        search
```

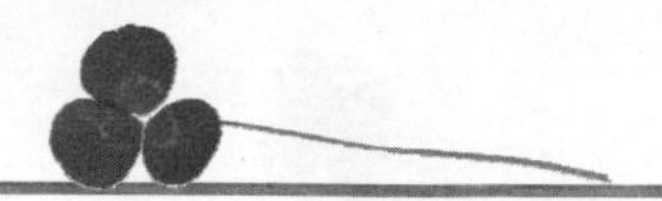

```
Search for a zero in the interval [1.08, 4.3576]:
 Func-count    x          f(x)             Procedure
   20        4.35765     -5.85593          initial
   21        3.10194     -5.66823          interpolation
   22        2.09097     -5.00353          bisection
   23        1.58548     -3.43728          bisection
   24        1.33274    -0.670982          bisection
   25        1.28333     0.372862          interpolation

Zero found in the interval [1.08, 4.35765]

ans =

    1.2833
```

於本例中，$x_n = 1.28333,\ x_{n-1} = 1.33274$，於是

$$\frac{1}{2}|\, x_n - x_{n-1}\,| = \frac{1}{2}|\,1.28333 - 1.33274\,| = 0.0247$$

另外，

$$2 \times \text{TolX} \times \max(|\, x_n \,|, 1) = 2 \times 0.01 \times \max(|\, 1.28333 \,|, 1) = 2 \times 0.01 \times 1.28333 = 0.0257$$

因此

$$\frac{1}{2}|\, x_n - x_{n-1}\,| < 2 \times \text{TolX} \times \max(|\, x_n \,|, 1)$$

成立，所以執行完此次的計算，fzero() 便停止計算，然後回應計算所得的結果。

讀者可以看出，設定 TolX 為 0.01 時，函數在搜尋的階段（即標示 Search for a zero in the interval [1.08, 4.3576] 之處的下方）由 11 次的搜尋減為 6 次的搜尋，因此如果需要大量的求解運算，且精度要求並不是很高時，可藉由降低 TolX 的設定來加快程式執行的速度。

12.3 極小值的求解

Matlab提供了fminbnd() 與fminsearch() 兩個函數，可分別用來求解單一變數函數與多變數函數的極小值。fminbnd 這個名稱可拆解為find minimum bounded，也就是找尋區間內最小值之意。另外fminsearch 可看成是find minimum search 的縮寫，也就搜尋最小值之意。

表 12.3.1 求解函數的最小值

函數	說明
fminbnd(*fun*, x_1,x_2)	在區間 x_1到x_2內，搜尋單變數函數*fun*的最小值
fminsearch(*fun*, [x,y,$\cdots$])	指定初始點為 $x,y,\cdots$，求解多變數函數 *fun* 的最小值

另外，fminbnd() 與 fminsearch() 函數只能夠解出沒有限制條件（unconstrained）的區域極小值（local minimum），如果需要求解有限制條件的最佳化設計，可參考 Matlab 的最佳化設計工具箱（optimization toolbox）裡所提供的函數。

12.3.1 單一變數的極小值求解

fminbnd() 可用來求解單變數函數的區域極小值。因為 fminbnd() 必須指定求解的區間，因此在求解極小值之前，最好能先繪製函數的圖形，瀏覽一下圖形的走向之後，再決定求解的區間，通常較能夠順利的找到函數的極小值。

```
>> fplot('humps',[-0.5,1.5])
```

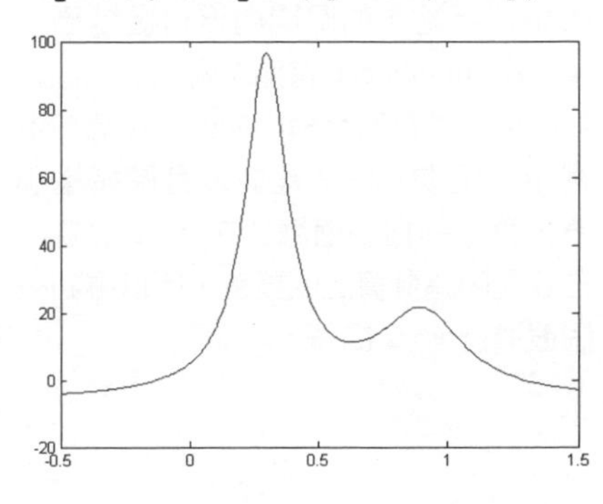

繪出 humps() 函數的圖形，從圖中可知靠近 $x = 0.6$ 之處有一個區域極小值存在。

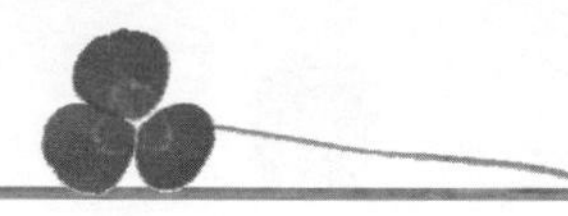

```
>> fminbnd('humps',0.5,0.8)
ans =
   0.6370
```

如要找尋靠近 $x=0.6$ 之處的區域極小值，我們可指定搜尋區間為 0.5 ~ 0.8 。於左式中，fminbnd() 找到 $x=0.6370$ 之處有極小值。

```
>> [x,val]=fminbnd('humps',0.5,0.8)

x =
   0.6370
val =
  11.2528
```

如果給予兩個輸出引數，則 fminbnd() 會把找到的極小值之位置設定給第一個變數存放，把極小值設定給第二個變數存放。

```
>> fplot('4*cos(x)-x',[-6,6])
```

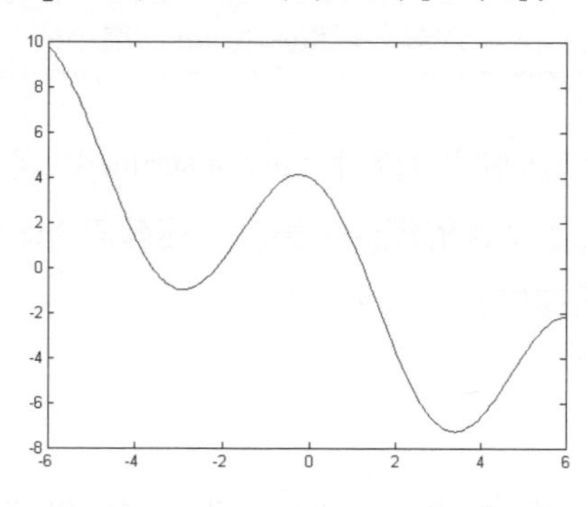

這是函數 $f(x)=4\cos x-x$ 的圖形。讀者可看出函數在 $x\approx-3$ 與 $x\approx3.3$ 之處有兩個區域極小值。

```
>> [x,val]=fminbnd('4*cos(x)-x',-4,4)
x =
   3.3943
val =
  -7.2673
```

在區間 −4 ~ 4 之間求解，fminbnd() 可找到這個區間內的區域極小值位於 $x\approx3.3943$ 之處。

```
>> [x,val]=fminbnd('4*cos(x)-x',-2,2)
x =
   1.9999
val =
  -3.6643
```

如果在所給予的區間內沒有區域極小值，則 fminbnd() 會測試區間之兩個端點的值，然後回應較小的值。注意於本例中，區間 −2 ~ 2 裡並沒有區域極小值，真正的極小值應該在 $x=2$ 之處。左式是因為計算上的誤差，所以得到一個很靠近 $x=2$ 的解。

```
>> [x,val]=fminbnd('4*cos(x)-x',-4,2)
x =
   -2.8889
val =
   -0.9841
```

把區間改為 $-4 \sim 2$ ，則在 $x \approx -2.8889$ 之處找到區域極小值。注意 fminbnd() 找到的是區域極小值，事實上，從圖上可以看出在區間 $-4 \sim 2$ 內，真正的極小值應是位於 $x = 2$ 之處。

現在可以看出在求極小值之前，先把函數圖形繪出的好處。有了圖形的輔助之後，我們可以很容易的選定搜尋區間，然後再利用 fminbnd() 求解。如果函數的圖形在 x 與 y 方向差異過大，可以考慮把圖形繪於 log 的座標軸上，以方便觀看整個函數圖形。例如，如果要找出函數

$$y = \sqrt{\frac{100(1-0.1x^2)^2 + x^2}{(1-x^2)^2 + 0.1x^2}}$$

的極小值，可先繪出函數的圖形，決定區間之後再以 fminbnd() 求解。我們可依下列的步驟進行：

```
function y=func12_2(x)
num=100*(1-0.1*x.^2).^2+x.^2;
den=(1-x.^2).^2+0.1*x.^2;
y=sqrt(num./den);
```

定義函數 $\text{func12\_2}(x) = \sqrt{num/den}$ ，其中

$$num = 100(1-0.1x^2)^2 + x^2$$

$$den = (1-x^2)^2 + 0.1x^2$$

```
>> xx=linspace(0,100,200);
```

設定 xx 為具有 200 個元素，範圍為 0 到 100 之間的等距向量。

```
>> yy=func12_2(xx);
```

以向量 xx 計算 $\text{func12\_2}(xx)$ ，並把計算的結果設給向量 yy。

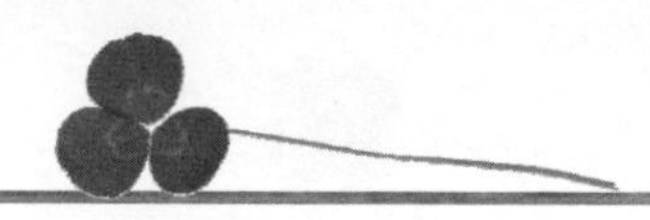

```
>> plot(xx,yy)
```

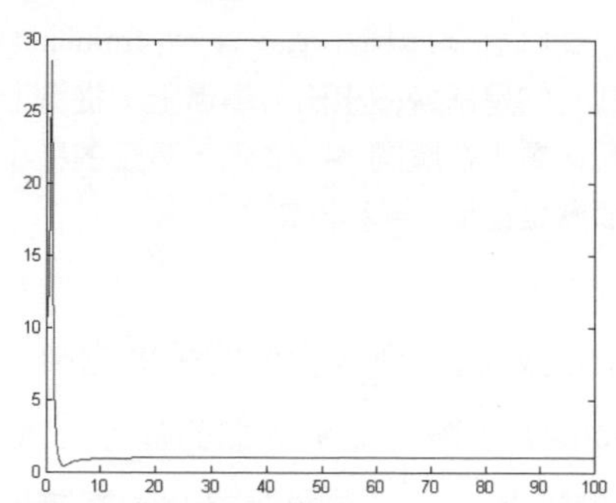

繪出 $y = \text{func12\_2}(x)$ 的圖形，從圖中隱約可以看出函數在 $x \approx 1$ 之處有一個極大值，在 $x \approx 3$ 之處有一個極小值，但因圖形比例相差太大的關係，導致極值的位置與其值並不是很明顯。

在上面的繪圖中，因為圖形的起伏太大，因而在一般的 x–y 平面上繪圖時會失去應有的重點。如果把圖形繪製於對數座標上，即可解決這個問題：

```
>> xx=logspace(-1,2,200);
```

建立一個以對數為間距的向量 xx，元素個數為 200，範圍從10^{-1}到10^{2}。注意 logspace() 的前兩個引數代表 10 的次方數，例如 -1 代表10^{-1}。

```
>> yy=func12_2(xx);
```

以向量 xx 計算 $\text{func12\_2}(xx)$，並把計算的結果設給向量 yy。

```
>> loglog(xx,yy)
```

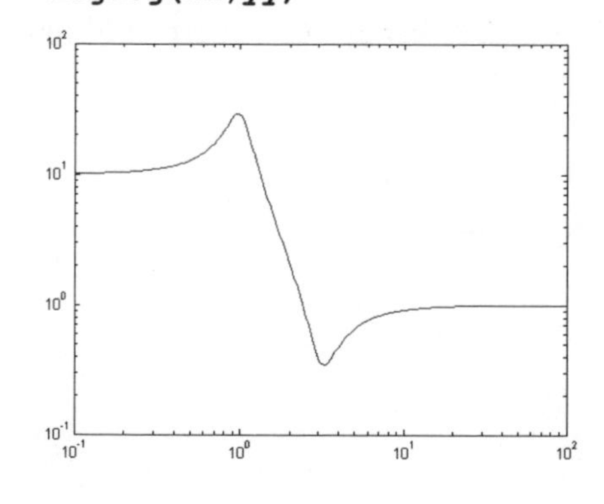

將 $y = \text{func12\_2}(x)$ 的圖形繪製於 x 與 y 都是 log 的座標圖上，從左邊的圖形輸出中，讀者更容易看出圖形的走向。

```
>> [x,val]=fminbnd('func12_2',0,10)
x =
    3.2618
val =
    0.3429
```

利用 fminbnd()，設定搜尋範圍為 0~10，可解得在 $x=3.2618$ 之處有極小值 0.3429。

在 fminbnd() 裡，您也可以利用 optimset() 來指定想要的精度與輸出的格式，如下面的範例：

```
>> opts=optimset('Display','final');
```

利用 optimset() 設定只顯示最後的計算訊息。

```
>> fminbnd('func12_2',0,10,opts)
Optimization terminated:
the current x satisfies the termination criteria using
OPTIONS.TolX of 1.000000e-004
ans =
    3.2618
```

求解 func12_2(x) 的最小值，得到左式。讀者可以看到 Matlab 的回應訊息已告訴我們這個計算採用的 TolX 為 10^{-4}。

```
>> opts=optimset('Display','final',...
   'TolX',0.01);
```

利用 optimset() 設定只顯示最後的計算訊息，並且設定 TolX 為 10^{-2}。

```
>> fminbnd('func12_2',0,10,opts)
Optimization terminated:
the current x satisfies the termination criteria using
OPTIONS.TolX of 1.000000e-002
ans =
    3.2624
```

計算 func12_2(x) 的最小值，讀者可發現，採用較大的容許誤差之後，最終計算所得的值也會跟著改變。

12.3.2 多變數函數的極小值求解

Matlab 的 fminsearch() 函數可用來求解多變數函數的區域極小值，但它求解之多變數函數的定義方式與 fminbnd() 稍有不同，fminsearch() 是把所有的變數看成是一個向量。舉例來說，函數

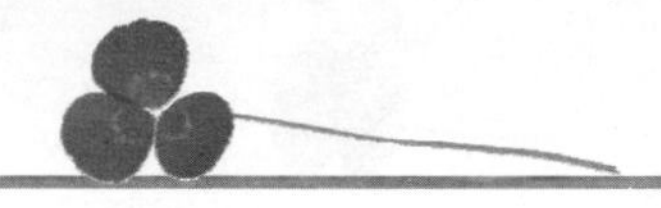

$$f(x,y)=\frac{x}{x^2+y^2+1}$$

是一個具有兩個變數的函數，如果要利用 fminsearch() 求解其極小值，在定義函數時第一個變數 x 必須定義成 $x(1)$，第二個變數 y 必須定義成 $x(2)$，若有多於兩個以上的變數則以此類推。下面的範例說明了 fminsearch() 函數的使用方式：

```
function  y=func12_3(x)
y = x(1)/(x(1)^2+x(2)^2+1);
```

定義 $\text{func12\_3}(x_1,x_2)=x_1/(x_1^{\,2}+x_2^{\,2}+1)$。

```
>> ezsurfc('x1/(x1^2+x2^2+1)',36)
```

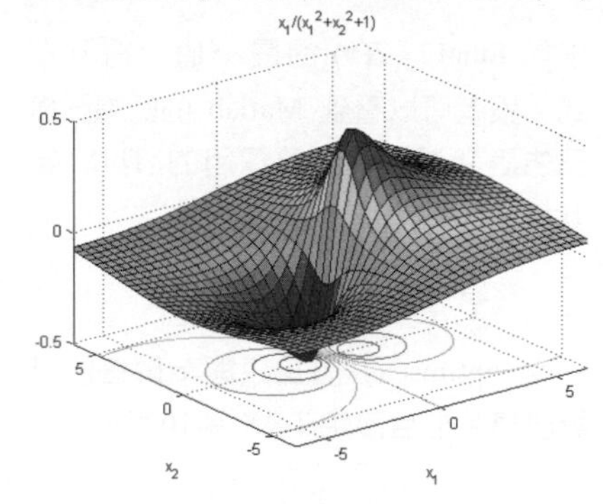

繪出 $x_1/(x_1^{\,2}+x_2^{\,2}+1)$ 的圖形。如果轉動這個圖形，可發現函數的極小值位於 $x_1=-1, x_2=0$ 之處，且其值為 -0.5。

注意在 ezsurfc() 裡，我們不能把繪圖函數寫成

`x(1)/(x(1)^2+x(2)^2+1)`

的型式，因為 ezsurfc() 不接受這種型式的函數寫法。

```
>> fminsearch('func12_3',[0,4])
ans =
   -1.0000   -0.0000
```

以 $x_1=0, x_2=4$ 為初始值，利用函數 fminsearch() 找尋函數的最小值，左式回應 $[-1,0]$，代表極小值位於 $x_1=-1$, $x_2=0$ 的地方。

```
>> [x,val]=fminsearch('func12_3',[0,4])
x =
   -1.0000   -0.0000
val =
   -0.5000
```

如果給予兩個輸出引數，則 fminsearch() 會把找到的極小值之位置設定給第一個引數存放，把極小值設定給第二個引數存放。

```
>> fminsearch('x(1)/(x(1)^2+x(2)^2+1)',[0,4])
ans =
   -1.0000   -0.0000
```

您也可以把函數寫成一個字串放 fminsearch() 裡當成它的引數，如此一來便可省略掉撰寫 M-檔案的麻煩。

如果您對 fminsearch() 的求解過程感到好奇，別忘了可以利用 optimset() 來設定要顯示計算的過程。下面的指令可列印出 fminsearch() 求解時的所有迭代過程，同時設定誤差的容許值 TolX 為10^{-2}：

```
>> fminsearch('func12_3',[0,1],optimset('Display','iter','TolX',1e-2))

 Iteration   Func-count     min f(x)         Procedure
     0            1             0
     1            3             0          initial simplex
     2            5      -0.000231951        expand
     3            7      -0.000370342        expand
     4            9      -0.000822466        expand
     5           11       -0.00137551        expand
     6           13       -0.00218797        expand
     7           15        -0.0036339        expand
     8           17       -0.00450119        expand
     9           19       -0.00655768        expand
    10           20       -0.00655768        reflect
    11           22       -0.00743849        expand
    12           24       -0.00976129        expand
    13           25       -0.00976129        reflect
    14           27        -0.0120192        expand
    15           29        -0.0237759        expand
    16           31        -0.0332806        expand
    17           33        -0.0951844        reflect
    18           35         -0.168529        expand
    19           36         -0.168529        reflect
    20           38         -0.271243        reflect
    21           39         -0.271243        reflect
    22           41         -0.390141        reflect
    23           43         -0.390141        contract inside
    24           44         -0.390141        reflect
    25           46         -0.476488        expand
    26           48         -0.476488        contract inside
    27           50         -0.483189        reflect
    28           52         -0.496219        reflect
    29           54         -0.496219        contract outside
    30           56         -0.496219        contract outside
    31           58         -0.497894        contract inside
    32           60         -0.499988        reflect
    33           62         -0.499988        contract inside
```

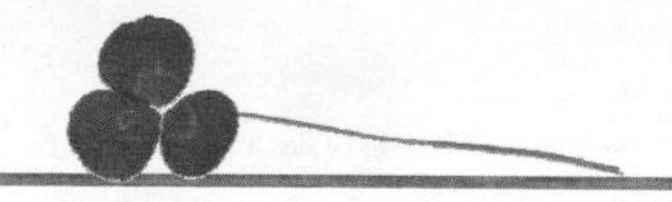

```
    34          64         -0.499988        contract inside
    35          65         -0.499988        reflect
    36          67         -0.499988        contract inside
    37          69         -0.499988        contract outside
    38          71         -0.499988        contract inside
    39          72         -0.499988        reflect
    40          74          -0.49999        contract inside
    41          76          -0.49999        contract inside
    42          78         -0.499997        contract inside

Optimization terminated:
 the current x satisfies the termination criteria using
OPTIONS.TolX of 1.000000e-002
 and F(X) satisfies the convergence criteria using OPTIONS.TolFun
of 1.000000e-004

ans =

   -0.9989    0.0033
```

在上面的輸出中，您可以看到函數的極小值慢慢從 0 收斂到 –0.499997 。本例的極小值應為 –0.5 ，但是因為我們把 TolX 的值設定的較大之故，所以會有些許誤差。

習 題

12.1 線性代數的相關運算

於習題 1~3 中，試分別利用「左除」法與克拉瑪法則計算所給予的方程式。

1. $\begin{bmatrix} -1 & 2 \\ 1 & 6 \end{bmatrix}\begin{bmatrix} x_1 \\ x_2 \end{bmatrix}=\begin{bmatrix} 4 \\ 0 \end{bmatrix}$

2. $\begin{bmatrix} 3 & 2 & 4 \\ 5 & 7 & 3 \\ 1 & 6 & 0 \end{bmatrix}\begin{bmatrix} x_1 \\ x_2 \\ x_3 \end{bmatrix}=\begin{bmatrix} -6 \\ 2 \\ 1 \end{bmatrix}$

3. $\begin{bmatrix} 0 & 2 & -2 \\ 7 & 4 & 3 \\ 8 & -4 & -5 \end{bmatrix}\begin{bmatrix} x_1 \\ x_2 \\ x_3 \end{bmatrix}=\begin{bmatrix} 17 \\ 12 \\ 16 \end{bmatrix}$

4. 試以克拉瑪法則解下面的聯立方程式，並以左除法驗證所求得的結果：

$$\begin{cases} x_1 - 3x_2 - 4x_3 = 1 \\ -x_1 + x_2 - 3x_3 = 14 \\ \quad\quad x_2 - 3x_3 = 5 \end{cases}$$

5. 試撰寫一函數 ex12_5(*A*,*B*)，它可接收方程式 $AX = B$ 裡的矩陣 A（A 為一個 3×3 的矩陣）與行向量 B（B 為一個 3×1 的向量），並利用克拉瑪法則計算 $AX = B$ 的解 X。

12.2 方程式的求解

於習題 6~11 中，試解出多項式所有的根，並繪圖驗證所求得的結果。請於圖形上將求得的解以紅色的小圓來標示：

6. $x^2 - 3x + 2 = 0$

7. $3x^2 - 6x - 7 = 0$

8. $3x^3 - 6x^2 - x + 7 = 0$

9. $x^4 - 4x + 3 = 0$

10. $x^3 - 3 = 0$

11. $7x^2 - 6x = 9x^3 + 2$

12. 設 $f(x) = x - \cos(3x) - 3$
    (1) 試繪出 $f(x)$ 的圖形，請自訂繪圖範圍使得所有的解均能於圖形中呈現。
    (2) 試求出 $f(x) = 0$ 所有的解。

13. 試找出 $f(x) = 20 - x^3$ 與 $g(x) = 1.12^x$ 所有的交點。

於習題 14~17 中，試求出各非線性方程式所有的解，並繪圖驗證之。

14. $(1 - 0.61x)/x = 0$

15. $\sin^2 x - x = 0$

16. $e^{-x} - x + x^3 = 0$

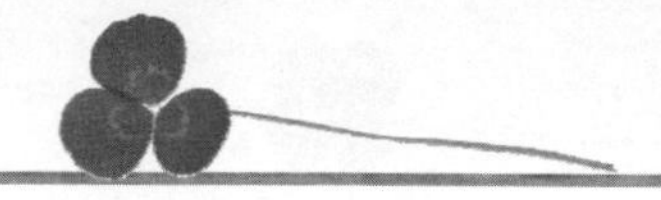

17. $e^x + \sin x = 0$

18. 設 $f(x) = x^2 | \sin x | - 4.1$

    (1) 試繪出 $f(x)$ 的圖形。

    (2) 試求出 $f(x)$ 的最小正數根，並與所做的圖形做比較。

19. 方程式 $y = 10 - x^2$ 與 $y = 4\sin(2x) + 5$ 於區間 $[-4,4]$ 之間有兩個交點。

    (1) 繪出這兩個圖形，並找出其交點。

    (2) 試以 fzero 函數找出交點的正確位置，並與圖形做比較。

12.3 極小值的求解

20. 試以 fminbnd() 求出 humps() 函數的兩個區域極大值（提示：將 humps() 乘上 −1，則原先的極大值就變成極小值，此時便可利用 fminbnd() 來求解）。

21. 試利用 fminsearch() 找出 peaks() 函數裡，所有區域極小值與區域極大值。

第十三章 曲線擬合與插值法

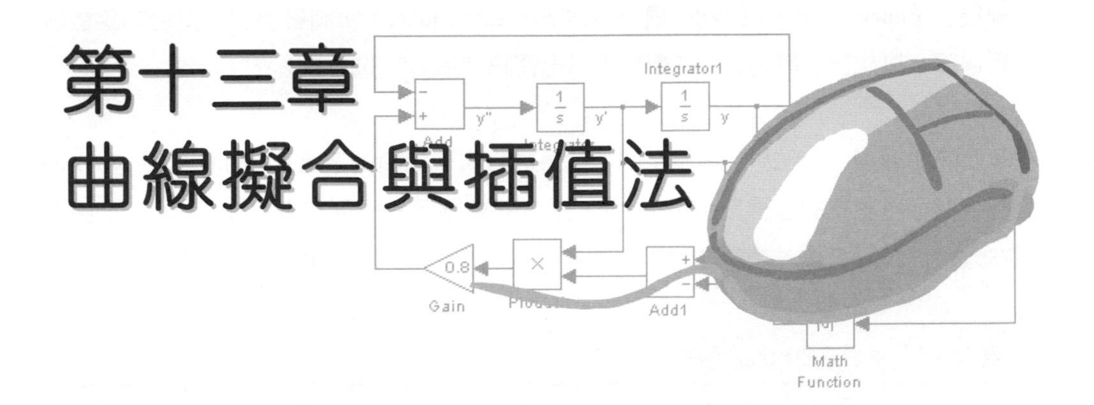

在許多情況下，我們希望能從一組數據中，找出能真正反應出這組數據的函數，以便分析及預測資料的走向。有時也需要從已知的數據中，找出數據間的插值以便估計某個點的度量。在這些情況下，真實的函數皆不可得知，因此可利用曲線擬合或者是插值法來求值。本章將介紹多項式的曲線擬合與各種插值法，讓您在處理資料數據時可以更加的得心應手。

本章學習目標

- 認識曲線擬合與插值法
- 學習 n 階多項式的擬合方法
- 學習各種插值方法與其應用
- 學習散佈式資料點的插值法

13.1 曲線擬合

曲線擬合（curve fitting）係利用最小平方法（least square），將數值與欲擬合的函數做分析運算，以求出 "最逼近" 或最能表示出資料 "趨勢" 的函數。

在眾多的曲線擬合方法中，最常用的應該算是多項式的曲線擬合。Matlab 是以 ployfit() 函數來進行多項式的曲線擬合。ployfit() 擬合的結果是一個列向量，向量裡的元素由左到右分別代表擬合後，多項式由高次項到常數項的係數。ployfit() 的語法如下：

表 13.1.1　多項式曲線擬合函數

函 數	說 明
polyfit(*x*,*y*,*n*)	分別以資料點的橫座標 x 與縱座標 y 所組成的向量，進行 n 階多項式的擬合。polyfit() 會回應一個列向量 $[\ p_n, p_{n-1}, \cdots, p_1, p_0\ ]$，代表多項式 $p_n x^n + p_{n-1} x^{n-1} + \cdots + p_1 x + p_0$
polyval(*p*,*a*)	計算多項式 $p(x)$ 於 $x = a$ 的值。a 可以為一個純量或向量

下面的範例是以多項式來擬合小於 50 的質數所組成的資料點，並探討一些關於擬合後所產生的問題：

```
>> y=primes(50);
y =
  Columns 1 through 9
   2   3   5   7  11  13  17  19  23
  Columns 10 through 15
  29  31  37  41  43  47
```

這是所有小於 50 的質數所組成的向量。讀者可看到小於 50 的質數共有 15 個。

```
>> x=1:length(y);
```

建立向量 x。左式中，y 的元素個數為 15，所以 x 是一個從 1 到 15，間距為 1 的向量。

```
>> plot(x,y,'o')
```

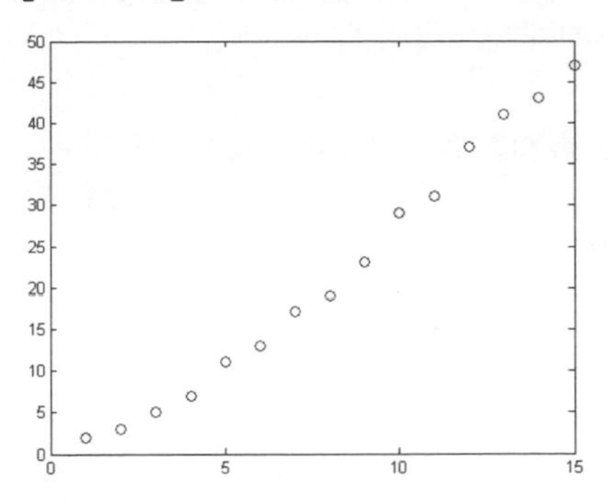

這是資料點分部的情形。由圖中可以觀察到資料點的分佈像是一個曲線。

```
>> p1=polyfit(x,y,1)
p1 =
   3.4036   -5.3619
```

以資料點數據 x 與 y 做一階多項式的擬合，並把擬合的結果設給變數 $p1$，得到左式。注意左式是代表擬合的結果為 $3.4036x-5.3619$。

```
>> f1=polyval(p1,x);
```

利用 polyval() 計算多項式 $p1(x)$ 的值，得到左式。注意左式的向量 x 有 15 個元素，所以計算後，$f1$ 也是一個向量，元素個數也是 15 個。

```
>> plot(x,y,'o',x,f1,'-')
```

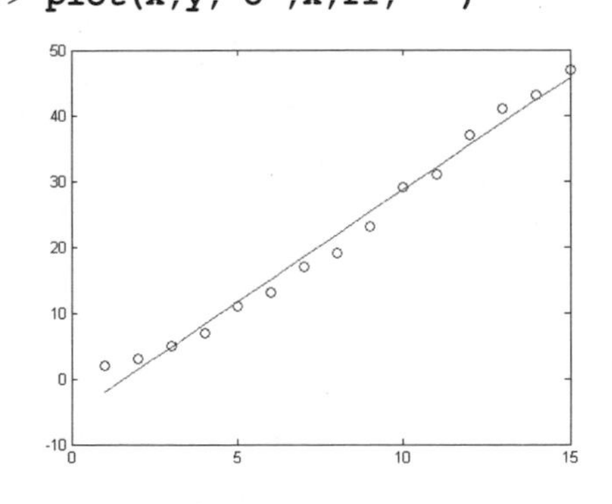

繪出資料點與擬合之後的曲線圖。從圖中可看出擬合的結果還算不錯。

```
>> p2=polyfit(x,y,2)
p2 =
   0.0907    1.9517   -1.2484
```

現在改以二階的多項式來擬合，得到左式。注意左式代表二階的多項式的擬合結果為 $0.0907x^2+1.9517x-1.2484$。

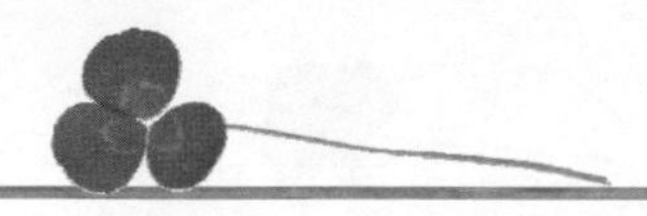

```
>> f2=polyval(p2,x);
```

利用 polyval()函數計算多項式 $p2(x)$ 的值，並把結果設給 $f2$。

```
>> plot(x,y,'o',x,f2,'-')
```

繪出資料點與二階多項式擬合之後的曲線圖。從圖中可看出擬合的結果比一階多項式的擬合來得好。

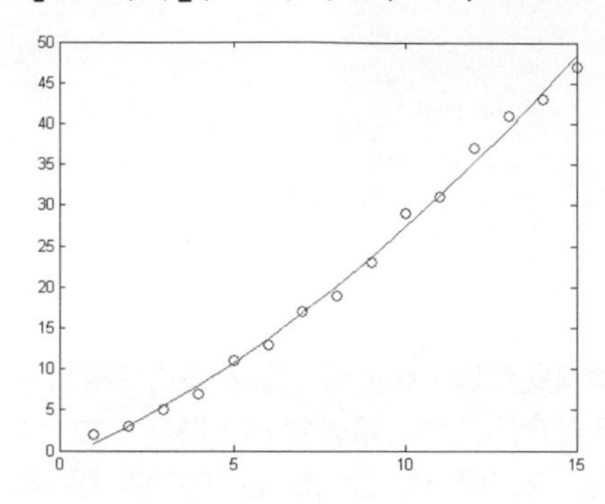


```
>> f3=polyval(polyfit(x,y,3),x);
```

左式是以三階的多項式來擬合曲線。

```
>> plot(x,y,'o',x,f3,'-')
```

繪出三階的多項式的擬合結果。讀者可看出擬合的結果，比二階擬合的結果來的稍好。

注意在選取多項式的階數來擬合曲線時，未必階數越高越好。越高的階數需要較長的計算時間，而且運算結果也較佔記憶空間，因此最好的方法是先繪出所有的資料點，然後再依資料點的散佈情況選擇適當的階數，如此才能求得符合自己所需的曲線。

另外，如果需要處理其它非多項式之函數的曲線擬合，也可以採用最小平方法來求解。至於其詳細的作法，請您參考相關的書籍。

13.2 插值法

如果資料點的值為已知，但想估算資料點鄰近某些點的值時，可用插值法來進行。插值法可分為內插法（interpolation）與外插法（extrapolation）兩種。一般來說，內插的結果會較外插來的精確。Matlab 可進行一維、二維與多維的插值，我們分下面的幾個小節來討論。

13.2.1 一維的插值法

如果要處理一維資料點的插值，可用 interp1() 函數。interp 是 interpolation 的縮寫，而後面所接的 1 代表一維的插值。下表列出了 interp1() 的用法：

表 13.2.1 一維插值法

函數	說明
interp1(x,y,x_i,'*method*')	已知資料數據橫座標 x 與縱座標 y 所組成的向量，以所指定的方法，求解插點 $x=x_i$ 時所相對應的 y_i 之值。其中 *method* 可為 nearest: 鄰近點插值法 linear: 線性插值法（預設值） spline: spline（雲形線）插值法 cubic: 三次多項式插值法
interp1(x,y,x_i,'*method*','*extrap*')	同上，但以外插來計算

由上表可知，interp1() 提供四種計算插值的方法可供使用。一般來說，鄰近點插值法的執行速度最快，但最不精確，而三次多項式插值法所得的值較精確，但計算時間會來得較長。

```
>> interp1([1 5],[4 6],2,'nearest')
ans =
     4
```

已知兩個資料點 (1,4) 與 (5,6)，以鄰近點插值法求解在 $x=2$ 時的內插值。因為數字 2 較靠近 1，所以插值的結果取 4。

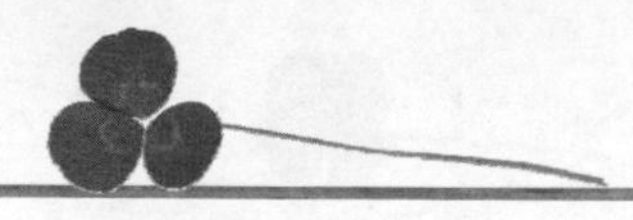

```
>> plot([1 5],[4,6],'-o'); grid on
```

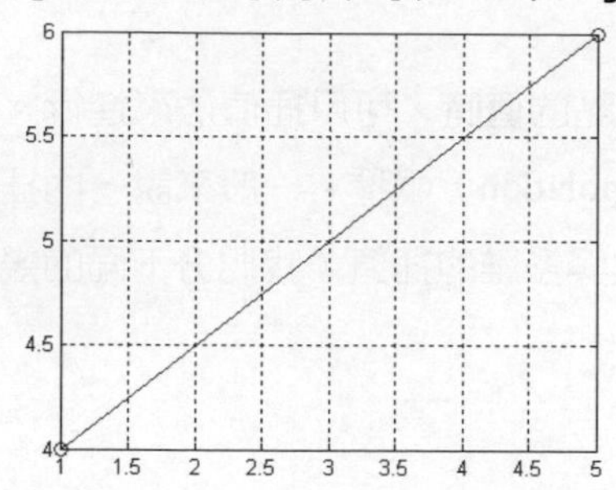

繪出 (1,4) 與 (5,6) 兩點的連線。讀者可以看出當 $x=2$ 時，正確值應該是 4.5，但是由於是鄰近點插值法的關係，使得內插值有所誤差。

```
>> interp1([1 5],[4 6],2,'linear')
ans =
   4.5000
```

將上例改以線性插值法來求解，得到 4.5。這次我們得到正確的結果了。

```
>> interp1([1 5],[4 6],5.2,'linear')
ans =
   NaN
```

因為左式設定插點為 5.2，但所指定的 x 軸範圍是從 1 到 5，因此插點超出範圍，於是左式回應 NaN。

```
>> interp1([1 5],[4 6],5.1,...
   'linear','extrap')
ans =
   6.0500
```

如果設定選項 'extrap'，則代表是以外插來計算，因此可以得到一個外插的結果。

```
>> x=0:10;
```

建立一個 0 到 10 的向量 x。

```
>> y=cos(x)./(1+x);
```

利用向量 x 計算 $\cos x/(1+x)$，並把計算結果設給向量 y。

```
>> plot(x,y,'o')
```

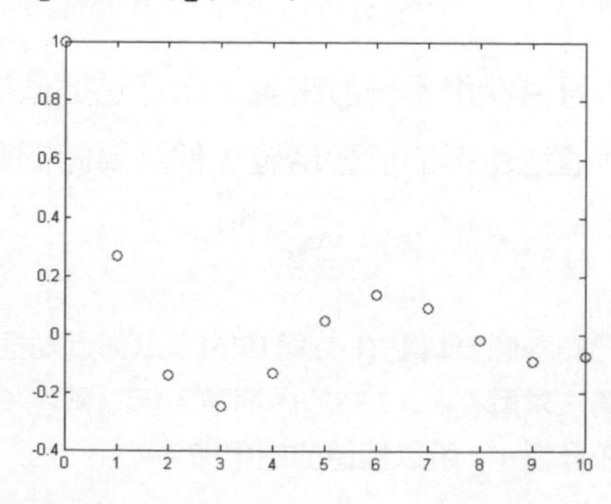

利用 plot() 繪出資料點的分佈圖，從圖中可看出資料點在 x-y 座標裡分佈的情況。

```
>> xi=0:0.5:10;
```

設定變數 *xi* 為一個 0 到 10，間距為 0.5 的向量。

```
>> y0=interp1(x,y,xi,'nearest');
```

以 *xi* 為插點進行鄰近點插值法，此時 Matlab 會依序把向量 *xi* 裡每一個元素取出進行內插計算，然後把最後內插的結果設給向量 *y0*。

```
>> plot(x,y,'o',xi,y0,'-')
```

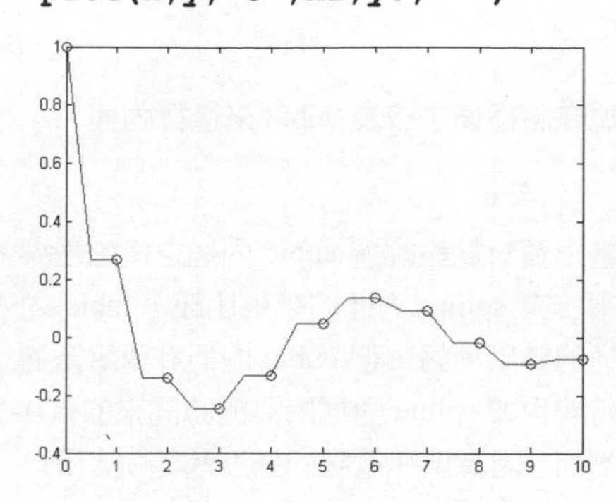

繪出資料點（圓點）與插值過後的曲線圖。由於是以鄰近點插值法進行內插的關係，所以插值過後的曲線會有相當的轉折。

```
>> y1=interp1(x,y,xi,'linear');
```

改以線性插值法進行內插，並把所得的結果設定給變數 *y1* 存放。

```
>> plot(x,y,'o',xi,y1,'-')
```

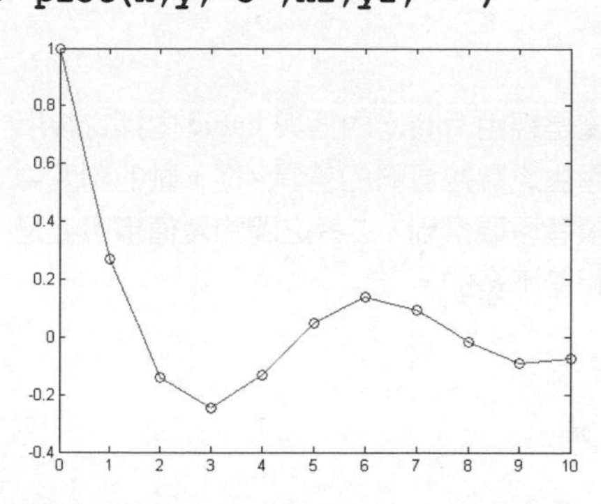

繪出資料點與線性插值過後的曲線圖。由於是採線性插值的關係，所以內插的結果會是以直線連接相鄰的資料點。

```
>> y2=interp1(x,y,xi,'spline');
```

現在改以 spline 進行資料點的內插。

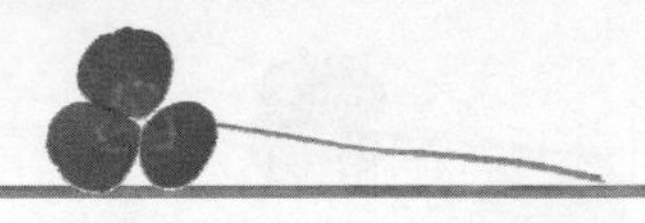

```
>> plot(x,y,'o',xi,y2,'-')
```

繪出資料點與經過 spline 內插之後的曲線圖。讀者可以觀察到 spline 內插的結果，其圖形頗為平滑，效果相當不錯。因 spline 插值法效果比起線性插值好了許多，計算時間上也較三次多項式插值法來得少，因此是最常被用來擬合曲線的方法之一。

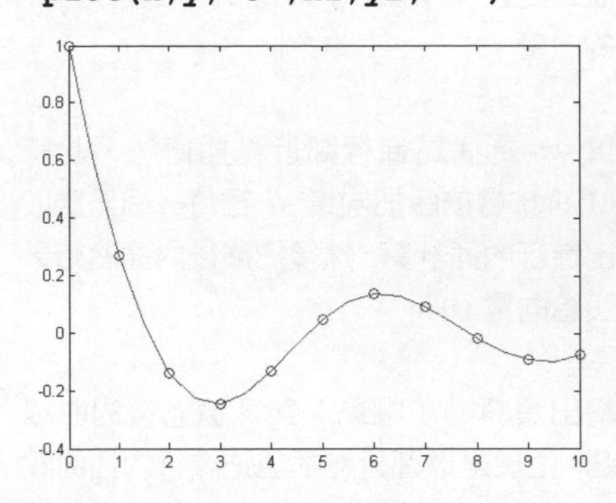

```
>> y3=interp1(x,y,xi,'cubic');
```

現在將插值法改為 cubic 來進行內插。

```
>> plot(x,y,'o',xi,y3,'-')
```

繪出資料點與經過 cubic 內插之後的曲線圖。與 spline 內插的結果比較，cubic 內插的結果稍好，但 cubic 內插計算所需的時間也較 spline 內插所需的時間來的長。然而，因為現在電腦的速度都夠快，所以很難感受到計算上時間的差異。

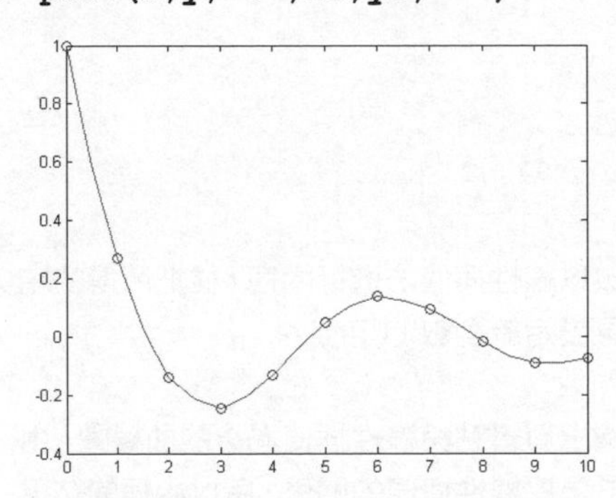

```
>> plot(xi,y2-y3);
   axis([0,10,-0.02,0.02])
```

這是經由 spline 內插與 cubic 內插之後所產生之數據資料的差異。從 y 軸的刻度中讀者可觀察到，二者之間的差值事實上是相差不多的。

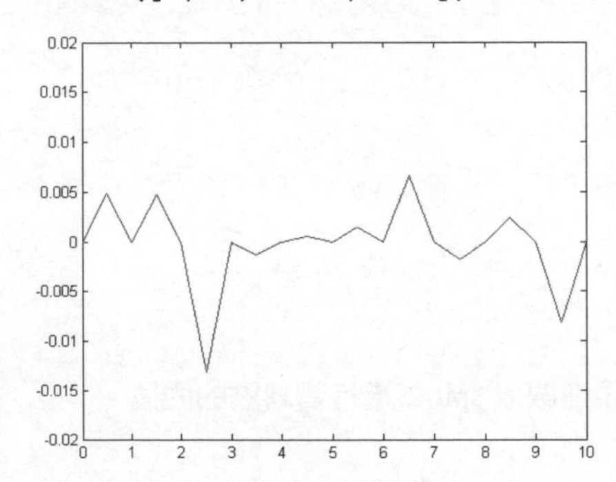

13.2.2 二維平面的插值法

如果知道資料點 x 與 y 的座標與其相對應的 z 值，則可使用 interp2() 函數來進行內插。interp2() 名稱裡的 2 是代表二維平面插值之意，下表列出 interp2() 的語法：

表 13.2.2　二維插值法

函數	說明
`interp2(`$x,y,z,x_i,y_i,$`'`*method*`')`	已知資料數據橫座標 x 與縱座標 y 所組成的向量，以及高度 $z=f(x,y)$ ，以所指定的方法求解 $x=x_i$ 與 $y=y_i$ 時所相對應的 z_i 之值。其中 *method* 可為 `nearest:`　鄰近點插值法 `linear:`　線性插值法（預設） `spline:`　spline 插值法 `cubic:`　三次多項式插值法
`interp2(`$x,y,z,x_i,y_i,$`'`*method*`',`*val*`)`	同上，但是當插點落在數據範圍之外時，則插值的結果設定為 *val*

下面的範例是以 peaks() 函數來示範如何進行二維平面的插值法：

```
>> [x,y,z]=peaks(8);
```

建立 peaks() 的資料點，資料點個數為 8×8 個。

```
>> surf(x,y,z);axis tight
```

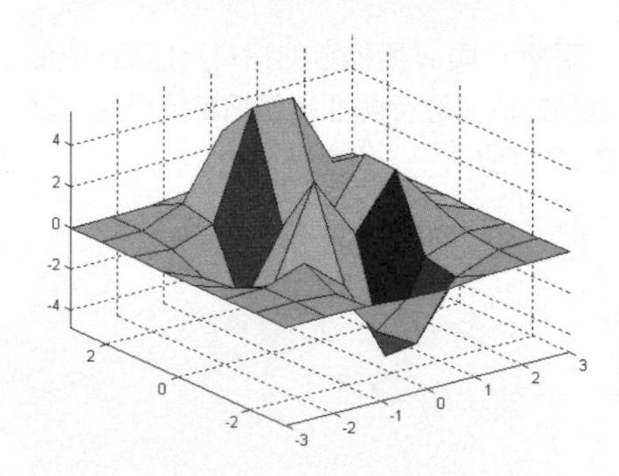

繪出由 8×8 個資料點所組成的曲面。因為資料點數過少，因而產生的圖形並不平滑。二維平面的插值法的目的即是用來求出在這 8×8 資料點的範圍內，任意一個插點的值。

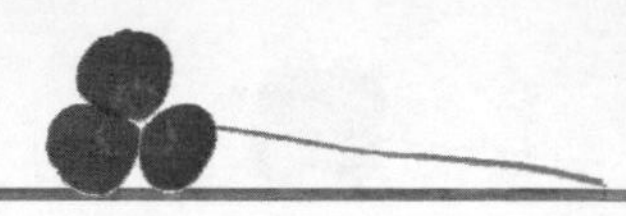

```
>> zz=peaks(1,1)
zz =
   2.4338
```

計算 peaks() 在點 (1,1) 的值，得到 2.4338。

```
>> interp2(x,y,z,1,1,'linear')
ans =
   2.7986
```

已知資料點數據 x、y 與 z，插點為 (1,1)，利用線性插值法進行內插，得到 z 值為 2.7986。左式的計算結果雖然與上式並不是完全相同，但也相去不遠。

```
>> interp2(x,y,z,5,5,'linear',0)
ans =
    0
```

指定插點為 (5,5) 計算插值，但是資料點的範圍在 x 與 y 方向都是從 −3 到 3，因此插點 (5,5) 已超出範圍，所以左式回應 interp2() 裡最後一項的設定值，也就是 0。

```
>> interp2(x,y,z,[-0.5,0.2],...
   [-0.4,1],'spline')
ans =
   3.3018    4.2221
```

以 $x_1=-0.5, x_2=0.2$ 與 $y_1=-0.4, y_2=1$ 為插點來進行 spline 內插，得到 3.3018 與 4.2221。

```
>> interp2(x,y,z,[0 1;0 1],...
   [1 1;0 0],'nearest')
ans =
   5.5830    1.9727
   0.1215    3.0044
```

以 4 個點排成 2×2 的矩陣，進行鄰近點內插。注意左式的結果也是 2×2 的矩陣。

```
>> [xi,yi]=meshgrid(-3:0.3:3);
```

利用 meshgrid() 建立一個 −3 ~ 3，間距為 0.3 的矩陣 xi 與 yi。注意矩陣 xi 與 yi 的大小均為 21×21。

```
>> z0=interp2(x,y,z,xi,yi,...
  'nearest');
```

以矩陣 xi 與 yi 所描述的資料為插點，依鄰近點插值法進行內插，並把結果設定給變數 $z0$ 存放。

```
>> surf(xi,yi,z0);axis tight
```

繪出插值過後的結果。讀者可觀察到以鄰近點插值法求值時，效果並不是很好。

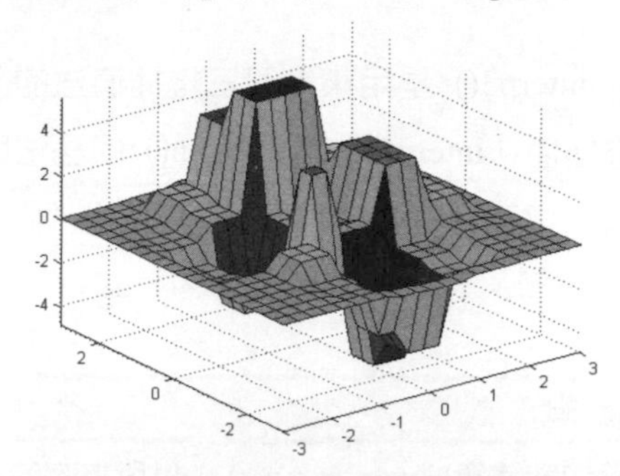

```
>> z1=interp2(x,y,z,xi,yi,...
   'linear');
```

現在改以線性插值法求值，並把結果設定給變數 *z*1 存放。

```
>> surf(xi,yi,z1);axis tight
```

繪出經過線性插值過後的結果。左圖的結果比起上圖稍好，但曲面仍然不是很平滑。

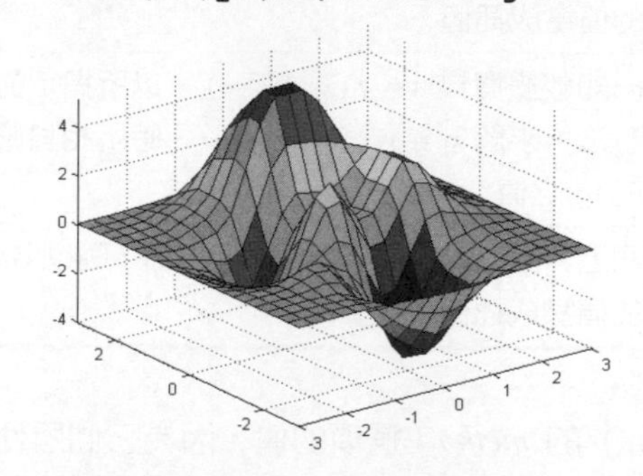

```
>> z2=interp2(x,y,z,xi,yi,...
   'spline');
```

最後改以 spline 來做線性內插，並把內插結果設定給變數 *z*2 存放。

```
>> surf(xi,yi,z2);axis tight
```

繪出 spline 插值過後的結果。左圖的結果比起鄰近點插值法與線性插值法都來的要好，可得一個更平滑的曲線，但相對的，計算時間會來得較長。

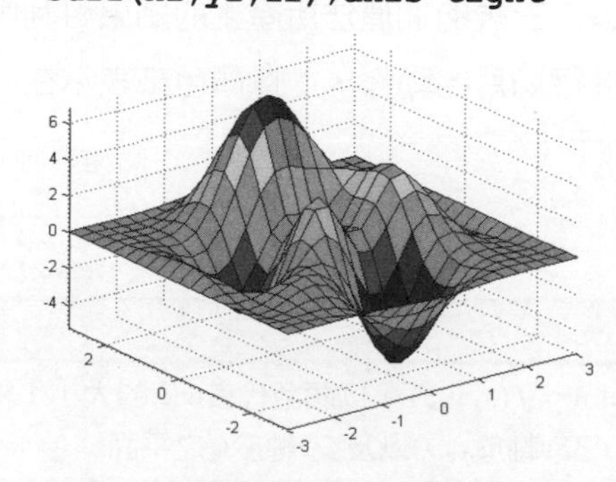

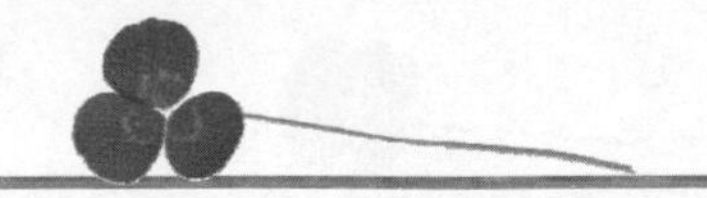

13.2.3 多維插值法

多維插值法包含了三維與三維以上的多維插值。interp3() 是用來計算三維插值法的函數，而 interpn() 則是用來計算三維以上的 n 維插值。interp3() 與 interpn() 的語法與 interp2() 非常類似，因此學習起來一點也不困難。這兩個插值法的語法如下表所列：

表 13.2.3　三維與三維以上的多維插值法

函數	說明
interp3(x,y,z,w,x_i,y_i,z_i,'*method*')	已知數據資料 $w=f(x,y,z)$，以所指定的方法，求解 $x=x_i$、$y=y_i$ 與 $z=z_i$ 時所相對應的 w_i 之值
interp3(x,y,z,w,x_i,y_i,z_i,'*method*',*val*)	同上，但如果插點的值超出範圍時，則以 *val* 的值當成插值
interpn($x_1,x_2,\cdots,w,y_1,y_2,\cdots$,'*method*')	已知數據資料 $w=f(x_1,x_2,\cdots)$，以所指定的方法，求解 $x_1=y_1$，$x_2=y_2$，… 時所相對應的 w_i 之值
interpn($x_1,x_2,\cdots,w,$ $y_1,y_2,\cdots$,'*method*',*val*)	同上，但如果插點的值超出範圍時，則以 *val* 的值當成插值

於上表中，我們並沒有列出 interp3() 與 interpn() 的 *method* 選項的值，因為它們所使用的選項與 interp1() 與 interp2() 均相同。

另外，二維的插值法可用三維的圖形來觀看其插值的結果，但是三維或三維以上的插值法就不能以圖形來繪出其插值後的結果。不過，三維的插值法所產生的結果可利用 slice() 來觀看。slice() 可指定平面將三維空間進行切片的動作，並以顏色來表示在切片上，函數 $w=f(x,y,z)$ 的值，如下面的語法所示：

表 13.2.4　三維的 slice 繪圖函數

函數	說明
slice(x,y,z,w,s_x,s_y,s_z)	已知數據資料 $w=f(x,y,z)$，以顏色代表w值的大小，繪出交x軸於s_x，交y軸於s_y，以及交z軸於s_z之平面

下面的範例是以 $w(x,y,z)=\sqrt{x^2+y^2+z^2}$ 為例，說明如何使用 slice()。此處所定義的函數 $w(x,y,z)$ 事實上也就是原點 (0,0,0) 到三維空間中任一點之距離。

```
>> x=-2:0.2:2; y=-2:0.2:2;
   z=-2:0.2:2;
```

定義 x、y 與 z 皆為 $-2\sim2$ 間距為 0.2 的向量。

```
>> [x1,x2,x3]=meshgrid(x,y,z);
```

分別以向量 x、y 與 z，利用 meshgrid() 建立 $x1$、$x2$ 與 $x3$ 三個網格矩陣。

```
>> w=sqrt(x1.^2+x2.^2+x3.^2);
```

利用網格矩陣 $x1$、$x2$ 與 $x3$ 計算 w。

```
>> slice(x1,x2,x3,w,[-1.2,1.5],0,0);...
   colorbar
```

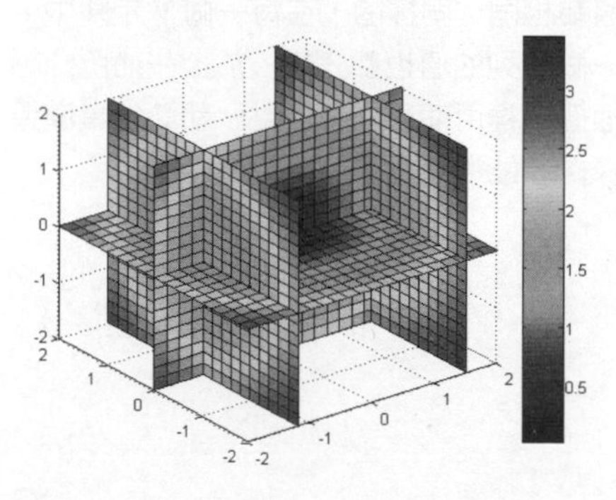

以 slice() 指定在 $x=-1.2$ 與 1.5，$y=0$ 與 $z=0$ 四個平面上繪出 w 的值，並顯示 colorbar。因為 w 所描述的是三維空間中任意點距原點的距離，所以離原點越遠之處，其 w 的值也就相對的越大。從左圖可以得知，離原點越遠之處，其顏色也就越偏紅色，代表 w 的值越大，而離原點越近之點則越偏藍色，代表其值越小。

```
>> sqrt(0.35^2+0.17^2+0.64^2)
ans =
   0.7490
```

計算 $w(x,y,z)$ 在點 (0.35, 0.17, 0.64) 的值，得到 0.7490。

```
>> interp3(x1,x2,x3,w,0.35,0.17,...
   0.64,'linear')
ans =
   0.7575
```

以 $x1$、$x2$、$x3$ 與 w 四個矩陣為內插的資料，並指定以線性插值法計算插點 (0.35, 0.17, 0.64) 的值，得到 0.7575，此值與上面的 0.7490 相去不遠。

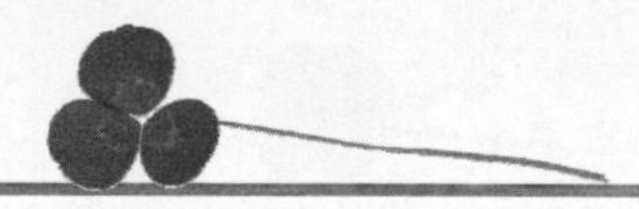

```
>> interp3(x1,x2,x3,w,0.35,0.17,...
   0.64,'spline')
ans =
   0.7490
```

改以 spline 來進行三維資料點的內插，得到 0.7490，此值完全與 $w(x,y,z)$ 在點 (0.35, 0.17, 0.64) 的值相同。

13.3 散佈式資料點插值法

在 13.2.2 與 13.2.3 兩節中所介紹的二維與三維的插值法，其資料點必須是在網格點上。以二維的插值法為例，每一個直行的資料點其 x 軸的座標必須都相同，同樣的，每一個橫列的資料點其 y 軸的座標也必須相同。我們來看看下面簡單的範例：

```
>> [x,y,z]=peaks(3)
x =
   -3     0     3
   -3     0     3
   -3     0     3
y =
   -3    -3    -3
    0     0     0
    3     3     3
z =
   0.0001   -0.2450   -0.0000
  -0.0365    0.9810    0.0331
   0.0000    0.2999    0.0000
```

建立一個 3×3，共 9 個 peaks() 的資料點。讀者可以觀察到，在 x 矩陣中，每一個直行的值都相同，同樣的，在每一個 y 矩陣中，每一個橫列的值也都一樣。於上一節所介紹之插值法裡所使用的資料點，都必須具備這個條件才能進行插值的計算。

```
>> interp2(x,y,z,1.2,1.2)
ans =
   0.4331
```

計算 $x=1.2$，$y=1.2$ 時的插值，得到 0.4331。

```
>> x(1,1)=-2.98
x =
  -2.9800         0    3.0000
  -3.0000         0    3.0000
  -3.0000         0    3.0000
```

將矩陣 x 的第一列，第一行的元素更改為 –2.98，現在，在 x 矩陣中，每一個直行的元素值不再是相同的了。

```
>> interp2(x,y,z,1.2,1.2)
Error using interp2/makegriddedinterp (line 222)
Input grid is not a valid MESHGRID.
Error in interp2 (line 133)
 F = makegriddedinterp(X, Y, V, method);
```

嘗試以 interp2() 計算內插，但是因為矩陣 x 的直行元素值並不相同，因此左式出現警告訊息，告訴我們 interp2() 在這種情況下不能進行內插，並建議改用 griddata()。事實上，griddata() 正是本節所要介紹的函數。

當資料點並不是剛好位於網格點上，而是散佈於一個平面或是空間上時，則可以採用散佈式資料點插值法來進行插值的計算，但這種插值法只能計算內插，不能計算外插。

13.3.1 二維的散佈點內插

如果二維的資料點並不是剛好位於網格點上面時，可採用二維的散佈點內插。Matlab 是以 griddata() 函數來進行內插。有趣的是，griddata() 內所指定的資料點可以散佈在一個區間內，且資料點彼此之間先後的次序並不重要。

表 13.3.1　二維散佈式資料點插值法

函 數	說 明
griddata(x,y,z,x_i,y_i,'*method*')	已知資料數據橫座標 x、縱座標 y 與高度 $z=f(x,y)$ 所組成的向量，以所指定的方法求解 $x=x_i$ 與 $y=y_i$ 時所相對應的 z_i 之值，其中 *method* 可為 nearest:　鄰近點插值法 linear:　線性插值法（預設） cubic:　三次多項式插值法

下面的範例是以函數 $z(x,y)=x/(x^2+y^2+1)$ 為例，首先在 x-y 平面上，於 $-5\le x\le 5$ 與 $-5\le y\le 5$ 的範圍內隨意選取 100 個點，並計算其 $z(x,y)$ 的值，這 100 個點我們把它們當成是資料點，然後以 griddata() 來進行內插，並繪圖來做比較。

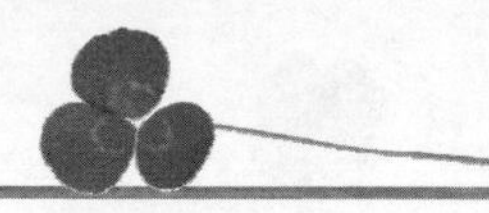

```
>> x=10*rand(1,100)-5;
```

建立一個 $-5 \le x \le 5$ 的向量 x，元素個數為 100 個。rand() 會產生 0 到 1 之間的平均分佈亂數，乘上 10 之後的範圍就變成 0 到 10，減去 5 之後的範圍就變成是 -5 到 5 之間的亂數。

```
>> y=10*rand(1,100)-5;
```

相同的，左式可建立一個 $-5 \le y \le 5$ 的平均分佈亂數向量 y，元素個數也是 100 個。

```
>> z=x./(x.^2+y.^2+1);
```

以上面建立的 100 個資料點計算出 100 個 $z(x,y)$ 的值。注意這 100 個資料點是隨機分配在 $-5 \le x \le 5$ 與 $-5 \le y \le 5$ 的範圍內。

```
>> ezmesh('x/(x^2+y^2+1)',...
   [-5,5],32)
```

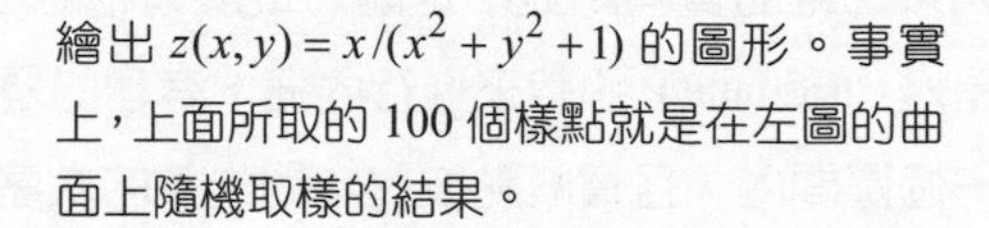

繪出 $z(x,y) = x/(x^2+y^2+1)$ 的圖形。事實上，上面所取的 100 個樣點就是在左圖的曲面上隨機取樣的結果。

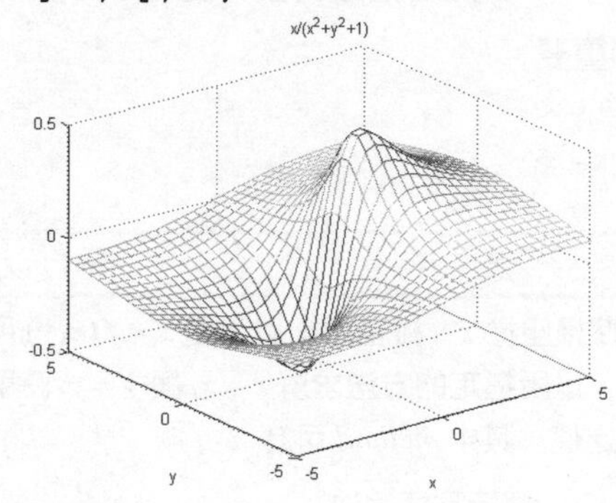


```
>> griddata(x,y,z,1,1)
ans =
   0.2759
```

左式是以這 100 個資料點求解插點 (1,1) 的 z 值，得到 0.2759（實際值為 0.3333）。注意因為資料點是取亂數而來，所以您所得的結果可能會與左式稍有不同。

```
>> [xx,yy]=meshgrid(-5:0.4:5,...
   -5:0.4:5);
```

以 meshgrid() 建立矩陣 xx 與 yy，其中 x 與 y 方向的範圍皆為 -5 到 5，間距為 0.4。

```
>> zz=griddata(x,y,z,xx,yy,...
   'cubic');
```

以矩陣 *xx* 與 *yy* 所描述的點為插點，並指定插值法為 cubic 來進行內插，同時把所得結果設定給變數 *zz* 存放。

```
>> mesh(xx,yy,zz);axis tight;...
   hold on; hidden off
```

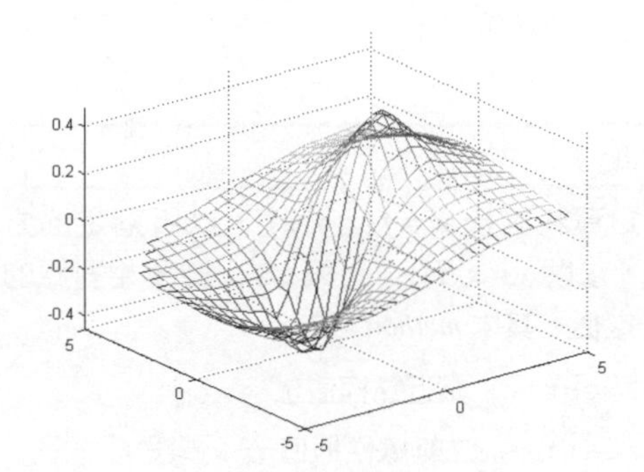

繪出插值之後的結果。注意左邊圖形的外觀與 $z(x,y)=x/(x^2+y^2+1)$ 相差不大，顯示插值的結果相當不錯。另外，讀者可以觀察到圖形的角度處似乎有些網格面不見了，這是因為 griddata() 只能做內插，而不進行外插，因此如果某個角落少了幾個資料點，這個角落就會出現圖形缺角的情況。

```
>> plot3(x,y,z,'o');hold off
```

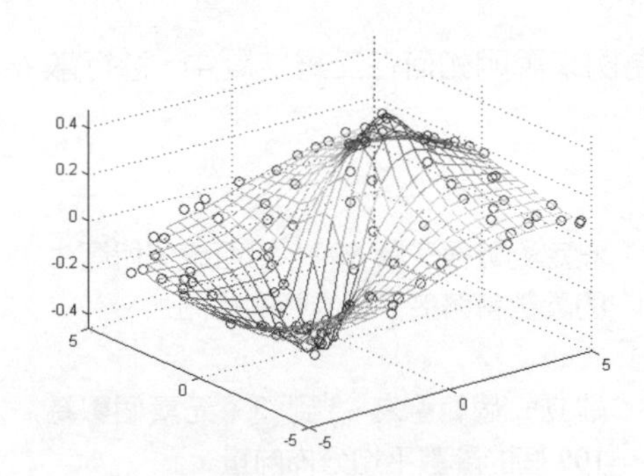

plot3() 可繪出散佈的資料點，左圖是把資料點與擬合之後的圖形繪於同一張圖上，由此可看出擬合結果的好壞。

```
>> view(0,90)
```

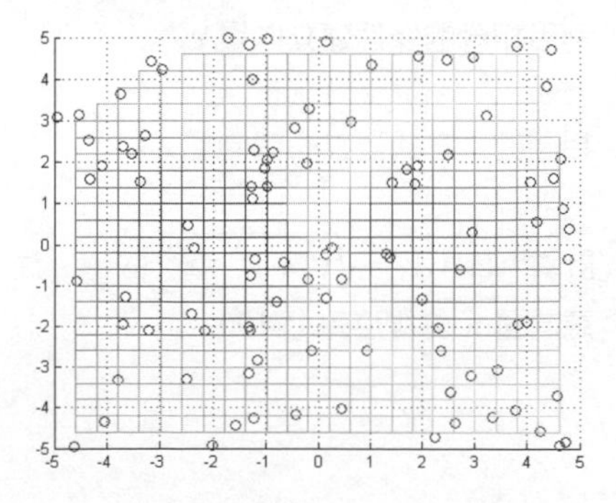

指定方位角為 0 度，仰角為 90 度來觀看資料點與擬合之後的圖形。讀者可發現在圖形左上角部分少了幾片網格，這是因為亂數取樣的關係，恰好在這個位置沒有資料點，於是擬合之後產生了缺片。

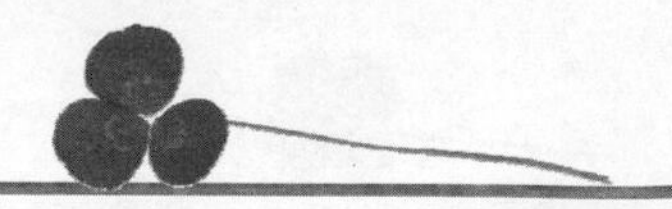

13.3.2 三維的散佈點內插

如果散佈的資料點是三維，您一樣可以利用 griddata() 來進行內插，但在三維時，griddata() 所使用的插值法選項只有 nearest 與 linear 兩種，而在二維時則多了 cubic。下表列出了當資料點是三維時，griddata() 的用法：

表 13.3.2 三維散佈式資料點插值法

函 數	說 明
griddata(x,y,z,w,x_i,y_i,z_i,'*method*')	已知資料數據 $w=f(x,y,z)$，以所指定的方法，求解 $x=x_i$，$y=y_i$ 與 $z=z_i$ 時所相對應的 w_i 之值。其中 *method* 可為 nearest:　鄰近點插值法 linear:　二維線性插值法（預設）

下面的範例是以函數 $w(x,y,z)=\sqrt{x^2+y^2+z^2}$ 為例來說明如何在三維空間中，進行散佈式資料點的內插：

```
>> rng(999);
```

設定亂數種子為 999，它可確保所產生的亂數會與接下來的範例相同。

```
>> x=6*rand(1,100)-3;
```

建立一個範圍為 −3 到 3，元素個數為 100 個的亂數平均分佈向量 x。

```
>> y=6*rand(1,100)-3;
```

利用相同的條件建立向量 y。

```
>> z=6*rand(1,100)-3;
```

相同的，左式建立一個向量 z。

```
>> w=sqrt(x.^2+y.^2+z.^2);
```

計算 $w(x,y,z)=\sqrt{x^2+y^2+z^2}$ 的值。注意向量 w 的維度為 1×100。

```
>> sqrt(1^2+1^2+2^2)
ans =
   2.4495
```

$w(x,y,z)$ 在點 (1,1,2) 的值為 2.4495。

```
>> griddata(x,y,z,w,1,1,2)
ans =
    2.6229
```

以向量 x、y、z 與 w 所描述的資料點，計算插點 (1,1,2) 的值，得到 2.6229。此值與 $w(x,y,z)$ 在點 (1,1,2) 的值 2.4495 相去不遠。

```
>> sp=-3:0.2:3;
```

建立一個 −3 到 3，間距為 0.2 的向量。

```
>> [xi,yi,zi]=meshgrid(sp,sp,sp);
```

利用 meshgrid() 函數以向量 *sp* 建立矩陣 *xi*、*yi* 與 *zi*。

```
>> ww=sqrt(xi.^2+yi.^2+zi.^2);
```

以矩陣 *xi*、*yi* 與 *zi* 計算 $w(x,y,z)$ 的值。

```
>> slice(xi,yi,zi,ww,[-2,2],0,0)
```

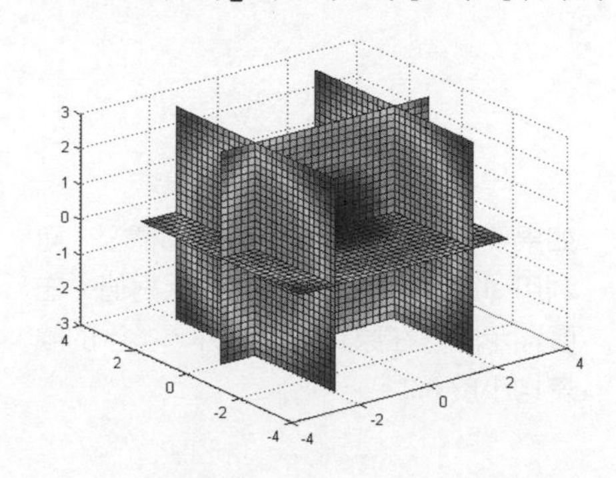

利用 slice() 函數繪出 $w(x,y,z)$ 的圖形。事實上，左邊的圖形我們在 13.2.3 節裡早已畫過它了。在此圖中，函數值較大之處以偏紅的顏色來表示，相反的，函數值越小之處以偏藍的顏色來表示。

```
>> wi=griddata(x,y,z,w,xi,yi,zi);
```

以矩陣 *xi*、*yi* 與 *zi* 所描述的插點進行插值的運算，並把結果設定給變數 *wi* 存放。Matlab 早期的版本在計算 griddata() 時會耗掉相當可觀的時間，但在 2012b 之後的版已明顯改進這個缺點。

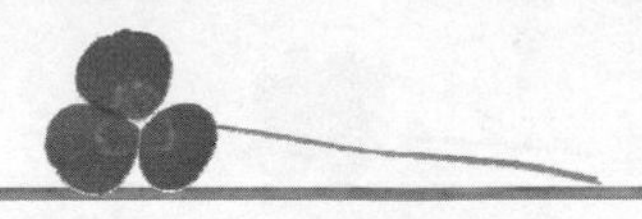

```
>> slice(xi,yi,zi,wi,[-2,2],0,0);
   hold on
```

以 slice() 繪出插值的結果，與上一個圖形相此，讀者可看出 griddata3() 的內插結果算是不錯。

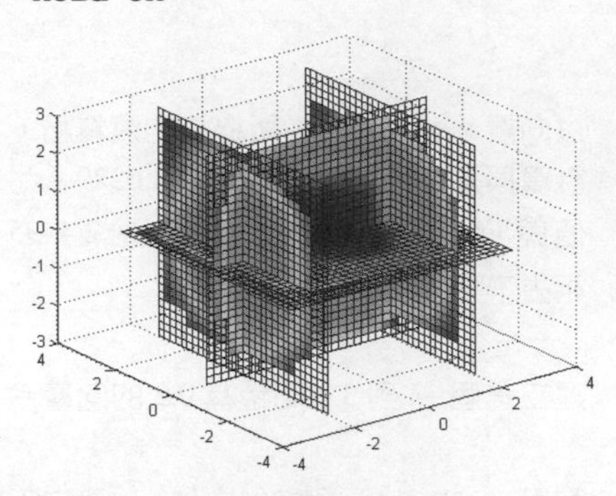

```
>> plot3(x,y,z,'o');hold off
```

如果想知道原先資料點的分佈情形，可以利用 plot3() 繪出資料點的位置。左圖顯示這 100 個資料點呈零星分佈，分佈的範圍在 x、y 與 z 方向均為 –4 到 4。

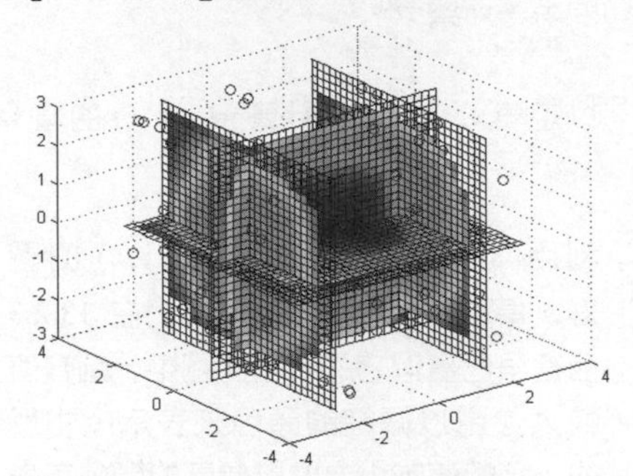

```
>> slice(xi,yi,zi,abs(wi-ww),...
    2,0,0); colorbar
```

如果要繪出內插後誤差的分佈情況，可利用 slice() 繪出 $wi - ww$ 的絕對值。左圖顯示除了在原點附近之外，多半的誤差均小於 0.2。

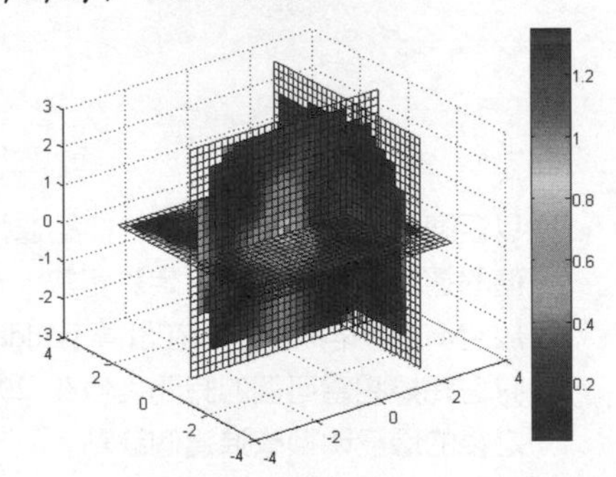

除了本章所介紹的插值法之外，Matlab 還提供了三角內插法，可將平面或空間中的點以許多的三角形連接起來。連接起來之後，只要給予任意一個點，便可以利用相關的函數找出相鄰最近的資料點，詳細的作法可參考函數 delaunay() 的說明。

習 題

13.1 曲線擬合

1. 假設於 Matlab 裡已經執行了下面的程式片斷：

```
>> x=0:0.5:10;
>> y=cos(x)./(x+1);
```

試回答下面的問題：

(a) 試繪出資料點的分佈圖形，資料點請用圓形來表示。

(b) 試以三次多項式來擬合資料點，並繪出資料點與擬合後的圖形於同一張圖上。

(c) 同 (b)，但改以四次多項式來擬合。

2. 接續習題 1，試增加擬合之多項式的次數，並觀察圖形的變化。如果想達到較好的擬合結果，且不想讓多項式的階數太高，試問應該用幾階的多項式來擬合？

3. 試仿照 13.1 節的範例，以多項式來擬合小於 100 的所有質數。

13.2 插值法

4. 假設於 Matlab 裡已經執行了下面的程式片斷：

```
>> x=0:0.5:6;
>> y=sqrt(x)./(x+1);
```

試回答下面的問題：

(a) 試繪出資料點的分佈圖形，資料點請用圓形來表示。

(b) 試以線性插值找出當 $x = 3.14$ 時，y 的值為何？

(c) 試以三次多項式插值法找出當 $x = 3.14$ 時，y 的值應該為何？插值與正確值相差了多少？

5. 接續習題 4，試以三次多項式的插值法找出當 x 分別等於 7、8 與 9 時，y 的外插值應該為何？外插值與正確值相差了多少？

6. 假設於 Matlab 裡已經執行了下面的程式片斷：

```
>> x=-3:0.5:3;
>> y=-3:0.5:3;
>> [xx,yy]=meshgrid(x,y);
>> zz=sin(xx.^2+yy.^2)./(xx.^2+yy.^2+1);
```

試回答下面的問題：

(a) 試以 ezsurf() 繪出 $z(x,y)=\sin(x^2+y^2)/(x^2+y^2+1)$ 的三維圖形，x 與 y 的範圍均是從 −3 到 3。

(b) 試以 surf() 繪出由矩陣 xx、yy 與 zz 描述的資料點所形成的曲面，讀者可以觀察到這個曲面與 (a) 的結果比起來較不平滑，這是因為繪製此圖的資料點數較少的原因。

(c) 試以 spline 插值法計算當 $x = 0.75, y = 0.8$ 時，相對應的插值 z 應為多少？

7. 接續習題 6，設 x 軸與 y 軸的間距皆為 0.2，試在 $-3 \le x \le 3, -3 \le y \le 3$ 的範圍內，計算由矩陣 xx、yy 與 zz 所描述的資料點之內插，插值法請用 linear，並繪出插值過後的三維圖形。與習題 6 裡 (a) 的圖形相比，試評論插值的效果。

8. 同習題 7，但插值法請用 spline。

9. 同習題 7，但在 $-4 \le x \le 4, -4 \le y \le 4$ 的範圍內計算插值，當插點超出資料點的範圍時，則將插值設為 0。插值法請用 cubic。

13.3 散佈式資料點插值法

10. 假設於 Matlab 裡已經執行了下面的程式片斷：

```
>> x=6*rand(1,100)-3;
>> y=6*rand(1,100)-3;
>> z=peaks(x,y);
```

試回答下面的問題：

(a) 試以 meshgrid() 函數建立矩陣 *xx* 與 *yy*，其中 *x* 與 *y* 方向的範圍皆為 –3 到 3，間距為 0.2。

(b) 以 *x*、*y* 與 *z* 所描述的點為資料點，矩陣 *xx* 與 *yy* 所描述的點為插點，指定插值法為 linear 來進行內插計算，並把計算結果設定給變數 *zz* 存放。

(c) 試分別以 mesh() 與 plot3() 繪出內插之後的網格圖，以及資料點本身的分佈圖。試評論本題中，使用 linear 內插的效果。

11. 接續習題 10，試將習題 10 裡的 (b) 小題改以 cubic 方法來內插，並分別以 mesh() 與 plot3() 繪出內插之後的網格圖，以及資料點本身的分佈圖。與習題 10 相比，cubic 的內插效果好還是 linear 內插的效果好？

第十四章
微積分與微分方程式

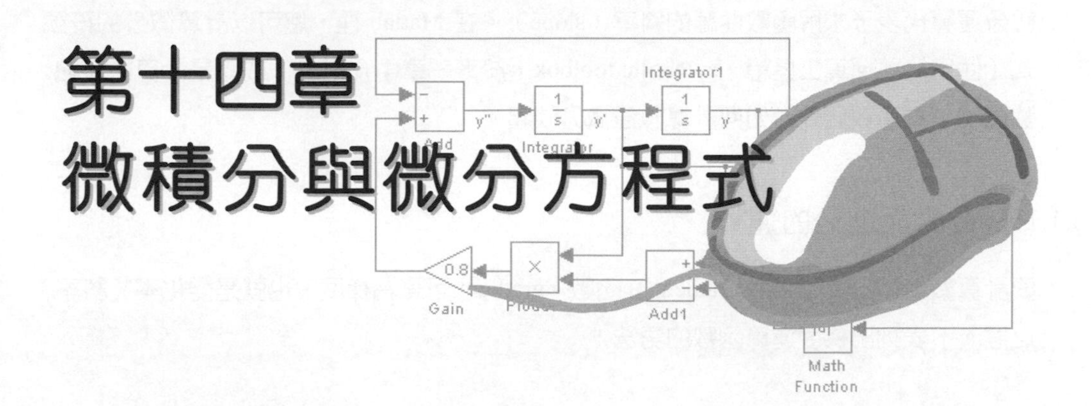

本章初淺的介紹了 Matlab 在微積分與微分方程式上的應用。在 Matlab 裡，您不僅可以快速的求得函數的微分、積分與微分方程式的解，同時還可以使用不同的方法來驗證所得的結果，更可以利用 Matlab 的繪圖功能來解釋各種數學現象。如果您對數學的運算精雕細琢，喜歡探索每一個環節的計算過程，在本章裡將可找到這些樂趣。

本章學習目標

- 學習數值微分
- 學習數值積分，以及積分常見的問題
- 學習微分方程式的求解方法
- 認識剛性系統，以及它的解法

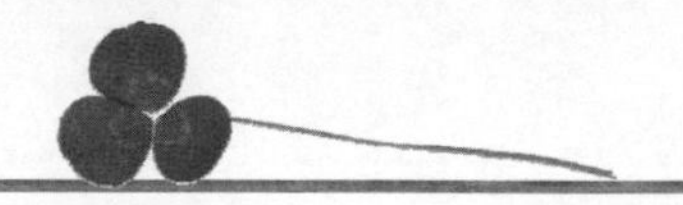

14.1 微分的運算

微分運算代表了求解函數曲線的斜率（slope）。在 Matlab 裡，您可以計算微分的符號式（使用符號運算工具箱，symbolic toolbox，於下一章中介紹），或者是計算微分的數值解。本節我們先從如何計算數值微分談起。

14.1.1 梯度與微分的運算

要計算數值微分，可利用 gradient() 函數。gradient 可譯為梯度，也就是變化率（斜率）之意。下表列出梯度運算函數的語法：

表 14.1.1 梯度運算函數

函數	說明
dy=gradient(*vect*,*dx*)	以純量 *dx* 為間距，計算一維向量 *vect* 每一個元素所在位置之梯度
[*dAx*,*dAy*]=gradient(*A*,*dx*,*dy*)	以純量 *dx* 與 *dy* 為間距，計算矩陣 *A* 裡每一個元素於所在位置之 *x* 與 *y* 方向的梯度
[*dAx*,*dAy*,*dAz*]=gradient(*V*,*dx*,*dy*,*dz*)	以純量 *dx*、*dy* 與 *dz* 為間距，計算三維陣列 *V* 裡每一個元素於所在位置之 *x*、*y* 與 *z* 方向的梯度

在上表中，引數 *dx* 也可以是一個向量，但必須和引數 *vect* 等長，此時的引數 *dx* 所代表的是向量 *vect* 裡之資料點的座標。在上表裡的其它引數 *dy* 與 *dz* 也是相同的情況。

```
>> x=0:2:8
x =
     0     2     4     6     8
```

建立一個 0 到 8，間距為 2 的向量。

```
>> y=sqrt(x)
y =
   0  1.4142  2.0000  2.4495  2.8284
```

計算 $y=\sqrt{x}$ ，得到左式。

```
>> gradient(y,x)
ans =
 0.7071 0.5000  0.2588  0.2071  0.1895
```

計算資料點 y 在點 x 的梯度，得到左式。左式可解讀為 y 在 $x=0$ 時，斜率為 0.7071，y 在 $x=2$ 時，斜率為 0.5，以此類推。

```
>> gradient(y,2)
ans =
 0.7071 0.5000  0.2588  0.2071  0.1895
```

現在把 gradient() 的第二個引數改成數字 2，代表所有資料點的間隔皆為 2，也可得到相同的結果。

```
>> x=linspace(0,2*pi,36);
```

建立一個 0 到 2π 的向量 x，元素個數為 36 個。注意向量 x 裡，每一個元素的差值是 $2\pi/35$。

```
>> y=sin(x);
```

計算 $y=\sin(x)$，得到 36 個資料點。

```
>> dy=gradient(y,2*pi/35);
```

計算向量 y 的梯度，並把結果設定給變數 dy 存放。注意左式的間距值是使用 $2\pi/35$，而不是 $2\pi/36$。

```
>> plot(x,y,x,dy);...
   legend('sin(x)','d sin(x)/dx')
```

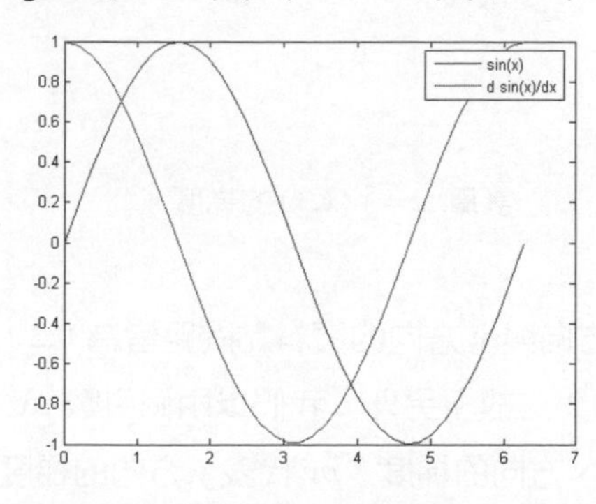

繪出 x-y 的圖形與 x-dy 的圖形，並標上圖例。x-y 的圖形相當於 $\sin(x)$ 的圖形，而 x-dy 的圖形則是 $\sin(x)$ 的微分圖形，也就是 $\cos(x)$ 的圖形。從左圖中，讀者可以看到這梯度曲線與 $\cos(x)$ 的圖形頗為吻合。

```
>> interp1(x,dy,2,'spline')
ans =
   -0.4139
```

如果想求出任意點的斜率，別忘了可以利用一維內插函數 interp1()。左式是以 spline 方法進行內插，得到 $x=2$ 時，斜率為 $x=-0.4139$。

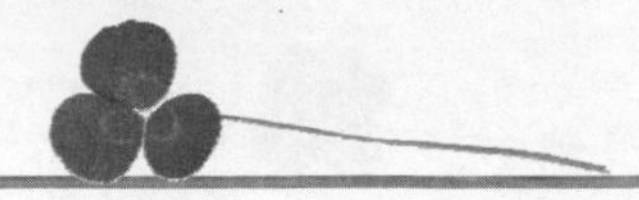

```
>> cos(2)
ans =
   -0.4161
```

$y=\sin(x)$ 的微分為 $\cos(x)$，計算 $\cos(2)$ 的值，得到 $x=-0.4161$，顯示內插的結果與真實的斜率相差不多。

gradient() 也可以用來計算二維或三維的資料點的梯度。若資料是二維，則 gradient() 會傳回兩個引數，分別代表 x 與 y 方向的梯度。若是三維，則 gradient() 會傳回三個引數，代表 x、y 與 z 方向的梯度。

```
>> [xx,yy]=meshgrid(-2:0.2:2,-2:0.2:2);
```

以 meshgrid() 建立陣列 xx 與 yy，範圍從 -2 到 2，間距為 0.2。

```
>> zz=xx.*exp(-xx.^2-(yy+0.1*xx).^2);
```

計算 $zz=f(x,y)=xe^{-x^2-(y+0.1x)^2}$。

```
>> contour(xx,yy,zz)
```

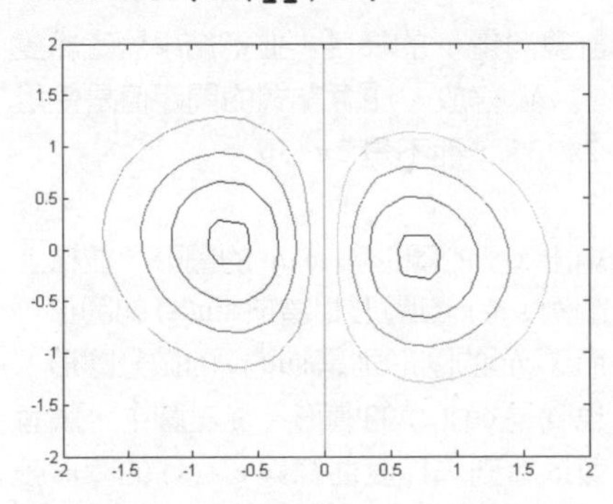

利用陣列 xx、yy 與 zz 繪出 $f(x,y)$ 的等高線圖。從多變數微積分裡，我們知道函數的梯度會與其等高線垂直，現在我們來驗證之。

```
>> [px,py]=gradient(zz,0.2,0.2);
```

計算 $zz=f(x,y)$ 的梯度。

在上面的範例中，於 gradient() 裡指定了 x 方向與 y 方向的資料點間距皆為 0.2，這是因為在建立 meshgrid 陣列時，採用間距為 0.2 之故。另外，我們以兩個引數 px 與 py 來接受 gradient() 的計算結果，其中 px 代表 x 方向的梯度，py 代表 y 方向的梯度。

於下圖中，我們把 $zz=f(x,y)$ 的梯度向量場與其等高線繪製於同一張圖中，以方便觀察梯度向量場與等高線的相交情形：

```
>> hold on;quiver(xx,yy,px,py); hold off
```

利用 quiver() 繪出 $zz = f(x,y)$ 的梯度向量場。從圖中讀者可以觀察到二者是以垂直的方式相交。

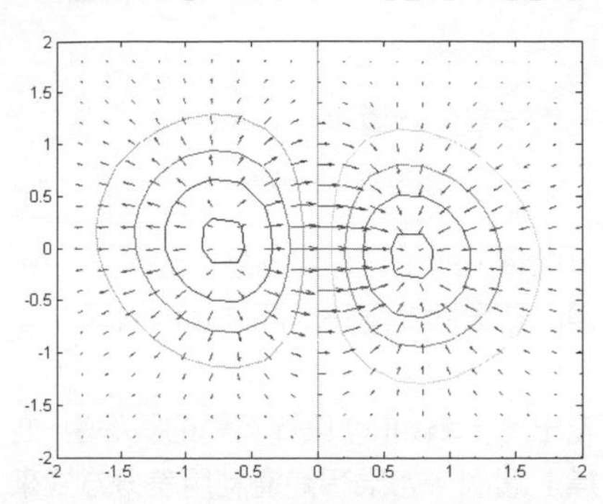

14.1.2 差分的運算

如果想知道陣列裡元素與元素之間的差值，則可利用 diff() 進行差分運算。以一維陣列而言，因為差分運算是計算後面的元素減去前面一個元素的差值，所以差分後的結果會比原來陣列的元素個數少 1。

表 14.1.2 差分運算函數

函數	說明
diff(*x*)	計算向量 *x* 的差分。若 *x* 向量的內容為 $[n_1, n_2, \cdots, n_n]$，則 diff(*x*) 的結果為 $[n_2 - n_1, n_3 - n_2, \cdots, n_n - n_{n-1}]$；若 *x* 為一個矩陣，則 diff(*x*) 會以每一行為單位來計算差分
diff(*mat*, *n*)	沿著矩陣 *mat* 的第 *n* 個維度進行差分的運算

利用差分運算也可以用來估算數據資料的梯度，因為差分是計算元素與元素之間的差值，所以把這個差值除以元素之間的間距，所得的就是梯度，如下面的範例：

```
>> diff([3 5 9 4 1])
ans =
     2     4    -5    -3
```

計算向量 [3 5 9 4 1] 的差分，得到左式。注意運算的結果會比原先的向量少一個元素。

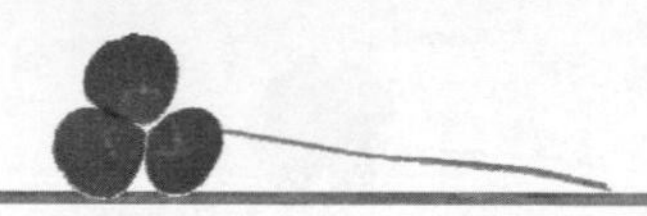

```
>> x=0:0.2:6;
```

建立一個 0 到 6，間距為 0.2 的向量 x。

```
>> y=x.*sin(x);
```

利用向量 x 計算 $y = x\sin(x)$ 。

```
>> dy=diff(y)./diff(x);
```

以向量 y 的差分除以向量 x 的差分，所得的結果即為兩點之間連線的斜率。

```
>> plot(x,y,x(1:end-1),dy);...
   legend('y(x)','dy/dx')
```

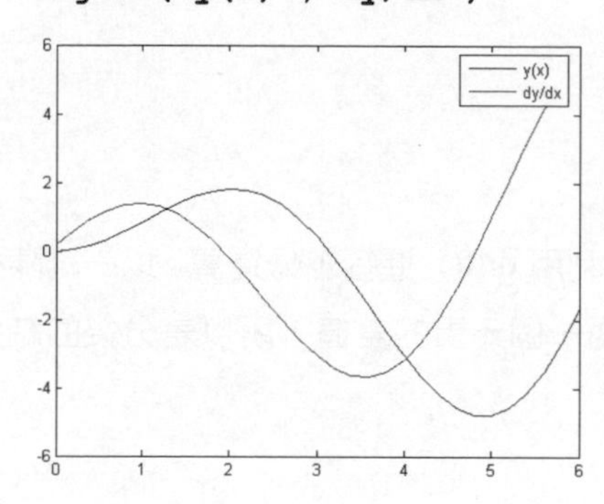

繪出 $y = x\sin(x)$ 與資料點的斜率圖，並標上圖例。如果想知道利用差分方式來計算微分的誤差多少時，可以把左邊的斜率圖與 $y = x\sin(x)$ 的微分式 $x\cos(x)+\sin(x)$ 畫在一起來做比較。

```
>> dyt=x.*cos(x)+sin(x);
```

以向量 x 計算 $x\cos(x)+\sin(x)$，並把計算結果設定給變數 dyt 存放。

```
>> plot(x,dyt,x(1:end-1),dy);...
   legend('exact','approx')
```

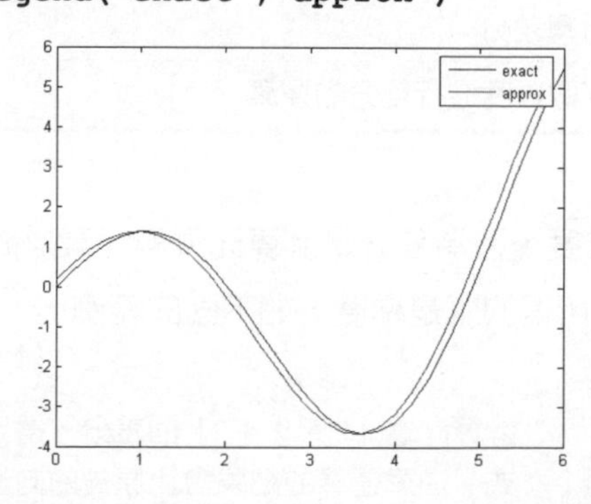

繪出微分函數 $x\cos(x)+\sin(x)$ 的圖形與差分所得的斜率圖，從圖中可以看出二者有小部分的差異。

```
>> dy2=gradient(y,0.2);
```

現在改以 gradient() 計算 $y = x\sin(x)$ 的梯度，並把結果設定給變數 $dy2$ 存放。

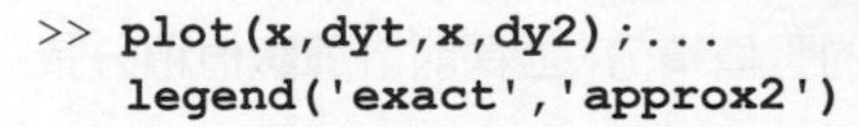


```
>> plot(x,dyt,x,dy2);...
   legend('exact','approx2')
```

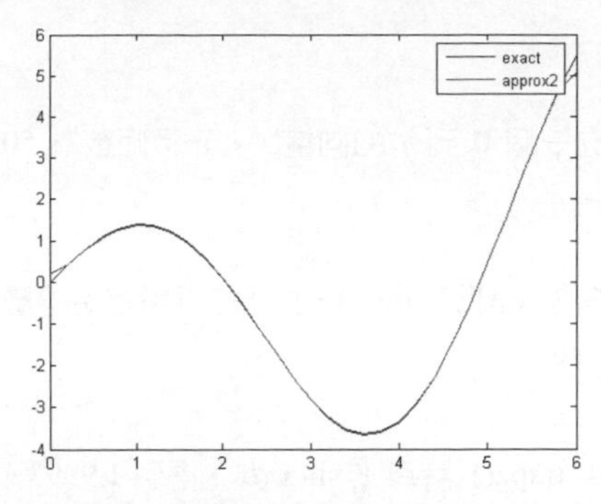

繪出 $x\cos(x)+\sin(x)$ 的圖形與利用 gradient() 所求得之梯度的圖形，讀者可觀察到 gradient() 所計算出的微分值比差分法所計算出的微分準確。

14.2 積分運算

在 Matlab 裡，您只要下一個簡單的指令即可進行數值積分。在進行數值積分時可以利用 M 檔案來定義被積分函數，然而每進行一次積分，就要定義一個 M 檔案，這麼做稍嫌麻煩，因此在本節的範例多半是把被積分函數定義成「匿名函數」來進行。

14.2.1 單一變數之定積分運算

Matlab 提供了 trapz() 函數，可利用梯形法（trapezoid rule）來計算數值積分，另外 Matlab 也提供 quad() 函數，可利用適應性辛普森法（adaptive Simpson quadrature，簡稱辛普森法）來計算數值積分，這兩個函數的語法如下表所列：

表 14.2.1 單一變數的定積分運算函數

函數	說明
trapz(*y*)	間距為 1，以梯形法計算一維向量 *y* 的積分值。若 *y* 為一矩陣，則會沿著矩陣的每一行來積分，其積分結果為一列向量
trapz(*x*,*y*)	由 $y=f(x)$ 的關係式，以梯形法計算積分
quad('*func*',*a*,*b*,*tol*)	利用適應性辛普森法則對函數 *func* 做積分，積分下限為 *a*，積分上限為 *b*，誤差設定為 *tol*。如果省略 *tol*，則預設值為 10^{-6}

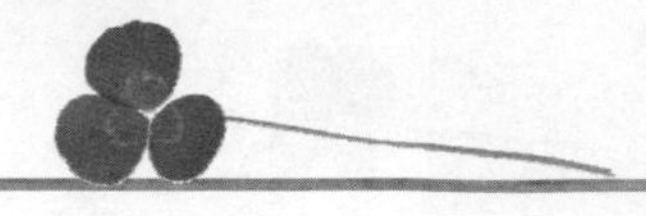

下面的範例分別利用 trapz() 與 quad() 來計算函數的數值積分，並探討計算數值積分時所會遇到的問題。

```
>> x=linspace(0,pi,50);
```

建立一個 0 到 π 的向量 x，元素個數為 50 個。

```
>> y=sin(x);
```

以向量 x 計算 $\sin(x)$，並把結果設定給向量 y 存放。

```
>> trapz(x,y)
ans =
    1.9993
```

利用 trapz() 計算 $\int_0^\pi \sin x\,dx$，得到 1.9993。積分的正確值應為 2.0，顯示梯形法積分時會有稍許誤差。

```
>> x=linspace(0,pi,100); y=sin(x);
```

現在把向量 x 的元素個數改為 100 個，然後再計算 $\sin(x)$ 的值，以求值更精確的積分值。

```
>> trapz(x,y)
ans =
    1.9998
```

以梯形法計算 100 個資料點的積分，得到 1.9998，顯示較多的資料點可以得到較高的積分精度。

梯形積分法雖然積分的精度不如辛普森法，但它仍然是一種相當可靠的積分法，且可對離散的資料點積分，因此到目前為止還是被廣為採用。下面是利用梯形積分法對離散的資料點積分的範例：

```
>> f=@(x) sin(2*x).*exp(-x);
```

定義匿名函數 $f(x)=\sin 2x\cdot e^{-x}$。

```
>> x=linspace(0,2*pi,100);
```

建立一個 0 到 2π 的向量 x，元素個數為 100 個。

```
>> y=f(x)+0.05*rand(1,100);
```

計算 $y=f(x)$，並且加入一些亂數，代表實驗時的雜訊。

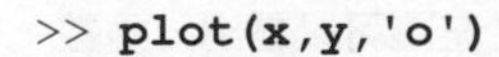

```
>> plot(x,y,'o')
```

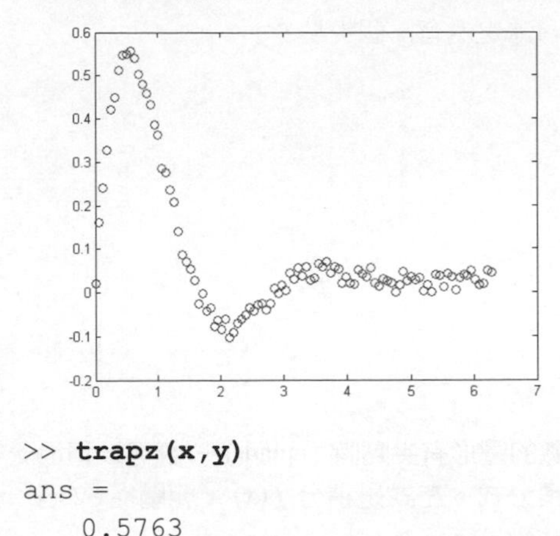

繪出資料點的分佈圖，從圖中可看出其分佈並不平滑，而是有雜訊存在。

```
>> trapz(x,y)
ans =
   0.5763
```

對於 trapz() 而言，只要 x 是一個遞增的向量，trapz() 就能求得其積分值。左式可利用 trapz() 順利求得積分值為 0.5763。因為雜訊是亂數產生的關係，所以您所得的結果可能會不同於左式。

如果被積分函數是一個數學函數，而不是以資料點的方式呈現時，則可利用 quad() 來積分。quad() 的積分結果比起 trapz() 來的精確，但它只能對數學函數積分，不能積分資料點。

```
>> quad('sin(x)',0,pi)
ans =
   2.0000
```

計算 $\int_0^{\pi} \sin x \, dx$，得到 2.0。比起 trapz() 函數，讀者可觀察到 quad() 所積出的結果其精度要高上許多。

```
>> quad(f,0,pi)
ans =
   0.3827
```

計算 $\int_0^{\pi} f(x) \, dx$，得到 0.3827。注意左式中 quad() 裡的引數 f 是匿名函數。

quad() 函數也可用來積分帶有絕對值的函數，如下面的範例：

```
>> f=@(x) abs(x.^3-x-1);
```

定義函數 $f(x)=|x^3-x-1|$。

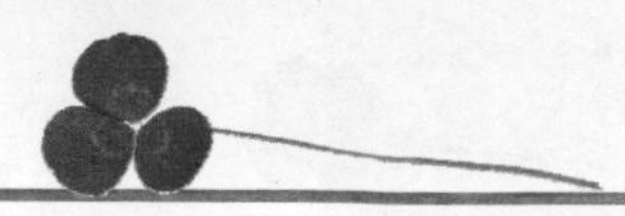

```
>> fplot(f,[-2,2])
```

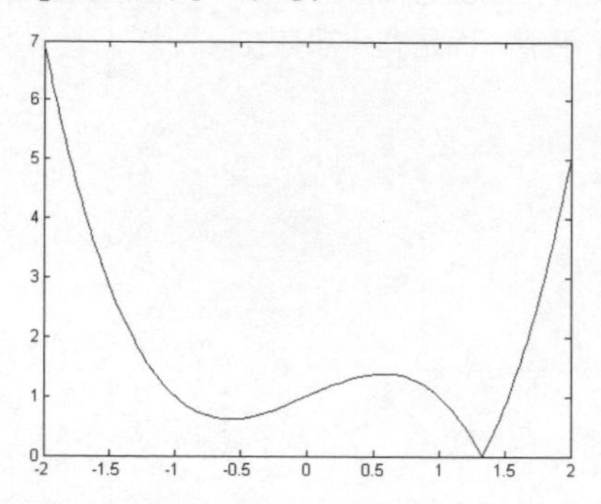

這是函數 $f(x)$ 的圖形，從左圖可以看出，函數在 $x \approx 1.4$ 之處有一個尖點。

```
>> quad(f,-2,2)
ans =
    6.8645
```

當函數的圖形有尖點時，quad() 一樣可以積得它的積分式。左式是積分 $f(x)$ ，範圍從 -2 到 2，得到 6.8645。

如果被積分函數在積分區間內的轉折過多時，則 quad() 可能會因預設的容許誤差太寬鬆，而產生積分上的誤差。我們來看看下面的範例：

```
>> f=@(t) cos(12*(4*t-5*t.^4))./(2+t);
```

定義函數 $f(t) = \cos(12(4t - 5t^4))/(2+t)$。

```
>> fplot(f,[0,1.6,-0.8,0.8])
```

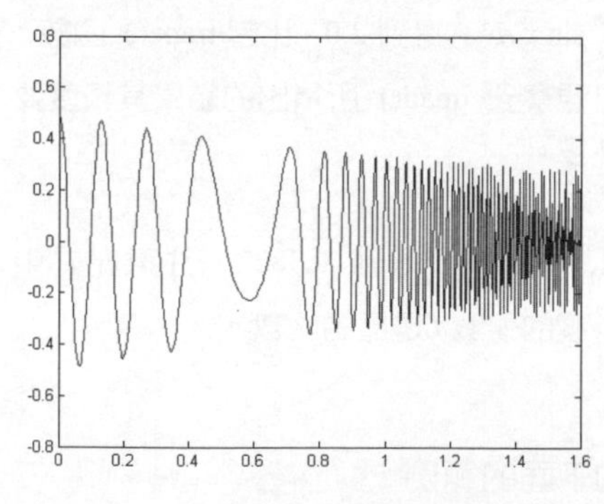

利用 fplot() 繪出 $f(t)$ 的圖形。在左圖中，當 t 超過 1.2 之後，讀者可以看到函數的轉折急遽加大，因此 fplot() 在繪圖時，會因為取樣點的誤差過大，導致有部分的樣點漏失掉了。

```
>> fplot(f,[0,1.6,-0.8,0.8],10^-4)
```

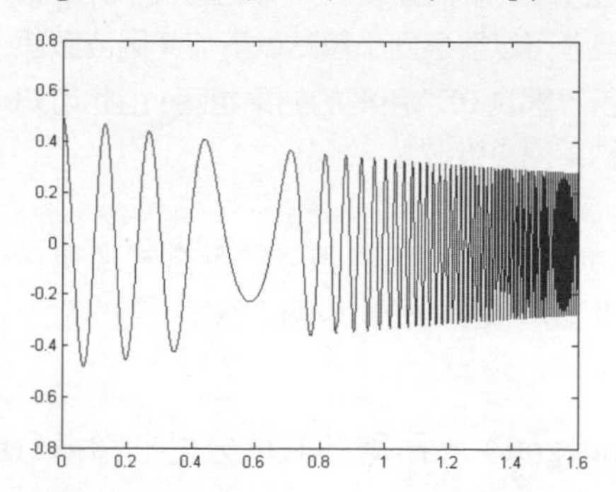

如果指定繪圖的誤差為10^{-4}（預設值為2×10^{-3}），則在 t 大於 1.2 之後可得一個較佳的曲線圖。

```
>> quad(f,0,1.6)
ans =
   0.0050
```

計算 $f(t)$ 的積分，積分範圍從 0 到 1.6，得到 0.0050。Matlab 的預設只會顯示 4 個位數的小數，但 4 個位數對於需要精度較高的數字而言並不足夠，因此可利用 format 指令來更改顯示的精度。

```
>> format long,quad(f,0,1.6)
ans =
  0.00500221674421
```

將 format 設為 long，重新計算 $f(t)$ 的積分，得到左式。現在左式以 14 個位數的小數數字來呈現。

注意上面的積分結果並不正確，因為 quad() 預設的容許誤差是10^{-6}，但因 $f(t)$ 在積分範圍內的轉折過大，這個容許誤差並不足以精確的計算這個積分式，上式的回應只是滿足在這個容許誤差下所求得的解。要更正這個錯誤，只要把容許誤差設的再小一些即可：

```
>> quad(f,0,1.6,10^-7)
ans =
  0.01036958621758
```

將誤差界限設為10^{-7}，得到左式。注意左式的結果顯然與使用預設的誤差界限所得的積分結果明顯不同。

```
>> quad(f,0,1.6,10^-9)
ans =
  0.01036967638371
```

將誤差界限設為10^{-9}，所得的結果雖與上式稍有不同，但已相差無幾。

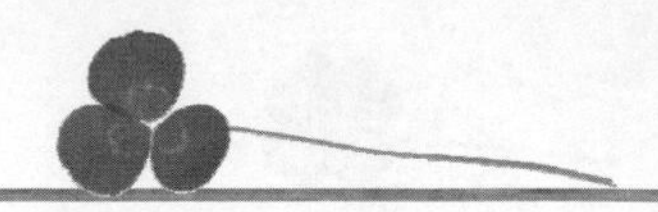

```
>> quad(f,0,1.6,10^-10)
ans =
   0.01036967643210
```

將誤差界限縮小到 10^{-10}，與上面的結果相比，讀者可以觀察到小數點以下前 9 個位數都與誤差界限為 10^{-9} 所得的結果相同，由此可知積分結果已幾近收斂。

```
>> format
```

將 format 設為預設的數字顯示方式。現在 Matlab 會以預設的位數來顯示數字。

另外在積分裡常見的問題是瑕積分（improper integral）。所謂的瑕積分是指當積分曲內，函數的值是 $\pm\infty$，或者是積分範圍是 $\pm\infty$。如果遇到瑕積分的問題，只要使用一些小技巧就可輕易的解決它，如下面的範例：

```
>> f=@(x) 1./(x.*sqrt(log(x)));
```

定義 $f(x)=1/(x\sqrt{\log x})$。

```
>> fplot(f,[0,3])
Warning: Imaginary parts of complex X and/or Y arguments ignored.
```

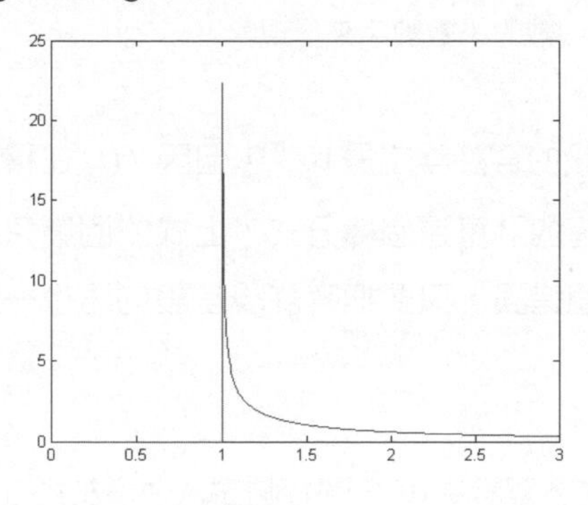

範圍從 0 到 3，繪出 $f(x)$ 的圖形。因為 $f(x)$ 在 $x=1$ 時分母為 0，在 $x<1$ 時函數的值為複數，因而左式回應了一些警告訊息。注意於左式中，為了節省篇幅，我們並沒有顯示出警告訊的全部內容。

```
>> quad(f,1,exp(1))
ans =
    2.0000
```

積分 $f(x)$，範圍從 1 到 e^1。因 $f(1)=\infty$，所以這是一個瑕積分。Matlab 還是可以正確的求出積分值。（註：因為在 $x=1$ 時分母為 0，早期的 Matlab 版本可能會回應一個警告訊息 'Warning: Divide by zero.'）

```
>> quad(f,1+eps,exp(1))
ans =
    2.0000
```

如果想避開這些警告訊息，可把積分下限加上一個很小的正數，如此被積分式的分母就不會是零，警告訊息也就不會發生。

14.2.2 多重積分

如要進行多重積分，可利用 dblquad() 與 triplequad() 函數。dblquad() 可用來計算二重積分， dblquad 可拆解成 dbl-quad，其中 dbl 是 double 的縮寫，而 triplequad 可拆解成 triple-quad，也就是用來計算三重積分的函數。

表 14.2.2　多變數的定積分運算函數

函數	說明
dblquad('*func*',x_1,x_2,y_1,y_2,*tol*)	指定誤差為 *tol*（如果省略 *tol*，則預設值為 10^{-6}），利用辛普森法則計算二重積分 $\int_{x_1}^{x_2}\int_{y_1}^{y_2} func\,dy\,dx$
triplequad('*func*',x_1,x_2,y_1,y_2,z_1,z_2,*tol*)	指定誤差為 *tol*（如果省略 *tol*，則預設值為 10^{-6}），利用辛普森法則計算三重積分 $\int_{x_1}^{x_2}\int_{y_1}^{y_2}\int_{z_1}^{z_2} func\,dz\,dy\,dx$ 如果省略 *tol*，則預設值為 0.001

在多重積分的運算中，如果積分區間是一個矩形（或立方體），則直接套用表 14.2.2 裡的語法即可直接解出，我們來看看下面的範例：

```
>> dblquad('x*y.^2',0,2,0,3)
ans =
   18.0000
```

計算積分式，$\int_0^2\int_0^3 xy^2\,dy\,dx$ 得到 18。注意此積分的積分區間是一個矩形，也就是 $0 \le x \le 2, 0 \le y \le 3$。

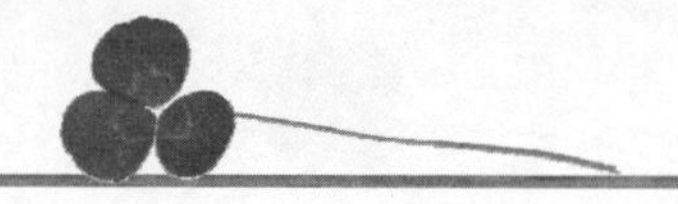

```
>> triplequad('x+y.*z',0,6,0,2,1,4)
ans =
   198
```

計算三重積分 $\int_0^6 \int_0^2 \int_1^4 x + yz\, dz\, dy\, dx$。這個積分的區間是一個立方體，也就是 $0 \le x \le 6,\ 0 \le y \le 2,\ 1 \le z \le 4$。

如果區間不是矩形或立方體時，則可利用邏輯運算子「&」來定義積分的區間。例如，若想計算積分式

$$\int_0^{\pi} \int_0^{x} \cos(x + 2y)\, dy\, dx$$

因為 x 的積分範圍是從 0 到 π，但 y 方向的積分範圍是從 0 到 x，因此積分區間不是一個矩形，如下圖所示：

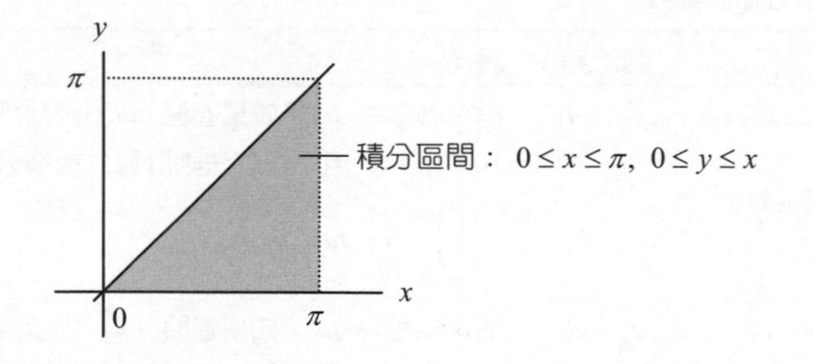

圖 14.2.1
積分範圍示意圖

此時我們可以稍微修改一下被積分函數，使得在積分區間之外的函數值都是 0，亦即把被積分函數定義成

```
cos(x+2*y).*(x>=0 & x<=pi & y>=0 & y<=x)
```

因為運算式

```
x>=0 & x<=pi & y>=0 & y<=x
```

成立時會回應 1，否則回應 0，因此在積分區間內函數值為 $\cos(x + 2y)$，在積分區間之外函數值就變成 0。把被積分函數稍加修改之後，y 方向的積分範圍就可以把 0 到 x 修改成 0 到 π，此時積分區間就變成一個矩形。

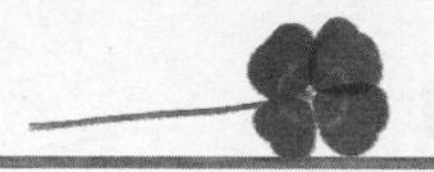

另外，x 的積分上下限與 y 的積分下限都是常數，它們可以直接在 dblquad() 裡直接指定，因此我們可以把本例中的積分式修改成下面較簡單的式子：

```
cos(x+2*y).*(y<=x)
```

我們來看看一些多重積分的範例：

```
>> dblquad('cos(x+2*y).*(y<=x)',0,pi,0,pi)
ans =
   -0.6667
```

計算 $\int_0^{\pi}\int_0^{x}\cos(x+2y)\,dy\,dx$，得到左式。注意在撰寫積分界限之引數時，第 2~3 個引數是 x 的積分範圍，第 4~5 個引數是 y 的積分範圍。

```
>> dblquad('(8-x-y).*(y<=4-2*x)',0,2,0,4)
ans =
   24.0000
```

計算二重積分 $\int_0^{2}\int_0^{4-2x}8-x-y\,dy\,dx$。在 x 的積分範圍 0~2 內，y 的積分上限最大之可能值為 $4-2\cdot 0=4$，因此本例是在 $0\le x\le 2, 0\le y\le 4$ 的範圍內積分。

```
>> dblquad('x.^2.*sqrt(1+y.^4).*...
   (y-x>=0)',0,1,0,1)
ans =
    0.1016
```

計算二重積分 $\int_0^{1}\int_x^{1}x^2\sqrt{1+y^4}\,dy\,dx$。在本例中，$y$ 的積分下限為 $y=x$，因此可以把 $y-x\ge 0$ 這個條件併到被積分函數中，使得積分範圍可以是一個矩形。

```
>> tic;...
   triplequad('(x+y+z).*(z<=y+2 &y<=x+1)',...
   0,2,0,3,1,5),...
   toc
ans =
   39.3334
Elapsed time is 9.918245 seconds.
```

計算 $\int_0^{2}\int_0^{x+1}\int_1^{y+2}x+y+z\,dz\,dy\,dx$。從本例中，讀者可以觀察到計算三重積分時，系統需要花掉可觀的 CPU 時間，這是因為我們把被積分函數定義成字串的關係。如果改成以匿名函數來定義，則效能將會改善很多。

```
>> f=@(x,y,z)(x+y+z).*(z<=y+2 & y<=x+1);
```

定義匿名函數 $f(x,y,z)$。

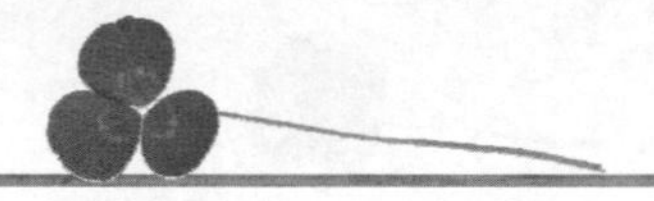

```
>> tic;triplequad(f,0,2,0,3,1,5),toc
ans =
   39.3334
Elapsed time is 1.126776 seconds.
```

計算 $f(x,y,z)$ 的三重積分，得到與上式相同的結果，但所需時間只要 1/8。由此可知，適時的使用匿名函數，不僅可以有效的化簡程式碼，同時也可以加快程式執行的速度。

14.3 微分方程式的運算

Matlab 提供了相當方便的函數，可用來快速的求解微分方程式（ordinary differential equation，ODE）。本節先探討如何求得微分方程式的數值解，關於符號解的部份，我們留到 15 章再做介紹。

14.3.1 微分方程式的解題器

只要給予微分方程式與初始條件，我們便可利用微分方程式的解題器（solver）來求解。Matlab 提供了 ode45()、ode23()、ode113()、ode15s()、ode23s()、ode23t() 與 ode23tb() 等 7 種解題器，方便我們求解各種不同的微分方程式。這些解題器的語法都相同，只是解題的演算法不同，下表列出它們的使用語法：

表 14.3.1　微分方程式求解函數

函數	說明
$[t, y] = solver(odefun, [t_0, t_f], ini)$	區間從t_0到t_f，初值為*ini*，以*solver*方法解微分方程式*odefun*
$[t, y] = solver(odefun, [t_0, t_1, t_2, \cdots, t_f], ini)$	同上，但是只解出特定時間$t_0, t_1, t_2, \cdots, t_f$的值

於上表中，solver 代表 ode45、ode23、ode113、ode15s、ode23s、ode23t 與 ode23tb 等 7 種解題器的其中一種。通常我們較常用的有 ode45() 與 ode15s()。ode45() 是採用 Runge-Kutta 的方法來求解，它適用於大多數的微分方程式。

如果微分方程式於某個區間內的圖形非常陡峭（亦即微分值相差非常大），這個系統就變成了剛性（stiff）系統。如果以 ode45() 等傳統方法來求解剛性系統，會因微分值相差太大而導致積分步長（step size）過小，於是會拖垮計算的時間。遇到此類的問題，只要利用 ode15s()、ode23s()、ode23t() 或 ode23tb() 等函數即可解決。關於剛性系統，我們稍後再做介紹，接下來我們先來學習如何以 ode45() 來求解微分方程式。

14.3.2 求解微分方程式

在求解 ODE 時，必須在 Matlab 裡定義微分方程式。習慣上我們把方程式寫成一個 M 檔案，並以變數 y 來代表狀態變數（state variable），t 為自變數（independent variable），而輸出則為 dy（即狀態變數的微分值）。以下我們將分兩個部份，分別探討一階微分方程式，以及二階與二階以上之微分方程式的解法。

& 一階微分方程式

一階微分方程式可表示成

$$y'(t) = f(y(t), t)$$

的型式。因為一階微分方程式的狀態變數只有一個，因此於 Matlab 裡定義狀態變數時，只要以純量（scalar）來定義它，而不必使用向量。我們來看看下面的範例：

```
>> clear
```

清除工作區內的所有變數。

```
function dy=func14_1(t,y)
dy=sin(t)-y*cos(t);
```

定義一階 ODE $y' = \sin t - y\cos t$。注意在輸入引數中，自變數 t 必須寫在第一個位置，而狀態變數 y 則是在第二個位置。

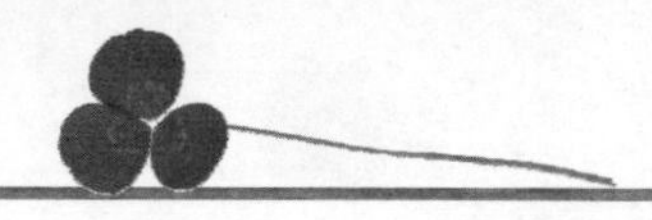

```
>> ode45('func14_1',[0,40],1)
```

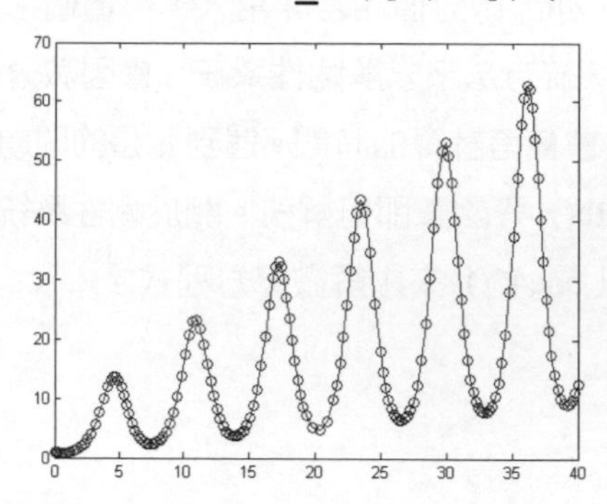

以 ode45 解題器解出 $y'=\sin t - y\cos t$ 的解，範圍從 0 到 40，初始值 $y(0)=1$。在左式中，因為沒有給予任何輸出引數，所以 ode45() 預設是繪出這個微分方程式的解。

從左圖中，我們可以看出 ode45() 會自動調整步長，以適應函數的陡峭程度，就是圖形越轉折的地方會以更多的點來描述。

```
>> [t,y]=ode45('func14_1',[0,40],1);
```

給予輸出引數 t 與 y，則求解時所有的自變數會以一個行向量儲存在 t 裡，而狀態變數的值會存放在變數 y 裡。

```
>> whos
  Name  Size   Bytes  Class   Attributes
  t     165x1  1320   double
  y     165x1  1320   double
```

查詢工作區內的變數值，讀者可發現在這個解題過程中，ode45() 一共產生 165 個資料點。

```
>> plot(t,y)
```

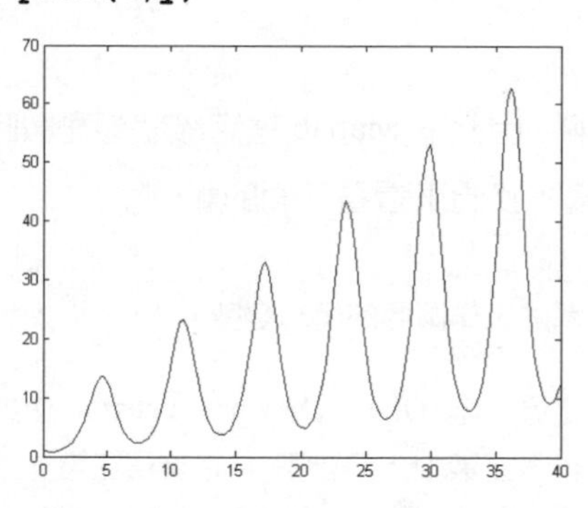

取出向量 t 與 y，即可對它進行後續的處理。例如於左式中，我們利用向量 t 與 y 來繪圖。

如果要求解的一階微分方程式相當簡短，您也可以省去撰寫 M 檔案的麻煩，也就是利用匿名函數來定義微分方程式，如下面的範例：

```
>> dy=@(t,y) cos(t)+y*cos(t/3);
```

以匿名函數定義 $y'=\cos t + y\cos(t/3)$ 。

```
>> ode45(dy,[0,40],0);
```

以 ode45 解出 $y' = \cos t - y\cos(t/3)$ 的解，範圍從 0 到 40，初始值 $y(0) = 0$ 。

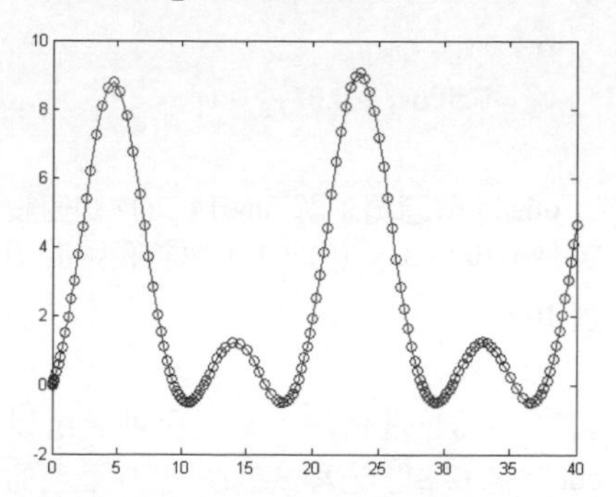

& 二階與二階以上之微分方程式

n 階微分方程式可表示成

$$y^{(n)}(t) = f(y^{(n-1)}(t), y^{(n-2)}(t), \cdots, y'(t), t)$$

的型式。在 Matlab 裡定義 n 階微分方程式時，必須先把它改寫成 Matlab 所能接受的標準型式，也就是 n 個一階的微分方程式。改寫之後，方程式便有 n 個狀態變數，此時我們必須以向量來定義它。例如，要求解二階微分方程式（這個方程式稱為 Duffing equation）

$$y'' = 7.5\cos t - 0.05y' - y^3$$

首先必須先將它化成二個一階的微分方程式。令

$$y_1 = y,\ y_2 = y'$$

則原式可以改寫成下面的標準型式（二個一階的微分方程式）：

$$\begin{cases} y_1' = y_2 \\ y_2' = 7.5\cos t - 0.05y_2 - y_1^3 \end{cases}$$

在撰寫 M 檔案時，我們只要把上面的狀態變數 y_1 寫成 $y(1)$，把狀態變數 y_2 寫成 $y(2)$ 即可，如下面的範例：

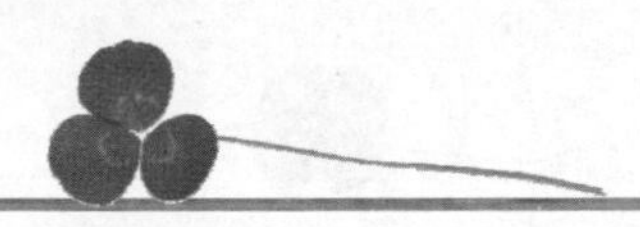

```
function dy=func14_2(t,y)
dy=[y(2);7.5*cos(t)-0.05*y(2)-y(1)^3];
```

以 M 檔案定義微分方程式

$$\begin{cases} y_1' = y_2 \\ y_2' = 7.5\cos t - 0.05 y_2 - y_1^3 \end{cases}$$

```
>> ode45('func14_2',[0,10],[3,4])
```

以 ode45 解題器求解 func14_2()，初值設定為 $y_1(0)=3, y_2(0)=4$，解題範圍從 0 到 10。

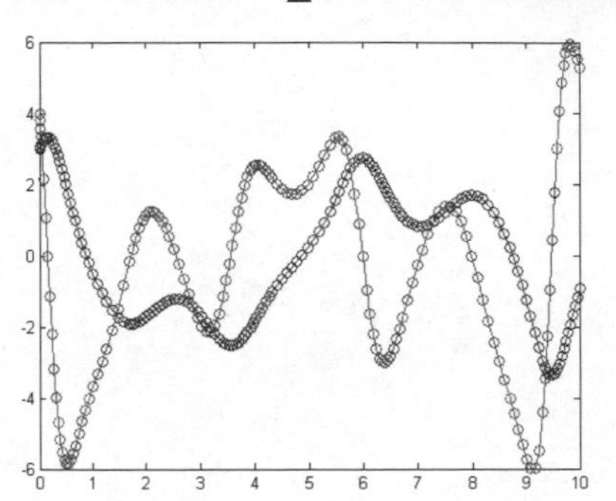

因為左式並沒有給予輸出引數，所以 ode45 直接繪出方程式的解，其中藍色的線條是 $y_1(t)$ 的解，而綠色的線條則是 $y_2(t)$ 的解。

```
>> [t,y]=ode45('func14_2',[0,10],[3,4]);
```

給予輸出引數 t 與 y，此時狀態變數的值會存放在變數 y 裡。

```
>> whos y
Name  Size   Bytes  Class   Attributes
 y   149x2   2384  double
```

查詢變數 y 的值，讀者可發現變數 y 所存放的是一個 149×2 的矩陣。事實上在這個矩陣裡，第一行所存放的是 $y_1(t)$ 的解，而第二行所存放的是 $y_2(t)$ 的解。

```
>> plot(t,y(:,1));legend('y1(t)')
```

y(:,1) 可以取出矩陣 y 裡第一行所有的元素值，也就是 $y_1(t)$，因此左式事實上是繪出方程式 $y'' = 7.5\cos t - 0.05y' - y^3$ 的解。

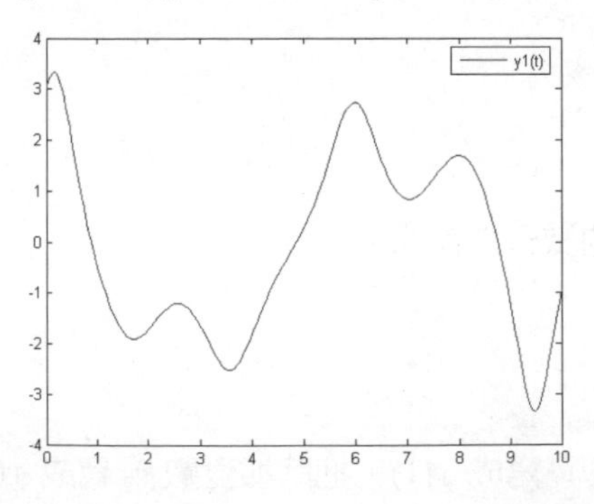

```
>> plot(y(:,1),y(:,2))
```

如果以 $y_1(t)$ 的值當成 x 座標，以 $y_2(t)$ 的值當成 y 座標來繪圖，則所得的圖形稱為相位圖（phase portrait）。

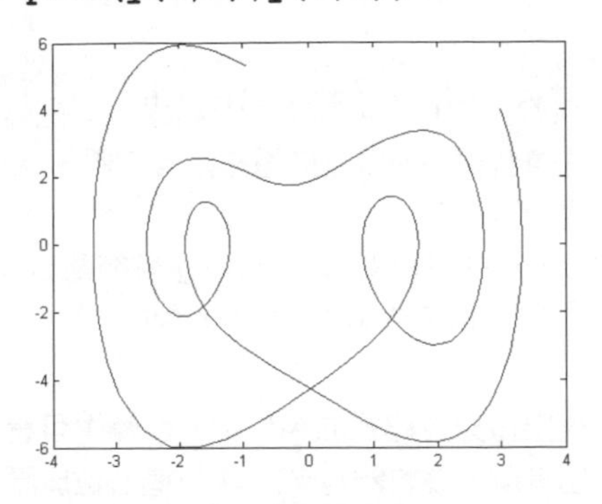

```
>> pts=0:2*pi:10000*pi;
```

定義變數 pts 為一個 0 到 10000π ，間距為 2π 的向量。因此變數 pts 的值為 $0, 2\pi, 4\pi, 6\pi, \cdots, 10000\pi$ 。

```
>> [t,y]=ode45('func14_2',pts,[3,4]);
```

解出在 $t = 0, 2\pi, 4\pi, 6\pi, \cdots, 10000\pi$ 時，微分方程式 func14_2 的解。因為求解的點數較多，所以求解的時間較長。

```
>> plot(y(:,1),y(:,2),'.','MarkerSize',4);...
   axis square
```

以矩陣 y 第一行的元素當成 x 座標，以第二行的元素當成 y 座標來繪圖，同時指定點的大小為 4，並把圖形的寬高比設成 1:1。

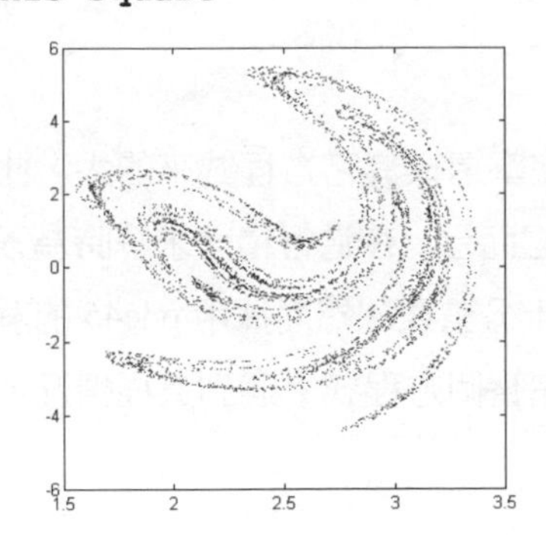

左圖呈現的是非線性系統裡一個相當常見的圖，即 Poincare map。這個圖呈現了所有的解都會落在一個有限的區域內，且無論求解的區間多長，這些點永遠不會重複。

如果微分方程式不太複雜，也可以利用匿名函數的方式來撰寫它。但要注意的是，以匿名函數來撰寫時，必須把標準化後所有的一階微分方程式寫在一個行向量裡，如下面的範例：

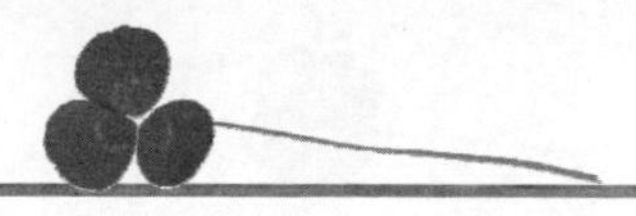

```
>> dy=@(t,y) [y(2);...
   -y(1)-(y(1)^2+y(2)^2-1)*y(2)/10];
```

以匿名函數定義如下的微分方程式

$$\begin{cases} y_1' = y_2 \\ y_2' = -y_1 - (y_1^2 + y_2^2 - 1)y_2 / 10 \end{cases}$$

注意我們必須以行向量來定義它們。

```
>> [t,y]=ode45(dy,[0,60],[-3,-2]);
```

以 ode45 求解微分方程式，求解範圍從 0 到 60，初值取 $y_1(0) = -3, y_2(0) = -2$ 。

```
>> plot(y(:,1),y(:,2))
```

繪出微分方程式的相位圖。從圖中可看出其解最後收斂到半徑為 1，圓心位於原點的圓上。

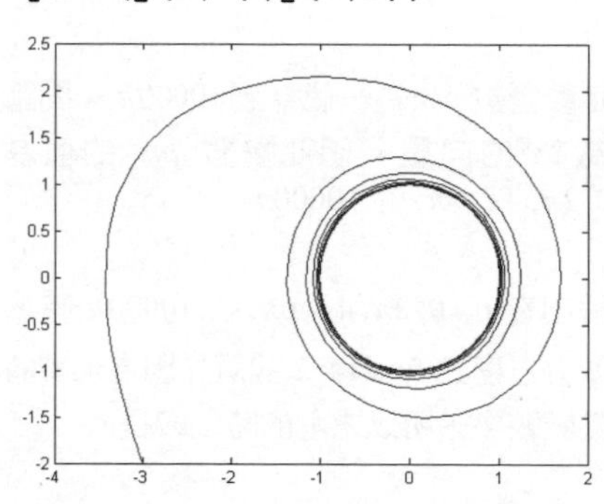

14.3.3 剛性系統的求解

在一組微分方程式裡，如果某個方程式之解的變化率遠較其它方程式來的大，此類的方程組就稱為剛性的（stiff）。對於剛性微分方程組而言，在進行積分求解時為了要保持解的穩定性，步長（step size）的選擇也就顯得十分重要。然而採用 ode45 的解法會因為解題的步長無限的縮小，導致無法順利的解完整個方程式。遇到這種情況，可以改用 ode15s 或 ode23s 等函數解之。

我們舉一個實例來說明剛性微分方程組的解法。考慮如下的微分方程組：

$$\begin{cases} y_1' = y_2 \\ y_2' = -y_1 - \mu\, y_1^2\; y_2 \end{cases}$$

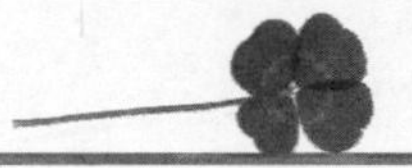

當參數 μ 的值變得很大的時候（例如 $\mu=150$ ），此方程組就變成了一個剛性系統。我們先以 ode45() 來解當 $\mu=10$ 與 $\mu=150$ 時的方程式，看看這個解題器對於不同的 μ 值反應如何：

```
>> dy=@(t,y) [y(2);-y(1)-10*y(1)^2*y(2)];
```

定義微分方程組

$$\begin{cases} y_1' = y_2 \\ y_2' = -y_1 - 10y_1^2\ y_2 \end{cases}$$

```
>> ode45(dy,[0,100],[1.3,-0.1]);
```

以 ode45() 求解微分方程式，範圍從 0 到 100，初值取 $y_1(0)=1.3$，$y_2(0)=-0.1$。於本例中，因為 μ 的值不大，所以利用 ode45() 解題器也可以求得一個相當完整的解。

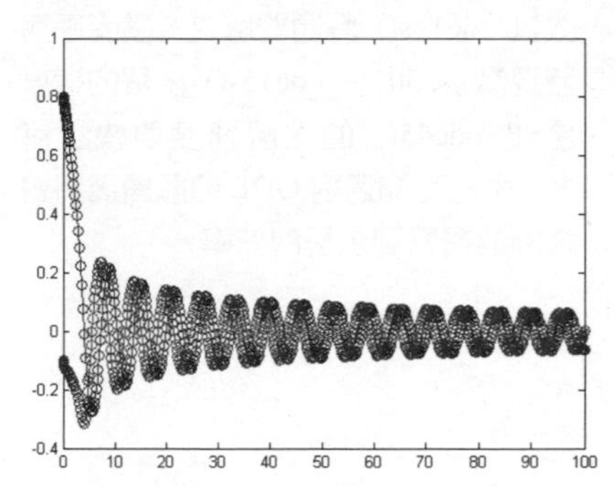

```
>> ode15s(dy,[0,100],[1.3,-0.1]);
```

以 ode15s() 解題器也可以解得相同的解，但從圖形的輸出中，您可以感受到 ode15s() 的解題速度較 ode45() 來得慢上許多。因此對於非剛性的微分方程組而言，選擇 ode45() 會有較好的執行效能。

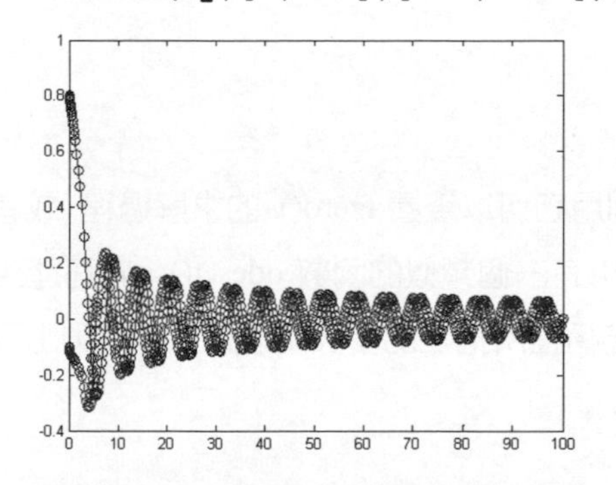

```
>> dy=@(t,y) [y(2);-y(1)-150*y(1)^2*y(2)];
```

左式是把 μ 值修改成 150 之後的微分方程組，現在它是一個剛性系統了。

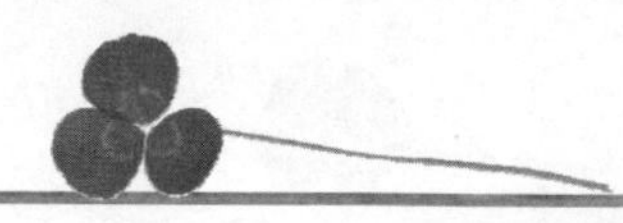

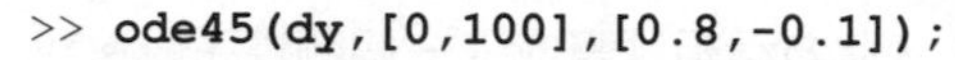

```
>> ode45(dy,[0,100],[0.8,-0.1]);
```

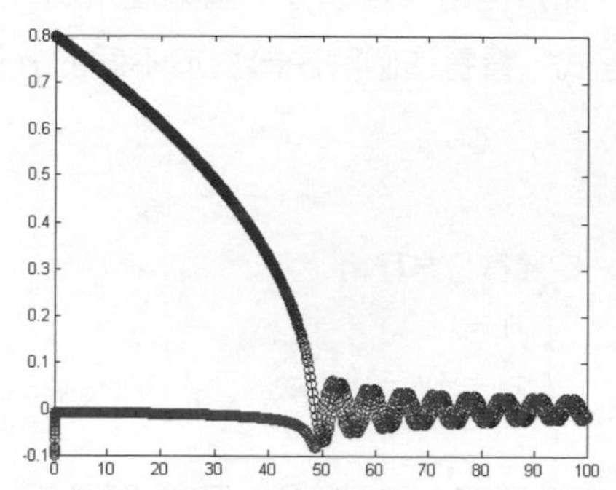

以 ode45() 解題器解之，得到左邊的圖形。在程式執行時，讀者可以明顯的感受到當 $t<50$ 時，ode45() 求解的速度慢了許多，這是由於在這個區域內，ode45() 為了要求得一穩定解，而把步長縮小之故。在 $t>50$ 之後，剛性現像已不復存在，因而解題的速度要快上許多。

```
>> ode15s(dy,[0,100],[0.8,-0.1]);
```

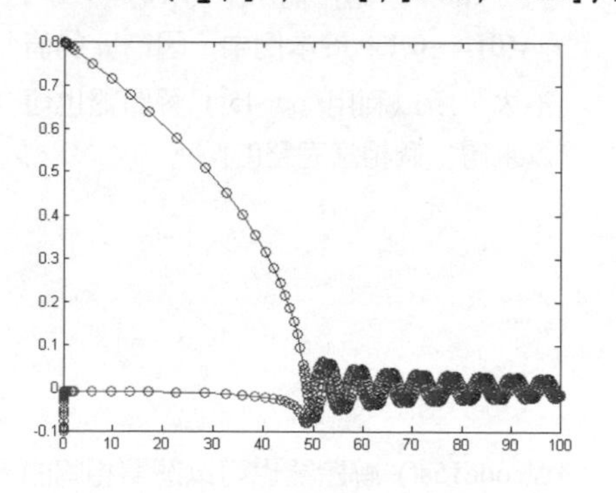

改以 ode15s() 解題器解之，讀者應可發現當 $t<50$ 時，ode15s() 求解的速度比起 ode45() 的求解速度要快上許多。由此可知選對 ODE 的解題器將會大幅的影響到求解的效率。

14.3.4 解微分方程式的選項

還記得第 13 章裡提到的 optimset() 函數嗎？利用它可以查看 fzero() 的求解過程，或者是想改變求解的精度。Matlab 的 ODE 解題器也有一個類似的函數 odeset()，它可產生一個特殊的結構，讓 ODE 解題器可以依這個結構裡所指定的參數來求值。下表列出了 odeset() 的語法：

表 14.3.2 ODE 解題器的選項函數

函數	說明
opts=odeset('par_1','val_1','par_2','val_2',…)	依照參數par_1的值為val_1，參數par_2的值為val_2，建立一個選項結構，以供Matlab的ODE解題器使用

下表列出了一些 odeset() 函數常使用的參數，以及每一個參數值所代表的意義：

表 14.3.3 odeset() 常用的參數

參數	說明
RelTol	相對誤差容許值，預設值為 10^{-3}
AbsTol	絕對誤差容許值，預設值為 10^{-6}
Refine	設定 Refine 為 *n* 可以用內插的方式產生 *n* 倍數目的輸出點。ode45() 的預設值為 4，其它解題器為 1
OutputFcn	如果沒有輸出引數，則在解題完畢後，Matlab 會自動呼叫此一函數。預設值為 'odeplot'。其它可用的繪圖函數有 odephas2() 與 odephas3()，可分別用來繪製二維與三維的相位圖

事實上，odeset() 所提供的參數數目遠較上表來得多，上表所列的只是較常用的選項而已。如果您有興趣察看 odeset() 提供了哪些參數，可在 Matlab 的指令視窗裡鍵入 odeset 來查詢。我們來看看一些 odeset() 的使用範例：

```
>> dy=@(t,y) [y(2);...
   7.5*cos(t)-0.05*y(2)-y(1)^3];
```

以匿名函數定義微分方程式

$$\begin{cases} y_1' = y_2 \\ y_2' = 7.5\cos t - 0.05y_2 - y_1^3 \end{cases}$$

```
>> [t,y]=ode45(dy,[0,20],[3,4.2]);
```

解微分方程式，範圍從 0 到 20，初始值採用 $y_1(0)=3,\ y_2(0)=4.2$ 。

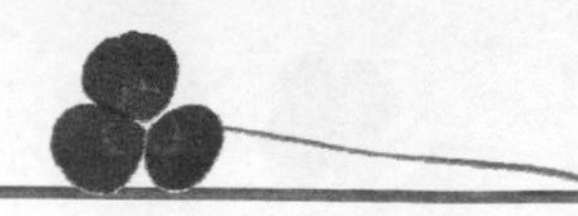

```
>> plot(y(:,1),y(:,2),'-',y(:,1),y(:,2),'r.')
```

以實線繪出相位圖，並用紅色的圓點繪出資料點的位置。讀者可發現整個圖形尚稱平滑，但在左下角有較生硬的轉折。

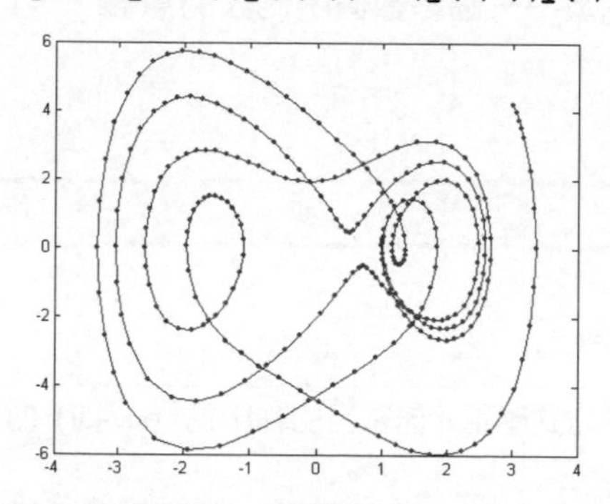


```
>> opts=odeset('RelTol',10^-4);
```

設定 ODE 解題器的相對誤差容許值為 10^{-4}（預設值為10^{-3}），並把 odeset() 傳回的值設給變數 opts 存放。

```
>> [t,y]=ode45(dy,[0,20],[3,4.2],opts);
```

重新以 ode45() 解題器求解，並加入 opts 選項，現在 ode45() 解題器的相對誤差容許值已被設定為10^{-4}。

```
>> plot(y(:,1),y(:,2),'-',y(:,1),y(:,2),'r.')
```

重新繪出相位圖。讀者可以看出現在所有的資料點來的較密集，圖形也較為平滑。

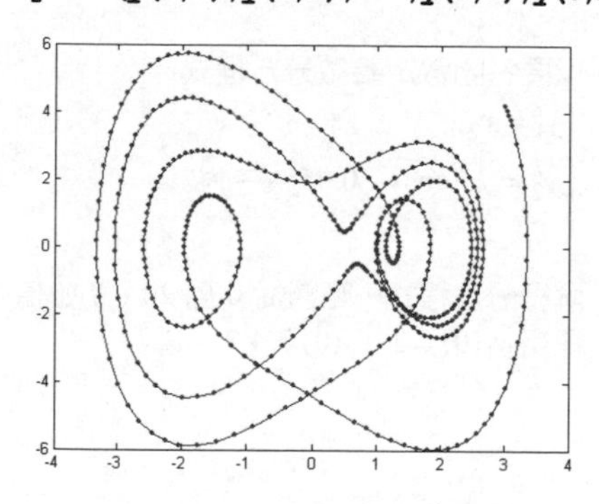


```
>> opts=odeset('Refine',8);
```

設定 ODE 解題器的 Refine 值為 8，此時 ODE 解題器所解出的解，在兩點之間會再以 8 個點來做內插，如此可以使圖形更加的平滑，同時執行速度也會比縮小誤差容許值快上許多。

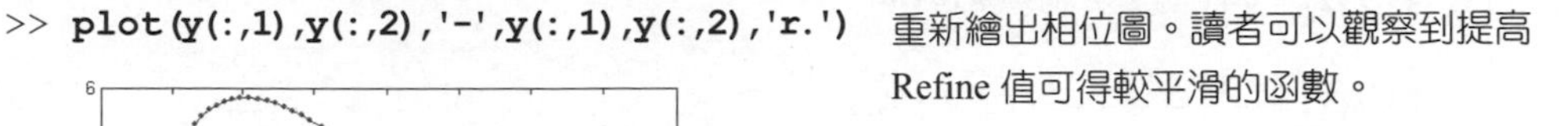

```
>> [t,y]=ode45(dy,[0,20],[3,4.2],opts);
```

以新設的選項重新求解微分方程式。注意原先 ode45() 解題器的 Refine 值為 4，現在已被修改為 8。

```
>> plot(y(:,1),y(:,2),'-',y(:,1),y(:,2),'r.')
```

重新繪出相位圖。讀者可以觀察到提高 Refine 值可得較平滑的函數。

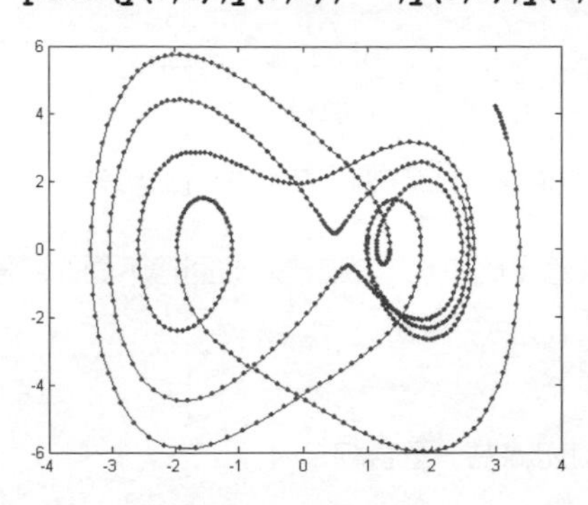


```
>> opts=odeset('OutputFcn','odephas2');
```

將 OutputFcn 修改為 odephas2，此時如果沒有給予輸出引數，則解題器會畫出微分方程式的相位圖。

```
>> ode45(dy,[0,20],[3,4.2],opts);
```

以 ode45 求解微分方程式，因為沒有給予輸出引數，所以解題器直接繪出微分方程式之解的相位圖。

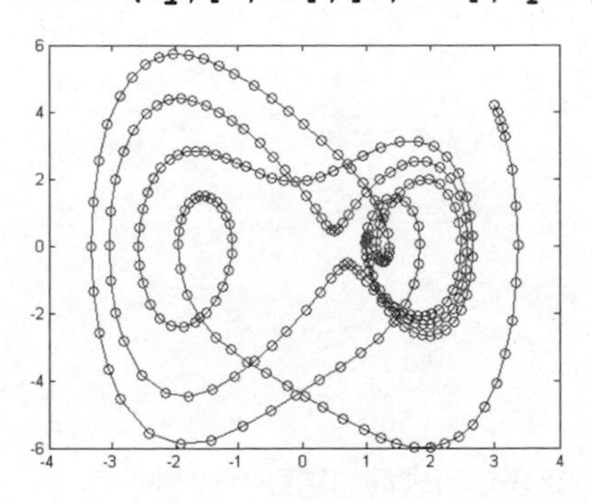

本章介紹了微積分與微分方程式的數值解法，這些方法也足以應付大多數的工程問題。如果需要計算它們的符號式，可以參考第 16 章的說明。

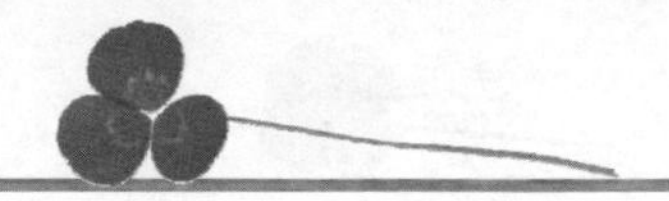

習 題

14.1 微分的運算

1. 設 $f(x)=\sqrt{4x^2+2}$，試求 $f'(4)$。

2. 設 $f(x)=\dfrac{4x+3}{\sin^2 x+\cos x}$，試求 $f'(\pi)$。

3. 試求橢圓方程式 $x^2+3y^2=13$ 在點 $(1,2)$ 的切線斜率，並繪圖來驗證所得的結果。

4. 方程式 $6x^3-x^4=16y^2$ 之圖形稱為梨形線，試繪出此方程式的圖形，並回答下面的問題：

   (a) 試求出切線為水平線之點的 x 軸座標值。

   (b) 於 x 軸的座標值為多少時，$y(x)$ 圖形的切線為一垂直線？

14.2 積分運算

5. 試分別以 trapz() 與 quad() 函數來估算定積分 $\int_{-1}^{1} 2\sqrt{1-x^2}\,dx$ 的值。

6. 試以 quad() 函數計算定積分 $\int_0^{2\pi}\int_0^1 \sqrt{4y^2+1}\,dy\,dx$。

7. 試計算定積分 $\int_1^2\int_0^{\ln x} 4x\,dy\,dx$。

8. 試計算定積分 $\int_0^1\int_0^{1-x}\int_{x+y}^{2-x-y} dz\,dy\,dx$。

14.3 微分方程式的運算

於習題 9~15 中，試解下列各微分方程式，並繪圖來表示所求得的結果。

9. $y'-y=2e^{2t}$，　$y(0)=6$,　$0\le t\le 2$

10. $y'=-e^{-t}y^2+y+e^t$,　$y(0)=6$，$0\le t\le 5$

11. $y'=ty^2+\left(-8t^2+\frac{1}{t}\right)y+16t^3$,　$y(1)=0$，$1\le t\le 5$

12. $y''-5y=e^{-t}\sin t$，　$y(0)=1$,　$y'(0)=0$,　$0\le t\le 4$

13. $y''+6y'+4y=0, \quad y(0)=1,\ y'(0)=0$，$0\le t\le 5$

14. $y'''+2y''-y'=4e^t-3\cos(2t)$， $y(0)=1,\ y'(0)=0,\ y''(0)=0$，$0\le t\le 5$

15. $t^3y'''+9t^2y''+19ty'+8y=0$， $y(1)=2,\ y'(1)=-1,\ y''(1)=0$，$1\le t\le 6$

16. 最著名的 stiff 的微分方程式，應該算是 Van der Pol 方程式了。這個方程式的定義如下：

$$\begin{cases} y_1'=y_2 \\ y_2'=-y_1+\mu\,(1-y_1^2)\,y_2 \end{cases}$$

當參數 μ 的值變得很大的時候（例如 $\mu=1000$ ），則 Van der Pol 方程式變成了一個 stiff 方程式。

(a) 試以 ode45() 解題器解出當 $\mu=1$ 時，Van der Pol 方程式的解，初值皆取 0，解題範圍取 0 到 25，並繪出 $y_1(t)$ 與 $y_2(t)$ 的圖形。

(b) 試以 ode45() 解題器解出當 $\mu=1000$ 時，Van der Pol 方程式的解，初值皆取 0，解題範圍取 0 到 3000，並繪出 $y_1(t)$ 的圖形。與 (a) 比較，您覺得採用 ode45 解題器解本題時是否恰當？為什麼？

(c) 改以 ode15s() 解 (b)，您是否得到較好的結果？

第十五章 Matlab 的符號運算

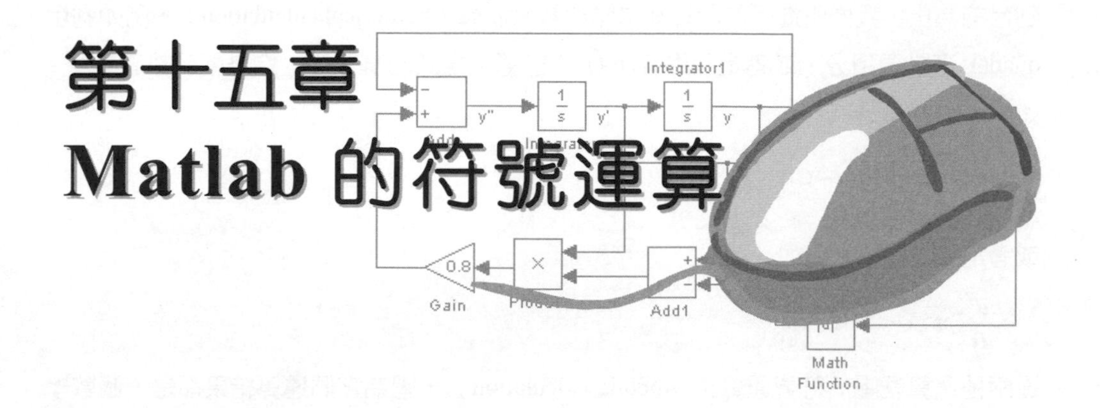

如果您的 Matlab 版本安裝有符號運算工具箱（symbolic toolbox），那麼您也可以讓 Matlab 像著名的數學運算軟體如 Mathematica 與 Maple 一樣，暢遊在符號運算的世界裡。學完本章，無論是多項式的因式分解或展開、方程式的符號解，或者是線性代數的一些運算，對您而言應該都可以輕鬆上手呢！

本章學習目標

- 認識符號運算
- 學習基本的代數運算
- 學習求解方程式
- 學習線性代數的符號運算

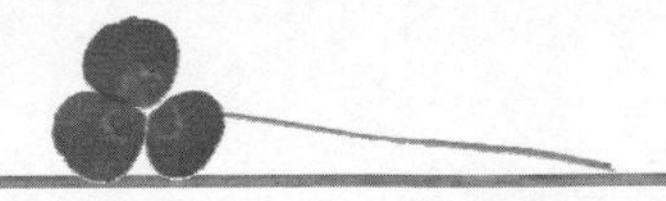

15.1 基本認識

到目前為止，我們所進行的計算都是屬於數值運算（numerical calculation），例如利用 quad() 來計算積分，或者是利用 fzero() 來計算方程式的解等等，均是屬於數值計算。如果是計算積分式

$$\int \sin x \, dx = \cos x + C$$

或者是微分式

$$\frac{d}{dx}\cos^2 x = 2\cos x \cdot \sin x$$

這兩種運算就屬於符號運算（symbolic calculation），因為它們運算結果都是一個數學式，而不是數值。

目前最著名的符號運算軟體有 Mathematica 與 Maple。Mathematica 是由美國的 Wolfram Research 公司（http://www.wri.com）所開發；Maple 則是由加拿大的 Waterloo 公司（http://www.maplesoft.com）所發展。Matlab 在 1993 年取得 Maple 計算核心的授權之後，增加了符號運算工具箱（symbolic toolbox），現在 Matlab 也可以進行符號運算。

15.1.1 符號物件

要使用 Matlab 來進行符號運算，首先必須要先建立符號物件（symbolic object）。Matlab 提供了兩個函數，可用來建立符號物件：

表 15.1.1　建立符號物件的函數

函數	說明
s=sym(*expr*)	建立一個符號物件 *s*。若 *expr* 是數值，則 *s* 便代表此一數值的符號表示式。若 *expr* 為一數學式字串，則 *s* 便代表此一數學式
x=sym('*x*')	建立符號變數 *x*
syms *x y z*,⋯	同時建立符號變數 *x*,*y*,*z*,⋯
findsym(*expr*)	查詢運算式 *expr* 裡的符號變數

如果設定 a=sym(num)，其中 num 為一個數字，則 Matlab 就會把變數 a 看成是這個數字的符號式（symbolic numbers），並且會一直使用這個符號式來做運算，直到利用 eval() 來求解它的數值為止，如下面的範例：

```
>> a=sym(3/5)
a =
3/5
```

設定變數 a 等於符號式 3/5。設定完成之後，只要運算式有出現變數 a 的地方，都會以 3/5 來運算。注意左式的回應是 3/5，而不是 0.6。

```
>> a+1/5
ans =
4/5
```

計算 $a+1/5$。因為 a 是一個符號式，所以 Matlab 會把 3/5 與 1/5 相加，得到 4/5。注意運算的結果也是一個符號式。

```
>> a+0.2
ans =
4/5
```

計算 $a+0.2$，此時 Matlab 會把 0.2 化成分數 1/5，再與變數 a 相加，因而得到 4/5。

```
>> sqrt(a)
ans =
(3^(1/2)*5^(1/2))/5
```

計算 $\sqrt{a}$，得到 $(\sqrt{3}\times\sqrt{5})/5$，也就是 $\sqrt{15}/5$。

```
>> a+sqrt(2)
ans =
2^(1/2) + 3/5
```

計算 $a+\sqrt{2}$，注意 Matlab 把 $\sqrt{2}$ 寫成 2^(1/2)。

```
>> val=sin(a)
val =
sin(3/5)
```

計算 sin(a)，並把計算的結果設定給變數 val 存放。左式相當於計算 sin(3/5)，因為它並不能再化簡成更簡單的式子，所以 Matlab 會保留 sin(3/5)。

```
>> eval(val)
ans =
   0.5646
```

如果要對一個數學的符號式求值，可用 eval() 函數。左式計算 sin(3/5) 的值，得到 0.5646。

```
>> sym(2)/7+7/12+9/7
ans =
181/84
```

在一個運算式中，只要有一項是符號物件，則 Matlab 就會把整個運算結果化成符號式。左式是計算 $2/7+7/12+9/7$ 的運算結果。

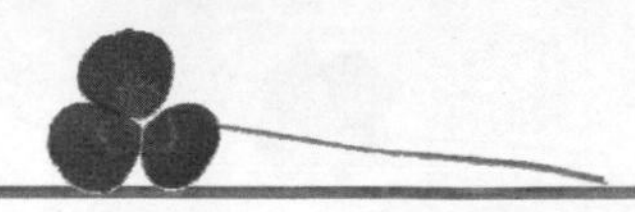

```
>> sym(0.462)
ans =
231/500
```

如果 sym() 函數裡的引數是一個帶有小數的數，則 sym 會自動把它化成分數的型式。

```
>> sym(sin(1/2))
ans =
5397851692524447/1125899906842624
```

於左式中，Matlab 會先計算 sin(1/2)，得到一個小數，sym() 再把它轉換成分數。

```
>> sin(sym(1/2))
ans =
sin(1/2)
```

如果希望保留整個 sin(1/2)為符號式，只要把 sym() 移到 sin() 函數裡即可。

```
>> pi
ans =
    3.1416
```

pi 是 Matlab 內建的常數。如果直接查詢 pi 的值，會得到一個 double 型態的數字。

```
>> sin(pi/6)
ans =
    0.5000
```

計算 sin(pi/6)，我們知道 $\sin(\pi/2)=1/2$，但左式的計算結果是 0.5000。

```
>> sin(sym(pi)/6)
ans =
1/2
```

如果將 pi 為成符號物件，則可得到分數 1/2 的結果。

sym() 函數也可以用來建立符號變數（symbolic variable）與符號運算式（symbolic expression），如下面的範例：

```
>> x=sym('x')
x =
x
```

建立符號變數 x。

```
>> b=sym('beta')
b =
beta
```

建立符號變數 b。建立好了之後，只要運算式裡有出現變數 b 的地方，都會以符號 beta 來顯示。

```
>> f=2*x^2+3*x+1
f =
2*x^2+3*x+1
```

因為 x 為一個符號變數，所以左式相當於建立一個符號運算式，並把此運算式設定給變數 f 存放。

```
>> b^2+sqrt(b)
ans =
beta^2+beta^(1/2)
```

由於我們已建立好符號變數 b，因此只要有變數 b 出現的地方，Matlab 均會以符號 beta 來顯示。

```
>> r=sym('(1+sqrt(5))/2')
r =
5^(1/2)/2 + 1/2
```

利用左式可以建立一個符號運算式，此時變數 r 的值就等於 $(1+\sqrt{5})/2$。

```
>> g=r^2-r
g =
(5^(1/2)/2 + 1/2)^2 - 5^(1/2)/2 - 1/2
```

計算 r^2-r，Matlab 並沒有化簡它。

```
>> simplify(g)
ans =
1
```

利用 simplify() 函數則可以化簡上式，得到一個精簡的數字 1。關於 simplify() 的用法，稍後會再討論。

```
>> clear all
```

清除掉工作區內所有的變數。

如果我們想建立數學式 $f=ax^2+bx+c$，其中一個語法是利用下面的語法來建立：

```
>> f=sym('a*x^2+b*x+c')
```

這個語法會把運算式 ax^2+bx+c 設定給變數 f 存放。但是利用這種語法來建立的話，Matlab 並不會自動建立符號變數 a、b、c 與 x，因此某些計算可能會受到限制。建議您在建立諸如此類的運算式時，都能先建立好符號變數，再建立符號運算式，如下面的範例：

```
>> syms a b c x
```

建立 a、b、c 與 x 四個符號變數。注意每一個符號變數之間不能用逗號隔開。

```
>> f=sym('a*x^2+b*x+c');
```

建立數學式 $f=ax^2+bx+c$。

```
>> findsym(f)
ans =
a, b, c, x
```

查詢 f 裡的符號變數，由輸出可知有 a、b、c 與 x 四個符號變數。

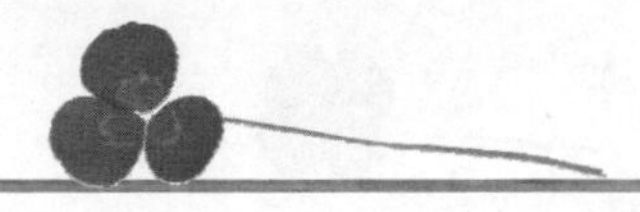

```
>> solve(f,x)
ans =
-(b + (b^2 - 4*a*c)^(1/2))/(2*a)
-(b - (b^2 - 4*a*c)^(1/2))/(2*a)
```

因為 x 是符號變數，所以利用 solve() 函數可以解出方程式 $f = a\,x^2 + b\,x + c = 0$ 的解。關於 solve 函數的用法，稍後我們會有更詳細的討論。

15.1.2 建立符號式陣列

只要先建立好符號變數，則陣列裡的元素也可以是符號變數，此時的陣列稱為符號陣列（symbolic array），如下面的範例：

```
>> syms a b c d e
```

建立 5 個符號變數 a~e。

```
>> m=[a 0 d;b 1 0;c d e]
m =
[ a, 0, d]
[ b, 1, 0]
[ c, d, e]
```

建立一個符號矩陣 m，注意其元素中，有部分的元素是符號變數。

```
>> det(m)
ans =
b*d^2 - c*d + a*e
```

您也可以找出符號矩陣 m 的行列式值。

```
>> sum(m)
ans =
[ a + b + c, d + 1, d + e]
```

把符號矩陣 m 的每一直行相加，得到左式。

```
>> sum(m(1,:))
ans =
a+d
```

取出符號矩陣 m 中，第一個橫列裡的所有元素，然後再把它們相加。

```
>> m+magic(3)
ans =
[ a+8,   1,  d+6]
[ b+3,   6,    7]
[ c+4, d+9,  e+2]
```

把符號矩陣 m 加上 3×3 的魔術方陣，得到左式。

15.1.3 建立複數變數

sym() 函數也可以用來指定變數是否為實數（real numbers）。當變數一旦指定為實數，則對於某些運算而言會是相當的方便，如下面的範例：

```
>> x=sym('x','real');
```

建立符號變數 x，並指定其屬性為 real，也就是設定 x 為實數。

```
>> syms x y real
```

利用左式的語法，可以同時設定符號變數 x 與 y，並指定其屬性為 real。讀者可以觀察到，左式的語法較適合一次建立多個符號變數。

```
>> imag(x)
ans =
0
```

因為設定 x 的屬性是 real，所以利用 imag() 函數取出變數 x 的虛部時，其結果為 0，代表沒有虛部。

```
>> z=x+i*y
z =
x+i*y
```

建立一個符號式 $z = x + iy$。注意現在的 x 與 y 都是實數的符號變數。

```
>> conj(z)
ans =
x - y*i
```

找出複數 z 的共軛複數，得到 $x - iy$。

```
>> simplify(abs(z))
ans =
(x^2+y^2)^(1/2)
```

求出複數 z 的模數（modulus），事實上也就是複數平面上，複數向量 z 的長度。注意左式刻意用 simplify() 化簡 abs(z)。

```
>> syms x y unreal
```

移除 x 與 y 的 real 屬性。注意左式只是移除 real 屬性，但是 x 與 y 依然還是符號變數。

```
>> simplify(abs(z))
ans =
abs(x+y*i)
```

計算複數 z 的模數。現在 x 與 y 只是符號變數，並不一定是實數，所以無法保證其模數是 $\sqrt{x^2+y^2}$，因此左式只回應原式。

```
>> clear x y
```

從工作區裡刪除符號變數 x 與 y。

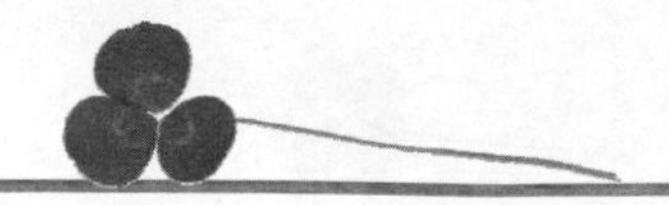

15.1.4 任意精度的計算

符號運算工具箱裡提供了三種不同的精度運算，分別列表如下：

- numeric　Matlab 內建的浮點數運算
- rational　Maple 的精確值分數運算
- vpa　Maple 的任意精度計算

經過前面各章的介紹，我們已熟悉 Matlab 的 Numeric 與 Maple 的 Rational 運算。另一種運算是 vpa()，它是 variable precision arithmetic 的縮寫，也就是變動精度的數學運算，它可以用任意精度的數字來計算數學式。與 vpa() 計算相關的函數列表如下：

表 15.1.2　vpa 計算的相關函數

函 數	說 明
digits(*n*)	設定 *vpa* 計算的精度為 *n* 個數字，預設值為 32 個
digits	顯示目前的計算精度
vpa(*s*)	以目前設定的精度計算運算式 *s*
vpa(*s*,*n*)	以 *n* 個位數的精度計算運算式 *s*

要使用 vpa() 來計算數學式，只要先利用 digits() 函數設定所要的精度，再以 vpa() 計算數學式即可。

```
>> gld=sym('(1+sqrt(5))/2')
gld =
 5^(1/2)/2 + 1/2
```

設定 gld 為符號式 $(1+\sqrt{5})/2$ 。事實上，此值也就是所謂的黃金比（golden ratio），其值約等於 1.618。

```
>> format long
```

將顯示格式改為 long，如此便會以 16 個數字的精度來顯示。

```
>> eval(gld)
ans =
   1.618033988749895
```

將 gld 求值，得到左式。

```
>> format
```

將顯示的格式更改為預設值。

```
>> digits
Digits = 32
```

查詢目前 vpa() 的計算精度，得到32，由此可知 vpa() 會以 32 個數字的精度來計算數學式。

```
>> vpa(gld)
ans =
1.6180339887498948482045868343656
```

計算黃金比的值，得到左式。讀者可以看到左式共有 32 個數字。

```
>> digits(100)
```

設定 vpa() 的計算精度為 100 個數字。

```
>> vpa(gld)
ans =
 1.618033988749894848204586834365638
117720309179805762862135448622705260
462818902449707207204189391137
```

計算黃金比的值到 100 個數字的精度。

```
>> vpa(sqrt(2)+sqrt(3),36)
 ans =
3.14626436994197256069583090720698237
```

您也可以直接在 vpa() 裡指定計算的精度。左式是以 36 個數字的精度來計算 $\sqrt{2}+\sqrt{3}$ 。

```
>> vpa(pi,500)
 ans =
3.14159265358979323846264338327950288
41971693993751058209749445923078164062
86208998628034825342117067982148086513
28230664709384460955058223172535940812
84811174502841027019385211055596446229
48954930381964428810975665933446128475
64823378678316527120190914564856692346
03486104543266482133936072602491412737
24587006606315588174881520920962829254
09171536436789259036001133053054882046
65213841469519415116094330572703657595
91953092186117381932611793105118548074
46237996274956735188575272489122793818
30119491
```

以 500 個數字的精度來顯示 π 。事實上，vpa() 計算的精度並沒有上限，但在指令視窗裡，同一行最多只允 25,000 個字元的輸出，因此顯示的數字總數會受到限制。讀者可嘗試將精度的設定改為 30,000，並觀察一下 Matlab 的輸出結果。

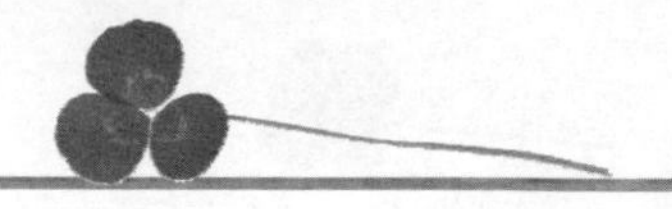

15.2 基本代數運算

代數表示式(algebraic expression)泛指包含有未知數的數學式，如 x^2+2x-4、$x+\sin x$ 等均屬代數。代數亦屬於符號式的一種，因為未知數也可以視為符號。許多代數的基本運算讀者應該不陌生，例如，多項式的因式分解與展開，分式的約分與化簡等等皆是屬於大家所熟悉的代數運算。

15.2.1 代數式的基本處理

本節將介紹一些基本的代數處理函數，其中包含了因式分解、展開、化簡與代換等，它們都是符號運算時相當常用的函數之一。本節先來學習 expand()、factor() 與 collect() 這些函數，它們是分別用來處理代數式的展開、因式分解與排列等運算：

表 15.2.1　代數式的展開與因式分解

函數	說明
expand(*expr*)	將代數式 *expr* 展開
factor(*expr*)	將代數式 *expr* 做因式分解
collect(*expr*, *v*)	將代數式 *expr* 排列成變數 *v* 的多項式

```
>> syms a b
```
建立 a 與 b 兩個符號變數。

```
>> expand((a+b)^3)
ans =
a^3 + 3*a^2*b + 3*a*b^2 + b^3
```
展開 $(a+b)^3$，得到左式。

```
>> factor(ans)
ans =
 (a + b)^3
```
將上面的運算結果作因式分解，又可得回原來的數學式 $(a+b)^3$。

```
>> factor(a^3+b^3)
ans =
(a + b)*(a^2 - a*b + b^2)
```
將 a^3+b^3 因式分解，得到左式。

```
>> factor(a^4-1)
ans =
(a-1)*(a+1)*(a^2+1)
```

因式分解 a^4-1，得到左式。

```
>> expand(exp(a+b^2))
ans =
exp(b^2)*exp(a)
```

expand() 函數也可以對指數函數展開。左式展開了 e^{a+b^2}，得到 $e^{b^2}\cdot e^a$。

```
>> expand(cos(a+b))
ans =
cos(a)*cos(b) - sin(a)*sin(b)
```

expand() 也可以對三角函數做展開。左式是將 $\cos(a+b)$ 展開。

```
>> expand(sin(2*a))
ans =
2*cos(a)*sin(a)
```

左式是將三角函數 $\sin(2a)$ 展開，得到 $2\cos(a)\sin(a)$。

```
>> expand((a+b)^18)
ans =
a^18 + 18*a^17*b + 153*a^16*b^2 +
816*a^15*b^3 + 3060*a^14*b^4 +
8568*a^13*b^5 + 18564*a^12*b^6 +
31824*a^11*b^7 + 43758*a^10*b^8 +
48620*a^9*b^9 + 43758*a^8*b^10 +
31824*a^7*b^11 + 18564*a^6*b^12 +
8568*a^5*b^13 + 3060*a^4*b^14 +
816*a^3*b^15 + 153*a^2*b^16 +
18*a*b^17 + b^18
```

expand() 可以展開一個複雜的多項式。右式是展開 $(a+b)^{18}$，展開後一共有 19 項。讀者可以嘗試將次方數加大，測試一下 expand() 是否有計算上的限制。

```
>> p=expand((a+b)*(a^2+b^2+1))
p =
a^3 + a^2*b + a*b^2 + a + b^3 + b
```

將 $(a+b)(a^2+b^2+1)$ 展開，得到左式。注意左式是一個二變數的多項式。

```
>> collect(p,a)
ans =
a^3+a^2*b+(1+b^2)*a+b^3+b
```

將二變數多項式 p 排列成 a 的多項式。您可以注意到 a 的次方逐項遞減。

```
>> collect(p,b)
ans =
b^3+a*b^2+(a^2+1)*b+a^3+a
```

將 p 排列成 b 的多項式。現在您可以注意到左式變數 b 的次方逐項遞減。

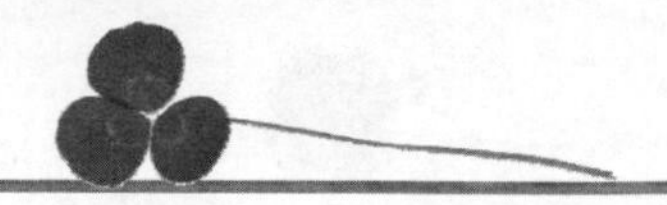

如果代數式太過於複雜，可以嘗試利用 simplify() 函數將它化簡看看。若想把代數式裡的某一個符號變數代換成另一個符號，則可使用 subs() 函數：

表 15.2.2 代數式的化簡與代換函數

函 數	說 明
simplify(*expr*)	化簡代數式 *expr*，若無法再化簡成更精簡的式子，則回應原式
subs(*expr*, *old*, *new*)	將代數式 *expr* 的 *old* 以 *new* 來取代

```
>> syms a b x
```

建立 a、b 與 x 三個符號變數。

```
>> simplify(exp(4*log(sqrt(a+b))))
ans =
(a + b)^2
```

化簡 $e^{4\ln\sqrt{a+b}}$，得到 $(a+b)^2$。

```
>> simplify((x^2+2*x+1)/(x+1))
ans =
x+1
```

化簡分式 $(x^2+2x+1)/(x+1)$，simplify() 將它們約分之後，得到 $x+1$。

```
>> subs(x^2+2*x+1,2)
ans =
    9
```

將數字 2 代入 x^2+2x+1 中，得到 9。左式只有一個符號變數 x，因此即使不指定哪一個是符號變數，Matlab 還是會自動把變數 x 看成是要被代換掉的符號。

```
>> subs(x^2+2*x+1,a+1)
ans =
2*a + (a + 1)^2 + 3
```

將 $a+1$ 代入 x^2+2x+1 中，得到左式，注意其代換結果並不會自動化簡。

```
>> simplify(ans)
ans =
(a + 2)^2
```

利用 simplify() 即可化簡上式的運算結果。

```
>> subs(sin(a+b),{a,b},{sym('alp'),x})
ans =
sin(alp + x)
```

subs() 也可以進行多個變數的代換。於左式中，我們把變數 a 代換成符號變數 *alp*，變數 b 代換成符號變數 x。

```
>> arr=subs(sin(a+b),a,magic(2))
arr =
[ sin(b + 1), sin(b + 3)]
[ sin(b + 4), sin(b + 2)]
```

把變數 a 代換成 2×2 的魔術方陣，因此左式會變成 sin(magic(2)+b)，Matlab 會先計算 magic(2)+b，然後再把陣列裡的每一個元素進行 sin() 的運算。

```
>> subs(arr,sym('sqrt(2)'))
ans =
[ sin(2^(1/2) + 1), sin(2^(1/2) + 3)]
[ sin(2^(1/2) + 4), sin(2^(1/2) + 2)]
```

將符號陣列 *arr* 裡的符號變數 b 代換成 $\sqrt{2}$ 的符號式，得到左式。

```
>> eval(ans)
ans =
   0.6649   -0.9559
  -0.7637   -0.2693
```

將上式利用 eval() 函數求值，可得到一個數值陣列。

15.2.2 多項式與分式的相關運算

本節介紹了一些常用的函數，可用來進行多項式與分式的一些相關運算，例如建立一個符號式的多項式，或者是取出多項式或分式的一些訊息等等。下面列出了這些常用的函數：

表 15.2.3　多項式與分式相關的運算

函 數	說 明
poly2sym(*vect*, *x*)	以向量 *vect* 為多項式係數（由高次項往低次項排列），變數為 x，建立一個多項式
sym2poly(*symp*)	將多項式轉換成由係數所組成的陣列
coeffs(*poly*, *x*)	以 x 為多項式的變數，取出多項式的係數，取出的結果是一個符號陣列，由低次項往高次項排列
[*n*, *d*]=numden(*expr*)	分別取出分式的分子與分母，並把分子設定給變數 n 存放，把分母設定給變數 d 存放
[*q*, *r*]=quorem(*expr*)	計算分式的商與餘數，並把商設定給變數 q 存放，把餘數設定給變數 r 存放

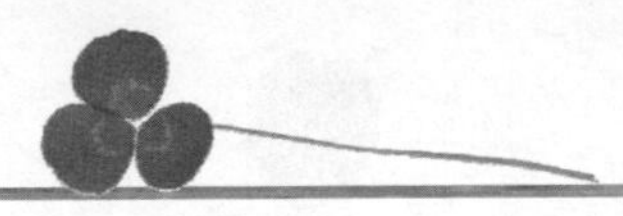

```
>> syms x y
```

建立 x 與 y 兩個符號變數。

```
>> p=poly2sym([1 3 2 3 7],x)
p =
x^4 + 3*x^3 + 2*x^2 + 3*x + 7
```

建立一個符號式的多項式。注意多項式的係數是依第一個引數裡的向量，由高次項往低次項排列。

```
>> sym2poly(p)
ans =
    1     3     2     3     7
```

將符號式的多項式轉換回原來的陣列。

```
>> coeffs(p)
ans =
[ 7, 3, 2, 3, 1]
```

利用 coeffs() 也可取出多項式的係數，但是取出的結果是一個符號陣列，且由低次項往高次項排列。

```
>> fplot(p,[-3,1])
```

嘗試將多項式 p 繪圖。由於 fplot() 裡的函數需要一個字串，但 p 是一個符號物件，無法直接繪圖，因此左式會有一個錯誤訊息產生。

```
>> fplot(char(p),[-3,1])
```

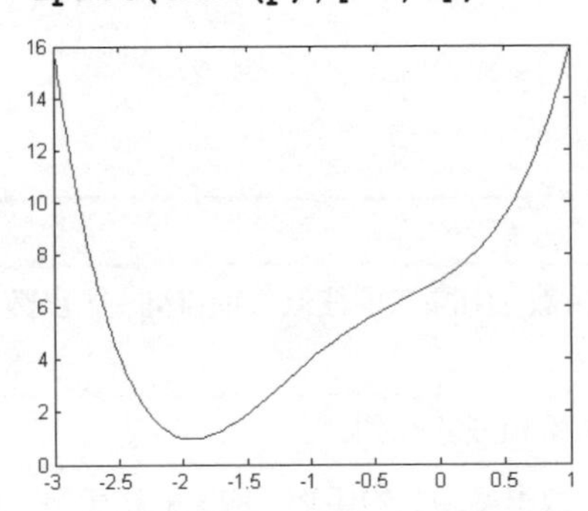

利用 char() 即可將符號物件 p 轉換成字串，因此左式可以順利的繪出多項式的圖形。

```
>> z=6*x^2*y^2+2*x*y-7*y^3;
```

設定 z 為一個二變數多項式。

```
>> coeffs(z,x)
ans =
[ -7*y^3,    2*y,   6*y^2]
```

以 x 為多項式的變數，取出多項式 z 的係數。從左式的輸出中，讀者可以看出常數項為 $-7y^3$ ，x 項的係數為 $2y$ ，而 x^2 項的係數為 $6y^2$ 。

```
>> coeffs((x+y)*(x^2+y^2),x)
ans =
[ y^3, y^2, y, 1]
```

利用 coeffs() 取出多項式的係數。左式並沒有乘開，不過 coeffs() 依然可正確的找到它們的係數。

```
>> coeffs(expand((x+y)*(x^2+y^2)),x)
ans =
[ y^3, y^2, y, 1]
```

利用 expand() 先將二變數多項式乘開，也可正確的找到它的係數。

```
>> [n,d]=numden(sym(12/5))
n =
12
d =
5
```

取出分數 12/5 的分子與分母，可得分子為 12，分母為 5。

```
>> r=(x^3+2*x^2+3*x+6)/(x-3)
r =
(x^3 + 2*x^2 + 3*x + 6)/(x - 3)
```

設定 r 為一個分式。

```
>> n=numden(r)
n =
x^3 + 2*x^2 + 3*x + 6
```

取出分式 r 的分子。注意如果只給予一個變數來接收 numden() 的傳回值，則 numden() 只會傳回分子。

```
>> [n,d]=numden(r)
n =
x^3 + 2*x^2 + 3*x + 6
d =
x - 3
```

如果給予兩個變數來接收 numden() 的傳回值，則第一個變數接收的是分子，第二個變數接收的是分母。

```
>> simplify(r)
ans =
((x^2 + 3)*(x + 2))/(x - 3)
```

將分式 r 化簡，因為分子與分母並無法約分，所以 simplify() 只把 r 的分子進行因式分解。

```
>> [q,r]=quorem(x^5,x^2+3)
q =
x^3 - 3*x
r =
9*x
```

計算 $x^5/(x^2+3)$ 的商與餘數，得到商為 x^3-3x，餘數為 $9x$。

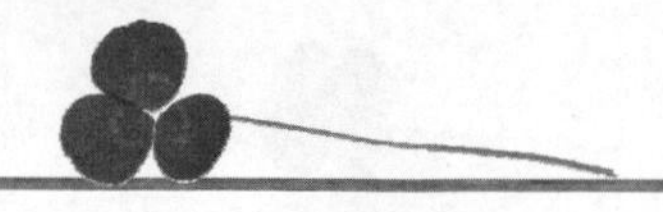

```
>> q*(x^2+3)+r
ans =
9*x - (x^2 + 3)*(- x^3 + 3*x)
```

被除數應等於除數乘上商加上餘數，因此利用左式的計算，我們預期結果會等於 x^5，但 Matlab 並沒有化簡它。

```
>> simplify(ans)
ans =
x^5
```

利用 simplify() 來化簡，果然得到 x^5 這個結果。

15.3 方程式的求解

於符號運算的領域裡，求解方程式的技巧是相當重要的一環，因為許多的數學運算均是建立於方程式求解的基礎上。本節將介紹如何利用 Matlab 來求解各類型的方程式，同時也會利用一些小技巧，來驗證所解出來的解是否正確無誤。

15.3.1 簡單的 solve 函數

solve() 為 Matlab 的符號運算工具箱裡的全能求解函數，它的功能與 fzero() 求解函數有很大的不同。fzero() 只能求得數值解，但 solve() 可求得符號解。

表 15.3.1 solve 函數的基本用法

函數	說明
$a=$ solve(eq)	解方程式 $eq=0$
$a=$ solve(eq,var)	指定變數 var，解方程式 $eq=0$

```
>> syms x
```

設定變數 x 為符號變數。

```
>> eq=x^3-4*x^2+x+6;
```

設定 eq 為符號運算式 x^3-4x^2+x+6。

```
>> factor(eq)
ans =
(x - 2)*(x - 3)*(x + 1)
```

將 eq 因式分解，得到左式，所以可知 $eq = 0$ 有 3 個實數解，分別為 $x = 2$ 、 $x = 3$ 與 $x = -1$。

```
>> sol=solve(eq)
sol =
  2
  3
 -1
```

解方程式 $eq = 0$，果然如我們所預期，得到 2、3 與 -1。

```
>> subs(eq,sol)
ans =
 0
 0
 0
```

將解出的解 sol 代入原方程式中，得到 0，由此可驗證解出的解是正確的。

```
>> ezplot(eq,[-2,4]);hold on;
   grid on
```

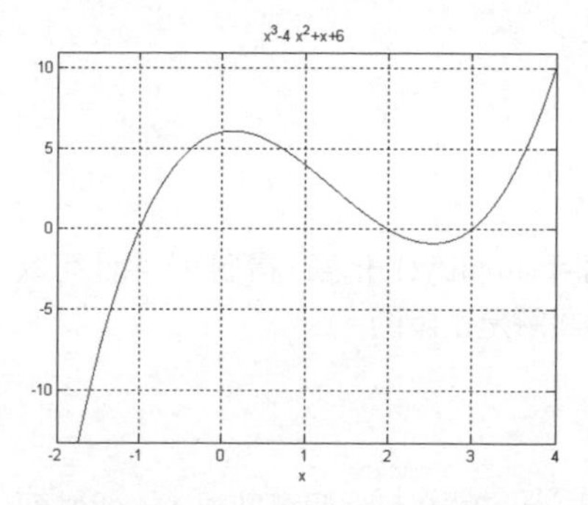

繪出 eq 的圖形，並指定繪圖的範圍從 $-2\sim4$。注意於本例中，我們可以直接把符號式 eq 當成 ezplot() 的引數來繪圖。事實上，只要是 ez 開頭的繪圖函數，皆可利用這種方式來繪圖，例如 ezplot3()、ezcontour()、ezmesh()、ezmeshc()、ezpolar()、ezsurf()、ezcontourf() 與 ezsurfc() 皆是。

```
>> plot(eval(sol),[0 0 0],'o');
   hold off
```

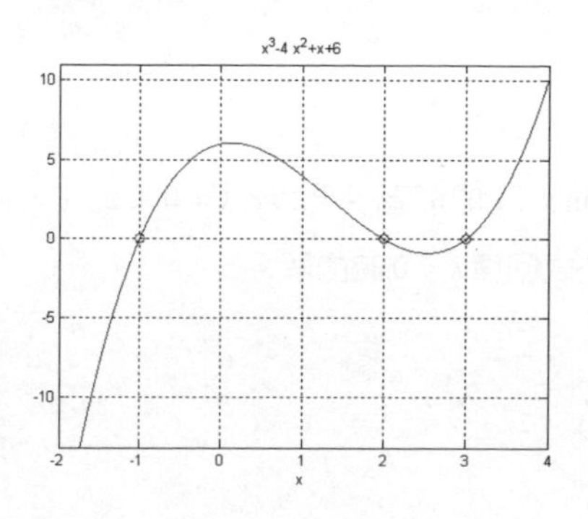

在解的位置繪出小圓。注意在左式中，sol 是一個符號物件，我們必須利用 eval() 函數先將它求值才能繪圖。

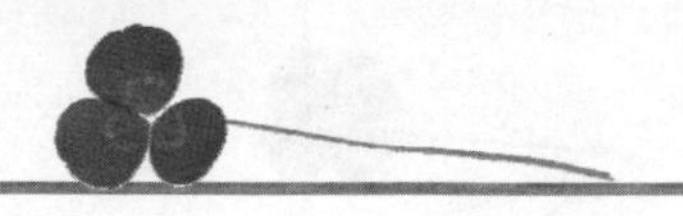

solve() 除了可以解出多項式的解之外，更可以解出其它類型之方程式的解，包括帶有三角函數的方程式，以及其它特殊的函數，我們來看看下面的範例：

```
>> syms a b c x y
```

建立符號變數 a、b、c、x 與 y。

```
>> eq=a*x^2+b*x+c;
```

設定 eq 為符號運算式 ax^2+bx+c 。

```
>> sol=solve(eq,x)
sol=
-(b + (b^2 - 4*a*c)^(1/2))/(2*a)
 -(b - (b^2 - 4*a*c)^(1/2))/(2*a)
```

解方程式 $eq=0$ ，得到左式。注意左式是一元二次方程式 $ax^2+bx+c=0$ 的解 $x_1, x_2 = \frac{-b \pm \sqrt{b^2-4ac}}{2a}$ 。

```
>> subs(eq,sol)
ans =
c + (b + (b^2 - 4*a*c)^(1/2))^2/(4*a) - (b*(b
+ (b^2 - 4*a*c)^(1/2)))/(2*a)
 c + (b - (b^2 - 4*a*c)^(1/2))^2/(4*a) -
(b*(b - (b^2 - 4*a*c)^(1/2)))/(2*a)
```

將得到的解代回原式，得到左式，subs 只是做純粹的代換，並不會自動化簡它。

```
>> simplify(ans)
ans =
 0
 0
```

利用 simplify() 化簡，得到 0，由此可以驗證解是正確的。

```
>> solve(x^3+x-2)
ans =
                                    1
  (7^(1/2)*i)/2 - 1/2
 -(7^(1/2)*i)/2 - 1/2
```

$x^3+x-2=0$ 有一個實數根，一組共軛複數根。

```
>> solve(sin(x)-1,x)
ans =
pi/2
```

$\sin x = 1$ 的解為 $\frac{\pi}{2} \pm 2k\pi, k = 0, 1, 2, \cdots$ ，左式回應 $k=0$ 時的解。

```
>> solve(2*asin(3*x)-acos(5*x))
ans =
(61/162 - (5*97^(1/2))/162)^(1/2)/2
```

solve() 也可以解出包含有三角函數之方程式的解。

```
>> simplify(ans)
ans =
97^(1/2)/36 - 5/36
```

利用 simplify() 化簡，可得一個較簡單的式子。

```
>> solve(2*cos(3*x)^2-4*y,x)
ans =
  acos(2^(1/2)*y^(1/2))/3
 -acos(2^(1/2)*y^(1/2))/3
```

方程式為 $2\cos^2(3x)=4y$，利用 solve() 求解 x，得到左式。從左式的輸出中，可以看出 x 有兩個解。讀者可試著將這兩個解代入原方程式中，以驗證所求得的解是否正確。

```
>> solve(log(x+sqrt(x-1)*sqrt(x+1))-y,x)
ans =
(exp(-y)*(exp(2*y) + 1))/2
```

解方程式 $\ln(x+\sqrt{x-1}\sqrt{x+1})-y=0$ 裡的 x，得到左式。

```
>> solve(x^(1+log2(x))-(2*x)^3)
ans =
8.0
```

解方程式 $x^{1+\log_2(x)}=(2x)^3$。於左式中，因為方程式裡的變數只有一個，所以不用指定欲求解的變數。

```
>> fplot(char(x^(1+log2(x))-...
   (2*x)^3),[0.5,9])
```

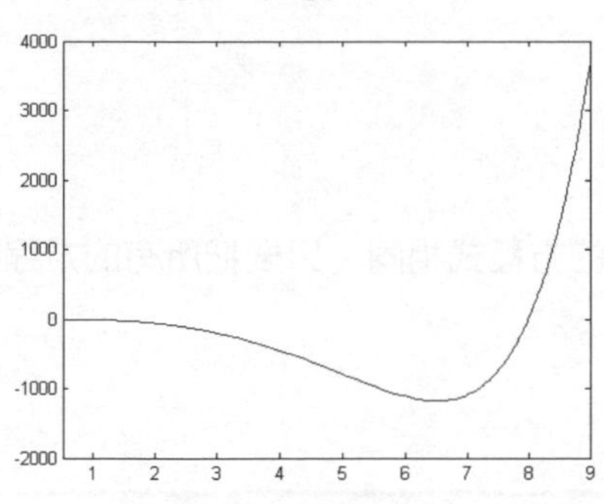

繪出 $x^{1+\log_2(x)}-(2x)^3$ 的圖形。圖中顯示 $x=8$ 時函數的值為 0，與上式解出的解吻合。

```
>> sol=solve(abs(x^2-4)-2)
sol =
          2^(1/2)
 2^(1/2)*3^(1/2)
         -2^(1/2)
-2^(1/2)*3^(1/2)
```

利用 solve() 求解含有絕對值的方程式，得到 4 個解。注意 solve() 會以行向量來表示所有的解。

```
>> eval(sol)
ans =
    1.4142
    2.4495
   -1.4142
   -2.4495
```

把前例所求出的精確數轉成浮點數。

```
>> ezplot(abs(x^2-4)-2,[-3 3]);hold on;
   plot(eval(sol),[0 0 0 0],'o');hold off
```

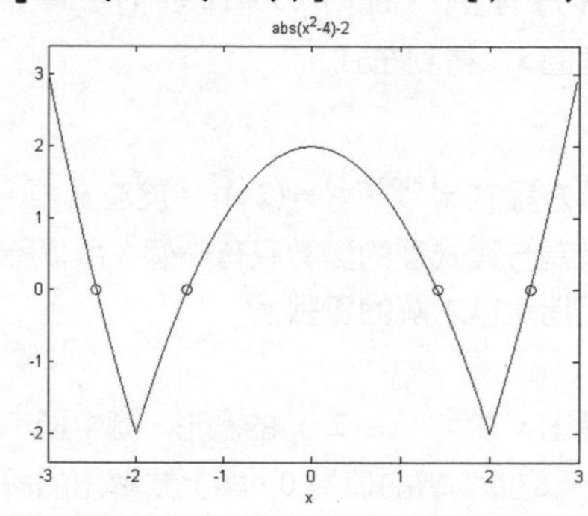

欲驗證解的正確性，最簡單的方法是以函數的圖形來驗證。由圖中可以看出方程式的解大約位於 $x \approx -2.5,\ -1.4,\ 1.4$ 與 2.5 四點，這些數值與前例所得的解吻合。

15.3.2 聯立方程式的解

solve() 也可以解聯立方程式，其語法與解單一的方程式相同，只要把所有的方程式與欲求解的變數寫在 solve() 函數裡即可。

表 15.3.2 solve 函數的基本用法

函數	說明
$a=$ `solve` $(eq_1, eq_2, \ldots, eq_n)$	解聯立方程式 $eq_1, eq_2, \ldots, eq_n$
$a=$ `solve` $(eq_1, eq_2, \ldots, eq_n, var_1, var_2, \ldots, var_n)$	指定變數為 $var_1, \ldots, var_n$，解聯立方程式 $eq_1, \ldots, eq_n$

```
>> syms a b c d e f x y
```
建立符號變數 a~f 與 x、y。

```
>> sol=solve(2*x+y-4,x^2+y^2-4)

sol =
   x: [2x1 sym]
   y: [2x1 sym]
```
解聯立方程式 $\begin{cases} 2x+y=4 \\ x^2+y^2=4 \end{cases}$。

注意上式回應一個結構，此結構裡包含兩個欄位 x 與 y（即求解的變數名稱），每個欄位均是由 2×1 的符號物件所組成，這代表了 x 欄位內第一個元素與 y 欄位內第一個元素為此方程式的第一組解。相同的，x 欄位內第二個元素與 y 欄位內第二個元素為此方程式的第二組解。如要查看解的內容，可利用如下的語法：

```
>> sol.x
ans =
   2
 6/5
```
取出結構 *sol* 裡 x 欄位的值，得到行向量 2 與 6/5。

```
>> sol.y
ans =
   0
 8/5
```
取出結構 *sol* 裡 y 欄位的值，得到行向量 0 與 8/5。由此可知，此聯立方程式有兩組解，其中一組為 $x=2, y=0$，另一組解為 $x=6/5$，$y=8/5$。

```
>> sol.x(2)
ans =
 6/5
```
取出 x 欄位裡，行向量的第二個元素值。

```
>> axis square; grid on; hold on
```
開啟一個繪圖視窗，設定圖形不會被覆蓋 (hold on)，設定 x 與 y 的座標軸比例為 1:1，並上網格線。為了節省空間，本例與下面幾個範例不顯示繪圖的結果。

```
>> ezplot(2*x+y-4,[-3,3]);
```
繪出 $2x+y-4$ 的圖形（為一直線）。

```
>> ezplot(x^2+y^2-4);
```
繪出 x^2+y^2-4 的圖形（為一個圓）

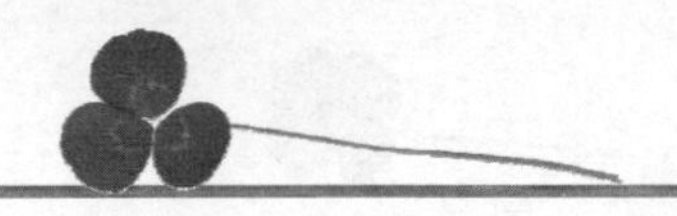

```
>> plot([2,6/5],[0,8/5],'o')
```

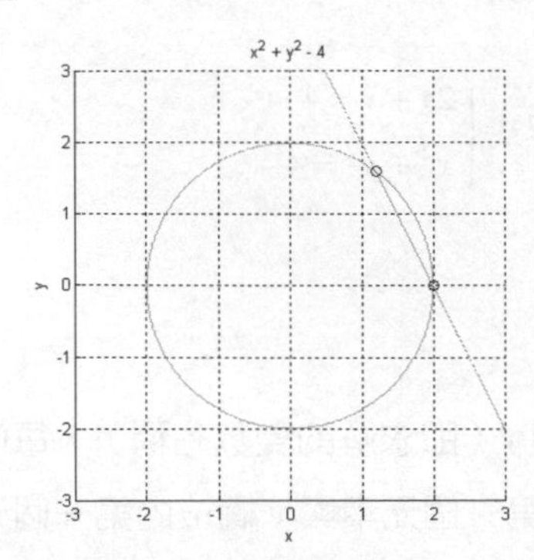

繪出點 (2,0) 與 (6/5, 8/5) 這兩點，這兩點也正是聯立方程式 $\{2x+y=4,\ x^2+y^2=4\}$ 的解。讀者可以看出這兩點正好落在直線與圓的交點上，顯示 solve() 的求解是正確的。

利用 solve() 解聯立方程式時，方程式的係數不一定要是常數，也可以是一個符號，如下面的範例：

```
>> eqns=[a*x+b*y-c,d*x+e*y-f];
```

定義聯立方程式

$$\text{eqns} = \begin{cases} ax+by-c=0 \\ dx+ey-f=0 \end{cases}$$

```
>> sol=solve(eqns,x,y)
sol =
    x: [1x1 sym]
    y: [1x1 sym]
```

解聯立方程式，得到左式。

```
>> [sol.x;sol.y]
ans =
-(b*f - c*e)/(a*e - b*d)
 (a*f - c*d)/(a*e - b*d)
```

利用左式可取出解的內容，並把它們排成一個行向量。

```
>> subs(eqns,[x,y],[sol.x,sol.y])
ans =
[ (b*(a*f - c*d))/(a*e - b*d) - c -
(a*(b*f - c*e))/(a*e - b*d), (e*(a*f -
c*d))/(a*e - b*d) - f - (d*(b*f -
c*e))/(a*e - b*d)]
```

把求得的解代入原方程式的變數 x 與 y 裡，得到左式。左式並沒有化簡，所以我們無法得知解的正確性。

```
>> simplify(ans)
ans =
[ 0, 0]
```

化簡上面的結果，得到 [0, 0]，由此可驗證所求得的解是正確的。

15.4 線性代數的運算

在 Matlab 的符號運算的世界裡，線性代數可一點都難不倒它。Matlab 的符號運算工具箱不但可以做基本向量與矩陣的運算，同時還可以處理矩陣的秩（rank）與零核空間（nullspace），以及線性代數所包含的各種數學運算呢！

15.4.1 基本的矩陣運算

在 12.1 節裡其實已學過線性代數的相關運算，包括矩陣的建立、行列式與反矩陣的計算等，但它們只能夠計算數值解。Matlab 的符號運算工具箱裡也提供了一些好用的函數，可用來進行矩陣的符號運算。

表 15.4.1 陣列元素的提取函數

函 數	說 明
diag(*A*)	取出陣列 *A* 的主對角線（main diagonal）元素
diag(*A*,*k*)	取出陣列 *A* 的第 *k* 個對角線元素
triu(*A*)	取出陣列 *A* 之主對角線以上之元素，其它元素則設為 0（即上三角矩陣，upper triangular matrix）
triu(*A*,*k*)	取出陣列 *A* 之第 *k* 個對角線以上之元素，其它元素則設為 0
tril(*A*)	取出陣列 *A* 之主對角線以下之元素，其它元素則設為 0（即下三角矩陣，lower triangular matrix）
tril(*A*,*k*)	取出陣列 *A* 之第 *k* 個對角線以下之元素，其它元素則設為 0

讀者可以發現上表所列的函數和第 4 章的表 4.4.1 完全相同，只是這些函數的引數也可以是符號矩陣。

```
>> syms a b c d e f
```
建立符號變數 a~f。

```
>> A=[a b d;c e 0;b f 1]
A =
[ a, b, d]
[ c, e, 0]
[ b, f, 1]
```
建立一個 3×3 的符號矩陣 A。

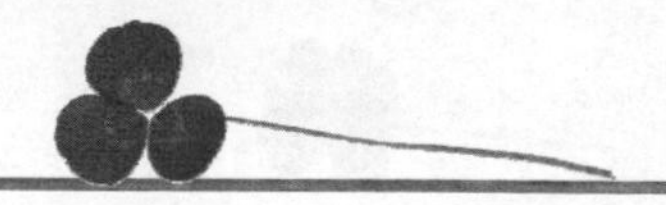

```
>> diag(A)
ans =
 a
 e
 1
```

取出符號矩陣 A 的對角線元素。

```
>> triu(A,1)
ans =
[ 0, b, d]
[ 0, 0, 0]
[ 0, 0, 0]
```

取出符號矩陣 A 之第 1 個對角線以上之元素，其它元素值均為 0。

Matlab 的 det() 與 inv() 函數可分別計算符號矩陣的行列式與反矩陣。此外，符號工具箱也提供了 rref() 函數，可用來計算簡約列-梯形矩陣（reduced row echelon form）。

表 15.4.2 矩陣的相關運算

函 數	說 明
det(*A*)	求出矩陣 *A* 的行列式值
inv(*A*)	求出矩陣 *A* 的反矩陣
rref(*A*)	求出矩陣 *A* 的簡約列-梯形矩陣

下列的運算係以線性聯立方程式

$$\begin{bmatrix} 1 & 0 & 2 \\ 0 & 4 & 3 \\ 3 & 6 & 0 \end{bmatrix} \begin{bmatrix} x_1 \\ x_2 \\ x_3 \end{bmatrix} = \begin{bmatrix} 9 \\ 1 \\ 0 \end{bmatrix}$$

為例，利用不同的方法求解聯立方程式 $AX = B$ 中，變數 x_1 、 x_2 與 x_3 的值：

```
>> A=sym([1 0 2;0 4 3;3 6 0])
A =
[ 1, 0, 2]
[ 0, 4, 3]
[ 3, 6, 0]
```

建立符號式的矩陣 A。注意在定義矩陣 A 時，必須把矩陣撰寫在 sym() 內，否則在計算行列式、反矩陣，或者是簡約列-梯形矩陣時，得到的結果只會是數值，而不會是符號數字。

```
>> B=sym([9 1 0]')
B =
 9
 1
 0
```

建立符號式的矩陣 B。

```
>> inv(A)
ans =
[   3/7,  -2/7,  4/21]
[ -3/14,   1/7,  1/14]
[   2/7,   1/7, -2/21]
```

計算矩陣 A 的反矩陣。讀者可看出計算的結果是一個符號的數值。

```
>> inv(A)*B
ans =
   25/7
 -25/14
   19/7
```

由於 $AX=B$，所以 $X=A^{-1}B$，左式的計算可得 $AX=B$ 的解為 $x_1=25/7$、$x_2=-25/14$ 與 $x_3=19/7$。

```
>> Am=[A,B]
Am =
[ 1, 0, 2, 9]
[ 0, 4, 3, 1]
[ 3, 6, 0, 0]
```

把矩陣 A 與行向量 B 合併，得到一個 4×3 的矩陣，這個矩陣稱為擴增矩陣（augmented matrix）。

```
>> rref(Am)
ans =
[      1,      0,      0,   25/7]
[      0,      1,      0, -25/14]
[      0,      0,      1,   19/7]
```

計算擴增矩陣的簡約列-梯形矩陣，得到左式。注意在左式中，前三行的元素剛好是一個單位矩陣，最後一行則是 $AX=B$ 的解。

```
>> A\B
ans =
    25/7
 -25/14
   19/7
```

利用矩陣的左除，也可得到相同的結果。

在計算反矩陣與行列式時，矩陣裡的元素不一定要是符號數值，也可以是符號變數，如下面的範例：

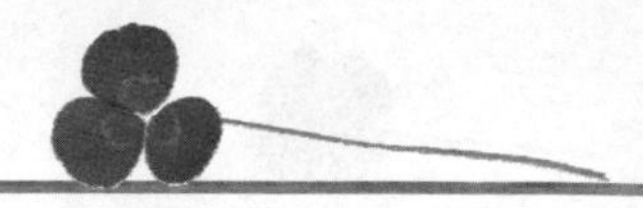

```
>> A=sym([a b;c d])
A =
[ a, b]
[ c, d]
```

定義矩陣 A 為一個 2×2 的符號矩陣。注意在執行左式之前，請先確認一下 a、b、c 與 d 是否已被設為符號變數。

```
>> inv(A)
ans =
[   d/(a*d - b*c), -b/(a*d - b*c)]
[ -c/(a*d - b*c),  a/(a*d - b*c)]
```

計算 A 的反矩陣，得到左式。

```
>> det(A)
ans =
a*d - b*c
```

這是矩陣 A 的行列式。

15.4.2 固有值與固有向量運算

在 11.1 節裡我們已經提及如何利用 eig() 求算矩陣的固有值與固有向量。當矩陣是一個符號矩陣時，則 eig() 可以求得固有值與固有向量的符號式，其語法如下：

表 15.4.3 eig 函數的用法

函數	說明
lambda=eig(*A*)	計算矩陣 *A* 的固有值
[*v*,*d*]=eig(*A*)	計算矩陣 *A* 的固有值與固有向量。固有向量會以行向量的方式存放在矩陣 *v* 裡，固有值則是存放在矩陣 *d* 的對角元素
lambda=eig(vpa(*A*))	使用任意精度的數字來計算固有值
[*v*,*d*]=eig(vpa(*A*))	使用任意精度的數字來計算固有值與固有向量

```
>> syms a
```

建立符號變數 a。

```
>> A=sym([0 a;1 0])
A =
[ 0, a]
[ 1, 0]
```

定義矩陣 A 為一個 2×2 的符號矩陣。

```
>> eig(A)
ans =
 -a^(1/2)
  a^(1/2)
```

計算矩陣 A 的固有值，得到 $\pm\sqrt{a}$。

```
>> [v,d]=eig(A)
v =
[-a^(1/2), a^(1/2)]
[       1,       1]

d =
[-a^(1/2),        0]
[       0, a^(1/2)]
```

計算矩陣 A 的固有值與固有向量。於左式的輸出中，可得兩個固有值 $\pm\sqrt{a}$，與其附屬的固有向量 $\begin{bmatrix}-\sqrt{a}\\1\end{bmatrix}$ 與 $\begin{bmatrix}\sqrt{a}\\1\end{bmatrix}$。

15.4.3 矩陣的秩與空間

若 A 為 $n\times n$ 的矩陣，則由 A 的行向量所形成的子空間則稱為 A 的行空間（column space）。齊次（homogeneous）方程組 $AX=B$ 的解空間（solution space）為子空間 R^n，稱為零核空間（null space）。

此外，矩陣 A 的行空間的維數，稱為矩陣 A 的秩（rank），而 A 之零核空間的維數稱為零核維數（nullity）。矩陣的維數定理告訴我們，若 A 為一含有 n 行的矩陣，則

$$\text{rank}(A)+\text{nullity}(A)=n$$

Matlab 提供了一些相關的函數來計算行空間、零核空間與秩等。

表 15.4.4　計算矩陣的行空間、零核空間與秩

函數	說明
`colspace(A)`	計算矩陣 A 的行空間
`null(A)`	計算矩陣 A 的零核空間
`rank(A)`	計算矩陣 A 的秩

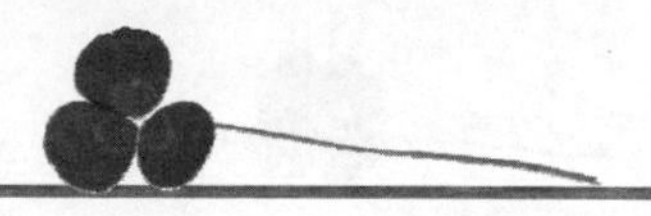

```
>> A=sym([1 1 4 2;0 1 3 2;3 2 1 8])
A =
[ 1, 1, 4, 2]
[ 0, 1, 3, 2]
[ 3, 2, 1, 8]
```

定義 A 為一 3×4 的矩陣。

```
>> colspace(A)
ans =
[ 1, 0, 0]
[ 0, 1, 0]
[ 0, 0, 1]
```

這是 A 的行空間。注意 Matlab 所回應的這三個向量為線性獨立。

```
>> rank(A)
ans =
3
```

A 矩陣的秩為 3，因為它的行空間的維數為 3。

```
>> na=null(A)
na =
 -1/2
 -7/2
  1/2
    1
```

計算矩陣 A 的零核空間，其維數為 1，因此可知 $\text{nullity}(A)=1$。現在讀者可以驗證 $\text{rank}(A)+\text{nullity}(A)=4$，恰為矩陣 A 的行數。

現在您對 Matlab 的符號運算應有相當的認識了。於下一章中，我們將會介紹更多的符號運算函數，包括微積分的運算、常微分方程式的求解，以及拉普拉氏與傅立葉轉換等等。學完這兩章，將可發現在 Matlab 的計算裡，實在是少不了符號運算工具箱呢！

習題

15.1 基本認識

1. 試計算下列各式，所求得的結果必須是數字的符號式：

   (a) $\ln(2^3)+\ln(3^2)$

   (b) $\sin\left(\frac{2}{3}\pi\right)+\cos\left(\frac{4}{5}\pi\right)$

   (c) $\sin^2\left(\frac{2}{6}\pi\right)+\cos^2\left(\frac{5}{6}\pi\right)$

2. 試化簡下列的複數，所求得的結果必須是數字的符號式：

   (a) $\left(\frac{(-3+i)(1-3i)^2}{-2+i}\right)^2$

   (b) $\frac{-4-7i}{(-4i)(2-5i)}$

3. 試將 $\sqrt{2}$ 轉換成具有 256 個位數之精度的數值。

15.2 基本代數運算

4. 試以 subs() 函數驗證 1, 2, 3 這三個數字哪一個是 $x^3-16x^2+51x-36=0$ 的解。

5. 試將 $\sqrt{x}-x^{5/2}$ 因式分解。

6. 試用 expand() 函數將 $\sin(4x)\cos(5x)$ 展開。

7. 試將 $\frac{1}{x+1}-\frac{1}{x^2+1}$ 通分，化成單一一個分式。

15.3 方程式的求解

於習題 8~12 中，試解出各方程式所有的解，並繪圖驗證所求得的結果。

8. $x^2-3x+2=0$

9. $3x^2-6x+7=0$

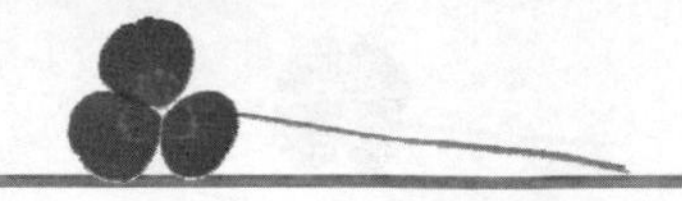

10. $3x^3 - 6x^2 - x + 7 = 0$

11. $x^4 - 4x + 3 = 0$

12. $7x^2 - 6x = 9x^3 + 2$

13. 設 $f(x) = x^4 - 4x^3 - \cos(3x) - 3$，試回答下面的問題：

    (a) 試繪出 $f(x)$ 的圖形，請自訂圖形的範圍使的所有的解均能於圖形中呈現。

    (b) 試求出 $f(x) = 0$ 所有的解。

14. 試找出 $f(x) = 20 - x^3$ 與 $g(x) = 1.12^x$ 的所有交點，並繪圖驗證所求得的結果。

15.4 線性代數的運算

於習題 15~17 中，試計算矩陣的行列式與反矩陣。

15. $A = \begin{bmatrix} a & b \\ 1 & 1 \end{bmatrix}$

16. $A = \begin{bmatrix} x & x^2 \\ 2x & x+1 \end{bmatrix}$

17. $A = \begin{bmatrix} 3 & 4 & 1 \\ 3 & 5 & 2 \\ 1 & 2 & 6 \end{bmatrix}$

於習題 18~19 中，試分別利用 inv()、rref() 函數，以及矩陣的左除法來求解所給予的方程式。

18. $\begin{bmatrix} -1 & 2 \\ 1 & 6 \end{bmatrix} \begin{bmatrix} x_1 \\ x_2 \end{bmatrix} = \begin{bmatrix} 4 \\ 0 \end{bmatrix}$

19. $\begin{bmatrix} a & b \\ c & d \end{bmatrix} \begin{bmatrix} x_1 \\ x_2 \end{bmatrix} = \begin{bmatrix} e \\ f \end{bmatrix}$

第十六章 進階符號運算

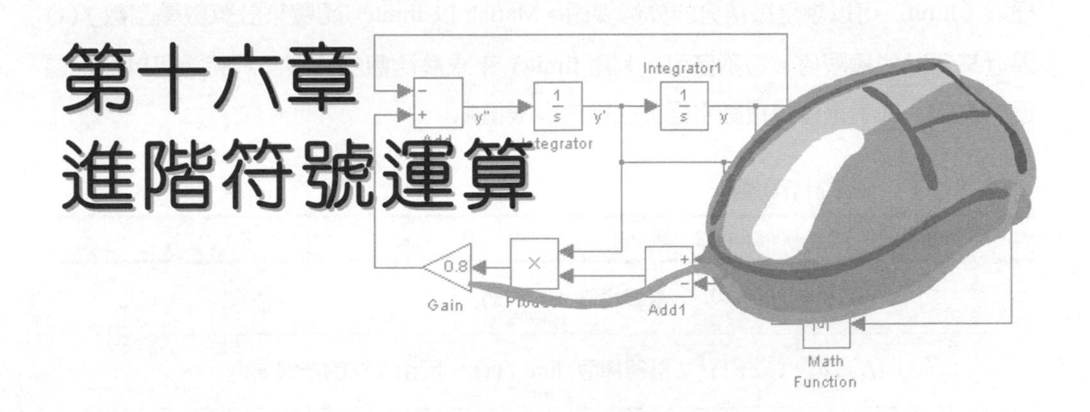

經過前一章的學習，現在您對 Matlab 的符號運算應有初步的認識了。在許多的場合裡，符號運算扮演著相當重要的角色，它不但可以協助我們推導各種公式、驗證課本上的定理，有些時候，它還可以有效的節省計算時間，增加分析數學式的方便性。本節將介紹進階的符號運算，其範圍包括了極限的求解、微分與積分的運算與微分方程式的求解等等。

本章學習目標

- 學習極限的運算
- 學習微分與積分的運算
- 學習微分方程式的運算
- 學習拉普拉氏與傅立葉轉換

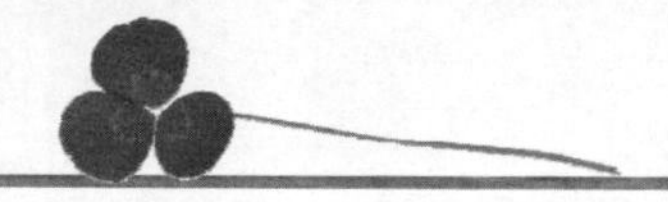

16.1 極限的運算

極限（limit）可以說是微積分的先修課題。Matlab 以 limit() 函數來計算數學函數 $f(x)$ 逼近某個點的極限值。您不僅可以利用 limit() 來求解函數的極限，同時還可以指定逼近的方向，或者是尋找複數平面上函數的極限值呢！

表 16.1.1 極限計算函數

函數	說明
limit(f,x,a)	計算極限 $\lim_{x\to a} f(x)$
limit(f,x,a,'left')	計算極限 $\lim_{x\to a^-} f(x)$，即由 a 點的左邊逼近
limit(f,x,a,'right')	計算極限 $\lim_{x\to a^+} f(x)$，即由 a 點的右邊逼近

```
>> syms x
```

定義符號變數 x。

```
>> limit(sqrt(x^2+2)/(3*x-6),inf)
ans =
1/3
```

求解極限式 $\lim_{x\to\infty} \sqrt{x^2+2}/(3x-6)$，得到 1/3。

```
>> limit(sin(x)/x,0)
ans =
1
```

求解極限式 $\lim_{x\to 0} \sin x/x$，得到 1。

```
>> fplot('sin(x)/x',[-12,12])
```

畫出 $\sin x/x$ 的函數圖，我們可以驗證當 $x\to 0$ 時，$\sin x/x$ 的值等於 1。

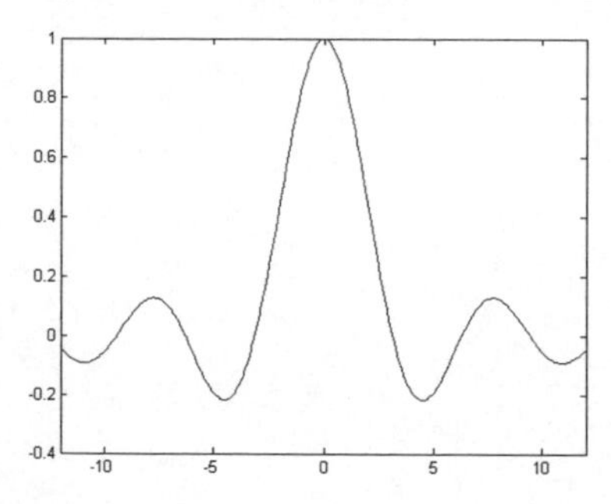

```
>> limit(log(abs(x))/x,x,0,'right')
ans =
-Inf
```

計算 $\lim_{x\to 0^+} \ln|x|/x$，並指定 x 從 0 的右邊逼近，得到 $-\infty$。

```
>> ezplot(log(abs(x))/x,[-4,4])
```

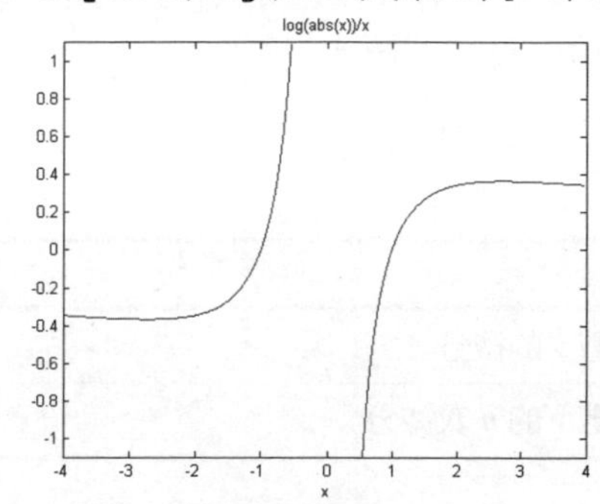

繪出 $\ln|x|/x$ 的圖形。從圖中讀者可以觀察到 x 從 0 的右邊逼近時，函數值逼近 $-\infty$，與上面的計算結果相符。讀者也可注意到，利用 ezplot() 來繪圖時，並不需要把函數寫在字串內，這點與 fplot() 有很大的差別(fplot() 函數必須以字串來表示要繪圖的函數）。

```
>> limit(log(abs(x))/x,x,inf)
ans =
0
```

計算 $\lim_{x\to\infty} \ln|x|/x$，得到 0，顯示 $y=0$ 是 $\ln|x|/x$ 的水平漸近線（horizontal asymptote）

```
>> ezplot(tanh(x),[-6,6])
```

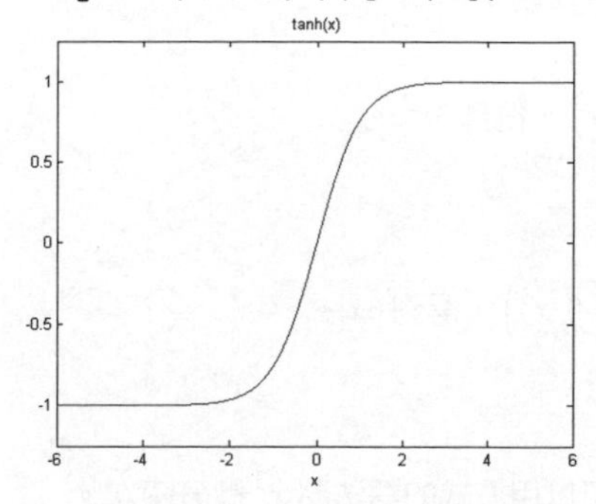

繪出 $\tanh x$ 的圖形。從圖中可看出當 $x\to\infty$ 時，$\tanh x$ 的值逼近 1。

```
>> limit(tanh(x),x,inf)
ans =
1
```

計算 $\lim_{x\to\infty} \tanh x$，得到 1，這個結果與上圖吻合。

```
>> limit(sin(x),x,inf)
ans =
NaN
```

計算 $\lim_{x\to\infty} \sin x$，得到 NaN，代表 $\sin x$ 在 $x\to\infty$ 時，其值並不存在（其極限值介於 -1 到 1 之間）。

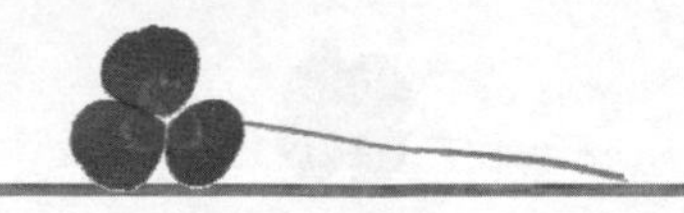

16.2 微分運算

如要計算微分，可用 diff() 函數。在 13.1.2 節裡，我們曾介紹過 diff() 是用來計算向量內元素與元素之間的差值（difference），但是當引數是符號物件時，則 Matlab 便會把它當成是微分函數來使用。下表列出了微分函數 diff() 使用的語法：

表 16.2.1 微分函數

函 數	說 明
diff(*expr*,*v*)	計算 *expr* 對符號變數 *v* 的微分
diff(*expr*,*v*,*n*)	計算 *expr* 對符號變數 *v* 的 *n* 次微分

注意在使用 diff() 時，如果指定變數 *v* 為微分變數，則 diff() 便把其它的符號變數視為常數來微分。下面是 diff() 使用的範例：

```
>> syms a b c x y
```
設定符號變數。

```
>> diff(x^3,x)
ans =
3*x^2
```
計算 $\frac{d}{dx}x^3$，得到 $3x^2$。

```
>> diff(diff(x^3,x),x)
ans =
6*x
```
計算 $\frac{d}{dx}\left(\frac{d}{dx}x^3\right)$，得到 $6x$。

```
>> diff(x^3,x,2)
ans =
6*x
```
我們也可以用左式的語法將 x^3 微分兩次。

```
>> diff(sin(x^2),x,3)
ans =
- 12*x*sin(x^2) - 8*x^3*cos(x^2)
```
計算 $\frac{d^3}{dx^3}\sin(x^2)$，得到左式。

```
>> diff(sin(a*y),y)
ans =
a*cos(a*y)
```
Matlab 視 a 為常數，對 $\sin(ay)$ 微分。

```
>> diff(a*x^2+b*x+c,x)
ans =
b + 2*a*x
```

指定變數為 x，微分 ax^2+bx+c。

```
>> diff(exp(x),x)
ans =
exp(x)
```

微分 e^x，得到 e^x。

```
>> diff(exp(pi),x)
ans =
0
```

因為 e^π 為常數，所以微分值為 0。

函數 $f(x)$ 的微分可寫成 $f'(x)$，其數學定義為

$$f'(x)=\lim_{h\to 0}\frac{f(x+h)-f(x)}{h}$$

而 $f'(x_0)$ 即代表 $f(x)$ 的切線在 $x=x_0$ 的斜率（slope）。我們也可利用微分的定義式來計算函數的微分，如下面的範例：

```
>> syms a h x
```

設定符號變數。

```
>> f=(sin(x+h)-sin(x))/h
f =
(sin(h + x) - sin(x))/h
```

定義變數 $f=(\sin(x+h)-\sin x)/h$。

```
>> limit(f,h,0)
ans =
cos(x)
```

計算 h 逼近 0 時，$(\sin(x+h)-\sin x)/h$ 的值，得到 $\cos x$，由此可知 $\sin x$ 的微分為 $\cos x$。

```
>> g=sin(x^2)*exp(a*x)
g =
sin(x^2)*exp(a*x)
```

定義變數 g 為符號式 $\sin(x^2)e^{ax}$。

```
>> simplify(diff(g,x))
ans =
exp(a*x)*(a*sin(x^2) + 2*x*cos(x^2))
```

將 $\sin(x^2)e^{ax}$ 微分，並化簡之，得到左式。稍後我們將以微分的定義式來驗證這個結果。

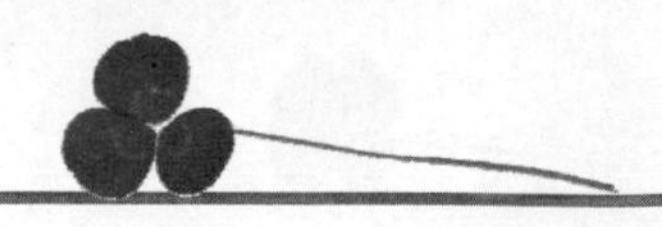

```
>> gp=(subs(g,x,x+h)-g)/h
gp =
-(sin(x^2)*exp(a*x) - sin((h + x)^2)*
exp(a*(h + x)))/h
```

計算 $(g(x+h)-g(x))/h$，得到左式。注意本例是以 subs 函數將 $g(x)$ 裡的 x 代換成 $x+h$，用以建立函數 $g(x+h)$，再計算 $(g(x+h)-g(x))/h$，然後把結果設定給變數 gp 存放。

```
>> g2=limit(gp,h,0)
g2 =
exp(a*x)*(a*sin(x^2) + 2*x*cos(x^2))
```

計算 h 逼近 0 時，gp 的極限，事實上，左式也就是 $\sin(x^2)e^{ax}$ 的微分。注意這個結果會與利用 diff() 所求得的結果相同。

```
>> ezplot(subs(g,a,-1),[0,4]);hold on
```

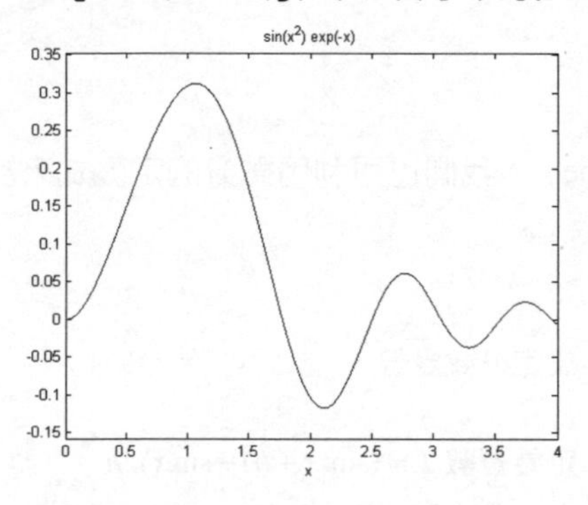

將 $g(x)$ 裡的變數 a 設成 -1，然後繪出 $g(x)$ 的圖形。從本例中，讀者可以知道 ezplot() 可以直接對一個符號運算式繪圖。

```
>> ezplot(subs(g2,a,-1),[0,4]);hold off
```

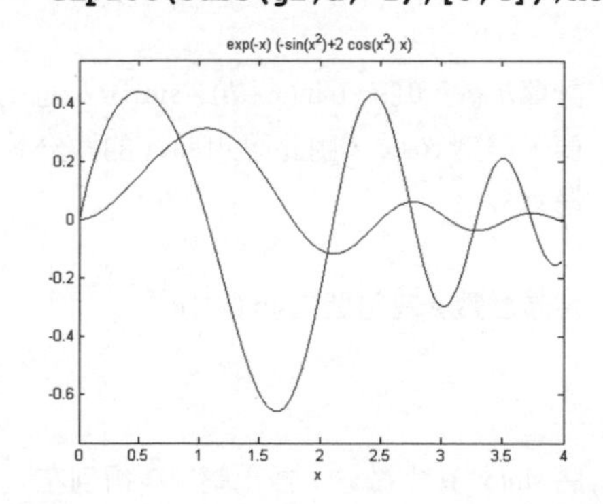

繪出 $g2(x)$ 的圖形。因為於上圖中，我們已經設定 hold 為 on，所以左圖會與上圖合併在一起。讀者應可分辨左圖的兩條曲線中，哪一條是 $g(x)$，哪一條是 $g2(x)$ 的圖形。

16.3 積分運算

積分（integration）是微分的反運算。大多數的函數均可求得它的微分式，但積分可就沒這麼幸運。許多看似簡單的式子，但其積分式卻無法求出。例如，簡單的 $\int \sin(\sin x)dx$ 積分即是。雖然如此，若不是數學上的限制，Matlab 的積分運算通常可以給我們滿意的答案。

表 16.3.1　計算積分的函數

函 數	說 明
int(*expr*,*x*)	指定變數為 x，計算 *expr* 的積分，即計算 $\int \text{expr}\, dx$
int(*expr*,*x*,*a*,*b*)	指定變數為 x，從 a 到 b 計算 *expr* 的定積分 ，即計算 $\int_a^b \text{expr}\, dx$

int() 函數在處理積分的符號運算時，除了積分變數之外，所有的符號均視為常數。下面是一些計算積分的範例：

```
>> syms a b c n x y z
```

設定符號變數。

```
>> int(sin(x)+tan(x),x)
ans =
2*atanh(tan(x/2)^2) -
 2/(tan(x/2)^2 + 1)
```

計算 $\int \sin x + \tan x\, dx$ ，得到左式。讀者可注意到計算不定積分時，Matlab 並沒有自動加上積分常數。

```
>> f=diff(x/(x-2)^2,x)
f =
1/(x - 2)^2 - (2*x)/(x - 2)^3
```

將 $x/(x-2)^2$ 微分，得到左式。

```
>> simplify(int(f,x))
ans =
x/(x - 2)^2
```

積分可視為微分的反運算，因此將上面的結果積分，又可得回原來的數學式 $x/(x-2)^2$ 。

```
>> int(a*x^2+b*x+c,x)
ans =
(a*x^3)/3 + (b*x^2)/2 + c*x
```

除了指定的積分變數之外，int() 函數會將其它所有的符號視為常數，因此本範中的係數 a、b 與 c 均是常數。

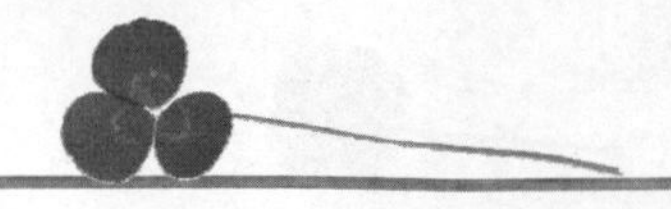

int() 函數在處理積分運算時，會進行某些假設。第一個假設於例題中已提過，除了積分變數之外，所有的符號均視為常數。另一個假設是，Matlab 的積分結果是一個通式（generic form），積分結果可能於某些點並不成立。在這種情況下，Matlab 會用 piecewise()（片斷函數）來表示所有可能的積分結果。

```
>> int(x^n,x)
ans =
piecewise([n == -1, log(x)],
 [n ~= -1, x^(n + 1)/(n + 1)])
```

$\int x^n dx$ ，Matlab 回應一個片斷函數，告訴我們 $n=-1$ 時，結果為 $\log(x)$ ，但假設 $n \neq -1$ 。$\int x^n dx$ 的結果為 $x^{n+1}/(n+1)$ 。

```
>> int(x^-1,x)
ans =
log(x)
```

如果明確的指出 $n=-1$， Matlab 會給出正確的結果。

此外，Matlab 並不會在積分結果之後加上積分常數（integration constant），因此讀者應瞭解到不定積分的結果應有一積分常數 C 存在。

函數的積分運算遠比它的微分來得複雜許多。有些數學函數是根本無法 (至少到目前為止) 求得其積分通式。如果 Matlab 無法積分，則會顯示一個警告訊息，然後回應原來的積分式，或是稍微化簡的式子：

```
>> int(cos(x)*sinh(x),x)
ans =
(cos(x)*cosh(x))/2+(sin(x)*sinh(x))/2
```

Matlab 可以於一秒鐘之內，做出您可能要想上好一陣子的積分。

```
>> int(sqrt(x)/(1+x)^2,x)
ans =
atan(x^(1/2)) - x^(1/2)/(x + 1)
```

計算 $\int \sqrt{x}/(1+x)^2 dx$，也可得到一個複雜的積分結果。

```
>> int(cos(x)*sech(x),x)
Warning: Explicit integral could not be found.
ans =
int(cos(x)/cosh(x), x)
```

若無法積分，則 Matlab 會回應一個警告訊息，然後回應左式。注意 Matlab 已把 $\mathrm{sech}(x)$ 取代為 $1/\cosh(x)$ 。

於不定積分中加入積分的上下限即成定積分（definite integral）。計算定積分時，Matlab會自動檢查積分的區間內是否包含有不連續的點。若有包含不連續的點，則 Matlab 會採分段積分的方式，先將各區間積分再加總求其積分值。

```
>> int(sin(x/2),x,0,pi)
ans =
2
```

這是定積分 $\int_0^{\pi} \sin\left(x/2\right) dx$

```
>> expr=abs(sin(x))*heaviside(x-2)
expr =
heaviside(x - 2)*abs(sin(x))
```

這是一個不連續的函數。於左式中，heaviside(n)是符號運算工具箱裡所提供的一個函數，若 $n<0$ ，則其值為 0；若 $n>0$ ，則其值為 1；若 $n=0$ ，則其值為 NaN。事實上，heaviside() 也就是單位步階函數（unit step function）。

```
>> ezplot(expr,[0 2*pi])
```

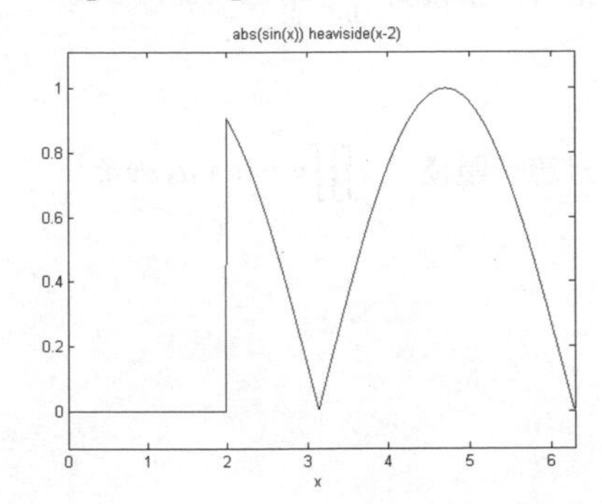

用 ezplot 對此一不連續函數做圖，讀者可發現在 $x=2$ 之處函數並不連續。

```
>> int(expr,x,0,2*pi)
ans =
cos(2) + 3
```

int() 也可以求出不連續函數的積分值。左式是積分 $expr$，x 從 0 積到 2π 的結果。

如果積分的上下限是 $\pm\infty$ ，或者是函數的值在積分的上下限剛好是無限大，則此積分稱為瑕積分（improper integral）。Matlab 的積分運算也可以計算瑕積分，如下面的範例：

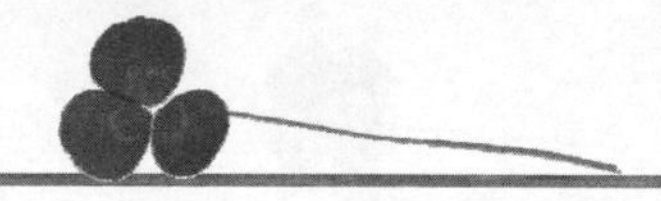

```
>> int(exp(-x),x,0,inf)
ans =
1
```

這是瑕積分的運算，因為其積分的上限為無限大。$\int_0^\infty e^{-x}\,dx$ 的結果為 1。

```
>> int(1/sqrt(1-x),x,0,1)
ans =
2
```

這是另一個瑕積分，因為函數值在積分的上限剛好是無限大。左式瑕積分的積分結果等於 2。

重積分（multiple integration）的計算可以利用數個 int() 函數的組合來完成，我們來看看下面的幾個例子：

```
>> int(int(1/(x+y+1),x),y)
ans =
(log(x + y + 1) - 1)*(x + y + 1)
```

計算二重積分 $\iint \frac{1}{x+y+1}\,dx\,dy$

```
>> int(int(x^2*y*sin(y),x,-2,3),y,0,2*pi)
ans =
-(70*pi)/3
```

計算二重積分 $\int_0^{2\pi}\int_{-2}^{3} x^2 y \sin y\,dx\,dy$。

```
>> int(int(int(y*z*sin(x),x),y),z)
ans =
-(y^2*z^2*cos(x))/4
```

計算三重積分 $\iiint y z \sin x\,dx\,dy\,dz$。

16.4 數列與級數

數列（sequence）是用來描述一系列的數字，而級數（series）則為數列的和。本節將介紹級數運算，以及計算泰勒展開式的相關函數。

16.4.1 級數的計算

如果想計算數列相加的符號式，可用 symsum() 函數。symsum 為 symbolic summation 的縮寫，也就是計算加總之符號式的意思。

表 16.4.1 計算加總的符號式函數

函數	說明
symsum(*expr*,*x*,*a*,*b*)	指定變數為 x，計算 $\sum_{x=a}^{b}\text{expr}$

```
>> syms k n x
```

設定符號變數。

```
>> symsum(x^2,x,1,10)
ans =
385
```

計算 $\Sigma_{x=1}^{10} x^2 = 1^2 + 2^2 + \cdots + 10^2$ ，得到 385。

```
>> simplify(symsum(x^2,1,n))
ans =
(n*(2*n + 1)*(n + 1))/6
```

計算加總之符號式時，加總的上下限也可以是符號變數。左式的輸出是計算 $\Sigma_{x=1}^{n} x^2$ 所得的結果。

```
>> f=symsum(1/2^x,x,1,n)
f =
1 - (1/2)^n
```

計算 $\Sigma_{x=1}^{n} 1/2^x$ ，得到左式，並把計算的結果設定給變數 f 存放。

```
>> limit(f,n,inf)
ans =
1
```

將變數 f 中的 n 值逼近 ∞ ，得到 1，由此可知 $\frac{1}{2^1}+\frac{1}{2^2}+\cdots+\frac{1}{2^\infty}$ 的結果為 1。

```
>> symsum(1/2^x,x,1,inf)
ans =
1
```

我們也可以在 symsum() 裡，直接指定上限為 ∞ 來計算 $1/2^n$ 的加總。

```
>> symsum(1/x,x,1,inf)
ans =
Inf
```

利用 symsum() 計算調和級數（harmonic series） $1+\frac{1}{2}+\frac{1}{3}+\cdots$ 的值，我們可以看到這個數列和發散。

```
>> symsum(x^k/sym('k!'),k,0,inf)
ans =
exp(x)
```

計算 $\Sigma_{k=1}^{\infty} x^k / k!$ ，得到 e^x 。事實上，$\Sigma_{k=1}^{\infty} x^k / k!$ 正是 e^x 的泰勒展開式。注意 k 的階乘是以 sym('*k*!') 來表示。

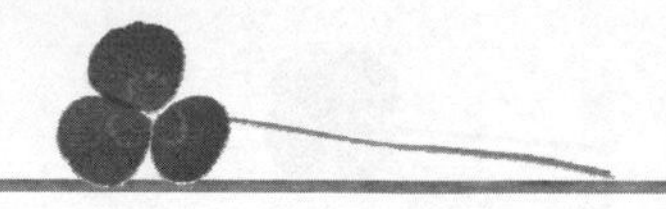

```
>> symsum(x^(2*k+1)/sym('(2*k+1)!'),k,0,inf)
ans =
sinh(x)
```

計算 $\Sigma_{k=1}^{\infty} x^{2k+1}/(2k+1)!$，得到 $\sinh x$。注意 $2k+1$ 的階乘是以 sym('(2*k+1)!') 來表示。

16.4.2 泰勒展開式

如果想把數學函數針對特定的點做泰勒展開式（Taylor series expansion）運算，可以使用 taylor() 函數，其語法如下所示：

表 16.4.2　泰勒展開式的計算

函數	說明
taylor (f,x)	指定變數為 x，計算 $f(x)$ 對 $x=0$ 的泰勒展開式，展開到 5 階
taylor (f,x,a)	同上，但是對 $x=a$ 展開
taylor $(f,x,a,'order',n)$	對 $x=a$ 展開到 $n-1$ 階

若函數對 $x=0$ 展開，我們稱展開後的級數為馬克勞林級數（Macularin series）。馬克勞林級數可以視為泰勒級數的一個特例。

```
>> syms a x
```

設定符號變數。

```
>> taylor(exp(x),x)
ans =
x^5/120 + x^4/24 + x^3/6 + x^2/2 + x + 1
```

這是 5 階 e^x 的馬克勞林級數。

```
>> taylor(exp(x),x,a,'order',2)
ans =
exp(a) - exp(a)*(a - x)
```

這是 e^x 的泰勒展開式，對 $x=a$ 展開至第 1 階。

```
>> s1=taylor(sin(x),x,pi,'order',6)
s1 =
pi - x - (pi - x)^3/6 + (pi - x)^5/120
```

求出 $\sin x$ 對 $x=\pi$ 展開至第 5 階的泰勒展開式。

```
>> t=linspace(-1,7,100);
```

建立具有 100 個元素，範圍從 −1 到 7 的向量 t。

```
>> plot(t,subs(s1,x,t),'r',t,sin(t),'b')
```

繪出 $\sin x$ 與其 5 階的泰勒展開式。讀者可觀察到，在展開點 $x=\pi$ 的附近，泰勒展開式有相當好的近似。

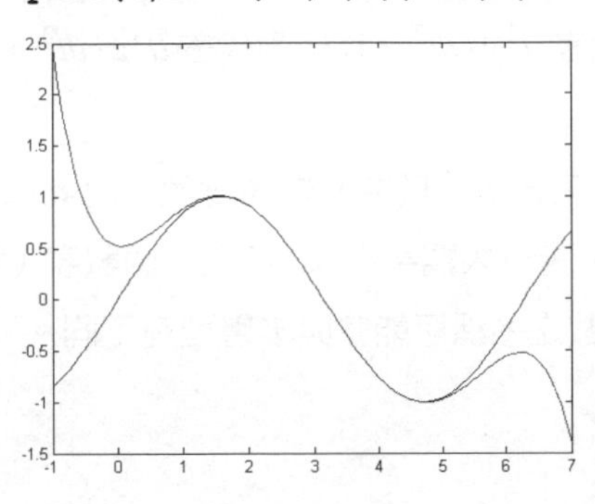

16.5 求解微分方程式

在 13 章裡我們曾探討過微分方程式的數值解（numerical solution），本節將介紹它的符號解（symbolic solution），內容涵蓋了一階、二階與高階微分方程式，以及聯立微分方程式的求解等。

Matlab 是以 dsolve() 函數（dsolve 是 differential equation + solve 的合成字）來求解微分方程式，其語法如下：

表 16.5.1　求解微分方程式

函數	說明
dsolve('$eq_1, eq_2, \ldots$', '$cond_1, cond_2, \ldots$', 'x')	自變數為x，解微分方程式$eq_1, eq_2, \ldots$，初值為$cond_1, cond_2, \ldots$。若沒有指定自變數，則預設的自變數為t
dsolve('eq_1', 'eq_2', ..., '$cond_1$', '$cond_2$', ..., 'x')	同上

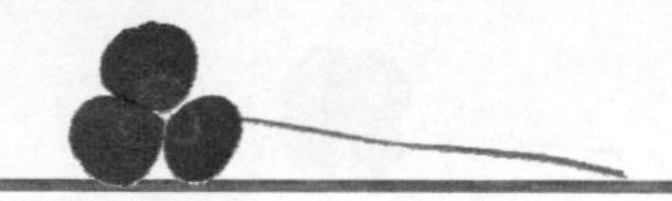

在 dsolve() 函數的引數中，微分方程式的微分項是以大寫字母 D 來表示。另外，如果沒有指定自變數，則預設以小寫字母 t 來表示。大寫字母 D 之後所接的數字代表微分幾次（若微分 1 次，則數字 1 可以省略），而數字之後所接的字母則代表因變數（dependent variable）的名稱。例如，Dy 代表 dy/dt，D2y 代表 d^2y/dt^2，D3z 則代表 d^3z/dt^3。

初值或邊界值是以 $y(a)=b$ 或者是 D$y(a)=b$ 的語法來表示，其中 y 是因變數，而 a 與 b 則是常數。如果沒有指定初值或邊界值，dsolve() 會以大寫字母 C 加上一個數字（流水編號）來代表積分常數。注意您得到的積分常數之名稱可能會與本書稍有不同。

16.5.1 一階微分方程式

本節將以 Matlab 求解一階微分方程式。習慣上，我們會比較偏好求出微分方程式的符號解（或稱為封閉解，closed form solution）。如果符號解無法求出，可利用 14 章介紹的方法找尋它的數值解（numerical solution）。

```
>> syms a x y t
```

設定符號變數。

```
>> dsolve('Dy-2*exp(t)+1=0')
ans =
C2 - t + 2*exp(t)
```

解微分方程式 $y'-2e^t+1=0$，得到左式。由於沒有指定初始條件，所以回應一個通解，且因微分方程式為一階，故得到一個常數 $C2$。注意您所得到的常數可能不是 $C2$，但一定是大寫的 C，加上一個數字。

```
>> dsolve('Dy-2*exp(t)+1=0','y(0)=3')
ans =
2*exp(t) - t + 1
```

解 $y'-2e^t+1=0, y(0)=3$。這是一個帶有初值的微分方程式，注意 dsolve() 會根據初值求解積分常數，所以左式的輸出中，讀者已看不到積分常數的存在。

```
>> ezplot(ans,[-2,3])
```

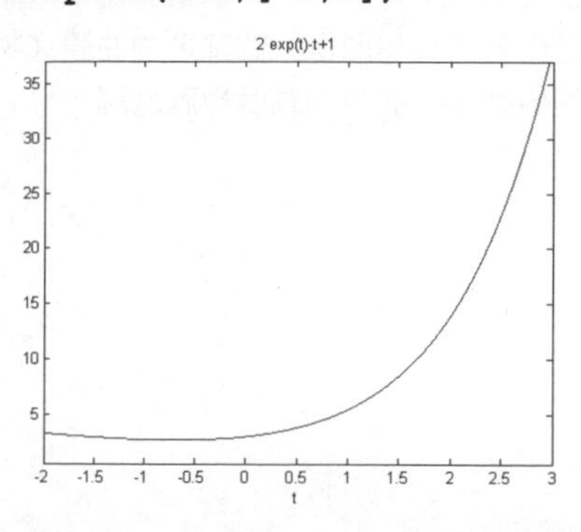

繪出 $y'-2e^t+1=0, y(0)=3$ 之解的圖形。我們可觀察到這是一個指數型式的曲線，且曲線通過 $y(0)=3$ 這點。

```
>> dsolve('x-x*y-Dy=0')
ans =
C6*exp(-t*x) + 1
```

如果沒有指定自變數，則 dsolve() 會自動視變數 t 為自變數，因此左式就相當於求算 $x-xy-\frac{dy}{dt}=0$ 的解。

```
>> sol=dsolve('x-x*y-Dy=0','x')
sol =
C8*exp(-x^2/2) + 1
```

指定 x 為自變數，重新解微分方程式 $x-xy-y'=0$，現在 dsolve() 會把此方程式解釋成 $x-xy-\frac{dy}{dx}=0$ 。於左式中，我們把解出的解設定給 *sol* 存放。

```
>> subs(sol,C8,5)
Undefined function or variable 'C8'.
```

將 *sol* 中的常數 *C*8 代換成 5，但左式回應 *C*8 並沒有被定義，這是因為沒有把 *C*8 設定為符號變數之故。注意您得到的可能是其它名稱的積分常數。

```
>> syms C8
```

定義符號變數 C8。

```
>> subs(sol,C8,5)
ans =
5*exp(-x^2/2) + 1
```

現在可以進行左式的代換了。

```
% script16_1.m 繪出數個解的曲線
figure, hold on
t1=linspace(-3,3,50);
for k=0:5
   ezplot(subs(sol,C8,k))
end
hold off
```

嘗試繪出微分方程式 $x-xy-y'=0$ 的解 *sol* 中，*C*8 分別等於 0~5 的圖形。於本例中，我們撰寫一個 M 檔案來繪製它。

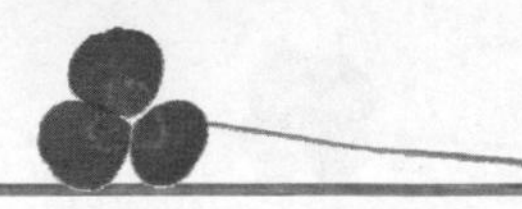

```
>> script16_1
```

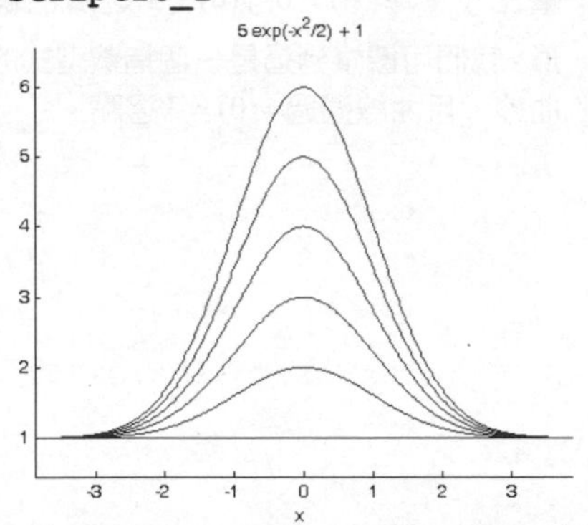

執行 script16_1，可得左邊的結果。讀者可看出其圖形是一個鐘形的曲線，$C8$ 的值越大，曲線的高度也就越高。

```
>> dsolve('Dy = y*(1-y)','y(0)=2')
ans =
-1/(exp(- t - log(2)) - 1)
```

解微分方程式 $y' = y(1-y)$，並給予初值條件 $y(0) = 2$。

```
>> fplot('-1/(exp(-t-log(2))-1)',[0,2])
```

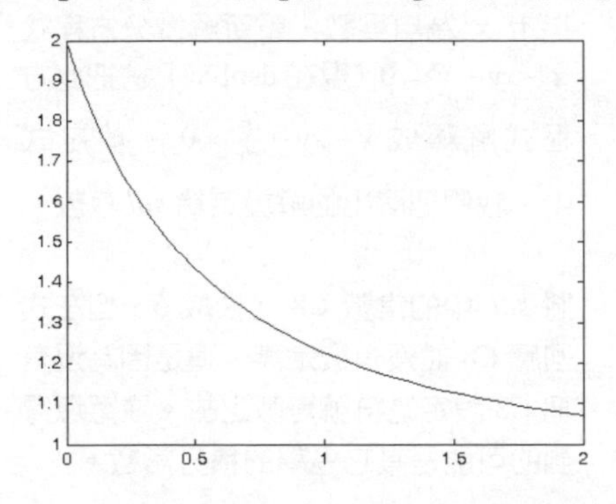

繪出微分方程式 $y' = y(1-y)$，$y(0) = 2$ 之解的圖形。讀者可觀察到解的曲線在 $t = 0$ 之處，y 的值恰好為 2，滿足 $y(0) = 2$ 這個初值條件。

```
>> dsolve('(Dy)^2+y^2=1','y(0)=0')
ans =
cosh((pi*i)/2 + t*i)
cosh((pi*i)/2 - t*i)
```

解微分方程式 $(y')^2 + y^2 = 1, y(0) = 0$。因為這個方程式中，$y'$ 項是平方，所以解出的解有兩組。注意 Matlab 會把這兩組解排成一個行向量。

```
>> simplify(ans)
 ans =
  -sin(t)
  sin(t)
```

試將上式所得的結果化簡，我們可得一組更簡單的解。

16.5.2 二階微分方程式

如果微分方程式包含了一個二階的導函數，但不包含三階或以上的導函數時，此方程式稱為二階微分方程式（second order differential equation）。若二階微分方程式具有下列的型式，則稱為線性（linear）：

$$p(x)y''+q(x)y'+r(x)y=s(x)$$

如果 $p(x)$ 、 $q(x)$ 與 $r(x)$ 皆為常數，則此方程式稱線性常係數。dsolve() 可以解得線性常係數微分方程式的解，如果係數不是常數，則因為數學上的限制，只有幾個少數的特例可以解出。下面是 dsolve() 求解二階線性常係數微分方程式的一些範例：

```
>> syms a x y t
```

定義符號變數。

```
>> dsolve('D2y+2*Dy-4*y=0')
ans =
C2*exp(t*(5^(1/2) -1))+
C4*exp(-t*(5^(1/2) + 1))
```

解微分方程式 $y''+2y'-4y=0$ ，得到左式。注意因為沒有指定初始條件，所以左式會有兩個積分常數。

```
>> dsolve('3*D2y+Dy+2*y=0',...
   'y(0)=0,Dy(0)=1')
ans =
(6*23^(1/2)*exp(-t/6)*
sin((23^(1/2)*t)/6))/23
```

解微分方程式 $3y''+y'+2y=0$ ，並給予初始條件 $y(0)=0$ 與 $y'(0)=1$ 。

```
>> ezplot(ans,[0,22])
```

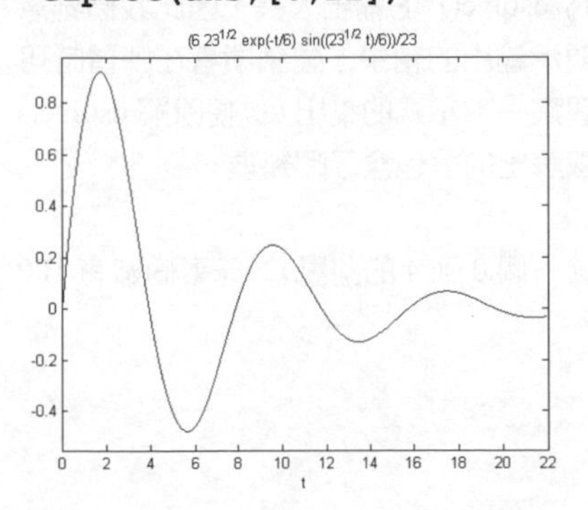

繪出上例中，微分方程式之解的圖形，繪圖範圍取 0~22。從圖中可看出曲線會上下振動，且逐漸衰減，這是因為微分方程式的解裡，包含有 sin() 與 exp() 這兩個函數之故。

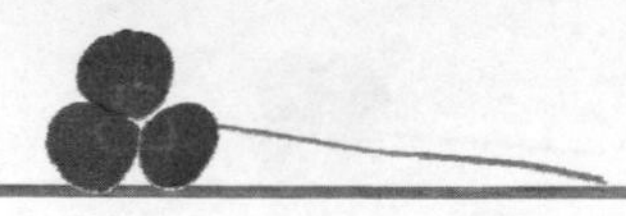

```
>> dsolve('3*D2y+Dy+2*y=0',...
   'y(0)=0,y(22)=0.2')
ans =
(exp(11/3)*exp(-t/6)*sin((23^(1/2)*t)/6))/
(5*sin((11*23^(1/2))/3)))
```

解微分方程式 $3y''+y'+2y=0$ ，並給予邊界值 $y(0)=0$ 與 $y(22)=0.2$ 。dsolve() 也可以求得此一邊界值問題。

```
>> ezplot(ans,[0,22])
```

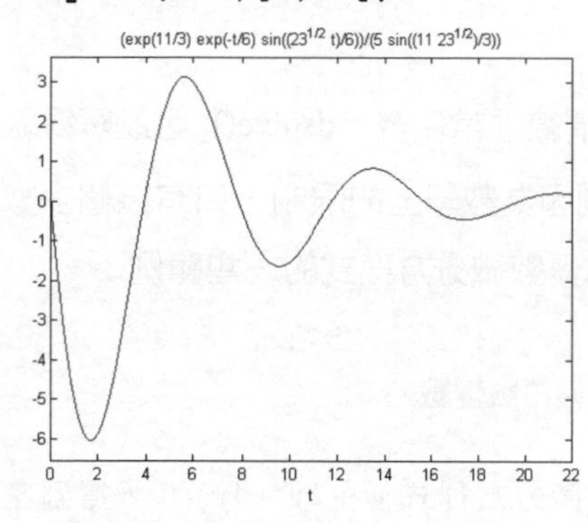

繪出邊界值問題的解，從圖形中可以觀察到 $y(0)=0$，且 $y(22)=0.2$，恰符合我們所給予的邊界值。

```
>> eq='D2y+2*Dy+200*y=dirac(t-1)+
   2*dirac(t-2)'
eq =
D2y+2*Dy+200*y=dirac(t-1)+2*dirac(t-2)
```

定義變數 $eq = y''+2y'+200y=\delta(t-1)+2\delta(t-2)$ 。左式中的 dirac() 是 dirac delta 函數，它的定義是當 t 不為 0 時，$\delta(t)$ 的值為 0，當 $t=0$ 時，$\delta(t)$ 的值為 ∞ 。

```
>> ini='y(0)=0,Dy(0)=0';
```

定義初始條件 $y(0)=0, y'(0)=0$ 。

```
>> sol=dsolve(eq,ini);
```

以初始條件 ini 來解方程式 *eq*。於左式中，因為 dsolve() 的輸出太長，因此我們刻意不顯示輸出的結果。建議讀者在練習時可以觀察一下左式的輸出，以便瞭解 dsolve() 函數解出的解包含了哪幾項。

```
>> t2=linspace(0,4,100);
```

建立一個 0 到 4 的向量 *t2*，元素個數有 100 個。

```
>> plot(t2,subs(sol,t,t2))
```

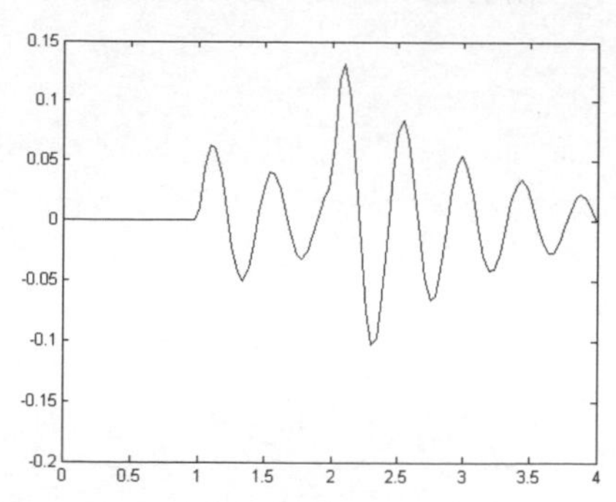

繪出解的圖形。從圖中讀者可以看出，在 $t<1$ 時，解的圖形是靜止的，直到 $t=1$ 時受到一個單位的脈衝（pause），因此圖形有了振動，但會持續衰減，直到 $t=2$ 時又受到二個單位的脈衝，因此圖形在 $t=2$ 之後會有更大的振幅，但之後也會隨著時間的變長而衰減。

16.5.3 高階微分方程式

高階微分方程式（higher order ordinary differential equation）係泛指三階及三階以上的微分方程式。如果微分方程式可以表示成

$$a_n(x)y^{(n)}+a_{n-1}(x)y^{(n-1)}+\cdots+a_1(x)y'+a_0(x)y=R(x)$$

的型式，則稱之為 n 階線性微分方程式（n-th order linear differential equation）。如果 $a_n(x)\sim a_0(x)$ 皆為常數，則稱為 n 階常係數線性微分方程式。對於大多數的高階微分方程式而言，如果不是數學上的限制， Matlab 均能解得它們的符號解。

```
>> syms t y
```

設定符號變數。

```
>> eq='D3y+2*D2y+2*Dy=sin(4*t)+cos(5*t)';
```

定義三階微分方程式 $eq=y'''+2y''+2y'=\sin(4t)+\cos(5t)$ 。

```
>> ini='y(0)=0,Dy(0)=0,D2y(0)=0';
```

定義初始條件 $y(0)=y'(0)=y''(0)=0$ 。

```
>> sol=simplify(dsolve(eq,ini))
sol =
(7*cos(4*t))/520 - (2*cos(5*t))/629 -
 sin(4*t)/130 - (23*sin(5*t))/3145 -
 (5531*exp(-t)*cos(t))/40885 -
 (2778*exp(-t)*sin(t))/40885 + 1/8
```

以初值 *ini* 解三階微分方程式 *eq*，得到左式。

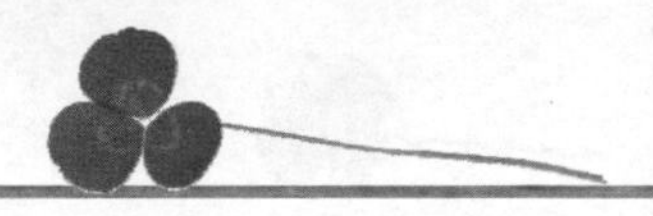

```
>> ezplot(sol,[0,20])
```

繪出解的圖形，t 從 0 到 20。

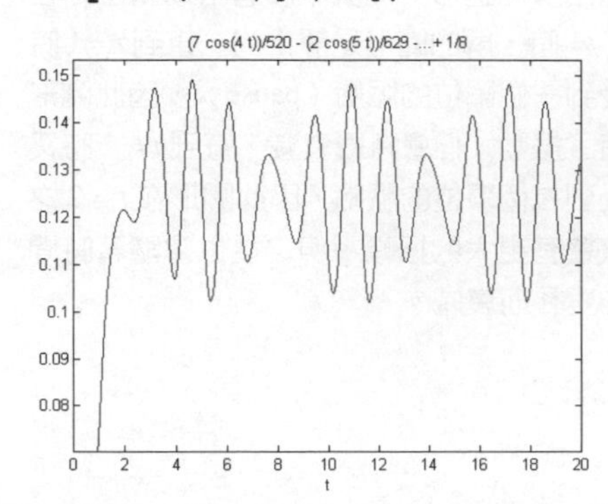

如果要繪出相位圖（phase portrait，即以 $y(x)$ 為橫座標，$y'(x)$ 為縱座標的圖形），您也可以利用 ezplot() 來繪製，但是所繪得的曲線可能會不大平滑，因此下面的範例改以 plot() 函數來繪製：

```
>> dsol=diff(sol,t);
```

計算 $y(x)$ 的一次微分 $y'(x)$。

```
>> t1=linspace(0,12,300);
```

建立一個具有 300 個元素的向量 $t1$，範圍從 0~12。

```
>> plot(subs(sol,t1),subs(dsol,t1))
```

繪出三階微分方程式之解的相位圖，讀者可看出曲線的軌跡最後會纏繞在一個封閉的曲線上。

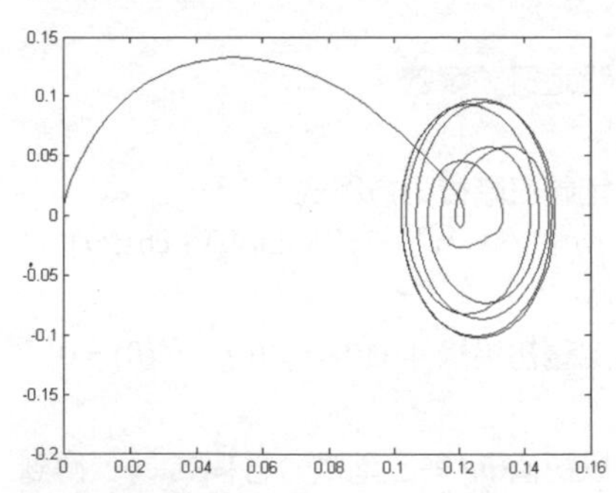

```
>> t2=linspace(20,27,300);
```

建立一個具有 300 個元素的向量 $t2$，範圍從 20~27。

```
>> plot(subs(sol,t2),subs(dsol,t2))
```

繪出 $t = 20 \sim 27$ 的相位圖，如此便可濾掉 $t < 20$ 時的暫態圖形。從圖中讀者可以看出解的軌跡最後繞在一個封閉的曲線上。

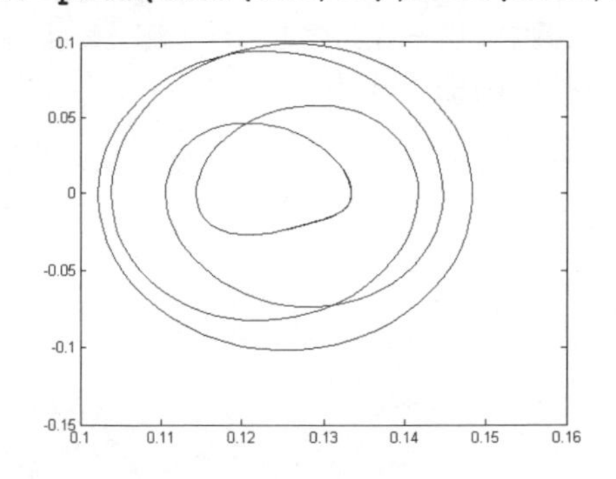

16.5.4 聯立微分方程式

dsolve() 函數也可以用來解出聯立微分方程式的符號解。如果方程式為簡單的線性系統，那麼 dsolve() 多半可以回應符號解。如果方程式為高度非線性（highly non-linear），且符號解無法求得時，則可嘗試解其數值解。

```
>> syms t x y
```

設定符號變數。

```
>> dsolve('Dx=y-x','Dy=-x',...
   'x(0)=1','y(0)=0')
ans =
    x: [1x1 sym]
    y: [1x1 sym]
```

解聯立一階線性微分方程式 $\{x' = y - x, y' = -x\}$，初值為 $x(0) = 1$, $y(0) = 0$，dsolve() 回應一個結構，內含的兩個欄位即為所求得的解。

```
>> sol=[ans.x; ans.y]
sol =
cos((3^(1/2)*t)/2)/exp(t)^(1/2) -
(3^(1/2)*sin((3^(1/2)*t)/2))/(3*exp(t)^(1/2))

-(2*3^(1/2)*sin((3^(1/2)*t)/2))/(3*exp(t)^(1/2))
```

利用左式即可顯示出所求得的解。

```
>> t1=linspace(0,12,100);
```

建立一個具有 100 個元素的向量 $t1$，範圍從 0~12。

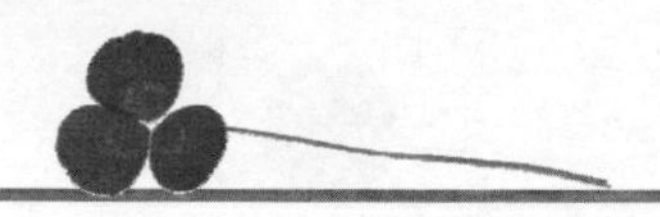

```
>> plot(t1,subs(sol(1),t,t1),...
   t1,subs(sol(2),t,t1))
```

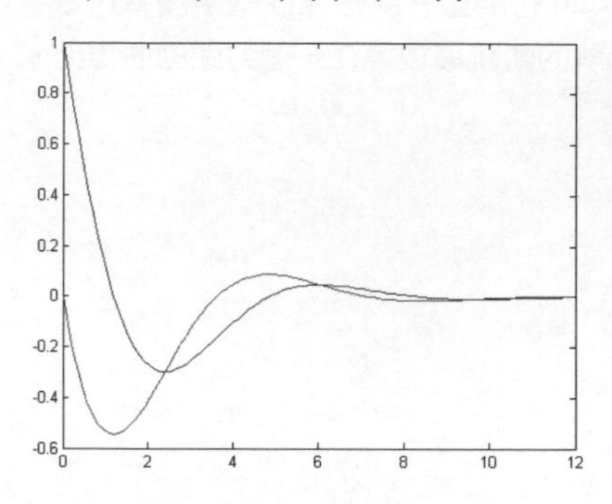

繪出 $x(t)$ 與 $y(t)$ 的圖形。讀者可以分辨左圖中，哪一條曲線是 $x(t)$ ，哪一條曲線是 $y(t)$ 的圖形嗎？

16.6 拉普拉氏轉換與傅利葉轉換

轉換（transform）於數學上通常是指將一函數經過某種運算，轉換成另一種新的函數。轉換的目的是將較複雜的函數轉換成較簡單易解的形式。數學上最常用的二種轉換為拉普拉氏轉換（Laplace transform）和傅立葉轉換（Fourier Transform）本節將介紹拉普拉氏轉換，傅立葉轉換於下節也會有詳盡的說明。

16.6.1 拉普拉氏轉換

拉普拉氏轉換的定義為

$$\int_0^{\infty} e^{-st} f(t)\,dt = F(s)$$

Matlab 分別以 laplace() 與 ilaplace() 這兩個函數來計算拉普拉氏轉換與其反運算，其中 ilaplace() 是在 laplace 之前加上一個 i，代表 inverse，也就是反運算之意。下表列出 laplace() 與 ilaplace() 的用法：

表 16.6.1 計算拉普拉氏與反拉普拉氏轉換

函數	說明
laplace(f,t,s)	計算 $f(t)$ 的拉普拉氏轉換，從定義域 t 轉換到定義域 s
ilaplace(F,s,t)	計算 $F(s)$ 的反拉普拉氏轉換，從定義域 s 轉換到定義域 t

```
>> syms a s t
```

設定符號變數。

```
>> laplace(cos(a*t),t,s)
ans =
s/(s^2+a^2)
```

這是 cos(at) 的拉普拉氏轉換。

```
>> ilaplace(ans,s,t)
ans =
cos(a*t)
```

將上式的結果做反拉普拉氏轉換，可得原先的 cos(at)。

```
>> laplace(dirac(t-4)*sin(a*t),t,s)
ans =
sin(4*a)*exp(-4*s)
```

laplace() 也可以處理含有 dirac() 函數的拉普拉氏轉換。

```
>> laplace(heaviside(t-3)*cos(t-3),t,s)
ans =
(exp(-3*s)*sin(3)*(cos(3) +
s*sin(3)))/(s^2 + 1) -
(cos(3)*exp(-3*s)*(sin(3) -
s*cos(3)))/(s^2 + 1)
```

這是包含有單位步階函數（unit step function）的例子。不過左式的輸出有點冗長，可嘗試用 simplify() 化簡它。

```
>> simplify(ans)
ans =
(s*exp(-3*s))/(s^2 + 1)
```

利用 simplify() 化簡上式，可得一個較簡單的式子。

```
>> laplace(diff(sym('F(t)')))
ans =
s*laplace(F(t),t,s)-F(0)
```

laplace() 函數也可以求得微分式的拉普拉氏轉換。左式是找出 $dF(t)/dt$ 的拉普拉氏轉換。

```
>> laplace(diff(sym('F(t)'),'t',2))
ans =
s^2*laplace(F(t),t,s)-s*F(0)-D(F)(0)
```

左式是找出二次微分式 $d^2F(t)/dt^2$ 的拉普拉氏轉換。

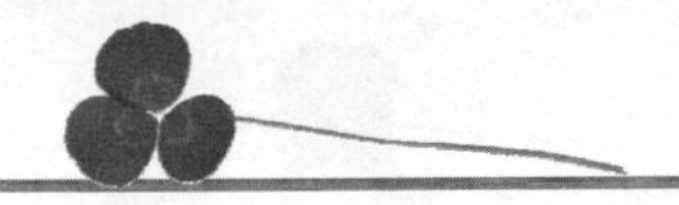

16.6.2 傅立葉轉換

函數 $f(t)$ 的傅立葉轉換之定義為

$$F(\omega)=\int_{-\infty}^{\infty} f(t)e^{-i\omega t}\,dt$$

而 $F(\omega)$ 的反傅立葉轉換（inverse Fourier transform）則定義為

$$f(t)=\frac{1}{2\pi}\int_{-\infty}^{\infty} F(\omega)e^{i\omega t}\,dt$$

Matlab 分別提供了 fourier() 和 ifourier() 兩個函數，可求得傅立葉轉換和它的逆運算，其語法如下：

表 16.6.2 計算傅立葉轉換和它的逆運算

函數	說明
fourier(*f*,*t*,*w*)	計算 $f(t)$ 的傅立葉轉換，從定義域 t 轉換到定義域 w
ifourier(*F*,*w*,*t*)	計算 $F(w)$ 的傅立葉轉換，從定義域 w 轉換到定義域 t

```
>> syms t w
```
設定符號變數。

```
>> fourier(1,t,w)
ans =
2*pi*dirac(w)
```
計算 $f(t)=1$ 的傅立葉轉換。

```
>>  fourier(exp(-4*t^2),t,w)
ans =
(pi^(1/2)*exp(-w^2/16))/2
```
對 e^{-4t^2} 做傅立葉轉換。

```
>> ifourier(ans,w,t)
ans =
exp(-4*t^2)
```
將上面的結果進行反傅立葉轉換，可得回原來的 e^{-4t^2} 。

```
>> ifourier(w*exp(-w)*...
   sym('heaviside(w)'))
ans =
1/(2*pi*(x*i - 1)^2)
```
ifourier() 也可以對包含有 heaviside() 函數的數學式進行反轉換。

如果把 Matlab 的符號運算與專門用來進行符號運算的軟體如 Maple 與 Mathematica 相比，在使用上可能沒有那麼直覺，可解的題型也少了一些，但也足以應付大多數的數學運算。如果需要經常用到符號運算，建議您可以另外學習 Maple 或 Mathematica 這兩套軟體，它們在數學上的解題能力，絕對讓您嘆為觀止。有需要的讀者可從它們的網站裡找到更詳細的資訊。

習 題

16.1 極限的運算

於習題 1~4 中，試計算各極限式。

1. $\lim\limits_{x\to 0}\sqrt{x^2+3x-2}$

2. $\lim\limits_{x\to -2}\dfrac{x^2-7x+10}{x+2}$

3. $\lim\limits_{x\to \infty}\dfrac{\sin x}{2x-1}$

4. $\lim\limits_{x\to \infty}\dfrac{(x+3)(x-4)(2x+6)}{x^3-3}$

5. 正 n 邊形任意兩邊的夾角為

$$d=\frac{180n-360}{n}$$

例如，正三角形任意兩邊的夾角為

$$d=\frac{180(3)-360}{3}=60^\circ$$

(a) 試問若 n 趨近於無限大，則正 n 邊形會變成什麼形狀?

(b) 接上題，此時正 n 邊形任意兩邊的夾角為幾度?

6. 試繪出 $f(x)=x^x$ 的圖形，並以圖形來解說 $\lim\limits_{x\to 0^+} x^x$ 的值應該是多少?

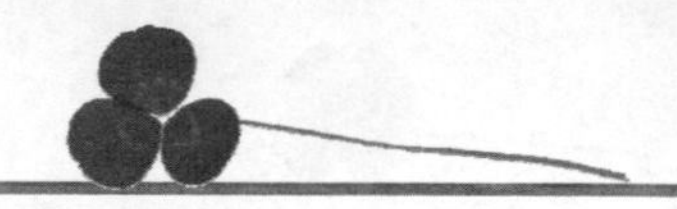

16.2 微分運算

於習題 7~12 中，試求各數學式的微分。

7. $y=\dfrac{1}{\sqrt{x^3}+1}$

8. $y=\dfrac{4x-3}{\sin(x^2+1)}$

9. $y=x^{4/5}+\sin\sqrt{x}$

10. $y=x^x$

11. $y=x^{\sqrt{x}}$

12. $y=(x+3)^{\sqrt{x}}$

16.3 積分運算

於習題 13~18 中，試求各積分式。

13. $\int x^2+6x-2\,dx$

14. $\int \dfrac{2x^2-6x+12}{x}\,dx$

15. $\int_0^{2\pi}\sin(x+a)\,dx$

16. $\int_{-1}^{1}\pi\cos(x+3)\,dx$

17. $\int_a^{3a}(\sqrt{a}-\sqrt{x})\,dx;\ a\ge 0$

18. $\int_0^{\pi}\sin x\cos x\,dx$

19. 試計算函數 $f(x)=\sqrt[3]{x}$ 圖形下方與 x 軸上方，由 $x=1$ 到 $x=8$ 所圍成的面積。

20. 試求二次曲線 $y=-x^2+2x+3$ 與直線 $y=x+1$ 所圍成之區域的面積。

16.4 數列與級數

於習題 21~22 中，試以 Matlab 計算 $f(x)$ 的泰勒級數至 $(x-a)^6$ 項。

21. $f(x)=e^{x^2}$ ， $a=1$

22. $f(x)=\dfrac{\sin x}{\sin x+\cos^2 x}$ ， $a=\pi/2$

23. 試計算 $f(x)=e^{\tan^{-1}x}$ 對 $x=1$ 展開的泰勒級數至 $(x-1)^9$ 項，並繪圖驗證所得的結果。

24. 試依序回答下列的問題：

    (a) 試求 $f(x)=\cosh x$ 的馬克勞林級數至 x^9 項。

    (b) 利用公式 $\cosh x=(e^x+e^{-x})/2$，分別求出 e^x 與 e^{-x} 的馬克勞林級數，將它們相加之後再除以 2，並比較所得的結果，看看是否與(1)的結果相同。

16.5 求解微分方程式

於習題 25~33 中，試以 dsolve() 求解各微分方程式，並嘗試以任何方法驗證所求得的解。

25. $y'-y=2e^{4x}$

26. $y'=-e^{-x}y^2+y+e^x,\ y(1)=6$

27. $y'=xy^2+\left(-8x^2+\frac{1}{x}\right)y+16x^3,\ y(0)=6$

28. $y''-5y=e^{5x}\sin x$

29. $y''+6y'+4y=0,\ y(0)=1,\ y'(0)=0$

30. $y''+\dfrac{1}{x}y'+\left(36x^4-\dfrac{81}{25x^2}\right)y=0$

31. $y'''+2y''-y'=4e^x-3\cos(2x)$

32. $x^3y'''+9x^2y''+19xy'+8y=0$

33. $y'''+4y''+6y'+2y=6\delta(t-1),\quad y(0)=y'(0)=y''(0)=0$

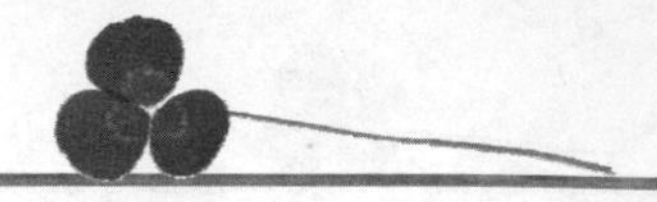

16.6 拉普拉氏轉換與傅利葉轉換

34. 試求 $\dfrac{1}{s^n(s^2+25)}$, $n=0,1,2,\cdots,5$ 的反拉普拉氏轉換。

35. 試求 $f(t)=\begin{cases} 0, & t<0 \\ e^{-at}, & \mathrm{t}\ge 0 \end{cases}$ 的傅利葉轉換。

第十七章 檔案的處理

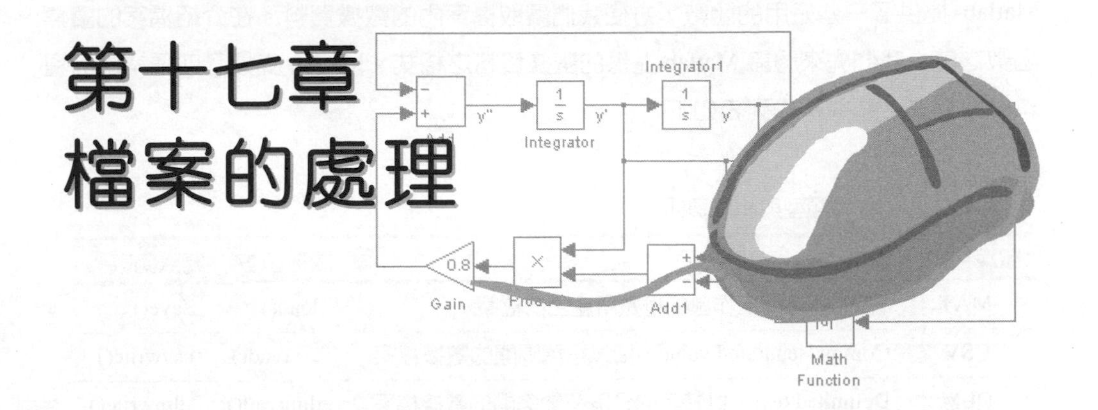

在 Matlab 裡，您可以利用簡單的函數讀取文字檔或二進位檔，以方便處理大量的數據。您也可以把 Matlab 的運算結果儲存在一個檔案內，於日後取出使用，省去重新計算一次的麻煩。本章將介紹純文字檔與二進位檔的檔案處理，其中包括了開檔與關檔的操作、資料的寫入與讀取，以及控制檔案的指標等。

本章學習目標

- 學習檔案的觀念與操作的方式
- 學習文字檔與二進位檔案的使用方式
- 學習檔案指標的操作

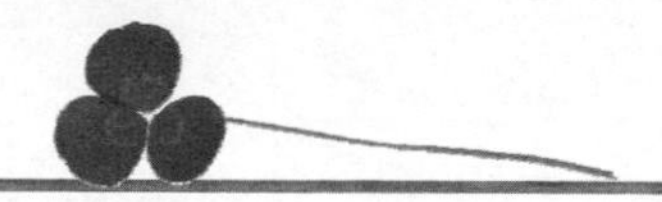

17.1 簡單的檔案處理

Matlab 提供了一些好用的函數，方便我們讀取檔案內的數據資料。在介紹檔案的讀寫函數之前，我們先來認識 Matlab 提供的數據資料之格式。Matlab 支援了四種常用的資料檔案格式，這些格式列表如下：

表 17.1.1 檔案類型與相關資訊

檔案格式	說 明	讀取函數	寫入函數
MAT	儲存 Matlab 工作區的變數所產生的檔案	load()	save()
CSV	Comma-separated value，即以逗號隔開的數據檔案	csvread()	csvwrite()
DLM	Delimited text，以特定的分隔符號隔開的數據檔案	dlmread()	dlmwrite()
TAB	Tab-separated text，以 Tab 鍵隔開的數據檔案	dlmread()	dlmwrite()

除了資料檔案格式之外，Matlab 也支援了其它的檔案格式，如試算表、影像與音訊等。本章只介紹一般資料檔案的處理，關於影像的檔案處理，我們留到第 21 章再做介紹，至於其它的檔案格式，有需要的讀者可參閱 Matlab 的相關文件。接下來我們將以幾個小節來介紹 Matlab 的資料檔案處理函數。

17.1.1 寫入與取出工作區內的變數

如果想把目前工作區裡的某些變數存放起來，以便日後再使用時，可以利用 save() 與 load() 函數。save() 與 load() 不僅可以存取一般的變數，還可以存取結構、多質陣列、影像等資料型態，使用起來非常方便。

表 17.1.2 存取工作區內的變數之函數

函 數	說 明
save('*filename*','var_1','var_2',…)	將工作區內的var_1、var_2,… 等變數儲存成檔名為*filename*的檔案內
load('*filename*')	從檔案 *filename* 讀取由 save() 函數所儲存的變數

load() 與 save() 的使用時機，多半是用在大型的計算時。如果某個計算需要花費相當多的 CPU 時間，我們可以把計算結果儲存起來，等到將來需要用到這個計算結果時，就不需重新計算一次，因此可節省相當多的時間。

```
>> prime_list=primes(100)
  Columns 1 through 9
   2   3   5   7   11  13  17  19  23
  Columns 10 through 18
   29  31  37  41  43  47  53  59  61
  Columns 19 through 25
   67  71  73  79  83  89  97
```

求出小於等於 100 的所有質數，並把它設定給變數 *prime_list* 存放。左式可看出小於 100 的質數共有 25 個。

```
>> mag=magic(5)
mag =
    17    24     1     8    15
    23     5     7    14    16
     4     6    13    20    22
    10    12    19    21     3
    11    18    25     2     9
```

求出 5×5 的魔術方陣，並將它設定給變數 *mag* 存放。

```
>> save('my_data','prime_list','mag')
```

將變數 *prime_list* 與 *mag* 的內容儲存在檔案 my_data 內。

當您把變數 prime_list 與 mag 的內容以 save() 儲存在檔案 my_data 內時，Matlab 會把檔案 my_data 存放在目前的工作目錄中，且附加檔名為 .mat。建議您切換到 Matlab 的工作目錄中找到這個檔案，確認它是否存在：

圖 17.1.1
存放在工作目錄中的 my_data.mat

現在 my_data.m 這個檔案裡就包含了 *prime_list* 與 *mag* 這兩個變數的內容。當我們需要取用它們時，利用 load() 即可將他們載入。

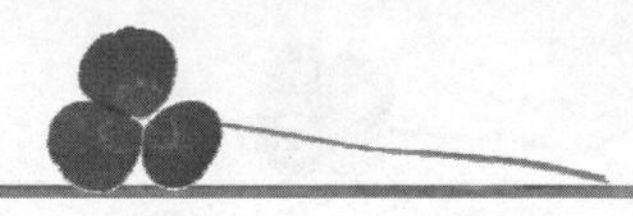

```
>> clear all
```

清除工作區裡的所有變數。以便驗證變數 *prime_list* 與 *mag* 已寫入檔案 my_data 中。

```
>> whos
```

利用 whos 指令查詢工作區裡的變數，結果沒有任何反應，代表工作區裡的變數已全數被清除掉了。

```
>> load('my_data')
```

讀入檔案 my_data.mat 裡的變數值，此時 Matlab 會把變數 *prime_list* 與 *mag* 的內容讀取出來，並以相同的變數名稱存放在工作區之中。

```
>> whos
Name        Size  Bytes  Class  Attributes
mag          5x5   200   double
prime_list 1x25  200   double
```

查詢工作區裡所有變數的內容，讀者可發現變數 *prime_list* 與 *mag* 的內容已被讀到工作區了。

```
>> var=load('my_data')
var =
   prime_list: [1x25 double]
          mag: [5x5 double]
```

如果設定一個變數來接收 load() 的傳回值，則 load() 會傳回一個結構，裡面存放檔案 my_data.mat 裡所儲存的變數值。

```
>> length(var.prime_list)
ans =
  25
```

取出結構變數 *var* 裡 *prime_list* 成員的值，並以 length() 計算其元素個數。

```
>> m=load('my_data','mag')
m =
   mag: [5x5 double]
```

指定只取出檔案 my_data.mat 裡，變數 *mag* 的值，並以變數 *m* 來接收它，讀者可觀察到 load 還是以結構的型式傳回 *mag* 變數的值。

```
>> m.mag
ans =
   17    24     1     8    15
   23     5     7    14    16
    4     6    13    20    22
   10    12    19    21     3
   11    18    25     2     9
```

因為變數 *m* 是一個結構，因此利用左式即可取出成員 *mag* 的值。

17.1.2 以逗號隔開的數據處理

如果數據資料是以逗號隔開，則我們就稱之為 CSV（comma separated value）型態的資料。Matlab 提供了 csvread() 與 csvwrite() 函數，可用來存取 CSV 型態的資料，其語法如下表所示：

表 17.1.3 存取由逗號隔開的數據資料

函數	說明
m=csvread('*filename*')	讀取以逗號為分隔符號的數據資料，並以 double 型態儲存到變數 *m* 裡
csvwrite('*filename*',*m*)	將數據資料以 csv 的格式（即以逗號為數據的分隔符號）寫到檔案 *filename* 裡

csvread() 函數在讀取資料時，會以逗號為分隔符號，並略過數據之間所有的空白來讀取資料，如下面的範例

```
>> A=magic(3)
A =
     8     1     6
     3     5     7
     4     9     2
```

建立一個 3×3 的魔術方陣，並設定給變數 *A* 存放。

```
>> csvwrite('csvdata.csv',A)
```

將陣列 *A* 以 csv 的格式存放在檔案 csvdata.csv 裡。注意左式並沒有指定檔案的路徑，所以會將檔案存放在目前的工作目錄中。

```
>> type csvdata.csv
8,1,6
3,5,7
4,9,2
```

查詢檔案 csvdata.csv 的內容，可看到每一橫列的資料都已被逗號隔開。

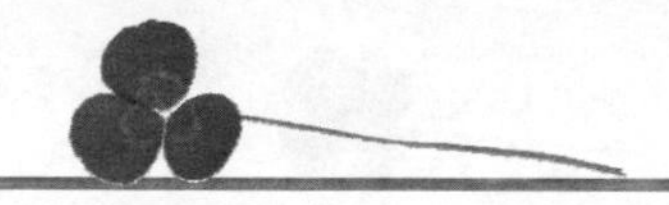

```
>> B=csvread('csvdata.csv')
B =
     8     1     6
     3     5     7
     4     9     2
```

利用 csvread() 函數讀入檔案 csvdata.csv，並設定給變數 *B* 存放。

17.1.3 以特定符號隔開的數據處理

如果數字不是以逗號來分隔，則可利用 dlmread() 與 dlmwrite() 函數來存取它們。dlm 是 delimiter 的縮寫，分隔符號之意。下表列出以特定符號隔開的數據處理函數：

表 17.1.4 處理以特定符號隔開的數據

函數	說明
m=dlmread('*filename*','*dlm*')	讀取以 *dlm* 為分隔符號的數據資料，並以 double 型態儲存到變數 *m* 裡
dlmwrite('*filename*',*m*,'*dlm*')	以 *dlm* 為分隔符號來儲存數據資料 *m*

```
>> mat=[3 4 12;2 4 19]
mat =
     3     4    12
     2     4    19
```

這是一個 2×3 的矩陣 *mat*。

```
>> dlmwrite('dlmfile.dlm',mat,'\t')
```

以 Tab 鍵當成分隔符號，把矩陣 mat 寫到檔案 dlmfile.dlm 裡。注意此處的附加檔名 dlm 只是用來區別檔案的類型，事實上您也可以使用其它的附加檔名，如 .dat 或 .txt。

```
>> type dlmfile.dlm
3    4    12
2    4    19
```

利用 type 查看檔案 dlmfile.dlm 的內容，讀者可觀察到每一列的數據都以 Tab 鍵隔開。

```
>> dlmread('dlmfile.dlm','\t')
ans =
     3     4    12
     2     4    19
```

利用 dlmread() 讀取檔案 dlmfile.dlm 的內容。注意左式的 '\t' 代表讀取檔案時，資料的分隔符號是 Tab 鍵。

17.1.4 讀取摻雜文字與數據資料的檔案

如果文字資料檔摻雜有文字與數字，可以利用 textread() 函數配合格式碼讀出字串與數字，其語法如下：

表 17.1.5 讀取摻雜文字與數據資料的檔案

函 數	說 明
[*a*,*b*,⋯]=textread('*fname*','*format*')	依 *format* 所記載的格式從檔案 *fname* 裡讀取資料。*format* 常用的格式如下： %n － 可讀取整數或浮點數 %d － 讀取含正負號的整數 %f － 讀取浮點數的數據 %s － 讀取由空白鍵隔開的字串

下面是利用 textread() 讀取 kids.txt 的使用範例。檔案 kids.txt 裡有兩個橫列，每一個橫列記載了小朋友的姓名、身高與體重。請您先以記事本建立一個文字檔，檔名請存成 kids.txt，並將它放置於 Matlab 的工作目錄中，其內容如下圖所示：

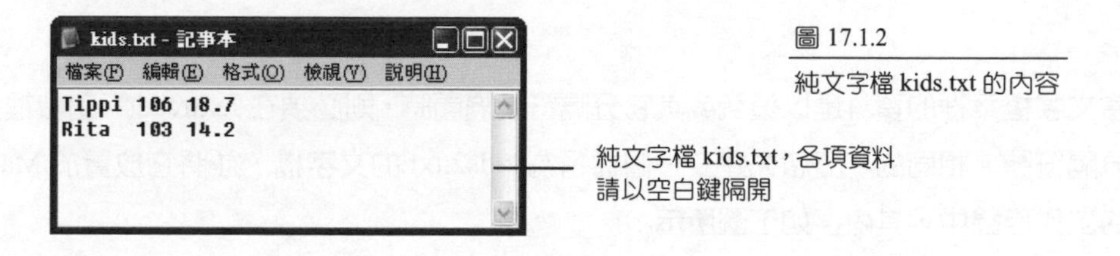

圖 17.1.2

純文字檔 kids.txt 的內容

接下來請您依下面的範例來測試 textread() 函數：

```
>> type kids.txt
Tippi 106 18.7
Rita  103 14.2
```

顯示 kids.txt 的內容，我們可以觀察到 kids.txt 是由兩列的文字所組成，每一列均有一個字串，一個整數與一個帶有小數點的浮點數。

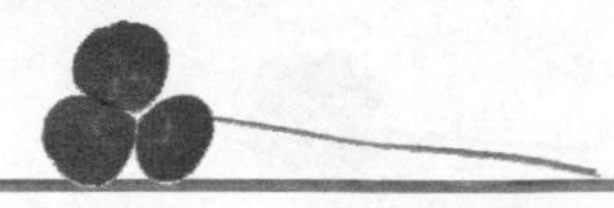

```
>> [name height weight]=textread(...
    'kids.txt','%s%d%f')
name =
    'Tippi'
    'Rita'

height =
   106
   103

weight =
   18.7000
   14.2000
```

指定格式字串 '%s%d%f' 讀取 kids.txt 的內容，並把它們存放在 *name*、*height* 與 *weight* 三個變數裡。注意以格式字串 '%s%d%f' 來讀取時，每一列的第一筆資料會以字串的格式來讀取，並傳回一個由字串組成的多質陣列。第二筆資料會以整數來讀取，並傳回 double 型態的陣列，第三筆資料會以浮點數來讀取，並傳回 double 型態的陣列。

```
>> whos name
Name  Size   Bytes  Class Attributes
name  2x1    138    cell
```

查詢變數 *name* 的內容，從 Matlab 的輸出中，讀者可看到 *name* 是一個多質陣列。事實上，它是一個由字串組成的多質陣列。

```
>> name{1}
ans =
Tippi
```

取出多質陣列 *name* 的第一個元素，得到字串 'Tippi'。

```
>> height(2)
ans =
   103
```

取出 *height* 變數的第二個元素的值，得到 103。

當文字檔案裡的資料是以逗號或其它分隔符號隔開時，則必須在 textread() 函數裡指明分隔符號。相同的。請您先建立一個檔名為 kids2.txt 的文字檔，並將它放置於 Matlab 的工作目錄中，其內容如下圖所示：

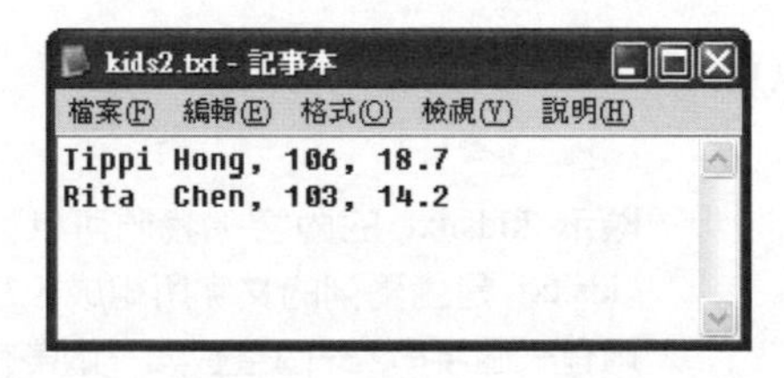

圖 17.1.3

純文字檔 kids2.txt 的內容

```
>> type kids2.txt
Tippi Hong, 106, 18.7
Rita  Chen, 103, 14.2
```

顯示 kids2.txt 的內容，讀者可以注意到，左式的資料是以逗號隔開。

```
>> [name height weight]=textread(...
   'kids2.txt','%s%d%f','delimiter',',')
name =
    'Tippi Hong'
    'Rita  Chen'

height =
   106
   103

weight =
   18.7000
   14.2000
```

指定分隔符號為逗號來讀取資料，現在 textread() 函數可以依逗號為分隔來讀取正確的資料了。注意左式中的 delimiter 參數是用來指定所要使用的分隔號。

上面的範例有一個非常有趣的單字 “delimiter”，如果把它拆開成 de-limit-er，這個單字就顯得非常好記了。limit 是界限的意思，de 是分隔之意，因此 de-limit-er 可解釋成 “分隔界限運算子”。在本例中，這個分隔界限運算子指的當然就是逗號囉！

17.2 文字檔案的處理

如果處理的資料數據符合 17.1 節所介紹的格式，那麼利用 17.1 節的函數來讀取它們是最方便不過的了。如果讀取的資料較複雜，或者是需要一列一列讀取，以利稍後的編修時，則可利用本節的方法來處理。

17.2.1 開啟與關閉檔案

利用本節的檔案處理函數來讀寫檔案時，無論要寫入資料到檔案裡，或者是要從檔案讀取資料，都必須先進行開檔的動作。Matlab 分別是以 fopen() 與 fclose() 二個函數來處理開檔與關檔的動作，其格式如下所示：

表 17.2.1　開檔與關檔的函數

函數	說明
fid=fopen('*filename*','*permission*')	讀取檔案的內容，其中 *filename* 為欲開啟的檔案名稱，*permission* 為檔案的存取模式，並傳回檔案識別碼，由變數 *fid* 接受
fclose(*fid*)	關閉檔案識別碼為 *fid* 的檔案

fopen 函數的第一個輸入引數是想要開啟的檔案名稱（在此也可指定檔案路徑），第二個引數是存取模式，它是用來指定檔案的存取模式，如下表所列：

表 17.2.2 檔案存取模式

存取模式	代碼	說明
讀取資料	r	開啟檔案以供讀取。在開啟前，此檔案必須先存在於磁碟機內。如果檔案不存在，則開檔失敗
寫入資料	w	開啟檔案以供寫入。如果檔案已經存在，則其內容將被覆蓋掉。如果檔案不存在，則系統會自行建立此檔案
附加於檔案之後	a	開啟一個檔案，可將資料寫入此檔案的末端。如果檔案不存在，則系統會自行建立此檔案
讀取與附加	a+	可讀取檔案，也可附加資料於檔案之後

在開啟檔案時，fopen() 函數會傳回一個檔案識別碼（file identifier），由變數 *fid* 接收。若開檔成功，則 fopen() 傳回一個大於 0 的整數，若傳回 –1，則代表開啟失敗（例如要開啟的檔案不存在），由此可判別檔案是否開啟成功。另外，若 fclose() 關檔成功，則傳回 0，否則傳回 –1 。

17.2.2 寫入與讀取文字檔

要把資料數據寫到檔案中，可用 fprintf() 函數。我們早在第三章就已經介紹過 fprintf() 函數的語法了，只是那時我們是把資料輸出到螢幕上。如果要把資料寫到某個檔案內，

則必須在第一個引數指定檔案識別碼。如要讀取資料數據，可用 fscanf() 函數。fprintf() 與 fscanf() 的語法如下：

表 17.2.3 檔案寫入與讀取函數

函數	說明
`fprintf(`*fid*`,'`*str*`',`e_1`,`e_2`,`⋯`)`	依格式字串*str*所記載的格式碼，依序將運算式e_1,e_2填入*str*裡，並將它寫入檔案識別碼為*fid*的檔案中。下面列出格式字串裡常用的格式碼： %d：寫入整數 %f：寫入浮點數 %c：寫入字元 %s：寫入字串
`fscanf(`*fid*`,'`*str*`')`	依格式字串 *str* 所記載的格式碼，讀取檔案識別碼為 *fid* 之檔案裡的資料
`fscanf(`*fid*`,'`*str*`',`*n*`)`	一次讀取 *n* 筆資料
`fscanf(`*fid*`,'`*str*`',[`*m*`,`*n*`])`	一次讀取 $m \times n$ 筆資料，並以 $m \times n$ 的陣列回應讀取的結果

接下來我們以一個簡單的範例來說明如何開檔、關檔，以及利用 fprintf() 與 fscanf() 函數來寫入與讀出資料。

```
>> fw=fopen('test.txt','w')
fw =
  3
```

開啟一個可供寫入資料的檔案 test.txt，如果檔案不存在，則會建立此檔案。左式傳回一個大於 0 的整數，代表開檔成功。注意您得到的結果也可能不是 3 這個數字，但只要開檔成功，fopen() 就會傳回大於 0 的整數。

```
>> fprintf(fw,'%d ',primes(20));
```

寫入小於 20 的所有質數。注意格式字串中，%d 代表數字是以十進位整數寫入，而在 %d 之後刻意空了一格，如此在寫入資料時，每筆資料之間便會空上一格。

```
>> fclose(fw)
ans =
     0
```

關閉檔案 *fw*，fclose() 傳回 0，代表檔案關閉成功。

```
>> type test.txt
2 3 5 7 11 13 17 19
```

查詢 test.txt 的檔案內容，讀者可注意到 fprintf() 已成功的將小於 20 的質數寫入，且每個質數之間都空了一格。

```
>> fr=fopen('test.txt','r')
fr =
     3
```

開啟檔案 test.txt，並限定開啟的檔案只能讀取資料，不能寫入資料。於左式中，fopen() 函數回應 3，代表開檔成功。

```
>> fscanf(fr,'%d')
ans =
     2
     3
     5
     7
    11
    13
    17
    19
```

從檔案 *fr* 裡，以整數的格式讀取數字。注意只要是指定的格式符合，fscanf() 即會將所有的資料全數讀入，並回應一個行向量。

```
>> fscanf(fr,'%d')
ans =
     []
```

因為檔案已經讀到末端，所以如果再讀取這個檔案一次，因為往下已無資料可以讀取，所以左式回應一個空的陣列。

```
>> fclose(fr)
ans =
     0
```

關閉檔案 *fr*，左式回應 0，代表檔案正常關閉。

```
>> fr=fopen('test.txt','r')
fr =
     3
```

重新開啟檔案 test.txt，並設定存取模式為只供讀取。

```
>> fscanf(fr,'%d',2)
ans =
     2
     3
```

從檔案 *fr* 讀取 2 筆資料，因此左式回應前兩個質數。

```
>> fscanf(fr,'%d',[2 3])
ans =
     5    11    17
     7    13    19
```

再次讀取檔案 *fr* 裡的資料，並指定讀取 $2\times3=6$ 筆。因為前一個範例已經讀取了兩筆資料，因此左式會從第三筆資料開始讀取。注意左式的回應是一個 2×3 的陣列，且已讀取到資料的末端。

```
>> fscanf(fr,'%d')
ans =
     []
```

再讀取這個檔案一次，因為已無資料可以讀取，所以左式回應一個空的陣列。

從上面的範例中，讀者可以發現 fcanf() 函數只會讀取尚未讀取過的資料。如果想要再從檔案的起頭處開始讀取，可利用 frewind() 這個函數。另外，要測試檔案是否已讀取到末端，可利用 feof() 函數：

表 17.2.4　檔案讀取函數

函 數	說 明
frewind (*fid*)	設定檔案從頭讀取
feof (*fid*)	測試檔案是否已讀取到末端。若是，則回應 1，否則回應 0

接下來我們接續前面的範例，來測試 frewind() 與 feof() 這兩個函數：

```
>> feof(fr)
ans =
     1
```

測試檔案 *fr* 是否已經讀到末端，左式回應 1，代表現在檔案已經讀到末端了。

```
>> frewind(fr)
```

將讀取檔案的位置設檔案的開頭，現在我們可以再從檔案的起始點讀取資料。

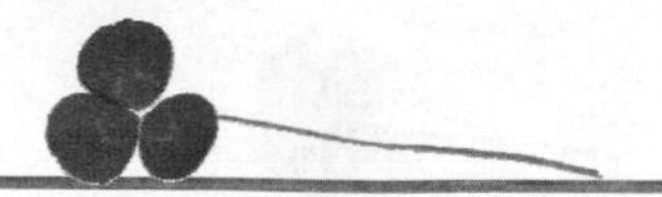

```
>> fscanf(fr,'%d',2)
ans =
     2
     3
```

讀取兩筆資料，得到 2 與 3，由此可見檔案又重頭開始讀取檔案 test.txt。

```
>> fclose(fr)
ans =
     0
```

關閉檔案 *fr*。

17.2.3 一行一行讀取檔案

如果想一行一行的讀取檔案的內容，最方便的方法是利用 fgetl() 或 fgets() 函數。這兩個函數的功用差別不大，只差在 fgetl() 不會讀取換行字元（ASCII 碼為 13 與 10），而 fgets() 則會讀取。

表 17.2.5 檔案讀取函數

函 數	說 明
fgetl(*fid*)	從檔案讀取一行字串，但不會讀取換行字元
fgets(*fid*)	從檔案讀取一行字串，連同換行字元也一併讀入

接下來請在記事本裡編輯如下的內容，存檔為 seasons.txt，並請將檔案存放在目前的工作目錄中，稍後我們將以 fgetl() 與 fgets() 函數來讀取這個檔案的內容：

圖 17.2.1
純文字檔 seasons.txt 的內容

編輯好 seasons.txt 文字檔案之後，現在我們來測試 fgets() 與 fgetl() 這兩個函數：

```
>> fr=fopen('seasons.txt','r');
```

開啟檔案 seasons.txt，並設定存取模式為只供讀取。

```
>> s1=fgetl(fr)
s1 =
spring
```

利用 fgetl() 從檔案 *fr* 裡讀取一行字串，並把它設定給字串 *s*1 存放。

```
>> s2=fgets(fr)
s2 =
summer
```

再從檔案 *fr* 裡讀取一行字串，並把它設定給字串 *s*2 存放，但改以 fgets() 來讀取。注意此次讀取時，會接續前例中尚未讀取的部分來讀取。

```
>> double(s1)
ans =
  115  112  114  105  110  103
```

將字串 *s*1 轉換成 ASCII 碼，因為 fgetl() 不會讀入換行字元，所以左式只回應了 6 個數字，它們恰是字串 spring 的 ASCII 碼。

```
>> double(s2)
ans =
  115  117  109  109  101  114  13  10
```

將字串 *s*2 轉換成 ASCII 碼，讀者可發現最後兩個碼是換行字元的 ASCII 碼，這是因為字串 *s*2 是利用 fgets() 讀取的原因。

```
>> fclose(fr)
ans =
     0
```

關閉檔案 *fr*。

17.3 二進位檔案的處理

二進位檔（binary files）的處理函數有別於一般的文字檔。要把資料以二進位的格式寫到檔案裡，必須使用 fwrite() 函數。從二進位檔讀取資料時，則是使用 fread() 函數。這兩個函數的用法如下表所列：

表 17.3.1　二進位檔案寫入與讀取函數

函數	說明
A=fread(*fid*, *size*, *precision*)	讀取 *size* 個 *precision* 大小的二進位資料，其中 *precision* 的說明請參閱表 17.3.2
fwrite(*fid*, *A*, *precision*)	以指定的 *precision* 大小，將陣列 *A* 的內容寫入檔案 *fid* 中

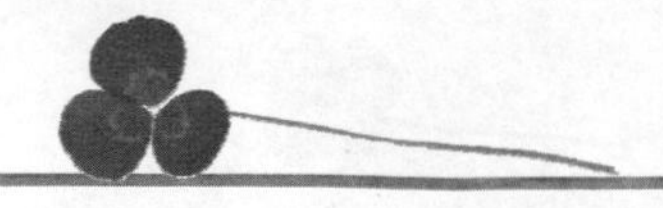

於上表中，precision 代表資料的精度，也就是每筆資料用多少個 bytes 來存放。可供使用的 precision 如下表所列：

表 17.3.2 可供使用的 precision 字串

precision	說 明	所佔位元
'schar'	有號的字元	8 bits
'uchar'	無號的字元	8 bits
'int8'	8 bits 整數	8 bits
'int16'	16 bits 整數	16 bits
'int32'	32 bits 整數	32 bits
'int64'	64 bits 整數	64 bits
'uint8'	8 bits 無號整數	8 bits
'uint16'	16 bits 無號整數	16 bits
'uint32'	32 bits 無號整數	32 bits
'uint64'	64 bits 無號整數	64 bits
'float32'	32 bits 的浮點數	32 bits
'float64'	64 bits 的浮點數	64 bits
'double'	倍精度浮點數	64 bits

在上表中，讀者可看到 Matlab 提供了多樣的 precision 以供我們使用，有些 precision 本身也不是 Matlab 內建的資料型態（如 schar、uchar 與 float32 等），這主要是因為方便 Matlab 讀取由其它程式（如 C 與 Fortran 等）等所寫成的二進位檔之故。

17.3.1 讀取與寫入二進位檔的練習

本節以一個簡單的範例來說明如何存取二進位檔案。另外很重要的一點要提醒您，利用 fopen() 函數開啟二進位檔時，必須在「存取模式」的字串裡加上一個字母 b，代表所開啟的檔案是一個二進位檔。

```
>> fid=fopen('data.bin','wb');
```

開啟一個可供寫入資料的二進位檔 data.bin。注意在「存取模式」字串裡的 b 代表了開啟的檔案是二進位檔。

```
>> magic(5)
ans =
    17    24     1     8    15
    23     5     7    14    16
     4     6    13    20    22
    10    12    19    21     3
    11    18    25     2     9
```

這是一個 5×5 魔術方陣，稍後我們會把它寫到一個二進位的檔案內。

```
>> cnt=fwrite(fid,magic(5),'int16')
cnt =
    25
```

將 5×5 魔術方陣以 16-bits 的整數精度寫到二進位檔 data.bin 裡。16-bits 的整數可表示的範圍為 0 ~ 65535 ，因此足可存放 5×5 魔術方陣裡的每一個元素。

```
>> fclose(fid)
ans =
     0
```

將二進位檔 data.bin 關閉。

因為 int16 佔了 2 個 bytes，所以把 5×5 的魔術方陣寫入檔案 data.bin 時，資料大小共佔 5×5×2 = 50 個 bytes。在 Windows 裡，只要把滑鼠游標移到 data.bin 圖示上方，在游標旁邊會出現檔案大小為 50 個位元組的說明，由此可初步驗證資料已成功的寫入，如下圖所示：

圖 17.3.1

寫入 data.bin 的資料共佔 50 個位元組

要讀取二進位檔，可用 fread() 函數。下面的範例示範了如何將儲存於檔案 data.bin 中的數值取出：

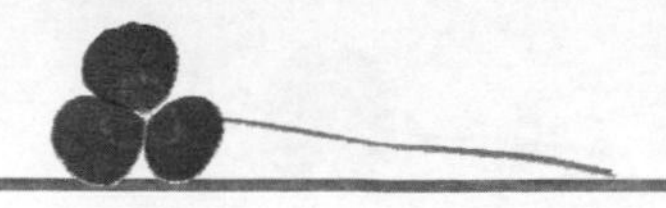

```
>> fr=fopen('data.bin','rb');
```

開啟二進位檔 data.bin。注意左式中，第二個引數 'rb' 代表開啟的檔案是一個只供讀取資料的二進位檔。

```
>> dat=fread(fid,3,'int16')
dat =
    17
    23
     4
```

指定精度為 int16，讀取 3 筆資料。因為 Matlab 內部是以行向量來存放矩陣，因此在寫入二進位檔，或者是從二進位檔案讀取矩陣時，Matlab 都是以「以行為主」的方式來處理，因此左式取出了 5×5 魔術方陣第一行的前三個元素。

```
>> fread(fid,[2 4],'int16')
ans =
    10    24     6    18
    11     5    12     1
```

指定精度為 int16，讀取 8 筆資料，並將它們排成 2×4 的矩陣。注意左式是從 5×5 魔術方陣第一行第四個元素開始讀取，一直讀到第三行第一個元素為止，共 8 個元素。

```
>> fclose(fr);
```

關閉二進位檔 data.bin。

17.3.2 控制檔案的指標位置

在讀取檔案內容時，Matlab 會以一個檔案指標（file indicator）來記錄現在應該是輪到哪一筆資料要被讀取。如果指標指到檔案的最前面，則代表檔案尚未被讀取，若是指標指到檔案末端，則代表檔案已全數被讀取完畢。

如果想控制哪些資料不被讀取，或者是哪些資料可被重複讀取，可利用改變檔案指標的指向位置來達成。下表列出了可用來更改指標所指向之位置的函數：

表 17.3.3 更改指標所指向位置的函數

函數	說明
`frewind` (*fid*)	將指標移到檔案的最開頭，也就是設定檔案可從頭讀取
`fseek` (*fid*, *offset*, *origin*)	設定檔案指標所在的位置，其中 *fid* 是檔案識別碼，*offset* 是偏移量（以 byte 為單位），而 *origin* 則代表 *offset* 的基準點
`ftell` (*fid*)	取得檔案指標的值，此值是以從檔案起始到指標目前的位置共有多少個 bytes 來計算

在上表的 fseek() 函數中，origin 是基準點之意，偏移量將以這個基準點來設定指標在移動時，要偏離這個基準點多少個 bytes。origin 可以是下列字串之一：

'cof'：指標目前的位置（current position of the opened file）

'bof'：檔案起始的位置（beginning of the file）

'eof'：檔案的結束位置（end of the file）

接下來我們以前一節所建立的二進位檔 data.bin 為例，說明如何更改指標所指向的位置，藉以掌控檔案讀取的流程。

```
>> fr=fopen('data.bin','rb');
```

開啟只供讀取資料的二進位檔 data.bin。

```
>> ftell(fr)
ans =
     0
```

2 bytes

17	23	4	10	11	…

0 2 4 6 8

目前指標的位置

查詢目前指標的位置，得到 0，代表目前指標的位置在檔案的開頭。

```
>> fseek(fr,4,'bof')
ans =
     0
```

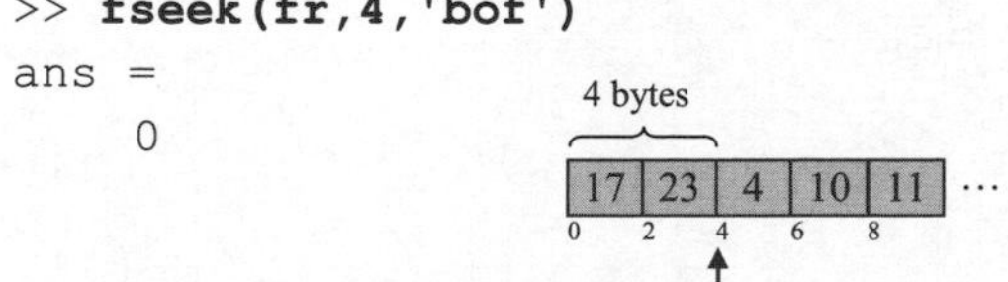

以檔案起始的位置為基準點，設定指標往後偏離基準點 4 個 bytes，因為二進位檔 data.bin 裡每一筆資料佔了 2 個 bytes，因此這個動作就相當於把指標移到第 3 個元素的位置，也就是跳過 17 與 23，直接指向 4 這筆資料。

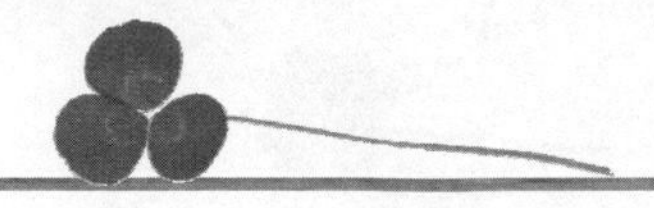

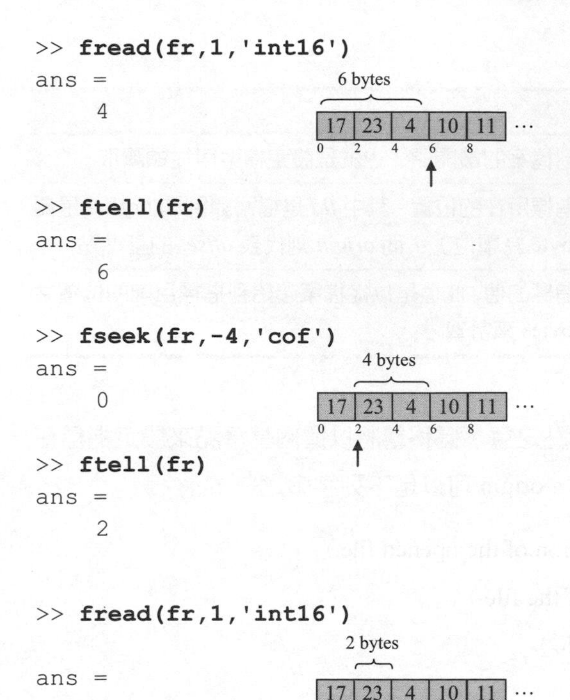


```
>> fread(fr,1,'int16')
ans =
    4
```

讀取一筆資料，因為現在指標已指向 4 這筆資料，因而左式回應 4。讀取完後，指標也會自動指向下一筆資料。

```
>> ftell(fr)
ans =
    6
```

因為目前指標指向第 4 筆資料，所以 ftell 函數傳回 6。

```
>> fseek(fr,-4,'cof')
ans =
    0
```

將指標以目前的位置為基準點，往前回轉 4 個 bytes，左式回應 0，代表執行成功。

```
>> ftell(fr)
ans =
    2
```

往前回轉 4 個 bytes 之後，指標指向第 2 個 bytes 之處，因而左式回應 2。

```
>> fread(fr,1,'int16')
ans =
   23
```

讀取一筆資料，因為指標是指向第二個 bytes 之處，所以左式回應 23。讀取完後，指標自動指向下一筆資料。

```
>> fclose(fr);
```

關閉二進位檔 data.bin。

現在您已學會 Matlab 對於檔案的基本操作了。在某些場合，如果資料格式無法互通，或是必須以 Matlab 讀取二進位檔時，檔案的處理技巧就顯得非常重要。讀者不妨牛刀小試一下，利用 fpoen() 與 fread() 讀入一張照片檔案（假設是 a.jpg），然後利用 fwrite() 把讀進來的資訊寫到另一個檔案（假設是 b.jpg），看看是否可以利用秀圖軟體開啟 b.jpg。當然，b.jpg 的內容應該與 a.jpg 完全相同。

習 題

17.1 簡單的檔案處理

1. 請在 Matlab 的工作視窗裡執行下列的程式碼，然後回答接續的問題：

```
>> mag=magic(5);
>> prm=primes(100);
```

(a) 利用 save() 函數將 *mag* 與 *prm* 兩個變數的內容儲存到檔案 data1.mat 中。

(b) 清空工作區裡所有的變數。

(c) 取出儲放在檔案 data1.mat 中，變數 *mag* 的內容，並將 *mag* 裡的每一個元素開根號。

(d) 取出儲放在檔案 data1.mat 中，變數 *prm* 的內容，並將 *prm* 裡的每一個元素值平方。

2. 設檔案 data2.txt 的內容如下所示：

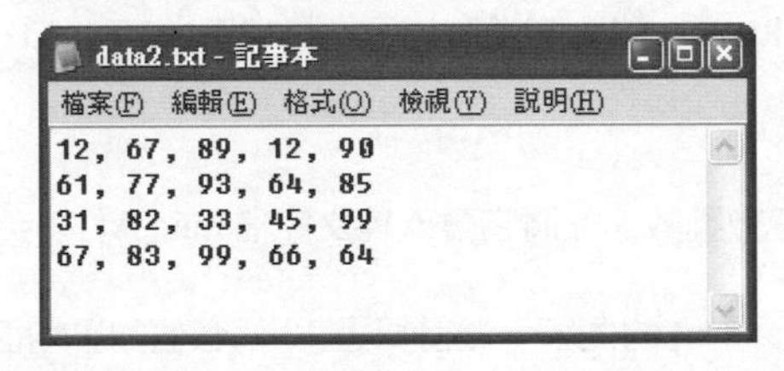

試讀取這個檔案裡的所有資料，把它設給變數 *m* 存放，並計算所有元素的平均值。

3. 設檔案 data3.txt 的內容如下所示，這些資料代表了 4 個學生 5 次統計學小考的成績：

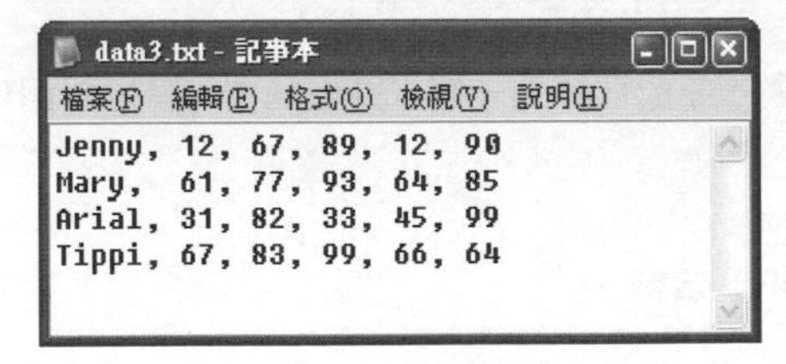

(a) 試讀取這個檔案內的資料，並計算每一個學生 5 次小考成績的平均值。

(b) 試計算這 4 個學生 5 次統計學小考成績的總平均。

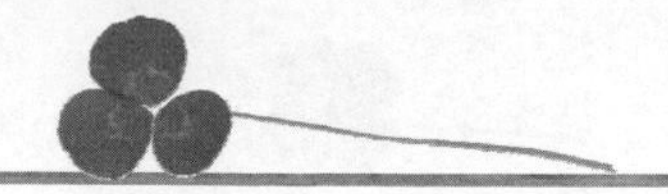

17.2 文字檔案的處理

4. 試撰寫一個 M 檔案，以 fscanf() 函數讀取習題 2 的檔案 data2.txt 之內容，並找出這個檔案裡，所有資料的最大值。

5. 設檔案 toolbox.txt 的內容如下所示，試回答接續的問題：

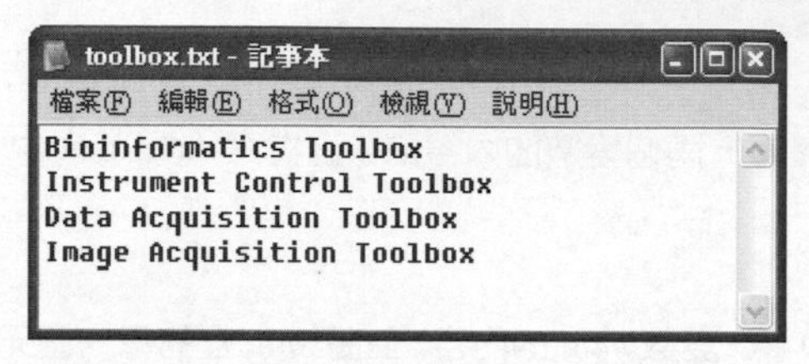

   (a) 試一行一行的讀入檔案 toolbox.txt 的內容，並將讀取的結果顯示在 Matlab 的工作視窗上。

   (b) 試撰寫一程式碼，可將 toolbox.txt 的內容複製到另一個檔案 toolbox2.txt 裡。

6. 試依下列的步驟完成程式設計：

   (a) 試產生 10 個 1~64 之間的整數亂數，並將它寫入純文字檔 rand.txt 內。

   (b) 撰寫一程式讀取純文字檔 rand.txt 的內容，並計算這 10 個數值的平均值。

17.3 二進位檔案的處理

7. 試依序完成下列各題：

   (a) 試找出小於 1000 的所有質數，並把它寫入一個二進位檔裡，檔名為 p1000.bin，寫入精度設定為 'int16'。

   (b) 利用 fseek() 函數找出第 100 個質數。

   (c) 利用 fseek() 函數找出小於 1000 的最大質數。

8. 試依序完成下列各題：

   (a) 試將 $\sqrt{1}, \sqrt{2}, \sqrt{3}, \cdots, \sqrt{10}$ 的值寫到二進位檔 roots.bin 裡，寫入精度設定為 'double'。

   (b) 試讀取二進位檔 roots.bin 的所有內容，並計算所讀取資料的總和。

第十八章 GUI 程式設計

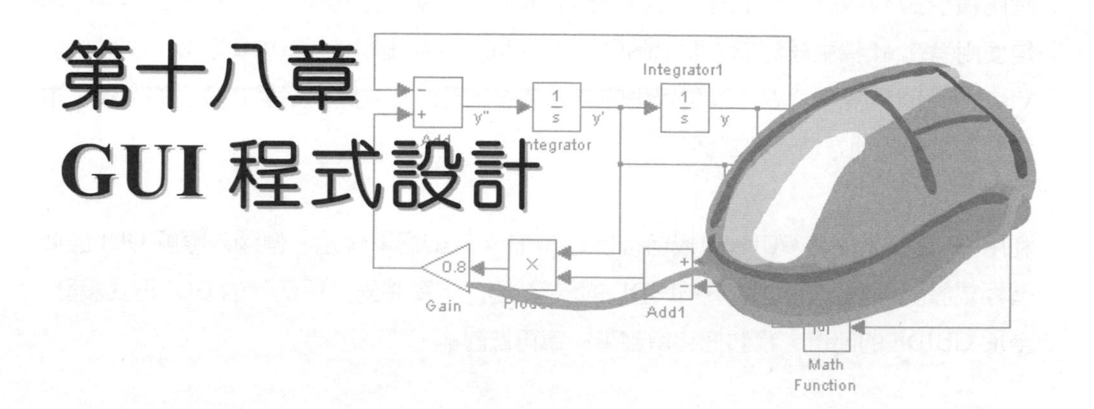

也許您已習慣利用 C#，或者是 Visual Basic 來撰寫視窗介面，雖然這兩個軟體都具備有視窗介面開發的功能，但是當遇到要處理數學問題時（例如解一個微分方程式），這類軟體常因為沒有龐大的數學運算庫支援，所以開發起來並不方便。本書將以兩章的篇幅介紹 Matlab 的視窗程式設計，學習完這兩章，將會發現 Matlab 其實也可以像 Visual Basic 那樣設計視窗的介面呢！

本章學習目標

- 認識圖形元件
- 認識 GUI 圖形元件
- 撰寫 GUI 元件的事件處理
- 學習撰寫滑鼠的事件處理

Matlab 的 GUI（graphical user interface，即圖形使用者介面）程式設計可分為低階與高階兩種型式。所謂的低階是指從設計整個 GUI 的環境，到撰寫元件所觸發的事件，都是使用者在 M 檔案裡寫成，而高階則是利用 Matlab 所提供的 GUIDE 環境，它類似於 Visual Basic 的開發介面，以視覺化的方式來佈置元件，並提供好程式介面的空殼，讓我們在需要的地方填入程式碼。

利用 GUIDE 來開發 GUI，遠較自行撰寫 M 檔案來的簡單快速，但深入瞭解 GUI 的低階程式設計，則相當有助益於 GUIDE 的學習，因此本章將先介紹低階的 GUI 程式設計，至於 GUIDE 的部份，我們把它留到下一章再做討論。

18.1 圖形元件

要學習 GUI 程式設計，首先必須先認識 Matlab 的圖形元件。本節將介紹圖形元件的基本概念，有了這些概念之後，我們就可以很快的利用它來進行 GUI 程式設計。

18.1.1 認識圖形元件

Matlab 裡每一張繪圖是由許多的元件組成，這些元件彼此之間都有著階層的關係存在，這個階層結構如下圖所示：

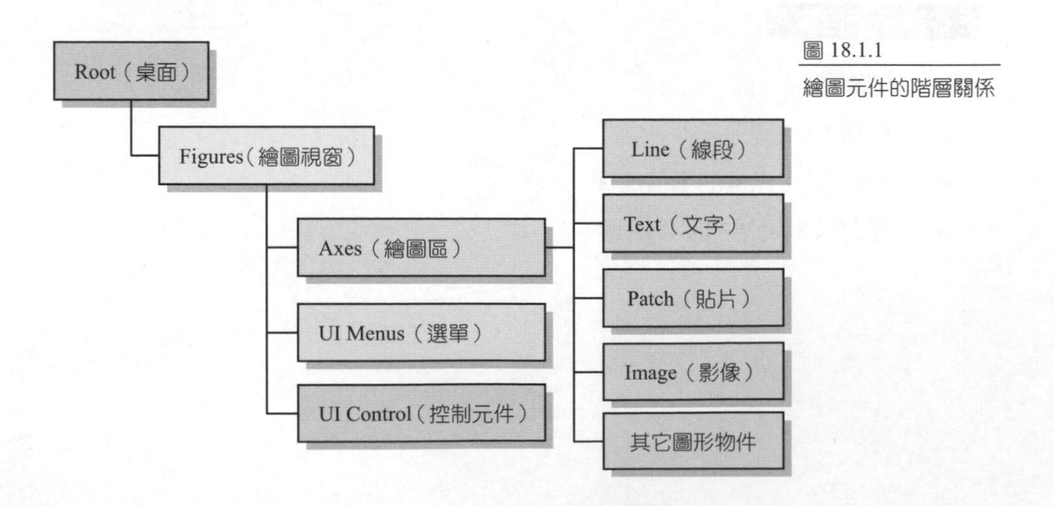

圖 18.1.1

繪圖元件的階層關係

於圖 18.1.1 中，最頂層的物件是 Root，代表 Windows 的桌面（desktop）。在 Root 底下可以擁有多個繪圖視窗。在每一個繪圖視窗裡可以包含繪圖區、UI 選單與 UI 控制元件等三種元件，而繪圖區裡則可以包含有線段、文字、貼片、影像等元件。例如，在 Matlab 的指令視窗裡鍵入

```
>> hndlgraf
```

（hndlgraf 為 handle graph 的縮寫）則會出現一個 Matlab 的 GUI 視窗，在這個視窗裡，您可以觀察到圖 18.1.1 裡所列的每一種元件，如下圖所示：

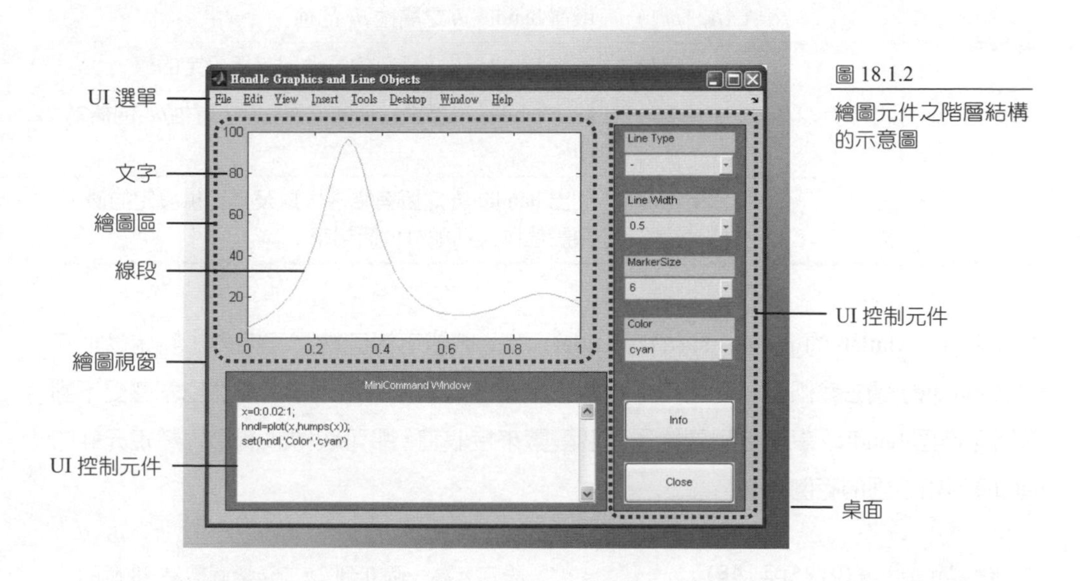

圖 18.1.2

繪圖元件之階層結構的示意圖

在這個 GUI 的視窗裡，您可以利用下拉選單修改圖形的一些外觀，例如線條的樣式、寬度、資料點的大小，以及顏色等。稍後的小節也將引導您如何設計一個類似的程式。

Matlab 的 GUI 元件裡，彼此之間都會有著階層的關係存在。舉例來說，若是想要繪製線段，則必須先建立一個繪圖區（axes），但繪圖區是繪圖視窗（figure）裡的一個子物件（sub-object），所以要建立繪圖區，必需先建立繪圖視窗。

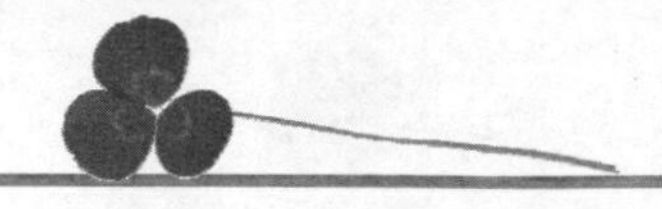

18.1.2 認識圖形元件的 handle

在 Matlab 所繪出的圖形中，每一個元件均有其特定的 handle 以供識別。如要修改元件的某些性質，必須先取得該元件的 handle，然後再根據這個 handle 來進行各種處理。handle 是 "握把" 之意，可想而知，想要提取某個元件，只要先抓住這個元件的握把就對了。要取得元件的 handle 或是設定某個屬性的值，可分別使用 get() 與 set() 函數：

表 18.1.1 使用者介面控制元件

函數	說明
get(*h*,'*pr*')	取得 handle *h* 之屬性 *pr* 的值
get(*h*)	查詢 handle *h* 之所有的屬性與其所設定的值
set(*h*,'pr_1','val_1','pr_2','val_2',…)	設定handle *h*之屬性pr_1的值為val_1，屬性pr_2的值為val_2
set(*h*)	列出 handle *h* 之所有屬性，以及其可供設定的值，預設值以大括號 {} 括起來

舉例來說，Matlab 的 plot()、surf() 與 title() 等函數皆可傳回繪圖視窗內，特定圖形元件的 handle。過去我們並未利用任何變數來接收這些函數的傳回值，自然也就感受不到它們可傳回 handle。事實上只要給予一個變數來接收它，即可取得該圖形內特定元件的 handle，如下面的範例：

```
>> x=linspace(0,2*pi,48);
```

設定 x 為一個 0 到 2π，元素個數為 48 個的向量。

```
>> y=sin(2*x)./(x+1);
```

利用向量 x 計算 $y=\sin(2x)/(x+1)$。

```
>> h1=plot(x,y)
```

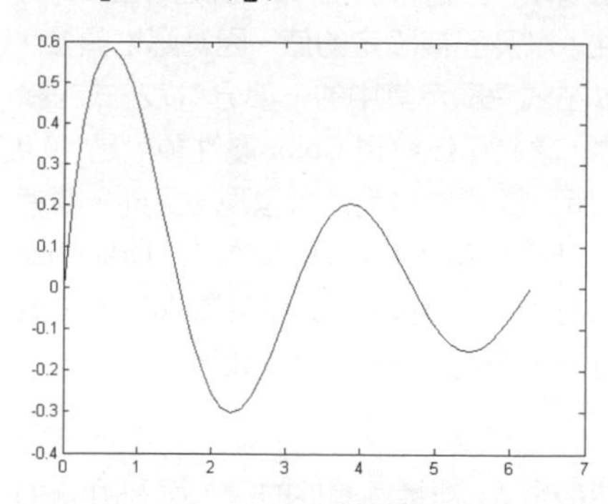

```
h1 =
   1.0106
```

繪出 $y = \sin(2x)/(x+1)$ 的圖形，並設定變數 $h1$ 來接收 plot() 函數的傳回值。事實上，如果有設定變數接收 plot() 的傳回值，則 plot() 會傳回所繪線段的 handle。於左式中，我們刻意讓 plot() 顯示出傳回的 handle 值，這個值是 Matlab 所指定，因此您所得的結果也許與左邊的結果會不一樣。另外，這個值的大小並不重要，它只是一個識別，稍後您只會利用變數名稱 $h1$ 來修改線段的一些屬性，而不會直接用到左式所顯示的數值。

```
>> set(h1,'Marker','o')
```

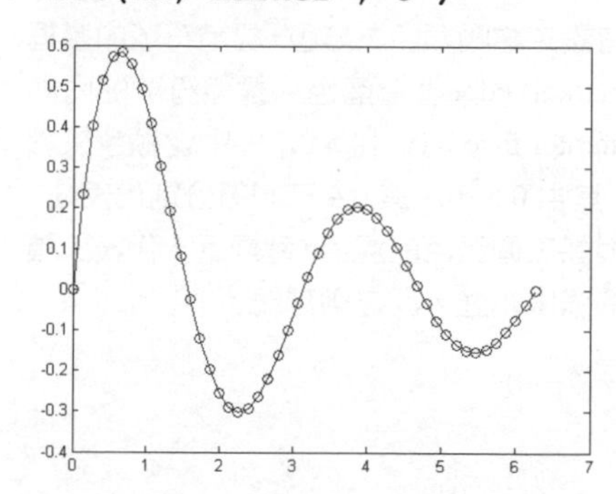

設定 $h1$ 的 Marker 屬性之值為 'o'。因為 $h1$ 是前例所繪圖形的 handle，所以它代表了圖形裡所有的線段，於是只要設定 $h1$ 的 Marker 為 'o'，即可將先前所繪之圖形在資料點的位置以小圓符號來呈現。

```
>>
set(h1,'LineWidth',2,'MarkerSize',16)
```

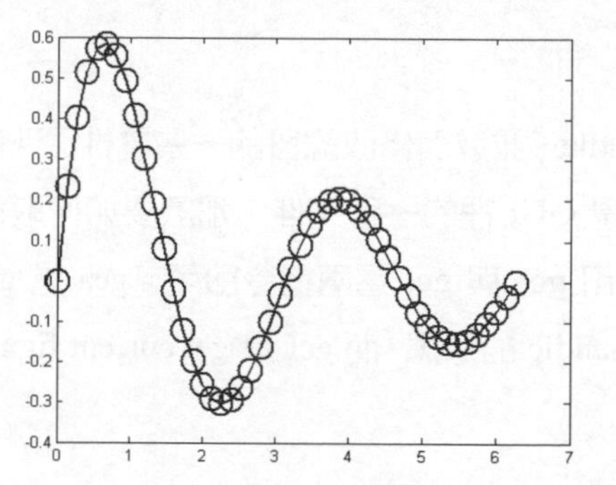

利用 set() 同時設定線條的寬度為 2，標識符號的大小為 16。

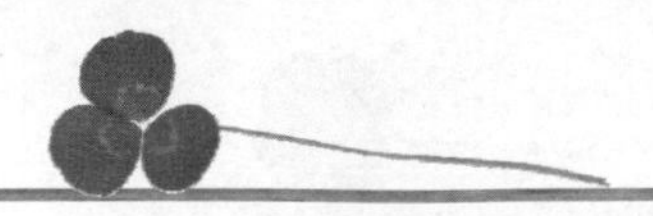

```
>> get(h1)
            Color: [0 0 1]
        EraseMode: 'normal'
        LineStyle: '-'
        LineWidth: 2
           Marker: 'o'
       MarkerSize: 16
  MarkerEdgeColor: 'auto'
  MarkerFaceColor: 'none'
              ...    ...
```

利用 get() 函數可檢視 *h*1 可供設定的所有屬性，以及已被設定的值。因為屬性頗多，所以左式只顯示其中的一部分。從左式的輸出中，讀者可以發現 Color 屬性預設是 [0 0 1]，所以圖形是以藍色來呈現。另外，讀者也可以發現 LineWidth 的值為 2，MarkerSize 的值為 16，且 Marker 的設定為 'o'，這些值正是前幾個範例中所設定的值。

```
>> get(h1,'LineWidth')

ans =
    2
```

如要取得 *h*1 裡某個屬性的值，可利用 get() 函數。左式是利用 get() 取得屬性 LineWidth 的值。

```
>> set(h1,'color','red',...
   'MarkerEdgeColor','blue',...
   'MarkerFaceColor',[0.5,0.7,0.4])
```

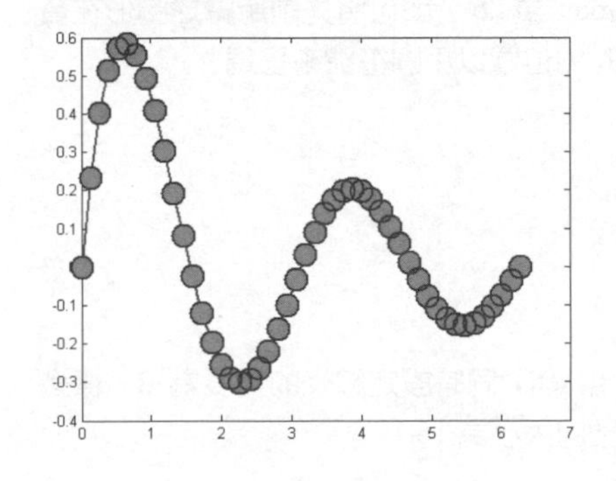

同時設定繪圖顏色為紅色，標識符號的邊框（marker edge）為藍色，標識符號的內面（marker face）以 [0.5 0.7 0.4] 之顏色來填滿，其中 0.5、0.7 與 0.4 三個值分別代表紅、綠與藍三個顏色的混色，越靠近 1 代表該顏色的強度越強，反之則越弱。

從前面的練習中，可以知道如何取出線段的 handle，並進而修改線段的一些屬性了。在圖 18.1.1 中，我們知道繪圖區以及繪圖視窗均是 GUI 裡的一種元件，那麼要如何取得這兩個元件的 handle 呢？答案很簡單，只要利用 gca 與 gcf 這兩指令即可。gca 是 get current axes 的縮寫，也就是取得目前繪圖區之 handle 的意思，而 gcf 是 get current figure 的縮寫，也就是取得目前繪圖視窗之 handle：

表 18.1.2　取得繪圖區以及繪圖視窗的 handle

指令	說 明
h=`gca`	取得目前繪圖區之 handle，若沒有繪圖區，則回應 `[]`
h=`gcf`	取得目前繪圖視窗之 handle，若沒有繪圖視窗，則回應 `[]`

接下來我們接續本節的範例，利用 gca 與 gcf 指令來修改繪圖區以及繪圖視窗的顏色。別忘了，如果想知道繪圖區以及繪圖視窗有哪些屬性可供修改，可利用 get 函數。

```
>> ha=gca;
```

取得繪圖視窗裡，繪圖區的 handle，並把它設定給變數 *ha* 存放。

```
>> set(ha,'Color',[0.9,0.9,0.67]);
```

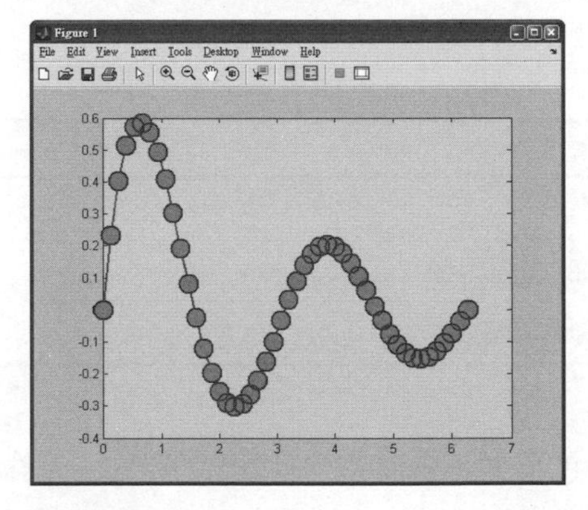

設定繪圖區的顏色為淡黃色。在左式中，設定顏色為 [0.9, 0.9, 0.67] 代表這個顏色是 $r=0.9, g=0.9, b=0.67$ 三種顏色的混色。

如果想知道左圖的繪圖區中有哪些屬性可供設定，可利用 get(*ha*) 函數。

```
>> hf=gcf;
```

取得目前繪圖視窗的 handle，並把它設定給變數 *hf* 存放。

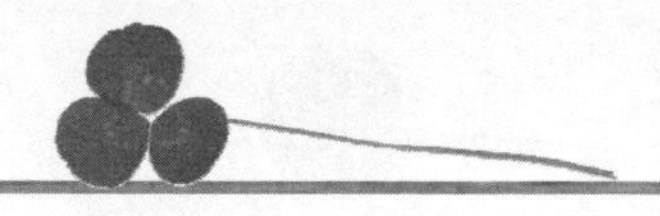

```
>> set(hf,'Color','white');
```

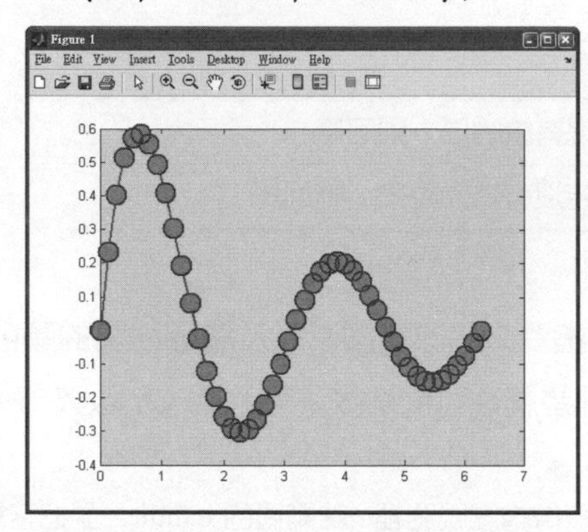

設定繪圖視窗的顏色為白色，於左圖中讀者可以發現繪圖視窗的底色已經變成白色。

相同的，如果想知道繪圖視窗中有哪些屬性可供設定，可利用 get(*hf*) 函數。

如果想要關閉視窗，可利用 close 指令。關於 close 指令的用法列表如下：

表 18.1.3　關閉繪圖視窗

函數	說明
`close`	關閉目前的繪圖視窗
`close all`	關閉所有開啟在桌面的繪圖視窗
close(*h*)	關閉 *handle* 為 *h* 的繪圖視窗

繪圖視窗關閉後，原先我們所設定之 handle 的值並不會消失，但是已和原先的元件失去連結，因此利用這些 handle 會無法取出原有的元件，如下面的範例：

```
>> close
```

關閉目前正在使用的繪圖視窗。您也可以直接按下繪圖視窗右上角的 ☒ 按鈕來關閉視窗。

```
>> set(h1,'Marker','s')
Error using handle.handle/set
Invalid or deleted object.
```

嘗試將資料點的標識符號改為正方形（square），但因繪圖視窗已被關閉，此時雖然變數 *h*1 的值還是存在，但它已失去連結，因此左式回應錯誤訊息。

現在您對圖形元件的 handle 應有基本的認識了，這些觀念也足以應付稍後介紹的 GUI 程式設計。本節略去相當部分來講解圖形的 handle，以及每一種圖形元件的屬性。有需要的讀者可參考 Matlab 的線上求助系統。例如，您可以在指令視窗裡鍵入 doc 並按下 Enter 鍵，此時會出現 Help 視窗。您可以直接在「Search Documentation」欄位裡鍵入您想要查詢的名稱，或者是按一下「Matlab」超連結，再於出現的視窗中點選 按鈕，開啟樹狀結構選單來挑選所要查詢的項目。例如下圖是查詢 Graphics Objects 底下的 Core Objects 的畫面：

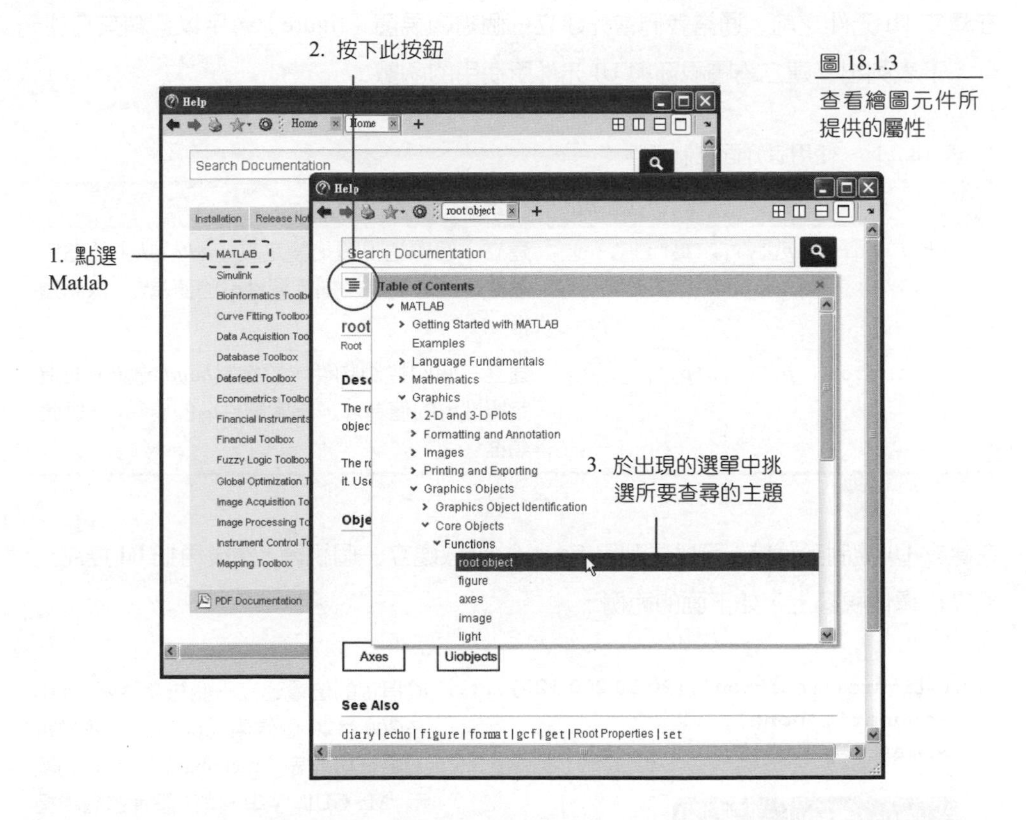

圖 18.1.3 查看繪圖元件所提供的屬性

由於版本的更替，Matlab 每個版本的 Help 視窗也有所改變，不過在操作上還是大同小異。建議可以花點時間瀏覽一下每個繪圖元件所提供的屬性，熟悉這些屬性對於日後學習 GUI 的程式設計會非常有助益。

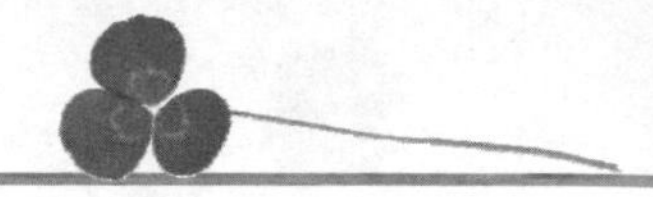

18.2 認識 UI 元件

在圖 18.1.1 的結構圖裡，讀者可以注意到在每一個繪圖視窗裡皆可包含有三種元件，即繪圖區、UI 選單與 UI 控制元件。熟悉了繪圖區的建立之後，本節將介紹如何在視窗裡建立 UI 控制元件。

18.2.1 UI 元件的基本認識

在建立 UI 元件之前，通常我們會先建立一個繪圖視窗（figure），用以容納其它的元件。下表列出了建立繪圖視窗與 UI 元件所使用的函數：

表 18.2.1　使用者介面控制元件

函 數	說 明
h=figure('p_1',v_1,'p_2',v_2,⋯)	建立一個繪圖視窗，設定其*handle*為h，並指定屬性p_1的值為v_1，指定屬性p_2的值為v_2，以此類推
h=uicontrol('p_1',v_1,'p_2',v_2,⋯)	建立一個UI控制物件，設定其*handle*為h，並指定屬性p_1的值為v_1，指定屬性p_2的值為v_2，以此類推

在建立 UI 控制元件時，可以先利用 figure() 函數建立一個視窗，然後再把 UI 控制元件建立在這個視窗上，如下面的範例：

```
>> h1=figure('Position',[90 50 200 120],...
   'Menubar','none',...
   'Name','My GUI');
```

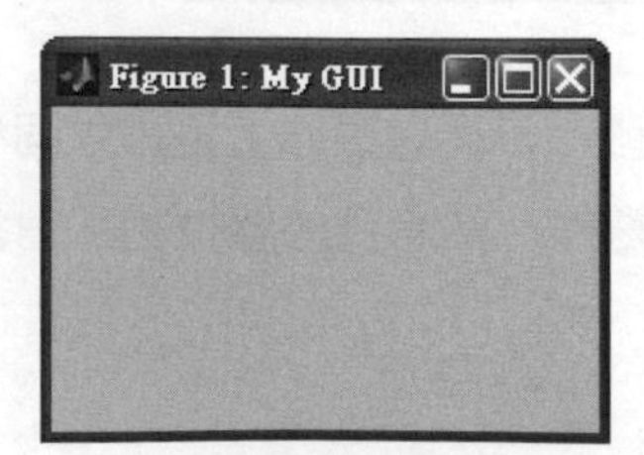

於指定的位置建立一個繪圖視窗，大小為 200×120 個像素（pixel），並設定不要有功能表（menubar），標題列顯示 'My GUI' 字串，同時設定這個視窗的 handle 為 *h*1。事實上，若此時沒有設定視窗的 handle，稍後還是可以利用 gcf 指令來取得它的 handle，如前一節所述。

於上面的範例中，Position 屬性是一個具有 4 個元素的向量，其中前兩個元素指定繪圖視窗距桌面左下角的距離，第 3 與第 4 個元素則是用來指定繪圖視窗的寬與高，單位皆為像素。讀者可以參考下圖來釐清 Position 屬性的意義：

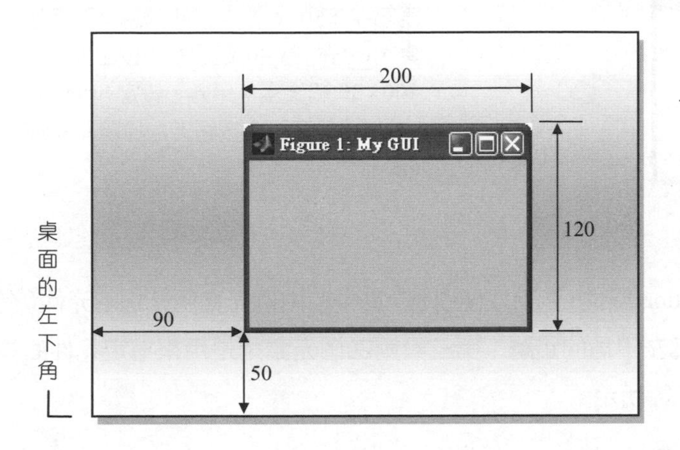

圖 18.2.1
設定視窗的 Position 屬性為 [90 50 200 120] 所代表的意義

如想知道繪圖視窗裡，到底有哪些屬性可以來設定它，可利用 get() 函數來取得，並可利用 set() 函數來設定屬性：

```
>> get(h1)

    Alphamap = [ (1 by 64) double array]
    BackingStore = on
    ...
    MenuBar = none
    MinColormap = [64]
    Name =  My GUI
    ...
```

利用 get() 函數來查詢繪圖視窗裡有哪些屬性可以設定。左式的輸出顯示了視窗物件有相當多的屬性，我們只列出其中一小部份。

```
>> set(h1,'Color','white')
```

利用左式的語法，可設定視窗的底色為白色。

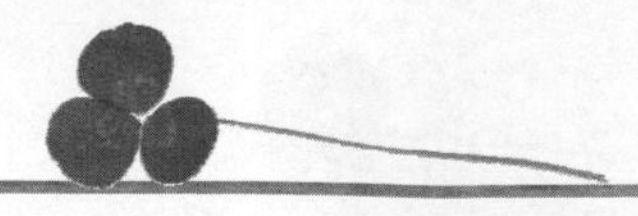

```
>> h2=uicontrol('Style','pushbutton',...
   'Position',[50 40 100 30],...
   'String','push me');
```

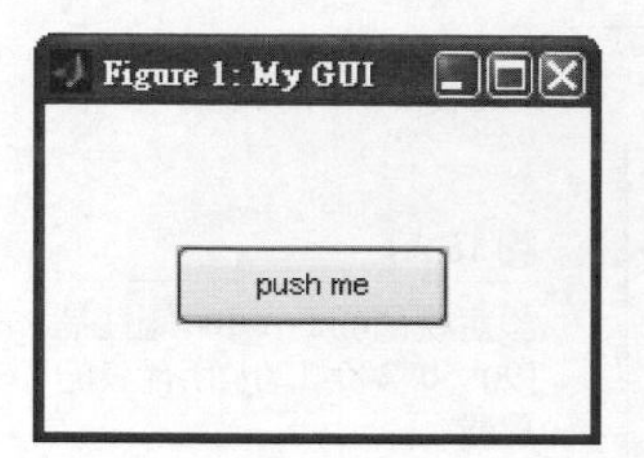

在繪圖視窗中加入一個 UI 控制元件，並設定 Style 為 'pushbutton'，如此便可建立一個按鈕。Position 屬性設定為 [50 40 100 30]，代表按鈕的位置距繪圖視窗左下角 x 方向的距離為 50 個像素，y 方向為 40 個像素，按鈕大小為 100×30 個像素。另外，設定 String 為 'push me' 可設定按鈕上的標題為 push me。

在本例中，按鈕一樣有 Position 屬性，它有 4 個引數，其中前兩個元素用來指定元件（在本例中為按鈕）距繪圖視窗左下角的距離，第三與第四個元素則是用來指定元件的寬與高，單位皆為像素，如下圖所示：

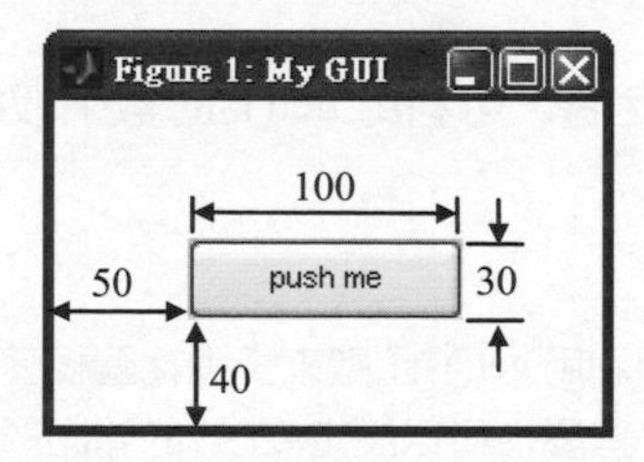

圖 18.2.2
設定按鈕的 Position 屬性為 [50 40 100 30] 所代表的意義

於本例中，因為我們已設定 $h2$ 是按鈕的 handle，所以可以利用 set() 來設定按鈕的一些性質：

```
>> set(h2,'Position',[50 20 100 30]);
```

左式是以 set() 來移動按鈕的位置，從原先離視窗下方 40 個像素的位置拉到距離視窗下方 20 個像素的位置。

在上面的範例中，因為還沒設定按鈕的動作，所以這個按鈕雖然可以被按下，但是不會有任何動作被觸發。另外，讀者可以觀察到要建立 UI 控制物件時，必須先利用 figure 函數建立一個繪圖視窗，然後再把 UI 控制物件建立在這個視窗內。事實上，如果沒有先建立繪圖視窗，Matlab 也會預先建立一個繪圖視窗給 UI 控制物件放置。

現在讀者可以了解到，如果在 uicontrol() 函數裡設定參數 Style 的值為 'pushbutton'，如此便可建立一個按鈕。除了按鈕之外，Matlab 尚提供一些常用的 UI 控制元件，這些元件都可以利用參數 Style 來指定，如下表所示：

表 18.2.2　UI 控制元件

Style 的值	說 明	用 途
'pushbutton'	按鈕（push button）	用來執行某項動作
'radio'	選擇按鈕（radio button）	可用來進行單選的元件
'toggle'	雙態按鈕（toggle button）	有按下與彈開兩種狀態
'checkbox'	核取方塊（check box）	可用來進行複選的元件
'edit'	文字方塊（editable text）	可輸入文字的元件
'popup'	下拉選單（pop-up menu）	可供單選的元件
'listbox'	選擇表單（list box）	可單選或複選
'slider'	捲軸（slider）	可用拖拉的方式來輸入數值
'text'	靜態文字方塊（static text）	可顯示文字於特定的位置

上表所列的 9 種元件幾乎包含了 Windows 最常用的控制項目。這些控制項目有許多的屬性可供設定，例如於前面的範例中，pushbutton 的 Position 屬性是用來設定按鈕的位置，而 String 屬性則是用來設定顯示在按鈕上的字串。下表列出 UI 控制元件常用的屬性，至於完整的列表與說明，讀者可參閱 Matlab 的線上說明（請參閱圖 18.1.3）：

表 18.2.3 控制元件的屬性說明（用大括號括起來的項目是預設值）

屬性名稱	格式/選項	說明
BackgroundColor	[red green blue] 或顏色字串	用來設定元件的背景顏色
Callback	指令字串	可用來設定該元件被觸動時所要執行的指令
Enable	[on | {off}]	設定元件是否在 Enable 的情況
ForegroundColor	[red green blue] 或顏色字串	用來設定文字顏色
HorizontalAlignment	[left | {center} | right]	設定元件裡，文字的對齊方式
Max	數字	設定捲軸的最大值，但其它元件的 Max 屬性則有不同的用途
Min	數字	設定捲軸的最小值，但其它元件的 Min 屬性則有不同的用途
Position	[left button width height]	設定元件的位置與大小
String	字串	設定顯示於元件上的文字
Style	[{pushbutton} | radiobutton | edit | togglebutton | checkbox | text | slider | listbox | popupmenu]	設定 uicontrol 的元件種類
SliderStep	數字	設定捲軸每次可移動的大小
TooltipString	字串	設定工具提示的小字串
Value	數字	元件的值，請參閱本節稍後的說明
Tag	字串	設定元件的標籤，以方便 findobj 函數找尋
Visible	[{on} | off]	設定元件是否顯示出來

於上表中，雖然屬性名稱的開頭第一個字母都是大寫，不過在撰寫指令時，Matlab 也接受小寫的格式。另外，這些屬性除了 SliderStep 是給捲軸使用之外，其它的屬性皆適用於 Matlab 所提供的 UI 控制元件。

18.2.2 建立按鈕與核取方塊

在 UI 元件裡，按鈕可分成一般按鈕（push button）、選擇按鈕（radio button）與雙態按鈕（toggle button）三種。一般按鈕是我們最常看到的 UI 元件，選擇按鈕則是用來做為單選的元件（複選可用核取方塊），而雙態按鈕的設計較為特殊，它可分為被按下與沒被按下兩種狀態，若被按下，則再按一次時便會變成沒被按下的狀態，反之亦然。

通常我們可以利用 Value 屬性來設定選擇按鈕與雙態按鈕是否有被選取。若設定為非零的數值，則元件被選取，若設定為零，則元件就不會被選取。這些元件的預設值皆是沒有被選取的狀態，如下面的範例：

```
>> close all
```

關閉目前桌面上所有開啟的繪圖視窗。

```
>> figure('Position',[90 50 200 120],...
   'Menubar','none',...
   'Name','My GUI','Color','white');
```

於指定的位置建立一個繪圖視窗，同時設定底色為白色。執行完左式時，您可以看到 Matlab 會顯示一個繪圖視窗。

```
>> uicontrol('Style','checkbox',...
    'Position',[20 50 80 20],...
    'String','a check box');
```

於指定的位置與大小建立一個核取方塊，並設定核取方塊的顯示名稱為 a check box。

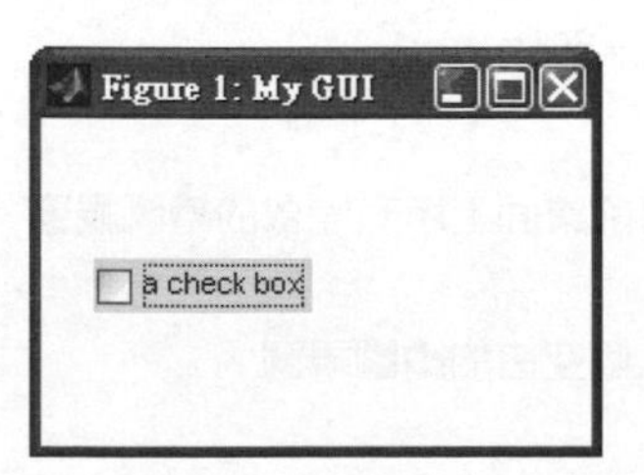

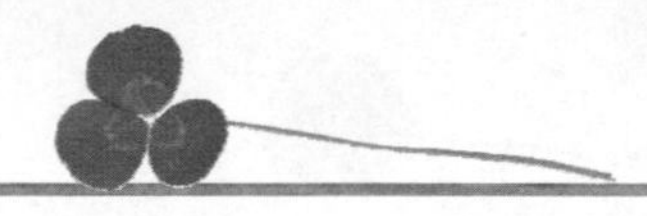

```
>> uicontrol('Style','radio',...
   'Position',[20 20 80 20],...
   'String','a radio btn',...
   'Value',1);
```

建立一個選擇按鈕，並顯示標題為字串 a radio btn。另外，設定 Value 等於 1，則相當於這個選擇按鈕已被選取，因此讀者可以看到左圖的選擇按鈕是呈現被選取的狀態。

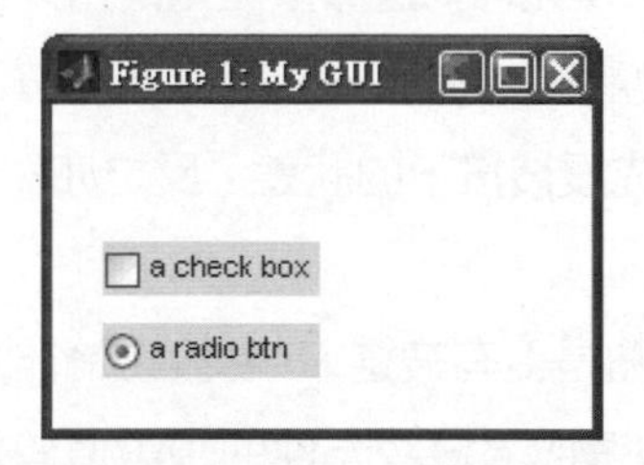


```
>> uicontrol('Style','toggle',...
   'Position',[110 50 80 20],...
   'String','a toggle btn');
```

建立一個雙態按鈕，同時設定標題為字串 a toggle btn。如果讀者試著按下這個按鈕，可發現它會被按下，且不會自動跳回，但是再按下一次，則會跳回原來的狀態。

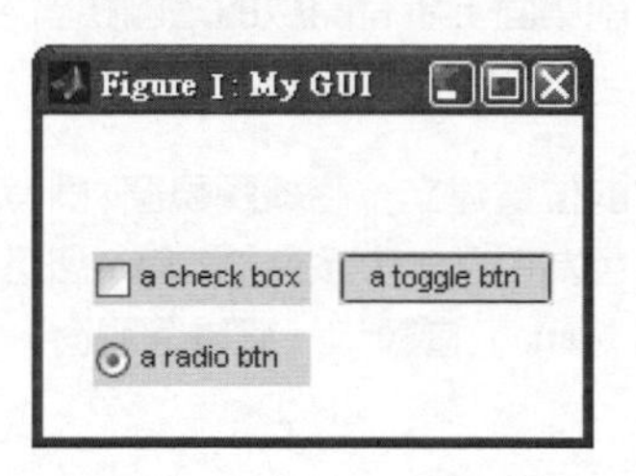

18.2.3 建立文字方塊與靜態文字方塊

如果想要建立一個文字的註解，且希望使用者不能編輯它，則可建立靜態文字方塊（text）。若是想讓使用者可以輸入文字，則可使用文字方塊（edit）。有趣的是，Matlab 是以 Max 與 Min 這兩個參數來控制文字方塊是否可以接受多行的輸入。如果 Max 減去 Min 的值大於 1，則可接受多行輸入，否則只能接受單行輸入。靜態文字則不管 Max 與 Min 的值為何，皆可以多行的方式來呈現，如下面的範例：

```
>> close all
```

關閉目前桌面上所有開啟的繪圖視窗。

```
>> figure('Position',[50 50 200 120],...
  'Menubar','none')
```

建立一個空白的繪圖視窗。

```
>> uicontrol('Style','edit',...
   'Position',[20 20 80 80],...
   'String','This is an editable text',...
   'HorizontalAlignment','left',...
   'Max',2,'Min',0);
```

建立一個文字方塊，並填入文字，同時設定文字的對齊方式為靠左。另外，左式設定 Max 的值為 2，Min 的值為 0，因為 Max 與 Min 的差值為 2，所以可以接受多行輸入，於是左圖中，方塊內的文字會自動換行，且會自動顯示捲軸。

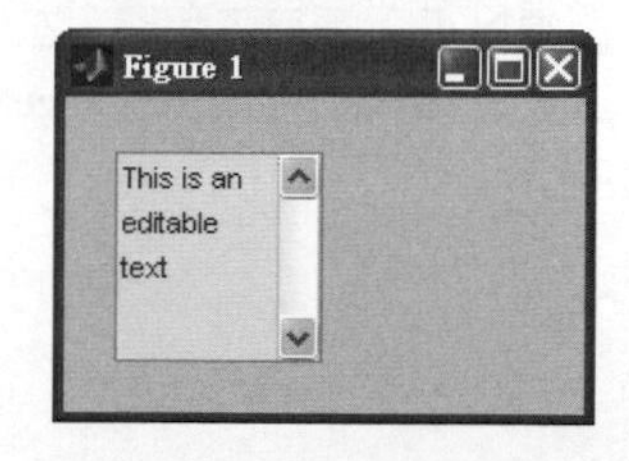


```
>> uicontrol('Style','text',...
   'Position',[115 70 70 30],...
   'String','This is a static text');
```

建立一個靜態文字方塊，並填入文字。於左式中，我們並沒有指定文字的對齊方式，因此它會以預設的置中來顯示。

另外，讀者可以注意到在靜態文字方塊裡的文字會自動換行。

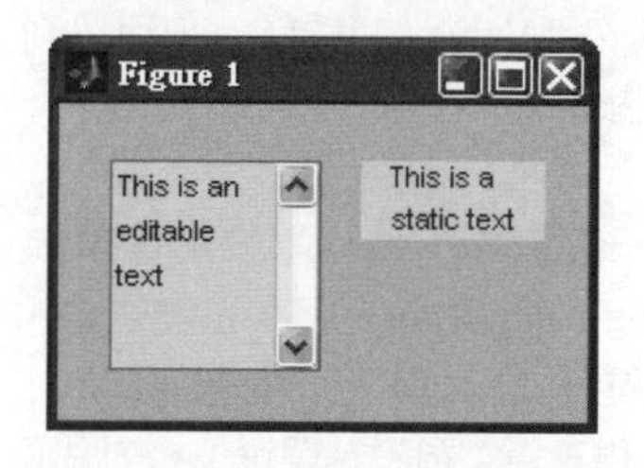

18.2.4 建立選擇表單與下拉選單

選擇表單（list box）與下拉選單（popup menu）也是 GUI 裡常用的控制元件之一。選擇表單可一次呈現多個選項，而下拉選單則較節省空間，以下拉的方式來呈現選單。另外，選擇表單可以單選或複選，如果其 Max 的屬性值減去 Min 的屬性值大於 1，則可接受複選，否則只能接受單選。下拉選單則只能夠單選。下面是建立這兩種選單的範例：

```
>> close all
```

關閉目前桌面上所有開啟的繪圖視窗。

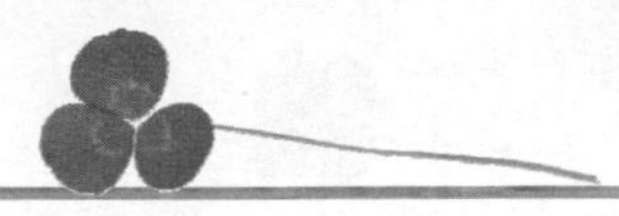

```
>> figure('Position',[50 50 200 120],...
   'Menubar','none')
```

建立一個空白的繪圖視窗。

```
>> h1=uicontrol('Style','popup',...
    'Position',[20 80 70 20],...
    'String','apple|orange|banana');
```

建立一個下拉選單，並設定選單裡的選項有 apple、orange 與 banana，注意每一個選項必須以「|」運算子隔開。左圖是按下選單旁的按鈕，並選擇 orange 選項之後的情形。

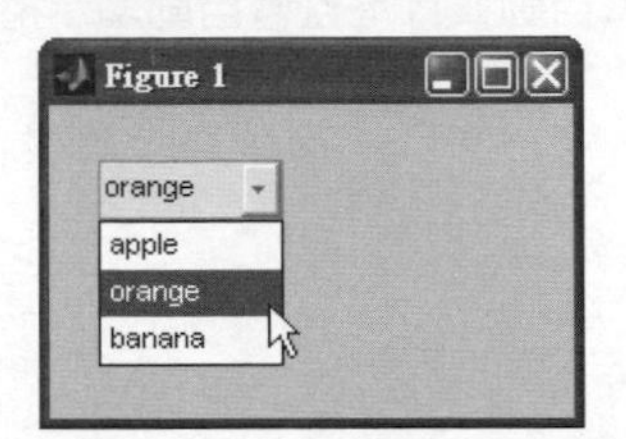


```
>> get(h1,'Value')

ans =
     2
```

下拉選單的 Value 屬性記錄了被選取之選項的編號，若第二個選項（orange）被選取，則 Value 的值為 2，您可以利用左式來驗證。

```
>> h2=uicontrol('Style','listbox',...
    'Position',[110 40 70 60],...
    'String','cat|dog|pig|rat',...
    'Max',2,'Min',0);
```

建立一個選擇表單，並設定選項為 cat、dog、pig 與 rat 四種。於左式中，因為設定了 Max 與 Min 的差值為 2，所以可供複選（預設為單選）。左圖是同時選擇了 cat 與 pig 之後的情形（要同時選取兩個以上的項目，必須先按下 ctrl 鍵，然後再選取要選擇的項目）。

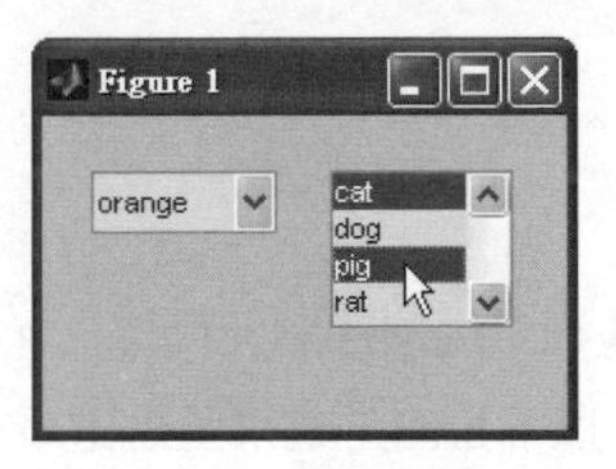


```
>> get(h2,'Value')

ans =
     1     3
```

選擇表單中，Value 屬性一樣也記錄了被選取之選項的編號，例如於前例中，第一與第三個選項被選取，因此利用左式來查詢 Value 的值時，我們會得到向量 [1 3]。

18.2.5 建立捲軸

許多圖形介面均設有捲軸（scroll bars），以方便使用者拖曳捲軸來設定數值或捲動畫面。捲軸包含兩個捲軸箭號（位於捲軸兩端）、一個捲軸盒（用來拖曳捲軸）、以及捲軸列（用來放置捲軸盒）。

捲軸的方向可設定為水平或垂直，如果設定捲軸的寬大於高，則 Matlab 自動把它視為水平捲軸，反之則為垂直捲軸，如下面的範例：

```
>> close all
```

關閉目前桌面上所有開啟的繪圖視窗。

```
>> figure('Position',[50 50 200 120],...
 'Menubar','none')
```

建立一個空白的繪圖視窗。

```
>> uicontrol('Style','slider',...
  'Position',[20 80 70 20]);
```

建立一個捲軸。因為這個捲軸的寬大於高，所以它是一個水平捲軸。執行完左式時，繪圖視窗內會顯示一個水平捲軸（左式我們略去執行的結果）。

```
>>  uicontrol('Style','slider',...
  'Position',[130 20 20 80]);
```

建立另一個捲軸，這次因為捲軸的寬小於高，所以它是一個垂直捲軸。

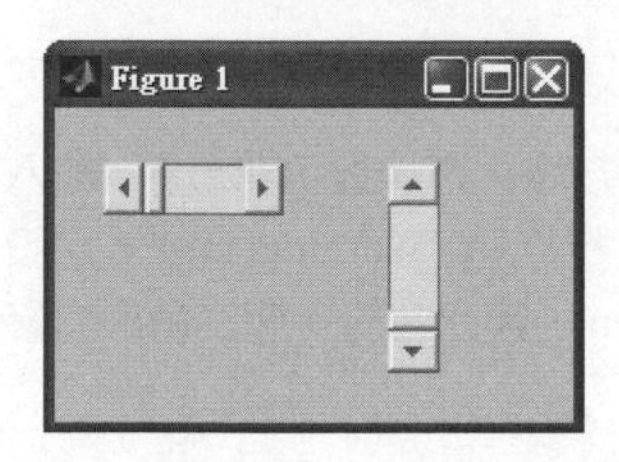

由於我們並沒有為捲軸撰寫任何的事件，所以在上面的範例中，若是拖拉捲軸，會感覺不到捲軸裡數值的變化。通常我們會在捲軸的旁邊加上一個文字方塊，用來顯示或是設定捲軸的數值。

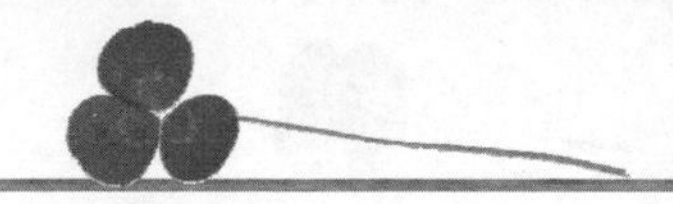

18.3 對話方塊的設計

除了上一節所介紹的元件之外，Matlab 尚提供了簡易的函數來建立對話方塊（dialog box）。因為這些對話方塊已被巧妙的設計過，因此善用它們可以節省相當多的程式設計時間。下表列出一些常用的對話方塊建立函數：

表 18.3.1 對話方塊的設計

函數	說明
msgbox(*message*, *title*, *icon*)	建立一個對話方塊，方塊提示訊息為 *message*，方塊的標題為 *title*，圖示為 *icon*，其中 icon 可為 'none'、'error'、'help'，或者是 'warn'
questdlg(*question*, *title*, b_1, b_2, $\cdots$, *default*)	建立一個可供選擇的對話方塊，方塊提示訊息為*question*，方塊的標題為*title*，按鈕標題分別為b_1, b_2, $\cdots$，並以*default*為預設被選擇的按鈕
inputdlg(*prompt*, *title*)	建立一個輸入對話方塊，提示訊息為 *prompt*，方塊的標題為 *title*，傳回值為多質陣列

於上表中，除了 msgbox() 函數沒有傳回值之外，其它的 questdlg() 與 inputdlg() 函數都有傳回值，我們來看看下面的範例：

```
>> msgbox('輸入必須為整數',...
   'Wanring msg','warn')
```

建立一個對話方塊，方塊提示訊息為 '輸入必須為整數'，標題為 'Warning msg'，且設定圖示為 'warn'，因此會有一個三角形的警告標示出現。

```
>> msgbox('輸入錯誤，請重新輸入',...
   'Error msg','error')
```

建立一個對話方塊，於左式中，我們設定圖示為 'error'，因此會有一個圓形打叉的錯誤標示出現。

```
>> questdlg('Are you sure?',...
   'Confirm','yes','no','no')
```

建立一個可供選擇的對話方塊，使用者可以按下 yes 或者是 no 按鈕。預設被選的按鈕是 no，也就是說，如果您直接按下 Enter 鍵，則 no 按鈕會被按下，同時字串 'no' 會被送到指令視窗中

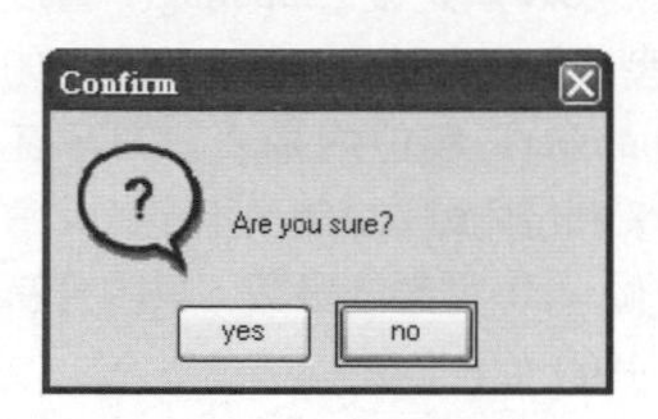

值得一提的是，在上面的範例中，如果按下 yes 按鈕，則字串 'yes' 會被送到指令視窗中；相同的，按下 no 按鈕，則字串 'no' 會被送出，因此在程式設計時，我們就可以依據 questdlg() 所傳回的字串來設計所要採取的動作。

另外，如果在 questdlg() 函數中沒有設定按鈕，則預設會呈現 Yes、No、與 Cancel 三個按鈕，如下面的範例：

```
>> questdlg('Are you sure?','Confirm')
```

於左式中，我們沒有指定按鈕的個數與名稱，此時 questdlg() 會以預設的 Yes、No、與 Cancel 三個按鈕來呈現。

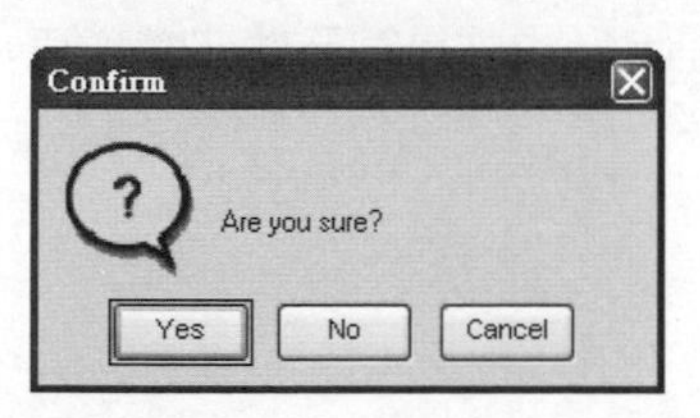

如果想藉由對話方塊來輸入文字（或數字），可利用 inputdlg() 函數。inputdlg() 可接受簡單的輸入，按下 OK 鍵後，輸入的文字會以多質陣列的型態傳回，如下面的範例：

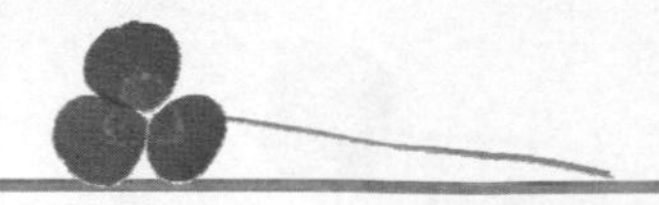

```
>> str=inputdlg('input a number',...
   'Input dialog')
```

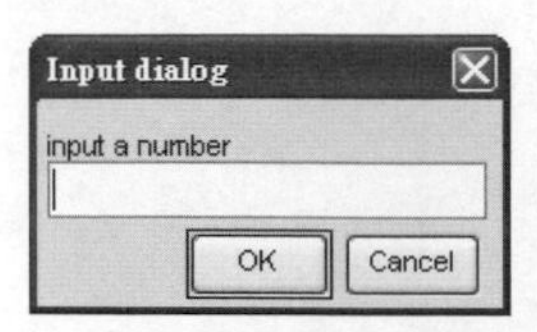

建立一個輸入對話方塊，提示訊息為 'input a number'。如果在空白的欄位內輸入文字，按下 OK 鍵之後，此時所輸入的文字就會以字串的型態存放在多質陣列裡，並設定給變數 *str* 存放。如果要把它轉成數值，可用 str2num() 函數，即 str2num(str{1}) 即可進行轉換。

```
>> a=inputdlg({'number1','number2'},...
   'Input dialog')
```

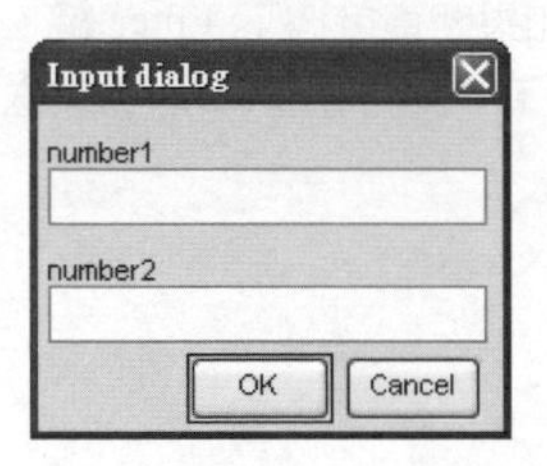

設定有兩個輸入的對話方塊。在輸入文字，按下 OK 鍵之後，inputdlg() 會以 cell 的型式傳回所輸入的值。例如，如果在 number1 欄位內輸入 123，在 number2 欄位內輸入 456，則變數 *a* 會接收一個 cell 型態的變數，其內容為 {'123', '456'}。

18.4 簡單的事件處理

本節我們將介紹一些簡單的事件處理方法，使得 GUI 元件可以因事件的撰寫而動起來。要撰寫元件的事件處理，可以利用該元件的 Callback 屬性（您可以把 Callback 譯成反應指令）來設定，如下面的程式碼：

```
set(元件的 handle,'Callback','要執行的指令')
```

上面的程式碼即是設定元件的反應指令為 '要執行的指令'，也就是當元件被觸發時，就會執行 '要執行的指令'。

18.4.1 簡單的範例－按鈕的事件設計

本節以一個簡單的範例來解說如何撰寫事件處理。在這個範例中，我們設計了三個按鈕，以及一個靜態文字方塊，其版面配置如下圖所示：

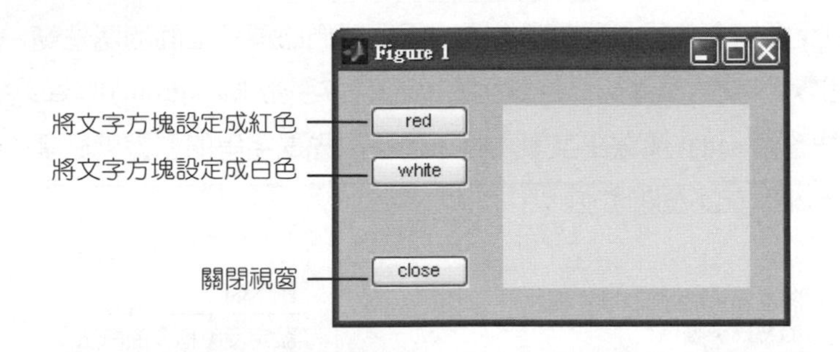

圖 18.4.1

script18_1 版面配置圖與元件所觸發的事件說明

於此範例中，當按下 red 按鈕時，右邊的靜態文字方塊會被變成紅色，若是下 white 按鈕，則變成白色，若是按下 close 按鈕，則關閉視窗。本範例的程式撰寫如下：

```
01  %script18_1.m, 簡單的事件處理範例
02  figure('Position',[80 80 270 150],'Menubar','none');
03  h_close=uicontrol('String','close');
04  h_white=uicontrol('String','white','Position',[20 80 60 20]);
05  h_red=uicontrol('String','red','Position',[20 110 60 20]);
06  h_txt=uicontrol('Style','text','Position',[100 20 150 110]);
07
08  cmd1='set(h_txt,''BackgroundColor'',''white'')';  } 設定 Callback 的內容
09  cmd2='set(h_txt,''BackgroundColor'',''red'')';    }
10
11  set(h_close,'Callback','close');   }
12  set(h_white,'Callback',cmd1);      } 設定元件的 Callback
13  set(h_red,'Callback',cmd2);        }
```

撰寫好 script18_1.m 之後，可以在 Matlab 的工作視窗裡鍵入檔名，或者是在 M 檔案編輯視窗的工作列裡按下 Run 按鈕，或按下 F5 鍵來執行它。執行結果如圖 18.4.1 所示。

於 script18_1 中，2~6 行分別建立了一個繪圖視窗、三個按鈕，以及一個靜態文字方塊，讀者應該相當熟悉這幾行程式碼。第 8~9 行則是建立 Callback 所要執行的反應指令。於第 8 行中，我們設計了一個指令，它可將靜態文字方塊的背景顏色設定為白色，因此可以利用如下的語法來設定：

```
set(h_txt,'BackgroundColor','white');
```

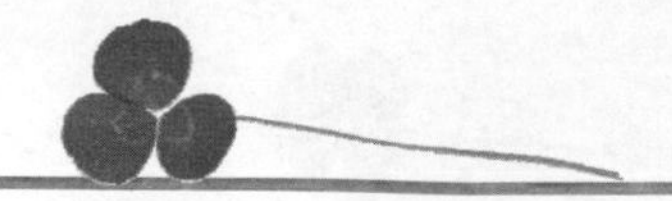

但是 Callback 所要執行的反應指令必須撰寫在字串內，因此我們必須把上面的語法轉換成字串，然後設定給一個變數存放。讀者可以注意到在 set() 裡，引數 BackgroundColor 與 white 都是字串，所以把整個 set() 撰寫在字串內時，這些原先是字串的引數就必需再以成對的字串符號包圍起來，如下面的敘述：

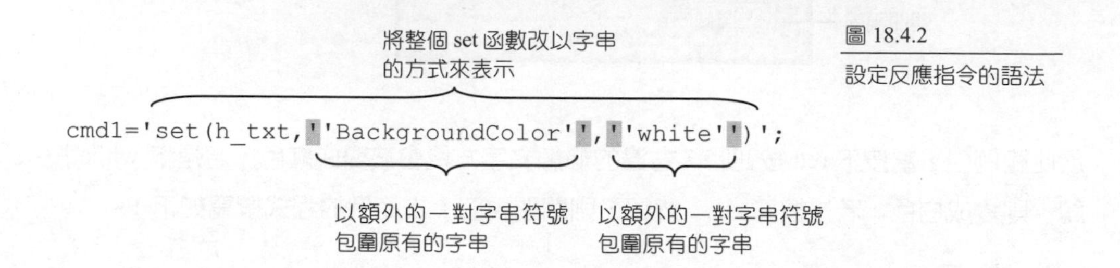

圖 18.4.2
設定反應指令的語法

另外，第 9 行的語法與第 8 行相同，在此就不再贅述。於第 11 行中，我們設定 close 按鈕的 Callback 屬性為 'close'，也就是當 close 按鈕按下時，close 指令會被執行，此時所開啟的視窗就會被關閉。

12~13 行分別設定了 white 與 red 按鈕的 Callback 為 cmd1 與 cmd2，也就是說，當 white 按鈕被按下時，cmd1 字串所描述的指令便會被執行，所以可以把靜態文字視窗的顏色更改為白色。當 red 按鈕被按下時，cmd2 字串所描述的指令也會被執行，於是靜態文字視窗就會被更改成紅色。

附帶一提，在本例中，我們是利用 set() 來設定元件 Callback 屬性（11~13 行），事實上，您也可以在建立元件時就直接把 Callback 屬性寫在 uicontrol() 函數裡。本書的範例多半是以 set() 來設定元件 Callback 屬性，如此一來程式碼得以較為清楚易懂，同時在學習上也較為容易。

18.4.2 將 Callback 所要執行的指令寫成 M 檔案

當反應指令過長時，利用字串來定義就顯得不太好用，此時可以把 Callback 所要執行的程式碼撰寫成一個 M 檔案。下面的範例修改自前一個例題，但在按下 close 按鈕時會出現一個對話方塊，要求使用者進行確定的動作，本範例的執行結果與程式碼如下：

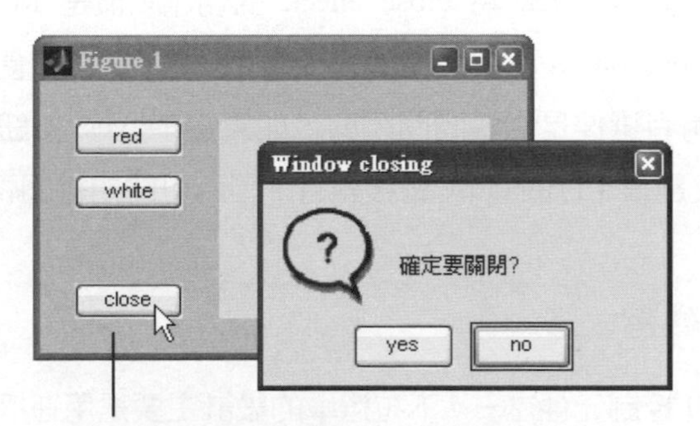

圖 18.4.3

script18_2 的版面配置圖與元件所觸發的事件說明

```
01 %script18_2.m, 簡單的事件處理範例，使用 M 檔案來撰寫事件處理
02 figure('Position',[80 80 270 150],'Menubar','none');
03 h_close=uicontrol('String','close');
04 h_white=uicontrol('String','white','Position',[20 80 60 20]);
05 h_red=uicontrol('String','red','Position',[20 110 60 20]);
06 h_txt=uicontrol('Style','text','Position',[100 20 150 110]);
07
08 cmd1='set(h_txt,''BackgroundColor'',''white'')';
09 cmd2='set(h_txt,''BackgroundColor'',''red'')';
10
11 set(h_close,'Callback','close_check');
12 set(h_white,'Callback',cmd1);
13 set(h_red,'Callback',cmd2);
```

下面是處理按下 close 按鈕的程式碼，請將它存檔在 M 檔案 close_check.m 裡：

```
01 %close_check.m, 事件處理的 M 檔案
02 result=questdlg('確定要關閉?','Window closing','yes','no','no');
03 if strcmp(result,'yes')    % strcmp 函數可用來比較二字串是否相同
04    close
05 end
```

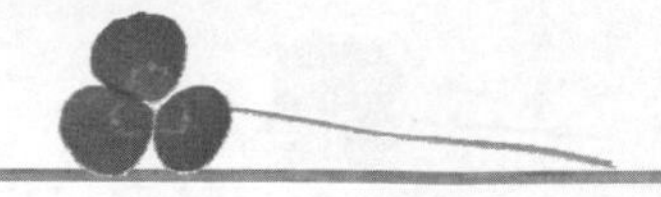

在本例中，我們設定 close 按鈕的 Callback 為 close_check，因為 close_check 並沒有定義在 script18_2.m 中，所以 Matlab 會依照搜尋路徑來找尋 M 檔案 close_check.m，並執行它，因此本例中的 close_check.m 檔案必須存放在 Matlab 可以找得到的路徑裡。

當 close 按鈕被按下時，因為設定了 Callback 為 close_check 的關係，於是 M 檔案 close_check.m 便會被執行，此時 close_check.m 檔案裡第 2 行的 questdlg() 函數便會執行，然後跳出一個對話方塊供使用者選擇是否要關閉視窗，如果按下 yes 按鈕，則 questdlg() 便會傳回 'yes' 字串，於是第 4 行的 close 會被執行，因而可關閉繪圖視窗。

18.4.3 下拉選單與核取方塊的練習

下拉選單與核取方塊都是常用的 UI 控制元件之一。下拉選單的設計主要是用在版面較小，無法顯示出所有的選項時。下拉選單只可以單選，相較於下拉選單的單選，核取方塊通常是設計成可供複選的元件。

接下來，我們再來學習一個簡單的範例，於這個範例中，使用者可以從下拉選單中選擇要以幾個資料點來繪圖，並可利用核取方塊來選擇是否要顯示網格線。本範例的程式碼與執行的結果如下所示：

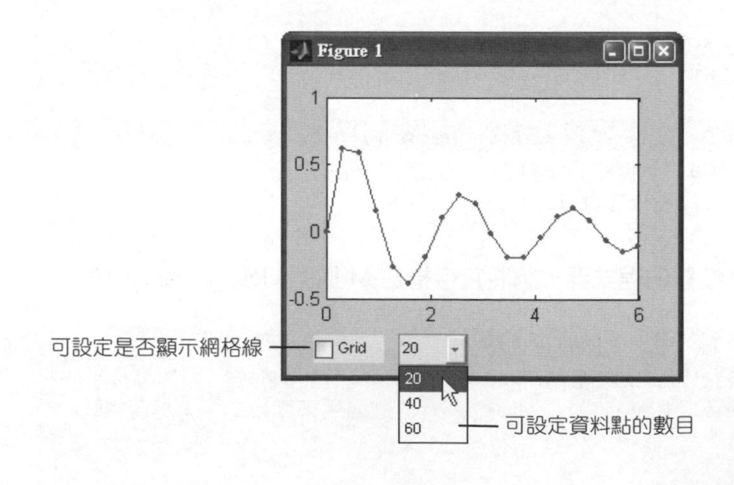

圖 18.4.4

script18_3 的版面配置圖與元件所觸發的事件說明

```
01 %script18_3.m, 另一個簡單的範例--GUI 繪圖程式設計
02 figure('Position',[80 80 280 220],'Menubar','none');
03 axes('Position',[0.1 0.25 0.8 0.65]);   % 建立繪圖區元件
04
05 h_chk=uicontrol('Style','checkbox','String','Grid',...
06      'position',[20 10 50 20]);
07 h_pop=uicontrol('Style','popupmenu','String','20|40|60',...
08      'position',[80 10 50 20]);
09
10 set(h_pop,'Callback','my_plot'); % 當下拉選單被選擇時，便執行 my_plot.m
11 set(h_chk,'Callback','grid');   % 當核取方塊被選擇時，便執行 grid 指令
12 my_plot
```

```
01 % my_plot.m,當下拉選單被選擇時，便執行這份底稿
02 switch get(h_pop,'Value')    % 取得下拉選單的 value 屬性
03    case 1
04       n=20;
05    case 2
06       n=40;
07    case 3
08       n=60;
09 end
10 x=linspace(0,6,n);                % 建立一個具有 n 個元素的向量 x
11 y=sin(3*x)./(x+1);
12 plot(x,y,'-',x,y,'.r');
13 if get(h_chk,'Value')==1    % 如果核取方塊有被選取，則繪上網格線
14    grid on
15 end
```

在 script18_3.m 中，第 3 行建立了一個繪圖區，注意其 Position 的屬性值是 [0.1 0.25 0.8 0.65]。當 Position 的值是小於 1 的數值時，它是代表百分比之意。因此前兩個元素 0.1 與 0.25，它們分別代表繪圖區距繪圖視窗左下角之 x 與 y 方向的距離，佔繪圖視窗寬與高的10% 與 25%；相同的，後兩個元素 0.8 與 0.65 代表繪圖區的寬度與高度，佔繪圖視窗寬與高的 80%與 65%。

程式第 10 行設定下拉選單的 Callback 為 my_plot，也就是說，當下拉選單被選擇時，M 檔案 my_plot.m 就會被執行。第 11 行設定核取方塊的 Callback 為 grid，如此一來，

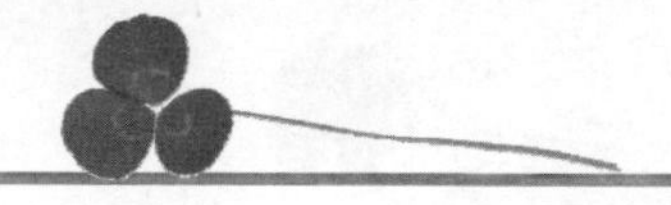

當核取方塊被選取時，繪圖區就會顯示網格線，當核取方塊被取消時，grid 指令會再被執行一次，因此網格線就會被取消。

第 12 行則是直接執行 M 檔案 my_plot.m，此行的作用是讓 script18_3.m 執行時，便立即繪出函數的圖形，而不用等到選取下拉選單時才繪出。13~15 行會判別核取方塊是否有被選取，如果是，則繪上網格線。

在 M 檔案 my_plot.m 中，第二行先取得下拉選單的 Value 屬性，然後再依這個屬性的值來設定 n（即所要繪的資料點數）。若 Value=1，代表第一個項目被選取，因此設定 n 為 20，若 Value=2，代表第二個項目被選取，因此設定 n 值為 40，以此類推，最後 10~12 行依據 n 值繪出函數 $y(x)=\sin(3x)/(x+1)$ 的圖形。

18.4.4 選擇按鈕的練習

在 Windows 的慣用設計裡，選擇按鈕（radio button）多半是被設計成單選，然而利用 M 檔案在撰寫 GUI 程式設計時，如果設計有多個選擇按鈕，這些選擇按鈕並不會自己設定成單選的動作，因此我們必須撰寫額外的程式碼，以確保這些選擇按鈕是單選的。

下面是選擇按鈕使用的範例。於此範例中，我們設計了三個可供單選的選擇按鈕，分別用來設定函數圖形中線條的顏色。本範例的執行結果與程式碼如下所示：

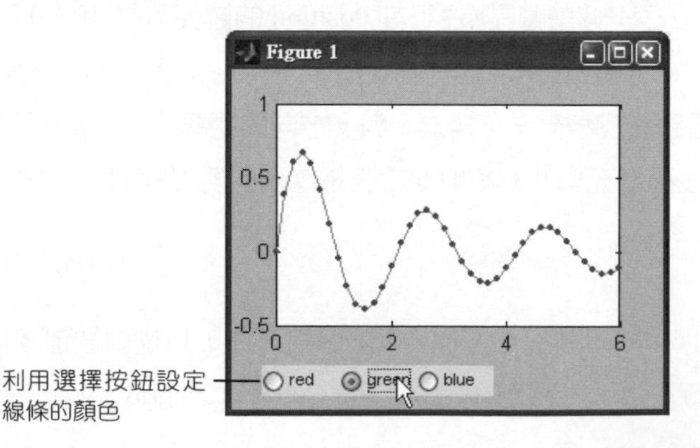

圖 18.4.5

script18_4 的版面配置圖與元件所觸發的事件說明

```
01 %script18_4.m, 使用 radio 按鈕
02 figure('Position',[80 80 280 220],'Menubar','none');
03 axes('Position',[0.1 0.25 0.8 0.65]);
04
05 h(1)=uicontrol('Style','radio','String','red','Value',1,...
06     'Position',[20 10 50 20]);
07 h(2)=uicontrol('Style','radio','String','green',...
08     'Position',[70 10 50 20]);
09 h(3)=uicontrol('Style','radio','String','blue',...
10     'position',[120 10 50 20]);
11
12 set(h(1),'Callback','plot_data(h,''r'',1)');
13 set(h(2),'Callback','plot_data(h,''g'',2)');
14 set(h(3),'Callback','plot_data(h,''b'',3)');
15
16 plot_data(h,'r',1);          % 初次執行時，以紅色的線條繪出函數圖形
```

```
01 % 定義函數 plot_data.m,當選擇按鈕被按下時，此函數就會被執行
02 function plot_data(h,color,i)
03 set(h,'Value',0);       % 所有的選擇按鈕皆不選取
04 set(h(i),'Value',1);  % 選取被滑鼠點選的選擇按鈕
05
06 lin_color=color;
07 x=linspace(0,6,40);
08 y=sin(3*x)./(x+1);
09 plot(x,y,lin_color,x,y,'.r');
```

在 script18_4.m 中，5~10 行建立了三個選擇按鈕，並設定第一個選擇按鈕的 Value 值為 1（預設為 0），如此第一個按鈕就會被選取。注意我們是以一個具有三個元素的向量 *h* 來儲存這三個按鈕的 handle，稍後您將可看到這麼做的好處。12~14 行設定了選擇按鈕的 Callback，16 行則是呼叫 plot_data() 函數，如此可確保程式開始執行時，在繪圖區內便立即有函數的圖形出現。

在函數 plot_data.m 中，第 2 行設定函數 plot_data() 可接收 3 個引數，第 1 個為選擇按鈕的 handle，第 2 個引數為線條的顏色，第 3 個引數為一個整數，代表被按下之選擇按鈕的編號。

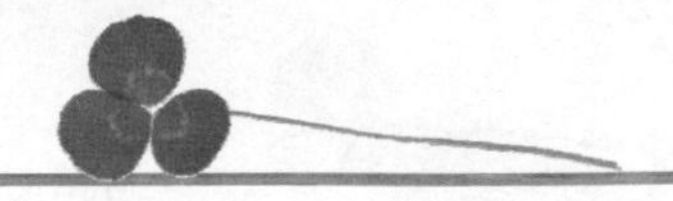

第 3 行利用 set 函數設定 *h* 的 Value 值為 0，因為 *h* 是具有三個元素的向量，所以這行的設定相當於 h(1)、h(2) 與 h(3) 的 Value 值都會被設成 0，因此這個動作取消了所有選擇按鈕的選取，第 4 行則是設定 h(i) 的 Value 值為 1，因為 i 值代表了被點選的按鈕編號，所以這行可設定被滑鼠點選的選擇按鈕為被選取狀態。讀者可以觀察到，利用第 3 與第 4 行的設定，即可設定三個選擇按鈕在同一時間內，只有一個能被選取。最後，6~9 行的程式碼依照所點選的選擇按鈕來進行繪圖的動作。

值得一提的是，我們把本例中的反應指令撰寫成一個函數型式的 M 檔案，這是因為有三個引數需要傳到函數內。如果沒有引數的傳遞，則只要撰寫底稿型式的 M 檔案即可，如前兩個範例都是。另外，請您不要把本例中 M 檔案函數 plot_data.m 的內容與底稿 script18_4 撰寫在同一個 M 檔案裡，否則執行時會產生錯誤，這是因為在底稿裡不能呼叫撰寫在同一個檔案內的函數之故。

18.4.5 選擇表單的練習

選擇表單的功用類似下拉選單，但是它可一次顯示多個選項，同時也可以單選或複選。於下面的範例中，我們配置了兩個選擇表單，以及兩個按鈕，若 Copy 按鈕被按下時，左邊選擇表單所選取的選項會被拷貝到右邊的選擇表單中。本範例的執行結果與程式碼如下所示：

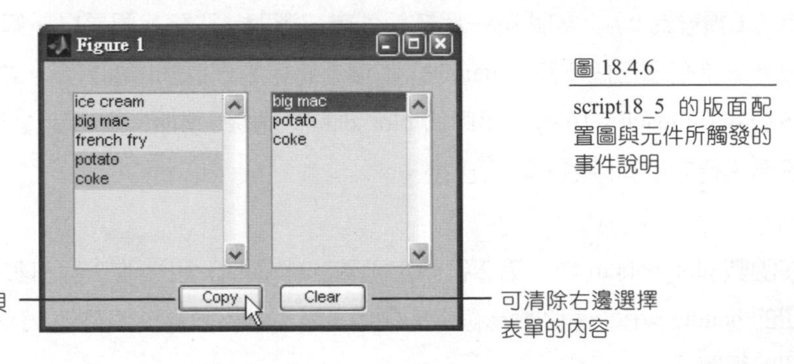

圖 18.4.6

script18_5 的版面配置圖與元件所觸發的事件說明

```
01 %script18_5.m, 選擇表單的練習
02 figure('Position',[80 80 280 180],'Menubar','none');
03
04 h_lst1=uicontrol('Style','ListBox','Position',[20 40 120 120],...
05       'Max',2,'Min',0,'HorizontalAlignment','left',...
06       'String','ice cream|big mac|french fry|potato|coke');
07 h_lst2=uicontrol('Style','ListBox','Position',[155 40 110 120],...
08       'HorizontalAlignment','left');
09
10 h_cpy=uicontrol('Position',[90 10 60 20],'String','Copy');
11 h_clr=uicontrol('Position',[160 10 60 20],'String','Clear');
12
13 clr='set(h_lst2,''String'','' '')';
14 set(h_cpy,'Callback','item_cpy');
15 set(h_clr,'Callback',clr);
```

```
01 % item_cpy.m, 當 copy 按鈕被按下時，便執行這份底稿
02 val=get(h_lst1,'Value');              % 取得被選取之選項的編號
03 str=get(h_lst1,'String');             % 取得左邊選單裡的所有選項
04 set(h_lst2,'String',str(val,:));      % 將被選取的項目複製到右邊的選單中
```

在 script18_5.m 中，第 4~8 行建立了兩個選擇表單。注意第 5 行設定第一個選擇表單的 Max 值為 2，Min 值為 0，因為二者之差大於 1，所以第一個選擇表單可供複選。注意要複選時，必須先按下 Ctrl 鍵，再點選表單裡的選項才能複選。

當 Clear 按鈕按下時，它會執行第 13 行的指令，也就是把第二個選擇表單的內容清空（即設定 String 屬性為空字串），當 Copy 按鈕按下時，則 M 檔案 item_cpy.m 會被執行，在 item_cpy.m 中，第 2 行取得有哪幾個選項被選取，例如，如果第 2、4、5 個選項被選取，則 val 值便為 [2 4 5]。第 3 行則是取得第一個選擇表單裡所有的選項，並把它存放在變數 str 中，最後，第 4 行取出所有被選取的選項，然後把它們設給第二個選擇表單。

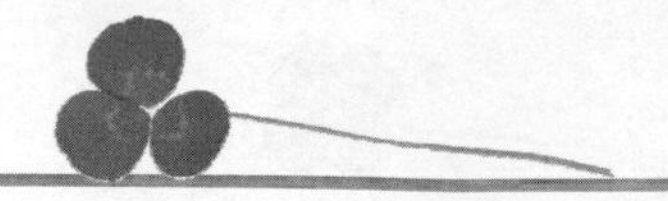

18.4.6 捲軸的練習

本節將以一個簡單的範例來說明捲軸的使用，但在介紹這個範例之前，首先我們先來瞭解一下捲軸元件裡，SliderStep 屬性所代表的意義。

捲軸可以表示的範圍是由 Max 與 Min 這兩個屬性所決定，而按下捲軸旁邊的按鈕，或者是捲軸旁邊的空白處來增減數值時，增減量則是由 SliderStep 屬性所控制。

SliderStep 是由兩個元素的向量所組成，其中第一個元素 min_step 代表按下捲軸旁邊的按鈕時，捲軸移動的距離佔了整個捲軸範圍的百分比，而第二個元素 max_step 則代表按下捲軸旁邊的空白處時，捲軸移動的距離佔了整個捲軸範圍的百分比。因此我們可以利用下面的結論來說明面捲軸移動距離的計算方式：

按下捲軸旁邊的按鈕，捲軸移動的距離 = min_step*(Max-Min)
按下捲軸旁邊的空白處，捲軸移動的距離 = max_step*(Max-Min)

讀者可以參考下圖，用以了解捲軸數值的設定方式：

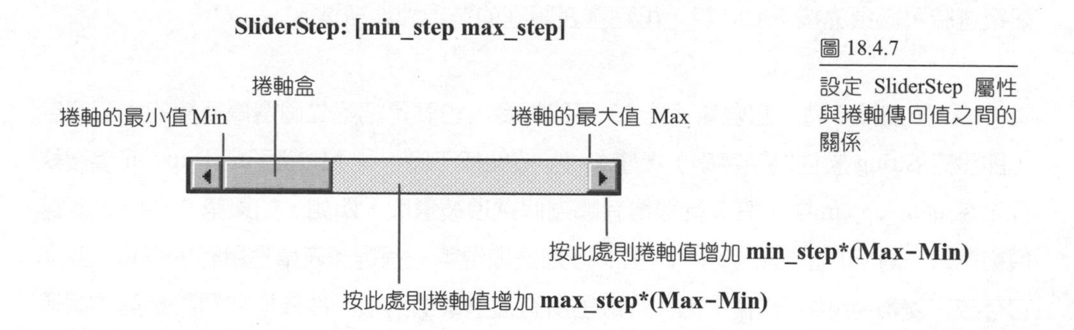

圖 18.4.7
設定 SliderStep 屬性與捲軸傳回值之間的關係

舉例來說，如果捲軸的最小值為 0，最大值為 255，我們希望按下捲軸旁邊的按鈕，捲軸移動的值為 1，按下捲軸旁邊的空白處，捲軸移動的值為 10 時，我們就可以設定 Min 為 0，Max 為 255，min_step 為 $1/(255-0)=1/255$ ，而 max_step 為 $10/(255-0)=10/255$ 。

下面是捲軸的使用範例。於此範例中，我們配置了一個靜態文字方塊，用來顯示不同的灰階（gray level），一個捲軸，用來調整灰階值，以及一個文字方塊，用來顯示捲軸的數值。本範例執行的結果與程式碼如下所示：

圖 18.4.8

script18_6 的版面配置圖與元件所觸發的事件說明

```
01 %script18_6.m, 捲軸的練習
02 figure('Position',[80 80 230 160],'MenuBar','none');
03
04 h_sld=uicontrol('Style','slider','Position',[30 20 100 20],...
05      'Max',255,'Min',0,'Value',128,'SliderStep',[1/255,10/255]);
06
07 h_edit=uicontrol('Style','edit','Position',[150 20 50 20],...
08       'String',get(h_sld,'Value'));
09
10 h_txt=uicontrol('Style','text','Position',[30 60 170 80],...
11      'BackgroundColor',[128 128 128]/255);
12
13 set(h_sld,'Callback','sld_action');
```

```
01 % sld_action.m, 定義捲軸移動時的反應函數
02 val=get(h_sld,'Value');
03 set(h_edit,'String',round(val));
04 set(h_txt,'BackgroundColor',[val val val]/255);
```

在本例中，4~5 行建立一個捲軸元件，並設定捲軸的最大值為 255，最小值為 0，設定 Value 的值為 128 則代表捲軸在建立之時，捲軸值為 128，因此捲軸盒的位置會約略在整個捲軸的中間。

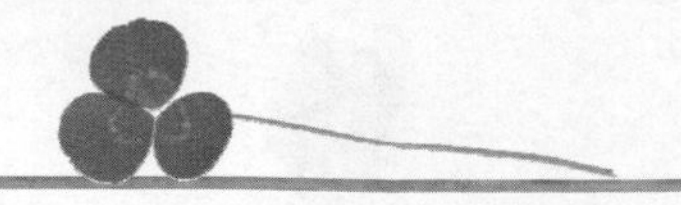

另外，設定 SliderStep 的值為[1/255, 10/255]，如此一來，按下捲軸旁邊的按鈕，捲軸會以 1 為單位來移動，按下捲軸旁邊的空白處，則移動的單位就為 10。

程式第 7~8 行建立一個文字方塊，並設定其 String 屬性為捲軸裡的數值。10~11 行建立一個靜態文字方塊，並設定其背景顏色設定為 [128 128 128]/255。第 13 行則是設定當捲軸被捲動時，即執行 M 檔案 sld_action.m。

在 M 檔案 sld_action.m 中，第 2 行先取得捲軸的值，然後於第 3 行設定文字方塊顯示所取得的捲軸值，最後再於第 4 行中設定靜態文字方塊的背景顏色為 [val val val]/255。因為 val 是 0~255 之間的數值，因此背景顏色 r、g 與 b 的值就會介於 0 到 1 之間。另外，因為於本例中，r、g 與 b 的值都相同，因此背景呈現明暗不同的灰色。

18.5 滑鼠事件處理

如果想利用滑鼠來繪圖，那麼就必須學習滑鼠的事件處理。繪圖視窗元件包含了三個滑鼠的事件處理屬性，分別為 WindowButtonDownFcn、WindowButtonMotionFcn 與 WindowButtonUpFcn 屬性，這些屬性的說明如下：

表 18.5.1　使用者介面控制元件

屬性值	說 明
WindowButtonDownFcn	設定按下滑鼠按鈕的反應動作，這個動作只在滑鼠下方沒有其它 UI 元件的區域有效
WindowButtonMotionFcn	設定滑鼠移動時的反應動作，這個動作在整個繪圖視窗上都有效，不管滑鼠是否在其它 UI 元件上方移動
WindowButtonUpFcn	設定按鬆開鼠按鈕的反應動作，這個動作只在滑鼠下方沒有其它 UI 元件的區域有效

18.5.1 簡單的範例

下面是滑鼠事件使用的範例。於此範例中，我們定義了一個文字方塊，可用來顯示滑鼠正在發生的事件，下面是本範例執行的結果與程式碼：

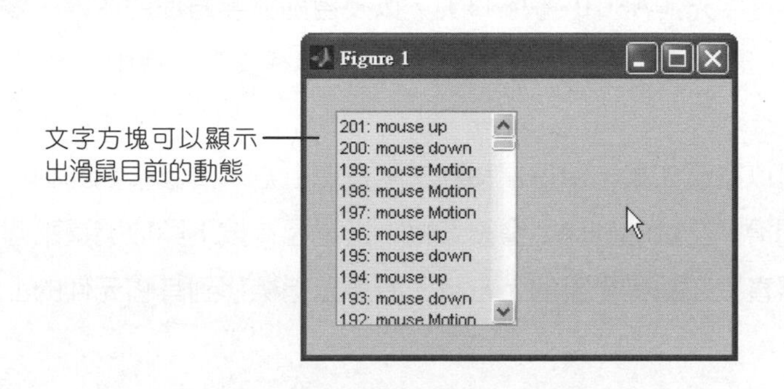

圖 18.5.1

script18_7 的版面配置圖與元件所觸發的事件說明

```
01 %script18_7.m, 滑鼠事件
02 global cnt;          % 定義全域變數 cnt
03 cnt=0;
04 figure('Position',[80 80 280 180],'Menubar','none');
05 h_edit=uicontrol('Style','edit','Position',[20 20 120 140],...
06        'Max',2,'Min',0,'HorizontalAlignment','left');
07
08 set(gcf,'WindowButtonDownFcn','show_action(''mouse down'',h_edit)');
09 set(gcf,'WindowButtonMotionFcn','show_action(''mouse Motion'',h_edit)');
10 set(gcf,'WindowButtonUpFcn','show_action(''mouse up'',h_edit)');
```

```
01 % 定義函數 show_action.m,用來顯示滑鼠事件
02 function show_action(action,h_edit)
03 global cnt;          % 定義全域變數 cnt
04 cnt=cnt+1;
05 s=get(h_edit,'String');
06 str=char([int2str(cnt),': ',action,13,s]);  % 組成新的字串
07 set(h_edit,'String',str);
```

於 script18_7.m 中，第 2 行設定了全域變數 cnt，用來計數滑鼠一共有幾個動作被捕捉到。8~10 行則是利用 gcf 取得目前繪圖視窗的 handle，然後分別設定滑鼠按下、移動與放開的處理動作。舉例來說，當滑鼠左鍵按下時，下面的函數便會被執行：

```
show_action('mouse down',h_edit))
```

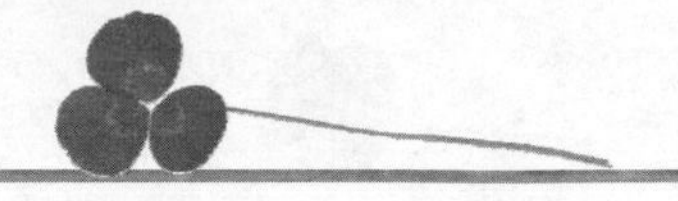

此時程式的執行流程便進到 show_action() 函數內。在 show_action() 中，第 3 行定義了全域變數 cnt（記得全域變數在呼叫端與被呼叫端都要設定），第 4 行則將 cnt 的值加 1，並更新之。第 5 行先取得文字方塊內的文字後，第 6 行利用 char() 將變數 cnt 的值、字串 'mouse down'、換行字元（ASCII 碼為 13），以及目前文字方塊的內容（變數 s）合併成一個新的字串，最後第 7 行再把合併後的字串顯示在文字方塊中。

另外在執行程式時，讀者可以發現如果滑鼠指標移到文字方塊上方，滑鼠移動的動作會被偵測到，但按下與放開滑鼠左鍵的動作則會被忽略，這是因為按下與放開這兩個事件，只會發生在滑鼠指標直接在繪圖視窗的上方時，若滑鼠指標移到其它元件的上方，事件就不會發生。

18.5.2 利用滑鼠拖曳的方式來繪圖

最後，我們以一個繪圖的範例來結束本章。於此範例中，只要按下滑鼠左鍵拖曳滑鼠便可開始繪圖，放開按鍵則停止繪圖。下面是本範例執行的結果與程式碼：

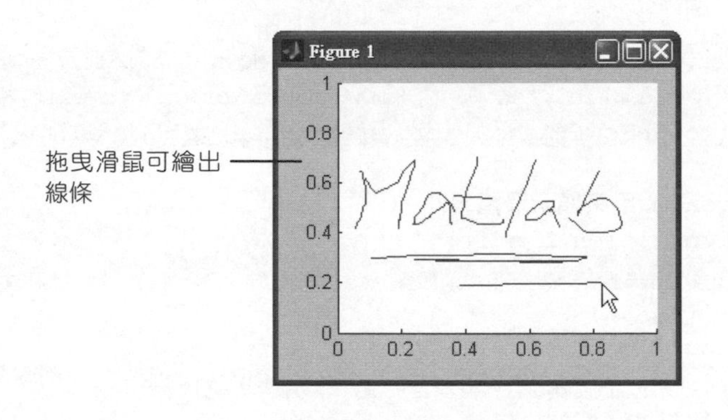

圖 18.5.2

script18_8 的版面配置圖與元件所觸發的事件說明

```
01 %script18_8.m, 滑鼠事件，繪出線條
02 figure('position',[80 80 280 220],'menubar','none');
03 axes('position',[0.15 0.15 0.8 0.8]);   % 建立繪圖區
04 axis([0 1 0 1]);          % 設定繪圖範圍
05
06 set(gcf,'WindowButtonDownFcn','draw_lines(''down'')');
07 set(gcf,'WindowButtonMotionFcn','draw_lines(''motion'')');
08 set(gcf,'WindowButtonUpFcn','draw_lines(''up'')');
```

```
01 %定義函數 draw_lines.m, 滑鼠事件，繪出線條
02 function draw_lines(str)
03 global x0 y0 flag;    % 定義 x0、y0 與 flag 為全域變數
04 switch str
05     case 'down'
06         current_pt=get(gca,'CurrentPoint');  % 取得滑鼠按下的位置
07         x0=current_pt(1,1);      % 取得滑鼠所在位置的 x 座標
08         y0=current_pt(1,2);      % 取得滑鼠所在位置的 y 座標
09         flag=1;                  % 設定 flag=1，代表滑鼠已被按下
10     case 'motion'
11         if flag==1       % 如果滑鼠被按下，則執行下列的動作
12             current_pt=get(gca,'CurrentPoint');  % 取得滑鼠目前的位置
13             x1=current_pt(1,1);  % 取得滑鼠所在位置的 x 座標
14             y1=current_pt(1,2);  % 取得滑鼠所在位置的 y 座標
15             line([x0,x1],[y0,y1]);    % 將目前的點與上一個點連接起來
16             x0=x1;       % 更新 x0 的值
17             y0=y1;       % 更新 y0 的值
18         end
19     case 'up'
20         flag=0;          % 設定 flag=0，代表滑鼠已被放開
21 end
```

於 script18_8.m 中，第 3 行利用 axes() 函數建立一個繪圖區，第 4 行利用 axis() 函數設定繪圖區的範圍（注意 axes 與 axis 的拼法不同）。6~8 行則分別設定了滑鼠按下、移動與放開的處理動作。

一旦按下滑鼠左鍵時，draw_lines() 就會執行，且傳入 'down' 字串，因此 draw_lines.m 裡，5~9 行的程式碼便會被執行，此時第 7 與 8 行分別取得按下之點的 x 與 y 座標，並設定給變數 $x0$ 與 $y0$ 存放，第 9 行則設定 flag 的值為 1，代表滑鼠已被按下。

當拖曳滑鼠時，由於 flag 的值為 1，因此 12~17 行的程式碼被執行，此時 13~14 行取得滑鼠拖曳時的座標 $x1$ 與 $y1$，15 行用線段把 $(x0,y0)$ 與 $(x1,y1)$ 連成一條線，16~17 行則是更新線段的起始點座標。如果放開滑鼠，則於第 20 行把 flag 的值設為 0，代表滑鼠按鍵已被放開。拖曳滑鼠時產生的軌跡，可由下圖來說明：

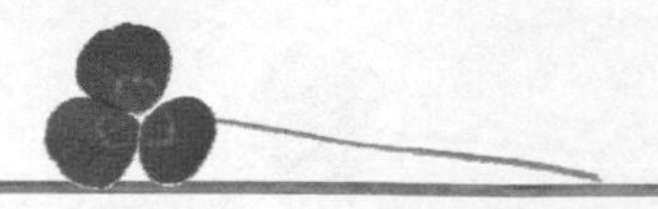

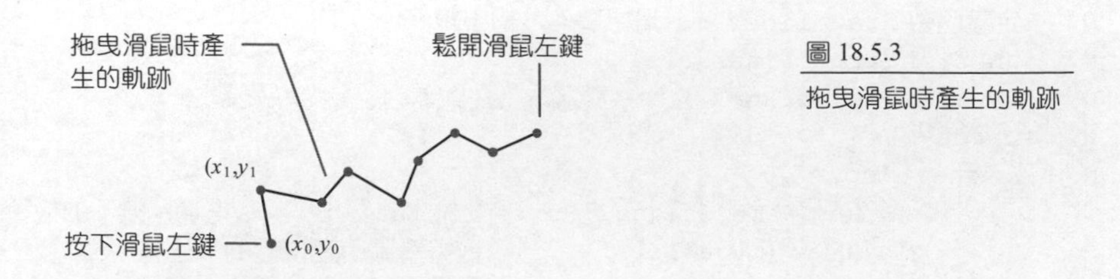

圖 18.5.3
拖曳滑鼠時產生的軌跡

於本例中，拖曳滑鼠時會一直執行 12~17 行的程式碼，因此雖然繪圖方法是以直線來連結兩點，但在視覺效果上看起來像是曲線。

從前幾個範例中，讀者可以觀察到雖然利用 M 檔案可用來撰寫較複雜的反應指令，但也帶來一些衍生的問題：

1. 程式主體與反應指令分屬於數個不同的 M 檔案，如果有數個反應指令要撰寫時，在檔案的管理與維護上較不方便。
2. 所有的變數都是存放在工作區內，容易與其它程式混淆與誤用。

於下一章中，我們將介紹另兩種 GUI 程式設計的方法，可避開上述一些在執行時可能會發生的缺憾。然而，如果您所設計的 GUI 並不太複雜，可以考慮採用本節所介紹的方法，因為這是最直接、簡單的方法。

習 題

18.1 圖形元件

1. 試於 Matlab 裡鍵入下列的程式碼，並回答接續的問題：

```
>> h=title('my figure');
```

上面的指令會建立一張空白的圖形，並在繪圖區上方顯示圖形的標題字串 'my figure'。title() 函數傳回的是這個字串的 handle，並以變數 h 來接收它。

(a) 試利用 set() 函數查詢 handle *h* 有哪些屬性可供設定。

(b) 試設定標題字體的大小為 20（利用 FontSize 屬性），顏色為紅色（利用 Color 屬性）。

(c) 試將繪圖視窗的底色更改為白色。

2. 試於 Matlab 裡鍵入下列的程式碼，並回答接續的問題：

```
>> [x,y]=humps(linspace(0,1,100));
>> h1=plot(x,y);
>> h2=title('Humps plot');
```

(a) 試設定標題字體的大小為 24（利用 FontSize 屬性）。

(b) 試將線條的顏色修改為紅色，寬度為 4，標示符號為方形，大小為 12。

(c) 試將繪圖視窗的底色更改為白色。

18.2 認識 UI 元件

3. 試建立一個繪圖視窗，大小為 200×160 個像素，距桌面左下角 *x* 與 *y* 方向分別為 90 與 50 個像素。繪圖視窗內有一個選擇表單，大小為 100×80 個像素，距繪圖視窗 *x* 與 *y* 方向皆為 50 個像素，選單內有 4 個選項，分別為 Spring、Summer、Autumn 與 Winter，並設定選單可以複選。

4. 試建立一個繪圖視窗，大小為 260×160 個像素，距桌面左下角 *x* 與 *y* 方向分別為 90 與 50 個像素。繪圖視窗內有一個文字方塊，大小為 160×100 個像素，距繪圖視窗 *x* 與 *y* 方向分別為 50 與 30 個像素，方塊內的文字為 'Spring is coming, birds are singing'，並靠左顯示。

18.3 對話方塊的設計

5. 試設計一個可供選擇的對話方塊，按鈕名稱為 '確定' 與 '取消'，並設定 '取消' 為預設。

6. 試依序回答下列各題：

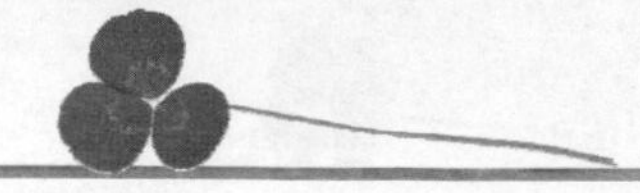

(a) 試設計一個可供輸入三個字串的對話方塊，提示訊息分別為 'name'、'age' 與 'telephone'，並設計變數 *data* 來接收此對話方塊傳回的結果。

(b) 試執行(a)，並於出現的視窗內，在 name 欄位輸入 Tippi，age 欄位輸入 4，telephone 欄位輸入 0988765432，然後按下 OK 按鈕讓變數 *data* 來接收它們，此時變數 *data* 應是一個多質陣列。

(c) 試取出多質陣列 *data* 的第二個元素，也就是 age 欄位的值，並把它轉換成數值。

18.4 簡單的事件處理

7. 試修改 script18_2，另加入一個按鈕 green，使得當 green 按鈕被按下時，靜態文字方塊的顏色會變成綠色。

8. 試修改 script18_3，並加入一個按鈕 close，使得當 close 按鈕被按下時，會出現一個對話方塊，要求使用者進行確定的動作，此時若按下 yes 按鈕，則關閉視窗。

9. 試將 script18_4 裡的選擇按鈕，改以選擇表單來設計。

10. 於 script18_6 中，使用者只要移動捲軸，文字方塊裡的文字就會呈現捲軸的數值。試修改此一程式碼，使得在文字方塊裡輸入數字後（必須檢查是否介於 0 到 255 之間），按下 Enter 鍵來接收時，捲軸值就會被設定成文字方塊裡所輸入數字，同時靜態文字方塊裡的顏色也會跟著改變。

18.5 滑鼠事件處理

11. 試修改 script18_7，使得只有在按下滑鼠按鈕，並拖曳滑鼠時，於文字方塊內才會顯示出 'Mouse Move' 字串。

12. 試修改 script18_8，在程式碼裡加入 red、green 與 blue 三個選擇按鈕，使得所繪線條的顏色可依照選擇按鈕裡所指定的顏色來繪圖。

第十九章 進階 GUI 程式設計

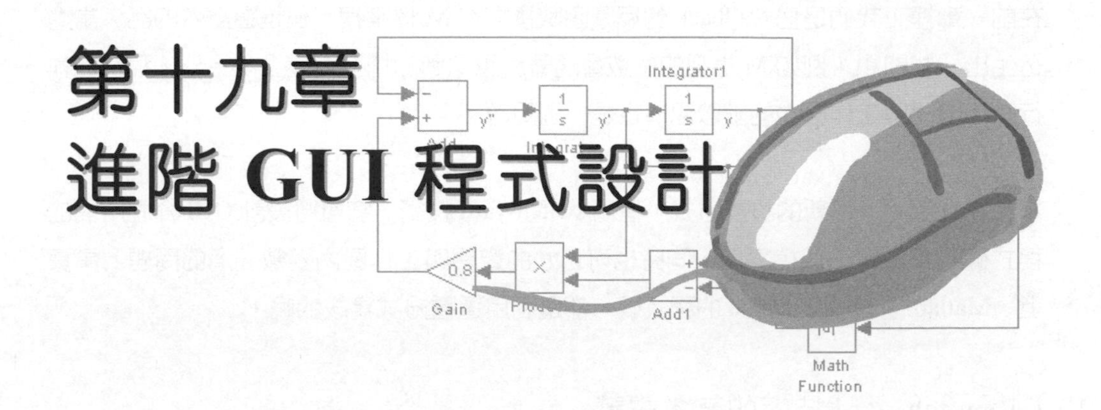

本章延續前一節的主題，介紹另外兩種 GUI 程式設計的方式，第一種方式改進了前一章中，必須把反應指令寫成 M 檔案的缺點，這個方法修改了函數呼叫的方式，因而可以把所有的反應指令與建立物件的程式碼寫在同一個檔案裡。第二種方式則是利用 Matlab 所提供的 GUIDE 環境，以拉元件的方式來設計程式。學習完本章，您將可發現在 Matlab 裡設計視窗，就像使用 Visual Basic 一樣方便呢！

本章學習目標

- 學習 switch-yard 的撰寫技術
- 利用 GUIDE 設計視窗介面
- 學習功能表的設計與事件的撰寫
- 學習 GUIDE 其它的輔助工具

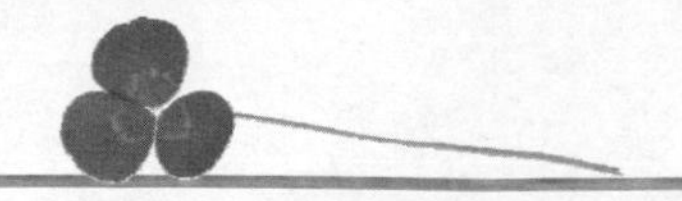

19.1 利用 switch-yard 技術撰寫 GUI 介面

在前一章裡，我們是把 Callback 的反應函數撰寫在 M 檔案裡，但是這麼做的話，常會衍生出一些問題，例如 M 檔案的個數會隨著反應函數的增多而變多，另外，程式在執行時，容易與工作區內的變數混淆也是一個問題。

本節將介紹另一種新的設計方式，稱為 switch-yard 技術，它可將設計 GUI 介面所需的程式碼撰寫在同一個檔案內，同時也可巧妙的避開與工作區內變數混淆的問題。事實上，Matlab 裡有許多 Demo 的程式碼，都是利用這種方式寫成的呢！

19.1.1 switch-yard 技術的基本認識

switch-yard 是把版面配置與反應指令寫在同一個函數型式的 M 檔案，並利用 switch 敘述來判別是哪一段程式碼該被執行的一種技術。採用這種方法來設計 GUI 介面時，每執行一次反應指令，函數本身便會被呼叫一次，由於函數內的變數會自動視為區域變數，因而不會與目前工作區內的變數混淆。

利用 switch-yard 技術設計程式時，要取得某個元件的 handle，可以在建立元件時就先設定該元件的 Tag 屬性，也就是利用如下的語法來設定：

```
set(h,'Tag','tag_name');        % 設定 handle h 的 Tag 屬性為'tag_name'
```

Tag 是「標籤」的意思，因此上面的語法相當於設定元件的標籤屬性為 'tag_name'，如果在其它程式碼裡要找尋某個元件的 handle 時，可以利用 findobj() 函數找尋標籤屬性為 'tag_name' 之元件，findobj() 找到之後，即會傳回標籤屬性為 'tag_name' 之元件的 handle，如下面的語法：

```
h=findobj(0,'Tag','tag_name');    % 找尋 Tag 屬性為 'tag_name' 之元件
```

在上面的語法中，第一個引數 0 代表桌面（desktop），因此它的意思是找尋在桌面開啟之繪圖視窗中，標籤屬性為 'tag_name' 之元件，找到之後，會傳回它的 handle 值，並設定給變數 *h* 存放。

19.1.2 簡單的範例

下面的範例修改自 18.4.2 節的 M 檔案 script18_2.m，我們以 switch-yard 技術來改寫它。讀者可以先回顧一下 script18_2.m 的寫法，並比較這兩種寫法的不同。本範例的執行結果與程式碼如下所示：

圖 19.1.1

func19_1() 的版面配置圖與元件所觸發的事件說明

```
01 %func19_1.m, 簡單的事件處理範例，使用 switch-yard 技術
02 function func19_1(arg)
03
04 if nargin==0        % 如果輸入的引數個數為 0，則設定 arg='init'
05     arg='init';
06 end
07
08 switch(arg)
09     case 'init'          % 如果 arg='init'，則執行下列的程式碼
10         figure('Position',[80 80 270 150],'Menubar','none');
11
12         h_close=uicontrol('String','close');
13         h_white=uicontrol('String','white','Position',[20 80 60 20]);
14         h_red=uicontrol('String','red','Position',[20 110 60 20]);
15         h_txt=uicontrol('Style','text','Position',[100 20 150 110]);
16
17         set(h_txt,'Tag','txt');    % 設定靜態文字方塊的 Tag 屬性為 'txt'
18         set(h_red,'Callback','func19_1 red');
19         set(h_white,'Callback','func19_1 white');
20         set(h_close,'Callback','func19_1 close');
21
22     case 'white'         % 如果 arg='white'，則執行下列的程式碼
```

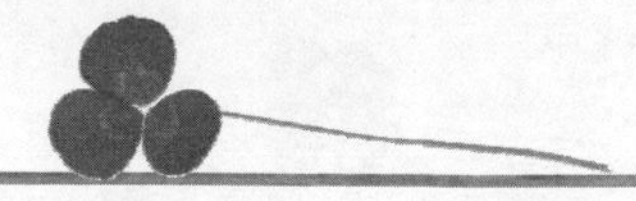

```
23          h=findobj(0,'Tag','txt');
24          set(h,'BackgroundColor',[1 1 1]);
25
26      case 'red'          % 如果arg='red'，則執行下列的程式碼
27          h=findobj(0,'Tag','txt');
28          set(h,'BackgroundColor',[1 0 0]);
29
30      case 'close'        % 如果arg='close'，則執行下列的程式碼
31          result=questdlg('確定要關閉?','Window closing','yes','no','no');
32          if strcmp(result,'yes')
33             close
34          end
35  end
```

在函數 func19_1() 中，於程式開始執行時，4~6 行利用 if 敘述來判別 func19_1() 的引數數目。因為函數是第一次執行，而我們並沒有傳入任何引數，所以引數數目為 0，此時便把引數 arg 的值設定為 'init'。接下來，在 switch 敘述裡，因為 arg 的值為 'init'，所以 10~20 行的敘述會被執行。

10~15 行是版面配置的程式碼，第 17 行則是設定靜態文字方塊的 Tag 屬性為 'txt'，Tag 屬性可以是任何的字串，因此建議您取一個好記的名稱。18~20 行設定元件的反應指令，注意第 18 行的寫法中，'func19_1 red' 代表按下 red 按鈕時，所要執行的反應函數是 func19_1()，傳入的引數是字串 'red'。19 與 20 行的語法也相同。

18 行設定了只要 red 按鈕被按下，函數 func19_1('red') 就會被執行，19 行設定只要 white 按鈕被按下，函數 func19_1('white') 就會被執行，20 行則是設定當 close 按鈕被按下時，函數 func19_1('close') 就會被執行。當函數執行完第 10~20 行，就會暫停執行，等待使用者的輸入。

假設使用者按下 red 按鈕，此時函數 func19_1('red') 就會被執行，因為傳入的引數是 'red'，所以執行 27~28 行的程式碼。第 27 行取出繪圖視窗中，標籤屬性為 'txt' 之元件的 handle，並設定給變數 *h* 存放，此時 *h* 就成了靜態文字方塊的 handle 了。28 行則是

利用 set 函數把靜態文字方塊的顏色設定成紅色。如果您按下的是 white 按鈕或 close 按鈕，其執行的流程也大同小異。下圖繪出函數 func19_1() 的執行流程，從這個流程圖中，更可以瞭解到 switch-yard 技術的撰寫方式：

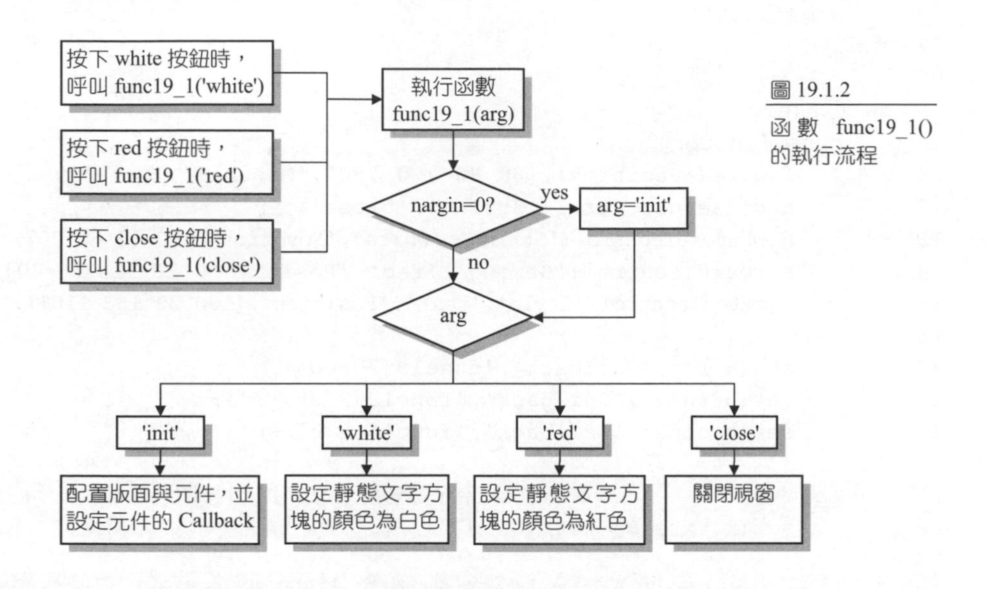

圖 19.1.2
函數 func19_1() 的執行流程

值得一提的是，當您每按下一個按鈕，函數 func19_1() 就會被執行一次，因為函數內的變數都視為區域變數，所以每次進入函數執行時，這些變數並不能互通，例如 23~24 行的程式碼就不能存取到 12~15 行所定義的變數，因為它們是在不同的時間點執行函數 func19_1()，所以第 23 行才必須使用 findobj() 來取得靜態文字方塊的 handle。

19.1.3 使用 global 變數來存放 handle

從前例可知，利用 findobj() 可找出繪圖視窗裡，特定元件的 handle。但是如果元件稍多，或者是觸發的事件較複雜時，利用這種方法來設計常需要較長的程式碼。如果改以全域變數來設計，便可以很容易的解決這些問題。下面的範例同 func19_1()，但把變數 *h_txt* 改以全域變數來設定：

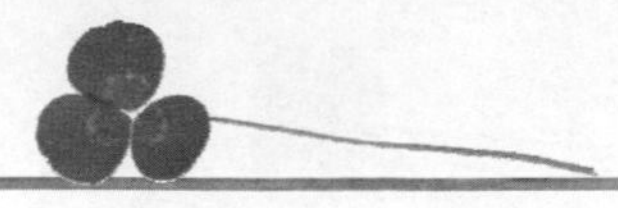

```
01 %func19_2.m, 簡單的事件處理範例，使用全域變數來存放 handle
02 function func19_2(arg)
03 global h_txt;                    % 宣告全域變數 h_txt
04
05 if nargin==0
06    arg='init';
07 end
08
09 switch(arg)
10    case 'init'
11       figure('Position',[80 80 270 150],'Menubar','none');
12       h_close=uicontrol('String','close');
13       h_white=uicontrol('String','white','Position',[20 80 60 20]);
14       h_red=uicontrol('String','red','Position',[20 110 60 20]);
15       h_txt=uicontrol('Style','text','Position',[100 20 150 110]);
16
17       set(h_red,'Callback','func19_2 red');
18       set(h_white,'Callback','func19_2 white');
19       set(h_close,'Callback','func19_2 close');
20
21    case 'white'          % h_txt 為全域變數,所以可以直接取用
22       set(h_txt,'BackgroundColor',[1 1 1]);
23
24    case 'red'            % h_txt 為全域變數,所以可以直接取用
25       set(h_txt,'BackgroundColor',[1 0 0]);
26
27    case 'close'
28       result=questdlg('確定要關閉?','Window closing','yes','no','no');
29       if strcmp(result,'yes')
30          close
31       end
32 end
```

在 func19_2() 中，第 3 行宣告了全域變數 *h_txt*，如此一來，不管函數 func19_2() 在哪一個時機點被呼叫，都會執行到這行的宣告，因此只要 func19_2() 被呼叫，變數 *h_txt* 的值便可取得。讀者可觀察到，21~25 行的 case 敘述中，我們可以直接取用變數 *h_txt*，而不必再像前例那樣，必須用 findobj() 來取得元件的 handle。

有趣的是，在執行完本例後，如果查看工作區裡的變數（可利用 whos 指令），您可以發現變數 *h_txt* 並沒有顯示在裡面，這是因為 *h_txt* 只定義在函數 func19_2() 之內，而沒有定義在工作區內之故。這個設計有個好處，也就是變數不會和工作區內的變數混淆，因此不用擔心變數誤用的問題。

另外，有一點要提醒您，Matlab 只允許開啟一個 GUI 程式，因此如果在桌面上有兩個 GUI 程式同時開啟，程式執行時可能會發生錯誤。

19.1.4 利用 switch-yard 技術設計滑鼠事件

switch-yard 技術也可以用來設計滑鼠事件，我們直接以一個讀者熟悉的範例來做說明。下面的範例修改自 17.5.2 節的例題，也就是拖曳滑鼠時可以繪出線段，程式碼與執行的結果如下所示：

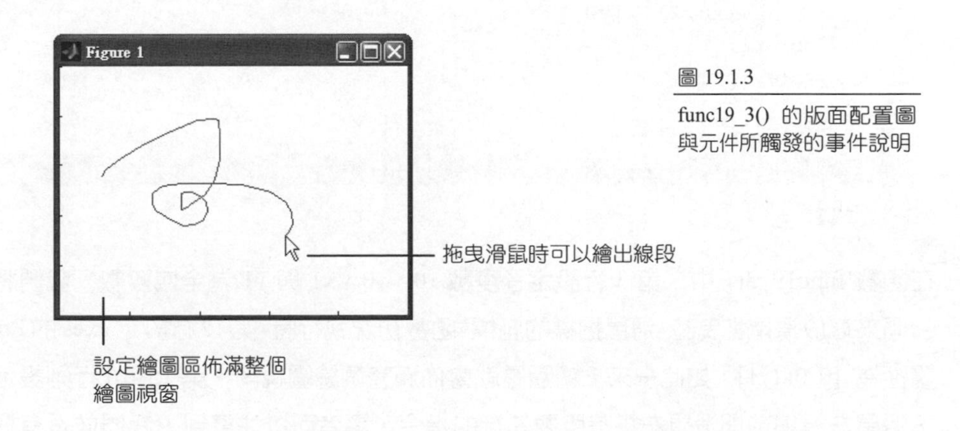

圖 19.1.3

func19_3() 的版面配置圖
與元件所觸發的事件說明

```
01 %func19_3.m, 滑鼠事件,使用 switch-yard 技術
02 function func19_3(arg)
03 global x0 y0 x1 y1;         % 設定全域變數
04
05 if nargin==0
06    arg='init';
07 end
08
```

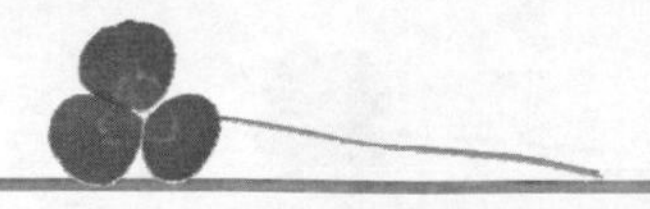

```
09  switch(arg)
10  case 'init'
11      figure('Position',[80 80 280 200],'Menubar','none');
12      axes('Position',[0 0 1 1]);  % 設定繪圖區佈滿整個繪圖視窗
13      axis([0 1 0 1]);
14
15      set(gcf,'WindowButtonDownFcn','func19_3 down');
16      set(gcf,'WindowButtonUpFcn','func19_3 up');
17
18  case 'down'
19      current_pt=get(gca,'CurrentPoint');
20      x0=current_pt(1,1);
21      y0=current_pt(1,2);
22      set(gcf,'WindowButtonMotionFcn','func19_3 motion');
23
24  case 'motion'
25      current_pt=get(gca,'CurrentPoint');
26      x1=current_pt(1,1);
27      y1=current_pt(1,2);
28      line([x0,x1],[y0,y1]);
29      x0=x1;
30      y0=y1;
31
32  case 'up'
33      set(gcf,'WindowButtonMotionFcn','');
34  end
```

在函數 func19_3() 中，第 3 行設定了變數 $x0$、$y0$、$x1$ 與 $y1$ 為全域變數，我們將利用它們來存放滑鼠拖曳時，滑鼠指標的座標。函數初次執行時，第 12 行設定 axes 的 Position 屬性為 [0 0 1 1]，如此一來，繪圖區就會佈滿整個繪圖視窗。第 15~16 行則設定了按下滑鼠左鍵與放開滑鼠左鍵時所要執行的指令，讀者可以注意到，我們並沒有把滑鼠移動所要執行的指令寫在這兒，稍後就可以瞭解到為什麼要這麼做。

當按下滑鼠左鍵時，func19_3('down') 會被執行，此時執行流程進到 19~22 行。19~21 行取得滑鼠按下之點的座標，22 行設定了滑鼠移動時所要執行的指令。現在讀者可以知道，只有在按下滑鼠左鍵時，滑鼠移動時所要執行的指令才會被設定，如此便可確保線條只有在滑鼠左鍵被按下時才會繪製。

當拖曳滑鼠時，func19_3('motion') 會被執行，25~30 行則依序繪出滑鼠拖曳的軌跡。當放開滑鼠左鍵時，func19_3('up') 會被執行，此時 33 行取消滑鼠移動時所要執行的指令，因此線條就不會再被繪製。

19.2 使用 GUIDE 設計 GUI 視窗介面

如果您熟悉 Visual Basic 的撰寫，應該會對它的視窗程式設計方式感到著迷。Matlab 也提供了一個類似 Visual Basic 的 GUI 撰寫方式，稱為 GUIDE（Graphical User Interface Design Environment），只要利用拖拉的方式就可以佈置好元件所要擺設的位置，如果要撰寫事件處理，GUIDE 也已備好反應函數的空殼，只要在適當的地方填入程式碼即可，使用起來非常的方便。

19.2.1 GUIDE 簡介

如要啟動 GUIDE，請在 Matlab 的工作視窗裡鍵入 guide，此時會出現一個「GUIDE Quick Start」的視窗，如下圖所示：

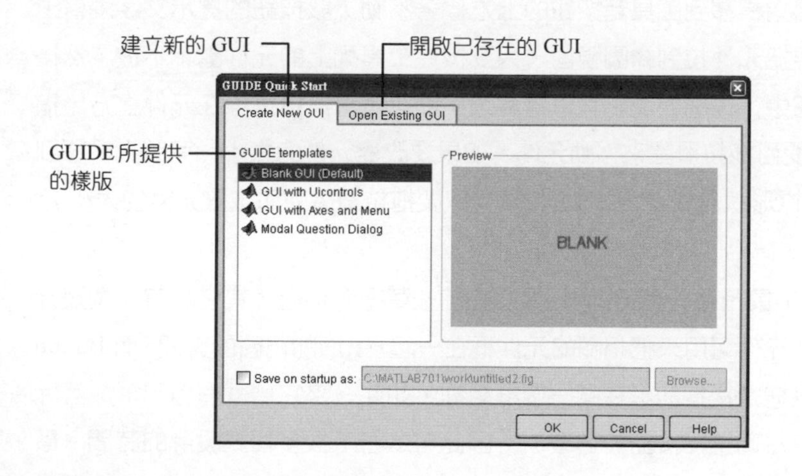

圖 19.2.1

GUIDE 的啟動畫面

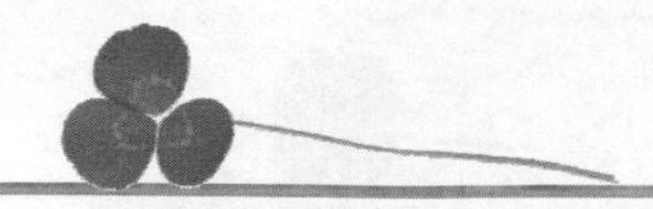

於上圖中，您可以在「GUIDE templates」欄位內選擇一些已設計好的樣版，以節省一些開發時間。本節的範例均是從空白的介面開始設計，因此請點選「Blank GUI」，然後按下 OK 鈕，此時會出現如下的空白 GUI 設計視窗：

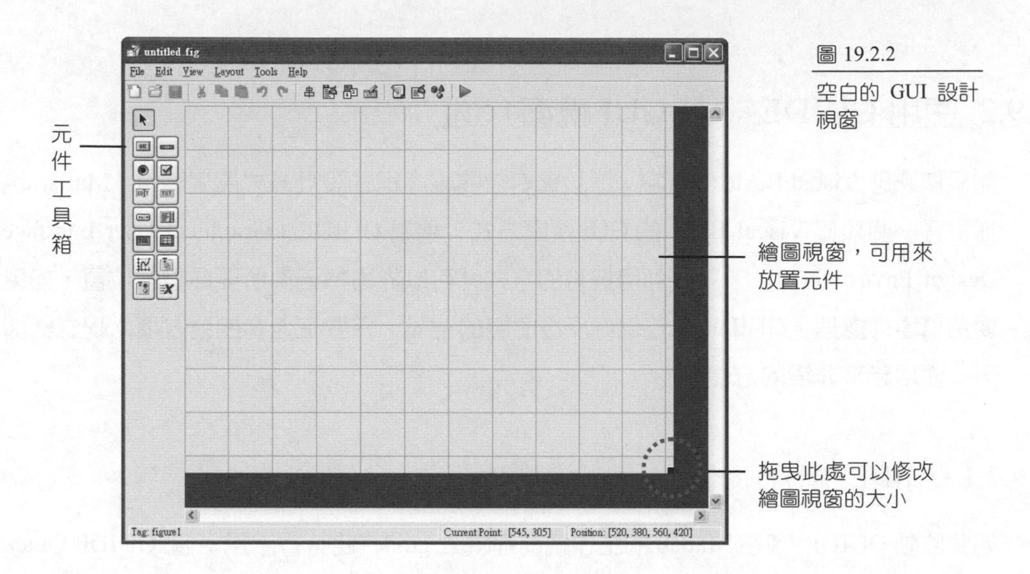

圖 19.2.2
空白的 GUI 設計視窗

在上圖中，元件工具箱裡一共提供了 13 種元件可供選用（早期的版本提供的元件數較少）。只要您把滑鼠指標移到工具箱按鈕的上方停著不動，該按鈕的提示文字就會出現在指標旁邊。如要把元件拉到繪圖視窗，只要按住工具列上的元件圖示不放，然後將它拖曳到繪圖視窗中，再細部調整其位置和大小即可（當滑鼠指標在元件上方，指標形狀變成✥時，便可拖拉滑鼠來移動元件，如果要改變元件的大小，可將指標移到元件的角落，此時指標形狀變成⤢或⤡的形狀，只要拖拉滑鼠即可改變元件的大小）。

新版的 GUIDE 元件工具箱裡，有 10 個元件已在前一章裡介紹過。其它尚有 3 個沒介紹過的元件裡，Panel 元件可用來把相關的元件框在一起，以增加視窗的美觀，而 Button Group 元件則是可以把選擇按鈕框在同一個群組裡，如此一來它們就會自己形成互斥（也就是同時只能有一個選擇按鈕被選取），因此可以省下很多程式設計的時間。最後一個元件是 ActiveX 控制元件，但它已超出本節所要討論的範圍，因此把它略去。

19.2.2 簡單的範例

本節我們將再以 17.4.2 節所介紹的範例，來說明如何以 GUIDE 進行視窗程式設計。請先仿照上節建立一個全新的 GUI 應用程式，並縮小繪圖視窗的範圍，使其大小大約是 4×5 的方格，以符合我們所需，如下圖所示：

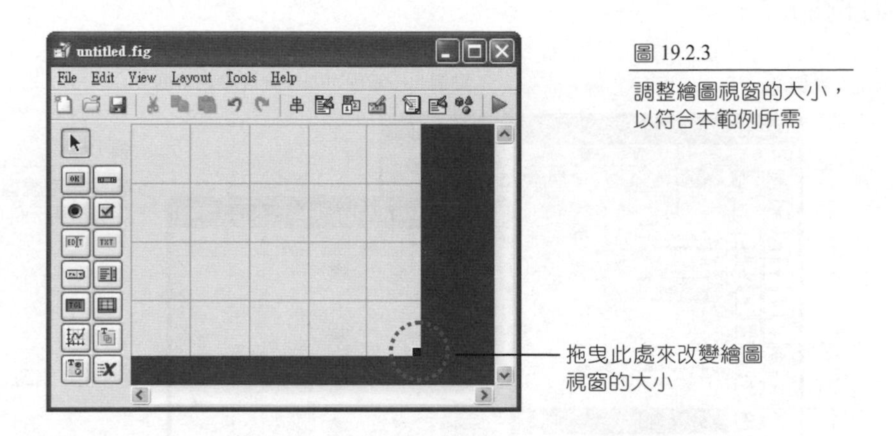

圖 19.2.3
調整繪圖視窗的大小，以符合本範例所需

接下來請拉三個按鈕與一個靜態文字方塊到繪圖視窗內，並約略佈置成如下的配置。注意在 GUIDE 的設定中，靜態文字方塊預設的底色與繪視窗預設的底色一樣，所以我們只會看到靜態文字方塊四個角落的點，而看不到它的邊線：

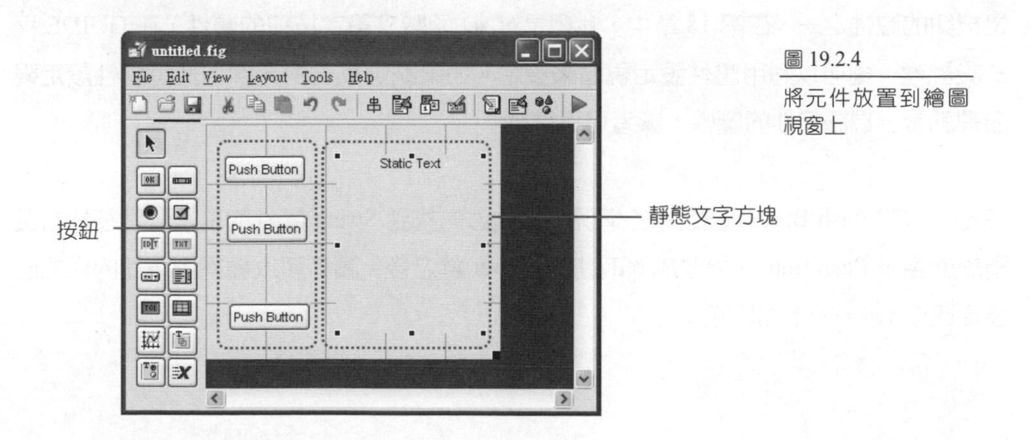

圖 19.2.4
將元件放置到繪圖視窗上

讀者可以注意到 GUIDE 會給每一個元件預設的標題，例如按鈕的預設標題為 Push Button，而靜態文字方塊的預設標題為 Static Text。現在我們來修改這些標題的預設值，使得按鈕顯示的標題分別為 red、white 與 close，而靜態文字方塊則不顯示標題。請點選左上方的 Push Button 元件兩下，此時「Inspector」視窗（屬性設定視窗）會開啟，如下圖所示：

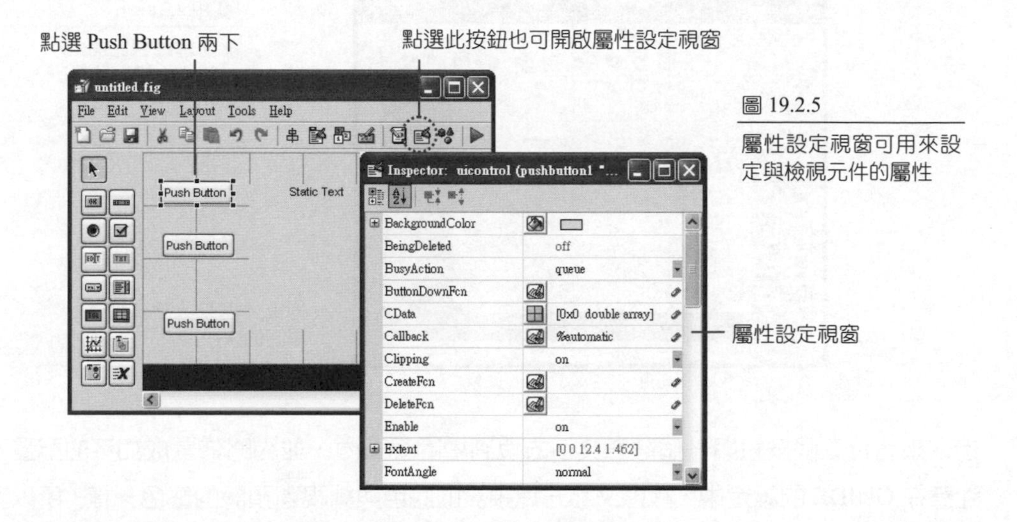

圖 19.2.5

屬性設定視窗可用來設定與檢視元件的屬性

讀者可以稍微查看一下屬性設定視窗裡的每一個項目。事實上，這兒的每一個項目都是按鈕的屬性之一，在第 18 章中，我們是以 set 函數來設定按鈕的屬性，在 GUIDE 程式設計裡，則可以利用屬性設定視窗來設定。如果點選其它的元件，此時屬性設定視窗裡就會出現該元件的屬性，讀者可以試試。

在左上方的 Push Button 被選取的情況下，請您先找到 String 屬性的位置，然後把右邊預設的字串 Push Button 更改成 red，按下 Enter 鍵之後，讀者可以觀察到按鈕的標題已被更改成 red，如下圖所示：

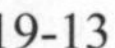

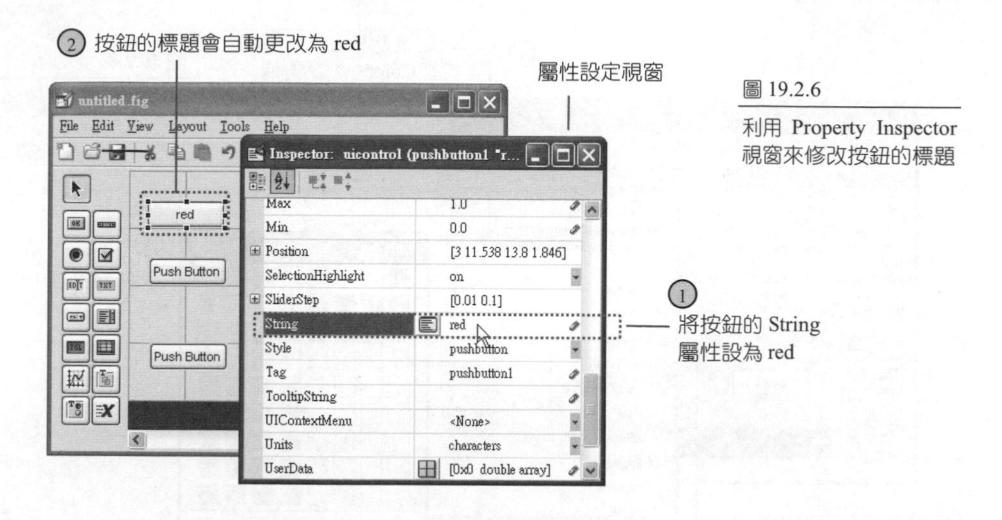

圖 19.2.6

利用 Property Inspector 視窗來修改按鈕的標題

請依照相同的步驟，將另兩個按鈕的標題修改為 white 與 close，並把靜態文字方塊的標題取消（即以空的字串取代原有的字串 Static Text）。修改過後，所得的視窗應如下所示：

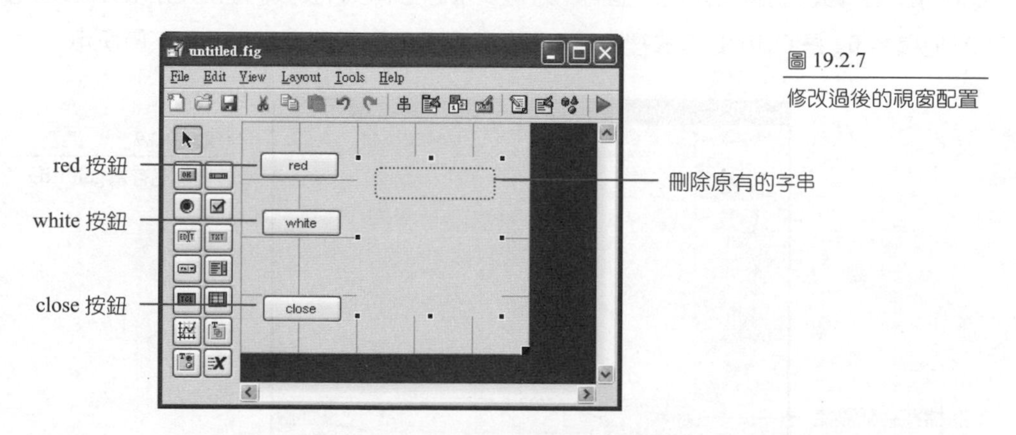

圖 19.2.7

修改過後的視窗配置

現在我們嘗試修改靜態文字方塊的底色，以便使它和繪圖視窗的顏色有所區別。請先點選靜態文字方塊兩下，先叫出屬性設定視窗，然後點選 BackgroundColor 之後的 按鈕，於出現的「Color」對話方塊中點選灰色，按下「OK」鈕，讀者即可看到靜態文字方塊的顏色已被修改成灰色，如下圖所示：

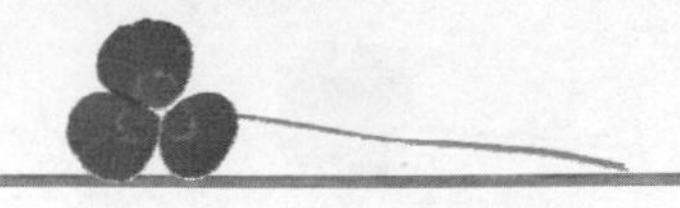

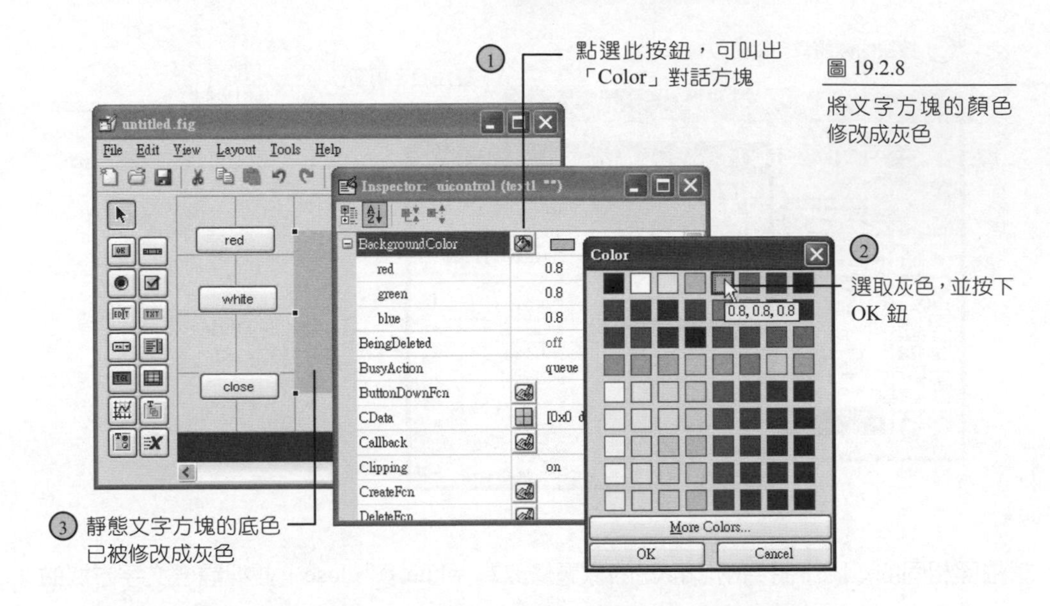

圖 19.2.8

將文字方塊的顏色修改成灰色

現在您已設計好應有的介面了。若要檢視一下設計的成果，請先按下工具列上的「Save Figure」按鈕 ，此時會跳出一個對話方塊要求您存檔，假設我們把檔名存成 gui01.fig（附加檔名.fig 是 GUIDE 程式裡，用來儲存視窗元件配置的檔案），如下圖所示：

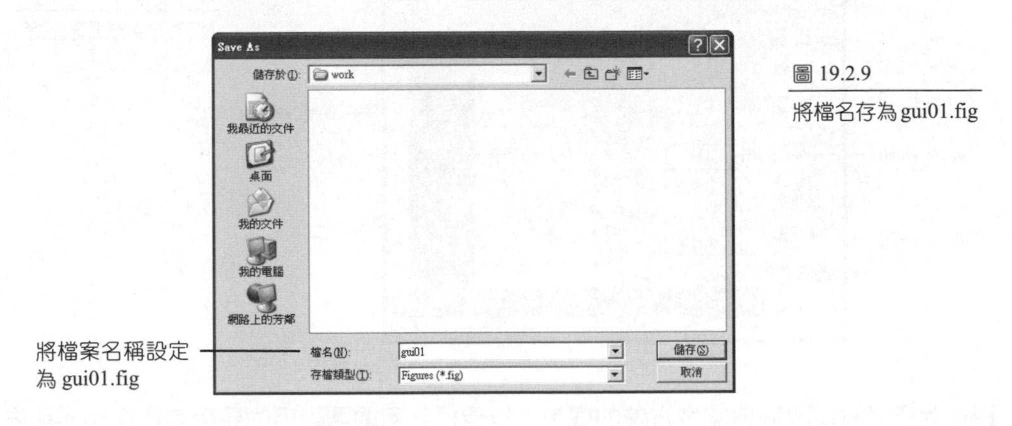

圖 19.2.9

將檔名存為 gui01.fig

存檔完成後，讀者可以看到 Matlab 自動開啟一個檔名為 gui01.m 的 M 檔案，用來撰寫處理事件的相關程式碼，這個部分將於下一節裡介紹。此時請在 GUIDE 視窗的工具列裡按下 ▶ 鈕，Matlab 即會執行這個 gui 程式，如下面的畫面所示：

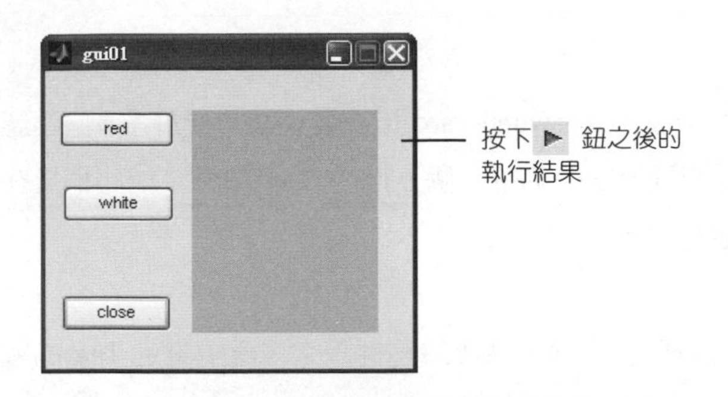

圖 19.2.10
已經設計好了的版面配置，但還沒撰寫事件處理

由於還沒有撰寫事件處理，所以此時按鈕可以按下，但不會有動作。於下節中我們再來探討如何在 GUIDE 的環境裡撰寫事件處理。

如果存放 GUI 檔案的資料夾沒有在 Matlab 的搜尋路徑當中的話，在執行 GUI 程式時，會出現如下的對話方塊：

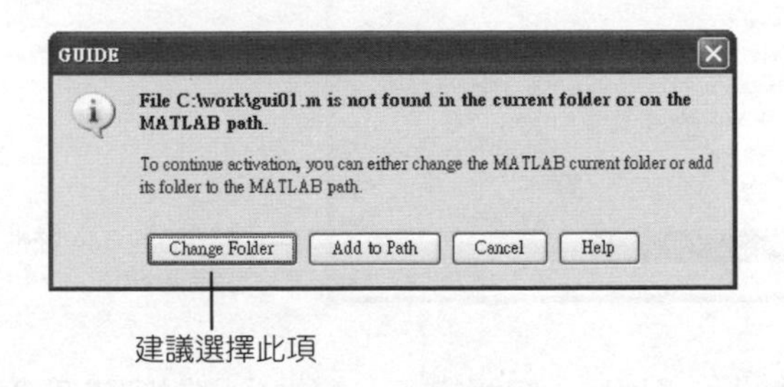

圖 19.2.11
當 GUI 檔案的目錄沒有在搜尋路徑當中的話，會出現一個訊息視窗

建議您選擇「Change Folder」，把目前的工作目錄切換到存放 GUI 檔案的資料夾，如此便可順利執行。

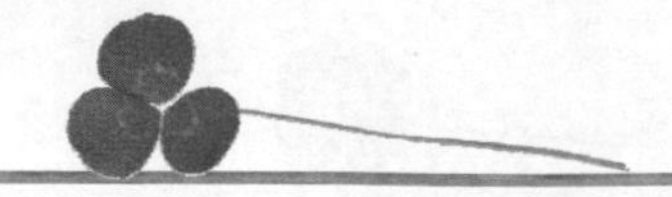

19.2.3 撰寫事件處理

在 GUIDE 的環境裡撰寫事件，比起利用 switch-yard 技術要來得方便許多。但建議您在開始撰寫事件碼之前，先花點時間設定一下每一個元件的 Tag 屬性，如此稍後在撰寫事件程式碼時，會有較多的便利性。

要設定元件的 Tag 屬性，請先選取該元件，然後於屬性設定視窗中設定 Tag 的屬性，例如，下圖是修改 red 按鈕的 Tag 屬性為 Tred 的範例：

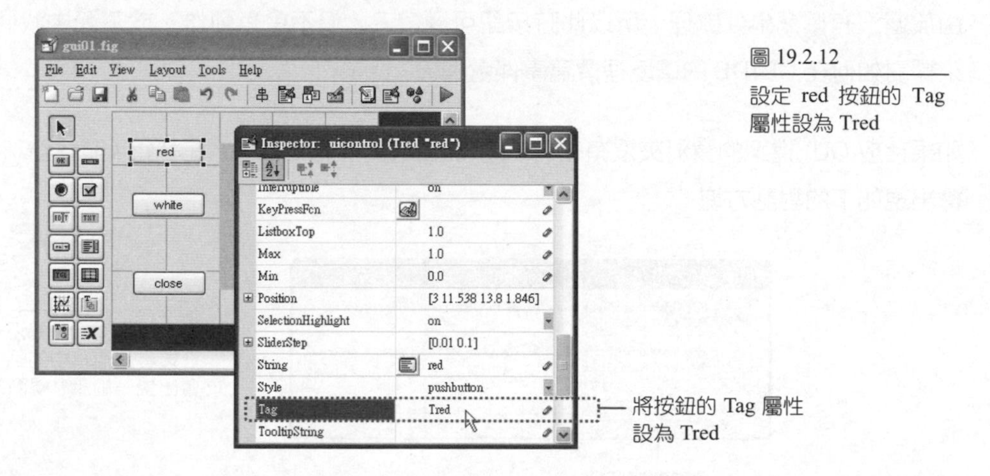

圖 19.2.12 設定 red 按鈕的 Tag 屬性設為 Tred

請您利用相同的方法，把 white 與 close 按鈕的 Tag 屬性分別設定成 Twhite 與 Tclose，把靜態文字方塊的 Tag 屬性設定成 Tcolor（此處大寫的 T 代表 Tag 之意；當然您也可以使用其它好記且容易辨識的名稱）。

設定好元件的屬性之後，接下來就要撰寫事件程式碼。請把滑鼠移到 red 按鈕的上方，然後按下右鍵，於出現的選單中選擇 View Callbacks 選項裡的 Callback，此時會出現一個 M 檔案編輯器，並自動開啟了 M 檔案 gui01.m，如下圖所示：

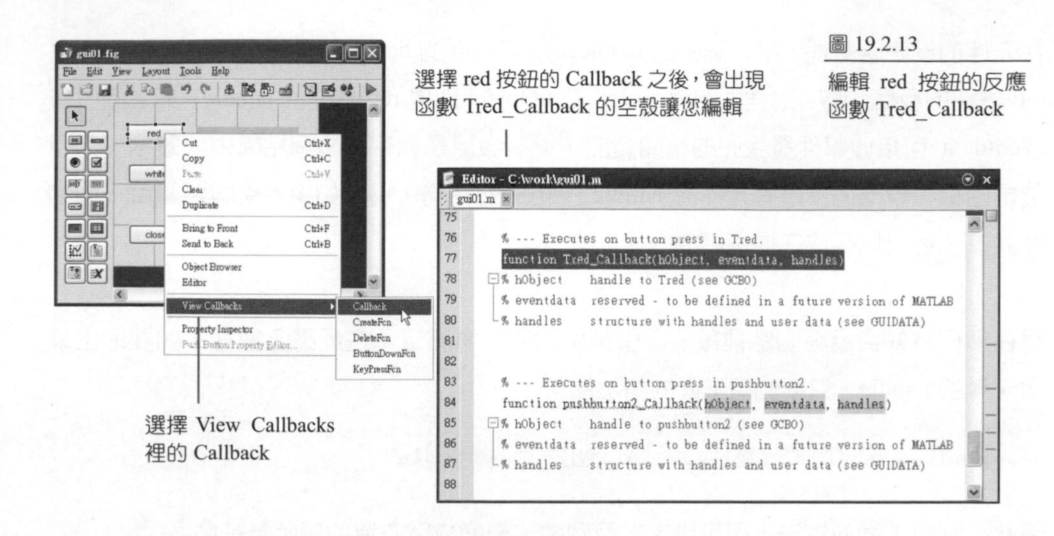

圖 19.2.13
編輯 red 按鈕的反應函數 Tred_Callback

讀者可以觀察到，選擇 View Callbacks 裡的 Callback 之後，M 檔案編輯器會自動把一行程式碼反白，事實上，這也就是我們要撰寫 red 按鈕之反應函數的地方。反白這一行定義了當 red 按鈕被按下時，Matlab 所要執行的函數，其語法如下圖所示：

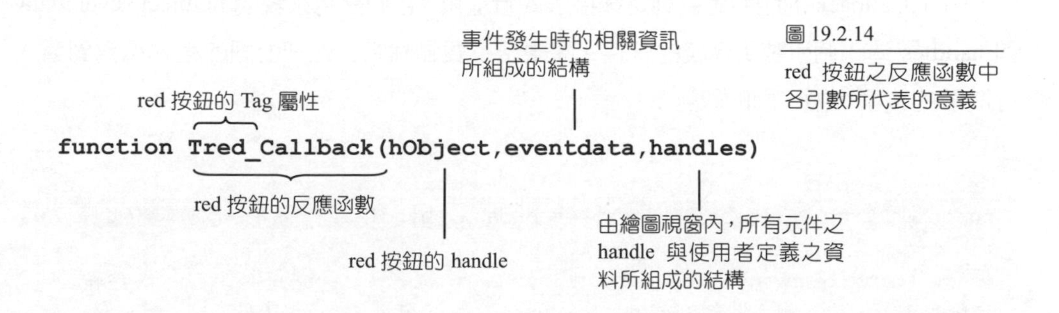

圖 19.2.14
red 按鈕之反應函數中各引數所代表的意義

讀者可以看到，GUIDE 之反應函數的命名方式是把物件的 Tag 屬性加在 Callback 之前，並用一個底線連接，由此可知物件 Tag 屬性在命名時，取一個好記的名稱是很重要的（如果您是使用 Matlab 7.0 以前的版本，則反應函數的名稱是由 GUIDE 函數內定，您無法由 Tag 屬性來修改）。

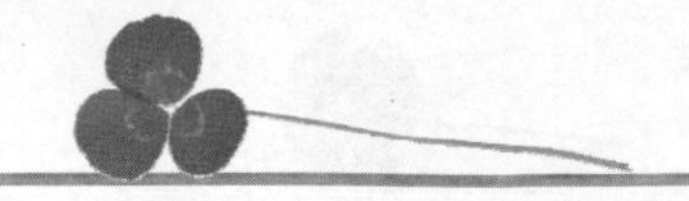

在元件的反應函數裡，第一個引數 hObject 是該元件的 handle，例如，Tred_Callback 是 red 按鈕的反應函數，則裡面的第一個引數 hObject 即是 red 按鈕的 handle。第二個引數 eventdata 可接收事件發生時的相關資訊，這些資訊是儲存在一個結構中。最後一個引數是由繪圖視窗內，所有元件的 handle 所組成的結構，另外如果有資料要給每一個物件共享，也可以存放在這個結構內。

現在您已經知道反應函數裡每一個引數所代表的意義了。在反應函數裡，如要取出某個元件的 handle，只要利用下面的語法即可：

```
handles.元件的 Tag 屬性;        % 取出元件的 handle
```

因此，利用下面的語法，即可設定本範例中，靜態文字方塊的顏色為紅色：

```
set(handles.Tcolor,'BackgroundColor',[1 0 0]);
```

現在您只要把上面的程式碼寫到函數 Tred_Callback 內即可。讀者可發現，在圖 19.2.13 中，Tred_Callback 的函數定義列之後接了 3 行註解，它們是用來說明 hObject、eventdata 與 handles 這 3 個引數所代表的意義。建議您不要刪除它，並把上面的程式碼寫到這 3 行註解的後面，如下面的敘述：

```
% --- Executes on button press in Tred.
function Tred_Callback(hObject, eventdata, handles)    —— 函數定義列
% hObject    handle to Tred (see GCBO)
% eventdata  reserved - to be defined in a future version of MATLAB   } 註解
% handles    structure with handles and user data (see GUIDATA)
set(handles.Tcolor,'BackgroundColor',[1 0 0]);  —— 請將反應指令寫在這兒
```

撰寫好了之後，請先儲存這個 M 檔案，然後回到 GUIDE 視窗中，按下工具列裡的執行鈕 ▶ 來執行此一 M 檔案。於出現的 GUI 視窗中，您可以試著按一下 red 按鈕，此時靜態文字方塊的底色應會變成紅色。

接下來我們來撰寫 white 按鈕的事件處理。請先關閉剛才執行的 GUI 視窗，回到 M 檔案編輯器中，找到 Twhite_Callback 這個函數的定義列，然後在定義列下方的 3 行註解之後加上按下 white 按鈕後所要執行的程式碼：

```
% --- Executes on button press in Twhite.
function Twhite_Callback(hObject, eventdata, handles) ——— 函數定義列
% hObject   handle to Twhite (see GCBO)
% eventdata reserved - to be defined in a future version of MATLAB
% handles   structure with handles and user data (see GUIDATA)
set(handles.Tcolor,'BackgroundColor',[1 1 1]); ——— 請將反應指令寫在這兒
```

最後，再來撰寫 close 按鈕的處理。因為按下 close 按鈕時並沒有使用到其它元件的 handle，所以只要把 close 按鈕的事件處理直接寫到 Tclose_Callback 函數裡即可，如下面的程式碼片段：

```
% --- Executes on button press in Tclose.
function Tclose_Callback(hObject, eventdata, handles)
% hObject   handle to Tclose (see GCBO)
% eventdata reserved - to be defined in a future version of MATLAB
% handles   structure with handles and user data (see GUIDATA)
result=questdlg('確定要關閉?','Window closing','yes','no','no');
if strcmp(result,'yes')
   close
end
```

現在我們已經完成了這個範例所有的程式碼，請執行它並測試每一個按鈕，看看程式碼是否正確。

19.2.4 將資料儲存在 handles 結構中

在 GUIDE 裡，您也可以把某些資料存在 handles 結構裡，以便讓所有的元素共享。這種方式有點類似前一節所介紹的全域變數，但是它是把變數存在 handles 結構裡，而不是定義成全域變數。

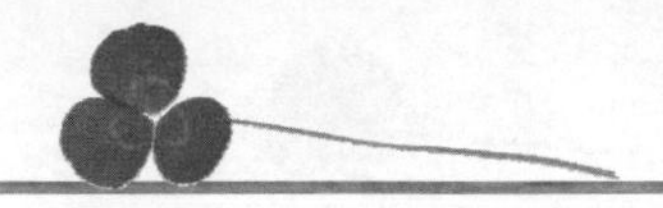

如要把某個變數讓所有的元件共享，可利用下面的語法來設定：

```
handles.var_name=val;          % 設定 handles 結構裡，var_name 的值為 val
guidata(hObject,handles);      % 將 handles 結構存回 GUI 的介面裡
```

於上面的語法中，第一行設定了結構陣列 handles 的 var_name 欄位的值為 *val*，若 var_name 欄位不存在，則會建立該欄位並設值。第二行則是將 handles 結構存回 GUI 的介面裡，也就是做更新的動作。注意改變 var_name 的值之後，記得要進行更新的動作，否則 var_name 的值就不會被更改到。

我們把上述的概念以一個實例來做說明。下面的範例在繪圖視窗中配置了一個文字方塊與兩個按鈕，當 count 按鈕被按下時，文字方塊會從 0 開始累加，若按下 reset 按鈕，則會歸零。下圖顯示本範例的版面配置，以及每一個元件所使用的 Tag 屬性。請您先開啟一個全新的 GUIDE 工作視窗（於 GUIDE 的功能表裡選 File-New，再於出現的 GUIDE Quick Start 視窗中選取 Blank GUI），然後依此圖配置好元件，並設定應有的屬性，同時將此 GUI 介面存成 gui02.fig：

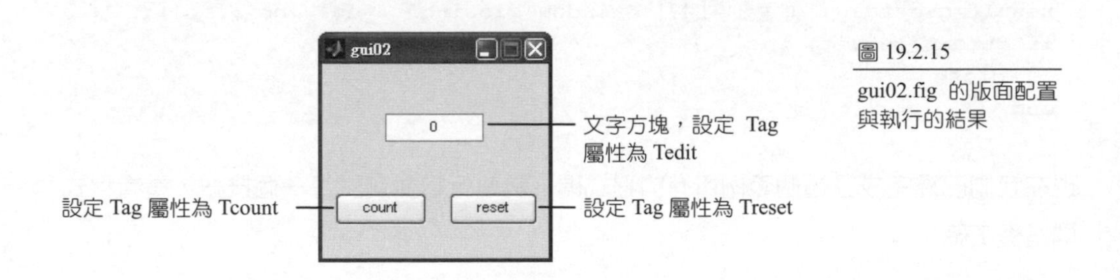

圖 19.2.15

gui02.fig 的版面配置與執行的結果

配置好元件，並設定好 Tag 屬性之後，接下來我們就要開始撰寫事件處理。於本例中，我們把文字方塊裡的數字設計成是 handles 結構裡的一個變數，因此它可以讓所有的元件所共享。假設這個變數的名稱是 cnt，所以我們必須撰寫如下兩行的敘述：

```
handles.cnt=0;                 % 設定 handles 結構裡，cnt 的值為 0
guidata(hObject,handles);      % 將 handles 結構存回 GUI 的介面裡
```

問題是，這兩行程式碼要放在哪兒？事實上，有個地方相當適合，也就是放在函數 gui02_OpeningFcn 裡（讀者可以看得出來，gui02 是我們儲存 .fig 檔案的名稱，而 OpeningFcn 則是 Opening Function 的合併詞）。Matlab 在執行 GUI 程式時，當繪圖視窗要顯示之前，Opening Function 就先會被執行，因此我們把上面的兩行程式碼寫在 gui02_OpeningFcn 裡是很適合的。

在 M 檔案 gui02.m 裡，您可以找到 gui02_OpeningFcn 這個函數，請把

```
handles.cnt=0;
```

這行程式碼寫在如下粗體字的地方，但請注意不要刪除任何預設的程式碼：

```
% --- Executes just before gui02 is made visible.
function gui02_OpeningFcn(hObject, eventdata, handles, varargin)
% This function has no output args, see OutputFcn.
% hObject    handle to figure
% eventdata  reserved - to be defined in a future version of MATLAB
% handles    structure with handles and user data (see GUIDATA)
% varargin   command line arguments to gui02 (see VARARGIN)
handles.cnt=0;    % 設定 cnt 的值為 0

% Choose default command line output for gui02
handles.output = hObject;

% Update handles structure
guidata(hObject, handles);
```

另外，讀者可以看到，將 handles 結構存回 GUI 介面的程式碼，在 gui02_OpeningFcn 函數裡已經幫我們寫好（上面程式碼的最後一行），所以不用把它寫進去。

現在可以開始撰寫事件的程式碼了。在 M 檔案 gui02.m 中，找到 Tcount_Callback 這個函數，然後鍵入下面粗體字的程式碼：

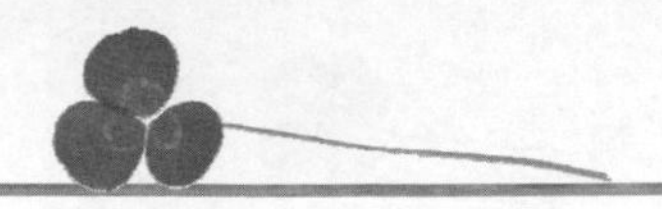

```
% --- Executes on button press in Tcount.
function Tcount_Callback(hObject, eventdata, handles)
% hObject    handle to Tcount (see GCBO)
% eventdata  reserved - to be defined in a future version of MATLAB
% handles    structure with handles and user data (see GUIDATA)
handles.cnt=handles.cnt+1;                        % 設定 cnt 的值加 1
set(handles.Tedit,'String',handles.cnt);          % 設定文字方塊顯示 cnt 的值
guidata(hObject, handles);                        % 將 handles 結構存回
```

注意別忘了撰寫上面最後一行的程式碼，也就是把 handles 結構存回整個 GUI 介面裡，否則 cnt 的值就不會被更新。

接下來是設計按下 reset 鈕的事件處理。在 M 檔案 gui02.m 中，找到 Treset_Callback 這個函數，然後鍵入下面粗體字的程式碼：

```
% --- Executes on button press in Treset.
function Treset_Callback(hObject, eventdata, handles)
% hObject    handle to Treset (see GCBO)
% eventdata  reserved - to be defined in a future version of MATLAB
% handles    structure with handles and user data (see GUIDATA)
handles.cnt=0;   % 設定 cnt 的值為 0
set(handles.Tedit,'String',handles.cnt);
guidata(hObject, handles);
```

上面輸入的程式碼中，第 1 行設定了 cnt 的值為 0，也就是歸零的動作。2~3 行的語法讀者應很熟悉了，在此不再贅述。

從本範例中，讀者可以學習到如何把資料存放在結構 handles 裡，讓需要使用它的元件來存取。事實上在本範例中，您也可以利用存取文字方塊內之數字，來撰寫事件的程式碼，如此就不需要把 cnt 變數存放在 handles 結構中，讀者可自行試試。

19.2.5 使用 Button Group 元件

還記得在 17.4.4 節中，我們必須要對選擇按鈕撰寫互斥的動作嗎（也就是同一個時間，只有一個選擇按鈕可以被選取）？在 Matlab 7.0 裡，GUIDE 已提供了一個新的元件 Button Group，只要放置在這個 Button Group 元件上方的選擇按鈕就會自動設成互斥。

下面的是使用 Button Group 的簡單範例。於此範例中，我們先配置了一個 Button Group 元件，然後在 Button Group 裡面配置三個選擇按鈕 red、green 與 blue（注意選擇按鈕的邊框請不要超出 Button Group 的框架，否則不會產生互斥的效果），另外在繪圖視窗的右邊配置一個文字方塊，用來呈現選擇按鈕所選擇的顏色，如下圖所示：

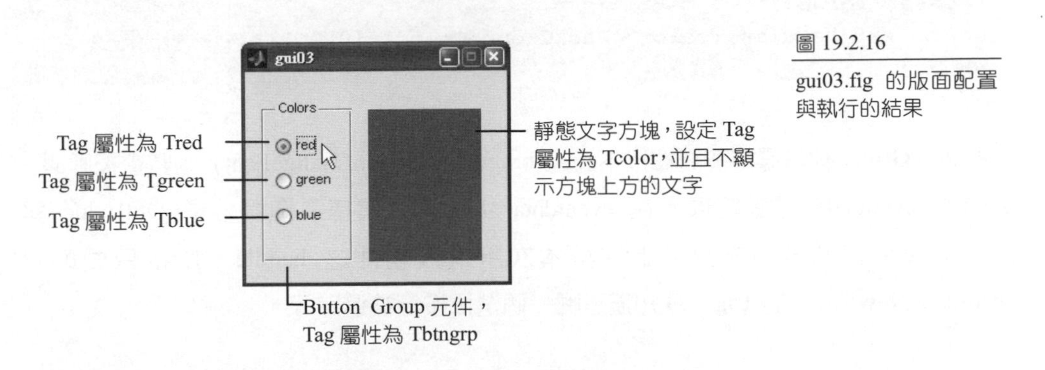

圖 19.2.16

gui03.fig 的版面配置與執行的結果

於上圖中，我們把 Button Group 的 Title 屬性設定為 Colors，如此一來，Button Group 元件的上方就會出現 Colors 字樣。配置好元件之後，請將它存成 gui03.fig。現在請您執行它，讀者可以發現選擇按鈕本身已經是互斥了。

接下來開始設計本範例的事件處理。這個範例只有三個事件要處理，也就是三個選擇按鈕按下時所觸發的事件。在 Button Group 裡，事件是由 Button Group 元件來處理，而不是交給個別的選擇按鈕，所以我們就不能直接在選擇按鈕裡撰寫 Callback() 函數。請在 Button Group 元件上方按下右鍵，於出現的選單中選擇 View Callbacks 裡的 SelectionChangeFcn，即可撰寫處理事件的程式碼。因為 Button Group 元件已經幫我們處理好互斥的問題，所以只要在 M 檔案裡撰寫下面的粗體字的程式碼：

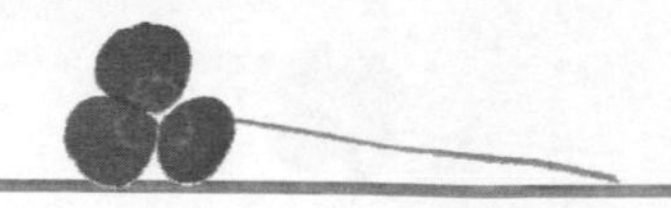

```
% --- Executes when selected object is changed in Tbtngrp.
function Tbtngrp_SelectionChangeFcn(hObject, eventdata, handles)
% hObject   handle to the selected object in Tbtngrp
% eventdata  structure with the following fields (see UIBUTTONGROUP)
%  EventName: string 'SelectionChanged' (read only)
%  OldValue: handle of the previously selected object or empty if none was selected
%  NewValue: handle of the currently selected object
% handles    structure with handles and user data (see GUIDATA)
newRbtn=get(eventdata.NewValue,'tag');  % 取得被按下之選擇按鈕的 tag
switch newRbtn
    case 'Tred'
        set(handles.Tcolor,'BackGroundColor',[1 0 0]);  % 設成紅色
    case 'Tgreen'
        set(handles.Tcolor,'BackGroundColor',[0 1 0]);  % 設成綠色
   case 'Tblue'
        set(handles.Tcolor,'BackGroundColor',[0 0 1]);  % 設成藍色
end
```

當 ButtonGroup 裡的選擇按鈕被按下時，Tbtngrp_SelectionChangeFcn() 函數會被呼叫，並傳入 eventdata 這個結構。在 eventdata 中，第二與第三個欄位是 OldValue 與 NewValue，它們分別記錄了上次與本次所選取物件之 handle。所以只要取出 eventdata.NewValue 的 Tag，就知道是哪一個選擇按鈕被選取了。

此時您可以執行一下這個 GUI 程式，可發現三個選擇按鈕都可以正常的工作了，但是有個小問題，也就是剛開始執行時，red 選擇按鈕預設是被選取，但是靜態文字方塊顯示卻不是紅色，您有兩個方法可以改進這個缺點，其中一個方法是在 Opening Function 裡（即在 gui03_OpeningFcn 函數裡）設定文字方塊的底色為紅色，另一個方法是在版面配置時，就先把靜態文字方塊的屬性設定為紅色，讀者可自行試試。

19.2.6 簡單的繪圖練習

本節我們將以一個簡單的範例，介紹如何刪除已繪製的線段元件，並探討如何在迴圈裡，使得 GUI 元件（如線段、文字方塊內的文字）得以持續更新等問題。

在開始撰寫程式碼之前，我們先來學習一個簡單的幾何迭代，並以此來產生一系列的資料點。設三角形的頂點分別為A、B與C，而p_0為平面上任意一點，首先我們求得三角形任意頂點（於下圖中假設隨機取得頂點A）與p_0的中點，得到p_1，然後再求得三角形任意頂點（假設隨機取得頂點C）與p_1的中點，得到p_2，如此反覆迭代。下圖繪圖出了四次迭代過程與迭代所產生的點：

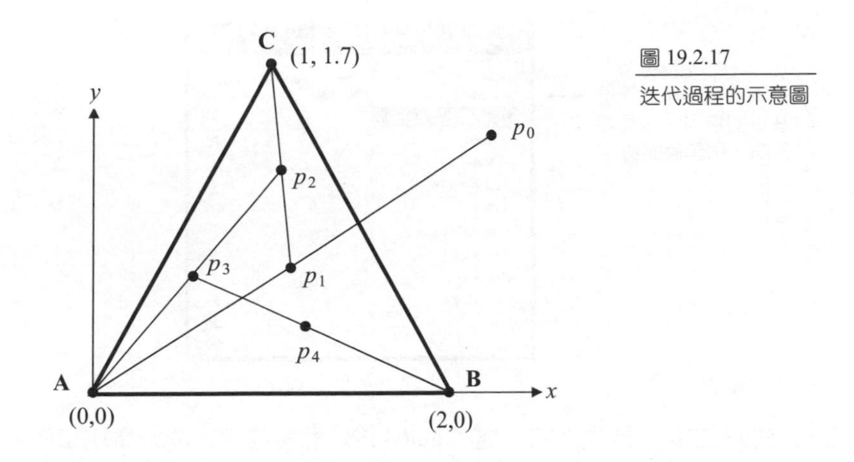

圖 19.2.17
迭代過程的示意圖

知道資料點如何產生之後，接下來我們可以開始進行版面配置了。請依下圖配置元件，並設定好每一個元件應有的屬性（已標示在元件的旁邊）：

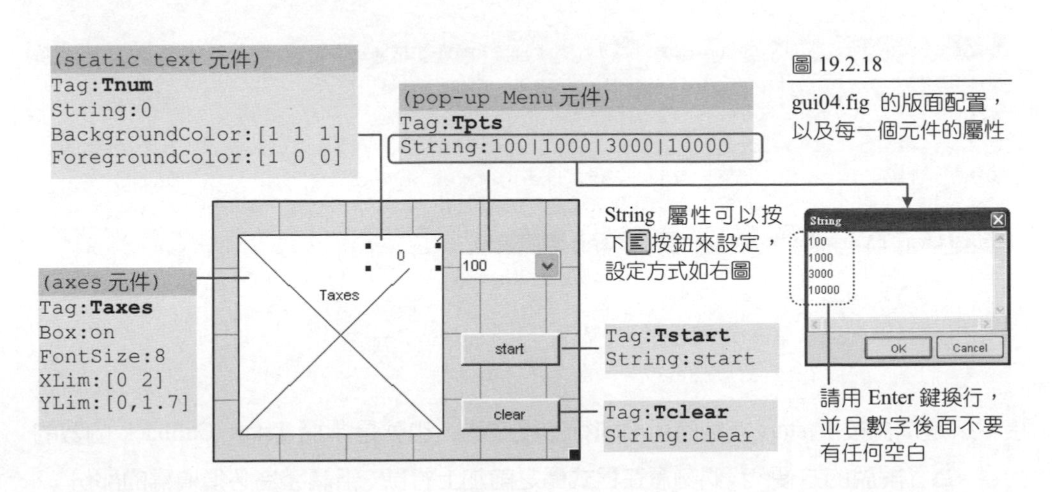

圖 19.2.18
gui04.fig 的版面配置，以及每一個元件的屬性

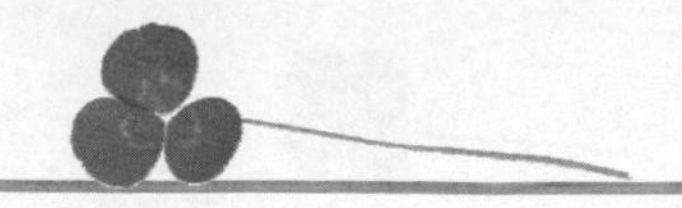

注意有些元件之屬性，可能需要按下某些按鈕才可以進行細部的設定。例如在設定靜態文字方塊的前景顏色（foreground color）時，您可以按下 ForegroundColor 屬性後面的 鈕，然後再於開啟的「色彩」對話方塊中選擇所要的顏色；或者也可以按下 ForegroundColor 屬性前面的 ⊞ 鈕，於出現的子項目中輸入 r、g、b 三個顏色的值，如下圖所示：

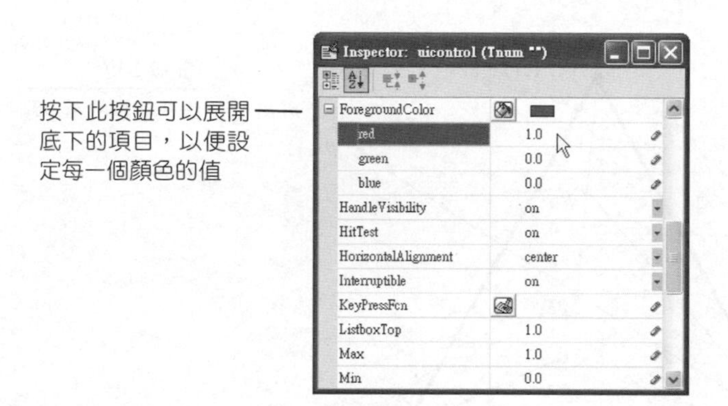

圖 19.2.19

設定 ForegroundColor 的屬性

配置好版面之後，請先將它存檔成 gui04.fig，然後就可以開始撰寫事件的程式碼。這個範例將利用變數 flag 來記錄繪圖區內是否已繪有資料點，因為我們希望讓所有的元件來共用它，因此請在 gui04_OpeningFcn 函數裡加入下面粗體字的程式碼：

```
function gui04_OpeningFcn(hObject, eventdata, handles, varargin)
% This function has no output args, see OutputFcn.
% hObject    handle to figure
% eventdata  reserved - to be defined in a future version of MATLAB
% handles    structure with handles and user data (see GUIDATA)
% varargin   command line arguments to chaotic (see VARARGIN)
handles.flag=0;        % 設定 flag 變數為 0

% Choose default command line output for chaotic
handles.output = hObject;
```

接下來是撰寫按下 start 按鈕時所要執行的程式碼，也就是撰寫 Tstart_Callback 函數的內容。為了解說的方便，我們刻意在程式碼之前加上行號（粗體字為必須填寫的部份）：

```
01 % --- Executes on button press in Tstart.
02 function Tstart_Callback(hObject, eventdata, handles)
03 % hObject    handle to Tstart (see GCBO)
04 % eventdata  reserved - to be defined in a future version of MATLAB
05 % handles    structure with handles and user data (see GUIDATA)
06 if handles.flag==1                  %flag==1 代表繪圖區已繪有圖形
07    delete(handles.h);               %刪除所有的資料點
08    guidata(hObject,handles);
09 end
10
11 x0=1;
12 y0=1;
13 v=[0 0;1 sqrt(3);2 0];              % 設定三角形的三個頂點
14 hold on;
15
16 str=get(handles.Tpts,'String');       % 取得下拉選單裡的所有字串
17 val=get(handles.Tpts,'Value');        % 取得下拉選單被選取選項的索引值
18 n_pts=str2num(str{val}); % 取得下拉選單被選取的選項，並轉換成數值
19 handles.h=[];                         % 將陣列 h 的內容清空
20
21 for i=1:n_pts
22     set(handles.Tnum,'String',i);     % 設定文字方塊顯示的數值為 i
23     handles.h(i)=plot(x0,y0);     % 繪出點(x0,y0)，並設定其 handle 給 h
24     pt=v(ceil(rand()*3),:);       % 隨機取出一個頂點
25     x0=(x0+pt(1))/2;              % 計算取出之頂點與 x0 之連線的中點 x 座標
26     y0=(y0+pt(2))/2;              % 計算取出之頂點與 y0 之連線的中點 y 座標
27 end
28
29 handles.flag=1;                     % 設定 flag 為 1，代表繪圖區內已繪點
30 guidata(hObject,handles);
```

在 Tstart_Callback 函數中，6~9 行是用來判別 start 按鈕是否有被按下過。如果是，我們必須先清除繪圖區裡所繪的點，以確保每一次繪圖都是在空白的繪圖區內繪製，因此第 7 行利用 delete 函數刪除 handles.h，稍後您會看到我們把所有資料點的 handle 都存放在結構 handles.h 裡，刪除 handles.h 也就相當於刪除繪圖區裡所有的資料點。

11~12 行設定了迭代的初始點，也就是圖 19.2.17 中的 p_0，13 行則利用矩陣 v 來存放三角形三個頂點的座標（每一個橫列存放一個頂點），14 行設定 hold 為 on，使得所有的點都在同一個繪圖區內繪圖。

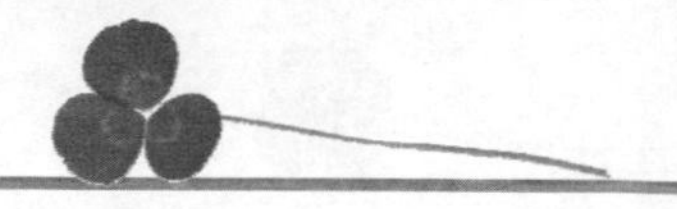

16~18 行取得下拉選單中被選取的選項，並轉換成數值，第 19 行清空陣列 *h* 的內容，21~27 行則在 for 迴圈內繪製 *n_pts* 個點，其中 *n_pts* 是由所下拉選單中所選取的數值來決定。注意第 24 行的 rand() 會產生 0 到 1 之間的亂數，因此 ceil(rand()*3) 就會取出 1~3 之間的亂數，所以 v(ceil(rand()*3), :) 就可以隨機取出三個頂點中的其中一個頂點座標了。

最後，程式 29 行設定 flag 為 1，代表繪圖區內已繪製有資料點。30 行把 handles 結構存回整個 GUI 介面裡，如此便完成 start 按鈕的事件處理了。

接下來我們來設計按下 clear 按鈕的事件處理，它的相關程式碼必須撰寫在函數 Tclear_Callback 裡，如下面粗體字的程式碼：

```
01  % --- Executes on button press in Tclear.
02  function Tclear_Callback(hObject, eventdata, handles)
03  % hObject    handle to Tclear (see GCBO)
04  % eventdata  reserved - to be defined in a future version of MATLAB
05  % handles    structure with handles and user data (see GUIDATA)
06  if handles.flag==1                       % 如果繪圖區裡已有資料
07     delete(handles.h);                    % 清空繪圖區裡的資料點
08     set(handles.Tnum,'String',0);         % 設定文字方塊顯示的數值為 0
09     handles.flag=0;                       % 將 flag 的值設為 0
10     guidata(hObject,handles);
11  end
```

於 Tclear_Callback 函數中，第 6 行判別繪圖區裡是否已繪製有資料點。如果是，則第 7 行利用 delete 函數刪除所有資料點的 handle，如此資料點就會從圖上消失。第 8 行把靜態文字方塊的顯示設定為 0，第 9 行則將 flag 的值設回 0，代表繪圖區裡已沒有任何資料點。此時如果您再次按下 clear 按鈕，則會因為 flag 已被設成 0，所以 7~10 行的程式碼不會被執行。

下圖是執行本範例時，選擇下拉選單裡的數字 3000，並按下 start 按鈕，經過一段時間計算後的情形，讀者可以看出即使頂點是隨機選取，但經迭代後幾次之後，所有的點幾乎都落在特定的範圍內。

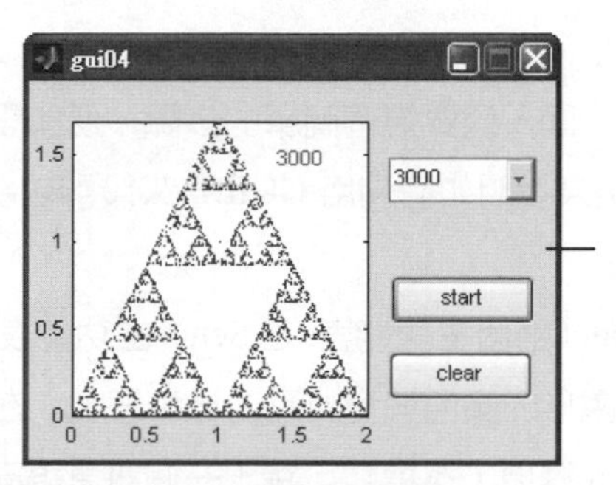

當程式正在繪圖時，請先不要觸動視窗裡其它的元件，以避免更動到某些變數而導致錯誤產生

圖 19.2.20

gui04.fig 的執行結果

在迴圈內立即更新繪圖元件

讀者應可注意到於本例中，雖然我們是把更新繪圖點數的指令（第 22 行）與繪圖的指令（第 23 行）撰寫在迴圈內，但是從程式實際執行時來看，Matlab 似乎是執行完整個迴圈，然後再進行更新文字方塊與繪圖的動作。事實上，因為 Matlab 考量到執行效率的問題，所以如果圖形元件的更新的程式碼是撰寫在迴圈內，則會等到迴圈執行完時再做更新，因此只會看到最後的結果，而看不到中間的過程，就是這個原因。

如果想強迫圖形元件在迴圈內立即更新，可以利用 drawnow 指令。例如在下面的程式碼中，我們把 drawnow 指令加在 Tstart_Callback 函數的 for 迴圈中：

```
for i=1:n_pts
    set(handles.Tnum,'String',i);
    handles.h(i)=plot(x0,y0);
    if(mod(i,50)==0)
      drawnow
    end
    pt=v(ceil(rand()*3),:);
    x0=(x0+pt(1))/2;
    y0=(y0+pt(2))/2;
end
```

如果迴圈變數 i 可以被 50 整除，則執行 drawnow，如此就相當於每執行 50 次迴圈，就更新一次繪圖

於上面的程式碼中，如果迴圈變數 *i* 可以被 50 整除（mod 是取除數的函數），則執行 drawnow，如此就相當迴圈每跑 50 次，就更新一次繪圖。現在重新執行此一 GUI 程式，讀者可以發現，整個繪圖的過程都會呈現在您眼前，不過繪圖的速度會稍拖慢。

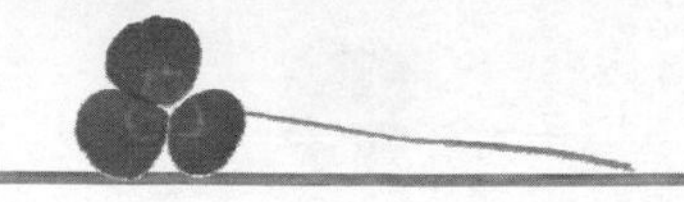

19.3 功能表的設計

GUIDE 也提供了一個好用的功能表設計介面，只要幾個簡單的步驟，便能設計出相當專業的功能表。本節我們直接以一個範例來說明如何利用 GUIDE 來設計功能表。

在本節的範例中，我們將建立 Setup 與 About 兩個主功能表，在 Setup 主功能表下有 color 與 marker 兩個選單，分別用來設定函數圖形的顏色與資料點的標示符號。在 About 主功能表底下則只有一個 About this program 選項，選擇它可跳出一個訊息視窗。下圖是執行本範例之後的畫面：

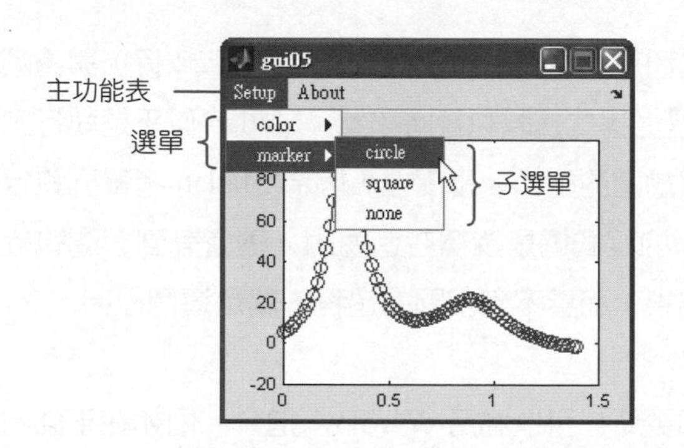

圖 19.3.1

gui05.fig 的執行結果

現在我們開始進行本範例的版面配置與程式設計。於 Matlab 底下鍵入 guide，開啟一個全新的 GUIDE 視窗，請調整繪圖視窗的大小，並在其上方配置一個繪圖區，且設定相關的屬性，然後將它存檔成 gui05.fig，此時的視窗畫面如下圖所示：

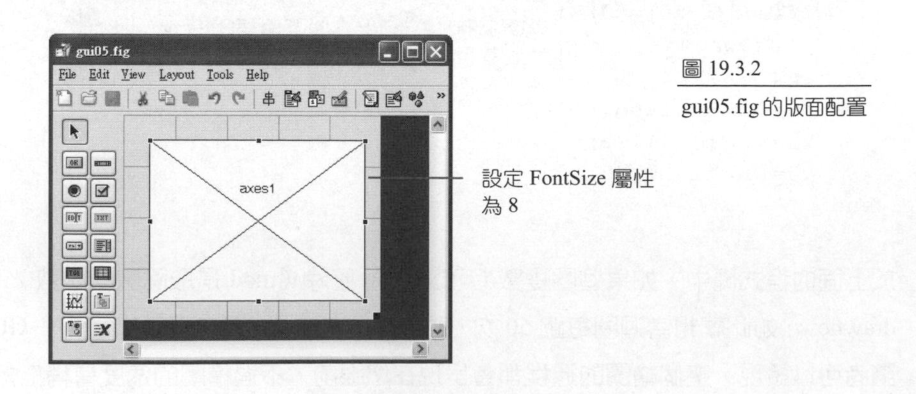

圖 19.3.2

gui05.fig 的版面配置

設定好屬性之後，現在要開始設計功能表了。在工具列裡按下 Menu Editor 按鈕 ，此時 Menu Editor 視窗會出現，如下圖所示：

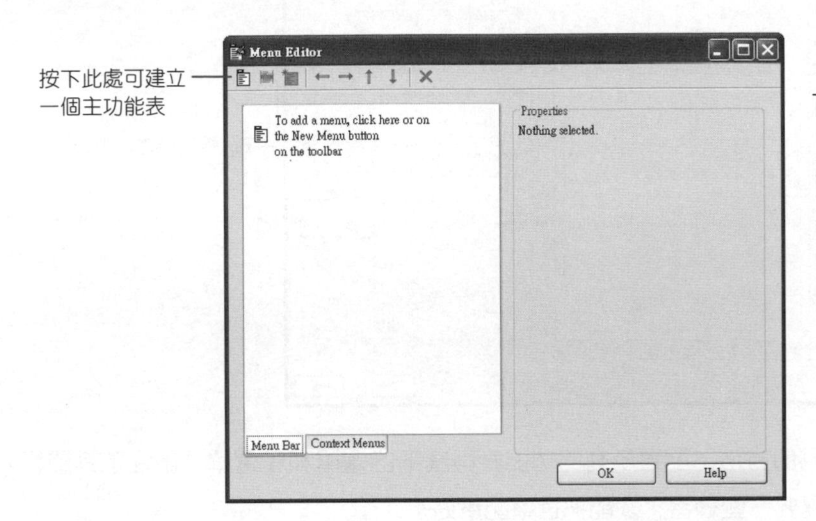

圖 19.3.3

Menu Editor 視窗，可供設計功能表與選單

按下 Menu Editor 視窗左上角的 New Menu 按鈕 後，此時會出現一個 Untitled1 的項目，請請先選取該項目後，於右邊的 Label 欄位內將它更名為 Setup。

在 Setup 主功能表被選取的情況下，按下 New Menu Item 按鈕 ，此時一個 Untitled2 選單會出現，請在右邊的 Label 欄位內將它更名為 color。接著再按一下 New Menu Item 按鈕 ，此時 Untitled3 選單會出現，請將它的 Label 欄位設定為 red，Tag 欄位設定為 Tred，此時的 Menu Editor 視窗應如下所示：

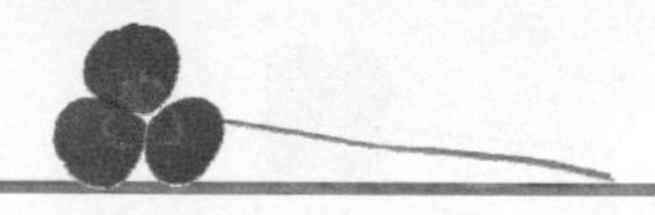

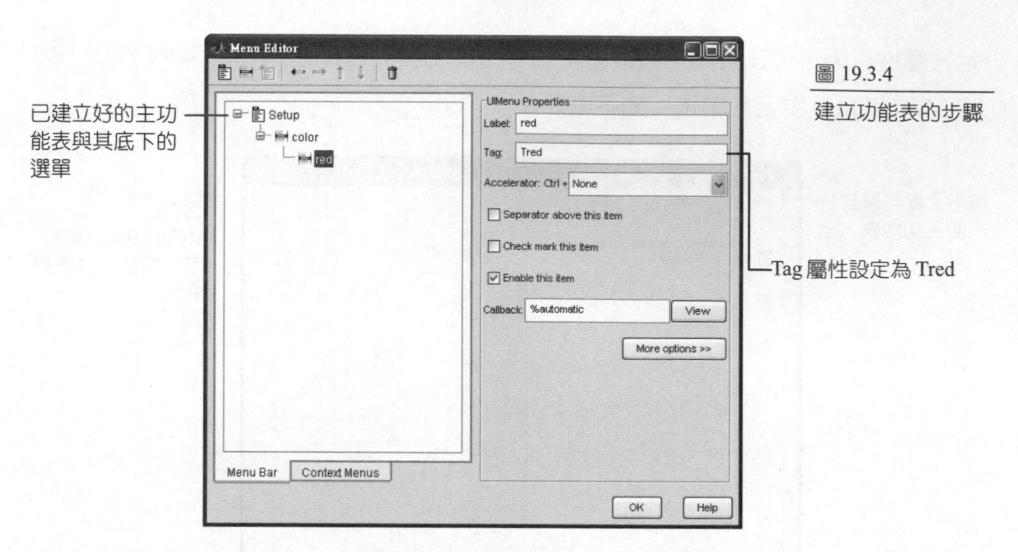

圖 19.3.4
建立功能表的步驟

接下來請依照相同的方法，配置所有的功能表與底下的選單和子選單（請注意其層級的關係，您可能需要一些練習，才能把選單配置好）。

配置好之後的選單應如下圖所示。記得在設定 Label 欄位時，也請一併設定它的 Tag 屬性，以方便稍後撰寫事件程式碼。於下圖中，如果沒有特別指明要填上它的 Tag 屬性，代表稍後的程式撰寫時不會用到它，因此可以不用刻意去更改它的預設值。

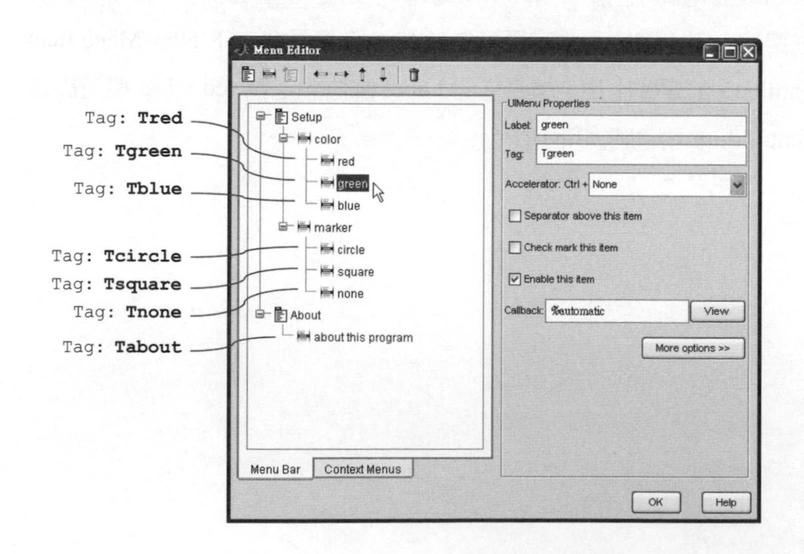

圖 19.3.5
配置好之後的選單與 Tag 屬性的值

設定好功能表的每一個項目之後，現在可以開始進行事件程式碼的撰寫。首先，我們希望在 GUI 視窗一開啟時便把函數圖形繪製出來，因此可以把繪製圖形的函數撰寫在 gui05_OpeningFcn 裡，如下面粗體字的程式碼片斷：

```
% --- Executes just before gui05 is made visible.
function gui05_OpeningFcn(hObject, eventdata, handles, varargin)
% This function has no output args, see OutputFcn.
% hObject    handle to figure
% eventdata  reserved - to be defined in a future version of MATLAB
% handles    structure with handles and user data (see GUIDATA)
% varargin   command line arguments to gui05 (see VARARGIN)
[x,y]=humps(0:0.02:1.4);          % 計算 humps 函數的值
handles.h=plot(x,y);              % 繪出 humps 函數，並把線段的 handle 設給 h
```

因為在 gui05_OpeningFcn 函數中，Matlab 已在稍後的程式碼裡幫我們準備好

```
guidata(hObject,handles);
```

這行敘述，所以在此處我們不需要撰寫它。

接下來我們要開始撰寫在功能表裡每一個選單的事件處理。在本例中，一共設計了 7 個選單的 Tag 屬性，分別為 Tred、Tgreen、Tblue、Tcircle、Tsquare、Tnone 與 Tabout，如果讀者查看一下 M 檔案 gui05.m，可以發現 Matlab 已經幫我們準備好下面這幾個函數的空殼：

```
Tred_Callback      % Setup 功能表裡 color 選單底下的 red 選項的反應函數
Tgreen_Callback    % Setup 功能表裡 color 選單底下的 green 選項的反應函數
Tblue_Callback     % Setup 功能表裡 color 選單底下的 blue 選項的反應函數
Tcircle_Callback   % Setup 功能表裡 marker 選單底下的 circle 選項的反應函數
Tsquare_Callback   % Setup 功能表裡 marker 選單底下的 square 選項的反應函數
Tnone_Callback     % Setup 功能表裡 marker 選單底下的 none 選項的反應函數
Tabout_Callback    % About 功能表裡 about this program 選單的反應函數
```

現在我們只要把相關的反應指令撰寫在這些函數裡就可以了，如下面粗體字的程式碼所示（下面的程式碼略去了原始函數裡所有的註解）：

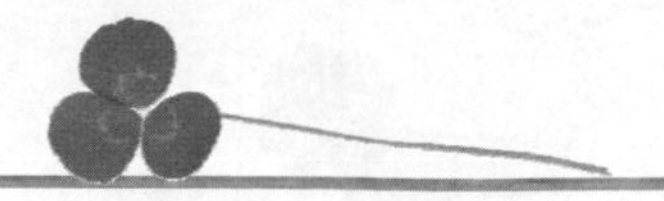

```
function Tred_Callback(hObject, eventdata, handles)
set(handles.h,'Color',[1 0 0]);    % 將線段顏色設定為紅色

function Tgreen_Callback(hObject, eventdata, handles)
set(handles.h,'Color',[0 1 0]);    % 將線段顏色設定為綠色

function Tblue_Callback(hObject, eventdata, handles)
set(handles.h,'Color',[0 0 1]);    % 將線段顏色設定為藍色

function Tcircle_Callback(hObject, eventdata, handles)
set(handles.h,'Marker','o');       % 將標識符號設定為小圓圈

function Tsquare_Callback(hObject, eventdata, handles)
set(handles.h,'Marker','s');       % 將標識符號設定為正方形

function Tnone_Callback(hObject, eventdata, handles)
set(handles.h,'Marker','none');    % 不使用標識符號

function Tabout_Callback(hObject, eventdata, handles)
msgbox('A GUI menu test program');      % 跳出訊息視窗
```

現在已經可以執行這個範例。您可以試試每一個功能表底下的選項，看看它是否能正確的工作。如果有誤，則在 Matlab 的指令視窗裡可能會有一些錯誤訊息，您可以藉由這些訊息找到錯誤之所在，然後修正之。

另外，如果希望選擇了某個選項之後，該選項之前可以打個勾，則可利用 Checked 屬性。設定 Checked 屬性為 'on'，則選項之前會打勾，設定 'off' 則無，讀者可自行試試。

19.4 GUIDE 其它常用的功能

除了前幾節介紹的功能之外，GUIDE 還提供了一些好用的工具。例如，按下 GUIDE 工具列上方的「Align Objects」 串 按鈕，會出現「Align Objects」對話方塊，它可以協助我們將元件排整齊。另外，選擇 Tools 功能表底下的 Grid and Rulers 選項，則會出現 Grid and Rulers 對話方塊，這些工具都可以讓我們更方便的設計 GUI 介面：如下面的範例：

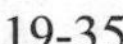

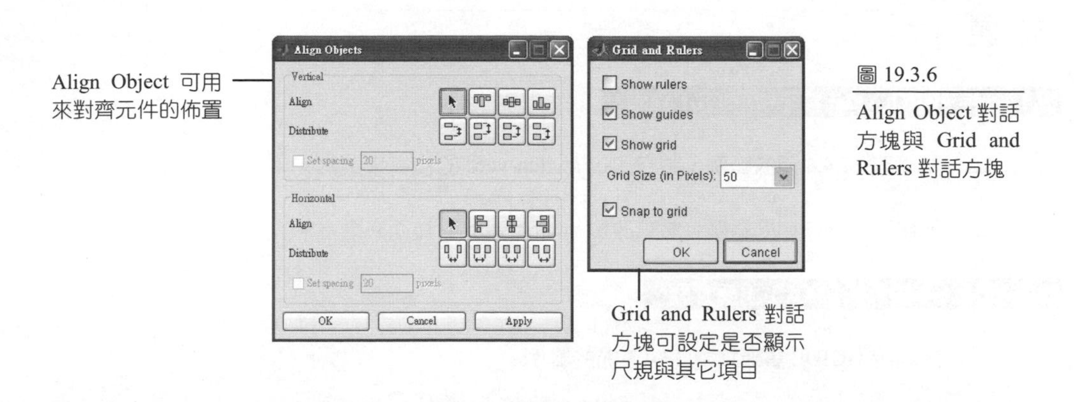

圖 19.3.6 Align Object 對話方塊與 Grid and Rulers 對話方塊

另外，利用 GUIDE 設計程式碼時，版面配置的檔案（.fig 檔）與事件處理的檔案（.m 檔）都要分開儲存，也就是要有兩個檔案才能順利執行。如果覺得這麼做不好管理的話，可以把它們合併成一個檔案。

我們以 gui05 為例，在程式測試完畢，且版面配置確定不會再更動之後，可以在 GUIDE 視窗裡選擇 File 功能表底下的 Export 選項，此時會出現一個 Export 對話方塊，如下圖所示：

圖 19.3.7 Export 對話方塊

選擇好所要儲存的檔案與路徑之後，按下儲存按鈕，就大功告成了。現在您可以試著執行看看剛才所儲存的 M 檔案，驗證一下它不需要 .fig 檔也可以執行。

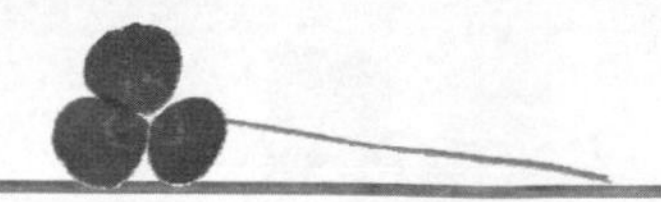

習 題

19.1 利用 switch-yard 技術撰寫 GUI 介面

1. 試修改 17.4.3 節的範例，將它改以 switch-yard 的技術來撰寫。

2. 試修改 17.4.5 節的範例，將它改以 switch-yard 的技術來撰寫。

19.2 使用 GUIDE 設計 GUI 視窗介面

3. 試利用 GUIDE 重新撰寫 17.4.3 節的範例。

4. 試利用 GUIDE 重新撰寫 17.4.5 節的範例。

5. 在 19.2.4 節的範例中，我們把變數 *cnt* 存放在 handles 結構中，用以記錄 count 按鈕一共被按下幾次。請試著重新設計此一程式，取消變數 *cnt* 的設計，使得記錄 count 按鈕一共被按下幾次的數據是直接從靜態文字方塊裡讀取，而不是由變數 *cnt*。

6. 試修改 19.2.5 節的範例，把選擇按鈕元件改由下拉選單來設計。

7. 試在 19.2.6 節的範例中，加入一個捲軸，可用來設定幾個迴圈後 drawnow 指令會被執行一次。捲軸的最小值設定為 1，最大值設定為 100，按下捲軸兩旁的按鈕，則捲軸值會加減 1，按下捲軸盒旁邊的空白處，則捲軸值會加減 5。

19.3 功能表的設計

8. 試修改 19.3 節的範例，在 Setup 主功能表裡再加入一個選單 markersize，可用來設定標識符號的大小。markersize 選單裡有兩個 4 個子選單可供選擇，分別為 8pts、12pts、16pts 與 20pts。如果 8pts 被選取，則標識符號的大小會被設定為 8，其餘以此類推。

9. 試將 19.2.6 節的範例中，下拉選單與按鈕均改用功能表來撰寫。也就是說，您必須配置三個主功能表 Points、Start 與 Clear。Points 主功能表下面有 4 個選項，分別為 100、1000、3000 與 10000，可用來設定繪圖的點數。另外，選擇 Start 主功能表則開始執行程式，選擇 Clear 主功能表則清空繪圖區內所繪的小點。

10. 請修改 gui05，將 checked 屬性加到 color 選單裡的 red、green 與 blue 三個選項，使得當這些選項被選取時，選項之前會打一個勾。若別的選項被選取，則原有選項之前打的勾會消失，換成被選取的選項被打勾。marker 選單裡的 circle、square 與 none 選項也請做相同的處理。

19.4 GUIDE 其它常用的功能

11. 於 19.3 節的範例中，我們必須保有 gui05.fig 與 gui05.m 兩個檔案才能執行。試將這兩個檔案合併成一個 M 檔案，使得不需版面配置檔案 gui05.fig 也能執行。

第二十章 使用 Simulink

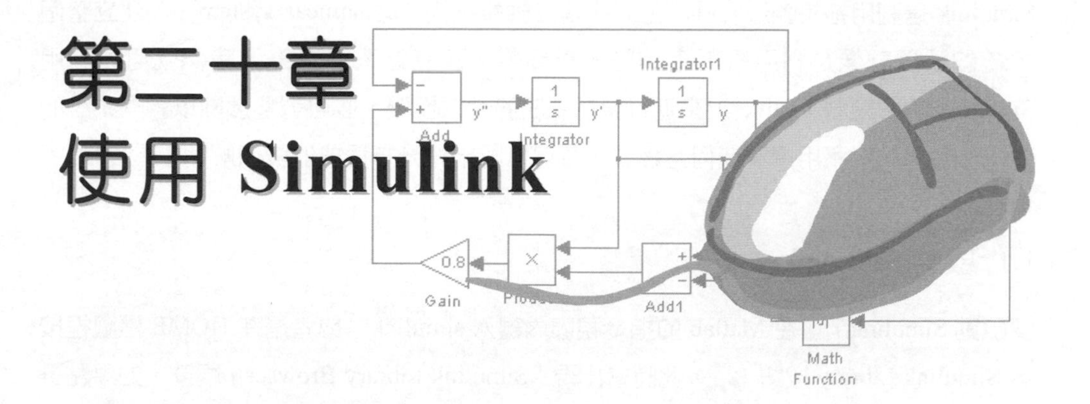

Simulink 是架構在 Matlab 裡的一個軟體，它可以用來模擬與分析動態系統。它支援了線性與非線性系統，在時間方面則可以是連續或離散。在 Simulink 裡，您只要拉拉方塊，設定一下參數，就能夠觀察系統的輸出，檢視系統的設計是否符合需求，使用起來相當方便。另外，有許多的分析工具也是以 Simulink 為基礎來建立，因此學好 Simulink，將會是一項很棒的投資哦！

本章學習目標

- 認識 Simulink
- 學習 Simulink 元件的配置方式
- 利用 Simulink 來求解微分方程式
- 使用 Subsystem 方塊建立子系統

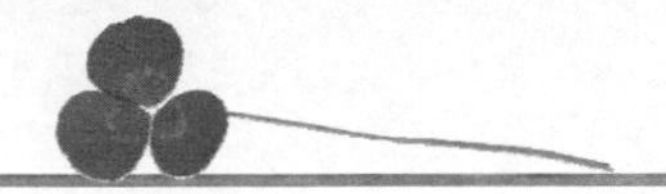

20.1 認識 Simulink

Simulink 是利用拖拉圖形介面的方式來建立動態系統（dynamical system），建立整個系統的過程就像是利用紙筆來繪圖一樣簡單。建立好系統之後，我們就可以利用 Simulink 的解題器（solver）來進行整個系統的動態模擬，並可調整參數以觀察系統的變化，甚至可以不用撰寫任何方程式，就可以解出微分方程式的數值解呢！

20.1.1 啟動 Simulink

要啟動 Simulink，可在 Matlab 的指令視窗內鍵入 simulink，或者是在 HOME 標籤裡按下 Simulink Library 按鈕 ，此時會出現「Simulink Library Browser」視窗，如果點選左邊窗格內的方塊群組，右邊的窗格即可出現該群組裡所提供的方塊，如下圖所示：

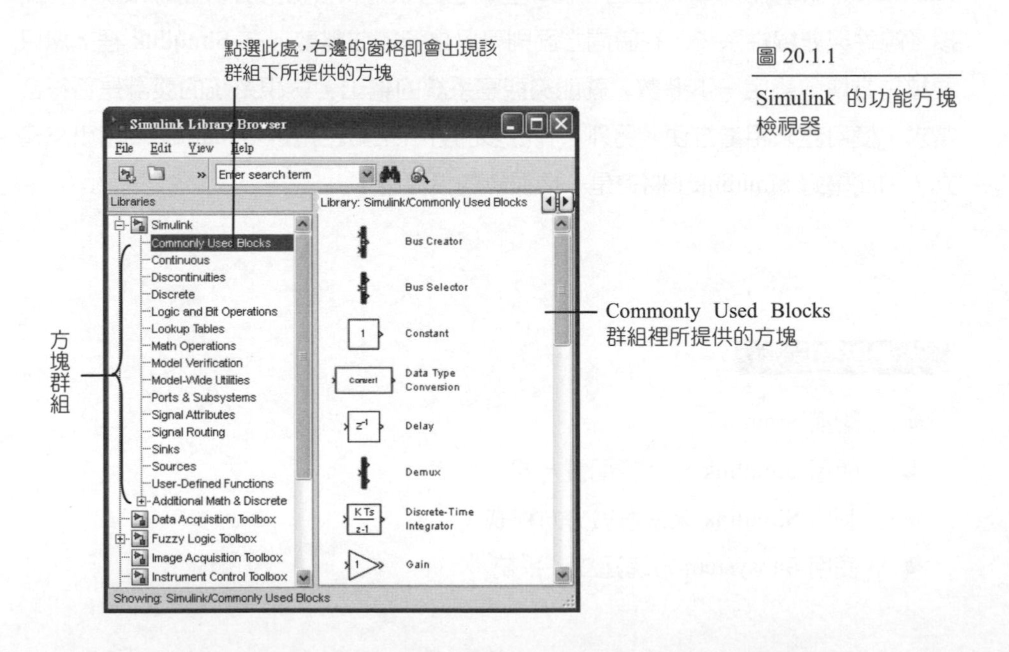

圖 20.1.1

Simulink 的功能方塊檢視器

注意本章的 Simulink 是以 Simulink 8.0 版寫成。只要在指令視窗裡鍵入 ver simulink 即可查閱 Simulink 的版本。如果 Simulink 的版本異於本書的版本，那麼視窗畫面可能會有些許不同，但操作方式大同小異，所以不太會影響到 Simulink 的學習。

```
>> ver simulink
-------------------------------------------------------------------------------------
MATLAB Version: 8.0.0.783 (R2012b)
MATLAB License Number: 724504
Operating System: Microsoft Windows XP Version 5.1 (Build 2600: Service Pack 3)
Java Version: Java 1.6.0_17-b04 with Sun Microsystems Inc. Java HotSpot(TM) Client VM mixed mode
-------------------------------------------------------------------------------------
Simulink                                          Version 8.0        (R2012b)
```

在圖 20.1.1 中，於左邊窗格上方讀者可發現有一個 Simulink 圖示 Simulink，它預設是打開的，所以您可以觀察到 Simulink 這個項目裡包含有許多的群組，如 Commonly Used Blocks、Continuous 與 Discontinuities 等等。只要點選這些群組，在右邊的窗格裡即會顯示這個群組內的可供使用方塊。讀者可以分別點選每一個群組，查看每一個群組內提供了哪些方塊，以熟悉 Simulink 的環境。

如要查詢某個方塊的使用說明，只要在該方塊的名稱上方按下滑鼠右鍵，於出現的選單中選擇 Help for the *xxx* block （*xxx* 代表所要查詢的方塊名稱），即可查看該方塊的使用說明與相關的資訊，如下圖所示：

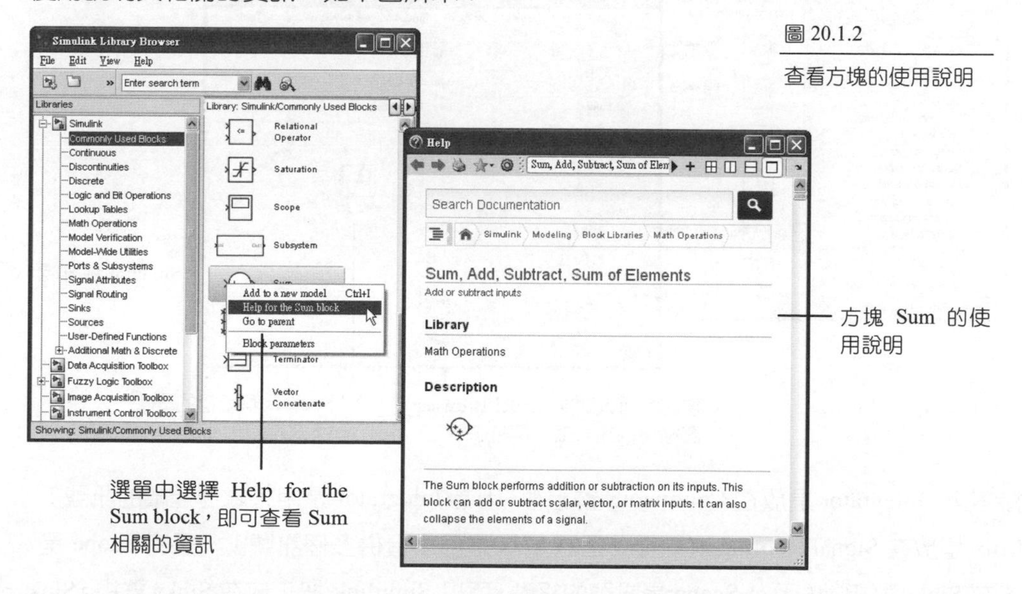

圖 20.1.2

查看方塊的使用說明

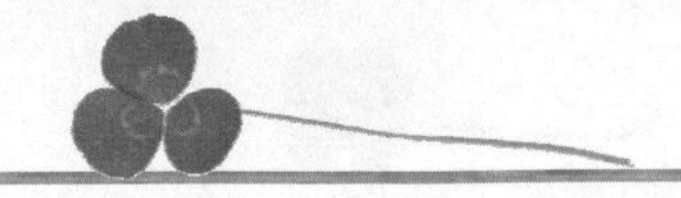

20.1.2 簡單的 Simulink 範例

本節將以一個簡單的範例，說明如何利用 Simulink 來建立並模擬一個系統。於此範例中，我們建立了一個 sin 波形產生器、一個積分器以及一個示波器，並分別把 sin 的訊號，以及通過積分器之後的訊號連接到示波器裡。

要建立上述的系統，我們必須要有 Sine Wave（sin 波形產生器）、Integrator（積分器）、Mux（訊號連結器）與 Scope（示波器）四個方塊。請先按下 Simulink Library Browser 視窗上方的 New model 按鈕 ，此時會有一個 untitled 的空白視窗會出現。此視窗是用來放置 Simulink 方塊與連接線的地方，我們把它稱為 Simulink 的工作區。

因為 Sine Wave 是用來產生訊號，所以 Simulink 把它放在 Sources（訊號源）群組裡。請在 Sources 群組裡找到 Sine Wave 這個方塊，然後把它拉到工作區中，如下圖所示：

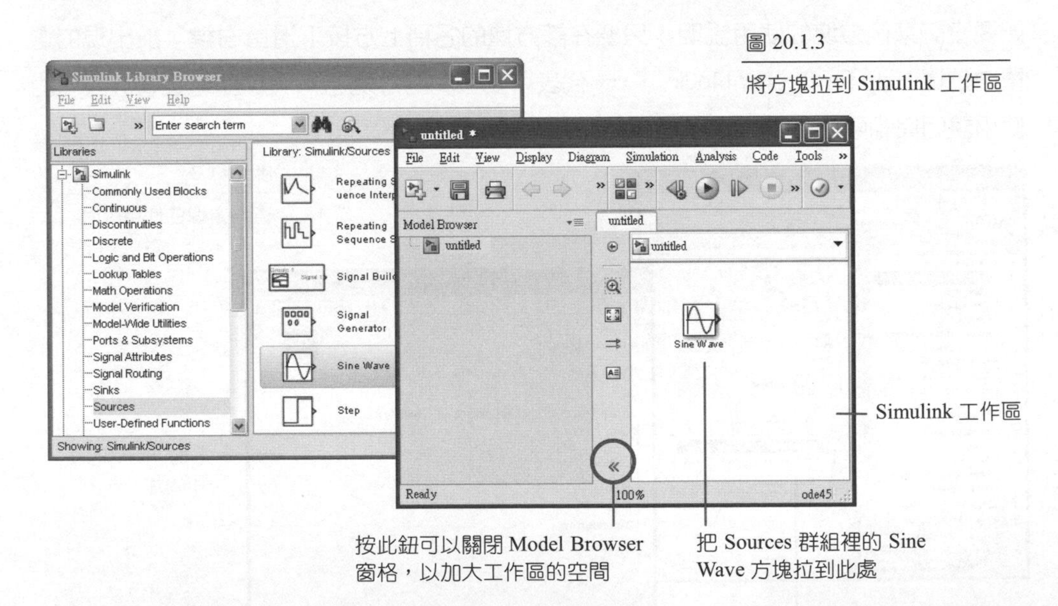

圖 20.1.3
將方塊拉到 Simulink 工作區

接下來，Integrator 是放在 Continuous 群組裡（因為 Integrator 是用來處理連續的訊號），Mux 是放在 Signal Routing 群組裡（因為 Mux 是用來合併多個訊號），還有 Scope 是放在 Sinks 群組裡（因為 Scope 是訊號的終點，所以 Simulink 把它放在 Sinks 群組。Sink

本意是水槽的意思，讀者可以把它想像成訊號槽）。請分別將 Integrator、Mux 與 Scope 這三個方塊分別拉到 Simulink 工作區裡，其位置的排列如下：

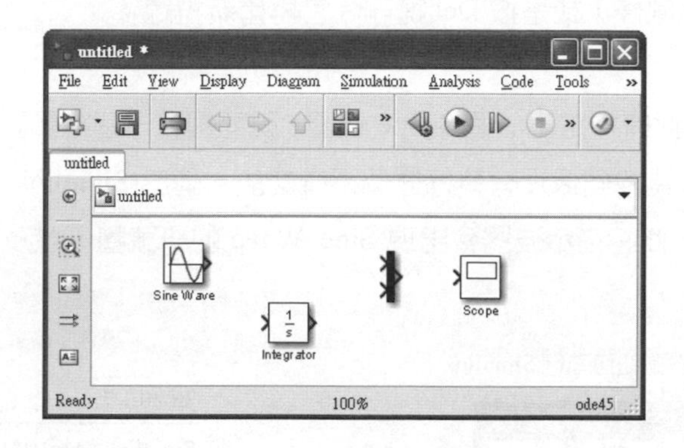

圖 20.1.4

在 Simulink 工作區裡配置四個方塊

配置完成之後，接下來就是拉線的動作了。在 Sine Wave 方塊的右邊，您可以看到有一個 > 的符號，這是代表訊號的輸出端，另外，在 Mux 方塊的左邊也可以看到兩個 > 符號，這代表 Mux 有兩個輸入端。請用滑鼠按住 Sine Wave 的輸出端不放，然後拖曳滑鼠到 Mux 的上面一個輸入端，放開滑鼠後，即可用訊號線連接這兩個元件。請您依照相同的方法，先完成下面的連接線：

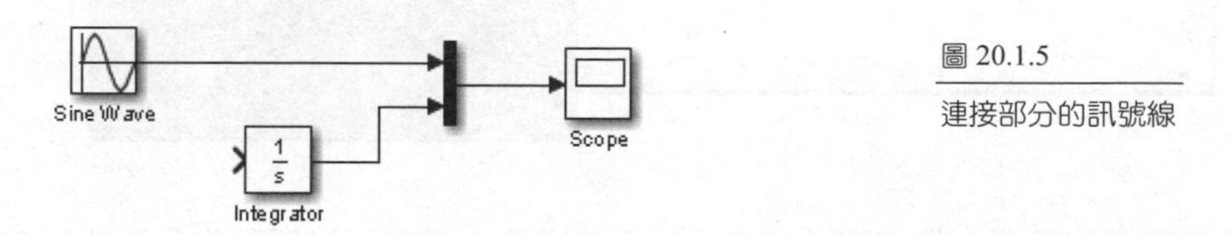

圖 20.1.5

連接部分的訊號線

接下來我們想從 Sine Wave 方塊拉一條訊號線到 Integrator 方塊的輸入端，可是 Sine Wave 的輸出端已被用掉，此時只要在 Sine Wave 輸出端的訊號線上，按住 Ctrl 鍵不放，再拉一條線到 Integrator 方塊的輸入端就可以了。拉好之後的圖形如下所示：

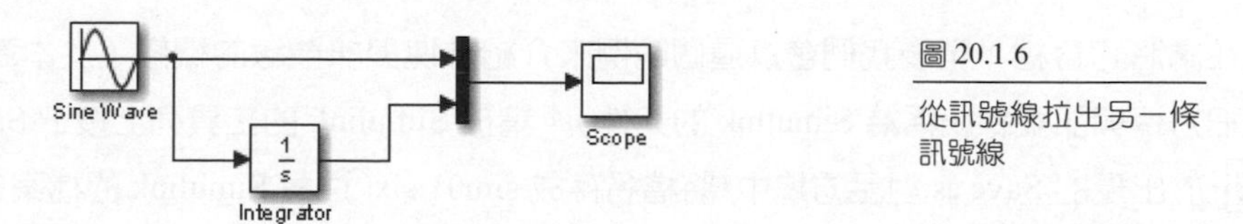

圖 20.1.6

從訊號線拉出另一條訊號線

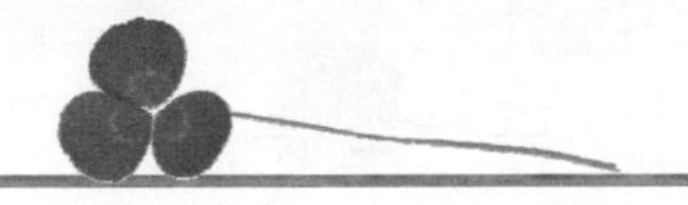

如果覺得線條拉的不好看，可以調整一下方塊的位置，使得線條可以拉直。您也可以先用滑鼠選擇線條，然後調整線條的位置，使其不會蓋住其它元件。如果線條沒有拉好（呈紅色虛線），您可以調整線條，或是按 Del 鍵刪除它再重新拉線。

接下來請點選 Scope 方塊兩下，此時會跳出一個 Scope 視窗，視窗裡有一個繪圖區，但裡面並沒有任何的圖形，這是因為我們還沒有執行這個系統之故。請於 Simulink 工作視窗的上方按下 Run 按鈕 ▶，此時在示波器會出現 Sine Wave 的訊號圖，以及其積分後的訊號圖，如下圖所示：

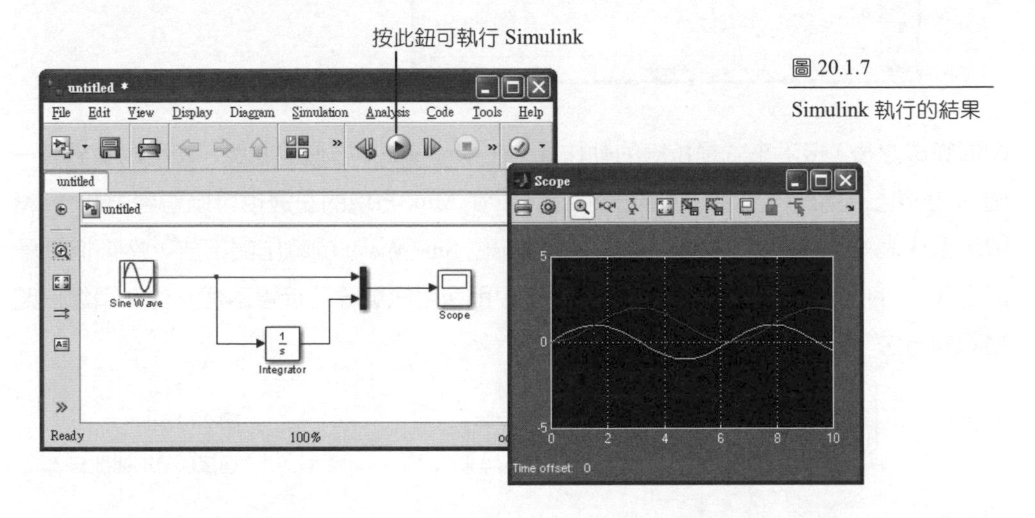

圖 20.1.7

Simulink 執行的結果

現在我們已完成一個完整系統的設計與執行了。讀者可以觀察到示波器裡有兩條曲線，其中黃色的曲線是 Sine Wave 的訊號，紫色的曲線就是 Sine Wave 訊號的積分結果囉！事實上，示波器會分別以黃、紫、青、紅、綠與深藍等顏色的次序來顯示訊號，因本例只有兩個訊號到示波器裡，所以只使用到黃色與紫色。

現在請將它存檔，稍後我們會以這個範例來介紹方塊與訊號線的編修（於本章中，我們把方塊與訊號線統稱為 Simulink 的元件）。請於 Simulink 的工具列上按下 Save 按鈕 💾，於出現的 Save as 對話方塊中，將檔名存成 sim01.slx（注意 Simulink 的檔案在 2011b 以前的版本是以 .mdl 為副檔名，2012a 以後則改為 .slx）。

也許讀者已注意到，當執行這個 Simulink 程式時，在 Matlab 的指令視窗裡會出現如下的訊息，告訴您 Simulink 在解題時使用的最大步長（step size）是 0.2。在某些狀況下，可能需要縮小這個步長，以求得更精確的解，或加大步長，以增快程式執行的速度：

Warning: Using a default value of 0.2 for maximum step size. The simulation step size will be limited to be less than this value. You can disable this diagnostic by setting 'Automatic solver parameter selection' diagnostic to 'none' in the Diagnostics page of the configuration parameters dialog.

如果不想每次都顯示這個警告訊息，可選擇 Simulink 工作區上方 Simulation 功能表裡的 Model Configuration Parameters 選項，於左邊窗格內選擇 Diagnostics，再於右邊的窗格內把 Automatic solver parameter selection 選項修改為 none 即可，如下圖所示：

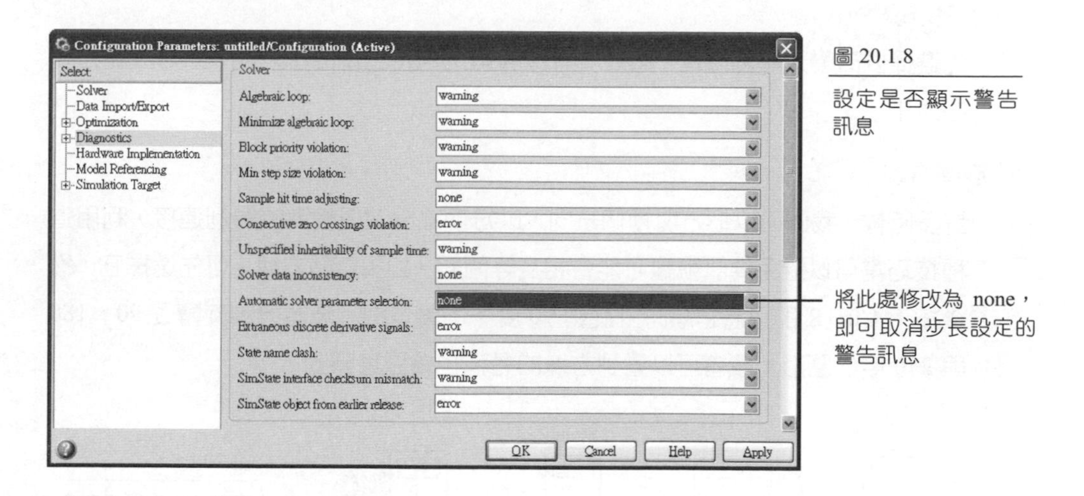

圖 20.1.8 設定是否顯示警告訊息

20.1.3 編修 Simulink 的元件

有些時候，我們可能希望對某些元件進行細部的修改，使它更能符合我們所需。下面列出一些常用的元件編修方法，建議您開啟一個空白的 Simulink 工作區來練習它們：

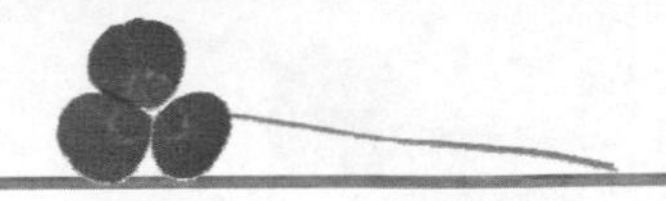

1. 方塊的複製

   如要複製在 Simulink 工作區內的某個方塊，只要利用滑鼠右鍵拖曳欲複製的方塊到想要放置的地方，即可完成複製的工作。您也可以按住 Ctrl 鍵，再以滑鼠左鍵拖曳方塊來複製。

2. 移動方塊

   點選擇要移動的方塊，拖曳滑鼠即可移動它們。如要一次移動數個元件，可按住 Shift 鍵不放，再點選要移動的元件，或者是利用滑鼠框住它們，然後再拖曳滑鼠移動。

3. 刪除方塊

   先選擇要刪除的方塊（或訊號線），然後按 Del 鍵即可。您也可以利用滑鼠框住多個元件，然後按 Del 鍵一次全數刪除它們。

4. 改變方塊大小

   先選擇要改變大小的方塊，然後於方塊的角落拖拉出現的小黑點，即可改變方塊的大小。

5. 旋轉方塊

   許多時候，我們可以把方塊轉個方向，以方便輸出端與輸入端順利連接，利用這種技巧常可以避免掉訊號線可能會相交等問題。如要旋轉方塊，可先選擇它，然後按下 Ctrl+R 即可將它順時針旋轉 90 度。下圖是把示波器分別旋轉了 90、180 與 270 度的圖形，讀者可以看到方塊的名稱也會跟著轉動：

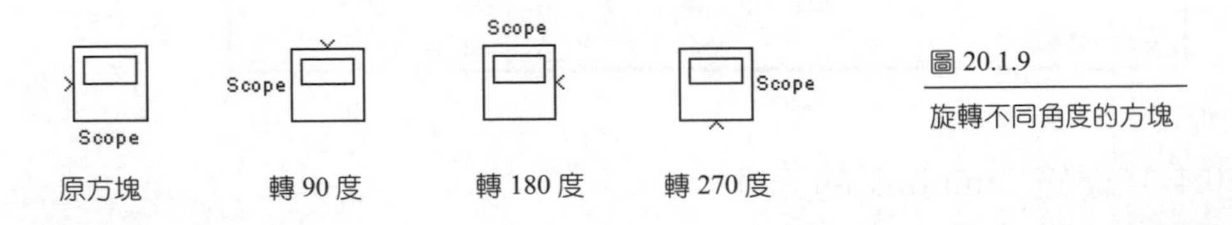

圖 20.1.9 旋轉不同角度的方塊

   您也可以在欲旋轉的方塊上方按下滑鼠右鍵，於出現的選單中選擇 Rotate & Flip，再選取 Clockwise 或 Counterclockwise 來旋轉方塊。

6. 將方塊的輸入端與輸出端反向

如要把方塊的輸入端與輸出端反向，以方便訊號線的連接，可在方塊上方按下滑鼠右鍵，於出現的選單中選擇 Rotate & Flip- Flip Block，即可將輸入與輸出端反向，如下圖所示：

圖 20.1.10
將輸入與輸出端反向顯示

7. 方塊名稱的位置

如要更改方塊名稱的位置，可按住方塊名稱不放，然後利用滑鼠拖曳方塊名稱來改變它的位置，如下圖所示：

圖 20.1.11
改變方塊名稱的位置

8. 修改方塊名稱

如要更改方塊的名稱，只要在原有名稱上方按一下滑鼠左鍵，即可修改它。如果不要顯示方塊名稱，可在方塊上方按下滑鼠右鍵，於出現的選單中選擇 Format，然後把 Show Block Name 取消勾選即可。

9. 在訊號線上加入名稱

預設的訊號線上方並沒有名稱，如要加入名稱，只要在訊號線上方連按兩下滑鼠左鍵，於出現的方框中即可加入名稱。下面是加入訊號名稱之後的範例，注意相同的訊號源（如下圖中的 signal a）只要加入一次訊號名稱，所有的訊號線 Simulink 都會自動加上訊號名稱：

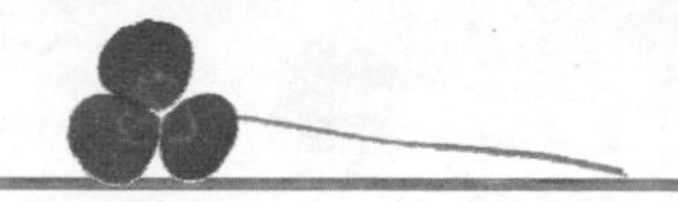

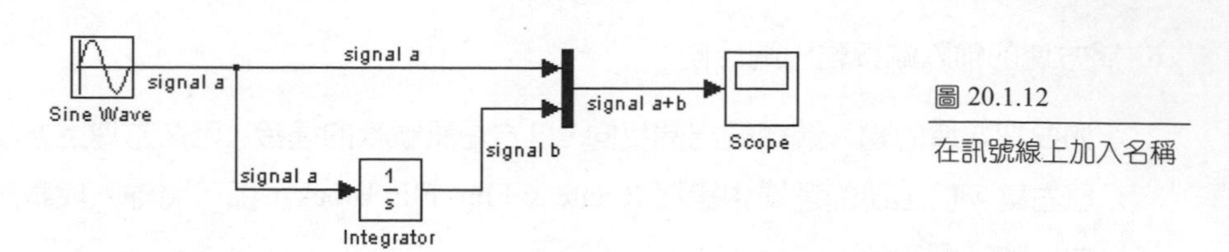

圖 20.1.12
在訊號線上加入名稱

如果想移動訊號名稱，只要把滑鼠指標移到該名稱的上方，然後拖拉它到新的位置即可。如果要刪除訊號名稱，請在該名稱上方按下滑鼠右鍵，於出現的選單中選擇 Delete Label。

10. 更改方塊的前景與背景顏色

    如要更改方塊的前景或背景的顏色，可在方塊上方按下滑鼠右鍵，於出現的選單中選擇 Format- Foreground Color 或 Background Color 來改變它們。

20.1.4 將模擬的結果輸出

Simulink 也可以將模擬的結果輸出到工作區，或者是將模擬結果寫入一個 .mat 檔。現在請您開啟於 20.1.2 節所儲存的檔案 sim01.slx，並重新執行它一次，您可以發現在 Matlab 的工作區內會自動產生一個變數 *tout*，大小為 51×1 個元素的行向量。如果查閱 *tout* 的內容，可發現 *tout* 是從 0~10，間距為 0.2 的向量。也許您對 0.2 這個數字有點熟悉，因為它正是 Simulink 時所採用的最大步長。事實上，由於本題所解出的曲線較為平滑，所以 Simulink 也一直採用最大步長來解題。

如要更改時間變數 *tout* 的範圍，也就是更改系列模擬的時間，可選擇 Simulation 功能表裡的 Model Configuration Parameters，於出現的對話方塊中，選擇左邊窗格內的 Solver，再於右邊的 Simulation time 欄位內修改 Start time 與 Stop time 即可：

於此欄位內可修改 Simulink 執行的時間

圖 20.1.13 修改 Simulink 執行的時間

另外，tout 變數會自動輸出，這是因為在 Configuration Parameters 對話方塊裡，於左邊窗格內的 Data Import/Export 項目內已經設定要把變數 tout 輸出之故，如下圖所示：

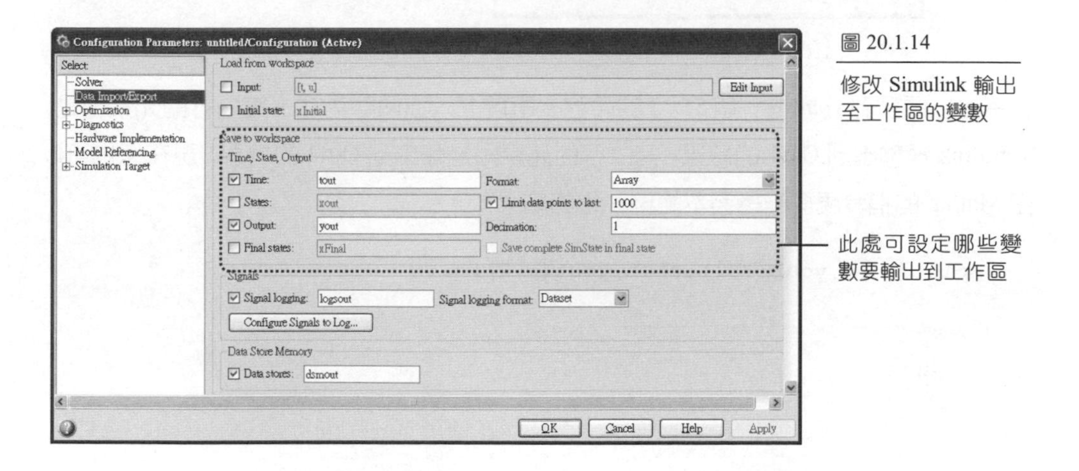

此處可設定哪些變數要輸出到工作區

圖 20.1.14 修改 Simulink 輸出至工作區的變數

從上圖中，我們可以看到 Time 選項已被打勾，且變數名稱被設為 *tout*（此名稱可以更改），所以 Simulink 會把時間變數以 *tout* 的名稱寫到工作區內。另外，Output 選項也被打勾，但執行完 Simulink 之後，在工作區內卻看不到 *yout* 這個變數，這是因為在配置 Simulink 元件時，並沒有配置 Sinks 群組裡的 Out1 方塊之故。請配置兩個 Out1 方塊到 sim01.slx 的工作區內，並依下圖來拉線：

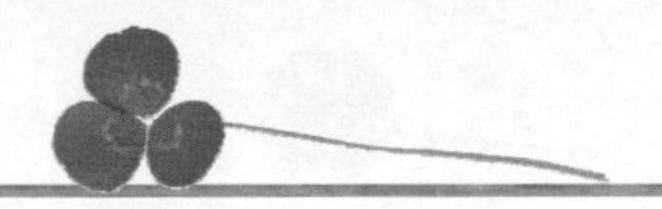

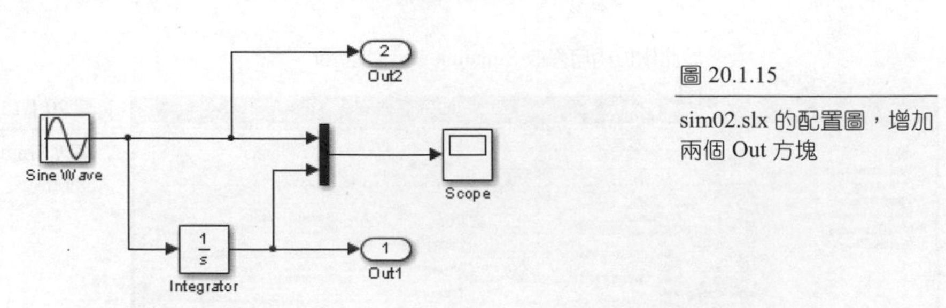

圖 20.1.15

sim02.slx 的配置圖，增加兩個 Out 方塊

配置完成之後，請將它存成 sim02.slx。接著請先清除 Matlab 工作區裡的變數（利用 clear all 指令），以方便觀察 Simulink 將變數寫入的情形。清除好變數之後，請執行 sim02，現在讀者可以看在 Matlab 的工作區裡，看到變數 *tout* 與 *yout* 都被寫入了：

Workspace

Name	Value	Bytes	Min	Max
tout	<51x1 double>	408	0	10
yout	<51x2 double>	816	-0.9962	1.9997

圖 20.1.16

查看工作區裡的變數

讀者可以觀察到 *yout* 是一個 51×2 的陣列。事實上，這個陣列裡，第一行的元素即是 Simulink 裡輸出到 Out1 的結果，第二行的元素則是輸出到 Out2 的結果。現在您也可以在 Matlab 的指令視窗裡繪製本範例執行的結果：

```
>> plot(tout,yout(:,1),tout,yout(:,2))
```

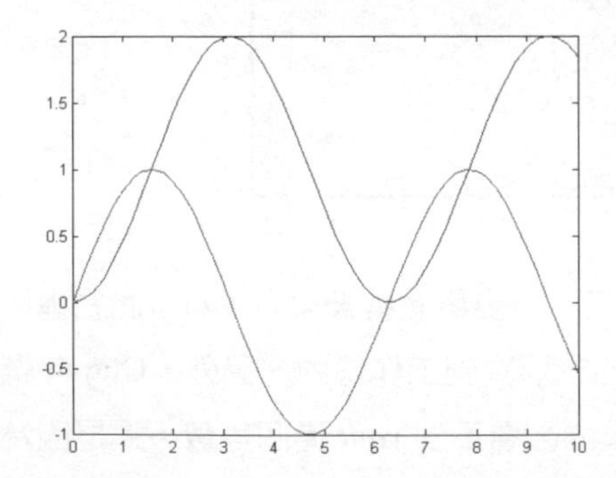

讀者可以注意到，上圖的結果與稍早顯示在示波器裡的圖形相同。

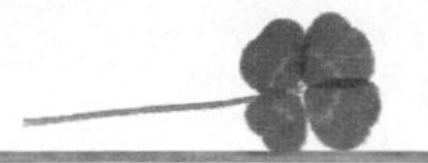

如果想把 Simulink 模組裡，某一個訊號的內容寫到工作區，或寫到 .mat 檔案中，則可分別利用 Sinks 群組裡的 To Workspace 與 To File 方塊。另外，如果要取得時間資訊，也可以從 Sources 群組裡拉出 Clock 方塊來使用。下面是 Clock、To Workspace 與 To File 方塊的使用範例，請您開啟一個新的 Simulink 工作區，並依下圖配置好元件，然後將它存成 sim03.slx，如下圖所示：

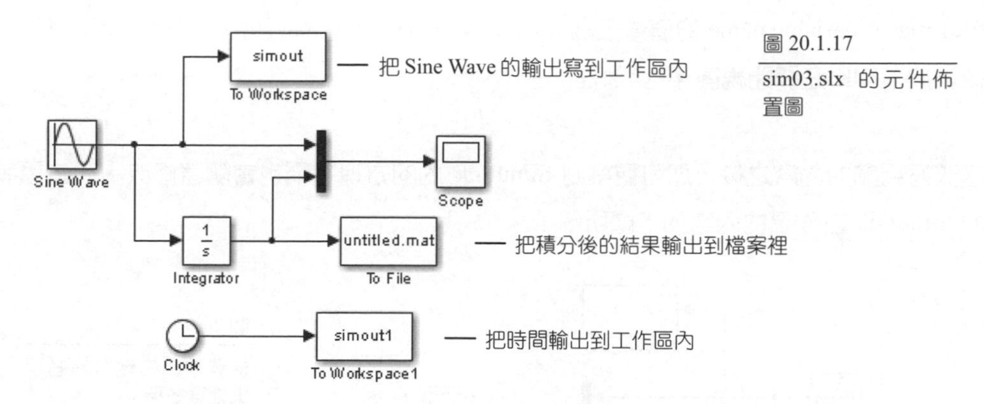

圖 20.1.17
sim03.slx 的元件佈置圖

建好模型之後，請點選 To Workspace 方塊兩下，此時會出現一個對話方塊。請將 Variable name 欄位內的 simout 更改為 *wave*，且把最下方的 Save format 更改為 Array，如此一來 Sine Wave 輸出到工作區的內容，就會以陣列的格式寫入變數 *wave* 中，如下圖所示：

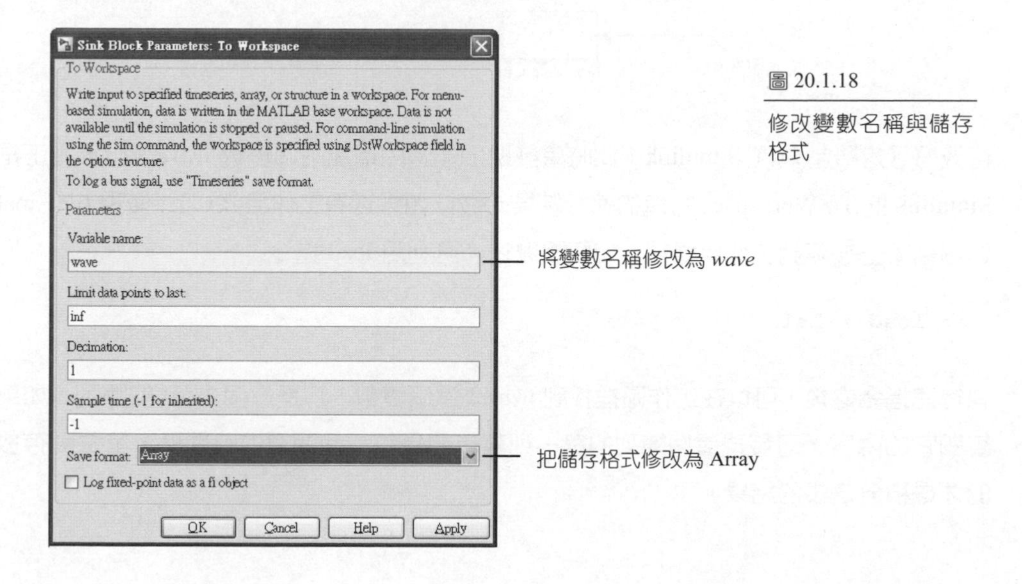

圖 20.1.18
修改變數名稱與儲存格式

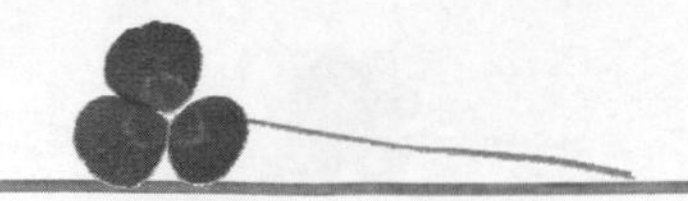

請按下 OK 按鈕來接受新的設定。利用相同的方式，請點選 To Workspace1 方塊兩下，於出現的對話方塊中，請將 Variable name 欄位內的 simout1 更改為 *t*，一樣把最下方的 Save format 更改為 Array，並按下 OK 按鈕來關閉這個視窗。

接下來請點選 To File 方塊，然後於出現的對話方塊內將 Filename 欄位的值修改為 file1.mat，Variable name 的值修改為 *wave2*，再把 Save format 改成 Array。設定好了之後，按下 OK 鈕關閉視窗。

修改好相關的內容之後，您可觀察到 Simulink 內的方塊名稱也會隨著修改，此時讀者的 Simulink 工作區的內容如下圖所示：

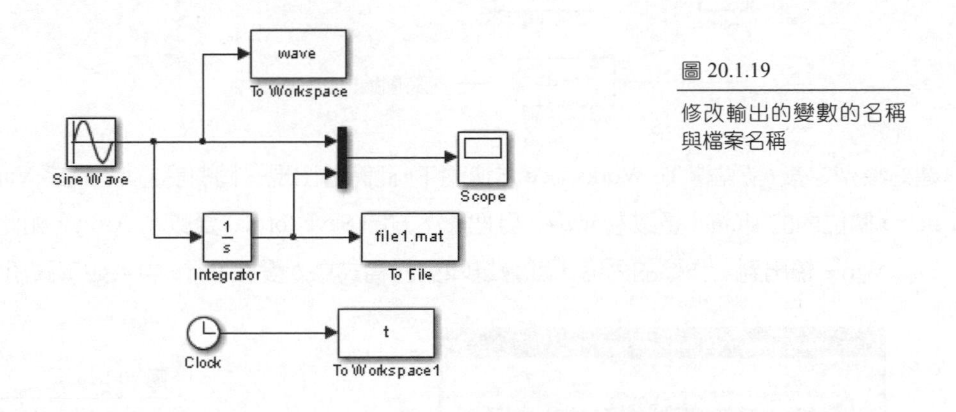

圖 20.1.19 修改輸出的變數的名稱與檔案名稱

修改好了之後請執行 Simulink，此時會發現工作區內增加兩個變數 *wave* 與 *t*，這正是 Simulink 的 To Workspace 方塊的執行結果。另外，如果查看工作目錄，可以發現 file1.mat 這個檔案已被寫到工作目錄裡，如要讀取它，可利用 load 指令：

```
>> load file1
```

執行完指令之後，可以在工作區裡找到 *wave2* 這個變數，它是一個 2×51 的陣列，如果查閱它的內容，可發現這個陣列的第一列存放的是每一個運算的時間點，第二列存放的才是積分之後的結果。

20.1.5 將訊號加入雜訊

本節我們再練習一個簡單的範例，以便能更加熟悉 Simulink 的操作。請先依下圖配置元件，其中 Signal Generator 與 Random Number 方塊都是放在 Sources 群組裡，而 Sum 方塊則可從 Commonly Used Blocks 或是 Math Operations 群組裡來取得。

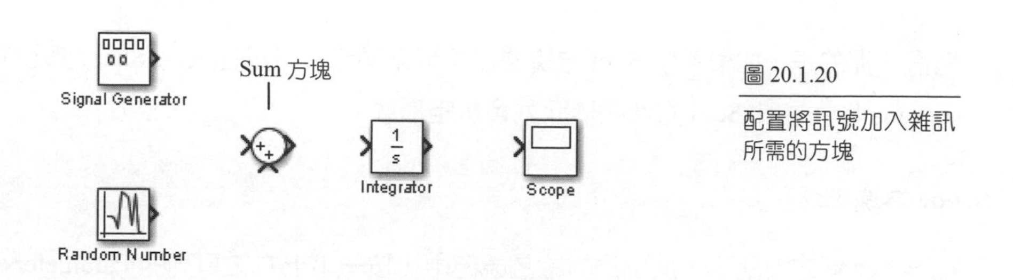

圖 20.1.20

配置將訊號加入雜訊所需的方塊

配置好了之後，接下來我們稍稍調整一下每一個方塊的參數，以符合我們所需：

Signal Generator 方塊：

點選 Signal Generator 方塊兩下，於開啟的對話方塊中，將 Wave form 更改為 sawtooth，把 Amplitude 修改為 4，Frequency 修改為 3，Units 請修改為 rad/sec，如此便會以振幅為 4、頻率為 3 rad/sec 的鋸齒狀波形輸出。

Random Number 方塊：

點選 Random Number 方塊兩下，於開啟的對話方塊中，將 Variance 更改為 0.2，如此就會以平均值為 0，變異數為 0.2 的雜訊作輸出。

Sum 方塊：

點選 Sum 方塊兩下，把 List of signs 欄位內的值修改為

```
++
```

上式中的加號代表當訊號進入此一輸入端時，會以加法進行運算（－號則代表減法）。

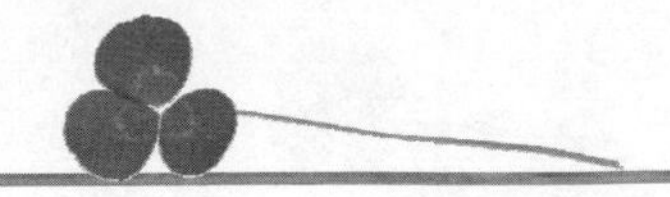

下圖列出了 List of signs 的中，預設值「|++」與「++」所呈現之 Sum 方塊之差別。如果讀者需要其它的組合，別忘了可以藉由旋轉或反轉（flip）方塊來完成：

圖 20.1.21

Sum 輸入端之符號的控制

值得一提的是，如果希望 Sum 方塊是以矩形來顯示，可以在 Icon Shape 欄位裡選擇 rectangular，如此 Sum 方塊的形狀就會是矩形了。

Scope 方塊：

點選 Scope 方塊兩下，於出現的繪圖視窗中，按一下上方工具列的 Parameters 按鈕，於出現的對話方塊中，將 Number of axes 欄位內的值更改為 2，此時就可以同時繪出 2 個波形於同一個示波器內。

設定好參數之後，就可以開始進行連接訊號線的動作了。請依下圖的方式來連線，您可以把示波器拉的大一點，以方便訊號線的連接：

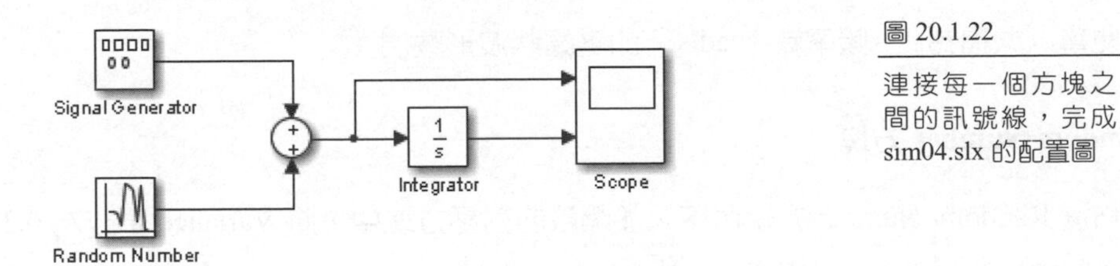

圖 20.1.22

連接每一個方塊之間的訊號線，完成 sim04.slx 的配置圖

連接好了之後，請將它存檔為 sim04.slx，然後點選兩下 Scope 方塊，以便開啟示波器視窗。現在執行 Simulink，您可以看到示波器裡有兩個繪圖區，分別繪製了鋸齒波加上雜訊之後的圖形，以及積分過後的圖形：

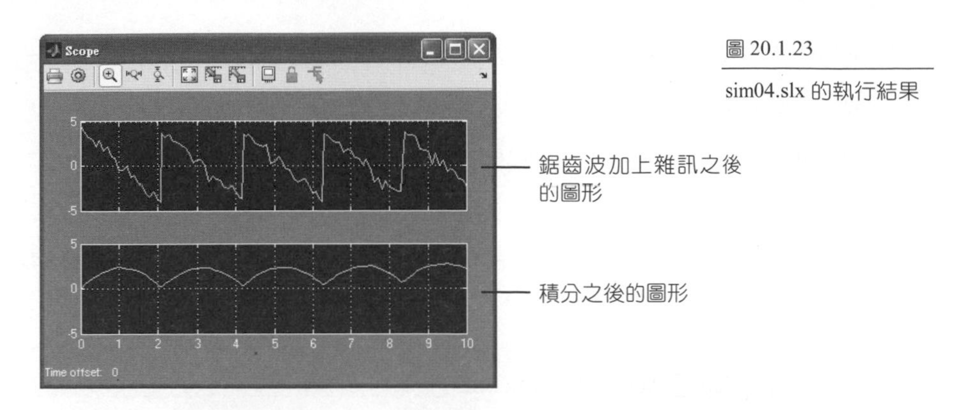

圖 20.1.23

sim04.slx 的執行結果

20.2 利用 Simulink 解微分方程式

本節我們將介紹如何以 Simulink 利用拉方塊的方式來求解微分方程式，並探討如何設定解題器的選項，以便適應各種不同的題型，例如在第 14 章裡，我們曾提過微分方程式一般都是利用 ode45 來解題，但是遇到剛性系統時，則可以改用 ode15s。

20.2.1 解一階微分方程式

我們以一個簡單的範例，來說明如何利用 Simulink 求解一階微分方程式。假設所要求解的微分方程式為

$$y'(t) = \sin t - y(t)\cos t, \quad y(0) = 1, \quad 0 \le t \le 40$$

事實上，讀者可以查閱本書的 14.3.2 節，這個範例正是 14.3.2 節裡用來示範以 ode45 解題的範例。

要解出這個一階微分方程式，只需要把 $y'(t)$ 積分一次，就可以得到 $y(t)$，所以必須要有一個積分器。另外，$\sin t$ 可以由 Sine Wave 方塊來產生，這個部分於前一節已經學習過。另外，$\cos t$ 則可以由 Math Operations 群組裡的 Math Function 方塊來設定，因此解這個範例一點都不難。

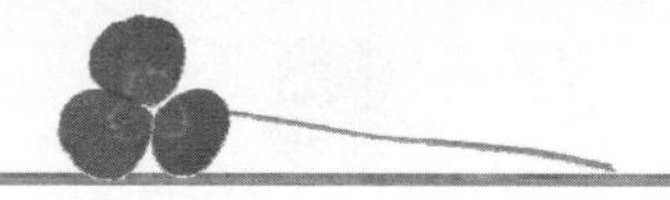

利用 Simulink 求解微分方程式時，建議讀者先從「 y'' 積分一次得 y' ， y' 再積分一次得 y」這個骨幹先畫出來，接下來的工作就好辦事了。因為本例中並沒有二次微分 y'' ，所以只要先畫出「 y' 積分一次得 y」這個骨幹就可以了：

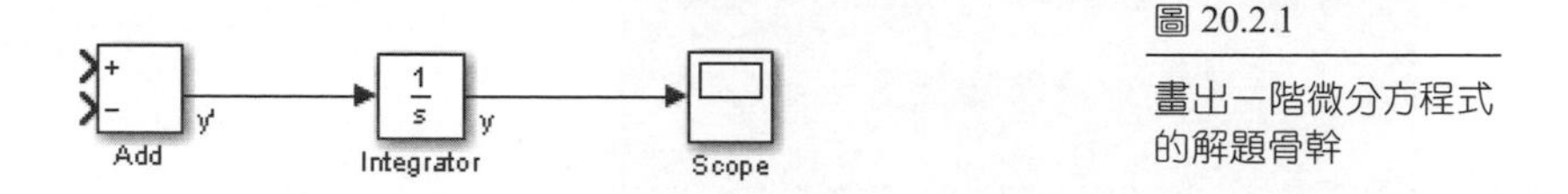

圖 20.2.1

畫出一階微分方程式的解題骨幹

注意上圖中，我們刻意把 Add 方塊與 Scope 方塊也順便畫上去，以方便訊號線的連接，同時也把訊號 y' 與 y 標上去，以方便辨識。您可以在 Math Operations 群組裡找到 Add 方塊，它的功用與設定方式與前一節裡所使用的 Sum 方塊完全相同。

因為本例要求解的方程式是 $y'(t)=\sin t-y(t)\cos t$ ，所以 $y'(t)$ 會等於 $\sin t$ 加上 $-y(t)\cos t$ ，因此我們要把 Add 方塊裡的兩個加號改成一個加號一個減號。請點選 Add 方塊兩下，於出現的對話方塊中，在 List of signs 欄位內把「++」改為「+−」。

另外，在本例中有一個初始條件 $y(0)=1$ ，也就是當 $t=0$ 時 y 的值為 1，此時我們必須在積分方塊裡設值。請點選 Integrator 方塊兩下，於出現的對話方塊中，請將 Initial conditions 設成 1，代表初始條件 $y(0)=1$ 。

接下來我們要讓 $y'(t)$ 等於 $\sin t$ 加上 $-y(t)\cos t$ ，所以還欠缺三個方塊，即 $\sin t$ 、 $\cos t$ 與一個乘法方塊。我們可以從 Sources 群組裡找到 Sine Wave 方塊用來產生 $\sin t$ ，乘法與 $\cos t$ 的運算則可以分別使用 Math Operations 裡的 Product 與 Trigonometric Function 方塊，而 $\cos t$ 的運算需要用到系統的時間，所以我們必須再額外從 Sources 群組裡拉一個 Clock 方塊進來。現在請您將這些方塊拉到 Simulink 的工作區中，使得方塊的配置如下圖所示：

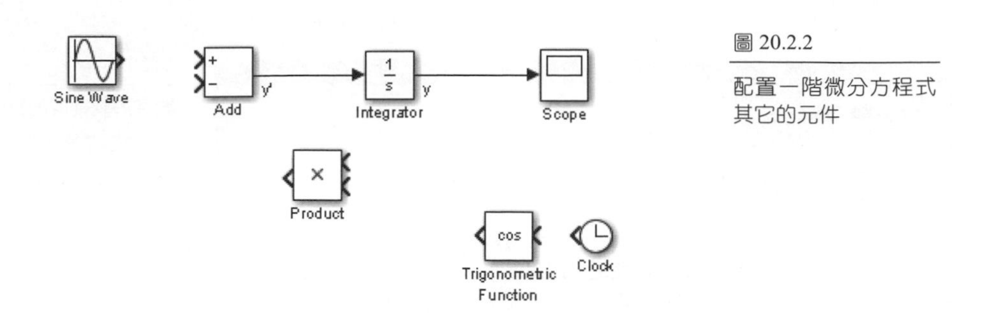

圖 20.2.2

配置一階微分方程式其它的元件

注意於上圖中，我們已經把 Product、Trigonometric Function 與 Clock 三個方塊轉向，以方便訊號線的連接。另外，Trigonometric Function 方塊裡的預設函數是 sin，請點選這個方塊兩下，然後在 Function 欄位內選擇 cos。

配置好了之後，接下來就是拉線的動作，請依下圖來配置訊號線。為了讓讀者對於這些訊號有更進一步的瞭解，我們刻意在一些訊號線上方標上文字，以方便查閱：

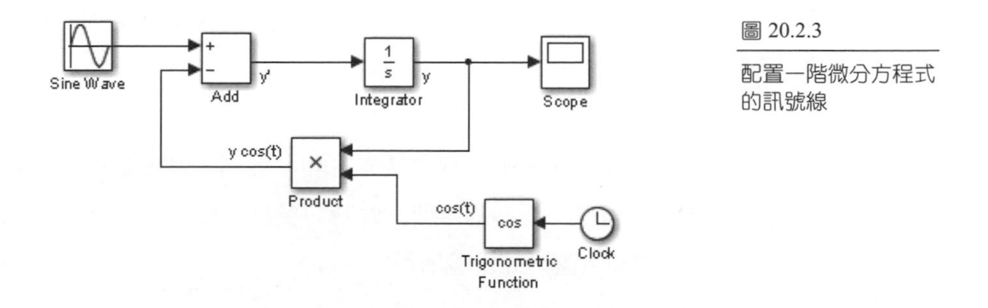

圖 20.2.3

配置一階微分方程式的訊號線

接下來檢查一下 Sine Wave 方塊，請連按兩下滑鼠打開它，讀者可發現它的 Amplitude 預設值是 1，Frequency 的預設值是 1 rad/sec，它們正符合題意，所以不用修改。

最後時間 t 是從 0 到 40，但預設是 0 到 10，所以必須更改系統模擬的時間。請於 Simulation 功能表裡選擇 Model Configuration Parameters，於出現的對話方塊中選取左邊窗格裡的 Solver，再將右邊窗格中的 Stop time 改為 40，如此系統模擬的時間便會從 0 到 40，如下圖所示：

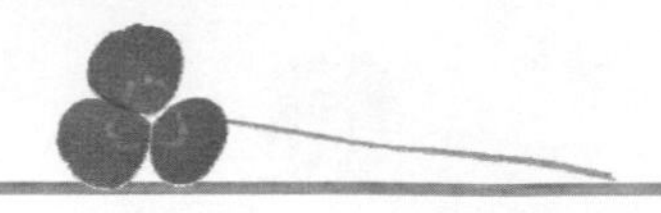

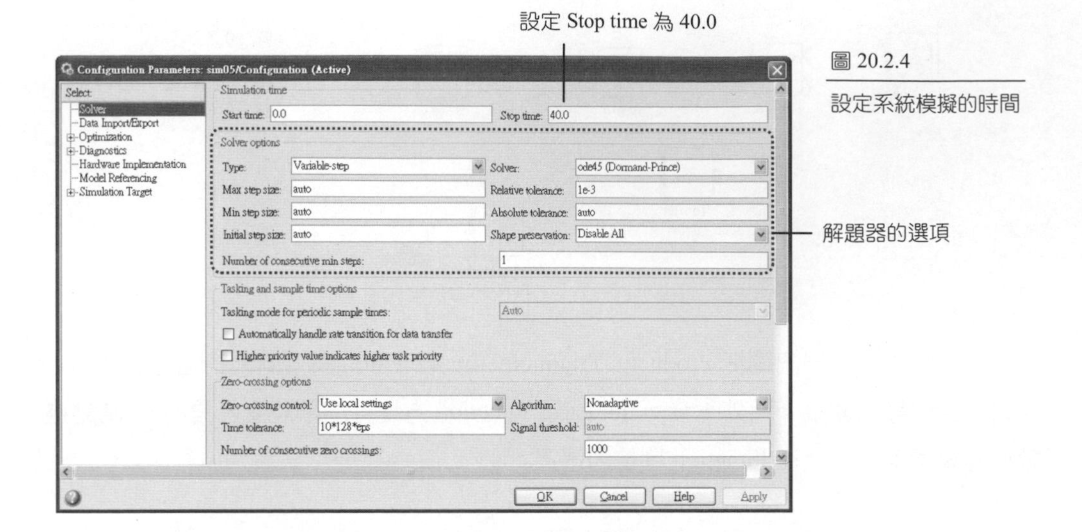

圖 20.2.4

設定系統模擬的時間

從上面的對話方塊中，可以看到在 Solver options 裡，Type 欄位的值是 Variable-step，Solver 是 ode45，所以 Simulink 預設是以 ode45 當成解題器，並且會視函數的情況自動調整步長來解題。請按下 OK 按鈕來接受這些預設值，在下一節的範例中，我們將會討論其它的解題器，以適用其它不同類型的題目。

設定完成之後，請將它存檔為 sim05.slx，接著請先打開示波器，然後執行 Simulink，讀者可以發現示波器裡並沒有顯示圖形的全部。此時只要按下示波器上方工具列裡的 Autoscale 按鈕 ，即可觀看全圖，如下圖所示：

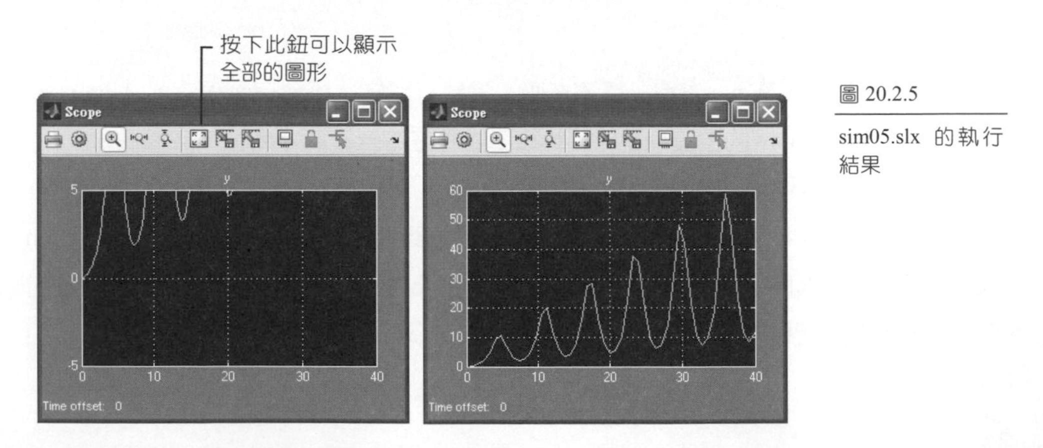

圖 20.2.5

sim05.slx 的執行結果

讀者可以觀察到上圖中，函數的輸出並不是很平滑。有幾個方法可以修正這個缺點，第一個方法是修改圖 20.2.4 中，Solver options 裡的 Max step size 之值為較小的數。Simulink 預設是 0.2，讀者可以把它改成 0.05，應可看到圖形曲線會平滑很多。

另一個方法是在 Model Configuration Parameters 的對話方塊裡，於左邊的窗格中選擇 Data Import/Export 選項，再於右邊的窗格中把 Refine factor 的值修改成較大的數，例如設成 4，如此 Simulink 就會以 4 倍的點數來繪圖。

下圖是把 Refine factor 設成 4 之後，重新執行 Simulink 所產生的圖形。讀者可以很明顯的比較出來，圖形的平滑程度要比上圖好的多。

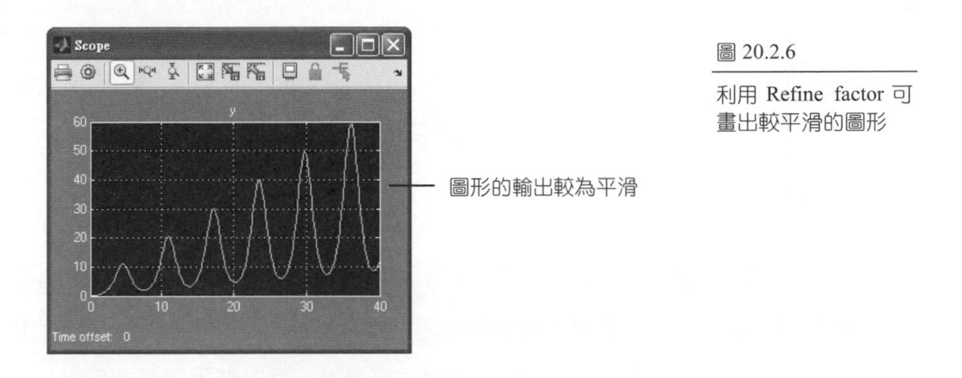

圖 20.2.6

利用 Refine factor 可畫出較平滑的圖形

20.2.2 使用變動步長與固定步長的探討

在 20.2.1 的範例中，我們使用的解題器是 ode45，且步長採用 Variable-step，也就是變動步長。在許多時候，變動步長固然可以增快解題的速度，但是對於某些微分方程式而言，有些情況可能會導致變動步長無限縮小，因而使得解題器的求解停滯不前。此時如果改用固定步長，則可改進這個缺陷。接下來我們舉一個簡單的例子來做說明。

考慮二階微分方程式

$$3y'' + 7\text{sign}(y') + 10y = \sin t\,,\quad y(0) = 5,\ y'(0) = 0\,,\quad 0 \le t \le 10$$

其中函數 sign 的定義為

$$\text{sign}(x)=\begin{cases}-1, & x<0\\ 0, & x=0\\ 1, & x>0\end{cases}$$

這個二階微分方程式可以改寫成

$$y''=\frac{1}{3}(\sin t-7\text{sign}(y')-10y)$$

因此 y'' 可視為 $\sin t$ 加上 $-7\text{sign}(y')$ 與 $-10y$ 之後，再把其結果乘上 $1/3$。要利用 Simulink 解這個問題，首先，一樣先把 y'' 積分得 y'， y' 再積分得 y 這個骨幹先畫出來：

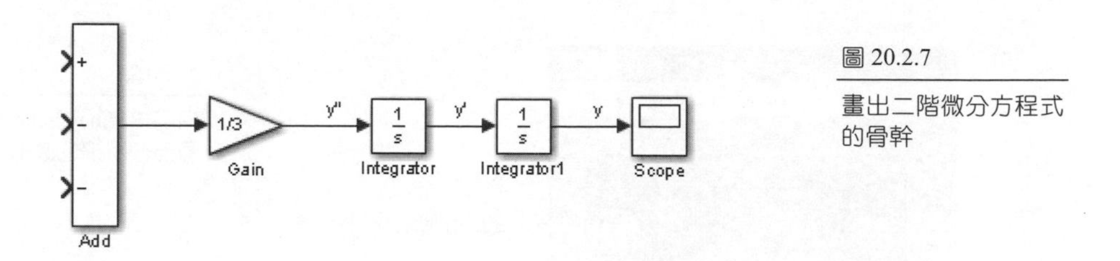

圖 20.2.7

畫出二階微分方程式的骨幹

在上圖中，我們已修改了 Add 方塊裡的 List of signs 為「+−−」。因為 $y(0)=5$，所以我們必須把 Integrator1 方塊裡的 Initial condition 欄位設為 5。另外，因為 $y'(0)=0$，Integrator 方塊裡的 Initial condition 欄位預設已經是 0，所以就不用修改它。

由微分方程式可知， y'' 的值等於 $\sin t$ 加上 $-7\text{sign}(y')$ 與 $-10y$ 之後，再把其結果乘上 $1/3$，所以我們必須在 Add 方塊的訊號輸出端乘上 $1/3$，其結果才會等於 y''。因此上圖在 Add 方塊之後放置了一個 Gain 方塊（可從 Math Operations 群組裡取得），並把這個方塊的 Gain 欄位設為 $1/3$。

接下來，方程式裡有一個 sign() 函數，它可以用 Math Operations 群組裡的 Sign 方塊來計算。現在請您依下圖配置好所有的方塊，拉好訊號線，並且嘗試瞭解微分方程式中的每一項，分別是以下圖中的每一個部分來表示：

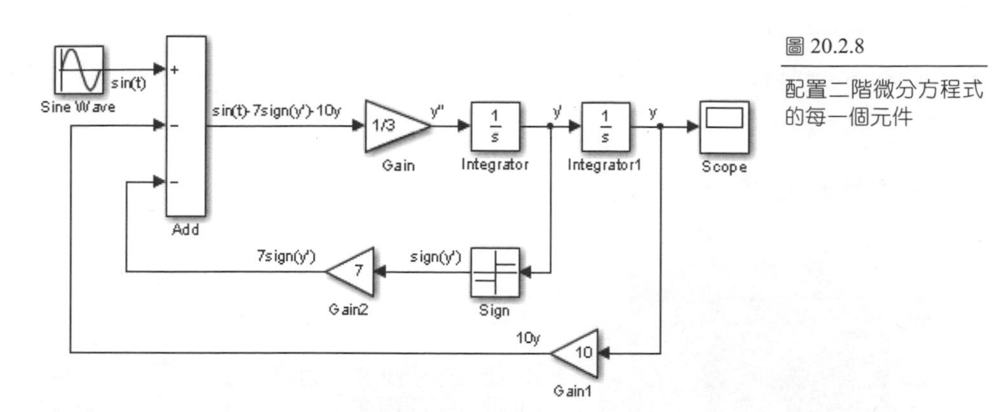

圖 20.2.8

配置二階微分方程式的每一個元件

於上圖中，我們刻意在每一個訊號線上標示該訊號的內容，以方便讀者理解為何方塊要如此配置。讀者應注意到，即使沒有設定這些訊號標示，這個範例一樣可以正確的執行。

配置好方塊與訊號線之後，請先將它存檔為 sim06.slx，然後執行它。此時 Simulink 會用預設的解題器選項（Variable step, ode45, t 從 0~10）來解之，讀者可發現當解題器解到 $t \approx 7.274$ 時，Simulink 會停止執行，並出現一個訊息視窗，如下圖所示：

Simulink 會持續求解，但無法跨越 $t = 7.274$ 這個值

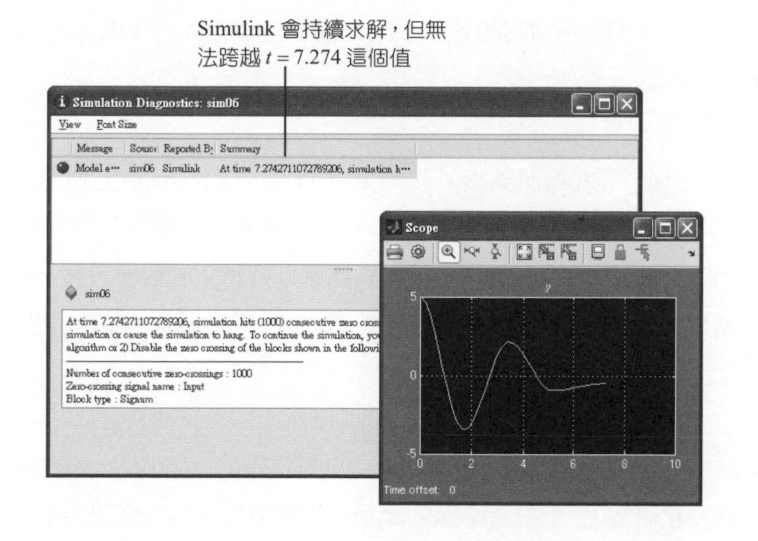

圖 20.2.9

sim06.slx 的執行結果

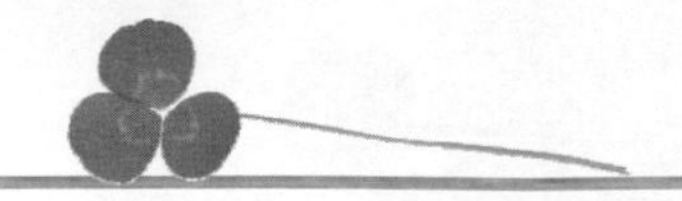

要改進這個缺點，只要修改 Solver options 裡的 Type 選項為 Fixed-step（請參閱圖 20.2.4，注意此時的 solver 會自動改為 ode3），並建議修改 Fixed-step size 為 0.01，重新執行 Simulink 一次，現在 Simulink 應該可以解完全程，此時的 Scope 應如下所示：

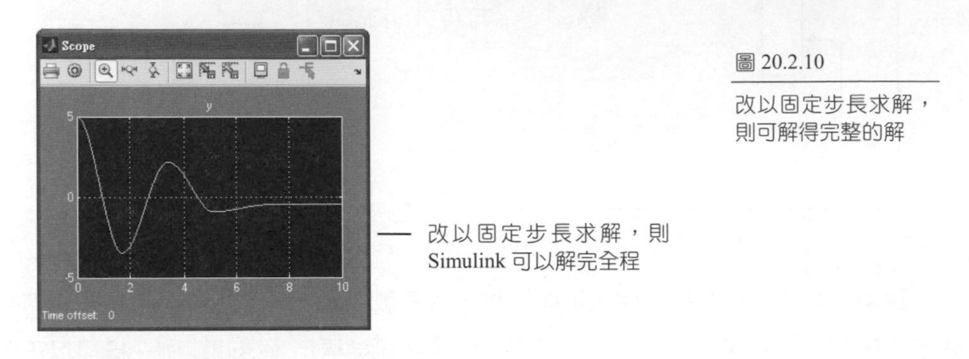

改以固定步長求解，則 Simulink 可以解完全程

圖 20.2.10

改以固定步長求解，則可解得完整的解

20.2.3 求解 Van der Pol 微分方程式

現在利用 Simulink 求解微分方程式，應有基本的能力了。接下來我們再來看看 Van der Pol 微分方程式的求解方式，它可以用如下的數學式來表示：

$$y'' - \mu(1-y^2)y' + y = 0,\ \ y(0) = 4,\ \ y'(0) = -2$$

Van der Pol 微分方程式常被用來測試解題器的效率，因為當 μ 的值很大時（例如超過 1000），此方程式就變成一個剛性方程式。

接下來請依圖 20.2.11 配置方塊，並拉好訊號線。於圖 20.2.11 中，XY Graph 方塊可以從 Sinks 群組裡找到，它可以用來繪製 (y, y') 的相位圖。Math Function 方塊可以從 Math Operations 群組裡取得，它提供一系列的函數，可用來對訊號進行特定的數學運算。配置好 Math Function 方塊之後，請點選滑鼠兩下開啟它，然後在 Function 欄位裡選擇 magnitude^2，它可把傳進來的訊號平方。

另外，Constant 方塊可從 Sources 群組裡找到，Constant 方塊可提供一個常數，此數值在任何時間點都不變，其預設值為 1，恰符合本題的題意，所以讀者不用去修改這個方塊的內容。

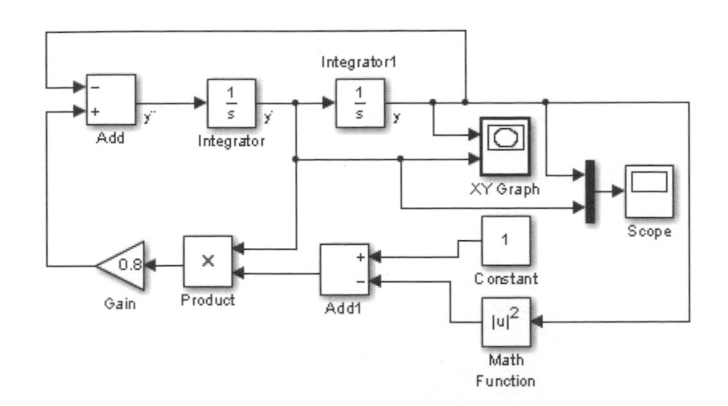

圖 20.2.11

Van der Pol 微分方程式的方塊配置圖

在佈置上圖時，別忘了在積分器裡要設初始條件 $y(0)=4,\ y'(0)=-2$，其設定方法同前一節的範例。另外，請點選 XY Graph 方塊兩下，將 x-min 的值設為 –5、x-max 的值設為 5，並 y-min 的值設為 –3、y-max 的值設為 3。

配置完成後，請存檔成 sim07.slx，並把系統模擬的時間設成 0~20，同時將 Max step size 改為 0.1（否則得到的圖形會很粗糙），然後打開 Scope 並執行 Simulink，您將可得到下面的結果：

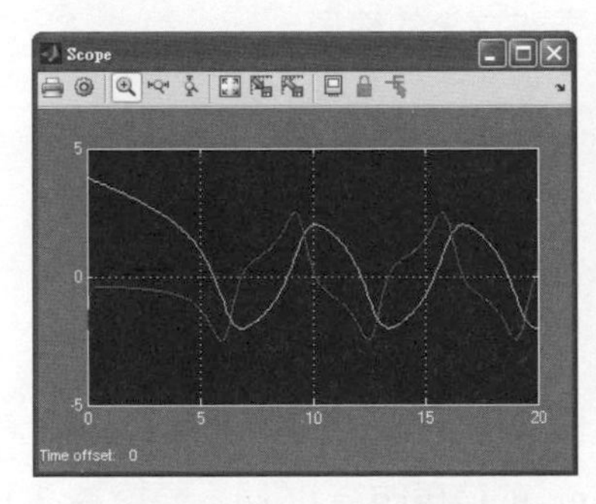

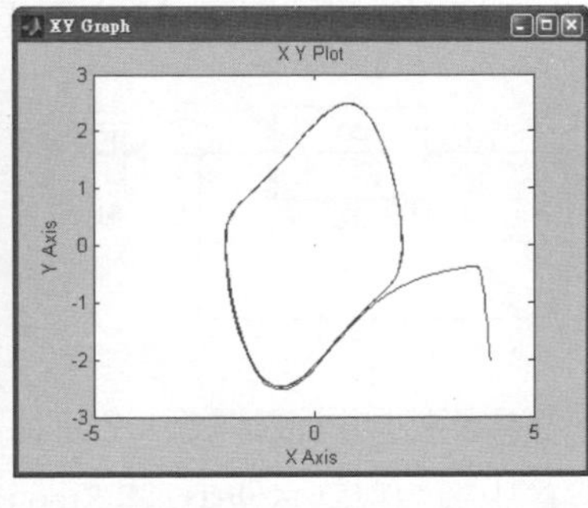

圖 20.2.12

sim07.slx 的執行結果

於上圖中，左圖顯示了 y 與 y' 的圖形，右圖則為 (y,y') 的相位圖。從右圖中可看出，當時間 t 變長時，所有的解會纏繞在一個封閉的圈圈內，這個圈圈也就是所謂的極限圈（limit cycle）。建議讀者可加大 μ 的值（本例使用 $\mu=0.8$），讓此一系統接近剛性，以評估預設的 ode45 解題器的效能如何。

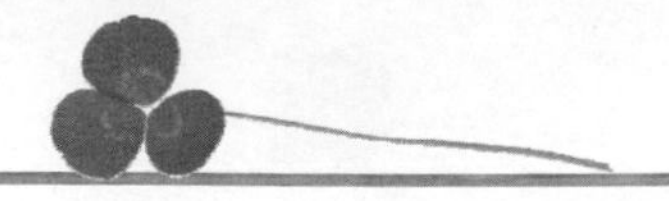

20.2.4 使用 Transfer Fcn 方塊

在控制系統裡，轉換函數（transfer function）的定義是在零初值（zero initial condition）條件下，輸出的拉普拉氏轉換與輸入的拉普拉氏轉換的比值。Matlab 是以 Transfer Fcn 方塊來計算轉換函數，在 Continuous 群組裡即可找到它。

下面是 Transfer Fcn 方塊使用的範例。於此範例中，我們設計了一個有回饋的簡單控制系統，其中轉換函數為 $60/(s^2+2s)$ ，系統的輸入為步階函數（step function）。請依下圖來配置方塊，並拉好訊號線：

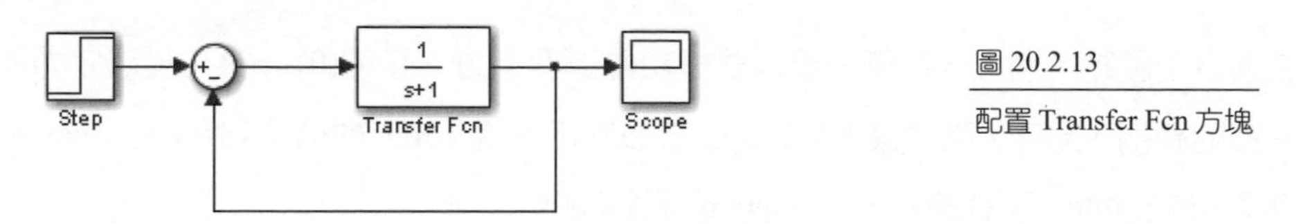

圖 20.2.13
配置 Transfer Fcn 方塊

於上圖中，Step 方塊可於 Sources 群組中找到。另外，Transfer Fcn 方塊的內容為 $1/(s+1)$，但本例的轉換函數是 $60/(s^2+2s)$，所以我們必須更改它。請點選 Transfer Fcn 方塊兩下，於出現的對話方塊中，請將 Numerator Coefficients（分子）欄位改為 [60]，代表常數項的值是 60，把 Denominator Coefficients（分母）欄位改為 [1 2 0]，代表 s^2 項的係數是 1， s^1 項的係數是 2，常數項是 0。下圖是更改之後的情形：

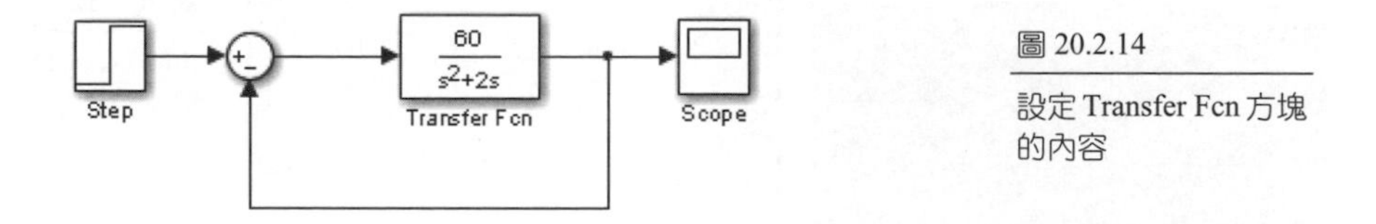

圖 20.2.14
設定 Transfer Fcn 方塊的內容

另外關於步階函數，在本範例中是希望當 $t<0$ 時輸出為 0，當 $t\geq 0$ 時輸出為 1，因此請點選 Step 方塊兩下，於出現的對話方塊中，將 Step time 的值更改為 0（原本預設為 1）。設定好了之後，請將這個配置存檔為 sim08.slx，然後執行 Simulink，將可得到如下圖的輸出：

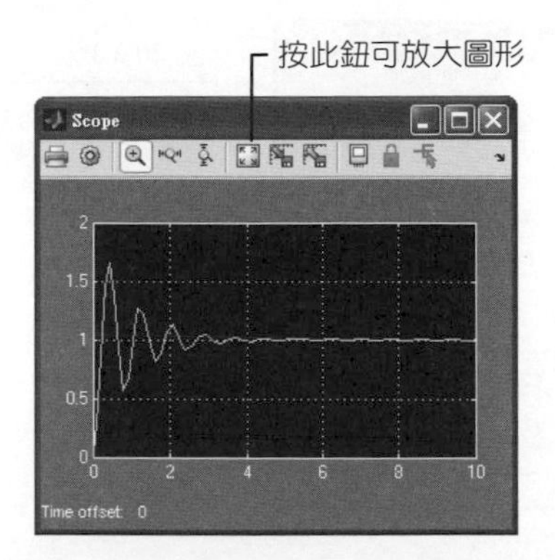

圖 20.2.15

sim08.slx 的執行結果

由上圖可以看到系統的輸出，其振幅隨著時間的增長而衰減。如果您有學過古典控制的相關課程，那麼可以嘗試加入其它的轉換函數，以減少系統的抖動程度，並讓系統快速的到達穩定狀態。

20.3 建立子系統

當系統較為複雜時，方塊與訊號線可能相當的凌亂，此時可以考慮把部分的方塊與訊號線獨立出來，用一個方塊來表示它們，如此可以有效的簡化整個 Simulink 的模型。如要將部分的方塊與訊號線獨立出來，可利用 Ports & Subsystems 群組裡的 Subsystem 方塊。

我們以前一節所介紹的 Ven der Pol 方程式來做說明。現在假設希望把整個 Van der Pol 微分方程式用一個方塊來取代，且設計成這個方塊有只有一個輸入，即 μ 值，但有兩個輸出，即 y 與 y' 。首先請先開一個新的 Simulink 工作區，然後把 Subsystem 方塊拉到 Simulink 工作區中，點選 Subsystem 方塊兩下，此時會開啟另一個空白的 Simulink 工作區，以方便我們編輯子系統，如下圖所示：

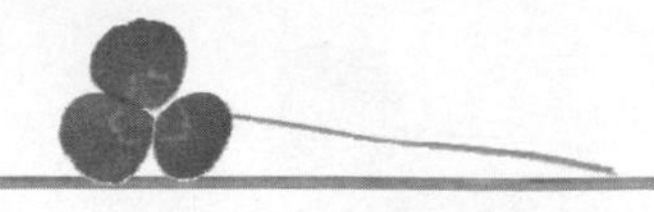

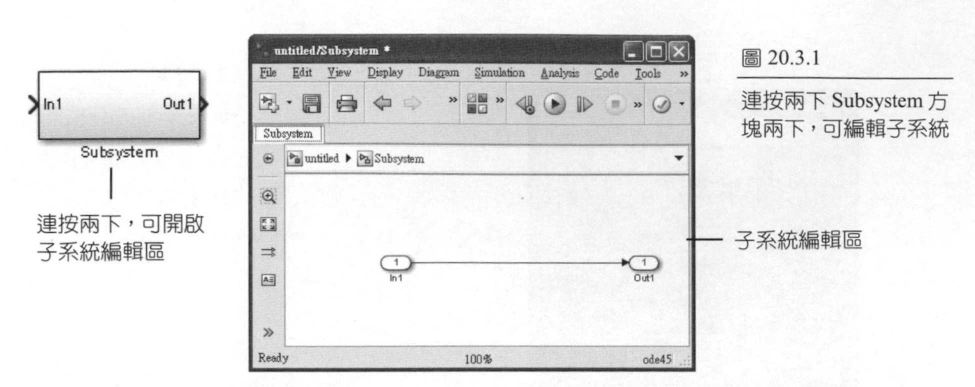

圖 20.3.1

連按兩下 Subsystem 方塊兩下，可編輯子系統

於上圖中，子系統工作區已經預先配置好 In1 與 Out1 方塊，並用訊號線連接起來。讀者可以注意到，在 Subsystem 方塊裡，各有一個輸入端與輸出端，且輸入端的名稱為 In1，輸出端的名稱為 Out1，事實上 Subsystem 方塊裡輸入端與輸出端的名稱與個數都是由子系統工作區裡的 In 與 Out 方塊決定的。有多少個 In 方塊，Subsystem 方塊就有多少個輸入；相同的，有多少個 Out 方塊，Subsystem 方塊就有多少個輸出。另外，In 與 Out 方塊的名稱也分別決定了 Subsystem 方塊輸入端與輸出端的名稱。

現在您應該了解 In 和 Out 方塊，與 Subsystem 方塊裡輸入端與輸出端之間的關係了。請修改子系統編輯區裡預設的配置，依下圖完成子系統的方塊與訊號線（In 和 Out 方塊可分別從 Sources 與 Sinks 群組裡找到），並比較它與圖 20.2.11 的不同（記得在積分器裡必須設定初始條件）：

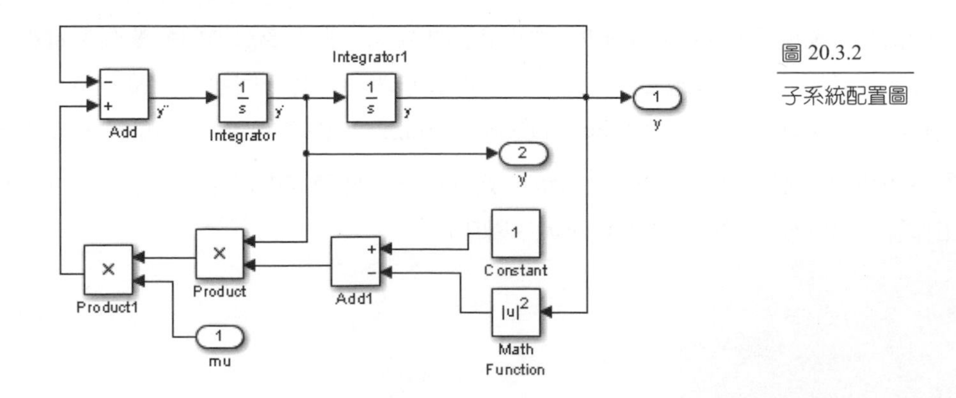

圖 20.3.2

子系統配置圖

與圖 20.2.11 相比較，讀者可以發現到它們的差別不大，只是在上圖中，我們把原先的 Gain 方塊改為可由 Subsystem 輸入（注意輸入方塊的名稱已更改為 mu），另外把 Scope 與 XY Graph 拿掉，並把 y 與 y' 的值分別當成 Subsystem 的第一個與第二個輸出（注意第一個輸出方塊的名稱為 y，第二個輸出方塊的名稱為 y' ）。

現在請關閉子系統工作區，回到原先的工作區，此時讀者可發現 Subsystem 有一個輸入端，名稱為 mu，另有兩個輸出端，名稱分別為 y 與 y'。現在請依下圖來配置方塊與連接線，以便測試子系統：

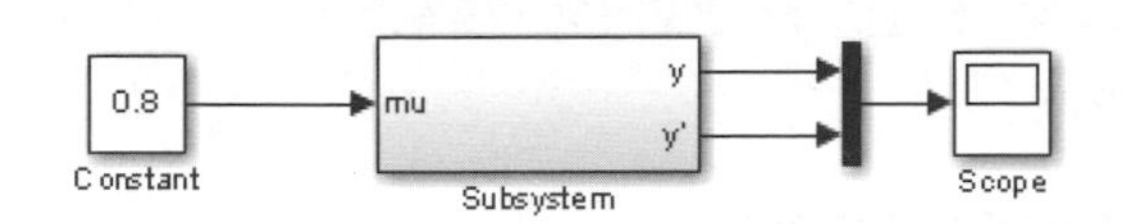

圖 20.3.3

把 subsystem 方塊當成一般的方塊來使用

配置好了之後，請把檔案儲存為 sim09.slx，再將系統模擬時間設定為 0~20，並打開示波器，然後執行此一系統，讀者可得下面的結果：

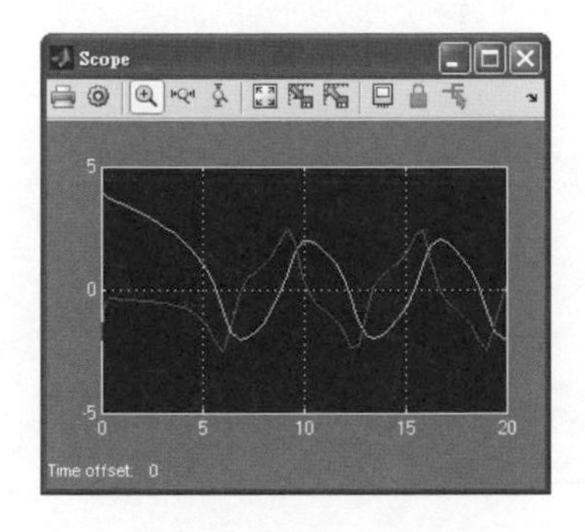

圖 20.3.4

sim09.slx 的輸出結果

讀者可觀察到此圖與圖 20.2.12 的輸出完全相同，但以 Subsystem 方塊來表示整個 Van der Pol 微分方程式，顯然可以簡化許多版面。

如果在 Simulink 的工作區裡已繪製好某些方塊，現在希望以這些方塊建立一個子系統，可以先按住 Shift 鍵不放，然後選擇這些方塊，再於 Edit 功能表裡選擇 Create Subsystem，即可用一個 Subsystem 方塊取代掉所選擇的方塊，讀者可自行試試。

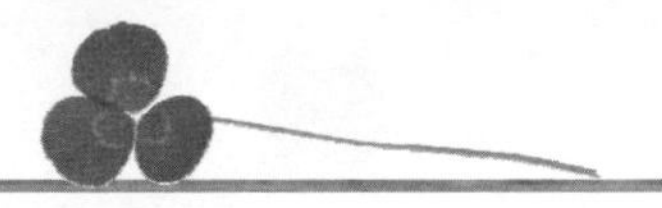

20.4 設計與美化 Subsystem 方塊

只要是 Subsystem 方塊，我們都可以對它進行更進一步的設計，例如設計顯示在方塊上的文字或圖案，或者是設定方塊的一些參數等，這些設計的技巧在 Simulink 裡稱之為 mask。mask 的本意是面具的意思，也就是說，利用 mask 的技術可以幫助 Subsystem 方塊戴上面具，並加上額外的功能，以方便使用者辨識與使用。

以 sim09.slx 為例，要設計 Subsystem 方塊的 mask，請先選擇 Simulink 工作區裡的 Subsystem 方塊，然後於 Diagram 功能表裡選擇 Mask-Create Mask，此時會有一個 Mask Editor 對話方塊出現。在這個對話方塊裡，最上方有四個標籤，請點選最左邊的 Icon & Ports 標籤，此時的對話方塊如下圖所示：

圖 20.4.1

Mask editor 對話方塊

於此視窗中，在 Options 欄位裡，您可以選擇方塊的外框（Frame）是否為可視（Visible），方塊的底色是不透明（Opaque）或透明（Transparency），方塊裡的圖案是否會隨著方塊的旋轉而旋轉（Rotates 或 Fixed），以及所使用的單位是 Autoscale（自動調整圖形大小，以符合方塊外型）、Pixels（以像素為單位）或 Normalized（以水平和垂直皆為一個單位的大小來繪圖）。

另外，在 Icon Drawing commands 欄位裡，可利用 Matlab 的指令以便在方塊上顯示字串、繪製圖形，或是進行其它的設計。例如，想在方塊裡標上字串 'Van der Pol'，可在 Icon Units 裡選擇 Normalized 為繪圖單位，然後於 Icon Drawing commands 欄位裡鍵入：

```
text(0.2,0.5,'Van der Pol')
```

按下 Apply 按鈕之後，此時讀者可看到 Simulink 工作視窗裡，Subsystem 方塊內的文字已經被置換成字串 'Van der Pol'，如下圖所示：

圖 20.4.2
設定 Subsystem 方塊裡的文字

如果想在 Subsystem 方塊上繪圖，可用 plot() 函數，例如下圖是選擇 Autoscale 為繪圖單位，然後於 Icon Drawing commands 欄位裡鍵入

```
plot([1 2 3 4 5 6],[5 7 1 4 0 9])
```

並按下 Apply 按鈕之後，所得到的圖形：

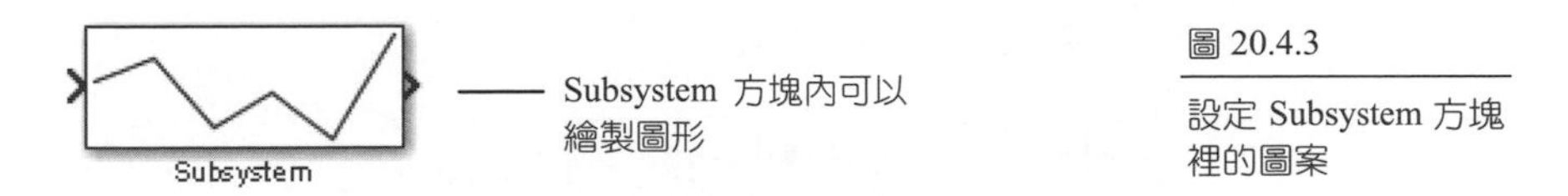

圖 20.4.3
設定 Subsystem 方塊裡的圖案

在 Icon 標籤的最下方也有一個 Examples of Drawing commands 欄位，裡面蒐集了各種繪製圖形、影像、文字與數學式的語法，只要在 Command 欄位內選擇所要查看的範例，於下方的 Syntax 欄位裡就會出現語法範例，右邊的方塊也會跟著顯示結果，使用起來相當方便。

在 Mask editor 視窗的上方，另外還有 Parameters、Initialization 與 Documentation 三個標籤。Parameters 標籤是用來設定 Subsystem 方塊裡的一些參數，Initialization 則可以設定方塊裡參數的初始值，而 Documentation 則是用來設定方塊的文字解說。如果讀者對於這些設定有興趣，可參閱 Matlab 的線上求助系統。

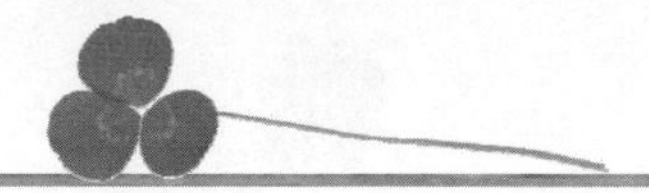

本章初淺的介紹了 Simulink 的設計，但 Simulink 的範圍涵蓋之廣，並非本書一個章節就能介紹完。Matlab 的網站（https://www.mathworks.com） 提供豐富的資源可供參考，也可下載 Simulink 相關的使用手冊（pdf 檔）。有需要的讀者可前往 Matlab 的網站取得這些學習資源。

習 題

20.1 認識 Simulink

1. 請依下圖配置方塊，拉好訊號線，並將 Solver options 的步長設為 Fixed-step，Solver 選擇 ode3 (Bogacki-Shampine)，Fix-Step size 設成 0.01，然後回答接續的問題：

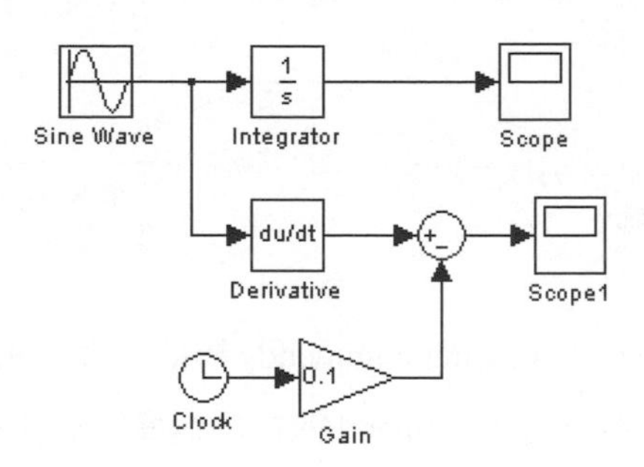

   (a) 試解釋兩個示波器 Scope 與 Scope1 所得的圖形所代表的意義。

   (b) 試把傳送到示波器 Scope 與 Scope1 的訊號相加，然後把相加的結果顯示在示波器 Scope2 上。

   (c) 如果把 Gain 的值調整成為 0.3，則 Scope1 所得的圖形會有什麼變化？請解釋之。

2. 請參考下圖的配置，試分別把傳送到示波器 Scope 與 Scope1 的訊號，也同時寫入 Matlab 的工作區中，變數名稱請分別使用 *wave* 與 *wave*1。並利用 plot 函數繪出它們的圖形（您可能需要用到時間向量 *tout*）。Solver 請用預設的 ode45 即可。

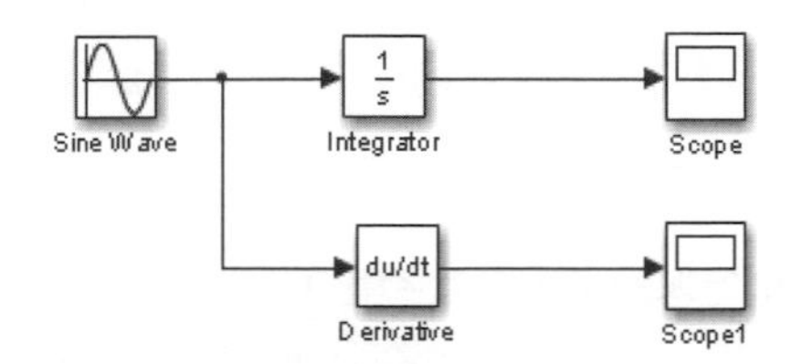

20.2 利用 Simulink 解微分方程式

試利用 Simulink 求解下列各微分方程式，並繪出解的圖形：

3. $y' = \cos t - y\cos(t/3)$， $y(0)=0$， $0 \le t \le 40$

4. $y'' = 7.5\cos t - 0.05y' - y^3$， $y(0)=0$， $y'(0)=2$ $0 \le t \le 100$

5. $y' = -e^{-t}y^2 + y$， $y(0)=6$， $0 \le t \le 5$

6. $y' = ty^2 - 8t^2y + 16t^3$， $y(0)=0$， $0 \le t \le 5$

7. $y'' - 5y = e^{-t}\sin t$， $y(0)=1$， $y'(0)=0$， $0 \le t \le 4$

8. $y'' + 6y' + 4y = 0$， $y(0)=1$， $y'(0)=0$， $0 \le t \le 5$

9. $y''' + 2y'' - y' = 4e^{-t} - 3\cos(2t)$， $y(0)=1$， $y'(0)=0$， $y''(0)=0$， $0 \le t \le 5$

20.3 建立子系統

10. 試設計一個子系統，可求解下面的微分方程式：

$$y' = \sin t - \alpha y\cos t,\quad y(0)=1,\quad 0 \le t \le 40$$

其中 α 為子系統的輸入，子系統的輸出為 y，並計算當 $\alpha=1$、2 與 3 時，子系統的輸出。

11. 試設計一個子系統，可求解下面的微分方程式：

$$m\,y'' + c\,\mathrm{sign}(y') + k\,y = \sin t,\quad y(0)=5,\quad y'(0)=0,\quad 0 \le t \le 10$$

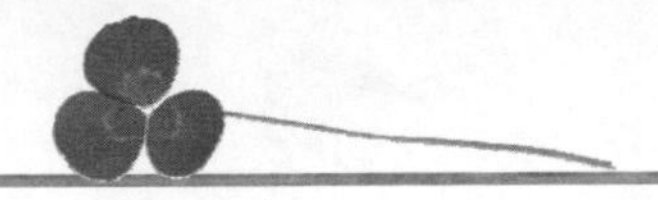

其中 m、c 與 k 為子系統的輸入，子系統的輸出為 y 與 y'，並嘗試計算當 $m=3$、$c=7$ 與 $k=10$ 時，子系統的輸出，看看所得的結果是否與 20.2.2 節的結果相同。

20.4 設計與美化 Subsystem 方塊

12. 接續習題 10，試在子系統 Subsystem 方塊裡繪上一個正三角形，三角形的中心大約在方塊的中央，三角形的邊長請自訂，以美觀為原則。
13. 接續習題 11，試將子系統 Subsystem 方塊的中間標上字串 'Coulomb'。

第二十一章 數位影像處理

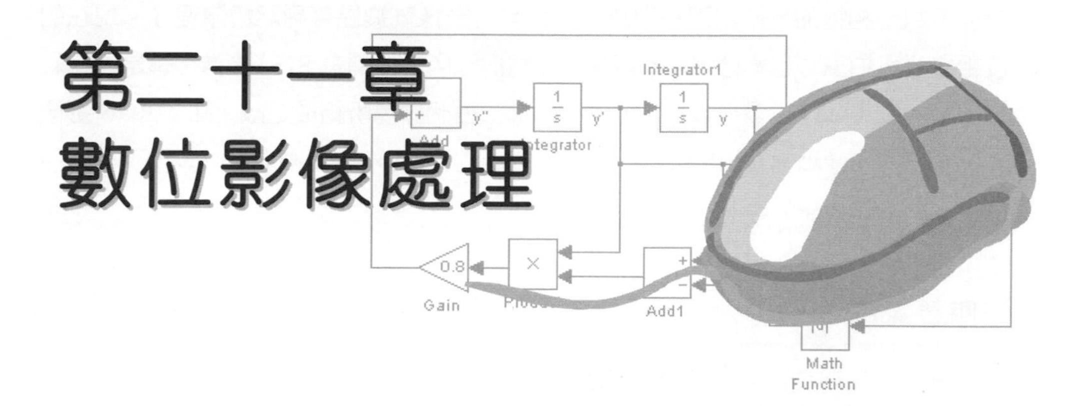

數位影像在電腦裡是以陣列的方式來儲存，而 Matlab 又是陣列運算的翹楚，因此利用 Matlab 來處理數位影像顯得十分方便。本章將引導您認識影像處理的一些基本概念，並介紹影像處理工具箱（image processing toolbox）裡常用的函數，例如影像的縮放、旋轉、等化，以及空間域與頻率域的處理等。學完本章，在 Matlab 裡處理數位影像，應該是一件得心應手的事！

本章學習目標

- 認識影像的分類
- 學習影像檔案的儲存
- 學習空間域與頻率域的影像處理
- 認識簡單濾波器的設計

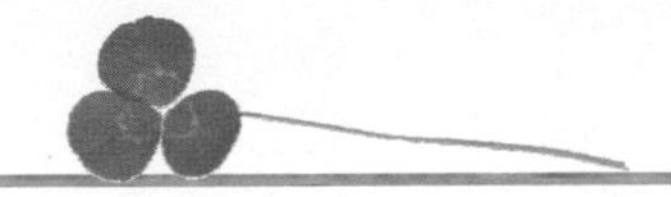

21.1 影像的基本認識

當您按下數位相機的快門的那一剎那，一張數位影像就被儲存到記憶體裡了。現在的數位相機都可拍攝彩色影像，在本章裡，我們把彩色影像稱為 RGB 影像，這是因為彩色影像是由紅（red）、綠（green）與藍（blue）三個顏色所組成之故。除了 RGB 影像之外，常見的影像尚有灰階影像（grayscale image）、二元影像（binary image）與索引影像（indexed image）等。

21.1.1 座標系統

通常影像是以陣列來存放，因此利用陣列的索引值來描述影像裡的某個像素，是最自然不過的事。例如陣列裡第 2 列第 3 行的元素值，也就代表了影像裡第 2 列第 3 行的像素值，這種陣列與影像之間的關係可以由下圖來表示：

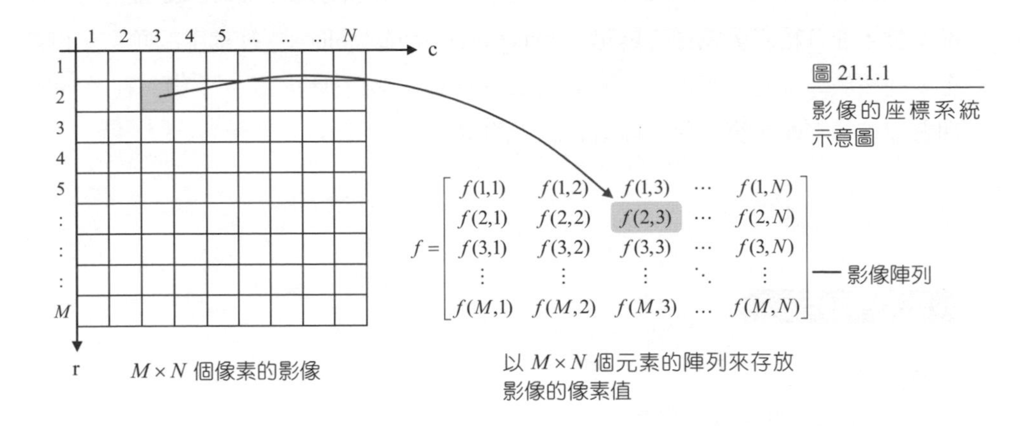

圖 21.1.1 影像的座標系統示意圖

有些影像處理的書籍把影像左上角的座標定義成 $(0,0)$，這其中有部分的原因是因為許多程式語言的陣列索引值都是從 0 開始（如 C、C++、Java 等）。由於 Matlab 的陣列索引值是從 1 開始，因此把影像左上角的座標定義成 $(1,1)$，處理起來較為方便。另外在本章裡，我們把存放影像之像素值的陣列稱為影像陣列，用以區分它和其它陣列的不同。

21.1.2 影像的讀取與顯示

要從影像檔案裡讀取像素值，可用 imread() 函數。imread 是 image 與 read 的組合字，因此這個函數名稱並不難記。另外，如果想知道影像檔案詳細的資訊，可利用 imfinfo() 函數，imfinfo 是 image file information 的組合字，也就是影像檔案資訊之意。下表列出了 imread() 與 imfinfo() 的用法，在稍後的範例中，我們經常會使用到它們：

表 21.1.1　影像讀取函數

函數	說 明
x=imread(*filename*)	讀取影像檔案 *filename*，並把讀取結果設定給變數 *x* 存放
[*xi*,*map*]=imread(*filename*)	讀取影像檔案 *filename*，並把影像的索引值設定給變數 *xi* 存放，把顏色對應表設定給 *map* 存放
s=imfinfo(*filename*)	查詢影像檔案的資訊，其傳回值為儲存影像資訊的結構

從檔案讀取影像的像素值之後，若是要顯示影像，可用 imshow()（image 與 show 的組合字）函數。imshow() 的語法如下表所示：

表 21.1.2　影像顯示函數

函數	說 明
imshow(*x*)	顯示影像陣列 *x*。 若 *x* 為邏輯陣列，則顯示二元影像 若 *x* 是 uint8 或 double 陣列，則顯示以 256 個灰階來顯示 若 *x* 是 $m \times n \times 3$ 的陣列，則以彩色的 RGB 影像來顯示
imshow(*x*, [*low* *high*])	顯示影像陣列 *x*，並以 *low* 與 *high* 來限制顯示的範圍。小於 *low* 的數值皆顯示黑色，大於 *high* 的數值則顯示為白色。如果第二個引數只填方括號，則 imshow()會把最小的像素值當成黑色，把最大的像素值當成白色，其餘的像素值進行內插來顯示影像
imshow(*xi*,*map*)	以顏色對應表 *map* 顯示索引影像 *xi*
imshow(*filename*)	顯示影像檔案 *filename* 所儲存的影像

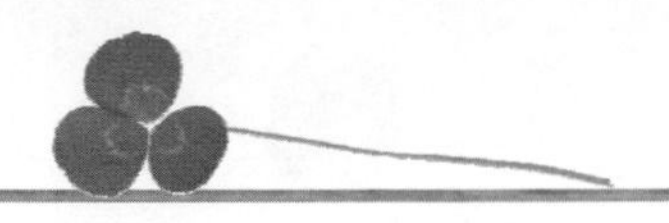

稍後我們將學習到影像的分類，以及相對應的處理技術。在踏入這些主題之前，我們先來學習如何讀入並顯示影像。

```
>> I=imread('liftingbody.png');
```

讀取 liftingbody.png 這張影像，並把它設定給變數 I 存放。

```
>> imshow(I);
```

顯示讀進來的影像 I。讀者可以觀察到 I 的大小是 512×512，型態是 uint8，所以在 I 裡，最大值是 255，最小值是 0。imshow() 函數會依據陣列 I 裡每一個元素值的大小，用明暗不同的顏色來顯示這張影像。

讀者應可理解，左圖中較亮的部份對應的是陣列 I 中元素值較大的部分，反之亦然。

```
>> imhist(I)
```

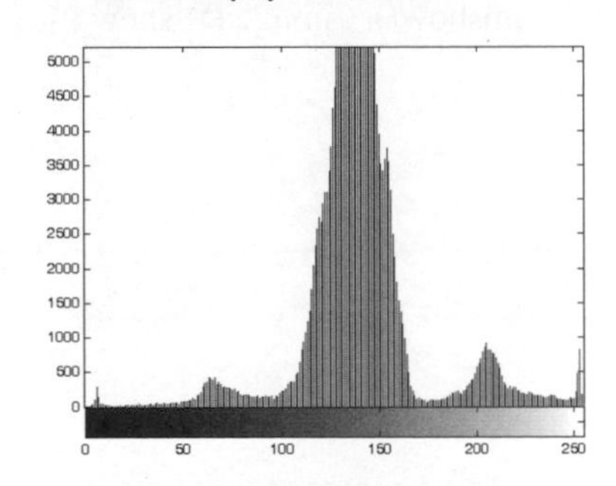

繪出影像 I 的直方圖（histogram）。影像的直方圖是用來顯示像素值分佈的情況。如果多數的像素分佈在靠近 0 的地方，則影像會偏黑，反之如果靠近 255，則影像偏白。於左圖中，多數的像素分佈在 100~170 之間，因此影像不會太亮或太暗。關於 imhist() 的用法，本章稍後即將介紹。

```
>> imshow(I,[100,170])
```

將灰階值小於 100 的像素顯示成黑色，將灰階值大於 170 的像素顯示成白色，介於 100~170 之間的像素則以內插來顯示顏色。讀者可以發現左圖的對比增強了（例如在原圖中看不見的道路，現在可以看得到，同時雲彩也更有層次感），但是某些細節也不見了（例如飛機的機身與陰影的部分）。

```
>> imshow(I,[150,255])
```

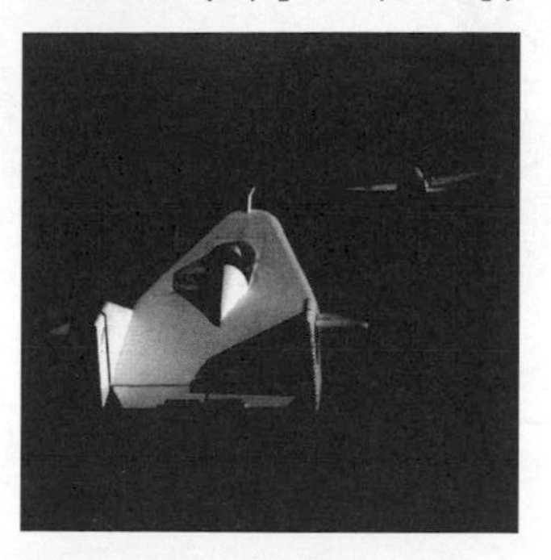

將小於 150 的像素顯示成黑色，如此可以突顯出影像中，顏色較亮的部份。

21.2 影像的分類

如前一節所述，Matlab 可處理的影像包含了二元、灰階、RGB 與索引影像，本節將詳述這些影像的特點，以及它們的應用範圍。在本節與稍後的小節中，所有使用的影像檔案均是 Matlab 的影像處理工具箱所內建，它們均是放在

{Matlab 的安裝資料夾} \toolbox\images\imdemos

這個資料夾裡。Matlab 已經把這個資料夾放在搜尋的路徑中，因此即使不指明路徑，也可以順利地載入這些影像。如果您想處理其它的影像，只要把它放在目前的工作目錄內，或者是將目前的工作目錄更改成儲存影像的資料夾，即可順利的讀取這些影像。

21.2.1 二元影像

二元影像（binary image）只有白色與黑色，所以每一個像素只需一個 bit 便能儲存它，因此它可節省大量的儲存空間。二元影像多半是用來儲存掃瞄的圖檔，或者是指紋等只需用二個顏色來表示的影像。

Matlab 是以邏輯陣列（logical array）來儲存二元影像，其中 0 代表黑色，1 是白色。如果讀者記不起來，可以把 0 想像成是 off，1 想像成是 on。off 是關燈，所以 0 是黑色；on 是開燈，所以 1 是白色。下圖是一張二元影像儲存方式的示意圖：

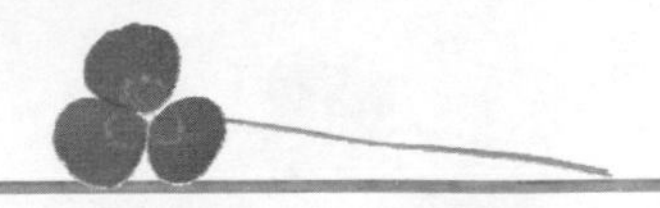

圖 21.2.1
二元影像的像素值是由 0 與 1 所組成

於圖 21.2.1 中，左邊是一張二元影像，右邊則繪出了這張二元影像的局部放大圖，並在每一個像素上標上 0 或 1，以方便您的辨識。接下來我們以幾個簡單的範例來進行二元影像的讀取與處理：

```
>> bw=imread('text.png');
```

讀取 text.png 的像素值，並把結果設定給陣列 *bw* 存放。text.png 是內建的圖檔，它已存放在 Matlab 的搜尋路徑內。

```
>> whos bw
 Name  Size     Bytes  Class   Attributes
  bw  256x256  65536   logical
```

查詢陣列 *bw*，可知它是 256×256 的邏輯陣列。邏輯型態佔一個 byte，所以 *bw* 共佔了 65536 個 bytes。注意此處的 65536 bytes 代表陣列 *bw* 所佔的記憶空間，而非影像檔案的大小。

```
>> imfinfo('text.png')

ans =
      Filename: [1x62 char]
   FileModDate: '13-Oct-2002 09:48:22'
      FileSize: 1322
        Format: 'png'
 FormatVersion: []
         Width: 256
        Height: 256
      BitDepth: 1
     ColorType: 'grayscale'
        ....        ...
```

利用 imfinfo() 查詢檔案 text.png 的資訊，左式只節錄了部分重要的訊息。於輸出中可以看到 text.png 的檔案大小為 1322 個 bytes，檔案格式為 png，寬度與高度皆為 256 個像素，BitDepth 為 1，代表每個像素是以一個 bit 來儲存，因此它是一張二元影像。雖然此圖是二元影像，但左式的 ColorType 欄位還是顯示 'grayscale'。讀者可以把此圖檔解釋為一個 bit 的灰階，也就是只有黑與白的圖。

於上面的輸出中，Filename 欄位顯示了 [1x62 char]，這是因為筆者把 Matlab 的指令視窗調整的較小，以致於無法顯示此影像檔的檔名（含路徑）之故。如果指令視窗可以顯示的範圍較大，則此欄位應會顯示檔案全部的資訊。

```
>> imshow(bw)
```

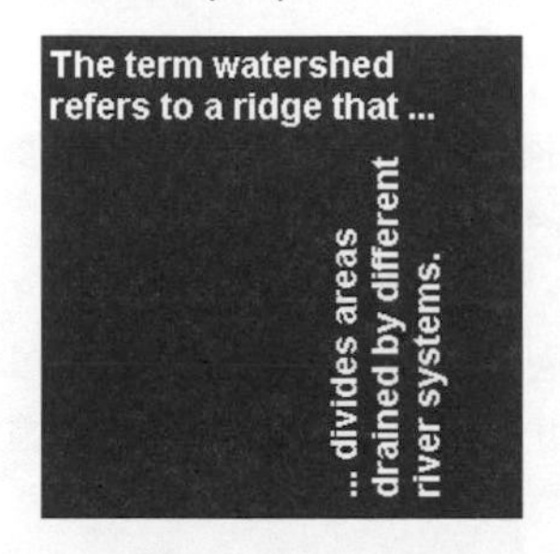

顯示 *bw* 的圖形，讀者可以看出我們所讀入的圖檔果然是一個二元影像。

```
>> imshow('text.png')
```

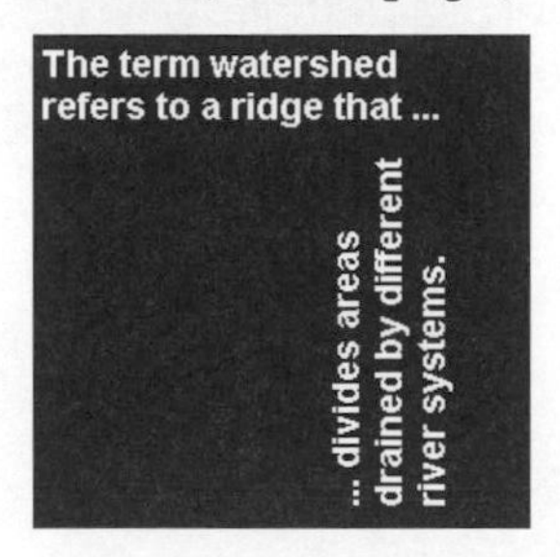

imshow() 函數也可以直接讀取圖檔，並顯示其圖形。

我們也可以利用 Matlab 的語法，先建構出只包含有 0 與 1 的陣列，然後再利用 imshow() 函數來繪圖，如此就可以繪製一些具有簡單幾何形狀的二元影像，如下面的範例：

```
>> bw2=zeros(200);
```

設定 *bw*2 為一個 200×200 的全 0 陣列。

```
>> bw2(20:180,20:180)=1;
```

將 *bw*2 第 20 到 180 列、第 20 到 180 行的元素值設為 1。

```
>> whos bw2
 Name  Size    Bytes   Class  Attributes
 bw2 200x200  320000  double
```

查詢 *bw*2 的內容，因為 *bw*2 為 double 型態，每一個元素佔了 8 bytes，所以總共佔了 $200\times200\times8=320000$ 個 bytes。

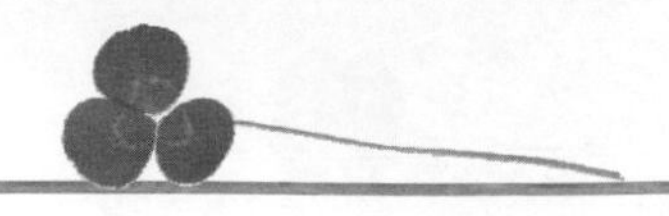

```
>> imshow(bw2)
```

利用 imshow() 繪出 *bw*2，可得一個黑色邊框的正方形。注意黑色邊框的像素值為 0，白色的部分為 1。

```
>> bw3=logical(bw2);
```

將 *bw*2 轉換成 logical 型態，並把轉換結果設定給變數 *bw*3。

```
>> whos bw3
Name  Size      Bytes  Class    Attributes
 bw3  200x200  40000  logical
```

因為邏輯型態只佔了一個位元組，所以它來儲存 0 與 1 時，可節省較多的記憶空間（只需要 *bw*2 的 1/8）。

```
>> imshow(bw3)
```

利用 imshow() 函數繪出陣列 *bw*3 的圖形，可得與 *bw*2 一樣的結果。

21.2.2 灰階影像

對於灰階影像（grayscale image）而言，每一個像素皆是介於黑到白之間的顏色，也就是灰色，故稱為灰階。灰階影像也稱為強度影像（intensity image），因為灰階的表現就有如光源的強度，光源越強，則被照射的物體就越亮，反之則越暗。

灰階影像通常以 8-bit 的整數來儲存，因此它可以表示 256 個灰階。灰階值是從 0 到 255，灰階值越大則顏色越白，反之則越黑，所以 255 代表全白，而 0 則代表全黑。如果灰階影像是以 double 型態的陣列來儲存，則 1 是全白，0 是全黑。下面是灰階影像的示意圖，您可以從右邊的圖形中觀察到顏色的深淺與灰階值之間的關係：

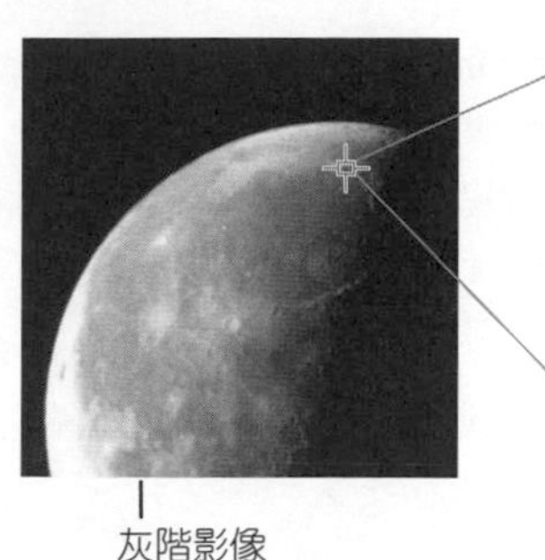

150	148	146	149	143	131	128	129	118	117
144	147	146	146	137	130	127	124	116	115
144	151	149	133	125	127	125	119	118	116
149	145	134	116	109	108	111	112	117	121
149	144	116	96	95	96	99	99	102	108
149	134	101	87	92	94	98	92	88	93
143	118	94	92	96	96	98	89	83	88

圖 21.2.2
灰階影像示意圖

接下來是一些關於灰階影像的簡單範例。於這些範例中，您將可學習到灰階影像的顯示方法，以及如何把灰階影像轉換成二元影像等。

```
>> x=imread('cameraman.tif');
```

讀取檔案 cameraman.tif，並把讀取結果設定給陣列 x 存放。

```
>> imshow(x)
```

繪出陣列 x 的圖形，從圖形的輸出可知 cameraman.tif 是一個灰階影像。

```
>> max(max(x))
ans =
  253
```

陣列 x 的最大值為 253。

```
>> min(min(x))
ans =
    7
```

陣列 x 的最小值為 7。由於這張影像是 8-bit 影像，所以有 256 個灰階。因為像素的最大值為 253，最小值為 7，所以這張影像所具有的灰階已含蓋了大多數的 8-bit 灰階裡所提供的色彩。

```
>> imfinfo('cameraman.tif')
ans =
     Filename: [1x63 char]
  FileModDate: '04-Dec-2000 13:57:54'
     FileSize: 65240
       Format: 'tif'
FormatVersion: []
        Width: 256
       Height: 256
     BitDepth: 8
    ColorType: 'grayscale'
        ...         ...
```

查詢 cameraman.tif 檔案的資訊，讀者可看出檔案大小為 65240 bytes。BitDepth 設為 8，且 ColorType 設為 'grayscale'，代表此圖檔是一個 8-bit 的灰階。

如果想查看繪圖視窗裡，任何一個像素的座標與其灰階值，可執行 impixelinfo（image pixel information 的縮寫）這個指令，如下面的語法：

```
>> impixelinfo
```

此時在繪圖視窗下方會出現一列黑字的區域，當滑鼠在繪圖視窗上方移動時，此黑底的區域會出現滑鼠所在的座標與該點的灰階值，如下圖所示：

圖 21.2.3 顯示出滑鼠所在位置的座標與灰階值

如果需要滑鼠所在位置的座標與灰階值，只要按下滑鼠右鍵，於出現的選單中選擇 Copy pixel info，即可將這些資訊拷貝到剪貼簿中。

注意於上圖中，圖形左下方會顯示滑鼠所在位置的座標與灰階值。值得一提的是，這個座標是以圖形的左上方為原點，往右為正 x 軸方向，往下為正 y 軸方向，因此其座標呈現的次序恰與滑鼠所在之影像陣列的位置（第幾行第幾列）剛好相反。例如，若圖中顯示的座標為(200, 40)，則代表滑鼠所在之位置是在陣列第 40 列、第 200 行的位置。

```
>> imshow(x,[0 128])
```

設定灰階值只顯示 0 到 128，也就是大於 128 的像素值都會以白色顯示，因此左式的輸出與上圖相比，在圖片的背景部分顯然都已經被更改為白色。

```
>> bw=x>128;
```

找出陣列 x 裡，元素值大於 128 的所有元素，這些元素也就是上圖中，顏色被顯示成白色的像素。

於上式中，$x > 128$ 會傳回一個邏輯陣列，符合這個條件的元素於 bw 陣列中就會被設為 1，否則設為 0，因此 bw 陣列也可看成是一個二元影像。如果我們顯示 bw 陣列的圖形，於圖中白色的部分也就是滿足 $x > 128$ 的像素。利用這種技巧，我們就可以很容易的把一張灰階影像轉換成二元影像。

```
>> imshow(bw)
```

顯示 bw 陣列的圖形，讀者可觀察到，左圖是一張只有黑色與白色的影像。

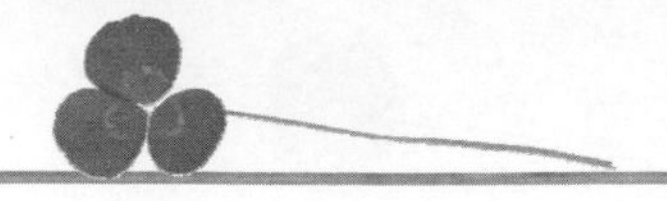

21.2.3 RGB 影像

如果影像是彩色的，那麼每一個像素則是由紅、綠與藍三個顏色所組成。如果紅、綠與藍每一種顏色的值都是從 0~255（也就是 8 個 bits），則一張 RGB 影像就可以顯示 $256^3 = 16,777,216$ 種顏色。下圖是 RGB 影像的示意圖：

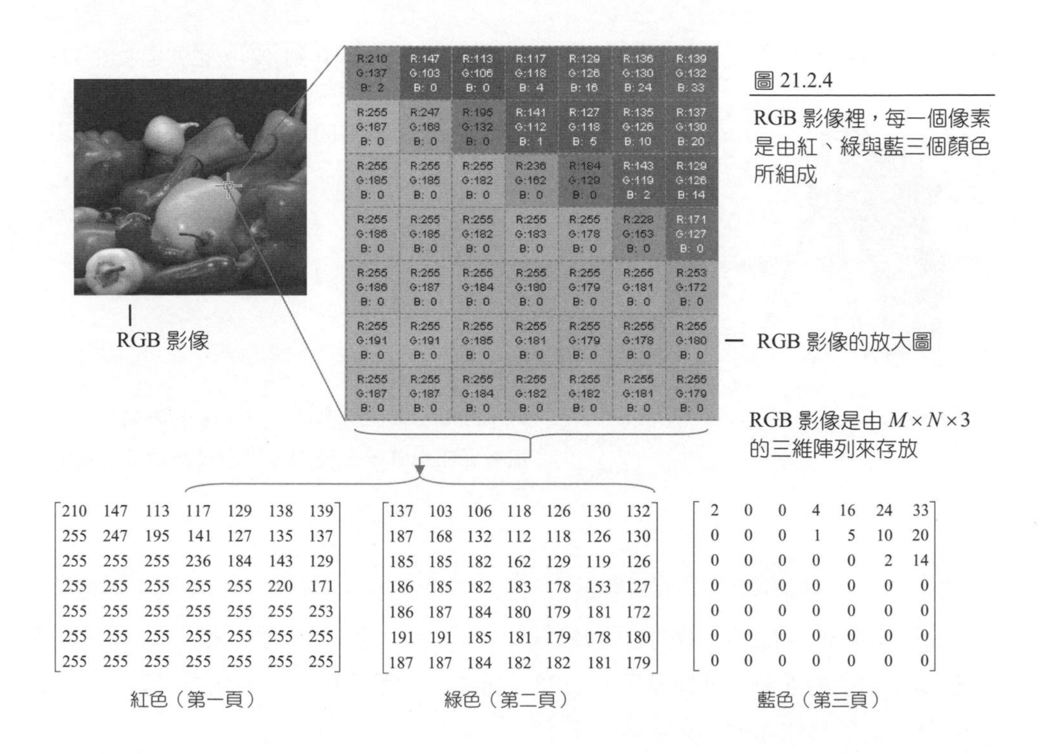

圖 21.2.4
RGB 影像裡，每一個像素是由紅、綠與藍三個顏色所組成

RGB 影像的資料結構是一個三維的陣列，若 RGB 影像大小為 $M \times N$ 個像素，則必須以 $M \times N \times 3$ 個陣列元素來存放它，其中第一頁存放所有像素之紅色的值，第二頁存放綠色的值，第三頁則是存放藍色的值。我們來看看一些 RGB 影像的範例：

```
>> rgb=imread('peppers.png');
```

讀進檔案 peppers.png 的內容，並把所讀取的陣列設定給 *rgb* 變數存放。因為這個圖檔是 RGB 影像，所以讀者可以注意到 *rgb* 是一個三維的陣列。

```
>> whos rgb

Name  Size     Bytes   Class Attributes
rgb 384x512x3 589824  uint8
```

查詢變數 *rgb* 的內容，讀者可以看出它是 uint8 型態的陣列，同時從 size 欄位內也可知道影像的大小為 384×512 個像素。

```
>> imfinfo('peppers.png')
ans =
      Filename: [1x61 char]
   FileModDate: '16-Dec-2002 06:10:58'
      FileSize: 287677
        Format: 'png'
 FormatVersion: []
         Width: 512
        Height: 384
      BitDepth: 24
     ColorType: 'truecolor'
          ...        ...
```

查詢影像檔 peppers.png 的內容，讀者可注意到 BitDepth 為 24（紅、綠與藍各 8 個 bits，所以共有 24 個 bits），ColorType 為 'truecolor'，代表它是一個全彩（RGB）的影像。

```
>> imshow(rgb)
```

繪出 *rgb* 的圖形，讀者可看出它是一個全彩的影像。

```
>> r=rgb(:,:,1);
```

取出 *rgb* 三維陣列裡第一頁所有元素。左式取到的事實上是 *rgb* 影像裡，所有像素的紅色值。

```
>> size(r)
ans =
   384   512
```

查詢 *r* 的大小，得到左式，由此可知陣列 *r* 是一個二維陣列，列數為 384，行數為 512。

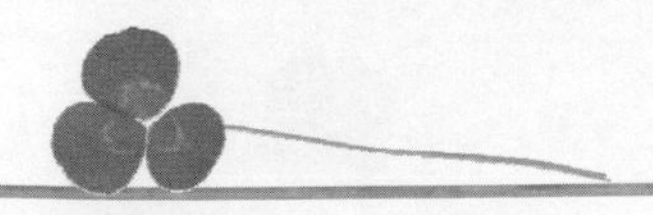

```
>> imshow(r)
```

因為陣列 r 是二維，所以 imshow 函數在繪製它時，會把它當成灰階影像來繪圖，所以左圖的輸出是灰階的圖形。

由於灰階的圖形中，越白的部分代表像素值越大，越黑的部分代表像素值越小，所以我們可以從左圖的顏色來判定像素之紅色值的大小。

```
>> r(:,:,2)=zeros(384,512);
```

如要以紅色的明暗來顯示上圖，則必須把陣列 r 改為三維。左式是把全 0 的陣列加在陣列 r 的第二頁，此時陣列 r 就變成一個三維陣列了。

```
>> r(:,:,3)=zeros(384,512);
```

將全 0 陣列加在陣列 r 的第三頁。此時 r 的第二與第三頁的元素全為 0，代表這張影像裡，完全沒有綠與藍的成分。

```
>> imshow(r)
```

繪出三維陣列 r 的影像。於左圖中，顏色越鮮紅的部分，紅色的像素值就越大，越偏黑的部分則像素值就越小。因為本書是用黑白印刷的關係，所以左圖的顯示會偏黑，但讀者在螢幕上應可看到相當清楚的結果。

21.2.4 索引影像

雖然 RGB 影像可提供 $256^3 = 16,777,216$ 種顏色，但是對於大多數的彩色影像而言，它們都只會用到這些顏色裡的少部分色彩，因此有時基於節省儲存空間的考量，我們會使用索引影像（indexed image）來儲放它。索引影像分成兩個部分，一個是影像的索引陣列，另一個是顏色對應陣列（也就是顏色對應表）。如果共有 n 個顏色來表示一張索引影像，則顏色對應表必須為一個 $n \times 3$ 的陣列。

如果索引陣列的型態為 uint8 或 uint16，則元素值為 k 的像素，其顏色就從顏色對應表裡的第 $k+1$ 列來找尋（也就是元素值為 0，則使用顏色對應表的第 1 列，元素值為 1，則使用顏色對應表的第 2 列，以此類推）。下圖是索引影像的元素型態為 uint8 時，索引陣列與顏色對應表之間的關係：

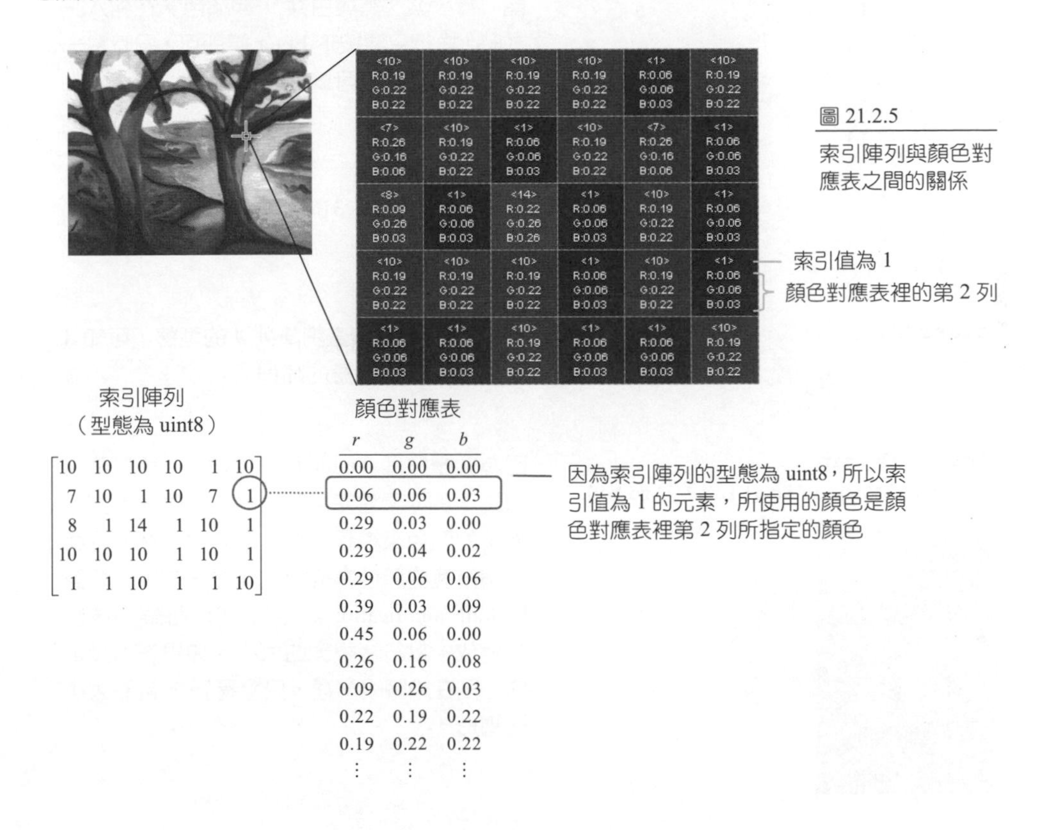

圖 21.2.5 索引陣列與顏色對應表之間的關係

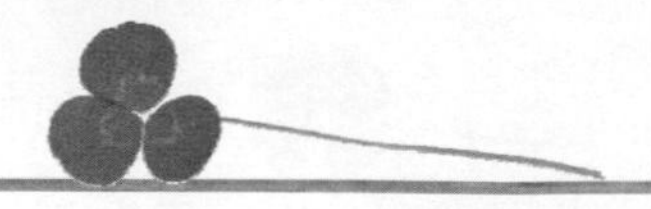

如果索引陣列的型態為 double，則元素值為 k 的像素，其顏色就從顏色對應表裡的第 k 列來找尋，且小於 1 的元素值皆採用第一列的元素；大於顏色對應表之列數的元素，則以對應表裡，最後一列所記載的顏色來顯示。

如果影像的顏色數目少於 256 色，則索引陣列裡每一個元素只要一個 byte 就可以儲存。某些影像檔的顏色最多只能 256 色（例如 gif 檔），就是基於這個原因。接下來我們來看看幾個索引影像的範例：

```
>> map=[
    1   0   0;
    1 0.5   0;
    1   1   0;
    0   1   0;
    0   0   1;
    0   1   1;
    1   0   1;
    0   0   0;
    1   1   1];
```

建立一個顏色對應表，並把它設定給陣列 *map* 存放。注意 *map* 是一個 9×3 陣列，因此可提供 9 個顏色。左式所提供的顏色，從第一列依序數下來，分別為紅、橙、黃、綠、藍、青、紫、黑與白共 9 種顏色。在輸入左式時，換行只要按下 Enter 鍵即可，同時每一列最後的分號也可以省略。

```
>> A=[1 2 3;
      4 5 6;
      7 8 9];
```

定義 A 為一個 3×3 的陣列。

```
>> class(A)
ans =
double
```

利用 class() 函數查詢陣列 A 的型態，可知 A 是一個 double 型態的陣列。

```
>> imshow(A,map,...
   'InitialMagnification','fit')
```

因為 A 是一個 double 型態的陣列，所以索引值為 1 的元素會使用顏色對應表裡第 1 列所指定的顏色來繪圖，於是左圖中，左上角第一個方塊的顏色為紅色。注意左式中，參數 'InitialMagnification'設定為 'fit' 可讓影像自動縮放，以符合視窗的大小。如果沒有設定它，則在繪圖視窗裡，只會看到 9 個點大小的圖形。

```
>> imshow(uint8(A),map,...
   'InitialMagnification','fit')
```

將陣列 A 的型態轉換成 uint8，此時索引值為 0 的元素會使用顏色對應表裡第 1 列所指定的顏色來繪圖，索引值為 1 的元素則是使用第 2 列，以此類推。因為陣列 A 裡的元素沒有 0，所以顏色對應表裡第 1 列的紅色就不會使用到。另外，索引值為 9 的元素應會用到第 10 列的顏色，但顏色對應表只有 9 列，所以是用第 9 列的顏色來輸出，因此右下角的方塊是白色。

接下來我們再練習一下利用 imread() 函數讀取索引影像的範例。注意在讀取索引影像時，必須利用兩個引數來接收 imread() 的傳回值，如下面的範例：

```
>> [x,map2]=imread('kids.tif');
```

讀取影像檔 kids.tif。注意左式利用兩個引數接收 imread 的傳回值，其中第一個引數接收的是索引陣列，第二個引數接收的是顏色對應表。

```
>> class(x)
ans =
uint8
```

查詢 x 的型態，得到 uint8，所以可知索引值為 0 的元素會使用顏色對應表裡第一列的顏色來繪圖。

```
>> max(max(x))
ans =
   63
```

陣列 x 最大的索引值為 63，所以可知 kids.tif 影像裡只有 64 種顏色。

```
>> size(map2)
ans =
   256     3
```

查詢 map2 的維度，得到 256×3。

也許讀者會覺得好奇，map2 提供了 256 種顏色，但 kids.tif 影像裡卻只使用了 64 種顏色？如果讀者查閱 map2 的內容，可發現 map2 的前 64 列有被設值，65~256 列的元素值都是 0。事實上，65~256 列的顏色根本不會被使用到，因為陣列 x 最大的索引值只到 63。

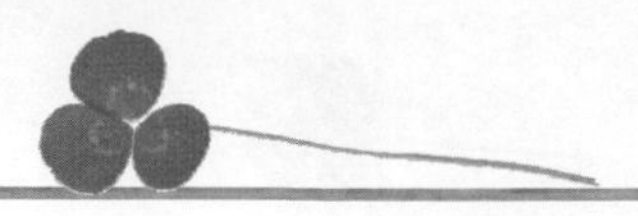

```
>> imshow(x,map2)
```

以 x 為索引陣列，map2 為顏色對應表，利用 imshow() 函數來顯示圖形。如果讀者細看這個圖，可看出它的色彩數並不多，因此會有許多小斑點出現。

```
>> imfinfo('kids.tif')
ans =
       Filename: [1x58 char]
    FileModDate: '04-Dec-2000 13:57:58'
       FileSize: 95162
         Format: 'tif'
  FormatVersion: []
          Width: 318
         Height: 400
       BitDepth: 8
      ColorType: 'indexed'
```

查詢 kids.tif 的內容，讀者可看出 BitDepth 為 8，ColorType 為 'indexed'，代表這個圖檔是一個 8-bit 的索引影像。

21.2.5 各種影像類型的整理

在 Matlab 裡，基於節省記憶空間的考量，或者是操作上的方便，我們可以選擇不同型態的陣列來存放不同類型的影像。例如二元的影像可用邏輯陣列來儲存，不但可節省記憶空間，同時也方便編修影像。下表列出了各種影像類型，以及可用來儲存該影像之陣列的型態與像素值的範圍：

表 21.2.1 影像類別與儲存格式的比較

影像類別	儲存格式	說 明
二元影像	logical	由 0 與 1 所組成的陣列，其中 0 與 1 為 logical 型態
灰階影像	double	由浮點數所組成的陣列，範圍從 0~1
	uint8	由 8-bit 整數所組成的陣列，範圍從 0~255
	uint16	由 16-bit 整數所組成的陣列，範圍從 0~65535
RGB 影像	double	由浮點數所組成的 $M\times N\times 3$ 陣列，範圍從 0~1
	uint8	由 8-bit 整數所組成的 $M\times N\times 3$ 陣列，範圍從 0~255
	uint16	由 16-bit 整數所組成的 $M\times N\times 3$ 陣列，範圍從 0~65535
索引影像（設顏色對應表為 $k\times 3$ 的陣列）	double	由浮點數所組成的陣列，元素值的範圍從 1~k
	uint8	由 8-bit 整數所組成的陣列，元素值的範圍從 0~$k-1$
	uint16	由 16-bit 整數所組成的陣列，元素值的範圍從 0~$k-1$

讀者可以察覺到同一類別的影像，可以有多種不同的儲存格式。一般而言，uint8 較省儲存空間，但如果影像陣列要進行數學的運算，則以 double 型態來儲存則較為方便。因此在進行影像處理時，許多時候我們必須先把影像陣列轉換到另一種型態，處理好影像之後，再把它轉換回來。在稍後的小節裡將可以看到這種處理技術。

21.3 儲存與顯示影像

在處理完影像之後，我們常希望能夠細部觀察處理的結果，或者是把它存成影像檔，以方便存檔與傳送（您不會傳送一個影像陣列給好朋友吧？）。本節介紹了如何將影像陣列存成一個影像檔，以及如何仔細觀察影像裡每一個像素的值。學完相關的函數之後，將會感受到在 Matlab 處理影像，是相當愉快的一件事喔！

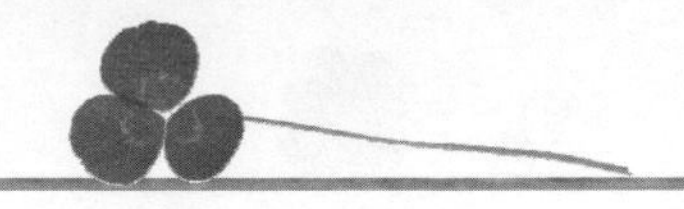

21.3.1 儲存影像資料

如果要將影像資訊寫入檔案中，可用 imwrite() 函數。imwrite() 支援了 bmp、jpg、gif 與 tif 等 10 餘種常用的檔案格式，下表列出它的基本語法：

表 21.3.1 將影像寫入檔案的函數

函數	說明
imwrite(*x*,*filename*)	將影像陣列 *x* 寫入檔案 *filename* 中
imwrite(*x*,*map*,*filename*)	將索引影像的資料寫入檔案 *filename*
imwrite(*x*,*filename*,p_1,v_1,p_2,v_2,…)	將影像資料，依參數p_1的值為v_1，參數p_2的值為v_2之格式寫入檔案*filename*中

imwrite() 在寫入影像資料時，會依據儲存影像之陣列型態，來決定用什麼樣的格式來寫入，其規則如下表所示：

表 21.3.2 imwrite() 寫入影像資料時所用的規則

陣列型態	輸出的檔案格式
logical	如果輸出的檔案格式支援 1-bit 的影像，則 imwrite() 建立一個 1-bit 的影像檔如果不支援（如 jpeg），則 imwrite() 會以 8-bit 的灰階來儲存
uint8	如果輸出的格式支援 8-bit 的影像，則 imwrite() 建立一個 8-bit 的影像檔
uint16	如果輸出的檔案格式支援 16-bit 的影像（如 png 或 tif），則 imwrite() 建立一個 16-bit 的影像檔，如果不支援，則 imwrite() 會按比例將 16-bit 的影像以 8-bit 的影像檔來儲存
double	imwrite() 將 double 型態的資料轉換成 8-bit 的影像檔來儲存

另外，某些檔案不支援索引影像格式（如 jpg），如果把索引陣列與顏色對應表寫入該檔案的話，則會以 24-bit 的彩色影像的格式寫入。我們來看看下面的範例：

```
>> clear all
```

清除工作區裡的所有變數。

```
>> load clown
```

載入 clown.mat 檔案。這個檔案裡包含了三個變數，分別為 *X*、*caption* 與 *map*。

```
>> whos
Name      Size     Bytes   Class    Attributes
X       200x320   512000  double
caption    2x1         4    char
map        81x3     1944  double
```

查詢剛才載入之檔案的內容，讀者可看變數 *X* 是一個 200×320 的陣列，事實上，變數 *X* 是一個索引陣列，變數 *map* 則是顏色對應表。

```
>> imshow(X,map)
```

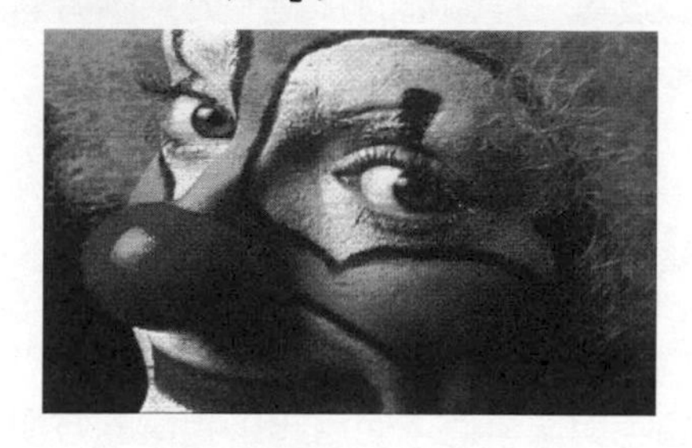

顯示載入的檔案內容，讀者可看到它是一個小丑的圖案。

```
>> imwrite(X,map,'cln.jpg')
```

將索引陣列與顏色對應表寫到 cln.jpg 檔案裡。如果到工作區裡查看這個檔案大小，可發現它佔了 21,030 個 bytes。

```
>> imwrite(X,map,'cln2.jpg','Quality',25)
```

您也可以利用 'Quality' 參數來指定影像的品質，100 是最好，0 是最差，預設是 75。左式設定影像品質為 25。如果查看 cln2.jpg 的大小，可得知它佔了 7,163 個 bytes，只約 cln.jpg 的 1/3。

```
>> info=imfinfo('cln2.jpg');
```

利用 imfinfo() 查詢 cln2.jpg 的內容，並把傳回的結構設定給變數 *info* 存放。

```
>> info.ColorType
ans =
truecolor
```

查詢 ColorType 欄位的值，可知 jpg 檔會把索引影像轉換成 RGB 影像來存放。

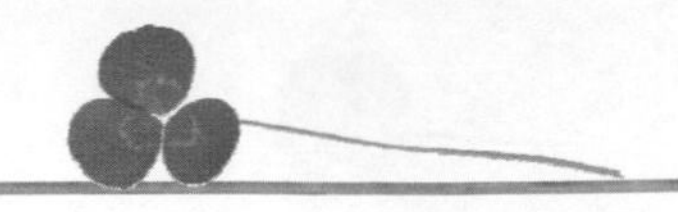

```
>> imshow('cln2.jpg')
```

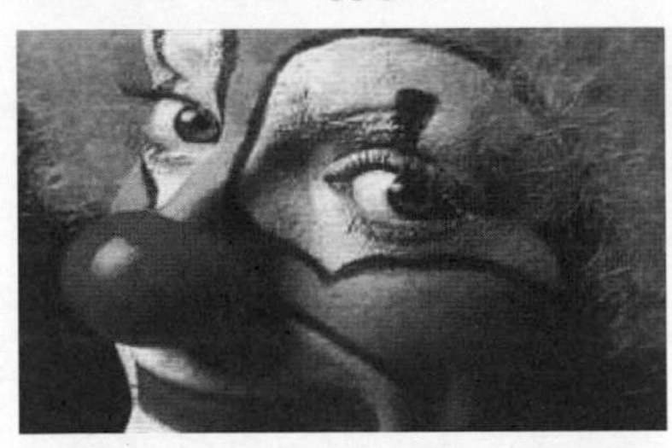

顯示 cln2.jpg 影像，因為我們把 cln2.jpg 的品質調成 25，影像因此會有點失真，讀者應可從電腦的螢幕上看出來。

從前幾個範例中，我們已經學會如何將影像陣列儲存成圖檔。本節只介紹了最基本的影像寫入部分，略去了許多參數設定的說明，以及每一種圖檔的介紹。如果讀者需要詳細的資訊，可以參考 Matlab 相關的線上說明。

21.3.2 利用 imtool() 函數來顯示與分析影像

在 Matlab7.0 版之後，影像處理工具箱新增加了一個函數 imtool()，它可開啟一個影像分析視窗，並利用此視窗來觀看每一個像素的顏色與像素值，使用起來相當的方便。imtool() 函數的語法如下：

表 21.3.3　imtool() 函數的用法

函 數	說 明
imtool(*filename*)	利用影像分析工具開啟圖檔 *filename*
imtool(*x*)	利用影像分析工具開啟影像陣列 *x*
imtool(*x*, *map*)	利用影像分析工具開啟索引陣列 *x* 與顏色對應表 map

舉例來說，如果想利用 imtool() 開啟圖檔 pears.png，可利用下面的語法：

```
>> imtool('pears.png')
```

此時 Matlab 會開啟一個 Image Tool 視窗來顯示它。您可以利用 Zoom In 🔍 與 Zoom out 🔍 按鈕來控制影像顯示的大小。例如下圖是利用 🔍 按鈕將顯示倍率放大為 200% 的結果：

圖 21.3.1

imtool() 函數所開啟的圖形分析工具

於上圖中，如果移動 Overview 視窗中的方框，則右邊 Image Tool 視窗中的影像就會跟著移動。另外，如果按下 Image Tool 視窗上方的 Inspect pixel values 按鈕 ，則 Pixel region 會出現，並顯示 Image Tool 視窗中，被十字框線框起來之像素的放大圖：

圖 21.3.2

檢視每一個像素的值與色彩

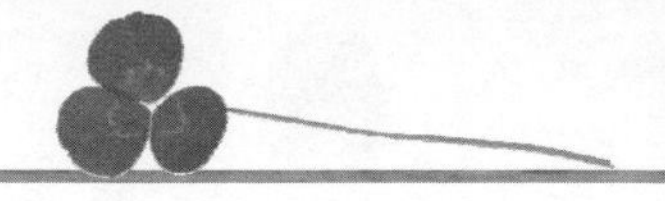

讀者可試著移動十字框，看看 Pixel region 視窗裡的圖案會有什麼變化。另外，如果想放大或縮小 Pixel region 視窗裡，每一個像素的大小，可點選工具列上方的 Zoom in 與 Zoom out 按鈕，讀者可自行試試。

21.4 基本的影像處理

有了影像的基本概念之後，本節我們開始學習一些簡單的影像處理技術，其中包括影像資料型態的轉換、像素值的調整，以及影像的縮放、旋轉與剪裁等。

21.4.1 影像的資料型態與轉換

在許多時候，我們可能需要將 RGB 影像轉成灰階，或者是把索引影像轉成 RGB 影像，以符合某種需要。Matlab 的影像工具箱裡提供了一些好用的函數，可讓我們快速的進行這些轉換，如下表所示：

表 21.4.1　影像轉換函數

函數	說明
y=ind2gray(*x*,*map*)	將索引影像轉換成灰階影像
[*y*,*map*]=gray2ind(*x*)	將灰階影像轉換成索引影像
y=rgb2gray(*x*)	將 RGB 影像轉換成灰階影像
[*y*,*map*]=rgb2ind(*x*,*n*)	將 RGB 影像轉換成具有 *n* 個顏色的索引影像
y=ind2rgb(*x*,*map*)	將索引影像轉換成 RGB 影像

將灰階轉成索引影像時，索引影像還是以 $m\times 3$ 的陣列來存放顏色對應表。因為紅、綠與藍三個顏色的值都相等，其混色恰好是灰階，所以此時顏色對應表裡，每一列的元素值都會相等，如下面的範例：

```
>> x=imread('liftingbody.png');          讀入影像檔案 liftingbody.png。
```

```
>> info=imfinfo('liftingbody.png');
```

利用 imfinfo() 查詢 liftingbody.png 檔案的內容，並將檔案資訊儲存於變數 *info* 中。

```
>> info.ColorType
ans =
grayscale
```

查詢 ColorType 欄位的內容，得到字串 'grayscale'，可知圖檔的格式為灰階。

```
>> info.BitDepth
ans =
     8
```

查詢 BitDepth 欄位的內容，得到 8，因此可知它是一個 8-bit 的灰階影像。

```
>> imshow(x)
```

顯示 liftingbody.png 影像，左圖可看出它是一個灰階的影像檔案。注意此圖的大小是 512×512 個像素。

```
>> [y,map]=gray2ind(x);
```

將灰階影像轉換成索引影像，並以變數 *y* 儲存索引陣列，以變數 *map* 儲存顏色對應表。

```
>> size(map)
ans =
    64     3
```

查詢 *map* 的大小，得到 64×3，可知這個顏色對應表裡共有 64 種顏色。如果讀者查詢 *map* 的內容，可發現每一列裡，每一個元素都相等（也就是紅、綠與藍的值都相等），因此可呈現灰階。

```
>> max(max(y))
ans =
   63
```

查詢索引陣列 *y* 裡的最大值，得到 63。因為陣列 *y* 的型態為 uint8，所以元素 0 會對應到 map 裡第一個顏色，63 就對應到第 64 個顏色。

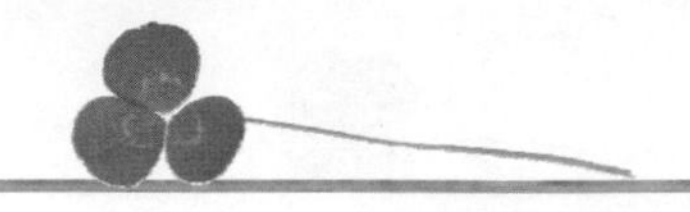

```
>> figure; imshow(y,map)
```

顯示索引影像的內容，可得與灰階影像相同的結果。

如果要把彩色影像轉換成灰階影像或索引影像，可分別使用 rgb2gray() 與 rgb2ind() 函數，如下面的範例：

```
>> x=imread('pears.png');
```

讀進圖檔 pears.png，並把讀進的結果設定給變數 *x* 存放。

```
>> info=imfinfo('pears.png');
```

讀取檔案 pears.png 的資訊，並把結果設定給 *info* 變數存放。

```
>> info.ColorType
ans =
truecolor
```

查詢 ColorType 欄位，從輸出可知圖檔 pears.png 是一個 RGB 影像。

```
>> imshow(x)
```

顯示 pears.png 的影像。

```
>> [y,map]=rgb2ind(x,16);
```

將 RGB 影像 *x* 轉換成具 16 個顏色的索引影像。

```
>> size(map)
ans =
   16     3
```

查詢 *map* 的維度，得到16×3，由此可知 *map* 裡存放了 16 種顏色。

```
>> imshow(y,map);colorbar
```

顯示轉換之後的索引影像，並把 colorbar 也顯示出來。讀者可以觀察到，因為影像只有 16 個顏色，所以左圖圖形較不細緻，且會有所謂的輪廓（contours）出現。

21.4.2 影像的數學運算

影像的數學運算包含了最基本的加、減、乘與除等計算。通常我們會對影像做數學運算，是為了改善影像的品質，或者是偵測影像的內容等目的。例如，將兩張影像相乘，可以讓影像的表現較為銳利，而兩張影像的相減，則可以看出它們之間的不同。下表列出了 Matlab 提供的影像數學運算函數：

表 21.4.2　影像數學運算函數

函數	說明
imabsdiff(*x*,*y*)	計算兩張影像 *x* 與 *y* 之差的絕對值
imcomplement(*x*)	計算影像 *x* 的補數
imadd(*x*,*y*)	計算兩張影像 *x* 與 *y* 之和
imsubtract(*x*,*y*)	計算兩張影像 *x* 與 *y* 之差
immultiply(*x*,*y*)	計算兩張影像 *x* 與 *y* 之積
imdivide(*x*,*y*)	計算兩張影像 *x* 與 *y* 之商

您也可以利用一般的計算方式來進行影像的數學運算，但是上表所列的函數具有資料自動型態轉換的功能（將兩張影像轉換成相同的儲存型態再做運算），同時也可以自

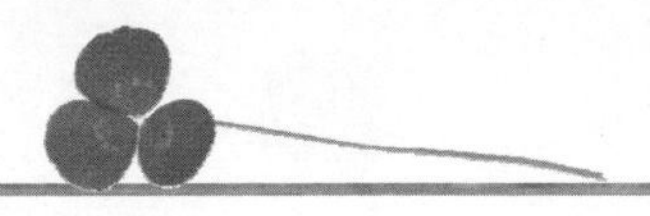

動處理溢位的問題（例如以型態 uint8 而言，大於 255 的數會被設為 255，小於 0 的數會被設為 0，而介於 0~255 之間的浮點數則會被四捨五入到整數），如下面的範例：

```
>> x=imread('liftingbody.png');
```

載入影像檔 liftingbody.png。

```
>> imshow(x)
```

顯示 liftingbody.png 的影像。

```
>> figure;imshow(imadd(x,50))
```

將影像陣列 x 加上 50，然後重新顯示。影像陣列 x 加上 50 之後，每一個像素值都會變大，越大的像素值就越白，所以左圖與原圖比起來，明顯要白上許多。

```
>> figure;imshow(imsubtract(x,50))
```

將影像陣列 x 減去 50，然後重新顯示。減 50 之後，像素值變小，因此左圖的顏色會來的更暗。

```
>> figure;imshow(imcomplement(x))
```

以影像陣列 x 的互補色來顯示圖形，這種呈現效果就好像是照片裡的負片一樣。

兩張影像的差值可用來比較兩張影像相似的程度，或者是兩張影像不同之處。例如，想知道影像經壓縮之後的品質為何，可計算壓縮前與壓縮後，兩張影像之間的差值來進行比較：

```
>> imwrite(x,'test.jpg','Quality',10)
```

將影像陣列 x 寫入 test.jpg 中，並指定品質為 10。因為 jpg 檔會失真，因此可以預期原有的影像會遭受破壞。

```
>> x2=imread('test.jpg');
```

重新讀入 test.jpg，並把像素值設定給影像陣列 $x2$ 存放。

```
>> imshow(imabsdiff(x,x2),[0 20])
```

計算 x 與 $x2$ 兩張影像之差值的絕對值，並將它顯示出來。注意 imshow() 的第 2 個引數填上 [0 20]，如此兩圖像素之差超過 20 以上，就以白色來顯示。讀者可以發現於影像裡，輪廓的部分會有較大的失真，因為此處白色的部分較為明顯。

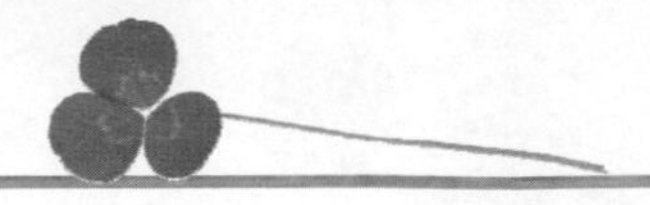

21.4.3 影像的縮放、旋轉與剪裁

影像處理工具箱也提供了一些好用的函數，可以進行影像的縮放、旋轉與剪裁等動作，這些函數列表如下：

表 21.4.3 影像的縮放、旋轉與剪裁

函 數	說 明
y=imresize(*x*, *m*, *method*)	使用 *method* 技術將影像 *x* 放大 *m* 倍
y=imresize(*x*, [*row col*])	將影像 *x* 縮放到 *row* 列、*col* 行的大小
y=imrotate(*x*, *angle*)	將影像 *x* 逆時針旋轉 *angle* 個角度
y=imcrop(*x*)	將影像 *x* 進行剪裁

在進行影像的縮放與旋轉時，可以選擇使用鄰近點法（nearest）、雙線性法（bilinear）或者是雙三次方法（bicubic）來計算，預設值雙三次方法。一般而言，鄰近點法的運算速度較快，但放大之後鋸齒狀的情況較為嚴重，雙三次方法可獲得較佳的結果，但運算時間稍長。

```
>> x=imread('football.jpg');
```

讀入圖檔 football.jpg，並把讀入的影像陣列設定給變數 *x* 存放。

```
>> imshow(x)
```

顯示影像陣列 *x*，讀者可以看出它是一顆美式足球（橄欖球）。

```
>> x2=imresize(x,2.5,'nearest');
   figure,imshow(x2);
```

將影像 x 以鄰近點法放大 2.5 倍之後，設定給變數 $x2$ 存放，再以 imshow() 顯示它。注意左圖只顯示了放大之後，影像的某個部份，在您的螢幕上應該是一張完整的放大影像。讀者可觀察到，放大之後橄欖球在白色縫線的部份有很明顯的鋸齒狀存在，這是因為採鄰近點法所導致的結果。

```
>> x3=imresize(x,2.5,'bicubic');
   figure,imshow(x3);
```

改用雙三次方法來放大圖形。讀者可明顯的看出鋸齒狀的情況改善很多，但相對的，計算時間比較長。

```
>> imshow(imrotate(x,-30))
```

將影像旋轉 –30°，可得左邊的結果。於左圖中可以看到旋轉之後，不屬於原影像的地方會以黑色來表示。

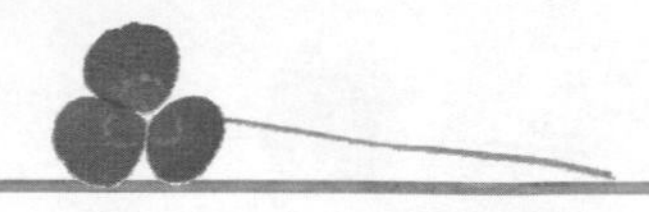

```
>> y=imcrop(x);
```

如要剪裁影像的某個部分，只要執行左邊的指令，然後於出現的圖形中，利用滑鼠拖曳出一個方框，再於此方框內連按滑鼠左鍵兩下，即可把框住的部分剪裁下來，並把這個區域的像素值設給變數 y。

```
>> imshow(y)
```

利用 imshow() 函數顯示影像陣列 y，得到左圖。注意左邊的輸出正是上圖中被剪裁的部分。

在一般的影像處理軟體中，影像的放大、縮小、增加亮度與旋轉等也是利用本節所介紹的函數來處理。如果您熟悉這些軟體，在操作本章的範例時一定覺得倍感親切。

21.5 空間域的影像處理

空間域（spatial domain）是代表影像本身所佔有的平面，因此空間域的影像處理也就是直接對像素做處理。本節介紹的處理技巧有直方圖等化法，以及各種線性濾波器等。

21.5.1 影像直方圖等化法

影像直方圖可用來表示在每一個色階裡存在有多少個像素。如果像素值多半是集中在偏黑色階的，那麼圖形的顏色就會偏暗，反之就會偏亮。如果像素值是集中在某個小區域，而沒有用到全部的色階，則就會產生對比不足的現象。如果有對比不足的現象產生，則可以利用直方圖等化（histogram equalization）的技巧來完成。下表列出了繪製影像直方圖與直方圖等化之相關函數的用法：

表 21.5.1 影像直方圖與等化函數

函 數	說 明
imhist(x)	繪出影像陣列 x 裡，像素值分佈的直方圖
histeq(x)	將影像陣列 x 等化

下面的範例是比較一張影像在等化前與等化後，像素值的直方圖彼此之間的差異，以及影像品質的改善程度：

```
>> x=imread('tire.tif');
```

讀入圖檔 tire.tif，並把讀入的影像陣列設定給變數 x 存放。

```
>> imshow(x)
```

顯示影像陣列的圖形。左圖中，讀者可看到影像的顏色偏黑，尤其是輪胎的部分，因而失去掉很多影像的細節。

```
>> imhist(x),axis([0,255,0,2500])
```

這是影像陣列 x 像素值的直方圖，讀者可看到像素值小於 50 的點數偏多，這也是造成圖形顏色偏黑的原因。

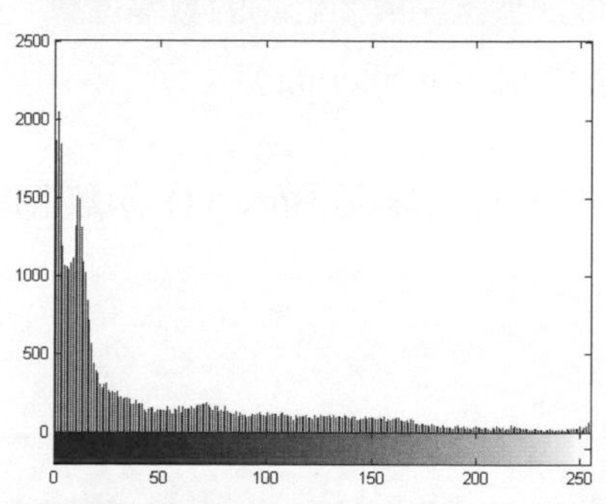


```
>> x2=histeq(x);
```

利用 histeq() 函數將影像陣列 x 等化，並把結果設定給變數 $x2$ 存放。

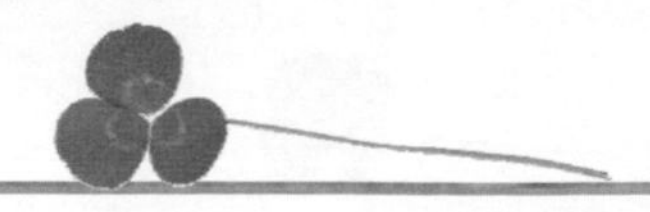

```
>> imhist(x2),axis([0,255,0,2500])
```

繪出等化後的直方圖，讀者可發現像素值分佈的差異已大幅減少，因此可提供較佳的影像品質。

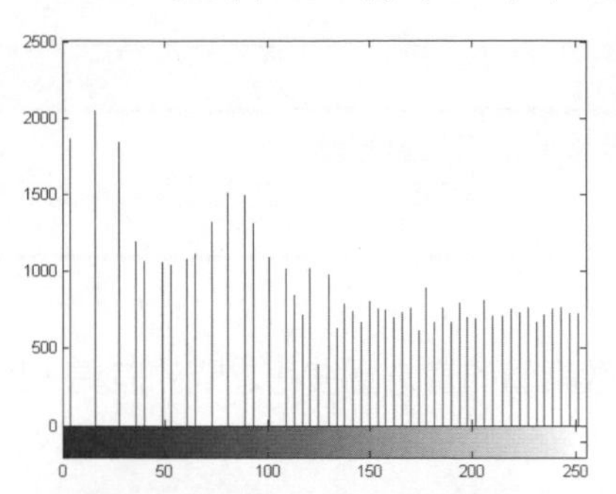


```
>> imshow(x2)
```

繪出等化之後的圖形，讀者可觀察到輪胎的一些細節部分已可明顯的分辨。

21.5.2 線性濾波

濾波（filtering）是用來改變或增強影像品質的一種技術，它是屬於鄰近點運算方式（neighborhood）的一種，因為任一點的輸出，是取決於該點與鄰近點的數學運算。如鄰近點的數學運算是線性的，我們就說它是線性濾波（linear filtering）。

要進行影像的線性濾波，可用 imfilter() 函數，另外您也可以利用 fspecial() 函數來指定濾波器（filters），我們將這些函數列表如下：

表 21.5.2　線性濾波函數

函 數	說 明
imfilter(x,h)	對影像陣列 x 以濾波器 h 進行線性濾波
h=fspecial('*type*',p)	以參數 p 建立濾波器 *type*，若 p 省略，則以預設值代替

fspecial() 函數裡的 *type* 引數共有 average、disk、gaussian、laplacian、log、motion、prewitt、sobel 與 unsharp 等 9 種濾波器可供選擇，關於它們詳細的用法，以及有哪些參數可供使用，請參考 Matlab 的線上說明。

```
>> x=imread('peppers.png');
```

讀入 peppers.png 影像。

```
>> imshow(x)
```

利用 imshow() 函數顯示影像，從圖形的輸出中，可知它是一個 RGB 影像。

```
>> h=ones(5,5)/25
h =
  0.0400  0.0400  0.0400  0.0400  0.0400
  0.0400  0.0400  0.0400  0.0400  0.0400
  0.0400  0.0400  0.0400  0.0400  0.0400
  0.0400  0.0400  0.0400  0.0400  0.0400
  0.0400  0.0400  0.0400  0.0400  0.0400
```

建立一個 5×5 的平滑濾波器 h。

```
>> imshow(imfilter(x,h))
```

以平滑濾波器 h 進行濾波，從左式的輸出可知，影像已經被模糊化了。

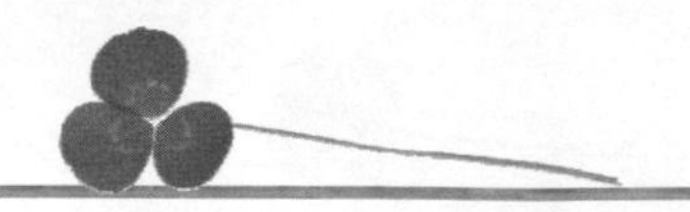

```
>> h2=fspecial('unsharp')
h2 =
   -0.1667   -0.6667   -0.1667
   -0.6667    4.3333   -0.6667
   -0.1667   -0.6667   -0.1667
```

利用 fspecial() 函數建立 3×3 的 unsharp 濾波器。unsharp 濾波器可將影像中，物體的邊緣銳利化。

```
>> imshow(imfilter(x,h2))
```

以 unsharp 濾波器來處理影像，讀者可明顯發現蔬果的邊線比起原圖要銳利許多。

21.6 頻率域的影像處理

空間域的影像處理是直接對像素值做處理，以期得到更好的視覺效果；而頻率域（frequency domain）的影像處理，則是將空間域的影像轉換成頻率域，在頻率域做處理之後，再將它轉換回空間域。常見的頻率域轉換有離散傅利葉轉換（discrete Fourier transform）與離散餘弦轉換（discrete cosine transform）等。

21.6.1 二維離散傅利葉轉換

離散傅利葉轉換（在本節裡，我們簡稱它為傅利葉轉換）可以說是數位影像處理中，最基礎且最重要的技術，它可以取代許多的線性濾波器，同時對於處理大張的影像而言，其效率也遠較線性濾波器來的高。下表列出了離散傅利葉轉換的相關函數：

表 21.6.1 傅利葉轉換函數

函 數	說 明
fft2(x)	計算二維陣列 x 的離散傅利葉轉換
ifft2(x)	計算二維陣列 x 的離散反傅利葉轉換
fftshift(x)	將傅利葉轉換後，頻率域的原點移到頻率域方塊的正中間

下面是傅利葉轉換使用的範例。於此範例中，我們嘗試在一個全黑色的平面上繪製一個白色的矩形，然後計算整個平面的傅利葉轉換：

```
>> f=zeros(256);
```

建立一個 256×256 的全零陣列。

```
>> f(110:145,118:138)=1;
```

將陣列 f 的第 110~145 列，第 118~138 行的元素值設為 1。

```
>> imshow(f)
```

繪出陣列 f 的圖形。於左圖中，左圖的黑色的部分是元素值為 0 的部分，白色的部分則是元素值為 1 的部分。

```
>> S=abs(fft2(f));
```

利用 abs() 函數可求出傅利葉轉換的頻譜（Fourier spectrum）。

```
>> min(min(S))
ans =
     0
```

這是頻譜的最小值。

```
>> max(max(S))
ans =
   756
```

這是頻譜的最大值。讀者可發現傅立葉頻譜的值差異頗大，因此如果想繪製頻譜，可先將頻譜取 log 值，以便縮減其差異。

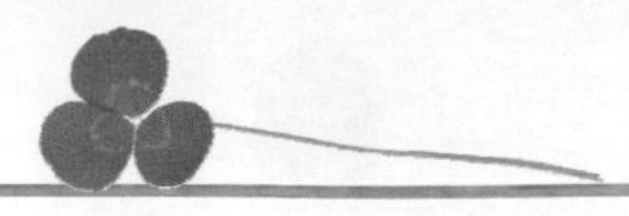

```
>> F=log(1+S);
```

因為 S 的值最小是 0，log() 在 0 這點並沒有定義，因此我們先把 S 的值加 1，再取 log()。

```
>> imshow(F,[])
```

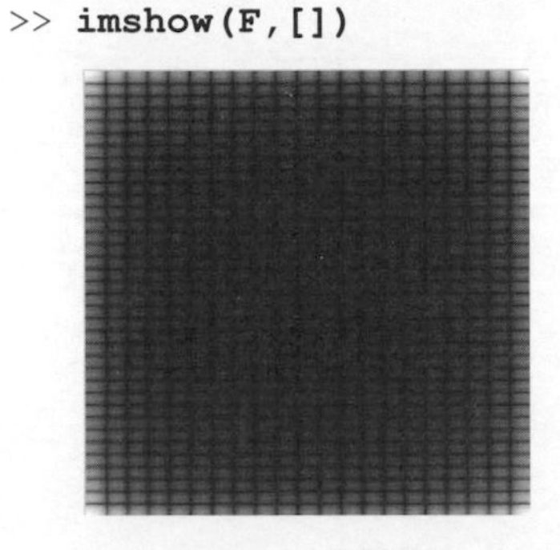

繪出 F 陣列的圖形，由圖中可看出傅利葉轉換的頻譜在方塊的四個角落之值較大，因為此處的圖形呈現白色。

```
>> F2=fftshift(F);
```

因為傅利葉轉換具有週期性，所以我們可以將上圖中左上角的原點，利用 fftshift() 函數移到頻率域方塊的正中間，以方便觀看整個頻譜圖。

```
>> imshow(F2,[])
```

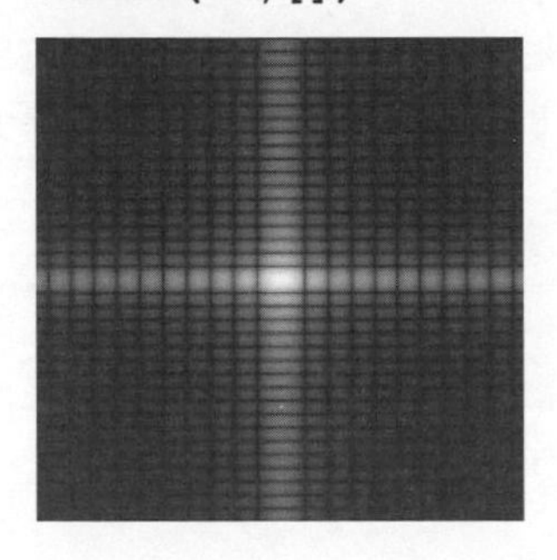

重新繪出傅利葉轉換之後的頻譜圖，圖中可見中央的數值最大，然後往四周遞減。

```
>> close all
```

關閉所有的繪圖視窗。

21.6.2 傅利葉轉換的應用

傅利葉轉換在影像處理最令人熟知的，應該是利用它來設計高通(high pass)與低通(low pass) 濾波器了。高通濾波器只可以讓高頻的部分通過，相對的，低通濾波器只有低頻的部分可以通過。

影像裡物體的邊線是屬於高頻的部分。因此如果以低通濾波器來處理影像，則物體的邊線會被模糊化。若是以高通濾波器來處理影像，則物體的邊線就會被保留，其它平滑之處（頻率較低）則被移除。下面的範例是利用著名的 Butterworth 濾波器來處理影像的例子：

```
>> x=imread('liftingbody.png');
```

讀入 liftingbody.png 影像。

```
>> [u,v]=meshgrid(-255:256,-255:256);
```

x 從 $-255 \sim 256$，y 從 $-255 \sim 256$，利用 meshgrid() 函數建立 u 與 v 兩個陣列。

```
>> H=1./(1+(sqrt(u.^2+v.^2)/60).^4);
```

這是一個低通濾波器，其公式為

$$\frac{1}{1+(\sqrt{u^2+v^2}/60)^4}$$

```
>> ezsurf('1/(1+(sqrt(u^2+v^2)/60)^4)',...
   [-255 256],[-255 256],40)
```

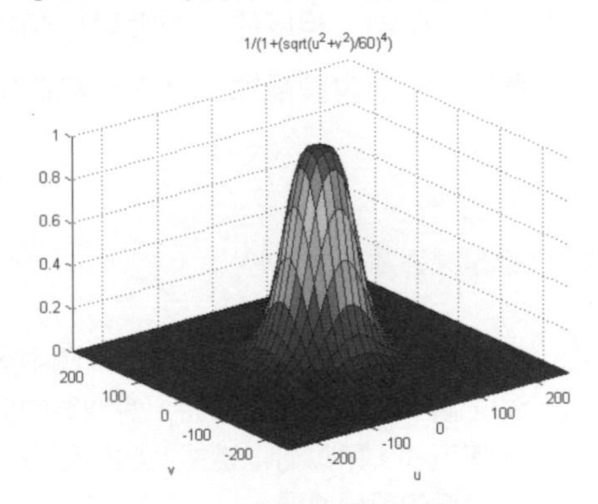

這是低通濾波器的圖形，讀者可看出在 u 與 v 的值較小時，函數的值較靠近 1，而 u 與 v 的值較大時，函數的值較靠近 0，因此這個函數與傅利葉轉換後的陣列相乘時，可以讓較低的頻率通過，而把較高的頻率濾掉。

```
>> F=fftshift(fft2(double(x)));
```

將影像陣列進行傅利葉轉換，然後再把頻率域的原點移到頻率域方塊的正中間。注意我們必須先把陣列 x 轉換成 double，fft2() 函數才能對它做運算。

```
>> y=ifft2(fftshift(H.*F));
```

將濾波器 H 乘上位移後的傅利葉轉換 F，此時高頻的部分已被濾掉，然後再將濾掉高頻後的頻率域位移回去，最後再進行傅利葉反轉換，得到原來的空間域陣列 y。

```
>> imshow(uint8(real(y)))
```

因為空間域陣列 y 會有虛數，所以我們先利用 real() 函數除去虛數的部分，轉換成 uint8 型態之後，再以 imshow() 來顯示。從圖中可看出，影像明顯的變模糊了，這是因為高頻已被濾掉之故。

從上面的範例可知，若影像的高頻被濾掉，影像會變的模糊；相反的，如果是低頻的部分被濾掉，則物體的邊線會被保留，其它較平滑的部分則會被濾掉。接下來我們接續前面的範例，但改以高通濾波器來處理：

```
>> Hh=1-1./(1+(sqrt(u.^2+v.^2)/60).^4);
```

這是高通濾波器 Hh。

```
>> ezsurf('1-1/(1+(sqrt(u^2+v^2)/60)^4)',
   [-255 256],[-255 256],40)
```

這是高通濾波器 Hh 的圖形。從圖中可知，當 u 與 v 的值較小時，濾波器的值較接近 0，所以可以濾掉低頻的部分，讓高頻的部分通過。

```
>> F=fftshift(fft2(double(x)));
```

將影像進行傅利葉轉換，然後再把頻率域的原點位移到正中間。

```
>> y=uint8(real(ifft2(fftshift(Hh.*F))));
```

進行高通濾波，並把影像轉換回原來的空間域。

```
>> figure;imshow(y,[]);
```

顯示濾波後的影像，讀者可看出影像多數的區域已變為黑色，但物件的輪廓則被顯示出來。

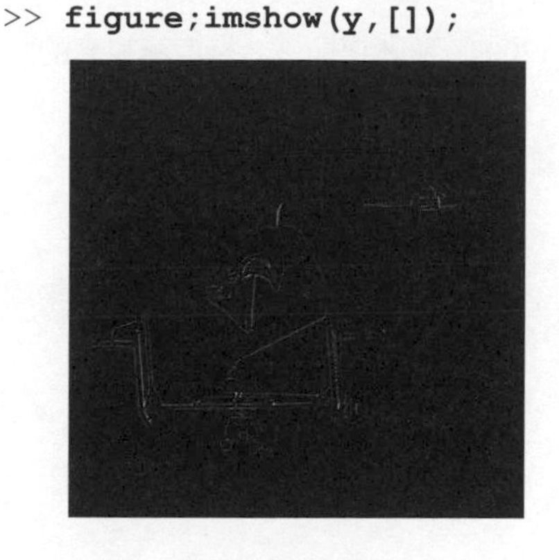

```
>> imshow(imcomplement(y),[])
```

由於上圖中的影像過黑，不易看出物體真正的輪廓，此時可以利用 imcomplement() 函數取影像的補色，其輪廓則清晰可見。

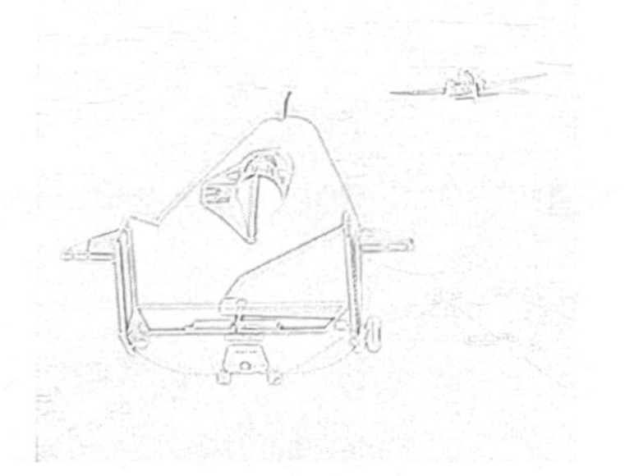

本章初淺的介紹 Matlab 影像工具箱的使用。事實上，影像工具箱還提供了數百個常用的函數，其範圍涵蓋影像增強、復原、分割、資訊萃取與識別等，有興趣的讀者可以參考原文的使用手冊。另外，Matlab 7.0 版之後，也多了一個 Video and Image Processing Blockset，它提供了許多可用來處理影像的方塊，使用起來就像是使用 Simulink 一樣方便，讀者可自行試試。

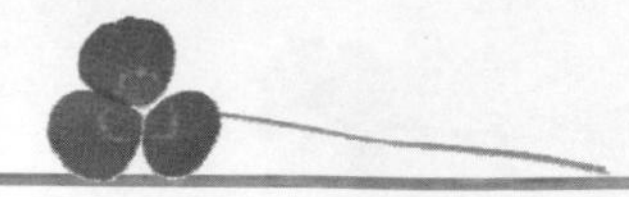

習 題

21.1 影像的基本認識

1. 如果您手邊有數位相機的話，請查詢它的操作手冊，看看它能夠拍攝的最大解析度是多少乘多少個像素。

2. 如果一台數位相機可拍攝的最大解析度是 1600×1200，那麼它是一台幾百萬畫素的數位相機？

21.2 影像的分類

3. 試查詢下面各 Matlab 影像工具箱裡內建的圖檔，各是屬於二元、灰階、RGB 或是索引影像中的哪一個類型：

   (a) blobs.png

   (b) circbw.tif

   (c) cell.tif

   (d) greens.jpg

4. 試讀取檔案 bag.png 的像素值，並回答下列的問題：

   (a) 試將 bag.png 轉為二元影像，其中如果像素值大於 128，則以白色來顯示，否則以黑色來顯示。

   (b) bag.png 的色階數為 256，試將它的階數降為一半，使得它只有 128 個灰階。（提示：您可以把所有奇數像素值修改成偶數，如此一來，色階數就會少一半）

5. 試讀取檔案 football.jpg 的像素值，將它設給影像陣列 x 存放，並回答下列的問題：

   (a) 試分別取出影像陣列 x 中，存放紅色、綠色與藍色的陣列，並分別將它們設定給陣列 r、g 與 b 存放。

   (b) 試利用 imshow() 函數繪出陣列 r、g 與 b 的影像，陣列 r 請用紅色繪出，陣列 g 請用綠色繪出，陣列 b 請用藍色繪出。

21.3 儲存與顯示影像

6. 試讀取檔案 football.jpg，並將它轉存成 football.png。

7. 試讀取檔案 football.jpg，將讀取結果設定給影像陣列 x 存放，然後再將陣列 x 存成 football2.jpg（Quality 參數請用 10），再讀取檔案 football2.jpg，並將讀取的結果設定給影像陣列 $x2$ 存放，然後回答下面的問題：

   (a) 試比較 football.jpg 與 football2.jpg 這兩個檔案的大小。

   (b) 與原圖相比，football2.jpg 影像的品質如何？試說明為什麼會有這種結果。

21.4 基本的影像處理

8. 接續習題 7，試計算 x 和 $x2$ 之差值的絕對值，並利用 imshow() 來繪製其結果，並試著觀察繪出來之圖形有哪些特徵。

9. 試讀取檔案 football.jpg，並將它轉換成 64 個顏色的索引影像，然後將它存檔成 football.bmp。

21.5 空間域的影像處理

10. 試讀取檔案 pout.tif，並顯示它，讀者可以發現它是一張對比不足的影像。試利用等化技術，將這張影像等化，並繪出等化前與等化後，像素值的直方圖。從繪出的直方圖中，您可以觀察到什麼變化？

11. 試讀取檔案 peppers.png，並以 motion 過濾器來處理它（motion 過濾器是用來製造類似相機拍攝正在移動之物體時，所產生的殘影）。

21.6 頻率域的影像處理

12. 試建立一張 512×512 二元影像，其配置如下圖所示，其中兩個小圓的圓心位置分別是位於第 256 列、150 行與第 256 列，第 350 行的位置，半徑均為 10 個像素：

試計算這個影像的傅利葉轉換，並繪圖表示轉換後的結果。

13. 請參閱 21.6.2 節的範例，試將低通濾波器的公式修改為

$$h(u,v) = \frac{1}{1+(\sqrt{u^2+v^2}/20)^4}$$

然後回答下面的問題：

(a) 試繪出 $h(u,v)$ 的圖形，$-255 \le u \le 256,\ -255 \le v \le 256$。提示：如果採用 ezsurf() 函數來繪圖，可能會有破面（即於該處本來應會有一些曲面，但是因故殘缺）的情形產生，建議您利用 surf 函數來繪圖。

(b) 與 21.6.2 節的範例相比，經濾波之後所得的影像有什麼改變？試說明為什麼會有這種結果。

第二十二章
使用 Matlab 呼叫 C 函數

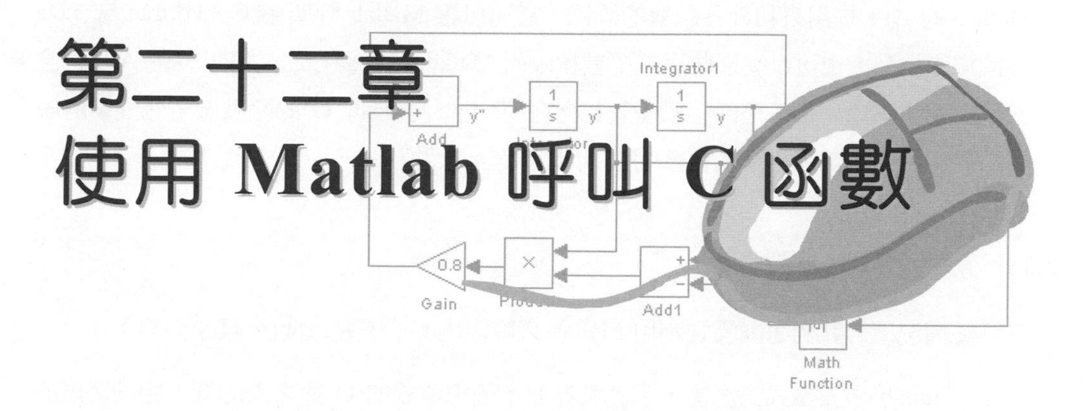

到目前為止，我們所執行的程式都是在 Matlab 裡單獨完成。然而有些場合，基於方便性，或者是執行效率的考量，使得我們必須在 Matlab 裡呼叫其它的程式，此時就必須利用 Matlab 的應用程式介面（API，application program interface）。本章介紹如何在 Matlab 裡呼叫 C 的函數，學完本章，您將會發現 Matlab 的便利加上 C 語言的超快速執行，將是您不可或缺的好幫手哦！

本章學習目標

- 認識 Matlab 的 API
- 學習在 Matlab 裡編譯 C 程式碼
- 學習撰寫 mex 檔案
- 學習複數與多維陣列的處理

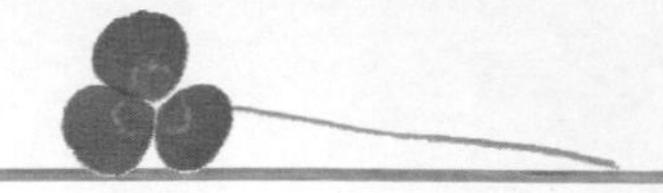

22.1 準備工作

Matlab 的 API 是用來和外界聯繫的橋樑，它可以讓 Matlab 呼叫由 C、Fortran 或 Java 所撰寫的函數，也可以從這些程式語言裡呼叫 Matlab 的計算核心。Matlab 的 API 包含的範圍相當廣泛，接下來的小節僅就如何在 Matlab 裡呼叫 C 的函數做一個簡單的說明，關於完整的功能，讀者可參閱 Matlab 的線上求助系統。

22.1.1 設定與測試環境

在許多情況下，我們可能需要利用 Matlab 來呼叫由 C 撰寫的函數，其原因有下：

1. Matlab 是直譯式的語言，因此執行效率較編譯式的 C 語言來的低。相同功能的程式碼，C 的執行速度比 Matlab 快上許多倍。因此如果可以利用 Matlab 的友善介面（例如繪圖環境或 GUI 介面），加上 C 語言的超快執行速度，使用起來將會更加的得心應手。
2. C 語言的發展已有近 30 年的歷史，因此有許多的程式碼已被開發好。如果您手邊有這些程式碼，那麼只要稍微的修改，即可讓 Matlab 去呼叫它們，如此可以省去相當多的麻煩。

一般而言，可供Matlab呼叫的執行檔稱為mex檔（Matlab executable），若執行檔是以C語言寫成，則稱為C mex檔。為了方便起見，本章將C mex檔簡稱為mex檔。

在開始編譯 mex 檔之前，首先必須在 Matlab 的環境裡設定一下 C 的編譯器（compiler）。請於 Matlab 的指令視窗裡輸入

```
>> mex -setup
```

此時會出現下面的訊息，詢問您是否要讓 Matlab 自動找尋已安裝好的編譯器：

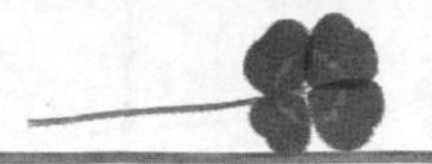


```
Welcome to mex -setup.  This utility will help you set up a default
compiler.  For a list of supported compilers, see
http://www.mathworks.com/support/compilers/R2012b/win32.html
Please choose your compiler for building MEX-files:

Would you like mex to locate installed compilers [y]/n?
```

請您直接按下 Enter 鍵，接著會出現下面的訊息，要我們選擇所要使用的編譯器：

```
Select a compiler:
[1] Lcc-win32 C 2.4.1 in C:\PROGRA~1\MATLAB\R2012b\sys\lcc
[0] None
Compiler:
```

因為在筆者的電腦裡沒有安裝 C 編譯器，所以上面的選單裡只有隨 Matlab 而來的 Lcc 編譯器。如果您的電腦裡安裝有 Visual C++ 或 Borland C++，則您會看到這些編譯器也會列在選單內。

此時建議先選擇 Matlab 而來的 Lcc 編譯器（也就是鍵入 1，再按 Enter），以方便稍後的測試。如果想更改其它的編譯器時，只要依上面的步驟重新設定一次即可。鍵入數字 1，按下 Enter 鍵之後，螢幕上會現下面的訊息，要我們確定是否選對了編譯器：

```
Please verify your choices:
Compiler: Lcc-win32 C 2.4.1
Location: C:\PROGRA~1\MATLAB\R2012b\sys\lcc

Are these correct?([y]/n):
```

請直接按下 Enter 鍵，確定我們選對了編譯器，此時如果出現下列的訊息，那麼設定就大功告成了：

```
Trying to update options file: C:\Documents and
Settings\wien\Application Data\MathWorks\MATLAB\R2012b\mexopts.bat
From template:
C:\PROGRA~1\MATLAB\R2012b\bin\win32\mexopts\lccopts.bat

Done . . .
```

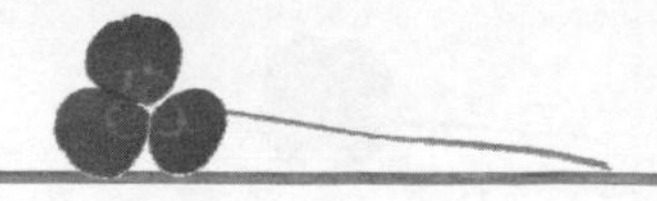

接下來以一個簡單的範例來測試編譯器是否設定成功。請先找到安裝 Matlab 的資料夾，然後在 {Matlab 的安裝資料夾}\extern\examples\mex 這個路徑裡找到 mexfunction.c 這個檔案，然後把它拷貝到目前的工作目錄底下。拷貝完之後，請您鍵入

```
>> mex mexfunction.c
```

這個指令是用來編譯 C 的原始檔 mexfunction.c。編譯好了之後，編譯器會在目前的工作目錄裡產生一個 mexfunction.dll 的可執行檔。有了這個執行檔之後，我們就可以在 Matlab 的指令視窗裡直接執行它：

```
>> [a,b,c]=mexfunction(5,magic(3),'Matlab')

There are 3 right-hand-side argument(s).
   Input Arg 0 is of type:    double
   Input Arg 1 is of type:    double
   Input Arg 2 is of type:    char

There are 3 left-hand-side argument(s).
a =
    1
b =
    9
c =
    6
```

mexfunction.c 是一個以 C 語言寫成的函數，它可以接收任意個數的輸入引數，而輸出引數的個數則必須少於或等於輸入引數的個數。mexfunction 在執行後，則會顯示出每一個輸入引數的型態，並把每一個輸入引數的元素個數依序設定給輸出引數存放。

於本例中，我們輸入了三個引數，其中第一個為數字 5，從輸出可知它的型態是 double，且元素個數只有一個，所以輸出引數 a 的值為 1。第二個引數為 magic(3)，它是一個 3×3 的陣列，型態也是 double，但元素個數是 9 個，因此 b 的值為 9。第三個引數是字串 'Matlab'，型態為 char，因為有 6 個字元，所以 c 的值為 6。

這個範例雖然簡單，但它卻是練習利用 Matlab 來呼叫 C 函數的絕佳教材，稍後我們也將以類似的範例引導您撰寫 mex 檔案。

22.1.2 認識 Matlab 的 API 函數

Matlab 提供了相當豐富的 API 函數供 mex 檔案使用，以方便 Matlab 與外部的程式連結。這些函數依其功能的不同分為三大類別，它們可由函數開頭的字首來分辨：

1. 以 mat 為字首的函數，是用來對 mat 檔案做存取或進一步處理的函數。例如 matOpen() 與 matClose() 可分別用來開啟與關閉 mat 檔案。關於 mat 檔案的建立與存取，讀者可參閱 17 章的說明。
2. 以 mex 為字首的函數，是用來與 Matlab 的執行環境做互動的函數。例如 mexPrintf() 函數可在 Matlab 的指令視窗裡印出訊息，而 mexCallMatlab() 則可以呼叫 Matlab 的計算核心，以便執行 Matlab 的函數。
3. 以 mx 為字首的函數，是用來對 Matlab 資料存取的函數。例如 mxGetPr() 可取得資料變數裡，實數部份的指標，而 mxCreateDoubleMatrix() 則是用來建立一個 double 型態的陣列。

限於篇幅的關係，本章僅就常用的 API 函數做一個簡單的介紹，關於它們詳細的語法，以及完整的 API 函數，讀者可參閱 Matlab 的線上輔助說明。下表列出了本章所會用到的 API 函數，與其簡單的說明：

表 22.1.1　本章所使用的 API 函數

函數	說明
mexPrintf()	列印函數，用法與 C 語言的 printf() 函數相同
mexFunction()	函數執行的起點，其作用類似 C 的 main() 函數
mxGetM()	取得二維矩陣的列數

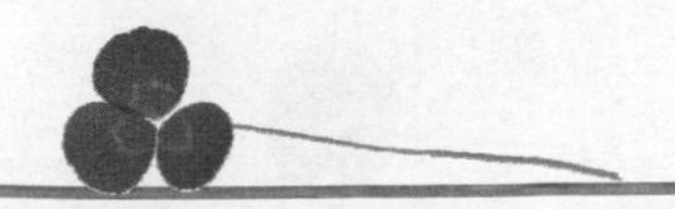

函數	說明
mxGetN()	取得二維矩陣的行數
mxGetScalar()	取得陣列裡，第一個元素之實數部分的值
mxGetNumberOfDimensions()	取得陣列的維度
mxGetNumberOfElements()	取得陣列裡所有元素的總數
mxCreateDoubleMatrix()	建立一個 double 型態的矩陣，矩陣可以是一維或二維
mxCreateNumericArray()	建立一個數值型態的陣列，矩陣可以是多維
mxGetDimensions()	取得陣列每一個維度的大小
mxGetPr()	取得陣列元素之實數部分的位址
mxGetPi()	取得陣列元素之虛數部分的位址

上表僅就函數的名稱與其功能做一個簡單的列表，至於詳細的用法，可逕行參考本章的範例。

22.2 簡單的範例

本節我們以幾個簡單的範例，說明如何利用 Matlab 來呼叫 C 的函數。本章的程式設計是假設您對 C 語言已有相當程度的熟悉，尤其是指標（pointer）的部分。如果您對 C 語言不熟悉，又非得利用 Matlab 來呼叫 C 的函數不可，可以參考筆者的另一本書，「C 語言教學手冊」，旗標出版公司發行。

22.2.1 認識 mxArray 型態的資料結構

每一種 Matlab 變數的資料型態，在傳遞到 C 語言所撰寫的函數裡時，C 的 mex 檔案是以 mxArray 型態的變數來接收它們。mxArray 事實上是 C 語言裡的一種資料結構，它包含了變數名稱、陣列維度、資料型態、以及是實數或者是複數等訊息。

mex 檔案裡是以 mxArray 型態的變數接收由 Matlab 傳過來的引數，這些引數都有一個指標指向它們，第一個引數是由指標 prhs[0] 指向它，第二個引數是由指標 prhs[1] 指向它，以此類推。如要取得第一個輸入引數裡，第一個元素的位址，可利用 mxGetPr() 或 mxGetPi() 函數。mxGetPr() 是用來取得陣列第一個元素之實數部分的位址，而 mxGetPi() 則是用來取得陣列第一個元素之虛數部分的位址，稍後我們會利用幾個範例來說明如何使用這些函數。

附帶一提，在本章裡，如果陣列的元素均為實數，則我們會把 "陣列第一個元素之實數部分的位址" 簡稱為 "陣列第一個元素的位址"。

22.2.2 撰寫與執行第一個 mex 檔案

接下來以一個範例來說明如何撰寫 mex 檔。於本範例中，我們設計了一個 add() 函數，它可接受兩個引數，傳回值為這兩個引數之和。您可以利用 Matlab 的 M 檔案編輯器來編輯它，編輯完成之後，請將它存放在目前的工作目錄內，檔名請用 add.c。本範例程式的撰寫如下：

```
01 /* add.c, 將兩數相加，並傳回相加之後的值 */
02 #include "mex.h"
03 void mexFunction(int nlhs,mxArray *plhs[],int nrhs,const mxArray *prhs[])
04 {
05     double x=*mxGetPr(prhs[0]);
06     double y=*mxGetPr(prhs[1]);
07
08     mexPrintf("輸入引數的個數: %d\n", nrhs);
09     mexPrintf("輸出引數的個數: %d\n", nlhs);
10
11     plhs[0]=mxCreateDoubleMatrix(1,1,mxREAL);
12     *mxGetPr(plhs[0])=x+y;
13 }
```

撰寫好了之後，請於 Matlab 的指令視窗裡鍵入下面的指令來編譯它：

```
>> mex add.c
```

如果編譯時出現了錯誤，請仔細檢查鍵入的程式碼並訂正之，然後重新編譯，直到沒有錯誤訊息產生為止。請注意，C 語言會區分大小寫，如果編譯有誤，請先檢查看看是不是大小寫的問題。接下來，請試著以下面的指令來執行它：

```
>> a=add(2,3)
輸入引數的個數: 2
輸出引數的個數: 1

a =
     5
```

如果得到與上面相同的輸出，就表示您已完成了第一個 mex 檔案的程式設計。建議再試試其它不同的引數組合，以便觀察函數執行的結果。

現在我們開始分析這個檔案裡每一行程式碼的功用。於本例中，第 2 行含括了 mex.h 標頭檔（header file），這個標頭檔裡定義了許多 API 函數的原型（prototype），因此在撰寫 mex 檔案時，必須先把它含括進來。

第 3 行 mexFunction() 是 C mex 檔案執行的起點，這點有別於一般 C 語言的寫法。在 C 語言裡，程式的執行起點是 main() 函數，但是在 mex 裡，程式的執行起點是 mexFunction() 函數。mexFunction() 的第一個引數 nlhs 存放了輸出引數的個數（nlhs 是 number of left hand side 的縮寫），第二個引數 plhs（plhs 是 pointer to left hand side 的縮寫）則是一個指標陣列，用來記錄每一個輸出引數的位址。相同的，第三個引數 nrhs 存放輸入引數的個數，而第四個引數 prhs 指標陣則是用來記錄每一個輸入引數的位址。

例如於本例中，當我們鍵入下面的指令來執行 add() 函數時

```
>> a=add(2,3)
```

因為 add() 裡有 1 個輸出引數與 2 個輸入引數，所以 nlhs 與 nrhs 的值就分別為 1 與 2。另外，第二個引數 plhs 是指向輸出引數的指標，因此 plhs[0] 就指向輸出引數 *a*。相同的，第四個引數 prhs 是指向輸入引數的指標，因此 prhs[0]~ prhs[1] 就分別指向第一個輸入引數與第二個輸入引數，如下圖所示：

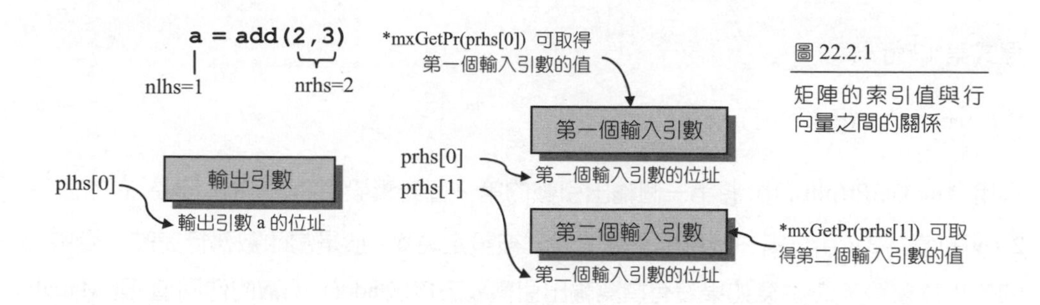

圖 22.2.1
矩陣的索引值與行向量之間的關係

程式第 5 行

```
double x=*mxGetPr(prhs[0]);
```

是利用 mxGetPr(prhs[0]) 取得第一個輸入引數中，第一個實數元素的位址，因此 mxGetPr(prhs[0]) 可取得存放數字 2 之記憶體的位址，而 *mxGetPr(prhs[0]) 則可取得此位址中的值，也就是數字 2。取出之後，再把它設定給變數 *x* 存放，因此這時變數 *x* 的值為 2。相同的，第 6 行也利用一樣的技巧把變數 *y* 的值設定為 3。

程式 8~9 行則是利用 mexPrintf() 函數印出 nlhs 與 nrhs 的值，從執行的結果可知，nlhs 的值為 1，nrhs 的值為 2，這是因為 add() 函數有一個輸出引數，有兩個輸入引數之故。注意 mexPrintf() 函數的語法與 C 語言的 printf() 函數完全相同。

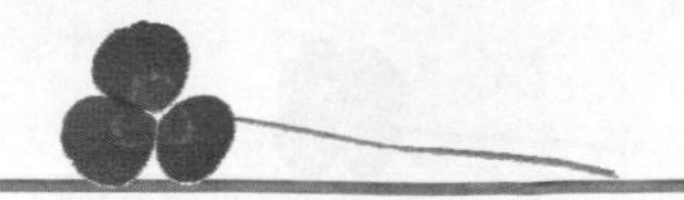

程式第 11 行

```
plhs[0]=mxCreateDoubleMatrix(1,1,mxREAL);
```

利用 mxCreateDoubleMatrix() 函數建立一塊記憶空間以供實數矩陣存放（所以第三個引數用 mxREAL），大小為1×1，並把此一記憶空間的位址設定給指標 plhs[0] 存放，也就是把第一個輸出引數的指標指向這個矩陣的位置，因此這時輸出引數 a 的內容就相當於這個實數矩陣的內容了。

程式第 12 行

```
*mxGetPr(plhs[0])=x+y;
```

利用 *mxGetPr(plhs[0]) 將第一個輸出引數的第一個元素設值為$x+y$，因為 x 的值為 2，y 的值為 3，所以第一個輸出引數的值就被設定為 5，於是當函數執行完時，變數 a 的值也就會等於 5。注意如果沒有撰寫輸出引數 a 來接收 add() 函數的傳回值，則 Matlab 會以預設的變數 *ans* 來接收。

22.2.3 處理向量的加法運算

在上一節的 add() 函數中，如果我們執行如下的指令，則執行的結果會不正確：

```
>> add([1 2 3],[4 5 6])

輸入引數的個數: 2
輸出引數的個數: 0

ans =
     5
```

這是因為我們在程式碼裡只處理了兩個單一元素的加法，不能處理向量加法之故。本節將修改 add() 的程式碼，使得它也能處理向量的加法。本範例程式的撰寫如下：

```
01 /* add2.c, 將兩向量相加，並傳回相加之後的值 */
02 #include "mex.h"
03 void mexFunction(int nlhs,mxArray *plhs[],int nrhs,const mxArray *prhs[])
04 {
05     int i,col;
06     double *x,*y;
07
08     col=mxGetN(prhs[0]);     /* 取得第一個輸入引數的行數 */
09     plhs[0]=mxCreateDoubleMatrix(1,col,mxREAL); /* 建立1列 col 行的陣列 */
10     x=mxGetPr(prhs[0]);      /* 取得第一個輸入引數之第一個元素的位址 */
11     y=mxGetPr(prhs[1]);      /* 取得第二個輸入引數之第一個元素的位址 */
12
13     for(i=0;i<col;i++)       /* 將陣列的元素相加，並存入輸出引數中 */
14       *(mxGetPr(plhs[0])+i)=*(x+i)+*(y+i);
15 }
```

在編譯此程式後，即可執行之。下面是 add2() 函數執行的結果：

```
>> mex add2.c

>> add2([1 2 3],[4 5 6])

ans =
     5     7     9
```

在本例中，第 6 行宣告了指向 double 型態的指標變數 x 與 y。第 8 行利用 mxGetN() 函數取得第一個輸入引數的行數，於本例中，第一個輸入引數是三個元素的列向量，因此 col 的值會被設定為 3。第 9 行利用 mxCreateDoubleMatrix() 函數建立記憶空間，以供 1×3 的陣列存放，並把指向輸出引數的指標指向這個記憶空間的位址。10~11 行則是分別取得兩個輸入引數之第一個元素的位址，並讓指標變數 x 與 y 指向它們。

程式 13~14 行則是利用 for 迴圈將輸入引數的元素的逐一相加，並存入輸出引數中。注意在第 14 行的語法中，mxGetPr(plhs[0]) 可以取得輸出引數中第一個元素的位址，把此值加上 1，即可取得下一個元素的位址，因此利用一個 for 迴圈即可走訪過陣列裡所有的元素。

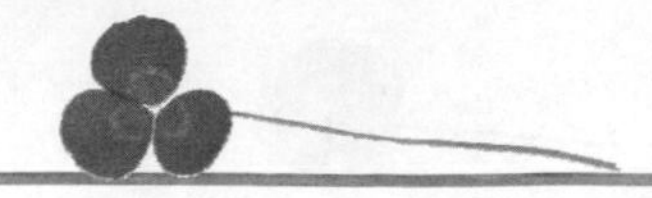

22.2.4 處理複數的問題

於上一節中我們曾經提及，對於每一個 Matlab 的陣列 mxArray 而言，均有一個指標指向資料的實部，並有另一指標指向資料的虛部。到目前為止，我們都只用到 mxGetPr() 來取得實數部分的位址。如果要處理虛數，則必須使用 mxGetPi() 函數來取得虛數部分的位址。現在讀者可以知道，mxGetPr() 函數的 Pr 是 pointer to real 的意思，而 mxGetPi() 函數裡的 Pi 就是 pointer to image 的意思囉！

接下來我們以一個簡單的範例來說明如何處理複數。於此範例中，我們設計一個函數 conjugate()，它可接收一個由複數所組成的向量，函數的傳回值則是這個向量裡，每一個元素的共軛複數。本範例的程式撰寫如下：

```
01 /* conjugate.c, 求取共軛複數 */
02 #include "mex.h"
03 void mexFunction(int nlhs,mxArray *plhs[],int nrhs,const mxArray *prhs[])
04 {
05     int i,col;
06     double *xr,*xi;
07
08     col=mxGetN(prhs[0]);
09     plhs[0]=mxCreateDoubleMatrix(1,col,mxCOMPLEX);
10     xr=mxGetPr(prhs[0]);    /* 設定xr指向輸入引數第一個元素的實數位址 */
11     xi=mxGetPi(prhs[0]);    /* 設定xi指向輸入引數第一個元素的虛數位址 */
12
13     for(i=0;i<col;i++)
14     {
15         *(mxGetPr(plhs[0])+i)=*(xr+i);     /* 實數的部分不變 */
16         *(mxGetPi(plhs[0])+i)=-*(xi+i);    /* 虛數部分乘上-1 */
17     }
18 }
```

下面是 conjugate.c 的編譯過程與執行的結果：

```
>> mex conjugate.c

>> conjugate([2+3i 6-4i 4+i])
```

```
ans =
    2.0000 - 3.0000i   6.0000 + 4.0000i   4.0000 - 1.0000i
```

在本例中，因為我們希望 conjugate 函數的輸出引數是輸入引數的共軛複數（$a+bi$ 的共軛複數為 $a-bi$），因此在配置記憶空間時，必須指定可以存放複數的陣列才行，所以在第 9 行利用 mxCreateDoubleMatrix() 來配置 $1\times \text{col}$ 個記憶空間給陣列時，第三個引數便填上了 mxCOMPLEX，如此一來這個陣列就可以存放複數。

第 10 行取出輸入引數之第一個元素之實數部分的位址，並把它設定給變數 *xr* 存放，這個動作相當於把指標 *xr* 指向第一個元素之實數部分的位址。相同的，第 11 行把指標 *xi* 指向第一個元素之虛數部分的位址（注意是利用 mxGetPi）。第 15 行則利用指標 *xr* 取得輸入引數的實數部分，然後設定給輸出引數的實數部分存放，相同的，第 16 行利用指標 *xi* 取得輸入引數的虛數部分，乘上 -1 之後，再設定給輸出引數的虛數部分存放，如此輸出回應就會是輸入引數的共軛複數。

22.2.5 在 mex 檔案裡呼叫其它函數

在 mex 檔案裡，您也可以把某部分的程式碼獨立出來撰寫成函數，以利檔案的維護。下面的程式碼是從 mexFunction() 函數裡呼叫另一個函數的範例。這個範例是利用萊布尼茲（Leibniz，1646～1716，德國數學家）所發現的公式來估算圓周率 π 的值：

$$\pi = 4\sum_{k=1}^{\infty}\frac{(-1)^{k-1}}{2k-1} = 4\left(\frac{(-1)^{1-1}}{2(1)-1}+\frac{(-1)^{2-1}}{2(2)-1}+\frac{(-1)^{3-1}}{2(3)-1}+\frac{(-1)^{4-1}}{2(4)-1}+\frac{(-1)^{5-1}}{2(5)-1}+\ldots\right)$$

$$= 4\left(1-\frac{1}{3}+\frac{1}{5}-\frac{1}{7}+\frac{1}{9}-\frac{1}{11}+\ldots\right)$$

從上面的公式可知，要估算 π 的值，則數列要取到無窮多項，但事實上，我們只要取到有限項，便可以看到數列之和逼近 π（3.14159....）。

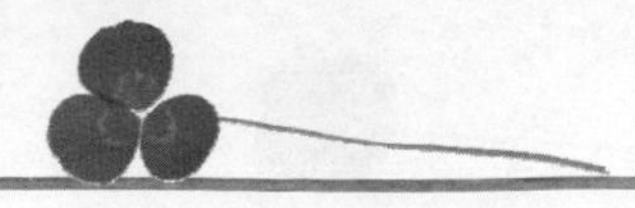

在這範例中，我們把萊布尼茲的計算方法設計成 compute() 函數。compute() 函數可以接收一個整數引數 n，用來代表數列有幾項要加總。程式碼的撰寫如下：

```
01  /* Leibniz.c, 利用萊布尼茲公式計算 pi */
02  #include <math.h>
03  #include "mex.h"
04
05  double compute(int n)   /* compute 函數，用來計算萊布尼茲公式 */
06  {
07      int k;
08      double sum=0.0;
09      for(k=1;k<=n;k++)
10         sum=sum+pow(-1.0,k-1)/(2.0*k-1);
11      return 4*sum;
12  }
13
14  void mexFunction(int nlhs,mxArray *plhs[],int nrhs,const mxArray *prhs[])
15  {
16      plhs[0]=mxCreateDoubleMatrix(1,1,mxREAL);
17      *mxGetPr(plhs[0])=compute(*mxGetPr(prhs[0]));
18  }
```

下面是 Leibniz.c 的編譯過程與執行的結果：

```
>> mex Leibniz.c

>> Leibniz(10000)

ans =
   3.1415
```

於本例中，我們把萊布尼茲公式定義成一個函數

$$\texttt{compute}(n) = 4\sum_{k=1}^{n}\frac{(-1)^{k-1}}{2k-1}$$

因此需要計算 $(-1)^{k-1}/(2k-1)$ 的累加。在計算 $(-1)^{k-1}$ 時，我們可以呼叫函數 pow(−1.0, $k-1$) 來完成，所以萊布尼茲公式可以寫成如第 10 行的程式碼：

```
sum=sum+pow(-1.0,k-1)/(2.0*k-1);        /* 萊布尼茲公式 */
```

然後再把它放在 for 迴圈裡做累加，最後把結果乘上 4，即可得到計算到第 n 項之後，π 的估算值。

在 mexFunction() 函數裡，第 17 行

```
*mxGetPr(plhs[0])=compute(*mxGetPr(prhs[0]));
```

是利用 *mxGetPr 取得輸入引數的值之後，再把它傳入 compute() 函數裡計算 π。compute() 的傳回值也是利用 *mxGetPr 取得輸出引數，然後把傳回值寫入。

22.3 二維矩陣的處理

二維矩陣的處理方式與一維陣列稍有不同。一維陣列只要一個索引值即可存取到陣列裡的所有元素，但二維陣列則需要兩個索引值。另外，處理二維矩陣需要用到 C 語言的指標運算，因此如果讀者對這個部分不熟悉，建議您先學習好指標。

在 Matlab 裡，我們只能夠找到指向二維矩陣第一個元素的指標（利用 mxGetPr() 函數），但是如果要存取某一行、某一列的元素，則必須使用指標算術運算來達成。對一個 row×col 的二維矩陣 A 而言，設指標變數 ptr 是指向 A 的第一個元素，如要取出元素 $A[m][n]$（請注意，C 的陣列索引值是從 0 開始，Matlab 是從 1），則可利用下面的語法來達成：

```
*(ptr+row*n+m);             /* 取出二維陣列中的元素 A[m][n] */
```

有了上面的概念之後，處理二維矩陣就顯得相當簡單。下面是一個處理二維矩陣的範例，於此範例中，我們設計了一個 findmax() 函數，它可以接收一個任意大小的二維矩陣，函數的輸出為這個陣列的最大值，以及最大值的位置（第幾行第幾列）。本範例程式的撰寫如下：

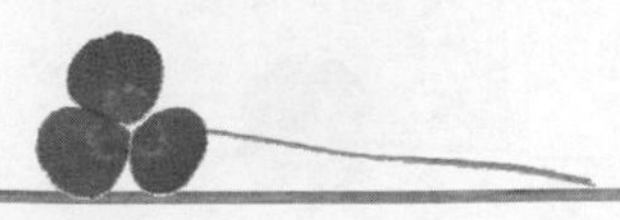

```
01  /* findmax.c, 找出二維矩陣的最大值與其索引值 */
02  #include "mex.h"
03  void mexFunction(int nlhs,mxArray *plhs[],int nrhs,const mxArray *prhs[])
04  {
05      int m,n,row,col,r=0,c=0;
06      double max,elm,*ptr;
07
08      row=mxGetM(prhs[0]);          /* 取得輸入矩陣的列數 */
09      col=mxGetN(prhs[0]);          /* 取得輸入矩陣的行數 */
10
11      plhs[0]=mxCreateDoubleMatrix(1,1,mxREAL);  /* 第一個輸出引數*/
12      plhs[1]=mxCreateDoubleMatrix(1,2,mxREAL);  /* 第二個輸出引數*/
13
14      ptr=mxGetPr(prhs[0]);         /* 取得矩陣第一個元素的位址 */
15      max=*ptr;                     /* 將第一個元素的值設給 max */
16
17      for(m=0;m<row;m++)
18         for(n=0;n<col;n++)
19         {
20             elm=*(ptr+row*n+m);    /* 設定 elm 等於陣列元素 A[m][n] */
21             if(max<elm)            /* 比較 max 是否小於 A[m][n] */
22             {
23                 max=elm;
24                 r=m;
25                 c=n;
26             }
27         }
28
29      *mxGetPr(plhs[0])=max;        /* 設定第一個輸出引數的值等於 max */
30      *mxGetPr(plhs[1])=r+1;        /* 設定第二個輸出引數的值等於 r+1 */
31      *(mxGetPr(plhs[1])+1)=c+1;    /* 設定第二個輸出引數的值等於 c+1 */
32  }
```

下面是 findmax.c 的編譯過程與執行的結果：

```
>> mex findmax.c
>> [mx,pos]=findmax(magic(5))
mx =
    25
pos =
     5     3
```

於本例中，第 8~9 行分別利用 mxGetM() 與 mxGetN() 函數取得輸入引數的列數與行數，11~12 行建立二個存放輸出引數的陣列。14 行取出輸入之矩陣第一個元素的位址，15 行則是把陣列的第一個元素設定給變數 *max* 存放。

17~27 行利用兩個 for 迴圈找出陣列的最大值，與其所在的列數與行數。注意如果我們輸入矩陣 *A* 到 findmax() 裡，那麼第 20 行

```
elm=*(ptr+row*n+m);      /* 設定 elm 等於陣列元素 A[m][n] */
```

則是相當於設定 *elm* 等於陣列元素 *A*[*m*][*n*]。在找出陣列的最大值，與其所在的列數與行數之後，29 行把最大值設定給第一個引數存放，而 30~31 行則分別把列數與行數加 1 之後，再設定給第二個輸出引數存放。注意此處我們把列數與行數加 1，是因為 C 語言的陣列的索引值是從 0 開始，但是 Matlab 是從 1 開始，所以把它加上 1，以符合 Matlab 陣列索引值的需求。

在上面的執行測試中，我們嘗試找出 5×5 之魔術方陣的最大值與其列與行的索引值。5×5 之魔術方陣可利用下面的語法來求算：

```
>> magic(5)

ans =
    17    24     1     8    15
    23     5     7    14    16
     4     6    13    20    22
    10    12    19    21     3
    11    18    25     2     9
```

上面的結果顯示方陣的最大值為 25，且位於第 5 列，第 3 行的位置，恰符合本例所求得的結果。

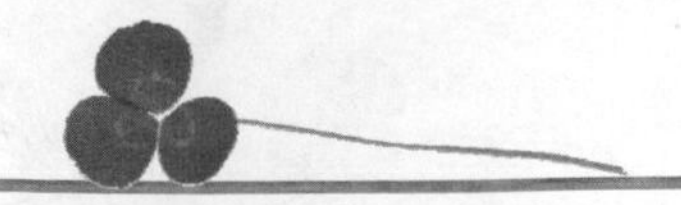

22.4 多維陣列的處理

如果要處理的陣列是一維或二維，我們可以利用 mxCreateDoubleMatrix() 建立記憶空間來存放它們，但如果陣列是三維或三維以上，則可以使用 mxCreateNumericArray() 來建立記憶空間。若要取出多維陣列每一個維度裡元素的個數，可用 mxGetDimensions()。

另外，對於三維陣列而言，我們也只能夠利用 mxGetPr() 函數找到指向三維陣列第一個元素的指標，如果要存取維度為 $row \times col \times page$ 的陣列 A 裡某一列、某一行與某一頁的元素，可以讓指標 *ptr* 先指向這個陣列的第一個元素，然後仿照二維矩陣的方法，使用指標算術運算來達成：

```
*(ptr+p*(row*col)+row*n+m)     /* 取出三維陣列中的元素 A[m][n][p] */
```

下面是三維陣列的使用範例。於此範例中，我們設計了一個 setzero() 函數，它可接收一個三維陣列，輸出也是一個相同大小的三維陣列，但會把負數的陣列元素設為 0。本範例的程式碼撰寫如下：

```
01 /* setzero.c, 找出三維陣列內所有小於 0 的元素，並將它設為零 */
02 #include "mex.h"
03 void mexFunction(int nlhs,mxArray *plhs[],int nrhs,const mxArray *prhs[])
04 {
05    int m,n,p,row,col,page,*dims;
06    double elm,*ptr_in,*ptr_out;
07
08    dims=mxGetDimensions(prhs[0]);    /* 取得輸入矩陣維度的大小 */
09    plhs[0]=mxCreateNumericArray(3,dims,mxDOUBLE_CLASS,mxREAL);
10
11    ptr_in=mxGetPr(prhs[0]);  /* 設定 ptr_in 指向輸入陣列第一個元素 */
12    ptr_out=mxGetPr(plhs[0]); /* 設定 ptr_out 指向輸出陣列第一個元素 */
13
14    row=*dims;             /* 取得三維陣列的列數 */
15    col=*(dims+1);         /* 取得三維陣列的行數 */
16    page=*(dims+2);        /* 取得三維陣列的頁數 */
17
18    for(m=0;m<row;m++)
19       for(n=0;n<col;n++)
20          for(p=0;p<page;p++)
```

```
21              {
22                  elm=*(ptr_in+p*(row*col)+row*n+m);
23                  if(elm<0)
24                      *(ptr_out+p*(row*col)+row*n+m)=0;
25                  else
26                      *(ptr_out+p*(row*col)+row*n+m)=elm;
27              }
28 }
```

於本例中，第 8 行利用 mxGetDimensions() 函數取得輸入矩陣每一個維度的大小。舉例來說，如果輸入的是一個 2×4×2 的三維陣列，則 dims 就是指向一維陣列 {2, 4, 2} 的指標，因此利用 *dim 的語法即可取出 2，*(dim+1) 的語法即可取出 4，以此類推。

第 9 行利用 mxCreateNumericArray() 函數建立一個數值矩陣，並於第一個引數指定維數為 3 維，第二個引數則指定了三維陣列的列、行與頁數的大小與輸入陣列相同。第三個引數設定陣列元素的型態為 double，最後一個引數則是指定陣列的元素只會是實數，沒有虛數。

11~12 分別以 ptr_in 與 ptr_out 指向輸入與輸出陣列的第一個元素，14~16 行則是分別設定 row、col 與 page 三個變數等於三維陣列的列、行與頁數的大小，以方便稍後的程式撰寫。18~27 行則是利用 3 個 for 迴圈，走訪輸入陣列裡的每一個元素，如果元素值小於 0，第 24 行就把輸出陣列裡相對應的元素設為 0，否則第 26 行就設成與輸入陣列相同的元素。

要測試這個程式，我們先將 setzero.c 進行編譯：

```
>> mex setzero.c
```

編譯好了之後，我們來測試一下這個程式。請先利用 randn() 函數建立一個 2×4×2 的常態分佈陣列：

```
>> A=randn(2,4,2)
```

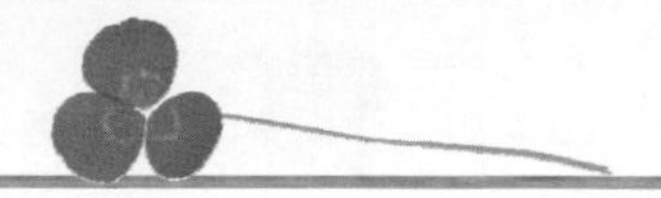

```
A(:,:,1) =
    1.0668   -0.0956    0.2944    0.7143
    0.0593   -0.8323   -1.3362    1.6236

A(:,:,2) =
   -0.6918    1.2540   -1.4410   -0.3999
    0.8580   -1.5937    0.5711    0.6900
```

陣列建立好之後，我們可以利用下面的語法來測試這個函數：

```
>> setzero(A)

ans(:,:,1) =
    1.0668         0    0.2944    0.7143
    0.0593         0         0    1.6236

ans(:,:,2) =
         0    1.2540         0         0
    0.8580         0    0.5711    0.6900
```

從上面的執行結果可知，只要是陣列 *A* 裡元素值為負數的元素，經過 setzero() 函數運算後，其結果都被設為 0，正符合原先我們題目的設計。

在第九章我們曾提及，迴圈的向量化，或者是將 script 型式的 M 檔案改寫成函數，均有助於效能的提昇，但是許多的迴圈是沒有辦法向量化的。如果迴圈沒有辦法向量化，且執行的效率是主要的考量時，您可以試試利用 C 語言來撰寫程式碼裡最耗時的部份，然後再以 Matlab 來呼叫它。

習 題

22.1 準備工作

1. 試開啟 {Matlab 的安裝資料夾}\extern\examples\mex 目錄裡的 mexfunction.c 檔案，嘗試了解這個 mex 檔案裡每一行程式碼的功用。

2. 試開啟 Matlab 的線上求助系統，在「Search」標籤內鍵入 External Interface，然後查看 Matlab 提供的 API 函數支援了哪些功能。

22.2 簡單的範例

3. 試修改 22.2.1 節的 add() 函數，使得它可以接收三個引數，傳回值為這三個引數的和。

4. 試撰寫一個可供 Matlab 呼叫的 C 函數 square()，它可接收一個向量，傳回值則為這個向量裡，每一個元素的平方。

5. 試撰寫一個可供 Matlab 呼叫的 C 函數 csquare()，它可接收一個向量，向量元素皆為複數。傳回值則為這個向量裡，每一個元素的平方（$(a+b\,i)^2=(a^2-b^2)+2ab\,i$）。

6. 試修改 22.2.2 節的 add() 函數，在 mexFunction 裡撰寫一函數 compute()，它可接收兩個由 add() 傳入的引數 a 與 b，compute() 函數的傳回值為這兩個引數之和。

7. 在 22.2.5 節裡，Leibniz.c 的第 10 行利用 pow() 函數來計算 $(-1)^{k-1}$，但利用 pow() 函數來計算 $(-1)^{k-1}$ 有點不太經濟，因為當 k 的值變大時，計算 $(-1)^{k-1}$ 的時間也就隨之增長。試想一種方法，不要利用 pow() 函數也可以利用萊布尼茲來估算 π 值（提示：設計一個變數，讓它在 1 和 −1 之間跳動即可）。

22.3 二維矩陣的處理

8. 試撰寫一個可供 Matlab 呼叫的 C 函數 addMat()，它可接收兩個大小相同的二維實數矩陣，傳回值則為這兩個矩陣之和。

9. 同習題 8，但矩陣裡的元素可容許有複數的情況。

10. 試撰寫一個可供 Matlab 呼叫的 C 函數 summation()，它可接收一個二維實數矩陣，傳回值則為這個矩陣裡，所有元素的總和。

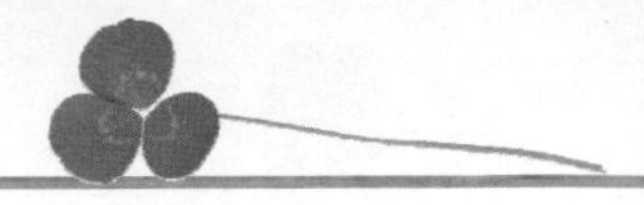

22.4 多維陣列的處理

11. 試撰寫一個可供 Matlab 呼叫的 C 函數 findmin3()，它可接收一個三維陣列，第一個輸出引數為這陣列元素的最小值，第二個輸出引數則是最小值所在的位置，也就是第幾列、第幾行、第幾個 page。

12. 試撰寫一個可供 Matlab 呼叫的 C 函數 add10()，它可接收一個三維陣列，函數的輸出為此三維陣列裡，每一個元素加 10 之後的結果。

13. 試撰寫一個可供 Matlab 呼叫的 C 函數 compare()，它可接收兩個大小相等的三維陣列，並逐一比較這兩個三維陣列裡，相同位置的元素值是否相等，傳回值為這兩個陣列裡，相同位置元素值相等的個數。

附錄 A－關於 Matlab 與 Windows 中文版相容性的問題

如果 Matlab 的版本是 2012a 以前的版本（即 Matlab 7.x 版），在安裝完 Matlab 後如果找不到執行 Matlab 的圖示，或是發現 M 檔案與 Matlab 沒有關聯起來，只要稍微修改一下設定，即可解決這些問題。

A.1 安裝後，如何建立 Matlab 的捷徑

安裝 Matlab 後，如果找不到執行 Matlab 的圖示，可在安裝 Matlab 的資料夾中找到 bin 這個資料夾。以 2012a 的版本為例，如果以預設的路徑安裝，bin 資料夾的路徑應為 C:\Program Files\MATLAB\R2012a\bin。在 bin 資料夾裡可以找到 matlab.exe，在這個檔案上方按一下滑鼠右鍵，選擇「建立捷徑」，然後再將它拖拉到桌面上即可建立捷徑。

A.2 設定 Matlab 檔案的關聯

如果連按兩下 Matlab 的 M 檔案圖示，但 Windows 並沒有啟動 Matlab 來執行它，這代表 M 檔案與 Matlab 之間沒有關聯。請在 M 檔案編輯器裡建立下面的 M 檔案，然後執行它，即可建立關聯：

```
cwd=pwd;
cd([matlabroot '\toolbox\matlab\winfun\private']);
fileassoc('add',{'.m','.mat','.fig','.p','.mdl',['.' mexext]});
cd(cwd);
```

這個 M 檔案只要執行一次即可建立永久的關聯。如果再次的點選 M 檔案，Windows 將會啟動 Matlab 來執行它。

A.3 如何預設 Matlab 的工作資料夾

啟動 Matlab 之後，Matlab 裡所顯示的工作資料夾也許不是您想要的資料夾。如果希望一開啟 Matlab，工作資料夾便是您所期望的資料夾，則可以用滑鼠右鍵按一下 Matlab 的捷徑圖示，於出現的選單中選擇「內容」，然後在「開始位置」欄位內鍵入想要設

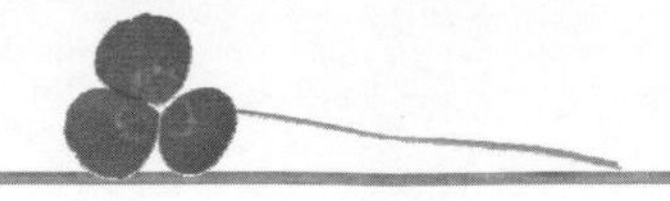

為預設工作資料夾的名稱及路徑即可。例如，本書設定的工作資料夾是設在 C:\work，因此您可以進行如下的設定，即可將工作資料夾預設給 C:\work：

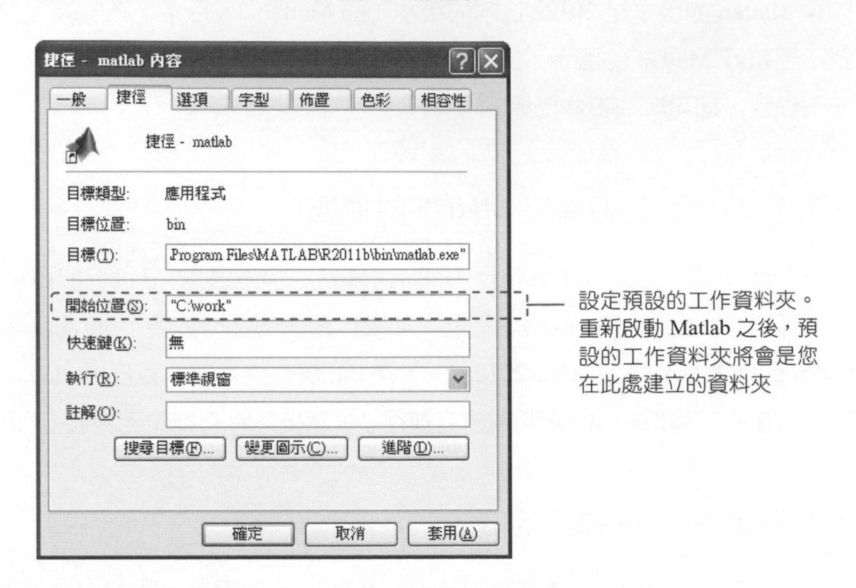

現在請重新啟動 Matlab，你可以發現預設的工作資料夾已設成 C:\work 了：

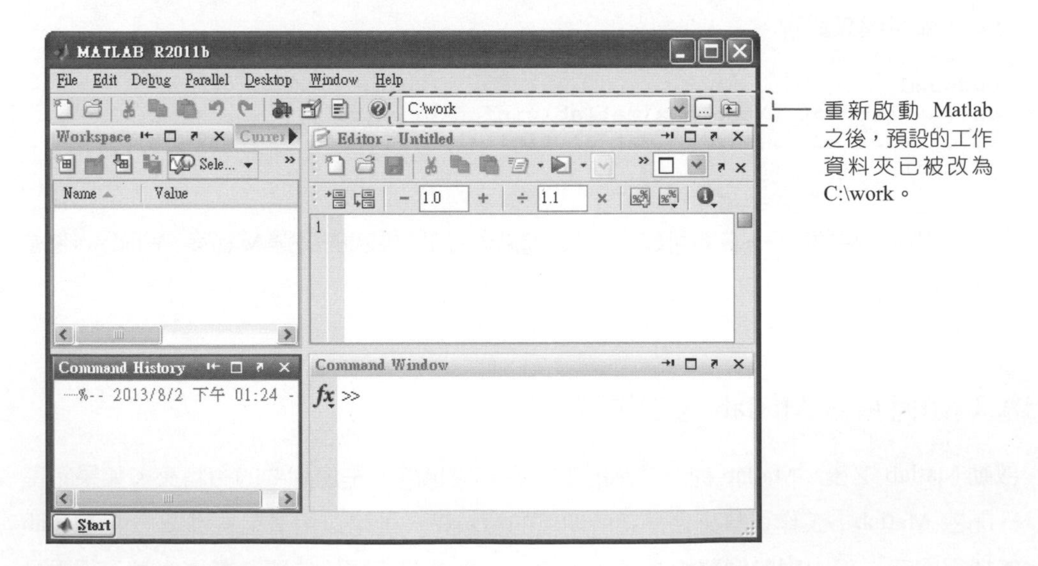

中文索引

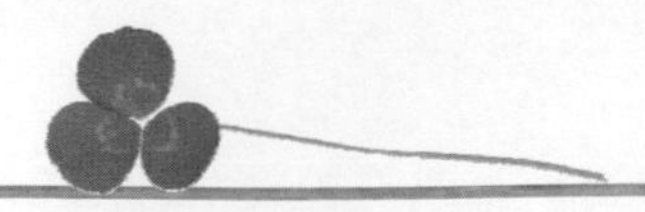

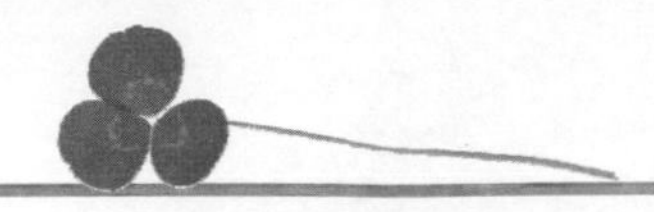

- 十劃 -

- 十一劃 -

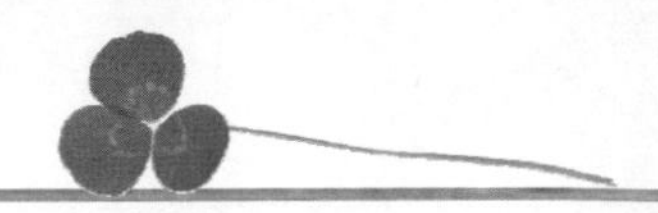

英文索引

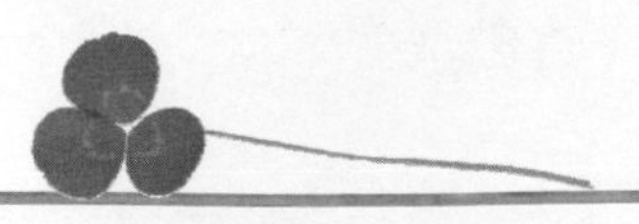

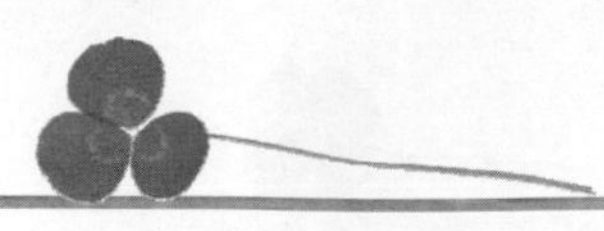

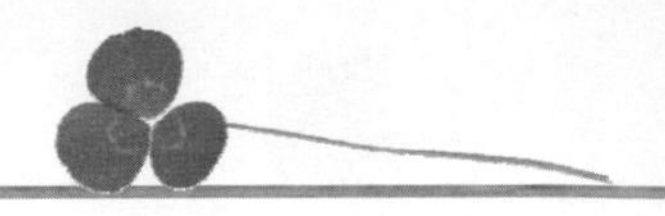

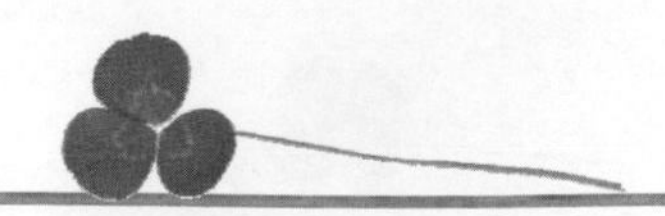

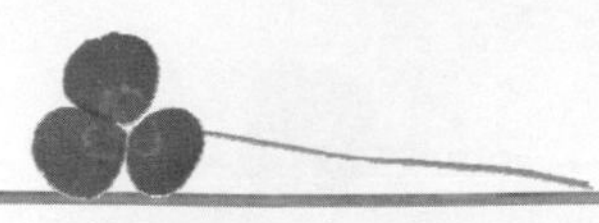

- R -

- S -

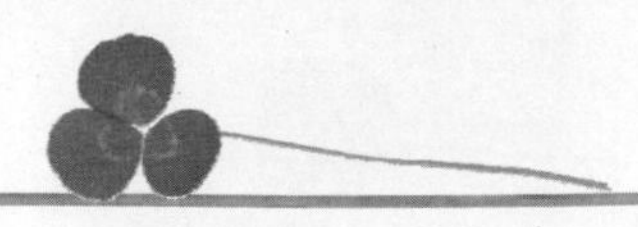

Flag Publishing

http://www.flag.com.tw

Matlab 程式設計 第二版

著作人　洪維恩
發行人　施威銘
發行所　旗標科技股份有限公司
　　　　台北市杭州南路一段15-1號19樓
電話　(02)2396-3257(代表號)
傳真　(02)2321-2545
劃撥帳號　1332727-9
帳戶　旗標科技股份有限公司

新台幣售價：　680 元
西元 2022 年 2 月 二版 10 刷
行政院新聞局核准登記 - 局版台業字第 4512 號
ISBN　978-986-312-140-4